# 문명으로 본 과학과 기술의 역사

## 문명으로 본 과학과 기술의 역사

**초판 인쇄** 2014년 1월 2일
**초판 4쇄 발행** 2021년 2월 26일

**지은이** 장병주, 임문혁, 이근식, 이상현
**펴낸이** 최국주
**펴낸곳** 동명사
**출판등록** 1950년 11월 1일(제1-76호)
**주소** (우 10881) 경기도 파주시 회동길 50(문발동)
**전화** 031-955-7200(대표)~2, 7203(편집부), 7204(물류)
**팩스** 031-955-7205
**전자우편** webmaster@dmsbook.com
**홈페이지** www.dmsbook.com

ISBN 978-89-411-8127-9 93500
값 29,000원

# 머 리 말

## 우리는 왜 과학과 기술의 역사를 배워야 하는가?

E.H.카가 말하듯 역사는 과거와 현재의 대화이며, 미래를 취급하는 과학이라고 한다. 역사 책을 읽는다는 것은 멀리 있는 미지의 세계를 찾아 떠나는 탐험여행과 같아 일상생활의 편협함과 평범함에서 벗어나게 하고, 아주 먼 옛날의 미개사회에서 현대의 문명세계에 이르기까지 인간들의 놀라운 '파노라마(panorama)'를 볼 수 있게 하여 '소피아(sopia)'의 눈을 뜨게 한다.

역사란 항상 승자의 것이라고 한다. 과학과 기술의 역사에서도 어쩔 수 없이 승자 만이 인정을 받았고, 승자들의 과학의 발견, 기술의 발명이나 개발이 과학과 기술의 역사로 맥을 이어가고 있다.

현대인은 태어나서 바로 과학과 기술의 세계 속에서 살아가게 되고, 그러니 당연히 과학과 기술과는 바로 이웃하게 된다. 조금이라도 이전 세대의 사람들에게는 기적으로만 보였던 뛰어난 많은 과학과 기술의 성과도 현대인에게는 일상적인 생활이 되고 있다. 우리들은 과학과 기술적 수단을 매일 사용하고 있지만 그것이 과학과 기술의 성과라는 사실을 모르고 살고 있고, 너무나 당연하게 살고 있으니 과학과 기술을 인식하지 못하고 있을 따름이다.

과학과 기술의 역사는 자연의 법칙 및 현상을 인식하는 과정과 인간의 여러 가지 활동분야에서 기술체계를 수립하기 위해, 또 경제적 사회구성체에서 물질적 재화를 생산하는 등 인공적 노동수단을 연구하고 어떻게 활용하였는가를 밝혀주고 있다.

그래서 독자들에게 과학과 기술이 원시사회 · 농경사회 · 산업사회 · 지식정보사회로 어떻게 변화되고 발전하여 우리 인류에게 어떤 영향을 주고 또 앞으로 어떻게 될 것인지를  밝히려고 최선을 다 하였다. 따라서 독자들로 하여금 과학이란, 기술이란 또 과학기술의 성과가 무엇인가의 물음에 스스로가 해답을 찾을 수 있는 자료가 되기를 희망하면서 되도록 시대의 변천에 따라 과학과 기술의 역할을 알 수 있게 집필하였다.

그 뿐만 아니라 과학기술을 가능케 한 동기, 사회 · 경제적 제도와 사상적 조건 등 다양한 내용도 내포되어 있다. 그런데 현재는 과학기술의 지나친 발전으로 여러 가지 문제를 야기시켜 근본적으로 인류는 과학과 기술의 발전에 대한 자기성찰이 필요한 시점이다. 인간은 물질문명의 풍요로움을 누리고 있으나 가공할 병기의 발달, 원자력의 평화적 이용에 따른 폐기물의 처리, 그리고 공해문제와 환경오염, 환경파괴, 유한한 지구자원의 낭비, 생명의 복제, 폭발적인 세계 인구증가의 압력, 또 자본주의 국가들과 사회주의 국가들, 공업선진국과 개발도상국의 대립 등으로 인류가 해결해야 할 문제는 더욱 심각하다.

따라서 첫머리에 인류역사 속의 과학과 기술을 시작으로 역사를 선사 · 고대 · 중세 · 근대로 크게 구분하면서 선사시대는 인류의 기원과 원시기술, 고대는 동양에서 시작된 최초의 도시문명과 서양문명의 시작, 중세에는 과학과 기술의 축적 및 이슬람 세계의 문명, 르네상스를 통한 유렵의 근대화, 과학혁명, 계몽주의의 과학, 근대에 와서 산업혁명을 거치면서 근대 과학과 기술의 접근, 20세기에는 의도적으로 과학과 기술이 결합하여 거대하고 복잡한 형태로 과학기술이 탈바꿈하게 됨에 따라 시대적 특징을 살려 집필하는데 노력하였고, 마지막 장에 현대사회가 당면한 과학기술의 과제를 포함시켰다.

중요한 것은 우리가 현재 누리고 있는 과학과 기술의 혜택이 아니라 과학과 기술의 역사를 통해 과학과 기술이 나아가고 있는 앞으로의 방향을 예측하는 일이다. 왜냐하면 우리 조상들의 과학과 기술의 성과가 인류에게 유산으로 남은 것처럼 우리가 연구하고 활동하는 행위가 후세들의 삶의 지표가 될 것이기 때문이다.

이 같은 까닭으로 우리는 과학과 기술의 역사를 배우고 알아야만 한다.

이 책은 과학기술 문명에 관심이 있는 일반인이나, 대학에서 다양한 여러 학문을 전공하는 학생들에게 과학과 기술의 역사에 관심을 가질 수 있게 집필하는 데 노력하였다. 인문 · 사회 · 예체능계의 학생들에게는 과학기술의 문화적 · 사상적 배경이나 사회적 · 경제적 · 제도적 문맥을 관련지어 과학기술의 대한 친근감을, 자연과학 · 공학계의 학생에게는 자기들이 전공하는 과학기술의 근원과 발전과정을 이해하고, 과학적 사고와 기술적 창의력이 과학과 기술의 역사발전에 어떤 역할을 하였고, 또 어떤 방향으로 진전될 것인지도 예견할 수 있도록 구성하였다. 특히, '공학인증'을 받고자 하는 공과대학에서 한 학기 강의에 적합하도록 저술하였다.

「과학과 기술의 역사」 강좌가 대학 최초로 개설된 1983년 이후 강의를 담당한 교수들의 끊임없는 연구로 30여 년간 여섯 번의 보완 · 수정작업이 계속 이어져 왔고 이번에는 크게 수정작업을 하였다.

본 저서를 집필하면서 많은 도면 · 논문 · 전문서적을 참고하여 인용하였기에 관계 저자에 깊은 감사를 표시하며, 오래도록 수정 · 보완 작업을 하여 준 東明社 여러 관계자, 특히 편집부에 심심한 감사의 뜻을 전한다.

2014년 1월

저자 씀

# 차 례

## 프롤로그 인류역사 속의 과학과 기술



## 제1장 선사시대의 인류와 기술의 기원



## 제2장 최초의 기술단계와 신석기혁명

## 제3장 고대 동양에서 시작된 최초의 도시문명

## 제4장 서양문명의 모체인 고대 그리스의 자연철학



## 제5장 고대 로마의 과학과 기술

## 제6장 중세의 과학 및 이슬람 세계의 과학과 기술



## 제7장 중세에서 기술의 축적

## 제8장 르네상스와 유럽의 근대화



## 제9장 제16 · 17세기 유럽의 과학혁명

## 제10장 계몽주의 과학과 과학혁명의 완성

## 제11장 매뉴팩처 생산과 산업혁명의 기술



## 제12장 산업혁명의 확산과 근대적인 과학과 기술

## 제14장 20세기의 새로운 과학과 기술

## 제15장 거대, 복잡하게 된 과학과 기술의 결합



## 에필로그 현대사회와 과학기술의 과제

# 인류역사 속의 과학과 기술

현재와 같은 과학 · 기술의 성과가 생긴 것은 많은 세대 사람들의 창조와 창조적 활동의 덕분일 것이다. 여러 시대에 걸쳐 인간은 계속해서 자연계의 법칙을 이해하며 여러 가지 발명과 발견을 하고, 새로운 기술이나 과학의 아이디어를 창출하는 데 끈질기게 노력해 왔다.

과학 · 기술의 성격과 본질 및 그 역사를 고찰할 경우, 우리들은 과학 · 기술이 자연의 법칙에 뿌리를 두고 있고, 외적 조건에 규제된다는 사실을 출발점으로 하지 않을 수 없다.

인간은 기술을 만들 때 자연의 대상 · 과정 · 법칙 및 힘을 이용한다. 바람 · 물 · 수증기 · 전기 등이 사회적 생산에 이용되기에 이른 것은 자연을 인식하고 자연에 관한 지식에 바탕을 두어 기술적 수단을 개발하였기 때문이다.

역사에서는 인간이 주인공이므로 과학 · 기술의 역사에서도 당연히 인간으로서의 과학사 · 기술사가 주역을 맡고 있다. '과학 · 기술'이란 용어는 대개 고대에서 중세까지는 '과학과 기술'이 분리된 의미로 사용되다가, 르네상스 시대 이후가 되면서 과학과 기술의 결합이 점차 긴밀하게 되어 '과학기술'이란 의미로 사용되었다. 이 경우, 과학(자연과학)은 자연현상에서 보편적 법칙을 찾아 이 법칙들을 체계적인 지식으로 다듬는 객관적인 것이고, 기술은 목적을 실현하기 위하여 자연물을 개량하거나 가공하는 주관적 · 가치적인 것이다.[1)]

1) 平田 寬, 科學 · 技術의 역사, 상권, 서문, p. 2, 1985, 朝倉書店.

# 0.1 인간 및 과학과 기술

## 1. 인간과 과학

과학은 영어와 프랑스어로 science이며 그리스어로 episteme이며, 원래의 뜻은 모두 어떤 사물을 '안다' 또는 '지식'이라는 라틴어 scientia에서 연유된 말로서, 좁은 의미로는 보통 자연과학(natural science)을 말하는 경우가 많다. 과학은 본래는 사회과학을 포함한 개념이나, 넓은 의미로는 독립, 전문화하여 '학'(學) 또는 '학문'(學問)과 같은 개별적 학문영역(물리학 · 생물학 · 화학…, 사회학 · 경제학 · 정치학…, 심리학 · 철학… 등)을 뜻하기도 하지만 독일어의 wissenschaft는 학문(wissen)과 명백히 구분되어 과학을 의미한다.[2)]

과학은 무엇인가를 아는 또는 자연법칙을 찾는 인간활동을 말하는 바, 그 '무엇인가'는 일반적으로 자연이 가지는 'rule'을 지칭하며, 이것이 바로 과학이란 자연에 관한 지식을 얻는 학문이라고 할 수 있다. 그래서 철학 · 종교 · 예술과 대립되는 개념으로 쓰이는 일이 많다.[3)] 그리고 과학은 인간이 살고 있는 세계를 법칙적으로 파악하고 그 지식을 특징 지우는 어떤 체계이다.

즉 과학은 어떤 가정 하에서 일정한 인식목적과 합리적인 방법에 의하여 세워진 광범위한 체계적 지식을 지칭하며, 동시에 자연연구의 방법과 자연연구에서 얻어진 과학지식이 축적되어 온 까닭에 자연과학과도 같다. 그리고 과학은 확고한 경험적 사실을 근거로 한 보편성과 객관성이 요청되는 지식체계이어야 한다는 것이 필수조건이다.

오늘날의 사회를 일컬어 과학문명 사회라고 부르는데, 우리들 주위에는 과학이나 과학기술의 성과로 생각할 수 있는 것이 많다. 또, 이러한 물질적인 것 뿐만 아니라 인간의 사고(思考)에 있어서도 과학적 사고라 부르는 것이 큰 비중을 차지하고 있다. 이렇게 볼 때, 현대사회를 과학문명 사회라고 불러도 과언은 아닐 것이다.

현대과학은 기술을 통하여 인간생활에 깊숙이 관여하고 있을 뿐만 아니라 과학 그 자체의 발전이 인간의 사고방식에 변혁을 요구하기까지에 이르고 새로운 과학혁명의 시대에 돌입하였다. 핵무기와 인공위성 등은 현대과학의 정수라고 할 수

---

2) 동아출판사, 원색 세계대백과사전, 제3권, p. 623, 1989.

3) 鈴木善次 외, 과학기술사개론, p. 3, 1987, 建帛社.

있으나, 그런 과학의 발달이 한편으로는 인류자체를 파멸로 이끌어 갈 위험을 내포하고 있다.

그리고 최근에는 공해라든가 환경파괴가 날로 심해지고 있으며, 그 원인을 과학이나 과학기술의 지나친 발달로 보는 경향이 많다. 생활환경의 악화는 과학이 발달하기 때문이라고 하여 과학을 억제할 필요가 있다는 논의가 싹트고 있다. 말하자면 반과학론의 등장이다. 이러한 사실을 검토하기 위해 과학이란 무엇이며, 과학기술이란 어떤 것인가를 알아 둘 필요가 있다.

그런데 오늘날 '과학'이란 다른 지식영역과 비교하여 어느 특징을 갖추고 있다고 풀이된다. 대체로 거론되는 특징의 항목은 경험적 자료의 직접적인 의존 · 주관적 가치기준에서의 자유 · 정량적 방법의 적용 · 실험적 방법 · 반복가능한 현상에의 의존성 · 계통적인 회의주의 · 보편주의 · 반증(反證) 가능성 · 환원주의 등이다.[4)]

## 2. 인간과 기술

기술은 영어의 technic(또는 technology), 독일어의 technik이며, 라틴어 ars, 그리스어의 techne, 즉 숙련(熟練)에서 유래하며, 좁은 의미로 공예의 재주, 기술상의 재주와 솜씨(技藝)를 말한다. 보다 넓은 의미로는 인간적 요구나 욕망에 적합하도록 주어진 대상을 변화시키는 모든 인간적 행위를 뜻한다.[5)]

기술이란 무엇인가를 만들어내고 성취하는 방법이다. 그리고 살아가는 방편으로 필요한 삶에 관한 예술(the art of living)의 모든 것을 뜻한다. 그래서 어원적으로는 '예술', '의술' 등도 포함되나 오늘날은 주로 자연물을 개변(改變)하여 가공, 물질적 재화(物質的財貨)를 생산하는 생산기술의 뜻으로 사용되기도 한다.[6)] 또 영어로 technic이라고 할 때는 육체적 노동능력과 정신적 노동능력을 의미하기도 한다.

생명을 가지는 것은 '개'(個)로 태어나 '무리'(類)로 남는 것이 기본적인 입장이다. 인간도 개인으로 살아가야 하고 인류로 생존을 계속하지 않을 수 없다. 생명을 유지하기 위해서는 일정한 물질적 조건이 필요하다. 그 물질적 조건을 확보하기 위해서 생명을 가진 것들이 여러 가지 궁리를 하는 것은 자연계에서 흔히 볼 수 있는 현상이다. 인간이 자신의 생명유지에 필요한 물질적 조건을 확보하기 위해 실행하는 것이 바로 노동이다. 인간은 노동을 통해 자연에 활동을 가하고 필요한 것을

---

4) 伊東俊太郎 외 편, 과학사기술사 事典, p.164, 1983, 弘文堂.

5) 동아출판사, 전게서, 제6권, p. 182.

6) 山崎俊雄 외 편, 과학기술사개론, p. 225, 1984, 옴社.

얻는다. 이 사실은 원시원류(原始猿類)에서 인간으로 진화된 그 시점부터 오늘에 이르기까지 기본적으로 일관되고 있다.

인간의 노동은 첫째로 공동의 장(場)으로 수행되는 것, 둘째는 명확한 목적을 가지고 의식적으로 행동하는 것이고, 셋째는 인간의 활동대상인 자연과의 사이에 매개물을 개입시키는 것에 의해 특징을 지울 수 있을 것이다. 첫 번째의 특징은 인간이 유적(類的) · 사회적 동물임을 나타내고, 두 번째의 특징은 인간은 본능에 의해서만이 아니고 자각적 · 의식적으로 행동하는 존재임을 표시한다. 따라서 세 번째의 특징은 인간이 기술을 사용하는 존재임을 명시한다.[7]

기술이란 노동에서 인간과 자연과를 매개하는 물적 체계, 즉 노동수단의 체계이다. 노동수단의 체계에는 도구와 기계, 용기(容器)와 장치 등이 포함된다. 인간의 자연에 대한 적극적 · 능동적인 활동은 이들의 노동수단을 경유하여 성취되고, 노동수단의 수준이 노동의 내용을 기본적으로 규정한다.

원시시대부터 오늘에 이르기까지 인간의 생존에 필요한 물질을 획득하는 방법, 즉 생산방법은 크게 변화되었으며, 또 발전되어 왔다. 이와 같은 변화와 발전은 노동수단의 변화와 발전을 무시해서는 성립되지 않을 뿐 아니라 노동수단을 핵으로 하여 전개하여 왔다고 할 수 있다.

기술의 발달이 인간과 자연과의 관계를 여러 가지로 바꾸어, 이로 말미암아 인간과 인간의 관계나 사회적 생활, 즉 사회 · 경제적 여러 조건의 변화를 초래하였다고 볼 수 있다. 오늘날 우리들은 지금과 같은 생산방법이나 생활방식을 당연한 것으로 받아들이나, 이 생산방법이나 생활방식은 인간의 역사에서 기술의 장기간에 걸친 축적과 발달을 통해 가능하게 된 작품이다.[8]

기술이란 길게 이어져 계속되는 인간사회 역사의 한 측면이고, 현재는 과거로부터의 흐름의 연장선 위에 있다. 새로운 기술은 옛 기술을 지워 없애거나 또는 융합하여 나가는 것이지만, 그 밑바닥에 흐르는 의식은 변하지 않는다. 기술은 기술을 소화, 흡수하는 토양이 있어야 비로소 성립되는 것이다. 토양이란 기술을 실천하는 사람이고 그 사람을 키워 온 기술에 대한 의식이다. 직인(職人)에서 기술자로 그 이름이나 취급하는 도구나 기기, 기술이나 의식이 변화되더라도 변하지 않는 토양은 존재하는 것이다.

따라서 인간이 역사의 진실을 통해 오늘까지 도달한 위치를 정립하고 장래를 전망할 때, 인간의 사회생활을 근본적으로 가능하게 하는 물질적 생산의 발달사, 즉

---

7) 鈴木善次 외, 전게서, p. 69.
8) 鈴木善次 외, 전게서, p. 70.

기술사는 어쨌든 몸에 익숙하도록 기본교양으로 갖추지 않으면 안 된다. 기술은 한편으로 인간의 사회, 경제적 활동의 모든 국면과 직접 · 간접적으로 깊이 관계됨과 동시에, 다른 한편으로는 기술 고유의 운동법칙에 기초를 두어 발전하는 성격을 지니고 있다.

기술을 역사적으로 취급함에 있어 다른 것과 관련지울 때, 전체적으로 파악할 것과 기술 그 자체의 내재적 발달논리로 취급하는 것이 중요하다. 전체성과 내재성을 유기적으로 통일함으로 비로소 기술의 발달사를 객관적이고 과학적으로 이해할 수 있을 것이다.

오늘날 기술은 거대한 체계로 발달하였다. 기술은 거대한 자본에 의해 포섭되고 대규모 공장에 축적되어 있다. 공해문제가 표면화되어 그 원흉(元凶)으로 기술에 집중적인 비판이 던져지고 있다. 군사기술의 지나친 발달이나 원자력발전의 사고 등으로 기술의 더 이상의 발달은 인류에게 마이너스로 작용하는 것이 아니냐는 소박한 생각을 하는 사람이 많다.

그러나 기술은 어디까지나 인간의 목적에 종속된 수단이며, 그 자체가 내재적으로 가치기준을 갖고 있는 것은 아니다. 거대한 기술체계를 일정한 목적을 위해 사용하는 것이 인간이므로, 기술발달의 방향을 잃어버린 오늘날 인간의 사회생활의 방편이나 사회, 생산의 목적이 문제가 됨은 당연하다. 자연과학과 기술의 역사가 가르치는 교훈에서 현대가 배워야 할 것은 분명하게 사회, 과학적인 과제가 되지 아니할 수 없다.

## 3. 과학과 기술의 관계

인간은 자연을 정복하고 제어하며 이용할 수는 있으나, 그렇게 하려면 인간은 자연의 법칙에 순응하지 않으면 안 된다. 그렇다면 자연의 연구를 통해서 자연의 숨겨진 여러 법칙을 배울 수밖에 없다. 원래 과학은 그 원시적 단계에서는 다만 기술에 불과하였으나, 그 기술이 모체가 되어 과학이 성립되었다. 이렇게 과학과 기술은 연계적 관계에 놓여 있으며, 생활을 위한 기술적 지식이 축적되어 체계화됨에 따라 법칙적 체계가 성립된 것이다. 다시 말하면 기술은 그 기초로 과학을 가지지 않을 수 없었고, 또 그 과학이 기술을 가능케 하였다.[9)]

현대사회는 과학에 기초를 둔 기술이 그 본질적인 부분을 이루고 있으며, 그런 여건에서 성장한 인간은 인간존재가 이들 과학과 기술 두 측면의 밀접한 관계를 

---

9) R. J. Forbes · J.E. Dijksterhuis(廣重 徹 외 역), 과학과 기술의 역사, 서문, p. 1, 1977, 미수즈 書房.

자명한 사실로 보고 있다.

오늘날 과학과 기술은 대단히 밀접하게 관련되어 있지만, 역사적인 측면에서 볼 때 이 둘은 사실상 별도의 길을 가면서 발전하여 왔다. 과학은 오랜 세월 동안 성과의 실제적 응용에 대해서 무관심으로 지내왔고, 기술은 긴 세월 동안 과학의 도움없이 지날 수밖에 없었다. 과학의 도움을 받아 이득을 보았음에도 불구하고 과학으로부터의 도움을 고의로 저버린 경우도 여러 번 있었다.

과학과 기술의 협력이 가능하고 바람직하다고 보게 된 것은 이미 르네상스 시대에 과학자와 기술자의 결합이 이루어지는 분위기가 조성되고 부터이다. 17세기 초에 영국의 프란시스 베이컨, 프랑스의 르네 데카르트 및 네덜란드의 시몬 스테빈 등이 주장하여 18세기에 와서 결실을 보게 되었는데, 1662년에 설립된 영국의 왕립학회도 큰 구실을 하였다. 그러던 것이 제2차 세계대전 후에는 과학과 기술이 계획적으로 결합하였다.[10)]

현대는 과학기술의 시대라고 한다. 원래 기술은 과학(자연과학)과 별개의 것이었다. 그 기술이 자연철학을 근대과학으로 변신시켜 과학과 기술이 결합, 기술학=공학이 생겼다. 대체로 과학과 기술을 합쳐서 '과학기술'이라고 보는 경우가 많다. 여기에 현대기술의 특징이 있으며, 영어로 'science and technology'라 한다.

과학(이론)과 기술(실천)과의 결합이 촉진되어 생산기술은 자연과학의 응용이라는 생각이 급속히 보급, 정착되었고, 기술이라면 일반적으로 생산기술, 즉 과학적 기술이라는 관습을 말하게 된 것이다. 과학자는 미지의 분야를 탐구하여 새로운 지식을 구하고, 기술자는 그 지식을 응용하는 것을 그 직능으로 보고 있다. 그래서 과학자는 "자연을 탐구하여 신 지식의 창조"를 하고, 기술자는 "사회의 요청에 따라 과학의 지식을 응용하는 전문지식(know how)을 만들어 실제로 유용하게 사용하는 사람"을 의미한다.

요컨대, 기술의 역사라고 하면 물질정복의 역사이며, 그 정복의 영향은 인류의 노력에서 모든 분야에 나타나고 있다. 기술만이 과학성장에 공헌하는 유일한 요소인 것은 아니었고, 또 과학만이 기술자가 일을 추진하는 데 유일한 원천도 아니었다. 이 두 분야는 다른 인간활동과 서로 긴밀하게 제휴하여 이 둘은 다 함께 인간생활의 다른 국면과 서로 주고 받는(give and take) 관계에 있다.[11)]

여기서 필요한 것은 과학 · 기술이라는 것을 인간의 역사 속에 유기적으로 위치를 부여하는 것이다. 다시 말하면, 과학 · 기술을 역사 안에서 인간이 만들어 온

---

10) R. J. Forbes · J.E. Dijksterhuis(廣重 徹 외 역), 전게서, 서문, p. 2.
11) R. J. Forbes(田中 實 역), 기술의 역사, p. 10, 1982, 岩波書店.

"역사적으로 규정된 존재"로 이해한다는 것이 중요하다. 과학 · 기술은 인간 자신의 오랜 역사를 통해서 창조한 것이고, 따라서 과학기술을 선하게, 악하게 조정할 수 있는 것은 오직 인간 밖에 없다. 애정이 없는 지식이나 지식이 없는 애정도 함께 무가치하므로 위험천만이다. 과학기술사를 연구하고 배우는 현대적 의미가 바로 여기에 있다. 근간에는 과학기술을 ※'Engineering and Technology'라 표기하기도 한다. 또는 Applied Science, Engineering Science 및 Industrial Science로도 표기한다.

## 0.2 과학 및 기술의 역사

### 1. 과학의 역사[12)]

과학사는 먼저 과학의 역사이므로 과학이 무엇을 의미하느냐에 따라 그 뜻을 달리한다. 따라서 여기서는 과학은 자연과학을 의미하는 것으로 한정시킨다. 그렇게 되면 과학사란 자연에 관한 인식의 발전을 취급하는 역사가 되며, 여러 가지 실증적 사실을 객관적 · 종합적 · 통일적으로 설명하고자 하는 이론체계의 진전과정을 분석하는 것이다. 또 이와 같은 과학의 발전에 기여한 사람들의 생애와 그들이 사용한 지적인 방법이나 물질적 수단을 명확하게 밝히는 것이라고 할 수 있을 것이다. 그런데 최근에는 이와 같은 과학이론의 학설사적 발전을 추구하는 '과학의 내부사'(internal history)에 비해 이들 과학이론이 생겨나는 사상적 문맥이나 사회적인 배경을 다루는 '과학의 외부사'(external history)의 연구도 성행되고 있는 실정이다.

이것은 종래의 과학이 인간의 지적 진보를 대표하는 절대적인 가치를 가진 것이라는 전제하에 과학 그 자체의 발전을 취급하고, 과학을 만든 사람들의 영웅열전(英雄列傳)을 만든다는 계몽주의적 사고방식에서 비롯되어 과학만을 고립시키지 않고, 그것을 인간의 다른 문화적 행위나 사회적 상황 전체 안에 포함시켜 고찰하지 않으면 안 된다는 최근의 경향과 결부되어 있다.

과학은 지금도 인류의 귀중한 지적 유산임을 의심할 여지가 없다. 따라서 인간의 미래는 과학발전 여하에 달려 있다. 거기에다 과학 그 자체의 발전과정을 분석

12) 伊東俊太郎 외 편, 전게서, pp. 171~173.
※ R. J. Forbes의 기술의 역사. 서문의 p. iv, p. 1.

하는 학설사적 연구도 앞으로 점차 정도(正道)로 발전시켜야 하지만, 동시에 과학을 인간의 문화적 · 사상적 배경이나 사회적 · 제도적 문맥하에서 고찰하는 '과학의 사상사'(思想史)나 '과학의 사회사'(社會史)도 오늘날에는 빼놓을 수 없는 것으로 되어 있다. 더욱 정확하게 말하면, '과학의 학설사'나 '과학의 사상사' 및 '과학의 사회사'는 별개의 것이 아니라 상호 연계되어 있다는 것이다.

과학의 학설 중에는 사상이나 사회가 포함된 경우도 있고, 반대로 과학 그 자체의 발전이 사회에 영향을 주는 경우도 있다. 따라서 여기서 과학의 문화 · 사회적 배경이 문제가 된다면 당연히 서로 다른 문화권에 있는 과학에서 방법의 차이가 거론되지 않으면 안 된다. 또한 지금까지 서유럽 근대과학만이 과학사연구의 대상이 되었으나, 이 근대과학이 여러 가지 난관에 봉착하여 스스로 문제를 제기, 중국 · 인도 · 이슬람 등의 다른 전통문화 중에서 과학활동과 비교하여 전 인류의 과학적인 경험을 회복하고, 이러한 넓은 시야에서 새로운 과학적 방법을 모색하지 않으면 안 된다. 이러한 '비교과학사'도 오늘날 과학사의 새로운 과제이며, 그 관계는 다음과 같다.

철학 · 종교 · 사상
↕ ………… 과학의 사상사
과학의 발전 ←———— 과학의 학설사 } 비교과학사
↕ ………… 과학의 사회사
사회 · 경제 · 제도

다음은 개별과학사의 형성과정을 살펴보고, 이어 19세기 초 이후 종합과학사의 등장과 그 후의 발전을 전망하고, 현재 과학사상사나 과학사회사의 출현상황을 고찰하며, 마지막으로 비교과학사의 과제를 설명한다.

#### (1) 개별과학사의 형성

근대적 의미에서 과학사연구는 18세기의 '계몽주의 사상'과 함께 시작되었다. 계몽주의 사상은 처음 고대에 대한 근대의 우월감을 자각하여 '진보'의 개념을 가지고 전반적인 것을 보려 하였으나 과학발전의 역사, 그 자체가 가장 좋은 예증(例證)이라 생각하고 프랑스의 수학자 · 철학자 · 정치가인 콩도르세(Marie Jean Caritat. Condorcet, 1743~1794)는 이 견지에서 '인간정신의 진보'에 대해 논하고 있다. 이와 같은 분위기에서 여러 가지 개별과학사가 집필되기에 이르렀다. 몽투클라(J. E. Montucla, 1725~1799)의 「수학사」(1758), 베일리(Jean Sylvain. Bailly, 1736~1793)의 「고대천문학사」(1755), 「근대천문학사」(1778~1782), 르클레르크(D.

Leclerc, 1652~1728)의 「의학사」(1696, 1723) 등이 그 보기이다.

이 책들은 어느 것이나 근대적인 과학사의 선구적 저술이나 최초의 시도이므로 충분치 못한 점도 있다. 그러나 이러한 초석 위에 방법론적으로 세련되고 사실인식 위에서 정확한 개별과학사가 19세기 전반부터 대두되기 시작하였다. 먼저 랄랑드(Joseph Jerome Le Francois de Lalande, 1732~1807)가 몽투클라의 것을 이어받아 4권의 「수학사」(1802)를 출판하였고, 들람브레(Jean Baptiste Joseph Delambre, 1749~1822)는 베일리의 연구를 추구하여 「고대천문학사」(1817) · 「중세천문학사」(1819) · 「근대천문학사」(1821)를 저술하였으며, 퀴비에(Cuvier, 1769~1832)가 「생물과학의 역사」(1841)를 편찬하였다.

#### (2) 종합과학사와 그 이후의 발전

이와 같이 개별과학사가 그 기초를 다지고 있을 때, 이런 개개 과학의 역사에 대해 모든 과학을 총망라한 전체의 발전을 그 시대의 사상이나 사회와 관련지어 추진하려는 '종합과학사'의 생각이 처음으로 콩트(August Comte, 1798~1857)에 의해 이루어졌다. 여기서 단순히 '여러 과학의 역사'가 아닌 '과학의 역사'를 하나의 학문으로 확립시키지 않으면 안 되는 까닭이 설명되어 있다.

즉, 종합과학사는 "여러 가지 특수 과학 및 기술과 사회 일반이 각 시대에서 동시에 서로 영향을 미치며 밀접하게 결합하여 진보, 발전하는 바를 연구하는 것을 목적으로 한다. 이러한 의미에서 종합적인 과학사는 여러 과학의 역사가 아닌 과학의 역사이며, 그 자체가 하나의 과학이다(「실증철학강의」 제1권, 1830)"라고 설명하고 있다.

이와 같은 종합과학사는 비슷한 시대에 영국의 휴엘(William Whewell, 1794~1866)의 「귀납적 과학의 역사」(*History of the Inductive Sciences*, 3 vols., 1837)나 「과학사상의 역사」(1858)에 의해 실현되었다. 여기서는 경험과학의 전 영역을 수학, 철학, 종교 및 사회와의 관계에서 전체적으로 취급한 최초의 시도였다. 또, 콩트가 종합과학사의 필요성을 역설하고부터 60년이 경과한 후, 이 이념을 실현하고자 파리의 프랑스대학에서 처음으로 '과학의 일반사' 강좌가 개설되고, 최초의 담당자는 피에르 라피테(Píerre Laffitte, 1823~1903)이다. 다음에 이 자리는 그레구아르 위루보프(Gŕegoire Wyrouboff)로, 그리고 조금 뒤에는 피에르 부트루(Píerre Boutroux)가 계승하였다. 현재는 소르본대학에 '과학 · 기술사연구소'가 세워져 있고, 고등연구원 제6부문에는 과학사연구의 전통이 이어져 가고 있다.

미국에서는 벨기에 태생으로 1915년 이후 미국으로 이주한 조지 사턴(George

A. L. Sarton, 1884~1956)이 하버드대학 안에 과학사 연구실을 창설하고 과학사의 유명한 잡지 「아이시스」(*Isis*)를 1913년에 창간하여 과학사연구의 향상과 보급을 꾀하였으며, 스스로 고대 · 중세 과학문화사로 볼 수 있는 「과학사서설」(*Introduction to the History of Science*, 3 vols.)이란 3권의 저서를 내어 과학사의 서지학적(書誌學的) 기초를 공고히 하였다. 현재는 하버드 외에 프린스턴, 버클리, 위스콘신, 인디애나 및 오클라호마 등 과학사의 대학원 과정을 두어 학위를 수여하고 있는 대학도 많다. 미국은 우수한 연구자를 포용하여 세계에서 가장 과학사연구가 성행되고 있는 나라이다.

이탈리아에서는 1927년 로마대학의 이학부에 페데리고 엔리케스(Federigo Enriques, 1871~1946)와 알도 미엘리(Aldo Mieli, 1879~1950)에 의해 과학사연구실이 개설되었고, 다음 해에는 미엘리의 주장으로 국제과학사 아카데미가 설립되고 「아르케이온」(*Archeion*)이라는 과학사의 국제학술지도 창간되었다.

영국에서는 옥스퍼드대학의 찰스 싱어(Charles Joseph Singer, 1876~1960)를 중심으로 휴엘 이래의 전통을 이어받아 과학사연구가 계속되어 왔으나, 현재는 케임브리지, 옥스퍼드 외에 런던대학 등에서 활발한 연구가 진행되고 있다. 제2차 세계대전 후에는 1954~1958년에 찰스 싱어가 중심이 되어 「기술의 역사」(*History of Technology*, 7 vols.)가 출판되었다.

독일에서는 본대학의 프리드리히 단네만(Fridrich Danneman, 1859~1936)이 과학사의 대 저서 「대자연과학사」(*Die Naturwissenschaften, in ihrer Entwicklung und in ihrem Zusammenhange*, 1910~1913))를 낸 이래 점차 늘어나, 현재는 뮌헨 · 함부르크 · 프랑크푸르트 등의 대학에 과학사의 전문연구소가 만들어졌다. 또, 카를 주드호프(Karl Sudhoff, 1853~1938) 이래 의학사의 연구가 특히 성행하여, 거의 대부분의 대학의 의학부에 의학사 연구실이 있다.

한국의 과학문화는 1894년에 발간된 총 3부 20편으로 구성되어 있는 유길준(1856~1914)의 「서유견문(西遊見聞)」에서 처음으로 볼 수 있고, 그 후 외국인에 의한 논문이 몇 편 있었다. 그러다가 1944년 홍이섭의 「조선과학사」가 처음으로 발간되었다. 그 후 1960년대에 한국학 연구의 기운이 조성됨에 따라 전상운의 「한국과학기술사」(1966)가 지금까지의 연구를 종합한 것이었고, 1969년에는 고려대 민족문화연구소에 의해 「한국문화사대계」의 한 책으로 과학 · 기술사가 간행되었다. 현재 한국과학사학회가 1970년에 창립되어 서울대학교를 중심으로 많은 대학교에서 과학사 강좌가 개설되어 있다.

과학사와 기술사를 통합한 '과학과 기술의 역사'는 1983년도에 처음으로 울산대학교에서 유일하게 강좌를 교양과목으로 개설하여 지금에 이르고 있으나, 지금은 계명대학교 외 여러 대학에서 강의가 개설되어 점차 확산되고 있다.

일본에서는 1941년에 일본 과학사학회가 설립된 이후 점차 전문연구자의 수도 늘어나 학회지 「과학사연구」가 간행되고 있다. 1969년에 도쿄대학에서 처음으로 '과학사 · 과학기초론'의 대학원이 설치되어 도쿄공업대학을 중심으로, 다른 대학이나 연구기관에도 과학사의 연구와 교육이 활발하게 이루어지고 있다.

### (3) 과학사상사와 과학사회사

오늘에 이어지는 과학사의 연구와 조직은 위에서 언급한 탄네리(Paul Tannery, 1843~1904), 단네만, 싱어, 미엘리 및 사턴 등에 의해 이루어졌다고 할 수 있다. 그들은 대체로 콩트의 종합과학사의 사고에 따라 개별과학사가 가질 수 없는 폭넓은 문화적 배경을 고려하고 있는 바, 역시 골격이 되고 있는 것은 학설사적 기록으로 과학의 사상적 기반이나 사회적 배경 등을 무시하는 것은 아니었다.

오늘날은 과학의 내부에 이론발전의 인과관계를 보는 학설사 외에, 그 발전을 그 시대의 사상적인 배경과의 관계로 보는 '과학사상사'와 사회적 개념으로 보는 '과학사회사'의 연구가 성행되고 있다. '과학사상사'에서 선구적 역할은 코이레(A. Koyre, 1892~1964)의 「갈릴레이 연구」(1935~1937)가 시초이다. 이 책은 물론 미국의 지도적 과학사가에 깊은 영향을 주어 길리스피(C. C. Gillispie, 1918~ )의 「과학사상의 역사」(*The Edge of Objectivity*, 1960) 등도 이 영향하의 저서이다.

또, 버터필드(Robert Butterfield, 1900~1979)의 「근대과학의 기원 1300~1800」(*The Origins of Modern Science*, 1300~1800, 1949)은 사상사라고는 할 수 없지만, 과학사를 일반사 중에 위치를 굳히게 한 새로운 시도로 중요한 저서이다. '과학사회사'는 마르크스 주의적 측면에서 연구가 진행되어 보르케나우(F. Borkenau, 1900~1957)의 「봉건적 세계상에서 시민적 세계상으로」(1934)가 대표적이다.

헤센(B. Hessen)의 논문 「뉴턴의 '프린키피아'의 사회 · 경제적 기반」에 자극받아 집필된 머턴(R. K. Merton, 1910~ )의 「17세기 영국의 과학과 기술 및 사회」(*Science, Technology and Society in Seventeenth Century England*, 1938)도 이 방면의 고전이다. 그렇게 되어 '과학사회사'는 '과학사회학'의 연구와 결부된 제도적 관점에서 분석이 시도되고 있다. 벤다비드(J. Bendavid)의 「사회에 있어서의 과학자의 역할」(*The Scientist's Role in Society*, 1971)은 이 방면의 한 보기이다.

### (4) 비교과학사의 과제

지금까지의 과학사연구는 주로 서유럽 과학의 발달에만 치중되어 왔으나, 과학이 그 사상적 배경이나 사회적 구조와 깊은 관련을 가지고 있다고 보면, 서유럽과 사회구조를 달리한 다른 여러 문화권에서의 과학의 특징이나 그대로의 상태를 고찰하고 그 내용을 서유럽 과학의 상태와 비교하여, 전인류의 과학업적을 경영한다는 의미를 더 한층 총체적으로 볼 필요가 있다.

니담(Joseph Needham, 1900~1995)의 방대한 저서 「중국에서의 과학과 문명」(*Science and Civilization in China*, 7 vols. 1954)이나 나스르(S. H. Nasr)의 「이슬람에서의 과학과 문명」(*Science and Civilization in Islam*, 1968), 또 보스(D. M. Bose) 외 편의 「인도과학사」(*A Concise History of Science in India*, 1971) 등은 이러한 비교적 시각에서의 서유럽의 과학이 아닌 연구이나, 기타의 문화권의 과학도 이와 같이 연구되어야 한다.

사턴의 「과학사서설」은 이와 같은 많은 문화권의 과학활동을 통합하려는 의도를 가지고 있으며, 르네 타톤(Rene Taton, 1915~ )이 편집한 「과학일반사」(1957~1964)도 여러 문화권의 과학을 포함하고 있다. 어떠한 시각과 구성으로 그 많은 문화권의 과학을 비교 · 통합하여 서유럽 과학사에는 편입되지 않는 '세계과학사'를 구축할 것인가는 비록 충분하지는 않으나 이것은 과학사연구에서 앞으로의 과제이다.

오늘날의 과학사는 과학을 인류의 전체 문화업적 중에 위치를 굳히고 이러한 과거의 경험을 배우므로, 미래의 문명에서 인간과 과학의 관계를 관찰하는 것이 중요한 과제란 사실도 명심해야 한다.

## 2. 기술의 역사[13)]

기술을 역사적으로 취급하기에 이른 것은 비교적 오래되지 않았다. 기원전 1세기의 비트루비우스(Pollio M. Vitruvius)의 「건축에 대해서」(*De architectura*, 10권)가 앞선 인물의 이름을 올리고 소개하였고, 플리니우스(Gaius Plinius Secundus, 23~79)의 「박물지」(*Naturalis historiae*, 37권)에서 비슷하게 취급한 것은 뒤떨어진 로마가 선진 기술을 도입하기 위해서였다. 일화적(逸話的) 역사로는 아테나이오스(Secundus, Athenaios, 200년경)의 「식통대전(食通大全)」(*Deipnosophistai*)에 기록이 보인다. 중세 유럽에서는 초기에 비트루비우스와 플리니우스의 저서를 교과서로 삼는 정도였다. 당시

13) 伊東俊太郎 외 편, 전게서, pp. 251~252.

이슬람권에서는 많은 지리서와 백과전서가 있었는데, 그 가운데는 기술적인 기록이 많이 포함되어 있고, 또 연금술서도 기술사료를 포함하고 있었다.

기술사를 본격적인 학문연구로 제안한 사람은 프랜시스 베이컨(Francis Bacon, 1561~1626)이며, 그 이후 기술사연구가 이루어지게 되었고, 그 성과의 하나가 18세기 프랑스의 「백과전서」(*Encyclopédie*)이다. 그 후 백과사전은 기술사를 중요시하여 오늘날로 이어지고 있다. 기술사 최초의 책은 베크만(Johann Beckmann, 1739~1811)의 「발명사에의 기여」(1780~1805)이나 항목별의 백과사전식 서술이다.

19세기에 접어들어 고고학자나 경제사가가 기술사연구에 뛰어들면서, 특히 독일에서는 기술사가가 배출되어 호페(Johann H. M. Hoppe), 카르마르슈(Karl Karmarsch) 등이 종합적 역사를 쓰고, 1899년에는 베크(Theodor Beck)의 「기계기술사」라는 획기적인 성과가 이루어졌다. 그 밖에 률만(Moritz Ruhlmann), 마초스(Corrad Matschoss) 등 20세기 초에 활약한 사람이 많으나, 특히 고대기술사 연구에 디일스(Hermann Diels, 1848~1922)가 귀중한 업적을 남겼다.

20세기에 들어서면서 영국에서는 뉴커먼학회(Newcomen Society), 중에서도 딕킨슨(H. W. Dickinson)과 젠킨스(Rhys Jenkins)가 특히 산업혁명 이후의 기술사연구의 중심으로 활약하였으며, 독일에서는 뮌헨의 독일박물관, 프랑스에서는 과학사연구소가 중심이 되었다. 종합과학사 중에서 기술사를 시대별로 취급한 것이 사턴이나, 문헌중심이고 14세기로 끝난 것이 애석하다.

사턴이 창립에서 중심인물의 한 사람이었던 국제과학사회의 제2차 대회(런던, 1931)에서 1930년대의 소련의 과학사가 헤센이 제출한 보고서인 「뉴턴의 '프린키피아'의 사회 · 경제적 기반」(*The Social and Economic Roots of Newton's Principia*)을 계기로, 영국에서 새로운 물결이 일어나 크라우더(J. G. Crowther)나 조셉 니담, 버널(J. D. Bernal, 1901~1971) 등 전문가적인 입장에서 연구가 수행되었다.

소련에서는 과학아카데미에 과학사 · 기술사연구소가 있고, 이탈리아에서는 미엘리와 로제(J. P. Losee)가 우수한 연구를 하고 있다.

한편, 미국에서는 어셔(Abott Paysan Usher, 1883~1965)나 화이트(Lynn White Jr.) 등 경제사가에 의한 우수한 연구가 있고, 멈포드(Lewis Mumford, 1985)와 같이 문명론의 입장에서 저술한 기술사도 있다.

네덜란드에서는 포부스(R. J. Forbes, 1900~ )가 고고학적 연구를 답습한 고대기술사와 종합적 역사에 새로운 기술사의 전형을 나타내고 있다. 이들의 성과를 집대성하여 싱어, 홀름야드(E. J. Holmyard) 및 홀(A. R. Hall, 1920~ ) 등이 편집한

「기술의 역사」(*History of Technology*, 7 vols. 1955~1978)의 대 저서가 간행되었다.

프랑스에도 도마(M. Daumas)가 편집, 방대한 종합역사(1962~1965) 4권이 간행되어 있다.

최근에는 연구도 다양해서 과학과 기술의 관계, 기술자의 전문직업화, 기술변환 등이 주제가 되어 있고, 다른 한편으로는 산업고고학이 진전되어 실증적 연구가 행해지고, 기술사박물관도 많이 세워지고 있는 실정이다.

## 3. 과학과 기술의 역사

인류역사의 초기단계에서는 인간은 동물을 사육하여 그 동물들을 견인력으로 이용, 자기들의 동력기능 대신으로 사용하였다. 그 뒤에 자연력(수력 · 풍력)을 이용하는 것을 생각한 인간은 자기들의 동력기능을 한층 더 크게 증가시켰다. 그러나 그것만으로도 인간은 노동과정의 다른 기능을 수행하는 데는 얽매이게 되고 인간의 노동은 대부분 기계화되지 못하였다. 18세기부터 19세기 초기에 걸쳐 섬유기계, 뒤이어 다른 공업부문에서 작업기가 발명되고 이용되기에 이르러 지금까지 손으로 이루어지고 있던 인간의 가공기능을 기술적 수단에 의지할 수 있게 되었다.

작업기계는 어떤 형태의 도구나 기계로 인간의 손을 대신하게 되어 인간의 손은 자유롭게 되었다.

인류의 탄생 이래 오늘날까지의 과학 · 기술 · 기술학 · 노동 · 과학적 노동 등의 상호관계를 명확히 하는 것이 과학사 · 기술사의 하나의 중요한 과제가 되고 있다.

과학사 · 기술사에서 사회형태(社會形態)로는 원시공동체에서 최초의 기술적 단계가 어떻게 발생 · 발전 · 변화하였으며, 또 어떤 기술의 개량이 노예제 사회, 봉건제 사회 및 자본주의 사회의 여러 과정에서 기술적 단계 생성에 영향을 주었는가를 밝히고자 하는 것이다.

경제형태로는 채집경제(採集經濟)에서 생산경제로의 이행, 농경에서 수공업의 분리, 동업조합적 수공업생산의 생성, 자본주의적 매뉴팩처의 형성 및 대규모의 자본주의적 기계제 = 공장제생산의 성립과정을 명확하게 할 필요가 있다.[14] 각각의 새로운 기술적 단계의 생성은 생산력을 변혁하여 생산성을 보다 높은 수준으로 끌어올린 기술적 발명에 근거를 두고 있다.

---

14) 소련 과학아카데미 편(金光不二夫 외 역), 세계기술사, p. 6, 1986, 大月書店.

## 제1장

# 선사시대의 인류와 기술의 기원

과학과 기술의 역사를 뒤돌아보면, 가장 중요한 것은 인간과 과학 · 기술과의 관계라는 사실에 주목하지 않을 수 없다. 과학과 기술은 다 함께 인간이 만든 소산물이며, 인간은 사회적인 존재이다. 사회적 존재인 인간이 어떻게 과학과 기술을 이용하였는가의 역사가 과학사이고 기술사이다.

우리가 살고 있는 지구상에는 무수히 많은 생물이 있다. 아주 작은 동물 · 식물에서 아주 큰 동 · 식물까지 그 종류는 대단히 많다. 인간도 그 많은 생물 중의 하나이다. 인간은 다른 동물과는 달리 우수한 지능을 가지고 있다. 그 때문에 자연의 물재를 이용, 도구로 사용하고, 이어 석기를 제작 · 사용하였으며, 석기를 점진적으로 개량하여 기계를 만들어 자연에 순응하며, 자기가 살아가는 데 편리하도록 자연을 개조하여 왔다. 추우면 불을 피워 따뜻하게 하였고, 자연계에 먹을 것이 없으면 식용 식물을 스스로 재배하거나 동물을 사육하면서 식용 식물과 동물을 먹을거리로 삼았다.

여기서 우리는 누구인가, 우리는 어디에서 왔으며, 우리는 어디로 가고 있는가를 진지하게 생각하지 않을 수 없다.

인간은 자연을 관찰하고 실험을 반복하여 자연에 숨겨진 여러 가지 법칙을 발견하고, 그 법칙을 이용하여 기구 · 기계를 발명하며 생활의 향상에 노력해 왔다. 이렇게 얻어진 여러 가지 기술을 구사해서 생활에 필요한 물건들을 생산하여 오늘날의 문명사회를 만들었다. 인간은 자기가 살고 있는 조건을 보다 좋게 개선하여, 쾌적하고 풍요로운 생활이 되도록 과학과 기술을 이용하였다.

# 1.1 인류의 탄생과 유인원의 생활

## 1. 인류의 기원

인류는 언제, 어디서, 어떤 경로를 밟아 지구상에 등장하였을까? 여기에 대해서는 신의 창조설 · 무시설(無始說) · 비래설(飛來說) · 용출설(涌出說) · 화생설(化生說) · 변생설(變生說) 등이 있으나 지배적인 학설은 변생설이라고 한다.

이렇게 학자에 따라 다르나 오늘날 인류학자 · 고고학자 · 역사학자들의 주장은 진화론적 해석이다. 인간도 생물체이기 때문에 자연도태, 종의 변태, 종의 구별 등의 법칙에 따라 변생 진화하여 왔다고 한다. 그러나 진화론적 해석에도 문제가 없는 것은 아니다. 지금도 인류의 뼈 화석을 통해 연구가 계속되고 있고 명확하게 규명되지 못하고 있다.

지구는 지금으로부터 약 47억 년 전에 이미 지금과 같은 형태로 되었다. 공기도 있었고 바다도 있었다. 온도 역시 오늘날과 별다른 차이가 없었다. 아직 생명을 가진 생물은 존재하지 않았으나 지구상에는 화학변화가 끊임없이 진행되었고, 화학변화에 의한 진화는 서서히, 그러나 큰 변화를 지구상에 주어 수억 년이라는 긴 세월을 거쳐 물 속에서 생물이 발생하였다(표 1 · 1 참고).[1)]

지금으로부터 약 40억~35억 년 전 루카(Last Universal Common Ancestor)라고 부르는 생존하고 있는 생물의 마지막 공통조상이 비로소 지구상에 탄생한 것이다. 생명현상은 대단히 신비스런 것이다. 왜, 어떻게 해서, 생명이라는 것이 생겼는지 전혀 알 길이 없다. 이 생명현상의 신비는 도저히 인간의 지혜로는 알 길이 없고, 그렇다고 밝힐 필요도 없다. 지구상에서 탄생한 생명은 20억 년 또는 30억 년이라는 아주 긴 세월 동안 지구상의 공기 · 물 · 온도 · 습도 · 빛 등 잡다하고도 복잡하며 한정된 환경하에서 변화를 계속하여 온 것이다. 처음에는 단순한 모양을 하고 있었던 생명체는 점차 그 모양이 변화되어 가고, 그 구조 또한 복잡해졌다. 이것을 흔히 화학진화라고 부른다.

드디어, 원세포가 생기고 곰팡이가 발생하여 지금부터 10억 년 전에 원생물이 되었다. 원생물이 몇 억 년이라는 긴 세월이 지나 물고기가 되고 양서류, 파충류, 시조새 및 포유류 등으로 진화를 계속하여 지금부터 약 700~200만 년 전에 영장류인 고릴라 · 침팬지 같은 유인원인 선조가 지구상 아프리카에서 생활하게끔 된 것이다. 현대 생물학자들은 인간과 침팬지가 700만 년 전에 공통조상을 가지고 있었다고 확신한다.

---

1) 中山秀太郎, 기술사입문, pp. 15~16, 1982, 오름社.

표 1·1 인류의 탄생에서 과학·기술의 시작

| 시대 | 紀 | 연대 | 내용 |
|---|---|---|---|
| 47억 년 전 | | | 지구탄생 |
| 선캠브리아紀 | | 40~35억 년 전 | 대륙과 대양, 물 속에 생물 – 생명현상 → 화학진화<br>루카–생존하고 있는 모든 생물의 마지막 공통조상 |
| | | 10억 년 전 | 원세포, 곰팡이 등 원생물(생물탄생의 준비기간) |
| 고생대 | | 5억 년 전 | 이끼류, 어류, 양서류, 벌레 종류, 양치류 식물, 벚꽃, 국화, 매화(생물이 바다에서 육지로 올라옴) |
| 중생대 | | 2억 년 전 | 시조 새, 현화식물, 포유류 |
| 신생대 | 3紀 | 6000만 년 전 | 육지 – 거의 현재의 모양<br>호랑이, 코끼리, 말, 사자 |
| | | 700~200만 년 전 | 猿人 – 오스트랄로피테쿠스(남쪽의 털없는 원숭이)<br>도구의 사용<br>유인원(類人猿 : manlike ape–anthropoid) |
| | | 330~100만 년 전 | 직립猿人 – 피테칸트로푸스 에렉투스 |
| | 4紀 | 60만 년 전 | 대빙하시대 – 네안데르탈人 |
| | | 50만 년 전 | 불의 사용 |
| | | 10만 년 전 | 현생 인류 – 호모 사피엔스 사피엔스 |
| 구석기시대 | | 5만 년 전 | 뇌의 활동, 생활양식이 현재와 같음. 맘모스·토니카이(馴鹿) |
| | | 1만 5000년 전 | 打製의 박편석기, 석영 조각, 끌, 톱, 돌칼, 창의 끝, 작살, 송곳, 뼈로 만든 연장과 바늘 |
| | | 1만 년 전 | 농경·목축의 시작 |
| 신석기시대 | | B.C. 4000년 | 磨製석기, 토기, 수렵, 어류, 직물 – 초목의 섬유를 이용, 명주·모 등의 직물 |
| 금속기시대 | | B.C. 2000년 | 구리 : 이집트 문명<br>청동 : 과학·기술의 시작, 철 |
| 기술의 시작시대 | | B.C. 3~B.C.2세기 | Clepsydra(물시계) – Ctesibius<br>아르키메데스(Archimedes)의 양수기 |
| | | B.C. 2~B.C.1세기 | 자동 개폐문(Heron)<br>자동조정 램프(Heron)<br>蒸氣球(Heron) |
| | | B.C. 1세기 | 수차의 이용 |
| | | B.C. 1세기~기원 0년 | 5개의 단일기계 |

아프리카에서 발견된 오스트랄로피테쿠스(Australopithecus)는 남쪽(australo)의 원숭이(pithecus)라는 뜻으로 하나의 나무 막대, 또는 지상에 떨어진 돌을 주워 손과 발의 사용을 나누고 수상(樹上)생활을 마치고 지상으로 내려왔다. 지금부터 330~100만 년 전에 있었다고 하는 직립원인[直立猿人, 두발로 걷는 호미니(hominines)] 피테칸트로푸스 에렉투스(Pithecanthropus erectus)는 현재의 인간과 별로 다르지 않은 뇌를 가지고, 지구상의 살기 좋은 곳, 건조한 동아프리카를 찾아 걸어다니면서 자연의 위협에 직면하면서 살았다.

드디어, 이 지구는 대빙하시대에 들어서서 아주 춥게 되었는데, 약 50만 년 전에 인간은 불을 이용하는 것을 알게 되었다. 불은 번갯불, 또는 화산의 폭발, 산불 등의 자연현상으로 발생하여 지구상의 어딘가에서 불이 타고 있었다. 우연한 기회에 불에 구워진 동물의 고기를 먹거나 식용 식물을 입에 대고서 그 맛을 알고 불의 이용방법을 생각하였다. 또, 불은 따뜻하게 하는 데도 좋았다. 그러나 자연적으로 발생하는 불을 이용하는 것으로는 대단히 불편하였으므로, 나무를 마찰 발화시켜 필요할 때 스스로 불을 만드는 연구를 하였다.

인간이 불을 사용하기 시작한 것은 대단히 중요한 일로, 이것이 인간의 생활조건을 개선하고 살기 좋도록 하였다. 추운 곳에서도 살 수 있게 되었고, 또 조리(調理)를 하여 먹을 것도 많아졌다. 그리고 세균에 의한 병도 막을 수 있었고, 외적으로부터 신체의 방어도 가능하였다. 그런 반면, 불을 피운다는 사실에서 오늘날 문제가 되고 있는 대기오염도 이때 시작되었다고 볼 수 있다. 무엇보다 인간의 수도 적고 불의 사용도 필요할 때만 사용한다는 지극히 국지적인 일로, 사람이 불을 피워 사람과 가축에 피해가 가는 일은 전혀 없었다. 이와 같이 하여 약 10만 년 전에 현생의 인류가 탄생하였다.

현생인류는 생물 분류학상 동물界, 척추동물門, 포유동물綱, 영장目, 사람科, 호모屬, 사피엔스種으로 분류하고 학명으로는 속명과 종명을 합친 그 방법에 의거 호모 사피엔스(Homo sapiens)이다.

## 2. 인류의 진화(猿人~新人)

오늘날의 선사인류학(先史人類學)에 따르면 오스트랄로피테쿠스(Australopithecus), 피테칸트로푸스 에렉투스(Pithecanthropus erectus), 네안데르탈인(Neanderthalensis), 호모 사피엔스 사피엔스(Homo sapiens sapiens)는 화석인류의 네 개의 진화단계를 대표한다. 각각 원인(猿人)·원인(原人)·구인(舊人)·신인(新人)이라 부르며, 최근의 연대측정법에 따르면 猿人으로는 남아프리카의 오스트랄로피테쿠스와 파란트로프스(Paranthropus), 동아프리카의 진잔트로프스(Jinjanthropus)가 대표적이며, 제1빙기(Günz) 이전인 200만 년~100만 년 전에 살았던 가장 원시적인 인류이다. 原人은 자바의 피테칸트로프스와 중국의 시난트로프스(Sinanthropus, 베이징 原人)이며 제2빙기(Mindel)인 50만~40만 년 전에 살기 시작하였고, 구인은 네안데르탈인으로서 제3간빙기(Mindel-Riss)에서 제4간빙기(Riss-Würm) 초에 걸쳐 40만~15만 년 전에 살았다. 新人(현생인류)은 오늘날의 인류와 같은 호모 사피엔스 사피엔스(지혜있는 인간)는 제4빙기(Würm)인 10만~1만 년 전 이후이다.[2)]

이들 연대는 화석의 발견자에 따라 다소의 차이는 있으나 어느 단계이든 주요한 도구로 석기를 사용한 것이 공통이다. 그림 1·1은 원시인류와 초기인류의 모습을 상상해서 그린 것이다.

다른 한편으로 문명의 정도에 따라 (1) B.C. 50만 년~1만 5천 년 경의 수렵·식물채집자인 원시공산주의라 부르는 평등주의 사회로 부(富)는 부족사회 전체의 재산인 구석기시대, (2) 농업단계 이전으로 사냥·식용 식물 채집으로 생존한 야만(savagery)시대, (3) 농업단계에는 도달하였으나 문명의 단계에는 이르지 못한 미개(barbarism)시대, (4) 도시라는 용어(civitas-city)로 표현되는 문명(civilization)시대로 구분도 한다.

오스트랄로피테쿠스 아파렌시스
오스트랄로피테쿠스 아프리카누스
오스트랄로피테쿠스 로부스투스
호모 하빌리스
호모 하빌리스
호모 사피엔스 (네안데르탈인)
사피엔스 사피엔스

그림 1·1 선사인류의 진화

## 3. 선사시대의 구분[3) 4)]

1836년 덴마크의 고고학자 톰슨(Christian Jürgensen Thomson, 1788~1865)은

2) 동아출판사, 전게서, 제15권, p. 458, 제23권, p. 426.
3) R. J. Forbes(田中 實 역), 전게서, pp. 12~17.
4) 박형관 외, 세계문화사, pp. 182~187, 1988, 학문사.

각 시대에 인간이 도구와 무기를 만든 주요재료를 기초로 '선사시대'를 '한계불명의 시대'라 부르고, 석기시대 · 청동기시대 · 철기시대로 세 구분할 것을 제안하였고, 1865년 영국의 J.러보크는 석기시대를 구석기시대와 신석기시대로 다시 구분하였고, 1909년 프랑스의 J.모르강은 그 가운데에 중석기시대를 설정하였다. 또 석기시대와 청동기시대 사이에 금석병용시대를 넣기도 한다. 이 순서는 소수의 지역에 한정되나 유럽 및 문명의 발상지로 보는 근동에 대해서는 그대로 적용이 되고 있다.

#### (1) 구석기시대(Palaeolithic Age; Old Stone Age)

구석기시대는 플라이스토세 초기부터 제2간빙기까지 약 85만 년 사이의 전기, 제2간빙기부터 제3간빙기까지 약 12만년 사이의 중기, 제3간빙기인 약 3만 년 사이의 후기로 크게 나눈다.

구석기시대 유인원류의 유물에는 비교적 오랜 연대와 가까운 연대의 것도 발견되고 있는데 명확한 선사시대는 인간과 더불어 시작된다. 이들 초기의 유물에서 분명한 것은 인간이 이미 두 개의 중요한 정복 — 불의 사용과 석기의 제작 — 을 성취한 사실이다.

열 및 광원으로서의 불의 정복은 사활(死活)에 관계되는 것인데 마찰, 송곳으로 구멍을 내는 것, 또는 타격으로 불을 일으키는 것을 알고부터 인간은 많은 구속에서 벗어났다. 불을 보존하고 · 끄고 · 불을 운반하고 · 꺼진 불을 다시 되살리는 것이 자유로웠다. 먹을거리를 요리하는 것도, 가열이나 건조로 겨울을 위해 보존하는 것도 가능해 식료품의 종류가 풍부하게 되었다. 가열에 의해 유용한 도구를 만들 수 있어 그 결과 늘어나는 수요를 만족시킬 수 있었다. 불은 인간을 들 짐승이나 추위로부터 보호하고 목제의 창끝을 단단하게 할 수 있는 방법을 인간이 터득하게 되어 환목선(丸木船)을 만드는데 도움을 주었다.

인간에 있어 불과 마찬가지로 중요한 것은 석기를 만드는 기술인데 단순하게 한두 종류이며 석핵석기와 박편석기를 볼 수 있었다. 사용된 도구의 중요한 형식에 따라 '석핵(core)문화'와 '박편(flake)문화'로 구분한다. 이 두 문화는 인류가 살고 있던 지리적 특징과 강하게 관련되었다. 삼림지역에서는 석핵을 채용하였고, 풀이 많은 지역에서는 칼 모양의 박편쪽이 적당하였으리라 추정한다.

식용 식물을 채취하거나 사냥이 일반적인 생업이며 개인사냥은 물론 큰 동물은 집단사냥도 하였고, 창 · 막대기 이외에 활 · 화살을 사용하여 사냥을 하였으며 물고기나 바다 고기도 잡아 식량으로 하였다.

처음은 20~30명의 혈연중심의 무리(band)생활에서 생산성 향상으로 무리 공동체가 형성되면서 남녀간에 분업도 생겼고, 결국은 곳에 따라 촌락도 생겨 씨족사회를 형성하기에 이르렀다.

아름다운 암벽화나 묘, 기타 유적에서 구석기시대의 인간은 이미 자연에 관한 실제적 지식을 가지고 있었음이 분명하여지고 있다. 그들은 태양 · 달 · 별을 관찰하여 계절의 순환도 알았고, 수렵으로 잡은 동물, 채집한 식용 식물을 자세히 관찰하였다. 왜냐하면 그들의 그림은 모두 성장단계에 있는 이들 동물에 대해 구체적인 지식을 나타내고 사냥 기술도 묘사하고 있었기 때문이다.

#### (2) 신석기시대(Neolithic Age ; New Stone Age)

약 1만년 전 제4빙기가 끝나고 후빙기가 시작되면서 기후의 온난한 시기가 나타났는데 이때부터 약 6,000년 사이를 말하며 이때 인류의 활동이 활발해지면서 문명이 완전히 변화되고 인류의 옛 집단은 대부분 소멸되었다. 보통 이 새로운 문명은 괭이와 흙을 파는 막대(掘棒)로 농경의 시작을 특징으로 삼는다. 인류는 농경을 시작하고 또 하나의 혁명, 즉 도시혁명을 경험하는데 '농경과 도시'라는 2대혁명이다. 이것을 문명의 출발점으로 인정하고 있다.

생산경제의 발전과 기술의 진보 등으로 식량을 채집하고 타제석기를 사용하던 구석기단계에서 벗어나 식량을 생산할 수 있게 되면서 '인류의 위대한 생산혁명'이 이루어졌는데, 이는 자연의 의존에서 벗어나 자연을 이용, 개발할 수 있는 단계로 발전한 것이다. 더불어 인정되는 것은 마제석기, 방적사, 직포, 제도(製陶), 원시적인 채광 등의 기술이다. 사냥꾼 · 유목민 · 농민 등 새로운 집단이 등장하여 옛 원시인류의 사냥꾼과 식료 채집자는 교체되었다. 이 원시형태의 농업이 인구의 급격한 증가원인이 되었음을 증명하고 있다.

주거생활이 개선되어 정착생활을 하고 부락이 형성되었으며, 목축민과 교역생활도 하고, 음식물을 끓이기 위한 토기(그릇)가 제작, 사용되었다. 농경 · 목축의 시작은 인류의 생활양식을 근본적으로 변혁시켰는데 이를 '신석기혁명'이라고도 한다. 농경 · 목축경제에 의해 잉여물을 축적하게 되고 가옥도 동굴식 가옥에서 목조건물과 벽돌집도 등장하였다.

신석기시대가 끝날 무렵에는 또 하나의 혁명이 일어났다. 그것은 축력을 활용하는 쟁기와 관개를 이용하는 근대적 형태의 농업의 출현이다. 이러한 역사는 근동(近東)에서 B.C. 3500~B.C. 3000년까지의 시기에 해당된다. 이때는 인류의 역사에서 기본적으로 중요성을 가지는 시기로 새로운 형태의 농업 외에 채광 · 야금 ·

건축의 출현, 바퀴 · 배 · 문자의 발명 등이 근대문명의 기본적인 기술이었다. 이 시기는 이집트, 메소포타미아의 역사시대에 진입한 왕조시대를 선행하는 것으로 보통은 '전왕조시대'(前王朝時代)라 부른다(연대는 표 1 · 1 참고).

## 4. 인류의 세계적 확산[5)]

인류의 조상은 현생인류가 아프리카에서 시작됐다는 '아프리카 단일기원설'(아프리카의 이브)과 호모 에렉투스가 유럽과 아시아에서 네안데르탈인 등을 거쳐 발전한 것으로 믿는 '다지역 연속진화설'로 나누어졌으나 다지역 연속진화설이 1980년대에는 주도권을 가졌으며, 인류는 아프리카에서 탄생해서 유러시아(유럽-아시아) 대륙, 중국의 북경부근, 인도네시아 및 자바 등으로 분산해서 동시발생적으로 연속진화를 이룬 결과라는 설이다.

1866년과 1886년 벨기에 디낭과 스피에에서 네안데르탈인의 화석발견과 1997년 아프리카 에디오피아에서 '호모 사피엔스 이달투'(Idaltu)의 화석발견을 계기로 현재는 아프리카설이 우세하지만 그러나 논쟁은 아직도 진행 중이다.

미국 캘리포니아주립대 교수인 재레드 다이아몬드(Jared Diamond)는 그의 최근의 저서 「총 · 균 · 쇠」(*Guns, Germs, And Steel*, 1997)에서 '인류의 세계적 확산'을 다루면서, 유인원의 분포가 아프리카에 국한되어 있었고, 인류진화의 초기단계가 바로 아프리카에서 진행되어 동물의 역사와 구별되는 인류의 역사는 아프리카에서 약 700만 년 전에 시작되어 먼저 동남아시아로, 뒤이어 유러시아 등으로 확산되었다고 주장하고 있다(그림 1 · 2).

화석을 보면 인류에게로 이어지는 진화계통은 약 400만 년 전에 실질적인 직립자세를 가지게 되었고, 약 250만 년 전부터는 신체 크기와 신체에 알맞게 두뇌 크기가 각각 커지기 시작하였음을 알 수 있다. 그러한 선행인류를 일반적으로 오스트랄로피테쿠스 아프리카누스(Australopithecus africanus, 아프리카의 남쪽 원숭이), 호모 하빌리스(Homo habilis, 솜씨 있는 사람) 및 200만 년 전에 처음 출현한 호모 에렉투스(Homo erectus, 서서 걷는 사람) 등으로 부른다.

약 160만 년 전 보행하는 사람으로 호모 에렉투스(자바인 · 베이징인 등)는 남성은 키가 132~151cm, 몸 무게는 40~49kg이고 여성은 키가 105~124cm, 몸 무게가 30~40kg 정도로 보고 있으며 후기 호모 에렉투스 시대에 흑인 · 백인 · 황인종으로 나누어졌다고 생각하고 있다.

---

5) 재레드 다이아몬드(김진준 역), 총 · 균 · 쇠, pp. 50~54, 2001, 문학사상사.

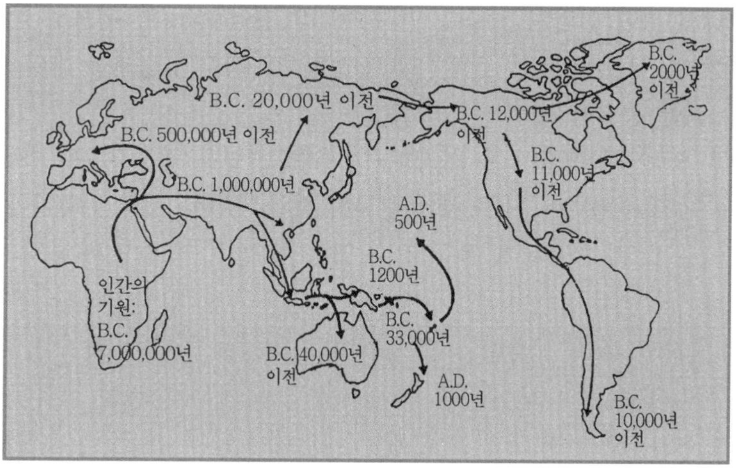


**그림 1 · 2 인류의 세계적 확산**

## 5. 수상생활(樹上生活)[6]

인간은 원숭이(Pithecus)의 동료로부터 분화되고 특수화되어 왔으나 유인원(類人猿)은 약 1억년 전에 수상생활을 하게 된 포유동물의 원시 식충류(食虫類)에서 오랜 세월 동안 진화하였다고 생각한다. 유인원은 두드러진 특징은 없으나 전체적으로 볼 때, 수상생활에 알맞도록 두 팔과 두 다리가 자유로이 움직이고 손 · 발도 물건을 잡을 수 있으며 눈은 거리를 측정하기 쉽도록 되어 있다. 그 대신 지상(地上)생활에서 빼놓을 수 없는 후각(嗅覺)은 전혀 둔감한 편이다.

유인원에서 노동을 할 수 있는 특수화된 猿人이 등장하려면 노동에 적합한 신체구조와 행동형태로 되지 않을 수가 없었고, 때문에 수상생활에서의 특수한 운동형태가 땅으로 내려와 그 땅에서의 직립 2족보행에 필요한 조건이 되었다. 유인원의 나무 위에서의 신체이동 방법은 주로 완보행(腕步行)이었고, 이 완보행은 신체구조에 중요한 변화를 초래하여 노동에 적합한 형태를 준비하게 되었다.

먼저 손의 근육과 골격을 발달시켜서 튼튼하게 하여, 이동할 때 신체전체를 손으로 지탱해야 하므로 손의 파악력(把握力)을 강하게 할 필요가 있었다. 때문에 손가락의 구조나 짜임새가 모지대향(母指對向)식으로 발달되었다.

'모지대향'이란 엄지 손가락이 두 개의 관절에 의해 손바닥을 향해 굽어져 다른 네 개의 손가락이 엄지와 마주보아 둥근 막대를 자연스럽게 잡을 수 있는 구조로

---

6) 鈴木善次 외, 전게서, pp. 71~72.

되고, 그렇게 하여 인간의 노동은 먼저 자연의 물재(物材)를 손으로 잡고, 여기에 인위적 동작을 할 수 있도록 출발하였으므로 모지대향의 충분한 발달은 인간으로 진화하기 위한 중요한 요인이 되었다.

완보행은 또 어깨 관절의 자유도를 증가시키고, 팔을 전후좌우로 자유롭게 움직이게 하여 두 팔(上肢)의 근육체계를 현저히 발달시켰다. 이렇게 하여 물건을 확실하게 잡을 수 있고, 자유롭게 운동할 수 있는 두 팔이 되고 넓은 흉곽의 좌우에서 나온 두 팔 사이에서 동력학적인 상대운동을 일으킬 수 있게 되었다. 손이 한 쌍이 되었다는 중요한 의미는 똑같이 손 동작의 움직임을 한다는 것이다. 수상생활은 그 밖에 허리 관절의 90도 회전을 초래하였고, 몸체와 허리를 직립으로 할 수도 있게 되어 직립보행을 하기 위한 전제조건이 된 것이다. 또 시력의 발달, 두 눈이 얼굴의 앞쪽에 붙어 입체적으로 시각이나 색채감각의 발달, 두뇌조직에서 대뇌의 발달가능성을 가지게 되었다.

## 6. 직립 2족보행 생활

수상생활에서 점차 신체적 여러 조건의 변화를 가지게 된 유인원도 생활의 변화를 겪게 되었다. 약 200만 년 전에 지구상에서 빙하시대가 닥치면서 기후조건이 급변하여 많은 원시림이 사라지고 나무에서 살던 많은 종류의 동물도 절멸되었다.

한편으로 유인원이 늘어나면서 식량의 부족을 초래하게 되었는데, 이때 땅에는 초원이 생기면서 삶의 터전이던 나무에서 땅으로 내려와 살게 되었다. 나무에서보다는 주로 땅에서 생활하게 되고, 직립 2족보행을 시작하였을 때 인간화의 거대한 발걸음을 내딛게 된 것이다.

나무에서 땅으로 내려와 직립 2족보행을 하다 보니 두 손(앞발)은 신체의 이동수단에서 해방되고, 그들의 손에 잡힌 자연물은 단순한 자연물이 아니고 그들 신체기관의 연장(延長)을 이루는 특별한 기능을 가진 도구가 되고, 그 도구는 주로 식료 획득이나 외적으로부터 몸을 지키기 위해 신체기관보다 더욱 유효한 일을 하는 '노동하는 손'(일하는 손) 구실을 하였다.

그 '일하는 손'은 직립 2족보행으로 인한 신체진화라는 측면과 함께 손이 자유로워짐으로 도구를 잡고 · 조작 · 운반하는 등 조직적인 사용이 가능하였다. 동시에 발의 골격과 근육이 보행에 적합하도록 발달되고, 두 다리는 몸 전체의 무게를 지탱하며 빨리, 자유롭게 이동할 수도 있었다.

또 신체 이외의 무거운 물건을 등에 메거나 끌고 갈 수도 있었다. 그래서 문명의 발생과 발달에 결정적인 역할을 하여 '기술의 싹'을 볼 수 있었으나 인간으로 진화하기 위해서는 더 한 걸음이 필요하게 되었는데, 바로 그것은 자연의 돌이나 나무 등을 가공, 도구를 제작, 사용하게 되어 우리들은 인류의 등장을 사실상 인정할 수가 있게 되는 것이다.

유인원이 직립 2족보행을 하였다는 사실은 인류의 신체진화라는 측면뿐만 아니라 문화나 문명의 발생과 발달에도 결정적인 의미를 가진다.

# 1.2 원시인류와 도구

## 1. 원시인류

인류에 대해서는 호모 사피엔스(Homo sapiens, 지혜있는 사람), 호모 파베르(Homo faber, 노동하는 사람), 또는 '도구를 만드는 동물'(A tool making animal) 등 여러 가지로 부르고 있지만 인류의 생활은 도구를 만들고 사용하는 역사라 할 수 있다.

인간은 다른 동물과 달리 자기의 육체적 기관뿐만이 아니고 자연의 물재(物材)를 노동용구로 개조하여 인공기관으로 사용하였고, 노동생산성을 향상시키면서 인간의 목적을 달성시키는 여러 가지 활동을 대규모로 실현하여 왔다.

약 1,400만 년 전 직립 2족보행의 생물 — 케니아피테쿠스, 라마피테쿠스, 우다프노피테쿠스 — 이 아프리카, 아시아 남부, 소아시아, 남아시아, 그 밖의 카프카스에 살고 있었다. 이전의 이들 화석 유인원이 인간의 선조라 보고 있다. 인간속(호모屬)의 가장 오랜 것이라고 오랫동안 믿고 있었던 것이, 19세기 말 자바섬과 중국에서 화석으로 발견된 피테칸트로푸스와 시난트로푸스이다.[7]

남아프리카의 타웅그스에서 1924년에 발견된 1개의 화석 두개골(그림 1 · 3)이 고고학자 다트(Raymond A. Dart, 1893~1988)에 의해 猿人과 인간을 연결하는 고리이며, 약 500만 년 전에 생존한 인류로 오스트랄로피테쿠스 아프리카누스라고 명명되었다.[8] 이 두개골은 어린아이(小兒)의 것이었는데, 성장하였더라도 뇌 부피가 600cc 정도로 현재 살고 있는 고릴라와 거의 같다. 그러나 두골은 원형이고 이(齒)의 모양이 사람의 것과 비슷하고 또 턱의 모양도 사람의 것과 같은 등 두골, 턱 및 이 모양이 사람의 특징을 잘 구비하고 있었다고 한다.

---

7) 소련 과학아카데미 편(金光不二夫 외 역), 전게서, p. 15.

8) 鈴木善次 외, 전게서, pp. 73~74.

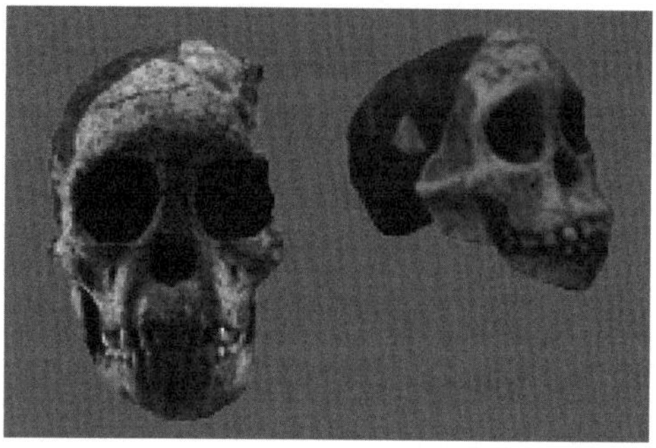

그림 1·3 오스트랄로피테쿠스 아프리카누스

오스트랄로피테쿠스는 뇌 부피의 점에서는 그때까지 발견된 원시인류(피테칸트로푸스 에렉투스 등)의 어느 것보다 작으나 두개골은 사람의 특징을 잘 구비하고 있었다. 다트는 이 오스트랄로피테쿠스를 그때까지 발견된 가장 오래된 인류인 호모 에렉투스(약 160만 년 전 보행하는 사람 – 아프리카·자바·중국)보다 더욱 원시적인 인류라고 발표하였으나 당시의 학계에서는 수용하지 않았다.

다트의 발표 이후, 오스트랄로피테쿠스류에 속하는 것으로 생각되는 유골이 아프리카에서 발견되었으나 1959년 루이스 리키(Louis S. B. Leaky, 1903~1972)는 탄자니아의 올두바이 계곡에서 진잔드로프스라고도 하는 오스트랄로피테쿠스의 유골(부피, 645cc)을 발견하였는데 같은 지층에서 가장 원시적인 역석기(礫石器, 올두바이 석기, Pebble tool)가 다수 발굴되었다. 또, 1960년에는 같은 곳에서 역석기와 함께 화석인류의 뼈를 발견하였다. 그래서 이 화석인류가 이들 석기를 제작·사용한 인류로 보고 '호모 하빌리스'라고 명명하였고, 호모 하빌리스의 절대연대는 약 200만 년 전으로 추산하였다. 1972년에 리차드 리키(Richard Leaky)와 공동연구자가 케냐에서 발견한 두개골은 약 250만 년 전으로 인간의 조상에 의문을 제기, 오스트랄로피테쿠스와 호모족이 공존한 것으로 밝혔다.

아프리카에서 발굴된 화석에 의해 사람屬의 가장 오래된 것과 그 보다 더 오래 전의 유인원 사이에 잃어버리고 있었던 고리가 생긴 것이다. 아프리카의 오스트랄로피테쿠스는, 사람屬의 출현 직전보다 앞선 것이다. 따라서 200만 년 이상으로 긴 인류의 성립과정, 인류가 동물계로부터 분리되는 과정이 시작된 것이다.

## 2. 도구의 기원과 사용

원시인은 음식물을 획득하거나 자기보다 강한 육식동물로부터 자기 몸을 보호하고 생활하기 위해 '손의 연장(延長)'이라고 할 수 있는 도구의 도움을 받지 않을 수 없었을 것이다. 도구는 주먹과 팔이라는 인간의 기본 기관(器官)의 대용으로 석기와 곤봉 등으로 출발하여 점차 다른 기관을 대신하는 것이 출현하게 된다.

그렇다면 도구의 기원은 어디에서 찾을 것인가? 상식적으로 가장 오래된 도구는 약 200만 년 전에 생활한 오스트랄로피테쿠스가 사용한 석기라고 볼 수 있다.

그러나 석기를 만든다는 것은 고도의 기술이라고 생각된다. 석기를 만드는 기술이 없었던 가장 원시적인 도구라면 나뭇가지나 돌, 해변가의 조개 등이라고 할 수 있다.

약 1,400만 년 전 라마피테쿠스라는 인과(人科)에 속하는 영장류(靈長類)의 생물이 미가공의 돌이나 자연물, 뼈, 나무막대 및 풀의 줄기 등 몇 종류의 도구를 사용하였다는 점에서 도구의 기원은 적어도 1,400만 년 전으로 거슬러 올라간다.

원시인류가 생존하기 위해 필요한 도구가 형성되는 데에는 첫째로 도구가 인간의 생존에 있어서 불가결하게 만드는 외적 상황, 둘째로는 도구의 제작과 사용을 가능하게 하는 신체진화 및 감각과 지능적 메커니즘의 발달 등이 조건이 되었을 것이다.

또 도구가 되기 위해서는 두 가지 조건이 필요하다.[9] 하나는 도구가 목적을 달성하기 위한 물적 수단이고, 다른 하나는 필요할 때는 바로 사용할 수 있고, 필요하지 않을 때는 언제나 손에서 떠날 수 있어야 한다. 그래서 "인류란 단순히 도구를 사용하는 것뿐만이 아니고 도구를 생산하는 자"인 것이다. 그림 1 · 4는 오스트랄로피테쿠스의 얼굴이고, 그림 1 · 5는 라마피테쿠스이다.

앞서 원시인류에서 설명한 루이스 리키가 발굴한 화석인류가 석기를 제작하여 사용한 사람으로 보고 오스트랄로피테쿠스가 석기를 제작하여 사용한 최초의 인류(猿人)임이 확실해졌다. 가장 원시적인 이 타제(打製) 역석기는 도구를 제작하여 자연에 목적 의식적으로 활동을 가한 증거가 된다(그림 1 · 6).

이 시기는 나뭇가지 · 돌 · 조개 등 원시도구를 사용한 자연의 도구시대에서 도구를 창안 · 제작 · 사용 · 발달시킨 인공의 도구시대로 진화되는 시기로 볼 수 있겠다.

**그림 1 · 4 오스트랄로피테쿠스**

**그림 1 · 5 라마피테쿠스**

9) 岩城正夫, 원시기술사입문, p. 20, 1977, 新生出版.

피테칸트로푸스, 시난트로푸스 및 그 비슷한 종이 생존하고 있었던 것은 '호모 하벌리스'보다 그 뒤의 시대이다. 이들 화석은 아프리카뿐만이 아니고, 동남아시아, 소아시아, 유럽에서도 발견되고 있다.

인간屬의 성립 다음 단계는 네안데르탈인이다. 이때까지 네안데르탈인의 뼈는 스페인 · 벨기에 · 유고슬라비아 · 프랑스 · 이탈리아 · 크리미아 · 서아시아 · 내륙아시아 · 아프리카에서 발견되고 있다.

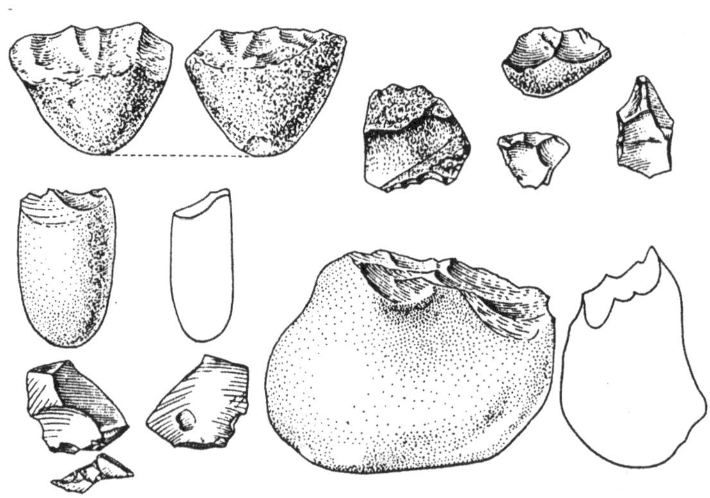

그림 1 · 6 가장 오래된 석기(礫石器) – 올두바이 계곡의 양면석기

## 1.3 노동에 의한 인간형성

### 1. 인간형성의 원천인 노동

엥겔스(Friedlich Engels, 1820~1895)는 인간형성의 원천이 노동, 즉 물질적 재화의 공동생산임을 처음으로 시사하고 있다. 그는 "노동은 먼저 인간과 자연과의 사이에서 하나의 과정이다. 이 과정에서 인간은 자기와 자연과의 사이의 물질적 신진대사를 자기 자신의 행위에 의해 매개하고, 규제하고, 제어한다. 인간은 소재에 대해서 그 자신이 하나의 자연력으로 상대한다. 그는 자연소재를 자기 자신의 생활을 위해서 사용되는 형태로 가공하기 위해 그의 육체에 갖추어진 사지(四肢 ;

두 팔과 두 다리)를 움직인다"고 정의하고 있다.[10)]

노동은 인간이 생활을 영위하기 위한 영원한 자연조건이다. 노동을 제대로 수행하려면 노동과정의 단순한 여러 계기의 전제가 필요하다.

노동과정에서 인간은 직접적으로 생산기능을 수행한다. 즉 인간은 일정량의 에너지를 소비하여(동력기능) 자연소재를 변화시키고(가공기능) 자기 스스로 이동하거나 노동과정에 관여하는 여러 가지 물질이나 대상을 이동시켜(운반기능) 노동과정을 감시하고 그 결과를 계속하여(감시 · 계측기능) 정보 · 논리적 과제를 해결하여 노동의 목적과 과제를 결정(논리기능) 하지 않으면 안 된다.

생산으로 옮겨가게 된 것은 형성되어 가는 인간을 동물계로부터 분리시킨 경계이며 비약이다. 노동은 애당초 처음부터 사회적 과정으로 시작되었다. 생산과정과 함께 환경에 대한 적응뿐만 아니라 자연을 변혁하는 과정도 시작된다. 그래서 노동하는 사이에 인간과 자연과의 관계와 상호작용의 형태가 나타난다. 노동에서의 한 걸음, 한 걸음이 다만 외부의 자연을 이용하는 것뿐인 동물에서 인간이 점차 분리되었다. "인간은 자신이 일으키는 변화에 따라 먼저 자연에 순응하였고, 자기의 목적을 위해 자연을 봉사시키고 지배하여 왔다."

노동으로 변해가게 된 것이나 생산활동으로 옮겨가기 시작된 것은 생존경쟁의 필요 때문이었다. 원시인은 생존하기 위해, 수렵 · 식용 식물채집 등 먹을 것을 얻기 위해, 자기보다 강한 육식동물로부터 몸을 보호하기 위해 도구의 힘을 빌리지 않으면 안 되었다.

노동수단의 사용이나 창조는 바로 그것이 인간특유의 노동과정을 특징지우는 것이며, 그것이야말로 프랭클린(Benjamin Franklin, 1706~1790)이 인간을 '도구를 만드는 동물'이라고 정의하고 있는 것이다. 그래서 오스트랄로피테쿠스는 직립보행, 이동기능에서 해방된 손, 크고 복잡한 뇌라는 노동과정에 필요한 형태학적 특질을 갖추었다. 그리고 가장 오랜 도구를 만든 손을 가진 것은 아프리카에서 뼈가 발굴된 '호모 하벌리스'이다.

이렇게 인간의 진화에 결정적인 구실을 한 것은 뇌의 변화가 아니고 노동, 즉 직립보행과 도구를 창조적으로 제작 · 사용하였다는 학설에서 인간의 조상은 약 200만년 전 자유스런 손으로 최초의 도구를 만들 때부터라고 한다. 이때부터 인간이 동물계로부터 분리되는 과정이 시작되었다.

인간은 다른 동물과 달라 스스로 육체적 기관뿐만이 아니고 자연의 물적 재료

---

10) 소련 과학아카데미 편(金光不二夫 외 역), 전게서, pp. 17~18.

(나무 막대 · 돌 · 돌물의 뼈 등)를 개조하여 인공적 기관으로 사용, 노동생산성을 향상시키면서 인간의 목적을 달성하는 여러 가지 활동을 아주 대규모로 실현시켰다.

직립보행으로 손은 자유롭게 되었고, 자유로운 손은 자연지배를 가능케 하였는바, 도구를 제작 · 사용하여 목적 · 의식적으로 노동능력이 발달하게 된 것이다. 손이 노동을 만들고, 노동은 인간의 사회적 협력을 필요로 하였다. 이 사회적인 노동은 공동노동의 필요성에서 언어가 발생, 감각기관이 진화하였다. 이렇게 하여 의식, 추상력 및 추리력이 발달하였고, 이들 인류특유의 정신능력인 사고(思考), 언어 및 기억 등의 기원에 대해서는 뇌의 용기인 화석인류의 두개골만으로는 해명되지 않는다. 아마도 네안데르탈인은 인간형성의 마지막 단계로 보아진다.

## 2. 뇌의 발달과 손 재주

도구를 제작하고 사용하여 목적 · 의식적인 노동을 하게 된 인류는 猿人(오스트랄로피테쿠스類), 原人(호모 에렉투스), 구인(네안데르탈인) 및 신인(호모 사피엔스 사피엔스)이라는 진화과정을 거쳐서 현생인류에 이르렀다고 오늘날 생각하고 있다. 이 진화의 과정에서 공동작업의 필요성에서 언어를 만들어 노동의 질을 높이고 도구의 종류와 양을 분명하게 늘려 나갔다.

도구의 반복사용에 의한 질적 개량, 양적 발전은 손 재주의 발달과 끊을 수 없는 관계이고, 또 손 재주는 두뇌의 발달과 서로 상관관계가 있고 노동하는 손이 인간의 뇌의 발달을 촉진시켰다고 할 수 있다. 고릴라의 경우, 어금니가 무는 힘을 강하게 하기 위해 저작근(咀嚼筋)이 발달하여 그 뿌리 밑은 머리의 꼭지 뼈에 이르고, 머리의 골을 압박하고 있지만 인간의 경우는 어금니의 기능을 손의 작용에 옮겨 주었기 때문에 저작근의 뿌리 밑은 관자놀이가 있는 곳에서 끝났다. 그래서 두개골은 그 근육의 압박을 직접 받지 않고 발달할 수 있는 조건이 된 것이다. 이는 뇌 부피를 보아도 알 수 있다. 즉, 1997년 미국의 팀 화이트 교수에 의해 동부에디오피아에서 발굴된 결과에 따르면 猿人의 평균이 약 450cc, 原人 775~1,250cc, 구인 1,600cc, 신인 이후의 현생인류는 1,400cc이다(침팬지 394cc, 고릴라 498cc). 손과 뇌의 관계는 '生長의 상관법칙'이라 볼 수 있을 것이다.[11] 현재 인간의 뇌 부피는 900~2,000cc 정도로 인종, 지역에 따라 평균은 1,200~1,550cc로 본다. 이러한 넓은 범위는 포유류종에게는 비정상적이고, 따라서 과학자들은 인류가 아직도 진화하고 있는 징조로 판단하고 있다.

---

11) 鈴木善次 외, 전게서, p. 74.

인간은 제작된 도구를 사용함으로써 다른 동물과 같이 본능적 · 수동적이 아니고, 자연을 인간에게 순응하도록 노동을 통해 능동적으로 자연과 투쟁할 수 있게 되었다. 자연(제1의 자연)과 인간(제2의 자연)과의 사이에 끼어든 도구(제3의 자연)는 반복사용됨으로써 개량이 계속되었고, 점차 개량의 속도를 빠르게 하였다. 이와 같은 기술의 급속한 변혁은 도구를 사용하는 인간도 변하지 않을 수 없게 되었다. 기술의 변혁, 발전을 동반하면서 행하는 노동이 인간의 손을, 인간의 뇌와 신체를 발달시켜 인간 그 자체를 형성하였다고 할 수 있을 것이다.

## 1.4 불의 발견 · 이용 및 발화기술

### 1. 불의 발견과 이용12)

케냐의 티에소완자 유적에서는 140만 년 전의 모닥불 흔적이 발견되고 있다. 그러나 북경 교외 저우커우텐(周口店) 동굴(전기 구석기시대 후반의 유적으로 추정)에서 약 50만 년 전으로 추정되는 중부 홍적세의 지층에서 북경原人의 뼈와 함께 많은 재(灰)와 탄이 발견되었다. 이것은 불을 피운 흔적으로 불 이용의 가장 오래된 실제 사실로 보고 있다.

도르쉬(Hannah Lewin-Dorsh)는 그의 저서 「기술의 기원」(1940)에서 원시인들은 오랜 세월 사이에 벼락, 화산폭발 등으로 발생된 들판이나 산의 불을 여러 번 접근 · 접촉하였다고 보았다. 그 이전의 원시인류는 이들 불을 두려워해서 접근하지 못했던 것으로 판단되나, 점차 두려움을 초월하여 불을 가까이 한 것으로 보인다. 활활 타던 불이 꺼지고 난 후 호기심을 가지고 불이 탄 곳으로 가보기도 하면서 여기서 그들은 불의 따뜻함에 쾌감을 느꼈고, 또 불에 거슬린 과실이나 풀 뿌리를 주워 먹고 새로운 맛을 느끼기도 하였을 것이다.

이와 같은 불의 접촉단계에서 화로의 이용단계까지 원시인류의 진화는 ① 불에의 접근 · 접촉 → ② 불 놀이 → ③ 불의 일시적 이용 → ④ 불의 지속적 이용이라는 4단계로 생각된다. 이 네 단계에 이르는 세월은 약 200만 년 정도로 보고 있는데, 북경 原人의 단계가 최후의 제4단계에 해당된다고 보고 있다. 그런데 인류가 불을 얻는데는 불에의 접근 · 접촉의 동기가 필요하고 불을 다루기 위한 기술이 필요하다.

---

12) 岩城正夫, 전게서, p. 66, p. 68, p. 74.

동기로서 호기심을 가진 원시소년의 불 놀이를 통해 불에 접근 · 접촉하였고, 불의 접근 · 접촉을 반복하는 사이에 인류는 불의 유효성을 알았을 것이나, 그 사용은 일시적이었던 것으로 보인다. 기술로는 일시적으로 이용된 불이 분화(焚火) 수단을 통해 불이라는 도구를 계속적으로 유지하는 기술, 즉 화로가 발명되어 인류는 언제나 불을 이용할 수 있게 되었다. 이상의 과정은 대단히 장기간에 걸쳐 아주 천천히 변화된 것으로 판단된다. 그림 1 · 7은 원시소년들의 불놀이를 상상한 것이고 그림 1 · 8은 원시소년이 횃불을 들고 가족들이 사는 동굴 안에 들어간 것이 불을 이용한 조명의 시작이라 할 수 있겠다.

수십만 년 전에 살았던 사람으로 추정되는 原人들이 횃불을 사용하였을 것으로 상상된다. 동굴에 살았던 우리의 선조들은 분화(焚火)로 불을 쬐었고, 그 빛으로 벽에 동물의 그림을 그렸다. 물건을 태워서 조명에 이용한 것은 아주 옛날부터 있었던 일이다. 그래서 석기시대에 등불로 이용하였다고 생각되는 돌 접시 · 기름 접시 등이 유적에서 발견되고 있다. 그 발달의 흔적은 지역에 따라, 이용되는 연료의 종류에 차이가 있으나 발달단계에는 별차이가 없다. 메소포다미아에서는 B.C.2500년경 금속제나 석제 또는 조개 껍질로 만든 램프가 발견되고 있고, 이집트에서는 기름을 연료로 한 램프가 사용된 흔적이 나타나고 있다.

그림 1 · 7 원시소년들의 불 놀이

그림 1 · 8 불의 운반에 의한 조명

불의 이용은 원시인류의 유물과 함께 퇴적된 재나 타다 남은 뼈, 돌, 나무 및 흙으로 구어 만든 인형(土偶)이나 토기 등에서 그 흔적이 보인다. 불의 본격적인 이용은 화로의 발명 이후일 것이며, 화로의 발명 이후는 동굴이나 바위 밑의 이용 빈도도 높게 되어 증거도 남기기 쉽게 되었다.

북경원인(北京原人 : Sinanthropus Pekinensis)은 그 유물에서 등불, 난방, 화식(火食), 맹수들로부터의 방어용으로 불을 이용한 것으로 생각된다. 스페인의 안프로나 계곡의 유적을 조사한 클라크 하우엘(E. Clark Howell)은 저서 「원시인」에서 당시의 原人이 코끼리의 몰이 사냥을 할 때 계곡에 불을 지르고 불이 붙은 막대로 불 몰이(fire drive)를 한 것으로 추측하였다. 식료로 사냥을 하거나 동물을 잡을 때 불을 사용함으로써 불의 장거리운반의 필요성이 생겼을 것이고, 그 도구로 불이 붙은 막대가 사용되었을 것으로 추측하기도 한다. 또한, 불을 둘러싸고 식사도 하고, 단란하게 모여 앉아 원시공동체 사람들의 단합을 촉진하기도 하였으리라고 본다. 동시에 또 화학적인 인식의 시작이기도 하였다. 그렇게 하여 현생인류의 시대에는 토기를 굽는데 불이 이용되고 불과 토기의 이용으로 음식물의 가공이나 저장의 기술이 개선되어 음식물의 범위를 한층 확대할 수 있었다. 이렇게 불은 화학적 과학의 기초이며, 요리는 화학적 과학의 실천이다. 결국 인간은 불을 갖게 됨으로써 문화와 문명이 시작됐음을 알려준다.

## 2. 인공적인 발화방법

지구의 역사에 급격한 기후의 변화가 닥쳐왔다. 북쪽에서 빙하가 시작되었던 것이다. 이른바 제2빙하시대인 민델(Mindel) 빙기는 북방지역에만 미치고 유럽의 남부와 아시아의 대부분에는 온난한 기후가 그대로 계속되었다.

다음의 제3빙하시대인 리스(Riss) 빙기는 유럽의 대부분과 시베리아에 영향을 주었다. 그 결과 기후조건이 급격하게 악화되어 동물의 양상이 바뀌었다. 즉 온난함을 좋아하는 동물은 전부 멸종되거나 남으로 후퇴하였다. 그러나 원시인은 남으로 후퇴하지 않았을뿐만 아니라 그때까지 살지 않았던 북쪽지역에 정주(定住)하기 시작하였다. 이것이 가능하게 된 것은 인간이 불을 일으키고 불을 이용하는 기술을 터득하였기 때문이다. 리스 빙기에 불은 생활필수품이 되었다.

발화, 즉 기계적 운동에 의한 열의 변환을 인간역사의 시작과 관련 지우고 있다. 인공적인 발화방법은[13)14)] 장기간에 걸친 석기의 가공과정에 의해 준비된 것이다. 고대에서 근대에 이르기까지 즉, (1) 나무 조각이나 대나무 조각을 강하게 문질러 그 마찰열로 발화시키는 것, (2) 광석 등을 힘껏 쳐서 그때 생기는 불꽃을 이용하여 발화시키는 것의 두 종류이다. 학자에 따라서는 이 외에도 (3) 공기를 급격하게

13) 岩城正夫, 원시시대의 불, pp. 109~123, p. 163, 1977, 新生出版.

14) 山崎俊雄 외 편, 전게서, pp. 6~8.

압착하여 그 열로 발화시키는 것을 포함, 세 종류로 보는 경우도 있으나 (3)에 대해서는 남태평의 일부지역의 민속 보기가 보고되었을뿐 그 고고학적 유물이 발견되지 않아 고대의 것이 아니고 근대에 발명되었다는 견해가 지배적이다. (1)의 마찰방법과 (2)의 불꽃 이용방법은 그 발명시기를 선사시대로 보며, 세계적 규모로 확산되어 있는 것으로 본다. 다음에 각 발화방법의 대표적인 보기를 들어본다(그림 1 · 9).

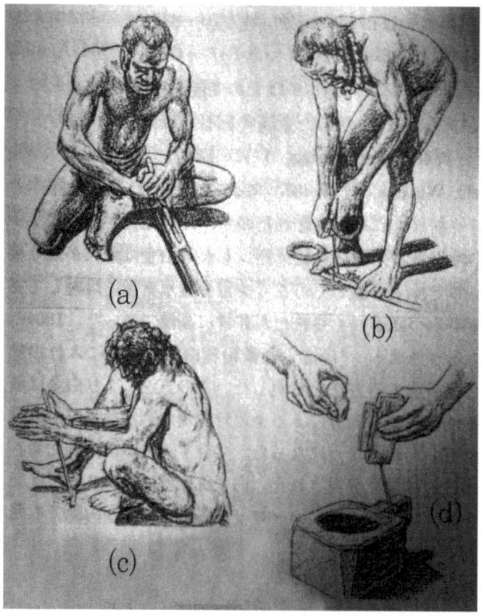


**그림 1 · 9 인공적 발화방법**
**(a) 홈 문지르기식, (b) 실 문지르기식**
**(c) 송곳식, (d) 불꽃식**

(1)의 마찰방법은 마찰을 시키는 방법에 따라서 ① 식물섬유의 방향에 따라 왕복마찰 시키는 방식, ② 섬유에 따라 직각 방향으로 왕복마찰 시키는 방식, ③ 둥근 막대를 판 위에 세워 회전마찰 시키는 세 종류로 분류한다. ①은 홈 문지르식[(fire plough, 그림 (a)], ②는 실 문지르기식[(fire saw, 그림 (b)], ③은 구멍 뚫는 송곳식[(그림 (c)]이며 4종(fire drill, thong drill, bow drill, pump drill)으로 나눈다. (2) 불꽃 이용방법[(Percussion, 그림 (d))]은 광석 등을 힘껏 쳐서 그 때 생기는 불꽃을 이용한 것인데 선사시대에는 철광석과 부싯돌, 역사시대에 들어와서는 쇠와 부싯돌의 조합이 이용이되었으며 뒤의 것이 세계에 확산되었다고 생각된다.[15]

옛날의 발화법은 지금도 남아 있다. 남아프리카의 부시인(Bushman)은 송곳식으로 1분정도에서 발화시킨다고 하며, 뉴기니섬 고지인은 실을 문질러 빠르면 10초, 늦어도 30초면 불꽃을 낸다고 한다. 통가 여러 섬 중의 우이하섬 원주민은 지금도 홈 문지르기식을 사용, 1분 이내에 발화시킨다고 한다.

발화기술이 생겨난 시기는 인간이 불의 이용을 시작한 시기보다 훨씬 뒤의 일이다. 발화기술의 기원을 추정하는 데는 그 발화법과 비슷한 기술의 존재가 있었던 것으로 판단되며, 홈 문지르는(火溝) 방식은 다듬질과 같은 공작기술에서 생겨 가장 오래된 발화법으로 보며, 송곳식은 구멍을 뚫는 공작과의 관계로 생각하여 이

15) 伊東俊太郎 외 편, 전게서, p. 817.

공작이 성행하던 후기 구석기시대로 생각한다. 불꽃식은 석기의 가공과정에서 불꽃의 발생이 우연히 불씨가 된 것으로 추정되나, 실용적인 것은 아궁이(火口)가 발명된 이후로 알려져 있다.

이상의 사실로 볼 때, 오스트레일리아에는 문지르기식과 송곳식, 남미대륙에는 문지르기식, 송곳식 및 불꽃식이 남아 있다. 양 대륙에는 이와 같은 가장 오래된 발화법이 존재하고 있어 후기 빙하시대에 지리적으로 떨어져 나갔다고 생각되며, 후기 구석기시대에는 문지르기식 · 송곳식 · 불꽃식 등이 존재했을 가능성이 있다.

발화기술의 터득과 함께 인간은 고기를 구워 먹기(火食, 오늘날의 조리) 시작하였으며, 이것은 인간의 생물학적 발달에 영향을 주었고, 처음으로 하나의 자연력을 지배하는 힘을 인간에게 주어, 그 결과 인간을 완전히 동물계부터 분리되었다.

## 3. 불의 정복

불의 정복은 근육에너지 이용의 연장(延長)인 도구의 이용 이상으로 근본적 · 구조적 혁명을 인간사회에 가져다 주었다. 그 이유는 불의 에너지가 사람의 몸 외부에서 사람의 몸으로부터 독립하여 일을 하는 이질적 에너지이기 때문이다.

불의 이용은 적어도 다음의 세 가지 점에서 대혁명[16)]을 가져왔다. 첫째, 식생활의 변화이다. 취사 · 보존의 면에서 큰 변화가 일어나 음식물의 다양화로 영양상태가 개선되어 대뇌의 발달이 유도되었다. 둘째, 거주공간의 확대이다. 추위를 피하거나 조명에 불이 이용되어 한랭지에도 이주가 가능하였고 불을 이용한 난방수단 활용으로 생활여건이 호전되어 인구도 늘어났다. 셋째는 야금기술의 발달이다. 아궁이와 풀무가 발달하고 광석에서 금속이 나오고 토기에서 도기로 발전, 도기의 유약에서는 유리가 발생하였다. 결과적으로 거래관계로 상업도 발달하였다.

이와 같이 불은 인간사회에 여러 가지 은혜(축복)를 베풀어 주었지만 다른 한편으로는 모든 것을 태워버리는 파괴작용(재앙)도 가지고 있다. 이러한 불의 생산성과 파괴성이라는 양면성(兩面性, 두 얼굴)이 신비성으로 파악되어 왔다. 불은 인간이 이룩한 문명의 상징이지만 재앙의 상징이기도 하여 인간에게 불의 사용의 위험성에 대한 경고이기도 하다.

취사 · 야금에서는 불이 자연(물질)과 인간을 연결하는 매개역할을 하고 있지만 정신적인 면에서는 신과 사람을 연결하는 중개자가 되어 있다. 성대한 의식에서의 불의 활용 · 봉화, 죽은 사람을 화장한다든가 특별한 명절에 등불을 밝히는 등 신의 불로 생각

16) 紫藤貞昭 편, 과학사의 전개, pp. 62~63, 1984, 대학교양선서.

하고 있다. 열원(熱源, 열의 기능), 광원(光源, 빛의 기능)으로 활용하여 생산기술을 향상시키고 생산물의 증대(식품의 가공 · 가열 · 보존), 종교적 관념의 변질을 초래한 결과 빈부의 차이도 가져오고 계급사회를 성립시키는 기회와 인연이 되었다고 생각하지 않을 수 없다. 또 가열로 인한 재료의 경화나 조작가공의 용이성 등 노동수단의 제작에도 기여하였다.

가전제품에서 중화학 콤비나아트(combinat)에 이르기까지 오늘날의 선진공업 여러 나라의 문명은 석유를 기본으로 하는 화석연료의 '불의 에너지'에 의해 지탱되어 온 것이다. 불의 문명은 지구적인 규모로까지 현세문명과 연결되고 있다.

# 제2장

# 최초의 기술단계와 신석기 혁명

인류는 유태성숙(幼態成熟, neoteny)으로 태어나서 생존에 적합하도록 환경을 변화시켜 살아 왔다. 뒷발로 서게 되고 앞발을 손으로 사용할 수 있게 되어 자연물의 가공이 가능케 되었고, 그것으로 식생활도 변화되고 대뇌도 발달되었으며, 기술이 진보되어 문화 · 과학을 생겨나게 하였다.

따라서 여러 가지 기술의 원형(原型)[1]은 의 · 식 · 주(clothing, food, shelter—생명유지의 근간)에 있으며, 불의 사용에 의해 열원 · 광원을 얻었을 뿐만 아니라, 가열 · 보존으로 식품가공도 가능하게 되고, 작은 배를 만들거나 목창을 단단하게 굳히는 것 등이 기술의 시작이었다.

인간이 의복(clothing 또는 clothes)을 입은 흔적은 구석기시대, 즉 7~8만 년 전까지 거슬러 올라가는데 그 기원에 대해서는 주술 · 보호 · 장식 · 성적 매혹 · 상징 등의 여러 학설이 있다. 이들 여러 요소의 복합적인 뜻을 오늘날의 정설로 보고 있다.

자연물의 가공은 먼저 물적인 재료의 가공에서 시작되고, 이어서 에너지로 변형되면서 동력생산을 기계화하여 드디어 정보생산의 기계화로 발전하였다. 물적 재료의 가공은 동물 · 식물 · 광물 모두에게 파급되고 있으나, '기술'로서의 특징은 무엇보다(직접 손으로 가공하는 것이 아니고) 매개적으로 수단을 제작하여 사용하는 곳에서 볼 수 있다. 즉, 인간은 수단을 사용할 뿐만 아니라(그것은 다른 동물에서도 볼 수 있다) 수단을 만들고, 또 수단을 만드는 수단(공구나 도구)을 제작하여 발전시

---

1) 伊東俊太郎 외 편, 전게서, p. 248.

키고 기술을 발달시켜 온 것이다.

수단의 원형[2]은 손이나 손톱 · 주먹 · 팔꿈치의 연장(延長)으로서의 편리한 기구(利器), 용기나 해머를 만든 것이 최초이다. 이들은 원동부분과 작용부분이 일체로 되어 있어 '도구'(tool)라 불려진다. 도구는 팔의 연장(延長)으로 경도 · 날카로움 · 넓이 · 길이 · 무게를 요구하며, 편리한 기구로 처음에는 돌, 다음에는 금속(청동, 철)이 사용되었고, 용기로서는 돌 · 흙(토기, 도자기) · 나무(목기, 바구니) · 금속(접시, 항아리)이 되었다.

그래서 처음에는 채집 · 수렵 · 어로가 주류였으나, 신석기 말부터 농업이 등장하였다. 농업의 출현은 기술의 영역을 넓히고 고도화시켰다. 즉, 농기구가 발달되고 가축을 동력으로 사용하는 것 외에 관개를 위한 토목기술이 진보하여, 방적 · 도자기 제조 · 채광 · 야금 · 건축 · 축바퀴 등 새로운 기술이 등장하고 문자도 출현시켰다.

## 2.1 씨족사회의 기술단계

인류사회의 역사는 생산수단의 집단적 소유를 기초로 하는 원시공동체 생산방식의 발달이라는 제1단계부터 시작된다. 그런데 이 생산과정에서는 다만 성별과 연령별에 의해서 생긴 자연적인 분업뿐이었다(구체적인 내용은 제2장 7절 1항 원시적인 분업의 시작 참조). 이러한 상황에서 최초는 모권제 씨족공동체가 발전되기 시작한다. 형성되어가는 씨족공동체의 우두머리는 여성 즉, 어머니였다. 여성이 원시적인 가사를 관리하면서 이 단계에서 여성이 주도권을 행사하여 가모(家母) 숭배사상의 흔적으로는 지중해에서 시베리아에 이르기까지 후기 구석기시대의 주거지에 어디서나 여성의 조각상이 발굴되고 있다.

후기 구석기시대에 최초의 기술로 인류는 생산활동에서 많은 종류의 암석(화강암 · 규석암 · 사암)을 가공할 수 있게 되고, 이로 인해 원료자원이 확대되었고 동시에 석기의 가공법도 발달하여 면밀하게 석핵을 준비하게 된다. 이때 석핵의 가공이 석기의 질을 좌우하였고, 그래서 표면이 잘 가공된 삼각기둥 모양의 석핵이 등장, 석핵의 예비가공에 의해 석핵에서 얇은 돌 칼날을 잘라낼 수 있었다. 이 돌 칼날의 박리방법은 석기시대의 최후까지 계속되었고, 이 돌 칼날이 자르는 도구로써 또는 여러 가지 노동용구의 반제품으로 제일 많이 사용되기에 이르렀다.

---

2) 伊東俊太郎 외 편, 전게서, p. 248.

네안데르탈인이 이용한 석기가 2~3종인데 비해 후기 구석기시대에는 많은 종류의 석기가 제작되어 고고학자들은 약 20여종의 석기를 발견하고 있다. 이것들은 뼈를 가공하기 위한 조각연장 · 송곳 · 칼, 또는 가죽 가공을 위한 여러 종류의 깎는 연장 · 칼, 창과 투창의 끝에 사용하는 첨두기이다. 그리고 투창기와 작살도 발명되었다. 후기 구석기시대의 인간의 기술 · 경제적 성과 및 기후의 변화는 인간의 생활방식에 영향을 주었다. 이때 네안데르탈인은 비교적 넓은 지역에 분포되어 있었는 데 이주가 현저하게 활발하게 된 것은 확실히 구석기시대이다.

후기 구석기시대는 빙하시대의 최후단계에 속해 있다. 기후조건이 대단히 가혹하여 추위로부터 몸을 보호하기 위해 인간은 주거를 세우지 않을 수 없었고 그 결과 질적으로 서로 다른 생활양식이 생겨, 이 시기는 유목 생활방식에서 반정주 생활방식으로 변천이 시작되었다. 주거의 형태는 원형 · 반 타원 · 장방형을 하고 있었다.

주거지는 토대를 흙 속에 파묻고 대형동물들의 뼈로 강화하였고 또 이들 뼈로 주거의 벽이나 지붕도 조립하였다. 내부에는 화로가 존재한 흔적이 발굴되고 있다. 후기 구석기시대의 식료의 획득원은 여전히 수렵의 성격을 띠고 있었으며, 수렵에는 볼라 · 작살 · 창 · 구덩이를 이용하고 있었다. 후기 구석기시대가 끝날 무렵에는 어로도 식량의 수단이 되었다.

약 15,000년 전에 빙하시대가 끝나고 현재의 지질시대인 현세가 시작되었는데 연구자들은 대부분 구석기시대에서 신석기시대로 옮겨가는 '중석기시대'라 부르고 있다. 기후의 변화로 말미암아 지금까지 수렵의 대상이 되어 있었든 맘모스 · 털무소 · 사향노루 등 많은 종류의 동물이 절멸되었다. 그 결과 인간은 비교적 작은 새나 짐승을 사냥의 대상으로 삼지 않을 수 없게 되어 어쩔 수 없이 개인적인 사냥이 등장하게 되었다. 새로운 생활방식으로 중석기시대는 후기 구석기시대의 다소 항구적인 거주지에 비해 일시적인 거주지가 형성되어 주거의 건축방식도 변화되었다.

## 2.2 석기의 가공과 발달

### 1. 도구제작의 의미[3)]

인간이 도구를 제작한다는 것은 계획성 있는 행동, 따라서 대단히 지적 행동이

3) 岩城正夫, 원시기술사입문, pp. 29~33.

다. 도구를 제작한다는 것은 도구를 다음에 사용하겠다는 것을 뜻하므로 행동이 2단계로 되어 있다. 먼저는 제작행동이고 다음은 사용행동이다. 이것을 심리상태로 보면 도구를 사용하겠다는 정신상태가 되는 것이다. 그리고 사용한 도구를 버리지 않고 보관하는 것은 다음에 다시 사용하겠다는 일종의 준비상태[미래를 염두에 둔 사고(forward thinking)]로서 상당한 기억력과 판단력을 요구하는 관리행동이다. 다음의 행동을 예정하여 준비한다는 그 자체는 '계획성'적인 행동에 가깝다.

라마피테쿠스의 단계에서는 도구가 항시 사용되었을 가능성이 크다고 본다. 손은 도구를 만들고 · 사용하고 · 들고 다니며 · 항상 가지고 있다라는 가능성을 짐작케 한다. 이럴 경우 생활근거지에는 가지고 돌아온 도구가 보관 · 관리되었을 가능성이 있는 것이다.

요컨대 도구는 기술전체 가운데 어느 유형의 기술에 관계되고, 따라서 기술이 존재하는 행동에서의 도구이지 기술이 없는 행동 중에서는 도구의 존재를 인정할 수도 없다. 결국 도구의 제작 · 사용으로 식료획득, 의류와 주거의 가공이 가능하여 의 · 식 · 주면에서 충실하게 되고, 환경에 대한 적응력이 강해짐으로써 생활환경의 개선에 노력하여 환경을 지배하게 되고 도구의 제작 · 사용으로 자연에 관한 과학, 기술적 지식을 증대시켜 인간이 기계문명의 길을 걷기 시작하였다.

## 2. 도구발달의 3단계[4)]

지금까지 원시인의 노동용구인 도구나 기기의 기원, 불의 이용 및 발화기술의 기원  등을 설명하였는데 이를 정리하면 3단계로 나눌 수 있고, 도구의 획득과 사용방법 및 사용 후의 처리를 볼 때 발달의 정도에 차이가 있음을 알 수 있다.

### (1) 첫째 단계

자연물 및 아주 간단한 가공물(다만 여기에서의 가공은 동물의 몸체, 이빨, 골각, 수족 등의 경우)을 도구로 하는 단계이다. 한 종류의 도구를 사용하는 가장 단순한 경우를 전기로 본다. 이집트의 머리가 벗겨진 독수리, 다윈 제비, 붉은 색 원숭이 등이 여기에 속하는 것으로 본다. 중기는 몇 종류의 도구를 사용하는 경우이며, 침팬지의 단계가 여기에 해당된다. 후기는 중기보다 훨씬 많은 종류를 사용하는 경우이다. 라마피테쿠스가 이 단계에 속하는 것으로 보며, 도구를 내버리지 않고 보관하면 종류는 많아지게 되고 도구의 보존에서 도구의 개량이 생긴다.

4) 岩城正夫, 원시기술사입문, pp. 102~104.

### (2) 둘째 단계

도구로 가공한 도구를 사용하는 단계(도구의 공구적 사용의 단계, 여기서도 전·중·후의 3기로 나눈다)이다. 전기는 자연석을 공구적으로 사용하여 나무나 뼈를 도구로 만들어 사용한 시기이다.

중기는 석기를 만들 수 있게 된 시기이며, 후기는 불을 일상생활에 사용할 수 있게 된 시기이다. 분화(焚火)기술이 완성되어 화로가 발명되고 인공적인 발화방법도 발명되었으며, 발화도구가 대단히 개량된 시기로, 또 이 시기에는 비도구(飛道具)도 여러 가지로 연구되던 때이다.

### (3) 셋째 단계

기계를 사용할 수 있게 된 단계를 말한다. 전기는 극히 초보적이기는 하나 기계와 같은 것이 출현한 시기이며, 그 이후는 원시기술사의 범주를 벗어난다고 보고 있다. 機械의 '機'는 '베틀기'라고 부른다. 이는 직기의 뜻이다. '機'자를 자세히 보면 나무 木변에 가는 실에 준하는 변형 糸자가 두 개 있어 직기의 형태를 하고 있다. 옛날의 직기는 전부 목재인 점으로 보아 기계의 기원은 직기를 시초로 보고 있다.

## 3. 석기의 사용[5) 6)]

석기는 인류가 처음에 손으로 다룬 도구의 하나이며 오늘날까지 그 이용은 계속되고 있으나 야금술이 발명될 때까지는 가장 요긴하고 편리한 도구로써 중요한 역할을 하였다. 따라서 이 시대를 석기시대(Stone Age)라 부르고 있다.

금속이 출현할 때까지 오랫동안 도구는 주로 석기였다. 구석기시대·중석기시대·신석기시대라는 이름이 생긴 것도 이때문이다. 구석기시대는 다시 전기와 후기로 구분된다. 약 3~4만 년 전의 전기 및 후기 구석기시대의 경계에 형성되기 시작하는 사람의 몸의 구조는 비약적으로 달라졌다. 즉, 현세형의 사람, 호모 사피엔스 사피엔스가 출현, 인류사회의 역사가 시작되는 것이다.

인간에 있어 불과 똑같이 중요한 것은 석기를 만드는 기술이다. 인류의 탄생에서 석기시대를 거쳐 금속기시대로 옮겨가는 약 200만 년간의 사회는 계급이 없는 원시 공동체이며, 노동수단은 공동체의 소유이기도 하였다. 그 사회제도의 제1단계는 원시 집단사회이고, 그 단계에서 기술의 특징은 간단한 도구이다. 원시석기에서 타

5) T. K. Derry · Trevor I. William, A Short History of Technology, pp. 3~5, 1982, Oxford University Press.

6) 鈴木善次 외, 전게서, pp. 75~80.

제석기로의 이행이나 발화기술의 습득에 따라 원시 집단사회에서 모권제 씨족공동체로의 이행이 준비되었다. 발화기술은 인류사에서 최대발명 중의 하나이다.

석기를 목적에 따라 사용하다 보니 원시적인 기술학의 인식이 생겼다. 기술학이란 노동수단과 노동대상 및 그 상호관련, 즉 어떤 석기의 도구를 사용하면 원료·재료의 가공이 능률있게 되느냐 하는 인식활동과 인식의 성과인 지식의 총체이다. 인간은 물질생산의 노동과정에서 그 정신능력을 활동시키면서 노동대상이 되는 자연물의 법칙을 인식하고, 이 법칙을 다시 노동과정에 적용하여 활동의 목적을 실현시키는 일면을 가지고 있다. 이와 같은 법칙을 발견하는 정신노동을 과학적 노동이라 부를 수 있다.

석기를 개량하는 정신노동은 과학적 노동이고, 과학적 노동은 노동의 기원, 즉 인간의 기원과 같이 존재한다. 인간은 자연대상에 직접활동을 가하는 것이 아니고, 그 자체에 하나의 객관적 물재(物材)인 도구(노동수단)를 매개로 해서 활동하며, 노동대상과 노동수단과의 사이인 사물간의 연관을 객관적으로 인식하는 가능성을 열었다. 그리고 원시시대의 단계에 이르렀으나 자연에 관한 보편적이고 체계적인 지식, 즉 자연과학의 단계에는 도달하지 못하였다.

## 4. 석기의 제작기술과 시대구분

선사시대부터 도구의 가장 중요한 소재는 돌(석영, 黑曜石, 규석 등)과 나무였다. 돌의 도구인 석기는 대단히 오랜 기간에 걸쳐 사용되었고, 그러는 가운데 형태나 가공법이 혁신되어 착실하게 진보되었다. 이 석기기술의 진보는 기술발달의 일반적인 경향을 보여 주고 있다.

가장 단순한 형태에서 정교한 형태로, 가장 세련된 형태에서 특수한 형태로 분화되어 그 가운데 복합도구와 같은 복잡하고, 고도의 기술이 등장하게 되는 것이다. 고도화된 석기기술은 다음 기술체계의 출발점이 되고, 전제조건을 만들게 되는 것이다.

석기는 석재를 두드려 만든 타제석기와 연마가공하여 만든 마제석기로 분류되는데, 마제석기도 미리 두드려 모양을 다듬어 두는게 보통이다. 이런 가운데 최초로 등장한 것이 타제석기이고 상당히 뒤에 마제석기가 등장한다.

석기시대 중 타제석기만을 사용한 시대를 구석기시대, 타제석기와 더불어 마제석기가 사용된 시대를 신석기시대라 한다. 구석기시대는 제4기 홍적세 또는 그 이전의 시대에 속하며 고고학상 시대구분의 가장 오랜 단계이며, 신석기시대는 충적세가 된 이후의 시대로 토기가 발명되어 농경과 목축이 시작, 생산경제가 등장한다. 지역에 따라서는 구석기시대와 신석기시대의 사이인 퇴빙기에서 후빙기까지의 시기에 세석기의 발달이나 어로의 개시 등으로 특정지어지는 중석기시대(Mesolithic Age)를 설정하는 경우도 있다.

선사시대를 석기기술에 따라 시대구분을 하면 대체로 표 2·1과 같다.

**표 2·1 선사시대의 기술발달의 기본단계**

| 시 대 | | 연 대 | 석 기 |
|---|---|---|---|
| 구석기시대 | 전기 | ~B.C. 40만 년 | 서(曙)석기~역(礫)석기 |
| | | B.C. 40만~B.C. 10만 년 | 석핵석기 · 도끼 |
| | | B.C. 10만~B.C. 4만 년 | 박편석기, 구형 석핵석기 |
| | 후기 | B.C. 4만~B.C. 1만 2000년 | 돌 칼(骨角器) |
| 중석기시대 | | B.C. 1만 2000~B.C. 7000년 | 세석기, 화살 촉 |
| 신석기시대 | 초기 | B.C. 7000~B.C. 4000년 | 자루가 붙은 토기(用具) |
| | 후기 | B.C. 4000~B.C. 3000년 | 복합용구, 농경용구 |

## 5. 석기의 가공방법 및 발달[7)]

석기제작에 있어 석기의 재료(石材)는 만드는 도구의 용도나 가공법에 따라 선택하며 어느 돌이든 좋은 것은 아니었고, 타제석기는 석영류 · 흑요석이 많이 사용되었다.

석핵에서 박편을 얻는 기술은 많이 알려지고 있다. 먼저 석재에 직접타격을 가하는 방법(直接打擊法)에는 역석으로 석재를 두들겨 쪼개거나(hammer stone technique), 석재를 받침 돌에 두들기거나(anvil technique), 받침 돌 위에 놓은 석재를 다른 돌로 두들기거나(bipolar technique), 뼈 · 뿔 · 나무 등 연한 재질의 나무 막대로 두들겨 쪼개는 방법(soft cylinderical hammer technique) 등이 있다.

뼈 · 나무 등의 간접타구(打具)로 석재에 충격을 가하는 점으로 보아, 즉 헤머나 돌로 두들기는 방법을 간접타법이라 부른다. 양쪽이 날카로운 칼날을 형성하는 길이가 긴 박편(石刃)을 미리 조정된 석핵에서 연속적으로 잘라내는 석인기법(石刃技法—blade technique)에는 주로 간접타격법이 사용된다. 또 석재에 뼈나 나무 막대를 강하게 압력을 가해 박편을 만드는 가압박리법(加壓剝離法—pressure flaking)이라는 기법도 있다.

석기의 제작 · 사용의 경험이 축적되면서 석기의 표준화가 시도되었고, 가공의 수준도 향상되어 형태도 일정한 모양이 생기면서 자연석을 가공하는 데 가장 적합

7) 鈴木善次 외, 전게서, pp. 77~79.

한 형태가 주어지게 되었다.

표준화된 것도 조잡하게 가공한 것부터 정밀한 가공의 수준에 이르기까지 석기를 단계별로 나누어 보면 다음과 같다.

#### (1) 석핵(石核 몸돌)석기

가장 먼저 출현한 석기이며, 석핵을 석기로 이용한 것으로 두들겨 깨거나 끊어내거나, 두들기거나 하는 만능적인 용도의 것이다(그림 2 · 1). 만능의 편리한 도구로 전기 구석기시대에 널리 사용되었고, 아프리카, 유라시아 대륙에서 볼 수 있으며, 주먹 또는 손 도끼(握斧, hand axe)라고도 한다.

#### (2) 박편(剝片)석기

박편석기는 석핵석기를 만드는 과정에서 떨어져 나온 예리한 칼날 면을 가진 것이며, 주로 자르는 도구로 사용되었다(그림 2 · 2). 전기 구석기시대에도 있었으나 다음의 중기 및 후기 구석기시대에서 석기의 주류를 형성하였으며, 문지르는 연장 · 절단용 칼날 · 홈 파는 연장 · 첨두기 · 돌 창 · 구멍 뚫는 돌 송곳 등 용도에 맞춘 각종의 석기가 만들어졌다.

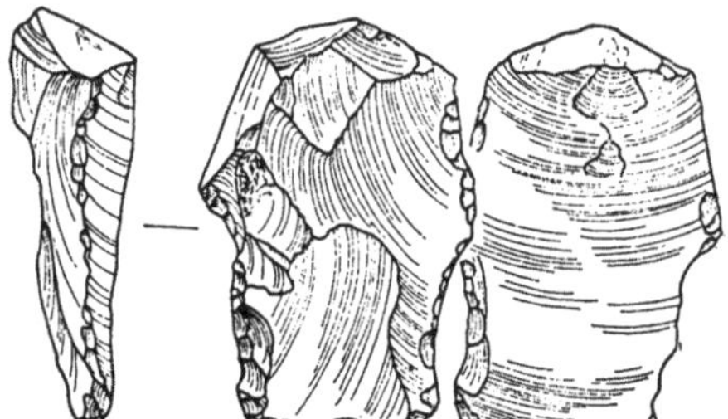

그림 2 · 1 석핵석기

그림 2 · 2 박편석기

#### (3) 귀형(龜形) 석핵석기

귀형 석핵석기는 박편석기의 일종이나 제작방법이 2차가공을 하여 발달한 것으로, 구석기시대 중기와 후기에 돌을 연마하여 도구 · 무기를 만드는 레발로지언(Levallosian) 공작의 전형(典型)이다(그림 2 · 3).

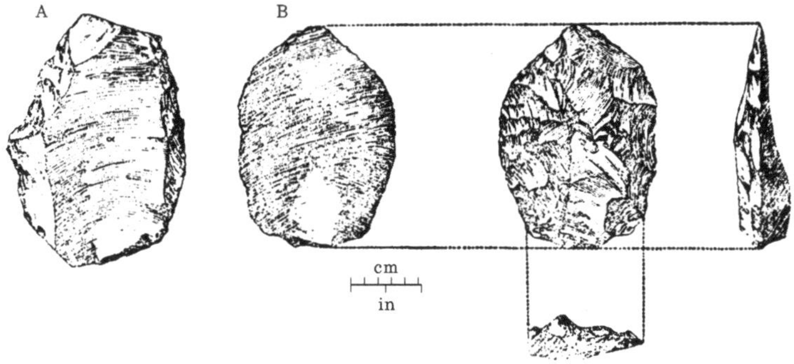


**그림 2 · 3 귀형 석핵(A)에서 떨어진 박편석기(B)**

### (4) 돌 칼날(石刃)

석기의 다음 발달단계를 가름한 것이 되며, 4만 년 전부터의 후기 구석기시대의 공작에서 많이 볼 수 있다(그림 2 · 4). 지금까지의 석핵석기나 박편석기는 만능적인 용도의 것이었으나 돌 칼날은 특수화된 전문적인 도구의 단계에 도달하고 있었다. 이런 특수한 전문용구는 도구를 정밀하게 가공할 수 있어 도구를 만드는 도구(공구)가 된 것이다. 공구는 자연적인 도구보다 훨씬 다양한 형태의 기구를 창출할 가능성을 준비하는 것이며 물리적, 기계적 과학의 기초인데 나무나 뼈를 정교하게 가공하거나 다듬질하기가 쉽게 되었고, 도구의 성능이 현저하게 향상되었으며, 또 도구의 종류와 수량도 매우 많아졌다. 그림에서 A는 손 송곳, B · E는 문지르는 도구, C는 외날 칼, D는 끌이다.

도구를 만드는 도구라고 하는 것은 인간만이 제작 · 사용하는 것이며, 도구의 발달사상 획기적인 의미를 갖는다. 돌 칼날은 후기 구석기시대 이후에 보이는 석기의 모양이다.

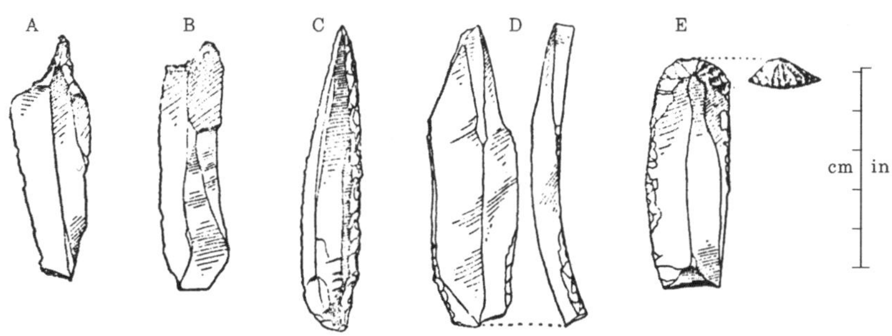


**그림 2 · 4 돌 칼날**

## 2.3 세석기화(細石器化)

도구를 만들 목적으로 이루어지는 돌의 가공은 점차 개량되었다. 후기 구석기시대가 끝날 무렵까지는 주로 자르고 깨는 방법의 개량에 의해 도구의 효율이 좋아졌다. 작은 동물이나 새들의 사냥으로 바뀌었기 때문에 아주 우수한 도구를 만들 필요성이 생겼다.

지금까지의 석기가공법을 개량하는 것만으로는 석기의 능률을 향상시킬 수는 없고, 전혀 새로운 해결대책이 필요하게 되었다. 여기서 중석기시대에 발명되어 널리 파급된 것이 끼우기식 노동용구였다. '끼우기식 노동용구'는 석기시대의 최고의 성과 중 하나이다.' 끼우기식 노동용구의 자루는 나무나 뼈로 만들고 칼날의 부분은 세석기라 불리는 대부분 석재로 소형의 돌칼(대부분 박편제품)을 결합하여 제작하였다. '세석기화'[8]의 과정에 의해 도구의 칼날부분을 극도로 작게 만들어 대단히 효율이 좋은 도구를 만들 수가 있었다.

세석기는 소형의 돌칼이나 작은 박편을 원재료로 삼았고, 깨끗한 면을 가진 삼각기둥이나 원뿔형의 석핵에서 길이 7~10cm, 나비 약 0.5cm의 돌 칼날이 잘려 나왔다. 돌 칼날의 가장자리는 날카로워 2차가공을 하지 않고도 사용하는 경우가 많았다. 그림 2·5와 같은 작은 돌 화살촉을 볼 수 있는데 유럽, 서아시아, 중앙아시아 및 아프리카 등에서 삼각형·4변형·사다리형꼴·반달형 모양을 한 세석기가 발견되고 있다.

세석기화의 과정은 끼워넣는 부품의 규격화를 촉진하여 그 결과 새로운 석기를 만들지 않고 파손·마모 등 필요한 경우, 개개의 부품을 교체할 수 있게 되었다. 세석기의 제작에는 원료가 적어도 되고 인간이 자연환경에 좌우되는 경우도 적게 되었다. 세석기의 원재료가 되는 소형 칼, 박편을 잘라내기 위해서는 하천에 널려 있는 역석기를 이용할 수도 있었다.

이 끼우기식 노동용구의 발명과 광범위한 보급으로 인해 원시 기술혁명이 일어났다. 전혀 새로운 노동수단은 여러 가지 경제활동에 이용하게 되었고, 그 결과 수렵(채집경제)에서 농경·목축(생산경제)으로 옮겨지는데 꼭 필요한 기술적 전제를 만들어 내었다. 결국 끼우기식 노동용구의 발명이 농경과 목축으로 옮겨가기 위한 기술적 전제가 된 것이다.

---

8) 소련 과학아카데미 편(光不二夫외 역), 전게서, pp. 27~28.

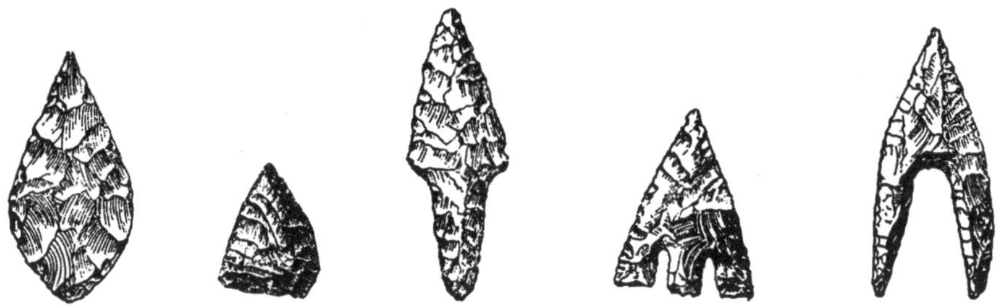


그림 2 · 5 돌 화살촉

## 2.4 수렵용구의 발명 · 개선

### 1. 활 · 화살 이전의 수렵(사냥)기술[9][10]

고릴라 · 침팬지 · 오랑우탄(orang utan, 산림 속의 사람) 등 인류와 가장 가까운 유인원은 거의 채식동물인데 이들 유인원과 달리 우리 인류는 잡식동물로 이런 사실이 사냥이라는 동물의 포획행위를 숙명지웠다고 본다. 지금으로부터 약 1만 년 전 식료를 자기의 손으로 생산할 수 있게 될 때까지는 인류는 식료의 대부분을 야생동물의 사냥과 식용 식물의 채집에 의해 얻었다. 식용 식물과 달라 움직이는 동물을 잡는데는 나름대로의 기술이 필요하였고, 이러한 필요성으로 인류는 여러 가지 수렵기술을 발전시켜 왔다.

수렵기술은 바로 채집경제(採集經濟 ; food gathering) 또는 획득경제의 시작이다. 수렵생활시대에는 사냥감을 찾아 이주하는 생활을 하였다. 이 시대에는 이동의 자유도를 확보하는 것이 '물'(物)의 가치판단의 기준이었다. 살아가기 위해 필요한 식량과 의료(衣料)를 획득하기 위해 사냥감을 잡고, 사냥을 달성하기 위한 도구만을 몸에 지니고 돌아다니면서 살았다. 이 시대에는 "자기를 위해 필요한 것을 필요한 시기에 자기가 만든다"라는 생산방식이었다. 목적으로 하는 도구류의 재료로는 석재 · 동물의 뼈 · 뿔 · 이빨 · 조개 껍질 등 다양하였다.

원시인류는 처음부터 수렵 · 채집생활자였다. 猿人은 약한 동물이나 사체를 찾

---

9) 山崎俊雄 외 편, 전게서, p. 8.

10) 岩城正夫, 원시기술사입문, p. 40, pp. 45~46.

거나, 자연에 있는 돌이나 나무 막대, 짐승의 뼈를 이용하여 사냥을 했다고 본다. 北京原人이 여러 가지 동물의 고기를 먹은 사실은 동시에 출토된 동물의 뼈(노루, 말, 사슴, 들소, 코끼리, 무소) 등에서 알 수 있다. 클라크 하우엘에 의한 안푸로나 유적의 복원에 따르면, 原人은 동물의 습성 · 풍향 등의 지식, 불의 사용과 운반기술, 집단적 조직활동을 통해 코끼리 사냥을 하였다고 한다.

또, 목창은 原人도 사용하였으나 구인의 시대에는 뾰족한 끝이 굽혀져 주요한 무기가 되었을 가능성이 크다. 수렵의존도가 많게 된 신인의 시대에는 투창기와 창 끝에 붙이는 첨두기(尖頭器)가 발명되어 더욱 유효한 무기가 되었다. 인간의 팔뚝을 늘린 것 같은 지렛대를 겸한 투창기의 이용으로 날으는 거리가 손으로 던지는 경우보다 2배 이상이며, 수십 미터 이상에 도달하기도 했을 것으로 생각된다.

원격무기로는 기계의 연결고리인 비도구(飛道具)로 볼라(Bolas, 그림 2 · 6)와 부메랑(Boomerang, 그림 2 · 7), 입으로 불어서 날리는 화살(그림 2 · 8) 등이 있는데, 볼라는 중기 구석기 시대에 사용한 듯하며, 이 도구는 2~3개의 돌멩이에 줄을 감아 던져 작은 동물이나 새를 잡았고 부메랑은 1만 몇천 년 전에 사용한듯 하다.[11]

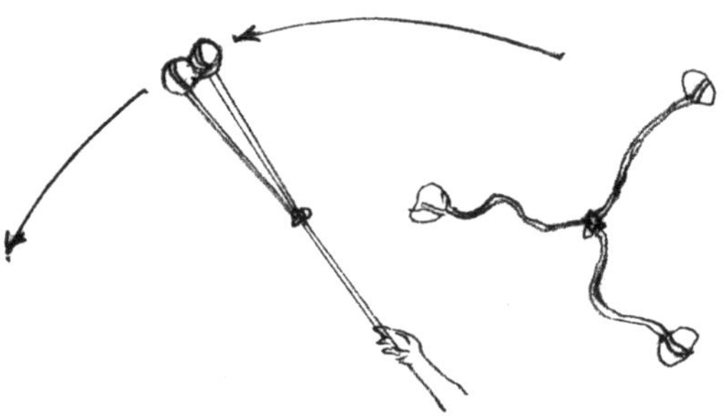

그림 2 · 6 볼라

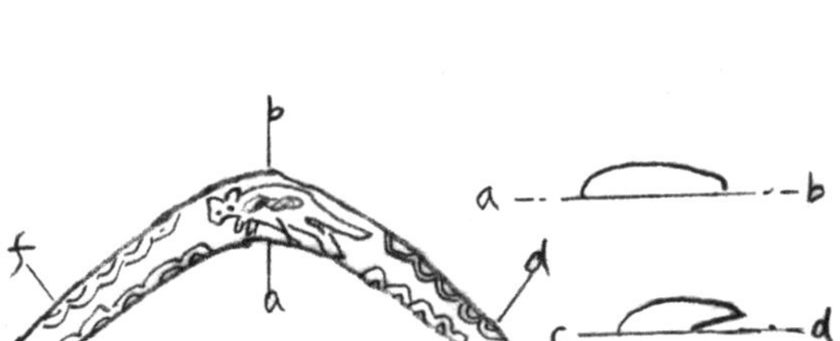


그림 2 · 7 부메랑

그림 2 · 8 부는 화살

이들 무기뿐만이 아니고 구덩이, 집단으로 동물 무리를 낭떠러지에 떨어트리거나 좁은 골짜기에 몰아 넣어 동물을 사냥하는 방법도 사용하였다.

---

11) 岩城正夫, 원시기술사입문, p. 41, p. 45, p. 46.

잡식동물인 인류가 동물의 포획을 위한 무기를 발달시키고 여러 가지 방법을 고안하여 왔으며 이것이 기술적 진전에 보이지 않는 공헌으로 보며, 아울러 동물의 생태를 관찰하여 지식을 축적, 그 지식으로 동물의 가축화에 중요한 구실을 한 것임에 틀림없다.

## 2. 활 · 화살의 발명과 수렵12) 13)

최초의 매우 복잡한 조립식의 끼우기식 노동용구는 활과 화살이었다. 활은 나뭇가지나 연한 나무를 굽히면 에너지가 축적되고, 굽힌 것을 놓으니 에너지가 발산되는 것을 관찰한 결과로 볼 수 있다. 활 · 화살은 인간의 근력을 활에 축적하여 그 에너지를 순간적으로 발산, 화살에 전해 화살을 멀리까지 날려 보내는 원격무기의 일종이다.

활 · 화살은 후기 구석기시대가 끝나고 중석기시대 초기에 발명된 것으로 보인다. 널리 보급된 것은 중석기시대 내지는 초기 신석기시대이다. 이 단계가 되어 처음으로 활 · 화살이 발명된 것은 기술발달사에서 충분히 설명된다. 먼저 돌 화살촉과 같은 소형의 석기제작은 전기 및 중기 구석기시대의 기술로는 불가능하였다. 다음에 후기 구석기시대가 되어 칼 · 대패 · 끌 등 목공도구의 기능을 갖춘 석기류가 등장하여 비로소 활 · 화살을 만들 수 있었다. 간단한 활의 그림이 고대 앗시리아와 이집트의 출토품에서 보인다. 활은 고대 로마인, 갈리아인 및 게르만인에게도 알려져 있었다.

이때의 활은 덴마크의 호르무가드에서 출토된 둥근 나무 활인데 길이가 60cm~2m 정도이며, 화살은 안정된 비행을 위해 깃털이 붙어 있으며, 끝에는 세석기가 붙어 있었다(그림 2 · 9). 중석기시대 이후 활 · 화살은 중요한 무기로 발달, 오스트레일리아를 제외하고 전 지구상에 분포되기에 이르렀다.

활 · 화살의 사용으로 집단 사냥뿐만 아니라 개인 사냥도 효율적으로 되어 발 빠른 동물도 포획할 수 있게 되면서 인간노동의 생산성이 향상되어 여러 가지 점에서 수렵부족의 생활이 편안하고 안정되어 생활에 여유가 생겼다. 이는 특히 중요한 점으로 다른 생산활동(곡류를 포함하는 식용 식물의 채집, 야생동물의 사육, 어로, 조개류의 채집)을 할 수 있는 여가가 생겼음을 말한다.

사냥만으로는 식료의 수요를 충족시킬 수 없는 상태에서 이는 매우 중요한 사실이

12) 소련 과학아카데미 편(金光不二夫 외 역), 전게서, pp. 29~31.
13) 山崎俊雄 외 편, 전게서, p. 9.

었다. 또 활 · 화살의 발명과 사용만으로는 농경과 목축으로의 이행도 되지 않았고, 다른 용구인 칼, 이어서 야생곡류 채집의 도구인 낫도 사용된 것으로 보인다.

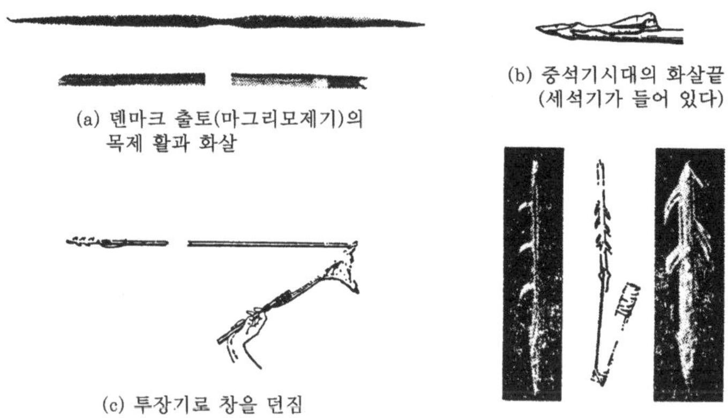

(a) 덴마크 출토(마그리모제기)의 목제 활과 화살

(b) 중석기시대의 화살끝 (세석기가 들어 있다)

(c) 투장기로 창을 던짐

(d) 끝이 분리된 작살

그림 2 · 9 화살과 투창

그리하여 사냥의 발달은 들 짐승의 가축화와 원시목축의 발생을 촉진하여 모권제 씨족공동체가 허물어지기 시작하고 부권제 가족이 발생되었다. 동시에 조잡한 칼, 낫 등의 사용을 통해 곡류를 포함하는 식용 식물의 채집에서 원시적인 농업이 형성되기 시작하여 돌로 만든 농기구가 사용되기에 이르렀다. 이 시대의 원시인은 동굴이나 그 부근의 가까운 언덕에 살았으며 일부 거주지는 열린 토지에도 살았던 것으로 추정된다.

## 2.5 도구의 활용 및 복합도구

### 1. 도구의 활용과 손의 발달

도구의 수가 늘어나고, 점차 정교한 도구가 되고 석기 · 곤봉 · 토기 · 동물의 뼈나 뿔 등 종류가 다양화되면서 인간생활에 점차 중요한 구실을 하게 됨에 따라 인간의 손은 복잡한 작업이 가능하게 되었다. 도구를 사용하는 인간노동은 손에 특별히 예민한 촉각을 주고, 또 손과 시각과의 밀접한 연계동작을 가능하게 하였다. 노동은 손을 발달시켰고, 손이 발달됨에 따라 더욱 더 노동의 내용과 질을 풍부하게 하였다. 손의 발달과 풍부한 노동내용은 동시에 오랫동안의 목적의식적인 노동과 도구도 진화시키고 인간의 뇌를 발달시켜 노동의 지적 수준을 향상시켜 공동노동의 필요에서 언어가 생기게 되었음은 이미 설명한 바 있다.

오스트랄로피테쿠스류의 뇌 부피는 고릴라와 거의 변화가 없으나, 호모 에렉투스가 되어 배로 늘어나고, 불을 사용하고 발달된 박편석기의 문화를 가지고 있던 네안데르탈인은 현생인류와 거의 비슷하거나 그 이상의 뇌 부피를 가지고 있었다. 인간의 뇌는 장기간에 걸쳐 목적 · 의식적인 노동과 도구의 진화와 함께 한 발자국, 한 발자국씩 발달하여 왔다.

석기 등의 도구가 확실하게 발달되고, 또 점차 정교하고 다양하게 된 것은 도구를 버리지 않고 보존하였기 때문일뿐이다. 도구를 다음의 사용기회를 위해서 보존하거나 사용장소가 다른 곳에서 미리 제작하거나 한 것을 '상상한다'는 그 사실은 뇌의 의식적 활동없이는 생각할 수 없는 뛰어난 두뇌활동이다. 따라서 지적 활동으로 이루어진 도구의 보존은 인류역사에서 기술의 위대한 발달의 한 계기가 된 것이다. 기술발달의 첫 걸음은 동일한 도구 등을 반복하여 사용하면서 염두에 둔 경험을 활용하여 '보다 좋은 도구'로 만들어 감에 따라 시도된 것이다.

## 2. 복합도구의 등장[14)]

앞에서 설명한 세석기는 소형이었기 때문에 자루를 붙여 사용하는 경우가 많아졌다. 약 4만 년 전 이 끼우기식 노동용구(세석기+자루)의 발명과 광범위한 보급에 따라 원시 기술혁명이 일어났다는 사실은 이미 세석기부분에서 설명하였다. 전혀 새로운 노동수단은 여러 가지 경제활동에 이용하게 되고, 그 결과 수렵(채집경제)에서 농경과 목축(생산경제)에의 이행에 결정적인 기술적 전제를 만들었다.

도구(또는 기계)를 잘 살펴보면, 대개의 경우는 기능이 다른 세 부분으로 성립되어 있음을 알 수 있다. 즉, 손의 운동이 주어지는 원동부, 자연대상(노동대상)에 직접 접촉되어 노동대상을 가공하는 작업부, 원동부에 주어진 손의 운동을 작업부에 전하는 전도부이다. 자루가 붙은 도구란 원동부와 작업부와의 간격이 자루가 없던 그때까지의 석기에 비해 상대적으로 길게 되어 있으며, 따라서 원동부와 작업부가 상대적으로 나누어져 있다.

신석기시대에 접어들어 원동부와 작업부가 분리되어 재결합된 듯한 복합도구가 발명되어 사용되었는데, 이러한 복합도구는 도구의 구조상 변화와 도구의 특수화

---

14) 鈴木善次 외, 전게서, pp. 81~82.

(=단능화)의 더 한층의 발달 및 초보적인 메커니즘 경험의 일정한 축적에 의해 가능하게 되었다고 생각된다.

그림 2·10은 이러한 복합도구의 한 보기로, 이 활 송곳은 구멍을 뚫는 데 사용되었으며, 활을 전후로 밀고 당기는 운동은 가죽으로 만든 활줄을 통해서 송곳의 회전운동으로 바뀐다. 왕복운동을 회전운동으로 바꾸는 최초의 메커니즘이다. 이 도구와 같이 원동부와 작업부가 분리되어 그 사이에 운동의 변환을 하는 기구가 조립되어 있어 이집트에서 B.C. 약 2500년 전부터 사용되기 시작하였다고 전해진다.

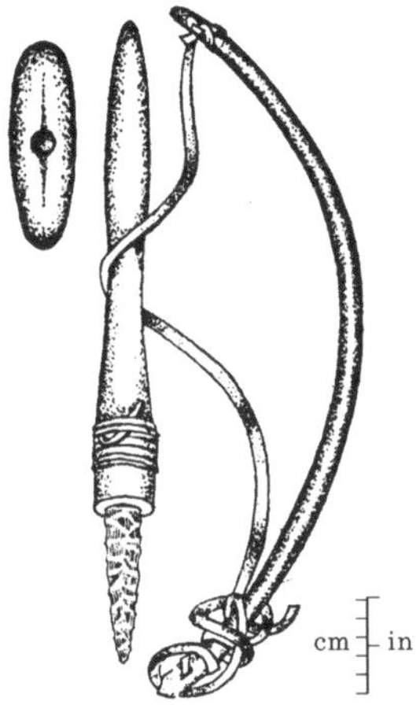

**그림 2·10 활 송곳**

활을 전후로 움직여 동력을 주는 손과 송곳을 잡고 바로 지지하며 제어하는 손이 각각 다른 사람의 손이므로 작업에는 전혀 차질이 없다. 도구의 목적에 적합한 운동에 필요한 동력과 제어라고 하는 기본적인 기능이 여기서는 분리되고 독립되어 있다. 이러한 것은 지금까지의 한가지 원소로 된 석기에서는 생각할 수 없다. 한가지 원소로 된 석기에서는 동력기능과 제어기능은 동시에 하나의 손으로 맡게 되고 분리가 되지 않았다. 따라서 한가지 원소로 된 도구에서는 동력을 주는 손은 우수하고 손재주가 뛰어난 제어능력을 가지고 있지 않으면 불가능하다.

도구의 기능이나 크기는 인간 주먹 힘의 한계 내에 억제되고 그 이상의 것으로는 발달할 수 없다. 이와는 반대로 동력기능과 제어기능이 분리되어 독립된 듯한 도구에서는 각각의 기능이 독자적으로 발달될 가능성을 갖고 있으며, 동력기능을 담당하는 손은 동시에 뛰어난 손재주를 요구하는 경우는 없다. 그렇지만 인간의 손을 떠나 발달할 수도 있었다. 즉, 자연력의 이용이다. 인류는 동력과 제어가 분리된 복합도구를 발명하여 사용함으로써 비로소 자기근육의 힘 이외의 자연력을 노동의 동력원으로 이용하는 수준에 도달할 수가 있었고, 이러한 것이 실현된 것은 농경에서 가축의 힘을 이용한 쟁기 기술이 최초였다. 복합도구의 발명과 사용이 가축의 힘을 이용하는 쟁기 기술로 발달하였다고 볼 수 있다.

## 2.6 신석기 혁명과 농경 · 목축

### 1. 석기의 새로운 가공법15)

중석기시대가 끝날 무렵에 근동의 다수지역에 생산경제(농경과 목축)의 성립과정이 시작되었다. 다른 지역에서는 채집경제에서 생산경제로의 변화 즉, 수렵에서 농경과 목축으로 옮겨진 것은 신석기시대, 금석 병용시대 및 청동기시대이다.

신석기시대라는 명칭은 대형석기의 새로운 가공법－연마 · 구멍 뚫기 · 절단－이 널리 보급되면서부터이다. 이들 방법에 의해 인간은 옥(玉)의 종류인 연옥 · 경옥 · 벽옥 · 현무암 등 새롭고 매우 단단한 암석의 가공을 하 수 있게 되었다. 이들 암석은 대형의 돌 도끼 · 손 도끼 · 끌 · 곡갱이 · 발로 밟는 쟁기를 만들기 위한 원재료가 되었다. 석기의 원재료를 만들기 위해서는 전부터와 같은 박리법(剝離法)이나 절단법도 사용하였다. 먼저 원재료를 필요한 기하학적 형상으로 만들고 그것을 연마하였는데 석기의 건식 및 습식의 연마법이 사용되었다. 소련의 에스 아 세뮤노프는 저서「석기시대에서 기술의 발달」(1968)에서 단단한 슬레이트의 마제 돌 도끼 제조에 2.5~3시간, 연옥(軟玉)제 돌 도끼의 칼날을 연마하는데 10~15시간, 돌 도끼 전체를 연마하는데는 20~25시간이 소요된다고 하였다.

초기에 연마된 석기는 중석기시대에 이미 등장하고 있었으나 넓게 보급된 것은 신석기시대뿐이다. 가장 효과적인 것은 마제석기였고, 절단 · 구멍 내기 · 다듬질에 의해 석기를 일정한 모양으로 만들고 그 표면을 매끄럽게 할 수 있었다. 마제석기를 사용하면 가공대상이 된 재료의 저항이 적어 그 결과 노동의 생산성이 매우 향상되었다.

석기의 새로운 제작법은 그 이용효과를 높혔다. 돌의 덩어리를 양면가공하고 그것을 가죽 끈으로 나무 자루에 고정한 후기 구석기시대의 돌 도끼로 나무를 자르는 것이 곤란하였다. 마제 돌 도끼에 구멍을 뚫고 나무 자루를 힘껏 고정하고 그것

15) 소련 과학아카데미편(金光不二夫 외 역), 전게서, pp. 32~38.

으로 나무를 자르고 작은 배를 만들고 기거하는 집을 지을 수 있게 되었다. 마제 돌 도끼는 삼림지역에 사는 종족에게는 큰 경제적 의미가 있었다. 이 지역에서는 마제 돌 도끼가 없었다면 농경으로 옮겨가는 것은 불가능하였을 것이다.

## 2. 농경 · 목축의 기원16)17)

원시공동체의 생산방식에서는 획득한 모든 생산물과 모든 노동용구는 집단의 소유라는 평등관계가 완전히 지배적이었으나 중석기시대와 신석기시대의 초에 일어난 '원시 기술혁명'은 이 생산방식의 제1단계(사냥 · 식용 식물의 채집)에서 제2단계(농경과 목축)으로 옮겨가는 데 필요한 경제적 전제를 만들었다.

조립식의 끼우기식 석기와 마제 대형석기의 보급에 의해 노동의 생산성이 크게 향상되어 생산력의 도달수준과 균등한 분배방식과의 사이에 모순이 생겼다.

이 모순은 이른바 '신석기 혁명'(농업혁명)에 의해 해결되었다. 이것은 생산혁명이었다. 이 혁명의 요점은 채집경제에서 생산경제로 즉, 수렵에서 농경과 목축으로의 변화이다. 원시공동체 생산방식의 제2의 발전단계에서 지배적으로 된 것은 노동에 의한 분배방법이다. 즉 노동용구는 각 개인에게 분배되고 그 사람이 획득한 식료의 일부는 많든 적든 완전히 그 사람의 소유가 되었다.

'신석기 혁명'이라는 용어는 채집경제에서 생산경제로의 변화과정을 특징지우기 위해서 1930년대에 영국의 과학자 G. 차일드(G. Childe, 1892~1957)가 도입한 용어이다.

### (1) 농경문화

농경과 목축의 일반적인 기원에 대해서는 견해가 여러 갈래로 나뉘어지고 있다. 목축은 수렵종족 안에서 발생하였고, 농경은 식용 식물을 채집하던 종족에게서 발생되었다고 보는 연구자도 있고, 또 농경이 발달된 결과 동물을 번식시키기 위한 전제(사료)가 마련되었을 때, 처음으로 목축이 발생했다고 주장하는 연구자도 있다. 최근의 고고학의 자료는 농경과 목축으로 옮겨갈 수 있는 전제조건이 만들어진 것은 중석기시대에 수렵 · 어로 · 채집을 동시에 일으킨 종족이라고 표시하고 있다.

약 1만 년 전 빙하기가 지나가고 중석기시대가 끝날무렵 인류의 활동이 활발해지면서 세계 각지에서 곡물을 재배하기 시작하였다. 최초의 농경은 텃밭 가꾸기

16) 山崎俊雄 외 편 전게서, pp. 13~15

17) 제레드 다이아몬드(김준식 역), 전게서, pp. 151~153.

(garden culture)일 것으로 본다. 농업과 농경은 지중해 동부의 산지인 "비옥한 초승달 지대"에서 약 11,000년 전에 시작, 약 8000년 전부터 중국에서 쌀을 재배, 약 5000~4000년 사이에 농경이 세계 여러지역에서 출현하였다고 보기도 한다.

1930년대에 소련의 바빌로프(N. I. Vavilov, 1887~1943)는 재배식물 및 농경문화의 독립된 발상지라고 생각되는 곳을 밝힌 바 있다. 제1의 발상지는 현재의 터키, 이란, 아프카니스탄, 내륙아시아 및 파키스탄이고, 제2는 인도, 아시아 대륙이나 인도차이나, 제3은 중국의 동부와 산악지대, 제4는 지중해 여러 나라, 제5는 아프리카의 동부와 산악지대(특히 에티오피아)이다.

다른 한편으로, 농경의 기원은 단원설을 토대로 전파설이 많이 논의되었다. 그 예로 B.C. 5200년에 서아시아에서 그리스로, B.C. 4000년까지는 불가리아의 다뉴브강까지, 바로 이어서 북해연안까지 최초로 농경이 각지로 전파되었다는 설과, 동남아시아 근재농경(根栽農耕)이 가장 오래된 것이며 여기서 서아시아, 동아시아로 농경이 전파되었다는 설이다. 이와 같은 단원설을 비판하여 생긴 것이 다원설이다.

다원설은 농경문화 가운데 그 지리분포에서 전파나 발생을 추론하는 입장이며, 농경문화를 그 기본복합에 기초를 두어 넷으로 나누며, 각기 독립해서 발생된 것으로 결론짓는다. 즉, ① 동남아시아 기원의 근재 농경문화(바나나, 토란, 사탕수수 등), ② 아프리카나 인도 기원의 사바나 농경문화(깨, 논에 나는 피, 박 등), ③ 지중해 기후지대 기원의 지중해 농경문화(보리, 밀, 완두콩 등), ④ 중미·남미대륙의 신대륙 농경문화(옥수수, 호박, 감자 등)인데, 그 가운데 가장 오래된 것이 근재 농경문화로 추정된다.

각 농경문화를 형성하는 주요한 재배식물은 그 조리법을 통해 각각의 요리문화와 깊은 관계가 있을 것으로 본다.

#### (2) 인류와 동물과의 관계

인류는 앞서와 같은 농경에 의한 생활양식을 형성하였을뿐만 아니라 또 다른 하나의 생활양식, 즉 목축생활도 형성하였다. 인류와 동물과의 관계는 ① 식료나 의료로 야생동물을 채취한 이른바 수렵시대(구석기시대, 1만오천 년 이전의 옛날), ② 순록·말·낙타·양·산양 등을 가축으로 만든 유목민족이며, 뒤에 기마 유목민족이 되었고, ③ 양·산양·소·돼지 등을 가축으로 만든 농경과 목축민족 등이 발생하였다. 이 ②와 ③은 신석기시대, 1만 년 이전의 일이라고 생각된다.

목축은 개개인이 단순히 가축을 사육하는 것이 아니고 어떤 집단(하나의 민족,

하나의 부족적인 그룹)이 전적으로 사육동물에 의지하여 생활하는 것을 말한다. 이와 같은 목축에 적합한 동물은 무리를 이루는 발굽이 있는 동물(有蹄類 ; 염소 · 면양 · 소 · 말 · 낙타 등)로, 보통 가축이라고 말하는 애완동물은 물론 돼지 · 개 · 고양이, 집에서 기르는 새 등은 제외된다.

농경문화와 목축의 발생관계를 살펴보면, 지중해 농경문화만이 목축과 관계가 있을 것으로 판단되고, 다른 세 종류의 농경문화에서는 볼 수가 없다. 목축이 어떤 과정에서 생겼는가에 대해서는 여러 가지의 학설이 있으나, 20세기 초 에디알트 한(Ediart Hahn)은 고대 동양의 농경사회에서 종교의식에 사용하기 위해 소가 가축화되어, 그 후 농경민의 일부가 목축민이 되었다고 한다. B.C. 1만 년~B.C. 8000년 사이, 서아시아의 사막 오아시스 지대에 살던 수렵종족에서 염소의 목축을 그 기원으로 보고 있기도 한다.

### (3) 가축화 · 작물화의 발원지

독립적인 가축화 · 작물화의 발원지에 관한 재레드 다이아몬드의 이론에 따르면 또 다른 견해를 제시하고 있다. 첫째로, 근동이나 비옥한 초승달지대라고 부르는 서남아시아(B.C. 8500년경, 밀 · 완두콩 · 올리브, 양 · 염소), 둘째는 중국(B.C. 7500년 이전, 벼 · 기장, 돼지 · 누에)이고, 셋째는 중앙아메리카(B.C. 3500년 이전, 옥수수 · 감자류 · 호박 · 칠면조), 넷째는 남아메리카의 안데스산맥 및 인접한 아마존강 유역(B.C. 3500년 이전, 감자 · 마디오크, 라마), 다섯째는 미국 동부(B.C. 2500년경, 해바라기 · 명아주, 동물은 없음) 등이라고 주장하고 있다(그림 2 · 11).

약 1만 년 전에 빙하기가 끝나고 지구의 온난화에 따라 거듭되는 홍수는 각 발

그림 2 · 11 독립된 가축화 · 작물화의 발원지

원지 상류의 비옥한 토양을 하류쪽으로 몰고 왔다. 사냥에 의한 식료획득과 농경 · 목축에 의한 식료생산으로 변환되는 계기는 이와 같은 지구환경의 변화, 인간의식의 변혁으로 이룩된 것이다. 또 동물과 인간의 공생관계가 증대되고 인간이 목축민이 되기 위해서는 가축의 젖 짜는 것과 수컷의 거세(去勢)라는 두 가지의 기술이 중요하다고 한다. 목축민은 고기가 아닌 우유를 마시며, 숫놈의 거세는 수컷끼리의 싸움을 없이하여 무리의 붕괴를 방지하고 통제를 유지하는 데 의미가 있다.

## 2.7 원시적인 분업의 시작

### 1. 농경 · 목축으로 정주생활, 자연적 분업 발생

석기기술의 개량, 활 · 화살의 발명으로 노동의 생산성이 향상되고 식료사정의 호전으로 원시생활은 훨씬 편안하게 되었음에 틀림없다. 화살 끝에는 독을 바르는 것이 일반화되었다고 생각되어 지금까지 몇 사람이나 몇 십명에 의해 포획된 큰 짐승도 한 사람이 잡을 수 있게 되었다. 따라서 (1) 수렵용구의 개선 · 발명, (2) 동일지역에서 얻어지는 식료의 증가, (3) 생산수단의 공동소유, (4) 동일지역에서 체재의 장기화 등으로 보다 큰 무리(원시 씨족공동체)의 형성이 가능하게 되었고, 그 가운데 성별 · 연령별의 자연적인 특성에 따라 일을 분담하는 최초의 분업인 자연적 분업이 발생하였다.

남자는 일정기간 거주지를 떠나서 수렵하는 데 여자보다 적합하고, 여자는 거주지에 남아 육아 · 어로 · 곡류 및 식용 식물의 채집 · 야생동물의 사육 · 수확물을 요리하는 일이며 기타의 가사 일을 하게 되었다.

이와 같은 공동체(최초는 모권제 씨족사회)에서 친족관계는 모계인 어머니만의 혈통에 따른다고 추정하고 있다. 농경이 여성위주이므로 모계중심(matriltnear)이라 보면 된다. 따라서 여성이 주도권을 가지게 되어 여러 가지 일을 책임맡았다. 조각이나 벽화에 남아있는 여성 조각상(그림 2 · 12)은 가모(家母) 숭배사상을 잘 보여주고 있으며, 그 시대의 여성의 위치를 잘 나타내고 있다.[18)]

이렇게 하여 원시공동체를 형성하면서 같은 지역에 머물게 되는 기간이 점차 길어지고, 음식물을 얻는 기반을 충분히 갖추게 되면서 인간은 정주(定住)하기 시작한다.

18) 鈴木善次 외, 전게서, p. 83.

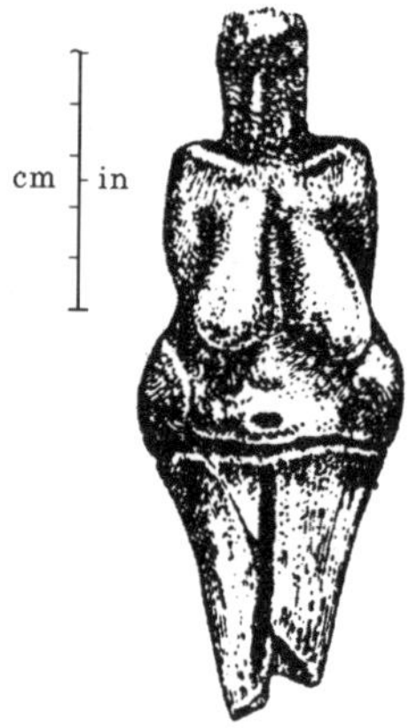


그림 2·12 여성 조각상

활·화살의 사용은 들 짐승의 포획을 쉽게 하여 식료증산에는 크게 공헌을 하였으나, 반대로 동물을 마구잡이로 사냥하여 주위의 동물 수를 감소시켜 이른바 자원파괴를 야기시키는 결과가 되었다. 이와 같은 경우, 인간은 지금까지의 생활형태나 식료획득 방법을 바꾸어 새로운 상황에 적응하도록 강요를 받게 된다. 자연과 인간과의 새로운 관계를 수립하지 않을 수 없게 된다. 자생적인 동물을 무분별하게 포획하는 대신에 계획적인 사육, 즉 목축은 이렇게 하여 시작되었다고 생각된다.

한편 채집된 풀의 씨·보리·밀 등이 땅에 떨어져, 성장하여 열매가 열리는 것을 몇 번이나 경험하면서, 여기서 계획적인 파종, 즉 농업이 발생되었다. 농경사회가 되면서 정주생활이 되고 집단생활을 하기 시작하였다. 집단생활에서 촌락이 발생하여 성장, 번영하여 도시가 되고, 큰 강 유역에서 여러 문명이 생겼다.

야성곡초류의 채집과 동물의 가축화의 시작으로 수렵종족은 유목과 반유목의 생활양식에서 정주 생활양식으로 옮겨지고, 농경에 종사하게 되었다. 유목생활을 하는 수렵·채집자들은 유랑하기 쉽도록 여성의 경우, 수유기의 무월경, 성적 금욕, 유아살해, 낙태 등 4년 정도의 아이 터울을 가져야만 하였고, 이런 생활에서 점차 반유목생활에서 정주생활로 이어졌다. 정주형 생활에서는 어린아이들을 데리고 다니는 문제로 고민할 필요가 없으므로 농경민족의 산아간격은 약 2년정도로 수렵·채집자들보다 인구밀도가 높고 잉여식량을 저축하거나 해서 농업전문가가 되었다.

가장 초기의 유적－초기의 농경민족의 거주지－인 농경 정주촌락은 B.C. 8000~B.C. 7000년 사이에 근동, 즉 요르단(예리코), 이라크 북부(자르모), 이란 서남부(아리 고슈), 남터키(차타르 휴그)와 서아시아의 티그리스, 유프라테스강 유역지방 일대를 일컫는 '비옥한 초승달지대'에 여기 저기 흩어져 있다. 그 중의 하나인 북동 이라크의 자르모 유적(B.C. 6500년경)에서는 보리·밀 등의 원시적 재배종, 토기 등의 농경과 관련된 도구라든가, 염소·양·개 등의 가축의 유해가 발굴되어 그 곳에서 흙으로 만든 거주에 의해 생활한 농경 촌락공동체가 운영되었음을 보여 준다.

나트프(Natuf)시대의 가리므샤힐 유적은 채집에서 농경·수렵으로, 또 가축화의 전환기에 있음을 나타낸다. 특히, 요르단의 예리코 유적은 B.C. 7500년경에 돌벽이 동굴(깊이 3 m, 폭 9 m)의 거주 전체를 포위해 있고, 외부집단에 대한 과시와 방어를 위해 높이 9 m의 탑이 만들어졌다.

농업과 목축에 의해 식료의 생산성은 종래보다 비약적으로 증대되었고 또 안정되었다. 이 '식료생산 혁명'으로 인간은 채식과 아울러 육식이 가능해졌고, 체력향상과 신체의 발달로 인간의 생활은 근본적으로 변혁을 이루어 문명사회의 발전을 가져오게 되었다.

## 2. 원시공동체의 기술

농경과 목축이 발달함에 따라 생활양식이 바뀌었다. 씨족공동체 대신에 지연공동체가 발생하여 씨족은 점차 그 경제적 기능을 상실하여 공동체의 기반을 잃어버렸다. 그래서 정주 생활방식이 지배적으로 자리잡고 농경이 경제의 중요한 형태가 된 지역에서는 대규모의 취락이 생겨 150~180명 정도의 인류가 살았다고 보며, 인구의 급속한 증가로 일부의 취락은 방어용의 벽으로 수비를 하였다. 즉, 최초의 축성기술이 등장한 것이다. 가장 오래된 농경취락은 요르단의 예리고인데 조잡한 돌로 방어벽을 쌓았고, 소아시아의 하주랄은 벽돌을 쌓았다. 이때 토지는 노동대상의 조건이고 농경의 발생과 더불어 토지는 점차 '일반적인 노동수단'이 된다. 가장 단순한 노동용구(땅을 파는 막대, 돌로 만든 밟는 쟁기, 돌 도끼 등)를 가진 경우라도 농경은 수렵 · 채집 · 어로와 비교하여 매우 큰 경제적 효과와 안정된 식료원을 가져다 주었다. 세월이 흐름에 따라 사냥의 역할은 점차 줄었다. 자연조건이 농경에 적합하지 않는 지역(서아시아, 산악지대, 내륙아시아, 카프카스 등)은 유목종족이 등장하였다. 또 농경의 발달로 이른바 점토건축이 시작되었고, 가옥을 세우기 위해 나비 20~25cm, 길이 65~70cm 크기의 타원형 점토의 벽돌, 블록을 만들었다. 그러나 타원형 점토로 이루어진 가옥은 벽이 약해서 잘 허물어졌다.

농경으로 바뀌면서 항구적인 정주생활을 하기 위해 농산물을 보존하고 음식물을 조리하여야 하였기 때문에 용기의 발명이 경제적으로 필요하게 되었다. 취락의 발굴로 발견된 용기는 목제이거나 석제였고, 점토로 만든 토기도 일부 발견되었는데, 이 토기는 농경 및 수렵종족 사이에 급속히 확산되었으나 고온가열은 어려웠던 것으로 보인다.

농경종족 사이에는 직포가 널리 보급되었는데 직포의 원료로는 처음에는 양모, 이어 비단, 목면, 마 등이었고 여러가지 모양으로 실을 만들어 베를 짰다. 또 초기에 가장 오래된 농경종족은 이미 금속을 알고 있어 터키의 아나톨리아 고원(高原)

유역에서 차타르 휴크와 하주랄의 집단 거주지를 발굴, B.C 7000~6000년경의 소수의 구리 제품–작은 바늘, 끌, 나사 및 구리 합금의 덩어리–이 발견되었다. 점차 수공업이 발생하여 거기에 전문적으로 종사하는 사람들이 나타났는데 최초는 광산업 직업이었다.

금속의 발달과 동시에 채광 · 운반 · 용해 · 정련 · 주조 · 단조 · 담금질 등의 전문기술이 확립되어 분업에 의한 생산형태로 되었다. "농업에 종사하지 않는 사람이 주문에 따라 농업에 사용하는 도구를 만든다"는 시대이다. 동, 청동과 같은 금속기구의 사용에 따라 많은 보조발명이 필요하게 되어 전문직인의 필요성이 대두되었다.

## 3. 농경도구의 발달

농업의 성립은 그때까지의 기술이나 도구의 발달을 필수적인 전제조건으로 하고 있으나 농업에 의해 이들 노동수단은 한층 진화되고 다양화하여 풍부하게 됨과 동시에 지금까지 없었던 농업을 위한 특수한 도구, 즉 가래 · 낫 · 도리깨 · 절구 · 돌 도끼, 뒤에는 쟁기가 출현하여 기술의 발전에 새로운 길이 열렸다.

쟁기[19) 20)]는 인간의 근력이 아닌 자연력인 축력을 도입한 최초의 중요한 노동수단으로 인력으로 끄는 가래에서 축력에 의존하는 쟁기로 발달된 것은 그것이 동력기능과 제어기능과를 분리한 구조를 가지고부터이다.

쟁기는 처음부터 동력과 제어가 각기 다른 인간에 의해 담당되는 구조를 가진 도구였다. 쟁기는 처음 두 사람에 의해 조작, 한 사람이 조정하고 다른 한 사람이 끌었다. 이 도구에서는 동력기능과 제어기능이 분리되어 있으므로 쟁기를 끄는데 두 사람 이상 있어도 전혀 차질이 생기지 않는다. 그렇게 하는 것이 효율이 좋기 때문에 당연히 복수의 인간이 끌게 되고 그렇게 되면 한 사람이 제어되는 범위에서보다 큰 동력에 맞도록 쟁기의 대형화가 계획되고, 쟁기의 효율은 점차 향상되어 간다. 쟁기를 끄는 사람은 쟁기에 대해서 단순하게 동력만을 제공하는 의미를 가지는 존재이므로 그와 같은 힘을 내는 것이라면 인간이 아니라도 상관없다. 동력제공자로 인간을 대신한 것이 목축으로 사육된 소나 말이었다.

가래에서 쟁기로 바뀌어짐과 동시에 인간은 자기근육의 힘 이외의 자연력을 동력원으로 이용한다는 것은 기술사에서 획기적인 실현이다. 잘 길들여진 소 · 말 등은 인간의 약 10배 정도까지 힘을 낼 수 있어 축력의 이용으로 인간은 자기근육의

19) Compton's Encyclopedia, vol. 19, p. 391, 1981, F. E. Compton Co..

20) 鈴木善次 외, 전게서, p. 85.

힘으로는 도저히 취급할 수 없는 크고 강력한 노동수단을 생산에 투입할 수 있게 되었고 생산성도 크게 향상시키는 데 성공하였다. B.C. 2000년대의 바빌로니아와 고대 이집트의 벽화에 가래가 그려져 있다. 그림 2 · 13은 인력경작과 파종이고, 그림 2 · 14는 농경에서의 축력의 이용을 보여 주고 있다.

그림 2 · 13 인력경작과 파종

그림 2 · 14 축력의 이용

농지를 개척하기 위해 나무를 벨 필요가 생기고, 또 주거를 위해 재료를 가공하는 필요성에서 도구는 점차 정교하고 강력한 것으로 되지 않으면 안 되었다. 그러므로 석기는 연마가공되고 구멍을 내게 되었다. 그 밖에 직포 등의 다양한 새로운 기술의 전개도 보인다.

신석기시대의 석기가 연마되거나 구멍이 뚫려져 급속히 정교하고 다양화된 것은 도구의 제작이나 수리전문가의 출현에 영향을 받은 것이며, 이 수공업의 독립이 가장 전형적으로 나타난 것은 바로 야금에서 볼 수 있다. 그림 2 · 15는 그 당시에 사용되었던 돌 도끼이다.

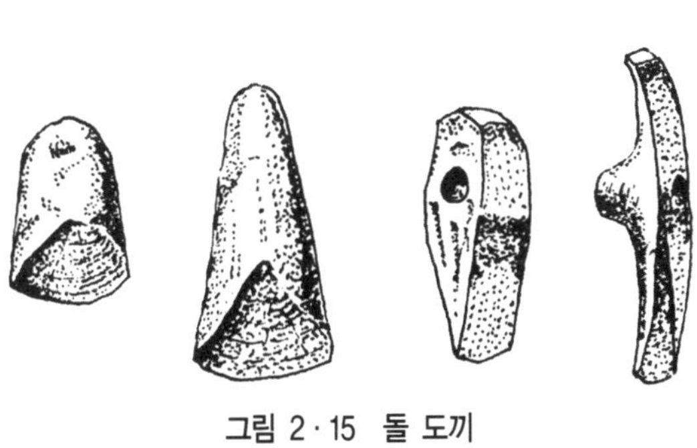

그림 2 · 15 돌 도끼

## 4. 원시공동체의 붕괴와 사회적 분업의 성립

자연조건이 농경에 적합하지 않은 지역에서는 유목종족이 등장하여 수렵이 목축으로 발달함에 따라 생산방식도 변화되어 농업과 목축이 발달하고 또 경험의 축적에 의해 식료의 생산성은 종래보다 비약적으로 증가되었고, 또 식료원은 안정되어 농업과 목축은 각각 전문화되어 갔다. 그렇게 해서 유목종족과 농경 공동체와의 사이에는 생산물의 물물교환이 (1) 다른 부족에 속하는 공동체 사이, (2) 부족내부의 공동체 사이, (3) 공동체 내부의 가족 사이 등으로 발전하였고, 교환이라는 경제관계가 성립되지 않을 수 없게 된다. 이 물물교환은 원시적인 수공업의 발달을 촉구하였다. 이렇게 하여 지금까지의 자연적 분업과는 다른 분업, 즉 사회적 분업이 성립되었다.

농업과 목축의 전문화로, 이른바 '식료생산 혁명'이 이루어졌고 또 사회적 분업의 성립으로 원시공동체의 공동원리가 사유재산의 성립과 계급의 발생에 의해 허물어지고, 결국은 원시공동체가 붕괴되기에 이른다.

교환이 성립되기 위해서는 생산물을 생산한 사람에게는 그들 자신의 생존에 필요한 물건 이상의 여분의 생산물(잉여생산물의 상품화)이 필요하게 된다.

기술이 충분히 발달하여 이 잉여생산물을 생산해 낼 정도의 생산력을 가지지 못한다면 교환과 분업도 성립하지 못한다. 그렇게 해서 농업 · 어업 · 목축업이라는 식료생산 부문에서의 분업의 발전과 생산성향상은 식료생산에 직접 관여하지 않는 생산부문을 사회적 분업의 새로운 부문으로 독립시킨다.

식료생산, 기타의 노동에 없어서는 안 되는 도구의 생산 및 수리와 관련된 수공업부문이 그것이다.

농경과 목축의 발달, 가내 수공업의 개량 및 그들의 확대에 힘입어 인간은 자기들이 소비하는 이상의 것을 생산하게 되었다.

노동생산성이 향상되었고 부(富)를 증대시켜 생산분야를 확대시키는 결과가 되어 당시의 역사적 조건하에서는 필연적으로 노예제도를 등장시켰다. 최초의 큰 사회적 분업에서 두 계급으로 사회에서 최대의 대분열이 생겼다. 즉 주인(착취자)과 노예(피착취자)이다.

새로운 원료인 금속의 이용, 발전되고 있는 가내 수공업, 물물교환은 새로운 생산관계를 필요로 하였다.

분업과 그 결과인 계급사회의 분열로 원시공동체는 붕괴되고 공동체노동은 개인노동으로, 사회적 소유는 개인(사유적)소유로 자리 잡게 되었다.

# 2.8 요(窯)의 발명과 야금의 시작

## 1. 가마[窯]의 발명과 토기제작[21)]

자연에 관한 경험적 방법에 의해 점토의 뛰어난 성질, 즉 물에 반죽하면 성형(成型)할 수 있고 성형물을 건조시키면 그릇 등이 만들어지나 건조점토의 그릇은 물을 만나면 망가진다. 그러나 점토를 어느 온도 이상으로 가열하면 굳어지고, 물을 흡수하지 않으며 강한 열에도 견딘다. 그래서 토기생산에 사용하거나 유리제법을 개발한 것으로 보인다. 신석기시대에 발달된 토기는 음식물의 요리법과 종류를 풍부하게 하였고, 드디어 금속의 발명에 큰 역할을 하였다. B.C. 6500~B.C. 5000년경의 서아시아의 자르모 유적에서는 화로의 안쪽에 바른 점토가 불로 굳어진다는 사실을 알고 있었던 것이다. B.C. 5000년경의 하스나 유적에서는 원시적인 토기가 출토되었다. 이 토기는 점토에 모래나 부드럽게 파쇄한 암석, 경우에 따라서는 식물섬유를 혼합하여 성형하고 건조시켜 불로 구웠다. 식물섬유는 모양이 붕괴되지 않도록 넣었다.

초기의 토기는 노천의 불로 구웠다고 보며, 그 굽는 온도는 종래 600~800℃로 알고 있었으나 새끼 줄무늬 토기(繩文土器)의 실험연구에서 800~950℃라는 결과도 나와 있다.

이란의 드배 · 시아르크에서는 B.C. 4000년경의 원통형의 가마가 발견되었다. 가마는 불과 굽는 물건을 분리하여 연료의 절약, 가마 그릇의 대량생산을 가능하게 하였을뿐만 아니라 고온가열의 기술을 발달시켰다. B.C. 3500년경에는 회전대가 발명되어 도공(陶工)은 한층 더 대칭적인 모양이나 독창적인 형상을 만들 수 있게 되었다. 회전대는 병이나 항아리의 두께를 조정하기 위한 좋은 수단이 되어 토기의 생산이 많아지고, 보다 획기적인 토기가 만들어졌다. 그림 2 · 16은 메소포타미아의 가마이다.

토기제작은 처음에는 여자의 일이었으나, 고온 가열기술이 생기고 가마와 회전반의 발명으로 기술과 숙련을 필요로 하고부터는 도자기 그릇의 제조에는 전문적인 공인이 생겨 남자의 일이 되었고, B.C. 2000년경에는 공인집단을 가진 제작공방이 생기기도 하였다.

---

21) 山崎俊雄 외 편, 전게서, pp. 11~12.

그림 2·16 메소포타미아 가마의 복원도

## 2. 야금과 금속기기 및 대장간의 등장[22) 23)]

선사시대가 끝날 무렵 두 새로운 부문이 광업에서 특징을 나타내기 시작하였다. 바로 금속광석의 채굴과 야금의 과학이다. 일찍부터 어떤 종류의 금속은 자연산 형태로 알려지고 있었고, 구리·금·은은 그들 광석이 있는 곳 부근에 작은 광맥이 자연 그대로 노출되어 생산된다. 그런데 광석이 불 속에서 높은 온도가 되면 금속은 용해되어 어떤 형틀에 넣을 수가 있었고, 냉각되어 굳어지니 형틀과 같은 모양을 유지하였다. 여기서 대장간이 생겨났다. 이들 대장간은 특수한 광석의 신비적인 성질을 알고 있어 내구성을 지닌 금속으로 변화시키고 담금질을 하여 도구나 무기를 만들 수 있는 숙련된 최초의 직업적 직인이 등장하였다.

최초의 대장간은 광석을 채굴하여 그 광석에서 금속도구를 만들었다. 드디어 광석의 채굴은 별도의 직업이 되었고 또한 금속의 처리도 지나치게 복잡한 공정이기 때문에 청동기시대에는 세 종류의 대장간이 나타났다. 첫째는 엉성한 금속을 생산하여 막대나 덩어리를 주조하여 판매하는 야금직이었고, 둘째는 조잡한 금속으로부터 청동기를 대량생산하는 대장간이다. 셋째는 파손된 금속기를 수리하거나 또는 전문화되어 금·은 가공의 일을 하는 대장간이다. "돌을 금속으로 만든다"는 신비성이 원시인의 정서에 강한 인식으로 남아 대장간은 농경인이나 유목민의 선망의 대상이 되었다.

발상지로 일설에는 동북 페르시아와 그 이동의 지역이며, 그것이 소아시아, 흑해의 남아나톨리아, 다우루스 산맥지방, 코카사스, 이어 유럽·아시아로 전파되었

---

22) Samuel Lilley(小林秋男 외 역), 인류와 기계의 역사, pp. 7~10, 1977, 岩波書店.
23) R. J. Forbes(田中 實 역), 전게서, pp. 28~32.

다. 금속의 발견 후 약 1,000년 후에 금·은·구리·납·주석·안티몬, 구리와 주석의 합금인 청동에 대한 야금기술이 생겨 그 주조기술을 확립하여 석기시대부터 금속기시대 이른바 청동기시대로 옮겨졌다. 거의 B.C. 3000년경으로 보고 있다. 합금의 제조는 역사시대 초기에 급속히 확산되어 청동기시대의 야금술을 특징 지우게 되었으며 주조와 단조 등을 통해 청동으로 만든 도구와 무기가 큰 비중을 차지하였다.

그런데 철과 구리는 자연 구리로서 운철(隕鐵)로 자연에 존재하는 것이며, 인간이 일찍부터 이 금속을 알고 있어 신앙의 대상으로 삼았다. 인간이 어떤 종류의 돌을 목탄과 함께 가열하였더니 금속 구리가 되고, 녹은 것을 형틀에 넣으니 굳어져 주물형태 그대로의 모양을 얻을 수 있음을 알아 기술에 새로운 국면이 열렸던 것으로 판단된다. 앞의 용련법(熔錬法)과 뒤의 주조법(鑄造法)의 두 가지 새 발명은 메소포타미아 근방에서 B.C. 4000년경에 있었던 것으로 보고 있다.

석기는 그때그때 석기를 사용하는 사람이 필요에 따라 필요한 시간에 자신이 직접 만드는 것이 보통이었으나, 금속을 정제하기 위해서는 고도로 조직화된 생산방법이 요구되었다. 광석의 출토, 운반, 연료의 제조, 광석을 녹이고, 금속 덩어리의 주조와 단조의 일관된 공정에는, 공정을 실현시키기 위해 많은 보조적인 발명과 다수의 전문기술인이 필요하게 되었으므로, 높은 생산의 수준에 도달하지 않고서는 불가능하였다.

야금과 금속의 사용을 위해서는 우선 광석을 녹여야만 되었다. 여기에는 충분히 높은 온도를 만들어 줄 수 있는 노(爐)가 필요하고, 이 노에 무엇인가의 방법으로 바람을 보내야 하는데 송풍을 위해서 최선의 방법은 풀무를 사용하는 것이었으나 B.C. 3000년경까지는 발명되지 않았었다.

제3장

# 고대 동양에서 시작된 최초의 도시문명

최초의 농부가 출현한 뒤 로마제국이 멸망하기까지 B.C. 1만 년~A.D,500년까지의 1만 년 동안을 고대로 본다.

적어도 B.C. 4000~B.C. 2000년 사이에 발생한 티그리스 · 유프라테스강 유역의 메소포타미아 문명, 나일강 유역의 이집트 문명, 인도 인더스강 유역의 인더스 문명 및 중국 황화강 유역의 황허 문명을 세계 4대문명이라 한다. 4대문명의 발생에는 큰 강의 혜택과 홍수가 영향을 주는 기본요소였다. 따라서 강 문명(river civilization)이라고도 한다. 강 문명을 중심으로 한 지역사회는 마을에서 동네, 동네(촌락)에서 도시로 확대되면서 고대왕조가 성립되고 또 신관들이 지배한 행정조직으로 발달하였다. 문명(civilization)이란 도시(city)를 뜻하는 라틴어의 civitas에서 유래되었다.[1)]

메소포다미아 문명은 B.C. 3000년경 수메르인이 티그리스(Tigris) · 유프라테스(Euphrates)강 하류에 우르 · 우루크 · 라가시라는 도시국가의 건설로 시작되고, 같은 무렵 나일강 유역에서도 이집트 문명이 탄생하였다. 강을 따라 남북으로 흩어진 도시(노모스)가 강력한 힘을 가진 파라오에 의해 통일되어 이집트 왕국이 형성되었다.

인도의 서북부에 흐르는 인더스강 유역에 번성한 인더스 문명은 하리파와 모헨조다로 유적으로 유명한데, B.C. 2300년경에 시작되었고, 그러나 해명되지 않은 부분이 많으며, 또한 어느날 갑자기 사라졌다. 황허 문명의 도시출현은 B.C. 2000년경의 일이다. 사마천의 「사기」는 황제이하 다섯 성왕(聖王)의 치세에 관한 기록에서

1) T. Walter Wallbank, Man's Story, pp. 44~45, 1953, Scott, Foresman and Co.

시작되었다. 그런데 최근에는 다른 4대문명과의 만남이 없는 고유의 '아메리카 문명'으로 일컬어지는 신대륙의 고대 메소아메리카 문명과 안데스 문명에 관심이 커지고 있다.

## 3.1 원시인의 자연관과 고대왕조의 시작

### 1. 원시인의 자연관

약 200만 년 전보다 앞서 인류의 선조가 지구상에 등장한 이후 이들 猿人 · 原人 · 구인들이 자연을 어떻게 대하고, 또 어떻게 자연을 이해하였는가는 직접적인 자료가 없다. 그들은 수렵 · 채집 경제생활을 해왔다. 식량으로 얻은 다른 생물, 주거에 필요한 것들이 모두 자연의 것이고, 그들에게 이용되는 자연에 대한 감정이라든가 지식을 가지고 있었다. 原人의 시대로 추정되는 석기가 발굴되고 동시에 수렵을 하였을 것으로 보이는 동물의 뼈도 발견되었다. 이와 같은 발굴물을 통해 그들이 현생인류와 같은 감정을 가졌을 것으로 판단된다. 그들은 특정동물을 숭배하고 후하게 장례도 하였다. 또, 프랑스나 스페인에서 볼 수 있는 그들의 동굴 그림에서도 많은 사냥감과 다산(多産)의 소망을 바라는 동물과 여인의 나체상을 사용한 주술행위를 엿볼 수 있다.

지금부터 약 1만 년 전에 식료획득을 위해 자연계에 인간이 손을 사용하여 식량을 확보하는, 즉 농경기술이 개발되면서 인간생활은 이후 7,000여 년동안 엄청난 변화를 겪게 되고 '하늘'이나 '자연'에 '주술'(呪術)로서 기도를 하였을 것이다.

위와 같은 내용이나 최근 연구가 성행하는 문화인류학의 성과로부터 인류가 최초로 가진 자연관은, 자연을 어떤 영적(靈的)존재로 보았다고 판단된다. 이것을 '신화적 · 주술적 자연관' 2)이라 부른다. 이와 같은 자연관은 동서양을 불문하고 인류가 가진 보편성으로 보인다.

### 2. 고대왕조의 시작

인류는 최초의 도시문명이 나타나기 이전에 이미 꽤 정리된 기술이나 기구와 손재주 등을 등장시켰다. B.C. 3000년경 메소포다미아와 이집트 두 나라는 정치 · 종교적 의미를 가진 많은 묘가 만들어졌다. 여기에 쓰여진 문자, 그림과 부장품은

2) 鈴木善次 외, 전게서, p. 4.

잃어버린 고대문명의 귀중한 기록으로 남아 있다. 메소포다미아의 두 강 하류부근에는 슈메르인이, 그 북쪽에는 아카드인이 있어 각각 우르나 바빌로니아 등의 고대도시를 형성하였고, 이집트에서도 나일강 상류의 아스완까지의 지방인 상 · 하 이집트는 최초의 파라오인 메네스에 의해 통일되어 멘피스를 수도로 정했다.

채집경제에서 생산경제로 옮겨지기까지는 사람들의 수량에 관한 이해는 거의 되지 않았다. 교환이 발달됨에 따라 수의 표시가 필요하였고, 최초는 다섯 손가락, 두 개의 눈이라는 등 자연적인 계산단위였으나 다음에 인공적인 계산단위로 막대기가 등장하였다. 토지면적의 측정, 교환이나 상업을 위한 계산, 토목 · 건축에서의 계산의 필요성에서 고대 동양 여러 나라에 수학이 생겼다.

고대 동양(오리엔트)이라 함은 오늘날의 팔레스타인에서 페르시아만에 이르는 중동지역을 말하는 것으로 지중해의 동남부인 티그리스 · 유프라테스강 유역의 메소포타미아와 동부인 나일강 유역의 이집트를 지칭한다. 이 지역을 '비옥한 초승달 지대'라 부르며, 수메르 · 페니키아 · 헤브라이 문명의 발상지이고 농업을 바탕으로 탄생된 최초의 전형적인 도시문명, 서양문명의 씨앗이 된 고대 동양문명이다(그림 3 · 1 참고).

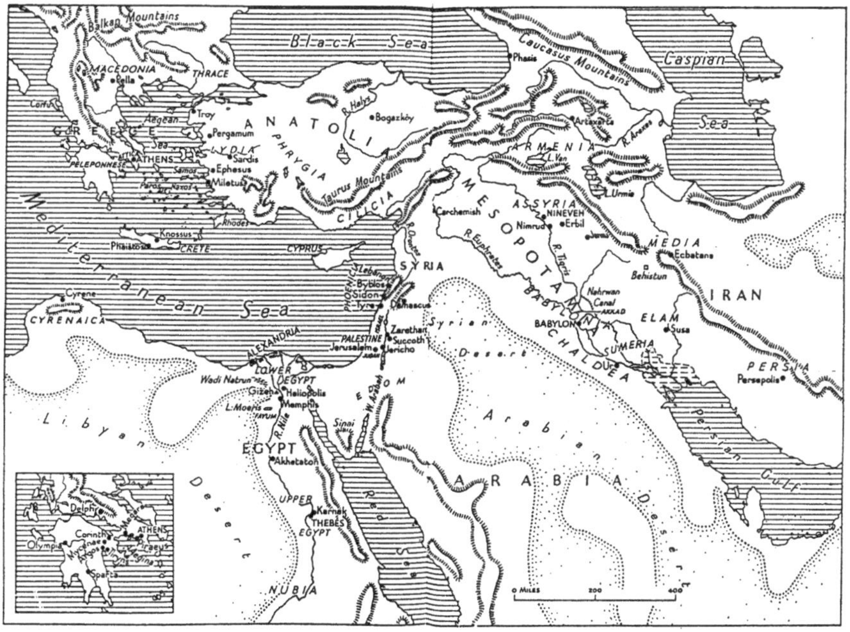


**그림 3 · 1 고대국가와 고전 그리스**

수메르인과 이집트인은 놀랍게도 가장 오랜 문명과 최초의 수학 · 자연과학 · 의학 등 과학지식을 탄생시킨 민족이다. 그리하여 고대 메소포다미아 · 이집트 문화는

B.C. 2000년경까지 절정에 이른다. 초기 민족문화의 기하학은 생활의 요구(나일강 범람에 따른 측량)로 생겨났고, 그것이 기술의 기틀을 마련하여 공학, 측량학의 기적을 낳았다. 이것이 피라미드로 이어진다. 공학기술은 인간과 자연력과의 끊임없는 투쟁에서, 또 자연력에 대항할 뿐만 아니라 자연력을 이용하고자 하는 노력을 통해 발생하여 인공관개, 운하건설로 나타났다. 문명의 빗장은 고대사회의 관개 · 야금기술에 의해 열려졌다.

메소포타미아와 이집트에서 생긴 최초의 노예제 국가는 B.C. 3000~B.C. 2000년경에는 노예제 생산관계가 인도의 인더스강 유역, 이어 중국의 황하강 유역에도 생겼다. 노예소유제도가 출현하였기 때문에 사회는 노예소유자와 노예와의 두 계급으로 분열되었고, 부족의 상층부에서 성장한 노예소유 귀족은 그들의 안전과 지배적 지위를 확보하기 위해 억압과 폭력의 기관으로 국가를 만들었다.

새로운 통일국가의 우두머리가 된 왕이나 파라오는 대토지 소유자였기에 공동체의 토지는 자유로운 농민이 경작하였으나 국가의 소유였고, 신전이 또한 대토지 소유자였다. 아울러 외국에 대한 약탈, 노예의 강탈, 국내에서의 피착취자의 억압, 이러한 필요성에서 무기가 생기고 또 발달하였다.

## 3.2 메소포타미아의 문명

티그리스강과 유프라테스강의 유역은 '문명의 요람'이며, 이곳을 중심으로 '두 강 사이에 있는 땅'(mid-river land)[3] 메소포타미아(B.C. 3600~B.C. 560년경)는 끊임없는 이민족의 이주와 침입으로 여러 민족의 흥망, 도시국가나 통일왕조의 성쇠가 이어졌다. 이 점에서 지리적으로 고립되어 있고 문화적으로 보수적인 이집트인과는 대조적이다. B.C. 3000년경 가장 오래된 문명은 페르시아만에 가까운 두 강 사이에서 살아 온 수메르인(Sumerian)들에 의해 이룩되었다.

왕조 중 바빌로니아(Babylonia) 왕조 때 가장 전성시대인 B.C. 1750년경 제16대 함무라비(Hammurabi, B.C. 1792~B.C. 1750 재위) 왕이 제정한 「함무라비 법전」은 1901년 프랑스 고고학자 드모르경(卿)에 의해 고대 바빌론의 폐허 속에서 발굴되었는데, 높이 2.25 m, 둘레 1.9 m의 돌 기둥에는 설형문자가 새겨져 있으며, 모두 282개 조항으로 발견된 후 '세계최초의 법전'이라는 명예를 누렸으나 1947년, 1952년 등 계속되는 발굴로 현재는 B.C. 2380~B.C. 2360년에 제작된 '우르카기

3) T. Walter Wallbank, 전게서, p. 51.

나 법전'이 가장 오래된 법전으로 인정받고 있다. '함무라비 법전'은 성문법으로 토지제도 · 재산 · 결혼 · 상속, 범죄에 대한 형벌 등을 명기하고 있다.[4] 이 법전의 기본적인 원칙은 중형주의와 보복주의이다. 인류 최초로 법에 의해 범죄를 다스린 것이다. 현재 프랑스 루브르 박물관에 소장되어 있다.

메소포다미아는 종교 또는 군사 전제 군주국가라 할 수 있고 문화적 특색도 이집트와 같이 '이름이 없는(anonymous) 문화'라 볼 수 있다. 과학 · 기술사로 보아 메소포타미아는 이집트와 달리 계산술이 뛰어나 메소포타미아의 수학을 남겼으며, 천문관측이나 천문계산에 열심이어서 점성술도 성행하였다.

## 1. 설형(쐐기)문자의 발명

그림 3 · 2 수메르 문자(약 5000년 전)

메소포다미아의 주민(슈메르인 · 바빌로니아인 · 아카드인 · 앗시리아인)은 무엇인가를 기록하고자할 때 이 지방에서 출토되는 점토로 점토판(Clay tablets) 또는 점토봉(Clay cone)을 만들고 부드러운 점토 위에 끝이 뾰죽한 갈대 줄기를 펜으로 삼아 문자를 표시하였다. 문자를 구성하는 선이 쐐기 모양(wedge-shaped)을 하였기에 쐐기 또는 설형문자(楔形文字, Cuneiform)라 불렀다. 그림 3 · 2는 수메르 문자, 그림 3 · 3은 바빌로니아 숫자를 나타낸다. 설형문자는 오랫동안 사용되지 않은 체 이해되지 않은 문자로 존재하고 있었는데 19세기 영국의 로린손(H.C.Rawrinson, 1810~1895)과 독일의 언어학자였던 구로데펜드(G.E.Grotefend, 1779~1853) 등의 노력으로 해독하는데 성공하였다. 설형문자가 표시된 고대의 점토판이 앗시라아 옛 수도 나네베를 비롯, 바빌로니아, 우르 등에서 다소 발굴되고 있다. 점토판의 문자는 불에 구워져 보존하였는데, 그 후의 민족도 설형문자를 공통문자로 채용하였다.

## 2. 수 학

메소포타미아인이 사용한 숫자 역시 설형문자이다. 기본적 숫자는 ▼와 ◀의 두 기호로

---

4) Bill Yenne(최경배 역), 인류사를 뒤바꾼 백가지 사건, pp. 18~19, 2002, 미로.

이 두 기호를 조합하여 10진법과 60진법이 혼합된 수체계를 표시하였다. 따라서 두 기호는 숫자와 수기호를 표시한다.5)

60진법은 특이한 수의 체계인데, 여러 민족이 사용하고 있던 도량형의 단위를 통일할 필요에서 약수가 많은 60의 수가 통일 단위로 선정된 듯하다. 오늘날의 시간이나 각도의 표시법은 메소포타미아에 기원을 두고 있다. 보통 '바빌로니아 수학'이라 부르는 메소포다미아의 수학은 슈메르인으로부터 출발하는데 이집트에 비해 발달되어 점토판의 수학 책에는 설형문자로 계산의 편의를 위해 곱셈 표·제곱수 표·세제곱수 표·평방근 표·입방근 표·역수 표가 표시되어 있고, 2차방정식·3차방정식의 문제도 보여진다.

그림 3·3 바빌로니아 숫자

### 3. 천체의 관측과 태음력6)

메소포다미아의 천문학 지식은 달력의 작성과 점성술의 필요성에서 생겼기에 기하학적이기 보다는 주기성의 계산 등 산수나 대수학면에 특징이 있고, 장기간에 걸쳐 천문관측이 계속되었다. 관측결과는 수학방법을 적용하여 그 예언의 정밀도를 더 한층 높였다. 이 수학의 응용은 B.C.500년경에 시작하여 B.C.300년경 가장 성행하였다.

달력이라 함은 계절의 추이·순환을 파악하기 위한 추상적인 과학기술이며, 계절이란 고대인의 관심사인 먹을거리를 손에 넣는 문제를 좌우하는 것이며, 매일이 오고 감에 따라 계절이 순환되는데 달력이 농경을 성공시키는 기본적인 지도기술로 발달하여 왔고 달력에 의해 시간경과의 기억을 보존하고 장래에 대한 조직적인 계획의 근거를 얻고자 하게 되면 달력이라는 것이 국가적 정치·경제에 이용하게 되며 강제수단으로 역법(曆法)이 생긴다. 이때 달력을 정하는 방법을 역법이라 부

5) 下間賴一, 전게서, p. 222, p. 226.
6) 伊東俊太郎 외 편, 전게서, pp. 373~374, p. 1036.

르고 그 조직법에 태음태양력 · 태양력 · 태음력의 세 종류가 있다.

이집트와는 달리 메소포타미아는 태음력을 사용하였다. 달의 삭망(朔望 ; 음력 초하룻 날과 보름 날)을 기준으로 일수를 정하는 달력인데, 달은 평균 약 29.5(정확하게는 29.530589)일(1 朔望月, synodical month)을 주기로 달이 보이지않는 그믐 달(어둠) · 상현(上弦, 커지는 반달)달 · 보름 달(滿月, 제일 밝음), 하현(下弦, 작아지는 반달)의 달이라는 4종의 달의 모양에 따라 규칙적으로 차고 지므로 태음력이 자연발생적으로 생겼다. 실제의 1년과는 달라 계절과의 차이가 생겨 특정주기에서 농업행사와 일치시키기 위해 윤달을 넣어 1년을 13개월로 하는 여러 가지 방법을 고안한 것이다. 1년을 12개월, 1주일을 7일, 1일을 24시간, 1시간을 60분, 1분을 60초로 하는 등 시간측정법은 다분히 60진법에 따른 것으로 볼 수 있다. 금성의 운동을 정확하게 관측하여 8년에 5회 같은 자리에 온다는 사실을 알았고, 행성의 운동을 관측, 월식과 일식이 18년을 주기로 반복된다는 사실도 알고 있었다.

## 4. 점성술[7)]

천체에 의해서 장래를 예측하는 수단인데, 크게 나누어 천변(天變) 점성술과 숙명(宿命) 점성술 두 가지가 있다. '천변 점성술'은 일식이나 혜성과 같이 이상현상이 하늘에 나타나는 경우, 지상에서의 영향을 논하는 것으로 하늘과 땅의 상관관계를 경험적으로 탐구한다. 고대 바빌로니아, 중국에서 비슷한 시기에 발생하여 그 영향은 광범위하고 똑같이 인정되어 여러 국가에 파급되었다. 군주의 관심사 · 굶주림 · 홍수 · 군주의 사망 · 반란 등에 관련하여 해석된다. 그러나 하늘과 땅 사이의 상관관계는 오랜 노력에도 불구하고 분명히 인정되지 않아 점차 쇄퇴되고 말았다.

'숙명 점성술'은 비슷하게 바빌로니아에 생겨 그리스의 숙명사상과 결합되어 헬레니즘 시대에 크게 번성하였는데 개인의 출생 때 혹성의 위치 · 배치에 따라 그 사람의 생애에서 운세를 점치는 것이다. 각 문화권마다 점성술은 그 특징이 있다.

메소포타미아에는 많은 천체신이 있어 수메르인은 달의 신 · 태양신 · 금성신을 숭배하였다. 고대 메소포타미아에서는 간장점(肝臟占) · 기름 점 · 꿈 점 · 탄생점 등 많은 역점(易占)이 이루어졌는데 이들과 공통적인 사고법에 따라 점성술은 주로 국가의 성쇠나 군주의 운명 · 전쟁 · 기근 · 폭풍 등 국가나 민족의 장래를 점치는 것이었으나 후대에는 개인의 운명을 점치는 호로스코프(Horoscope) 점성술도 생

7) 伊東俊太郎 외 편, 전게서, p. 146, p. 573.

졌다. 홀로스코프 점성술은 헬레니즘 이후 점성술의 주류가 되었다. 점성술문서는 수백점이 남아 있는데 대개는 B.C. 8세기 이후 왕가의 관측소에서 이루어진 천체 관측의 보고이다.

## 5. 의술과 치료

메소포타미아는 이집트 이상으로 병마의 출몰을 굳게 믿었다. 병마는 집 모퉁이나 처마 밑, 황폐한 땅이나 폐허 등에 출몰하며, 야간에는 길거리를 배회하거나 숨어 있다가 사람을 습격한다고 믿었는데, 이들 병마를 오늘날의 박테리아에 비교하는 학자도 있다. 또, 별점(星占)도 성행하였고, 간장점도 널리 보급되어 염소나 양의 간장이 선택되어 병의 전조를 해석하기도 하였다. 「함무라비 법전」에서는 의료의 요금, 외과의사의 책임배상이 규정되어 있다. 수술에 실패하거나, 자유인이 죽거나 실명할 때는 그 외과의는 손을 절단한다는 식이다.

## 6. 기술

메소포다미아의 기술은 관개와 신전건축을 거론할 수 있다. 티그리스 · 유프라테스강은 나일강과 같은 정기적인 범람은 없으나 지배자의 최대사업은 홍수의 위험을 피하는 제방의 축조나 물이 많을 때 농경에 필요한 시기까지 저수하고 조절하기 위한 수로망의 정비였다.

건설기술이라 볼 수 있는 도시의 주위에 두께가 약 8~12 m나 되는 성벽을 방어용으로 에워싸고 있었고, 바빌론을 둘러 쌓은 성벽은 3중으로 되어 있었다. 도시의 중심에는 성채가 있고 여기에 지배자의 궁전과 신전이나 행정기관의 건물이 있었다. 주된 건설재료는 점토, 나무, 돌 등이었다.

지렛대가 양수용으로 사용되었고, 도르래로 생각되는 것이 무기로 활을 쏘는 데 이용되고 있고, 수송수단으로 페니키아인의 전형적인 둥근 배(그림 3 · 4)가 B.C. 1000년 전후의 수백 년에 걸쳐 지중해의 주역 노릇을 하였다. 그림은 둥근 배로 돌기부분이 붙은 군선과 수송선이다.

메소포타미아 각지에는 지배자의 권위를 상징하기 위해서 벽돌과 역청으로 만든 이집트의 피라미드에 영향을 주었다고 보는 대건조물로 계단형상의 성탑인 '지구라트'(Ziggurat)가 약 33기나 있었다(그림 3 · 5). 높이 30m, 4각형으로 밑면이 각각 68×60m인 신전탑으로, '높은 곳'을 의미한다. 구약성서의 창세기 11장에 나오는 '바벨탑'의 원형으로 유명하다.

'우르의 지구라트'는 B.C. 2000년경에 축조되었고, 높이가 26m, 너비는 72×54m로 7층규모인데 7개의 하늘과 지구를 구분하며 꼭대기에는 신전이 자리잡고 있었다고 하는데, 대단히 유명하며, 궁전과 더불어 고대의 도시국가 중심부에 세워져 경제·정치적 번영을 의미하는 것이었다.[8] 이 지구라트는 종교적인 기능수행을 최우선으로 보지만 신의 옥좌설, 땅과 하늘의 왕래를 조장하는 거대한 발판설, 피라미드의 영향을 받은 왕묘설, 천체관측탑설 등 다양한 기능설이 있다. 벽돌을 사용하였고, 석조가 아니어서 오래 보존되지 못한 점이 아쉽다.

그림 3·4 둥근 배

그림 3·5 우르의 지구라트

이때 인류역사상 획기적인 금속인 청동이 발명되었다. 구리에 주석을 혼합하여 녹인 이 금속은 초기의 수메르 국왕묘의 출토품에서 나왔는데, 청동의 최초발견은 주석을 산출하는 시리아 또는 동터키의 산악지대라고 생각된다. 그러나 풍부한 구리 광산이 있는 이집트는 주석의 부족으로 메소포타미아보다 100년 이상이나 늦어졌다.

## 3.3 고대 이집트의 문명

'나일강의 선물'이라는 이집트는 동서가 사막, 남은 산악, 북은 지중해에 포위되어 고립된 국가이다. 국토의 중앙에는 매년 정기적으로 범람하는 나일강이 꿰뚫어 흐르고 있어 이집트의 생활기조를 형성하고 있다. 이와 같은 지형과 지리적 제약은 문화면에도 반영되어 그 성격을 보다 보수적으로 또 실제적으로 만들고 있다. 과학이나 기술면에서도 나일강의 범람에 대처하기 위해 생긴 것이 적지 않다.

메소포타미아와 함께 세계에서 가장 오래된 문명을 과시하는 이집트(B.C.

8) T. K. Derry · Trevor I. Williams, 전게서, pp. 158~159.

3400~B.C. 600년경)에서는, B.C. 3000년경 나일강과 그 연안을 상하로 분할하고 있던 두 나라가 메네스(Menes)왕에 의해 통일되어 하나의 왕조가 시작되었다. 그 이후 약 3,000년 동안의 중간 150년 정도, 외국의 힉소스인의 지배를 당한 것 외에는 줄곧 이집트인 국왕에 의해 통치되었다.

나일강의 정기적인 범람은 이집트의 경작지를 비옥하게 하였고, 지형적으로는 외국으로부터의 침입을 어렵게 하였다. 이집트는 국왕을 신의 대리자로 태양신의 아들 '파라오'(Pharaohs)라 부르는 종교적 전제 군주국가로 존속되었고, 또 나일강의 관개사업을 위해서 중앙집권제도를 취하였다.

계급은 세습제로 상류는 귀족 · 관리 · 신관 · 고급군인 · 서기가 있었고, 그 아래에 자유농민 · 수공업자 · 상인 · 빈농(貧農) · 노예로 이어졌다.

그런데 이집트 문화의 특색은 메소포타미아의 경우와 같이 종교적 · 주술적 색채를 띠고 있음과 동시에 '이름이 없는 문화'라는 점이다. 그 까닭은 이집트에 남아 있는 많은 문화유산의 대부분이 작자명을 알 수 없는 무명의 작품이기 때문이다.

## 1. 그림으로 시작된 상형문자[9] [10]

미개문화와 도시문화를 구별하는 척도의 하나는 문자의 발명이다. 그 발명의 첫 걸음은 결코 고도의 지적 목적에서가 아니라 장부를 만들거나 계산을 하는 극히 실제적인 필요성 때문이었다.

그림 3 · 6 고대 이집트 그림 문자 [Narmer王의 그림 문자로 上 이집트 王(앵무새)이 파피루스의 나라 下 이집트의 사람(머리)들을 정복한다는 뜻]

고대 이집트의 문자는 초기 메소포다미아 문자의 영향을 받아 성립되었다고 생각하고 있다. 신 · 인간 · 각종 동식물 · 산 · 물 등 자연과 여러 가지 물건이 사실적으로 묘사된 것으로 그림 3 · 6과 같은 그림 문자(Pictorgraphie, B.C. 4000~B.C. 3000)를 진화시켜 거룩한 또는 성스러운 새김을 의미하는 상형문자(Hieroglyph, B.C. 3000년경)가 되었다.

석조의 신전벽이나 기둥에 종교적 성격의 어떤 기념적인 비문으로 새겨져 있었기 때문에 그리스인은 성각(聖刻)이라 불렀는데 '성각문자 · 신성(神聖)문자 · 성용(聖用)문자' 등으로 번역한다. 여기서

9) 下間賴一, 기술문화사 12講, pp. 198~199, 1983, 森北出版(주).
10) 伊東俊太郎 외 편, 전게서, p. 1045.

는 고대 이집트의 성각문자로 한다(표 3·1 참고). 상형문자를 활자체로 하면 필기체는 세속적인 회계장부·각서·계약서·논문 등을 파피루스에 기록하는 '신관(神官)문자'(Hieratic, B.C. 2500년경)이다. 세월이 지나 B.C. 7세기경에는 상인들 사이에 사용된 '민용(民用)문자'(Demotic)가 생겼다. 고대 이집트의 성각문자, 메소포타미아의 쐐기형 문자, 고대 중국의 한자는 어느 것이나 그림 문자→표의(表意)문자→표음(表音)문자로 발달하여 왔다.

**표 3·1 고대 이집트의 상형문자**

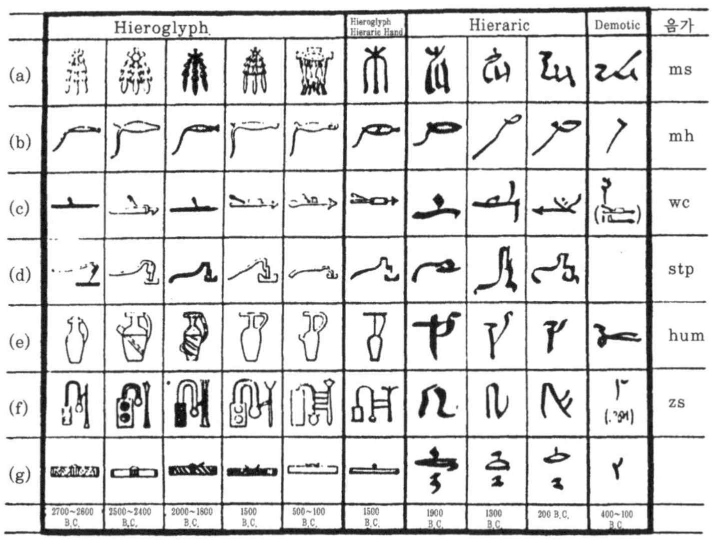


(a) 다발로 묶은 3매의 여우 모피, (b) 채찍, (c) 한쪽 턱이 있는 낚시바늘, (d) 나무에 끼운 손도끼, (e) 손잡이가 달린 돌 병, (f) 글 쓰는 먹물통, (g) 실로 묶은 파피루스 두루마리

## 2. 천문학과 태양력

가장 오래된 천문기록은 중왕조시대(B.C. 2000~B.C. 1600)까지 거슬러 올라가는 데 죽은 사람의 관 두껑에 그려져있는 대각선 달력과 후기 신왕조시대의 무덤 천정에 있는 별의 배치도이다. 그리고 달력은 고대 다른 민족에 앞서 사용한 것이 태양력이다.

고대 이집트의 역법(曆法)은 농경생활에서 주기의 기준이 되는 나일강의 범람의 시기를 알기 위한 필요성에서 발전된 것이며, 다른 민족과 마찬가지로 처음에는 달이 차고 이지러짐을 기준으로 한 태음력을 채용하였으며 1개월은 29일이나 30

일, 12개월을 1년으로, 1년은 354일이 된다. B.C. 4000년 경까지는 시리우스(Sirius) 별이 해뜨기 직전에 출현하는 시기에 델타 지역에서 나일강의 범람이 시작되는 것을 알고, 태음력 1년의 시작을 이 날로 하였다.[11)]

태음력에 덧붙여 이집트는 일찍부터 매월이 다 30일의 12개월이라는 경제생활을 위한 민간달력을 도입하기도 하였다. 그것은 5일간의 특별한 윤일(閏日)을 더해서 365일로 되는 이집트 달력이 되었다. 그 후 시리우스 별의 정밀한 관측으로 그 주기가 365(정확하게는 365.2422)일임이 확인되어 달력의 1년과 태양년을 일치시키기 위해 4년마다 1일을 더하는 1년 365일의 달력인 태양력을 채용하기에 이르렀다. 이 시기는 B.C. 2800~B.C. 2650년으로 추정되며, 최초로 태양력을 사용한 민족으로 보고 있다.

## 3. 수 학

이집트인들은 삼각형 · 장방형 · 사다리꼴의 면적이나 부피를 측정하기 위해 바빌로니아인보다 우수한 공식을 발전시켰으나 계산에서 면적 및 부피, 측정에서의 다양성으로 인해 방해를 받았다. 수학상의 문제는 건물이나 피라미드 등의 축조를 위한 비탈길이나 부피의 계산, 술이나 빵 등 양의 분할에 집중되기도 하였다.

이집트인은 직각을 측량하는 데 세 변의 비가 3 : 4 : 5의 삼각형을 이용하면 된다는 것을 알고 있었으며(그림 3 · 7),[12)] 여러 가지 기하학도형의 면적이나 부피의 편의적 계산법을 발전시켰다. 또 간단한 4칙(四則)계산이나 단위분수의 계산이 가능하였다. 이러한 계산법은 나일강의 범람 후 토지면적의 측량이나 곡물의 교환 · 분배, 용량의 계산, 토목 · 건축에서의 계산 등 실제 일상생활에 필요한 구체적 과제를 해결하기 위해 고안된 것이며 공식 · 정리 · 증명이라는 논리적인 규칙을 도출하고자 하는 체계화의 경향은 볼 수 없다. 「린드(Rhind) 수학 파피루스」는 대표적으로 이집트에서

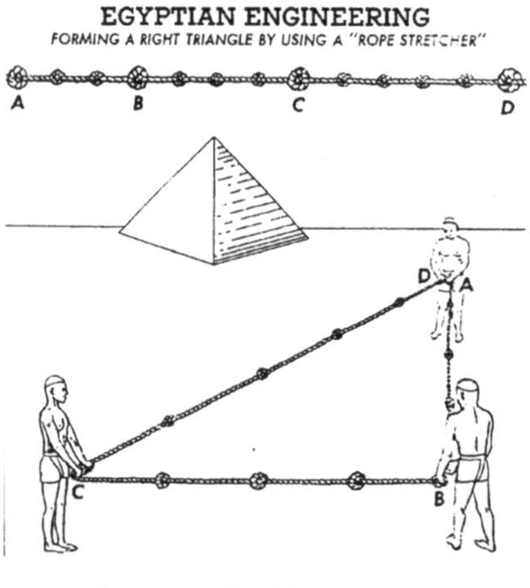


그림 3 · 7 줄을 이용한 직각 3각형

11) 伊東俊太郎 외 편, 전게서, p. 112, p. 373, p. 1070.
12) T. Walter Wallbank, 전게서, p. 50.

가장 오래된(B.C. 1650년경) 수학문헌으로 알려져 있다. 내용은 분수 · 방정식 · 비례 · 수열 · 면적 등 87의 예제가 주어지고 해법이 붙어 있다.

## 4. 의술과 치료[13)]

이집트의 의술은 일반적으로 주술 · 종교색채가 강한데, 다른 고대민족에 비교한다면 경험과 합리적 요소를 많이 포함하고 있는 것이 이집트 의술의 특징이고, 의술을 전하는 문서는 현재 8종류가 발견되어 있는데, 내용과 양에서 중요한 것은 「카훈 파피루스」(*Kahun Papyrus*, B.C. 1950년경)와 B.C. 16세기에 필사된 것으로 추정되는 「에베르스 파피루스」(*Ebers Papyrus*)와 「에드윈 스미스 파피루스」(*Edwin Smith Papyrus*)이다.

의학문헌 중 최대의 문서인 「에베르스 파피루스」에 질병은 내과 · 눈병 · 피부병 · 두 팔과 두 다리의 병 · 머리 부분의 질병 · 부인병 · 외과학 등 다양하고 처방은 877종류가 있다. 그 가운데 12종은 주술문(呪文)을 읽기를 권하고 있다. 이집트의 의술을 전체적으로 보았을 때 질병의 원인은 악령(기생충)이 인간에 침입, 발병한다는 '병마론'을 믿고 있었다. 내장의 병이나 부인병 등 증상이 외부에서 보아 잘 알 수 없는 경우에 이 경향이 강하며, 치료법으로는 악령을 쫓아내는 주술문에 의뢰하는 경우가 많다. 약물을 사용하는 경우라도 효과를 높이기 위해 주술문을 외우는 방법을 병행하였다. 그러면서 치료에는 경험과 합리적 요소도 있어 육안으로 병의 상태를 진단하는 시진(視診)이나 촉진(觸診)에 의해 얼굴색, 심장과 혈맥의 움직임, 체온을 중요시 하였으며, 기능시험도 있었다. 병의 증세는 순조 · 불안정 · 부조(不調)의 세 가지 중 하나로 판단하여 분류하고, 이 최후의 부조는 치료가 불가능하며 전혀 손을 쓸 수 없는 것으로 보았다. 눈병이나 피부병 등 신체표면의 질병이나 외상에 대해서는 증상의 기록이 정확하며, 치료법이 비교적 합리적이었다.

이집트의 유명한 '미라'(mummy)의 제작은 부패방지 처리기술의 우수성과 더불어 건조한 기후로 말미암아 제작이 쉬웠다. 이 미라는 인간의 본질을 형성하는 것으로 영혼과 분신(分身)을 믿어 이들이 유숙하는 육체가 보존된다면 이 본질도 존속되는 것으로 믿어 죽은 사람의 영혼이 지상에 돌아왔을 때의 숙박소로 하기 위해 만들었다는데 3,000여년 간 지속되었으며, 제Ⅳ왕조시대에 기술이 생겨 상등 · 중등 · 하등의 구별이 있었다고 하며, 영혼불멸 사상으로 종교의식의 하나이

13) 伊東俊太郎 외 편, 전게서, p. 112.

지 인체의 해부학 지식에는 아무런 공헌도 하지 못하였다고 한다.

## 5. 관개와 피라미드의 토목기술

### (1) 관개(灌漑)

관개는 고대역사에서 국가와 강력한 중앙권력의 형성을 초래하는 가장 강한 힘의 하나였다. 관개사업은 처음에는 나일강의 늘어나는 물을 이용한 연못형태(basin system)의 관개였으나 B.C.2000년경의 제Ⅱ왕조에서는 관개사업이 크게 늘어 인공수로나 댐, 배를 운항하기 위한 운하 등의 공사가 있었다. 관개의 영향은 정치생활과 거리가 먼 외부까지 미치었고 수학과 천문학을 자극하였다. 응용수학, 특히 넓은 면적의 토지를 측정하는 측지학(測地學)의 가치는 계산할 수 없을 정도였다. 세금관계로 밭을 정확하게 측정할 필요가 있었다.

이집트인은 또 토지 등기소를 가지고 있어 물 부족의 계절에는 측량사를 파견하여 밭을 측량, 경계분쟁을 해결하는 한편, 이 측량사가 결국은 기하학의 발달을 촉진하였고 천문학에도 기여하였다. 기계의 발달에도 관계가 있어 어떤 형태의 수차 등 인력 · 축력으로 움직이는 기계가 만들어지기도 하였다.

### (2) 피라미드[14) 15) 16) 17)]

이집트를 상징하는 피라미드(Pyramid)의 모양은 마스타바(Mastaba, 석실의 분묘), 계단식, 곡절(曲折)이 있었고, 네모꼴형도 발달되었는데 건조에 사용된 도구는 돌, 나무, 그물이고 금속기구로는 동기(銅器)가 있었다. 입지선정은 나일강 서쪽, 강에서 가까운 거리이고, 홍수로부터 안전한 암반지대를 잡았다. 전체는 약 80기로 알려져 있으나 건조당시의 웅장한 모양을 하고 있는 것은 약 10기이다. 피라미드의 기원은 왕을 태양의 아들로 보는 '태양신앙' 사상에서 출발한다. B.C. 3000년경에 시작한 왕묘로서의 피라미드를 최초로 축조한 사람은 제Ⅲ왕조의 제세르왕인데 재상이며, 건축가인 임호태프(lmhotep)가 마스타바를 포갠 높이가 60m, 밑바닥의 면이 121m×109m로 석조건조물로서는 인간이 실현한 최초의 대건조물인 6계단의 '계단 피라미드'를 설계하여 건조하였다.

---

14) 平田 寬, 전게서, 상, p. 13.
15) T. Walter Wallbank, 전게서, p. 46.
16) Compton's Encyclopedia, vol. 19, pp. 541~543.
17) 소련 과학아카데미 편(金光不二夫 역), 전게서, pp. 57~58.

국왕 무덤으로서의 피라미드는 무척 많이 있으나 제Ⅳ왕조의 창시자 수네르프왕(약 B.C. 2650~B.C. 2500년경)에 의해 멤피스 가까운 기자(Gizeh)에 만들어진 三대 피라미드(그림 3·8)가 특히 유명하다. 이 가운데 최대의 것은 쿠푸(Khufu) 또는 케오프스(Cheops)왕이 건조한 것으로 높이가 약 150m, 밑면의 한 변이 233m의 정4각형인데 2~15톤 무게의 석재가 무려 230만개가 사용되었고, 건설에는 10만 명의 노예와 노동자가 3개월씩 교대하면서 연속적으로 20~30년간 혹사당했다고 한다. 이 피라미드는 규모·구조·형상·재질·방위에서 기술상 절정에 이르렀다. 이들 건조물은 노예의 힘만으로는 설명이 되지 않으며, 노예의 힘 외에도 기술적인 숙련과 조직이 필요하였다. 대부분이 직인과 농민으로 다수 노동자의 1/3은 피라미드 건조에, 1/3은 돌을 자르거나 석재나 기타 재료의 운반에 종사하고, 나머지 1/3은 노동자에 식료를 공급하거나 작은 가옥이나 숙박소를 세우는 노동을 한 것으로 추측한다. 제2의 피라미드는 카프레(Khafre)왕의 것이며, 제3의 피라미드는 멘카우레(Menkaure)왕의 것이다.

그림 3·8 기제의 三大 피라미드

이 피라미드의 네 변은 정확하게 동서남북 4방위를 나타내며, 옆 벽면과 밑바닥면이 이루는 기울기는 모두 51~52도를 나타내고 있다. 즉 이 사실은 삼각법과 상사론의 초등지식의 존재를 나타내는 것이다. 그림 3·9는 피라미드의 진화과정이다. 이 피라미드는 인류의 진보에는 아무런 기여를 못하였으나 크기와 정밀하게 건조한 기술은 토목·건축에는 많은 영향을 주었다.

피라미드의 건조에서 중량물의 운반이 문제가 되고 있는데 나일강의 상류에서 얻어진 석재는 강물의 범람기에 뗏목을 이용하여 운반하고, 차량이 없는 당시로서는 배에서 축조현장까지의 운반이나 피라미드의 돌 쌓기는 굴림대(roller)와 경사로를 이용하였다고 추정되며 기중기형태의 대형 저울과 같은 장치도 사용되었을 것으로 보고 있다.

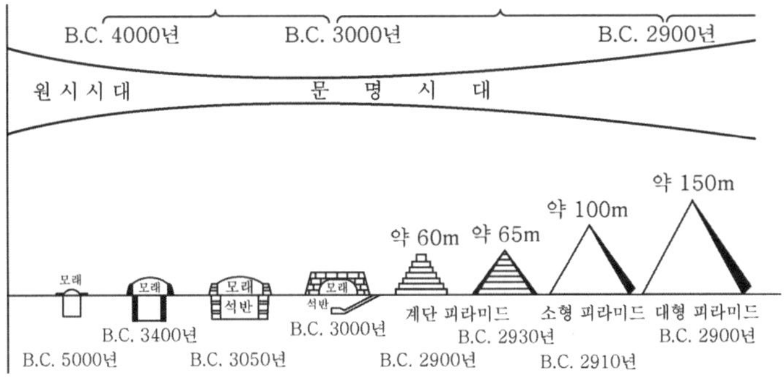


그림 3·9 피라미드의 진화

## 6. 생활기술

나일강의 물을 논이나 밭, 정원 등에 급수하기 위해 지렛대의 원리를 이용한 물 바가지가 사용되었고, 기록을 남긴 재료로는 파피루스 풀의 줄기로 만든 파피루스 종이가 이용되었다. 빵을 구울 때는 둥근 가마솥 모양의 것이 사용되기도 하였다.

당시에는 나일강 연안의 흙으로 벽돌도 만들어 구조물에 이용하였고, 흙으로 도자기도 만들었다. 대단히 중요한 의미를 가진 것에는 유리제조이다. 최초로 유리가 제조되기 시작한 것은 이집트로 기원전에는 거의 유리 제조의 중심지였다. 얻어진 반투명 물질도 처음에는 장식품, 이어서 용기를 성형하였다. 운반수단으로 비철금속을 이용한 바퀴도 발명되었고 나일강에는 일찍부터 대형선박이 있었으며, 무거운 물건을 운반할 때는 롤러와 줄, 둥근 막대를 사용한 것으로 보인다. 야금에 관해서는 광석에서 추출된 구리가 금·은과 병행하여 옛날부터 사용되었다.

그림 3·10은 돌을 다듬질하고, 벽돌을 만드는 작업이다.

(a) 석공의 돌 다듬질 (b) 벽돌 제조

그림 3·10 고대 이집트인의 작업광경

# 3.4 고대 중국의 자연철학과 기술

## 1. 중국역사의 시작

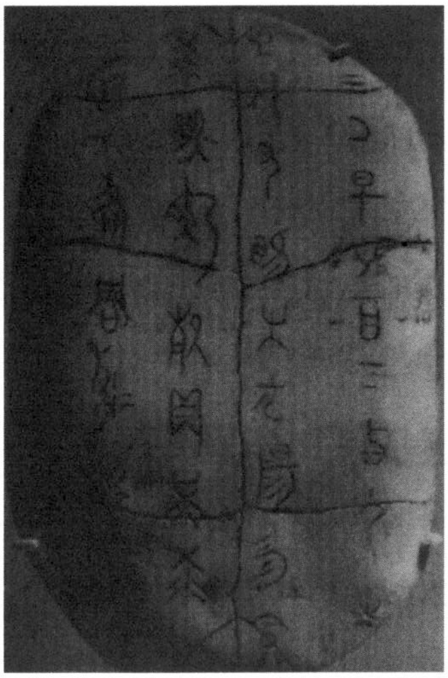

그림 3·11 갑골문자

중국문명은 양사오·룽산(仰韶·龍山)문화에 이어 가장 오래된 바로는, B.C. 1300년경 황허강 유역의 안양(安陽)에서 통치한 은왕조이다. 이 시대의 중국인은 청동기를 만들어 무기·제기(祭器)로 사용하였고, 대규모의 궁전이나 무덤·건축·축조용의 도구로도 사용하였으나 생산용구로는 별로 사용하지 않았다.

당시 용골(龍骨)이라 불려진 거북의 등 딱지, 소나 사슴의 견갑골(어깨 뼈)에 새겨진 고문자는 귀갑수골문자(龜甲獸骨文字) → 갑골문자 → 갑골문(B.C. 14~12세기)이라 불려지고, 이것이 한자의 기원이다. 갑골문자는 중국 고대 상(商, B.C. 1600~B.C. 1028)나라의 수도인 은허(殷墟, 허난성 안양현)에서 1899년 처음 발견된 이후 중국 최초의 문자로 인정받고 있다. 최근에 발표된 자료로는 B.C. 2300년부터 한자가 사용된 것으로 보인다(그림 3·11 참고).[18]

은나라의 문자는 갑골문자이나 이 갑골문자에 조각된 일부를 조사한 결과 간지(干支)가 사용되었고, 십간(十干)에 의한 10일의 순(旬)과 十二지의 12개월이 있고,

그림 3·12 고대 은나라의 유적(왕묘)

그림 3·13 은나라의 청동기

18) 下間賴一, 전게서, p. 75.

태음 · 태양력이 있는 것으로 보아 일식과 월식, 하지와 동지의 기록도 남아 있다. 오늘날 한자에 해당되는 상형문자는 B.C. 13세기 초의 안양시대에 나타나고 있다. 그림 3 · 12는 은나라 왕의 묘이며, 그림 3 · 13은 은시대의 청동기이다. 아울러 쌀 농사도 하고 비단을 짜고 살았다.

## 2. 춘추 · 전국시대

B.C. 1270년경에는 변경의 주나라가 은왕조를 정복하여 서주와 동주시대로 나뉘어지고, 동주는 다시 30여개 국가가 각축전을 벌인 춘추시대(春秋時代, B.C. 770~B.C. 403)와 7개국가로 정리된 전국시대(戰國時代, B.C. 403~B.C. 221)로 나뉜다. 이 550년간을 춘추 · 전국시대라고도 한다. 춘추 · 전국시대는 씨족제도와 도시국가에 기초를 둔 봉건제도가 붕괴되고 중국 최초로 통일을 이룬 진왕조(B.C. 221~B.C. 207)가 시작되며, '첫째 황제'라는 뜻의 시황제는 이 제국을 통일하기 위해 수도설비를 넓혀 도로망을 만들고 만리장성의 대증축을 하였다.

이 만리장성은 전국시대에 각국이 변경을 서로 방어하고 흉노족의 침입을 방비하기 위해 축성을 시작하였으며, 그 후 진나라 시황제가 6국을 멸하고 천하를 통일하여 북방 흉노의 남침으로부터 방어하기 위해 B.C. 214년에 진 · 조 · 연 3국 북변의 긴 성을 수축, 전체 길이가 6,700 km에 달하는 이른바 오늘날의 만리장성의 기초를 이룩하였다. 완성은 명나라(1368~1644)인데, 이는 세계의 토목 · 건축 공사 역사상 그 유래를 찾아볼 수 없다.[19] 이 만리장성은 1987년에 세계 문화유산으로 등재되었다.

진나라에 이어 한왕조가 열리고, 이 전후 한왕조는 B.C. 202년에서 A.D. 220년까지 계속되었다. 한나라는 A.D. 124년에 대학을 창건하고 학자의 관료제도를 설립한다.[20] [21]

전국시대에는 주철을 포함하는 다수의 철기가 사용되고, B.C. 6세기에는 중국이 철기시대에 들어간다. B.C. 100년경에는 자석의 방향지시 작용을 발견하고 A.D. 31년에는 수평의 수차가, 기원 후 290년에는 수직의 수차가 이용되었다. 종이는 105년에 채륜(蔡倫)에 의해 발명되기도 했다. 그림 3 · 14는 전국시대의 생활을, 그림 3 · 15는 전국시대의 화폐를 나타낸다.

---

19) 伊東俊太郎 외 편, 전게서, p. 651.
20) S. Mason(矢島祐利 역), 전게서, 상권, pp. 73~74.
21) 山崎俊雄 외 편, 전게서, pp. 34~35.

그림 3 · 14 전국시대의 생활

그림 3 · 15 전국시대의 화폐

### 3. 제자백가와 경험적인 기술지식[22]

제자백가(諸子百家)는 중국 춘추전국시대에 등장한 여러 사상가와 학파를 뜻하며, 제자(諸子)란 여러 학자를, 백가(百家)는 수많은 학파를 의미한다. 새로운 정치, 사회적 이념을 펴기 위해 '제자백가'라는 표현을 하였으며, 실제는 유가 · 도가 · 음양가 · 법가 · 명가 · 묵가 · 북가 · 종횡가 · 농가 · 잡가 및 병가 등이다.

묵자(B.C. 약 479~B.C. 381)의 후계자들인 묵가는 무차별 박애주의를 주장하기도 하였으나 물리학의 여러 문제, 특히 광학 · 기계학 · 축성법을 연구하였고, 광학에는 평면경 · 오목 면경 · 볼록 면경에서 빛의 반사와 물체의 상, 크기, 위치와 사용한 거울의 곡률을 관련지우는 경험적 법칙을 얻었다. 기계학에서는 지레의 방식과 도르래에 흥미를 가지고 경험적으로 연구를 하기도 하였다. 한편, 명가는 전국시대의 여러 의견을 통일하여 과학방법론을 완성하고자 노력한다.

한왕조가 시작될 무렵 법가와 묵가, 명가는 그 중요성이 상실되고 유가와 도가가 사상계의 유력한 학파가 되었다. 공자(B.C. 552~B.C. 479)에 의해 시작된 유교는 한나라 이후 중국의 정치사상의 근간이며, 학자의 관료정치에 대한 공인된 철학이기도 하였다. 도가는 B.C. 6세기에서 B.C. 4세기까지 사이에 살았다는 노자의 후계자들이다. 도가는 인간은 문명사회를 버리고 고대의 간소한 평등주의 사회로 복귀하여야 된다고 주장하여 '무위자연(無爲自然; 사람의 힘을 들이지 아니한 그대로의 자연)의 도(道)'를 갈파하였다.

22) S. Mason(矢島祐利 역), 전게서, 상권, pp. 74~75.

## 4. 음양 · 오행설

음양 · 오행설은 중국 전국시대인 B.C. 4세기경의 음양설과 오행설의 병용에 의한 자연철학으로 시작되었다. 전국시대 말기인 B.C. 3세기 후반에는 도가 · 유가 사상에 침투하여 우주, 자연의 운행과 인사(人事) 등의 정치행위와 관련시키는 천인상관설의 기초를 이루고 있으며, 세계를 지배하는 통일원리를 찾는 움직임으로 대대로 그 내용을 보완해 '천인합일론'(天人合一論)을 전개시켜서 한국을 위시한 동아시아의 세계관을 지배한 생활규범 사상이다. 추연(鄒衍, Tsou yen, B.C. 약 350~B.C. 270)이 완성하였다고 한다.

음양설과 오행설[23] [24]은 원래는 별개의 것이다. 음양설은 자연현상이나 사람의 하는 일이 음양(陰陽)이라는 두 개의 으뜸가는 기(氣)의 쇠함과 흥함에 의해 지배된다고 보며, 이 둘은 대립적이 아니고 서로 보완관계이다. 한편, 오행설은 우주의 모든 생성 · 소멸현상을 지배하는 원리로 다섯 개의 기(木 · 火 · 土 · 金 · 水)를 생각하였다. 음양 · 오행에 대응하는 것을 보기로 표시하면 표 3 · 2와 같다.

**표 3 · 2 음양 · 오행에 대응하는 사물과 현상**

| 음(陰) | 지(地) | 여(女) | 한(寒) | 암(闇) | 복(復) | 우(偶) | 육부(六腑) | 유(柔) |
|---|---|---|---|---|---|---|---|---|
| 양(陽) | 천(天) | 남(男) | 서(署) | 광(光) | 배(背) | 기(奇) | 오장(五臟) | 강(剛) |
| 목(木) | 춘(春) | 동(東) | 청(青) | 산(酸) | 갑을(甲乙) | 린(鱗) | 간(肝) | 인(仁) |
| 화(火) | 하(夏) | 남(南) | 적(赤) | 고(苦) | 병정(丙丁) | 우(羽) | 심(心) | 례(禮) |
| 토(土) | 장하(長夏) | 중앙(中央)<br>간방(間方) | 황(黃) | 감(甘) | 무기(戊己) | 과(倮) | 비(脾) | 신(信) |
| 금(金) | 추(秋) | 서(西) | 백(白) | 신(辛) | 경신(庚辛) | 모(毛) | 폐(肺) | 의(義) |
| 수(水) | 동(冬) | 북(北) | 흑(黑) | 함(鹹) | 임계(壬癸) | 개(介) | 신(腎) | 지(智) |

만물을 상호작용에 의해 창조하는 두 개의 원리를 음과 양이라 이름 붙였다. 음은 수동적이고 어둡고 여성적인 힘이며, 양은 능동적이고 남성적인 힘이다. 이 두 개의 원리는 선회운동을 하고 있는 액체상태의 물질과 에너지와의 원초적인 혼합물에서 생겼다. 이런 종류의 운동이 어둡고 무거운 것과 밝고 미세한 것을 분리시켜, 앞의 것은 대지와 음의 원리를 일으키고, 뒤의 것은 하늘과 양의 원리로 되어, 이 두 원리의 상호작용이 목 · 화 · 토 · 금 · 수의 오행을 낳는다.

---

23) 山崎俊雄 외 편, 전게서, pp. 35~36.

24) 金奉俊, 易學, 제1권, pp. 164~165, 1989, 삼한출판.

## 5. 주역(또는 易學)

오행설에는 그 상호관계에 의해 오행생성, 오행상생(오행이 순환하여 서로 살리는 이치이다. 木生火(목생화) · 火生土(화생토) · 土生金(토생금) · 金生水(금생수) · 水生木(수생목), 즉 목(木)은 화(火)를 살리고, 화(火)는 토(土)를 살리고, 토(土)는 금(金)을 살리고, 금(金)은 수(水)를 살리고, 다시 수(水)는 목(木)을 살린다), 오행상극(오행이 서로 이기는 이치이다. 木克土(목극토) · 土克水(토극수) · 水克火(수극화) · 火克金(화극금) · 金克木(금극목), 즉 목(木)이 토(土)를 억제하고, 토(土)는 수(水)를 억제하고, 수(水)는 화(火)를 억제하고, 화(火)는 금(金)을 억제하고, 다시 금(金)은 목(木)을 억제한다)의 세 학설을 만들었다.

「서경」의 홍범(洪範)편[25]에는 수(水)는 윤하(潤下, 사물을 윤택하게 하여 밑으로 가게 한다), 화(火)는 염상(炎上, 타서 위로 올라간다), 목(木)은 곡직(曲直, 굽어지거나 곧게 되거나 한다), 금(金)은 종혁(從革, 자유롭게 변형한다), 토(土)는 가색(稼穡, 씨를 뿌리거나 추수를 한다)이라고 오행의 하나하나의 성질을 설명하고 있다.

주역은 태극의 원리로 음(달)양(해)학설 또는 상대성원리라고도 한다. 여기서 주(周)는 시간과 공간의 개념으로 상 · 하 · 사방, 역(易)을 판단하는 시간적 개념이며, 易은 日+勿, 즉 日+月로 우주의 원리로 변화무상을 나타낸다. 단순하게 대립되는 것은 아니고 서로 화합하여 순환하는 것으로 '일양일음(一陰一陽), 이것을 도(道)라 한다'로 설명하여 易의 근본원리가 되었다.

주나라 시대(B.C. 1100~B.C. 256)에는 갑골에 의한 점복(占卜)이라든가 대나무 젓가락에 의한 서점(筮占)이 있었다. 서점 가운데 오늘날까지 전해져서 널리 시행되는 것에 이른바 주역[26](또는 易)이라는 것이 있어 음(陰) --과 양(陽) —의 두 가지의 효(爻)를 세 개씩 짝지어 팔괘(八卦)를 기본으로 하고, 이 팔괘를 상하로 맞춘 64괘, 양효 192와 음효 192가 합해진 384효가 역점(易占)의 모든 경우를 총망라한다.

64괘에는 각각의 해설, 즉 계사(卦辭)가 붙어 있고, 또 384효 각각에도 효사(爻辭)가 붙어 있는데, 이는 우리 인생살이 384가지의 경우와 같으며, 49개의 대나무 젓가락의 조작에 의해 얻어진 괘와 효는 각각의 사(辭)를 보아서 길흉(吉凶)이 판단된다.

이와 같은 서죽(筮竹)에 의한 점은 신비적인 수리(數理)에 기초를 두고 있다는 점이 특징이다.

---

25) 伊東俊太郎 외 편, 전게서, p. 360.
26) 伊東俊太郎 외 편, 전게서, p. 643.

## 6. 음양설에 근거하는 고대의학[27)]

중국의 의학도 도교에 의해 생명을 연장하고, 질병을 다스리기 위한 식이 · 양생법을 만들었다. 인체의 해부학상의 특성이나 사람이 걸리기 쉬운 질병은 음이나 양의 성질을 가지고 있다. 즉 병은 다섯 가지 내장(五臟; 폐장 · 심장 · 간장 · 신장 · 비장)의 부조(不調)에서 생긴다고 보았다. 열은 양의 부조이고 오한(惡寒)은 음의 부조로 보았으며, 양의 부조는 맥박을 강하게, 음의 부조는 맥박을 약화시킨다고 보아 맥박으로 진단된 질병은 음이나 양의 과잉을 바로잡기 위한 약품을 처방한 것이다.

중국의 표준의학서는 한시대의 「황제내경」이다. 여기에 기록된 해부학과 생리학의 이론은 주로 인간과 국가를 비유하여, 소우주인 인간과 대우주인 우주와의 비교에 기초를 두고 있다. 하늘은 둥글고 대지는 네모 반듯한 형이다. 따라서, 머리는 둥글고 다리는 네모 반듯한 형이다. 1년에는 네 계절과 12개월이 있는데 사람도 4개 수족과 12개 관절이 있다. 심장은 신체의 왕이고 폐장은 그 중신이다. 간장은 신체의 장군이고 중앙관청으로서의 담낭을 가지고 있다. 비장과 위는 곡창이고 장은 교통과 하수와의 조직이다.

초인적인 치료자는 방사(方士)이나 B.C. 5~B.C. 3세기에 의성(醫聖)이라는 편작이 나타났다. 한서 예문지에는 「편작내경 9권」과 「외경 12권」이 기록되어 있으나, 오래전에 없어지고 그 내용은 알 길이 없다. 편작은 주술적 의료행위를 배제하고 경험적인 의학을 설명하고 있다. 「편작전」(사기)에는 침구, 안마, 도인(導引 ; 체조나 호흡법), 습포(濕布)와 약물요법 등 중국의학의 대부분이 기록되어 있다.

## 7. 한 이후의 당 · 송시대의 기술

중국에서 가장 오래된 수학서는 「구장산술(九章算術)」로 B.C. 1000년경 성립된 책이며, 아홉 개의 장으로 구성되어 있고 분수의 여러 계산, 十 · 一의 수 계산이 들어 있으며 세계적으로도 가장 오래된 책이다. 주나라 초기의 황제치하에서 기록되었다고 하며, 현존판은 장창(張蒼)이 B.C. 200년에 고쳐 쓴 것이다. 천문학은 B.C. 1500년경 안양시대의 「신탁갑골문」이 최고의 것이며, 천문학자 석갑(石甲, B.C. 350년경)이 약 800개의 별의 상대위치를 그림으로 표시하였다.

도자기의 제조는 한시대에 시작되었으나 당시대에 고도로 발달되었고, 621년에는 제조를 위한 관청이 설치되었다. 또 당시대에는 목판인쇄가 중국의 불교승원을 중심으로 시작되었고, 가장 오래된 인쇄본은 감숙의 천동불에서 발견된 868년의 「금

27) S. Mason(矢島祐利 역), 전게서, 상권, pp. 78~79.

강경」이다. 당시대 말기까지는 화약이 중국에서 발달되었으나, 화기(火器)는 이미 송 말기 이전에 일종의 로켓이라 할 수 있는 신형의 불 화살이 969년에 등장하여 화약의 정확한 조제법이 1040년에 기록되고 있다. 한편, 육지나 바다 여행용 나침반의 사용이 송시대에 발전되었다.

송나라는 960년에 건국하여 약 300년간 지속되었으며, 중국의 르네상스 시대라 할 만큼 한시대와 마찬가지로 수학자 · 천문학자 · 역법사 · 측량사가 무척 많았다고 한다. 1799년에 출판된 「주입전(疇人傳)」에는 우수한 수학자가 한시대부터는 38명, 송시대부터는 29명을 거명하고 있으며, 1247년 진구소(秦九韶)는 「수서구장(數書九章)」을 발표하였는데, 삼각법의 문제해법에 대수학적인 방법을 채용하고 있다.

고대 중국인은 시간을 측정하기 위해 10장생과 12지간을 발명하였다. 대다수의 백성들이 문맹이었기 때문에 동물들로 12지간을 상징했다. 이들 상징은 시간과 날짜, 해와 달을 가리키는데 이용되었다.

갑골문은 B.C. 1400년경에 날(日)을 10일 주기와 12일 주기의 60진법의 60일 주기로 계산 하였음을 보여준다. 60은 10과 12의 최소공배수이다. 10일 주기의 날은 '10천간(天干)', 12일 주기의 날은 '12지지(地支)'라고 불렀다. 60일 주기는 10일 단위로 나누었으며 이 날들은 12지지의 첫 자인 자(子)로 시작한다.

10천간의 명칭은 표 3 · 3에, 12지지의 명칭은 표 3 · 4에 표시한다. 여섯 동물은

**표 3 · 3 10천간**

| 숫자 | 한자 | 상징 |
|---|---|---|
| 1 | 갑(甲) | 나무 재배 |
| 2 | 을(乙) | 벌목 |
| 3 | 병(丙) | 자연의 봄 |
| 4 | 정(丁) | 사람이 만든 불 |
| 5 | 무(戊) | 흙 |
| 6 | 기(己) | 토기 |
| 7 | 경(庚) | 금속 |
| 8 | 신(辛) | 대장일 |
| 9 | 임(壬) | 흐르는 물 |
| 10 | 계(癸) | 고인 물 |

**표 3 · 4 12지지**

| 숫자 | 한자 | 상징 |
|---|---|---|
| 1 | 자(子) | 쥐 |
| 2 | 축(丑) | 소 |
| 3 | 인(寅) | 호랑이 |
| 4 | 묘(卯) | 토끼 |
| 5 | 진(辰) | 용 |
| 6 | 사(巳) | 뱀 |
| 7 | 오(午) | 말 |
| 8 | 미(未) | 양 |
| 9 | 신(申) | 원숭이 |
| 10 | 유(酉) | 닭 |
| 11 | 술(戌) | 개 |
| 12 | 해(亥) | 돼지 |

가축이며, 음(陰)에 해당하고, 여섯 동물은 야생이며 양(陽)에 해당한다. 마찬가지로 천간에도 음과 양이 각각 다섯씩이다. 이런 식으로 해(年)와 날(日)에 천간과 지지를 결합한 60개의 이름이 주어지는데, 첫 이름은 갑자(甲子)이다. 이 이름은 60년(또는 일) 주기로 되풀이 된다. 민간 전승에 따르면 이 60갑자는 B.C. 2637년에 시작되었다고 한다.[28)]

28) E.G. Richards(이민아 역), 시간의 지도 : 달력, pp. 200~202, 2004, 까치.

제4장

# 서양문명의 모체인 고대 그리스의 자연철학

최초의 서양문명은 그리스에서 생겨났다. 그리스는 고대 동양문명을 이어받아 '에게 문명'을 통하여 이전의 동양문명과는 성격이 다른 독창적인 문명을 창조하고 발전시킴으로써 약 300여년간 고대의 문화 · 예술 · 과학 · 철학 등의 중심지로 유럽문명의 모체인 그리스 문명의 꽃을 피웠다.

여기서 그리스의 자연철학(과학)과 기술은 정치 · 문화의 중심지에 따라 다음의 세 시대로 구분한다. (1) 제1기, B.C. 7세기경 소아시아의 이오니아 지방을 중심으로 하는 그리스 식민지의 자연철학시대, (2) 제2기, B.C. 5세기경부터 그리스 본토인 아테네의 아카데메이아와 리우게이온에서의 활동을 중심으로 하는 시대, (3) 제3기, B.C. 4세기경부터 이집트의 알렉산드리아를 중심으로 하는 헬레니즘 시대이다. 이 시기의 그리스(약 B.C. 600~B.C. 300년경)는 본토의 도시나 식민도시 모두 영토로 독립되고, 사법 · 행정 · 입법의 최고기관이라는 민회(民會)가 설치되어 시민들의 공동체인 폴리스(Polis)로 번영하였다.

쇠(鐵)와 알파벳의 표기방법을 도입함에 따라 생긴 새로운 기회는 해상무역에 종사한 공동체나 야만에서 갑자기 철기시대로 접근하였기 때문에 청동기시대 문명의 전통에서 다소 벗어난 사람들에 의해 최대한으로 이용되었다. 그들 중 소아시아와 중동으로부터 이탈리아 및 북아프리카 등 서쪽으로 진출한 에토루리아인과 페니키아인은 뱃사람이었으나 그들은 모국에서의 청동기시대 전통의 일부는 그대로 계승하였다.

야만에서 별안간 철기시대의 문명을 가지게 되고 처음부터 해상무역에 종사한 민족은 그리스인 뿐이다. 그리스인은 여행가로서의 공간감각, 즉 기하학의 의식을 가지고 있었고, 이런 사실은 그리스시대 이전이나 이후의 정착 농경사회에서는 결여된 의식이다. 그리스인은 또 여러 가지 문화나 전통에 대해 여행가로서의 지식을 가지고 있었다. 그래서 그들은 어느 특정한 것에 얽매이지 않고 여러 가지에서 가치있는 것들을 찾아낼 수 있었다.

## 4.1 그리스인에 의한 과학정신의 탄생

### 1. 고대 그리스인의 과학정신 발현

고대 그리스인은 이론적이고 직관적이며, 이념이나 추상적인 것을 존중하였다. 그들에게는 순수 논리학이나 수학이 발달한 것도 이러한 이유 때문이다. 고대 그리스는 우주의 창조나 그 과정을 신화나 종교에 의하지 않고 설명하고자 하는 정신적 태도는 다른 민족에 앞서 B.C. 6세기경의 소아시아 연안의 이오니아 식민지를 중심으로 하여 발생하였다.

그렇다면 고대 그리스 땅에서 이와 같은 정신적 태도가 싹이 튼 이유는 어디에서 찾을 수 있을 것인가? 그 중요한 배경으로 생각되는 것은 그리스의 지리적 환경과 정신적 풍토이다.

그리스인은 세계를 넓게 관찰하였고, 야만에서 철기시대의 문명을 가지게 되고 처음부터 해상무역에 종사하였다. 그리스 주변에는 이집트, 메소포타미아 등 이미 긴 역사를 가진 독자적인 문명이 존재하고 있었으며, 그리스인은 이들 지역과 교류하면서 우주상이나 자연관, 종교 등 다른 문명과 천문학 · 수학 · 과학기술 등 축적된 지식을 흡수하였다. 그러나 이들 지식은 각각 문명을 신화적으로 생각하는 것과 혼성되어 있으며, 그리스인은 이 가운데서 객관적 · 보편적인 요소만을 선별적으로 수용하였음에 틀림없다.

도시국가인 폴리스는 최성기에 선거권도, 피선거권도 없는 노예를 기반으로 하는 지극히 불충분한 민주제도를 확립하고 있었다. 그래서 그리스 시민에게는 다른 동양 여러 나라와 비교하여 민주적이고 자유로운 정신이 흐르고 있었다. 특히나 최초로 자연철학의 발생을 보게 된 그리스 식민지에서는 지금까지의 전통적 사고나 습관에서 자유로운 기풍이 존재하고 있었다. 이들 환경은 신화에서 벗어난 자연관을 형성하는 데 아주 좋은 토양이 되었다고 할 수 있다. 이런 민주제도와 자유로 인류가 자연을 두려움과 경배의 대상이 아니라 적극적인 지식의 탐구대상으로 생각, 자연에 관해 의문을 제기하여 그 해답을 찾으려한 노력은 대개 B.C.6~7세기경 고대 그리스에서 일어났다. 이로 말미암아 유럽 문학, 예술, 과학 및 철학의 성취를 역사가들은 '그리스의 기적'(the Greek miracle)이라고 부르기도 한다. 그러므로 고대 그리스는 이른바 과학정신이 탄생한 땅이 된 것이다.[1)]

## 2. 과학정신 탄생의 요인

개인의 자유에 바탕을 둔 민주제도라는 새로운 제도는 고대 동양과는 다른 내용의 유럽문명을 발전시켜 그리스적인 과학정신의 탄생을 가져왔으며 몇 가지의 요인을 생각할 수 있다.[2)]

첫째는 지리적 환경과 식민운동을 들 수 있다. 지리적으로 그리스는 지중해의 동쪽에 돌출한 반도로 아름답고, 산맥이 종횡으로 뻗어 있으며, 목초와 재목은 많았으나 생산물은 빈약하고 토지는 황폐화하였다. 인구가 늘어남에 따라 그리스는 해외에 식민지를 찾았다. 이 식민지의 탐색이 그들에게 모험심이나 기업의욕을 고취시켰음은 당연하다. 그래서 그들에게 적극적이고 진취적인 성격이 양성되었다.

둘째는 새로운 형식의 외국과의 통상이 시작되었다. 통상에서는 올리브 기름, 포도주, 도자기 및 무기 등을 수출하고 곡물을 수입하였다. 종래의 통상은 물물교환이었으나 B.C. 9세기경부터 소아시아에서 시작된 화폐제도가 널리 퍼져 통상이 그때까지보다 자유롭고 손쉽게 되었다. 결국은 대중생활에 풍요로움과 편리함을 안겨 주었다. 이 화폐제도의 발달로 상인을 물물교환의 제약에서 해방시키고 상업의 확대를 대단히 쉽게 하였다.

셋째는 그리스인이 알파벳(alphabet)을 완성한 사실이다. 고대 동양의 복잡하고 수가 많은 표의문자는 일반대중에 대한 교육의 보급을 방해하였다. 히브리의 AIEPE와 BETH, 그리스의 ALPHA와 BETA의 첫 번째 두 글자에서 진화한 알파벳이라는 표음문자는 24문자(지금은 26자)만 기억하고 있으면 어떤 표현도 가능하였다. 알파벳 문자는 음절이나 일어(一語) 전체를 표시하는 상형문자로부터 발달한 것이다. 특히, 미술적이긴 하나 이해하기 어려운 이집트의 성각문자는 생각이나 사상을 발표한다는 문자 본래의 목적 이외에 다른 부속기능도 갖고 있었다. 따라서 그리스 시민은 자유롭게 책을 읽거나 글을 쓸 수 있었다(그림 4·1 참고). 그래서 알파벳의 발명과 보급은 그대로 대중의 지식보급과 향상에 공헌하였다.

---

1) 伊東俊太郎 외 편, 전게서, p. 272.
2) 平田 寬, 전게서, 上, pp. 23~25.

넷째는 그리스의 도시에는 어디에나 아고라(agora)라는 광장 겸 시장이 있었다는 점이다. 아고라는 도시에 있는 그리스인의 공공 집합장소로 그곳은 사회생활이나 상행위, 정치활동이나 제례(祭禮) 등을 행하는 중요한 곳이었다. 중요한 사실은 아고라에 시민들이 몰려들어 자유스럽게 논의를 하였다는 점이다. 따라서, 개인의 주체성이 인정됨과 동시에 논리적인 변증법이나 사고방식이 양성되었다고 생각된다.

다섯째는 노예제도이다. 고대 동양과는 달리 그리스의 노예에는 포로 · 구매 · 부채의 세 종류가 있어 그 취급도 다양하였다. 폴리스의 엘리트들(귀족, 부유하거나 신흥 상공업자들)은 하층계급과 노예의 희생으로 한가(閑暇, schole ; 이것은 영어의 school의 어원)함을 가지게 되어 이들 엘리트 중에는 이 한가함을 이용하여 학문연찬이나 외국유학을 하여 지식을 풍부히 하였다.

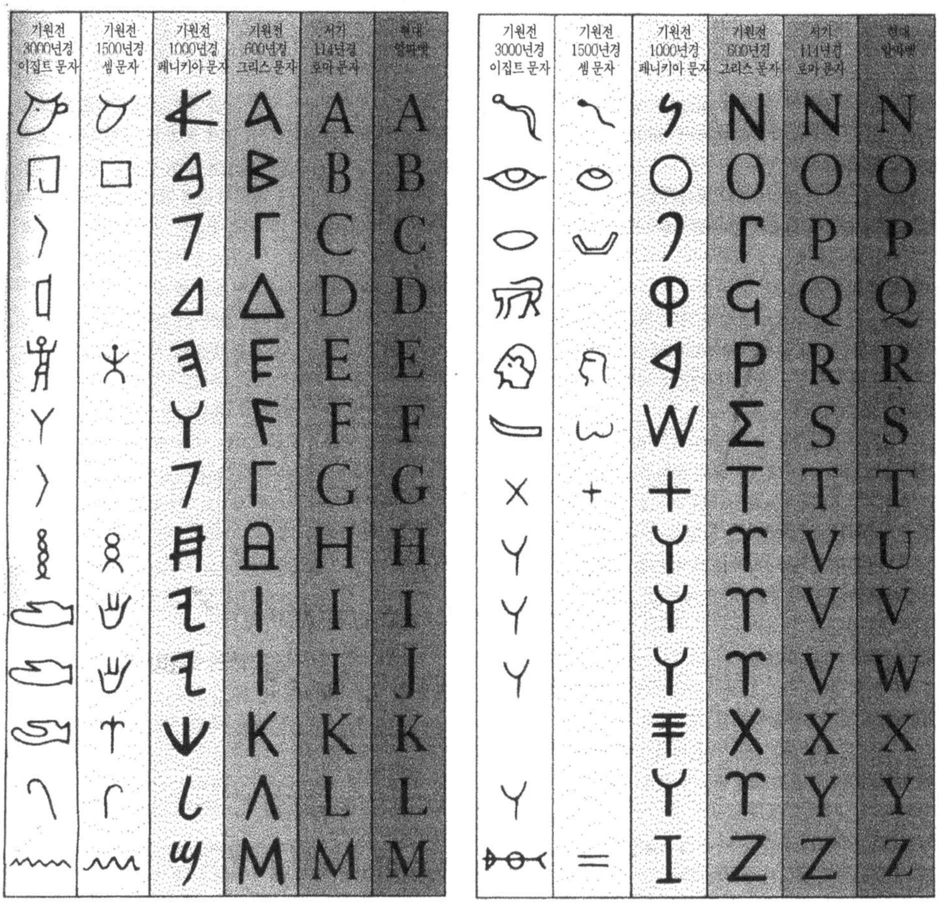


그림 4·1 알파벳의 발달과정

마지막으로 지식의 동시섭취라는 문제이다. 그리스인은 고대의 지중해 연안에 있었던 이집트인, 메소포타미아의 여러 민족, 페니키아인, 히브리인 및 페르시아인 등과 비교할 때 다행스럽게도(?) 신참자였다. 이 신참자는 선진제국의 각기 천지 창조신화, 우주상, 자연관, 사생관, 제례방식, 경제활동 및 일상의 습관이나 생활의 차이에 직면하였을 때 그냥 수용하는 것이 아니라, 그 차이를 비교, 진실여부를 검토하고 비판하여 가장 객관성이 있거나 논리적으로 입증되는 것만을 선택하였다. 그들의 과학정신 일부에는 아니미즘적, 목적론 요소의 뿌리가 남아 있었다.

이상과 같은 몇 가지의 요소가 합쳐져 그리스 최초의 과학정신이 탄생하였으나, 노예제를 기초로 한 고대 그리스 사회에서는 자유민과 노예와의 사이에는 명확한 구분이 되어 있어, 기술을 직인의 손 작업, 노예의 육체노동과 관련시켜 그리스의 교양인이나 상류층의 시민들은 기술을 멸시하였다. 기술, 특히 생산기술은 육체노동과 연계된다고 하여 경시하는 풍조가 생겼으나 그리스 세계에서 기술이 전혀 발달되지 않은 것은 아니었다. 생산기술 분야에서는 현저한 발전은 없으나 토목기술, 도르레나 나사를 이용한 기계장치, 과학원리를 응용한 장난감, 조종장치, 군사기계 등의 분야에서는 제법 우수한 것이 많았다.

## 4.2 신화에서 벗어난 이오니아 시대의 자연철학

자연과학적 사고의 최초는 그리스 본토가 아니고 식민지 이오니아였다. 이 식민지 이오니아는 아시아 세계와 그리스 처녀지를 연결하는 교량의 위치를 차지하며, 철학과 자연과학이 시작되는 2~3세기 이전부터 문예의 영역에서 크게 번성하였다. B.C. 11세기에 시작된 철기(鐵器)의 사용은 생산력도 높였다.

### 1. 이오니아의 과학전통

B.C. 6~B.C. 7세기, 에게(Aegean)해 동해안 그리스의 식민지인 이오니아(Ionia) 지방은 교통 · 무역에 유리한 지리적 위치를 이용하여 상업적인 발전을 시도, 화폐도 생기고 유통경제의 진전과 더불어 동서문화의 접촉도 빈번하였다. 도시국가가 번영하였고 자유로운 분위기도 충만하여 생활에 여유를 가진 사람들이 대자연을 사색하게 되었다.

이때 수도인 밀레토스 등에 처음으로 "세계는 무엇으로 만들어졌으며, 자연이란 무엇인가"를 이론적으로 고찰하는 사람들이 나타났다. 그것은 오늘날과 같은 자연과학은 아니었으나 자연과학이 탄생하여 발전하는 데 필요한 사상적 전제로 이것을 '이오니아의 과학전통'이라고도 부른다. 아울러 동시에 시작된 세계의 지혜이기도 하다.

#### (1) 밀레토스 학파의 아르케와 물활론

그리스 최초의 자연철학자인 탈레스(Thalés, B.C. 640~B.C. 546)(그림 4·2)는 소아시아의 그리스 식민도시이고 학문의 고향이며, 철학의 탄생지인 밀레토스 출신으로, 7현인(賢人)의 제1인자이며 학문(철학과 과학)의 아버지라 불렸는데 만물의 근원인 아르케(arché, principle; 기본 구성원소)는 물인데 생물에게 불가결한 것이고, 물은 3형태(액체·고체·기체)로 되는 성질을 가지고 있어 그 성질에서 판단, 흙과 공기의 중간에 있는 것처럼 보였기 때문에 '물'이 만물의 시원(始元)물질(원소)이라고 주장하였다. 이런 견해는 물질적·객관적·보편적·체계적으로 고찰하고자 하는 과학정신의 최초의 발아(發芽)로, 그때까지 자연을 신화나 주술로 다룬 것에 비하면 큰 전환이었다. 이는 모든 것을 생성, 소멸, 변화 및 운동이라는 연관성에서 이해하고자 하는 것이었다(자연발생적 변증법). 그는 또 피라미드의 높이나 바다 멀리에 있는 배까지의 거리를 측정하면서 수학연구에서 법칙성을 찾았다. 그의 활동 분야는 정치·경제·기술·천문학·수학 등 대단히 다양했다.

탈레스에 이어 밀레토스 제2의 철학자로 탈레스의 가장 중요한 제자인 아낙시만드로스(Anaximandros, B.C. 610~B.C. 545)가 등장하였다. 그는 처음으로 세계지도, 천구의(天球儀)를 만들었고, 또 해시계를 그리스에 도입하였다고 한다. 그리고 그는 냉·온·건·습 등의 서로 상반되는 것의 세력다툼에 의해 우주가 생성된다고 하고 또 관계되는 반대성격의 것은 물·공기와 같이 한정된 것은 아니고, 무한정·무진장(apeiron)에서 생성되는 것이어야 하고, 이것을 만물의 생성에서 근원으로 삼았다.

세 번째의 밀레토스 학자 아낙시메네스(Anaximenés, B.C. 526년경 사망)는 '공기'가 만물의 근원이라 생각하였으며, 공기가 농후하게 되거나 희박하게 되거나 해서 불·바람·구름·물·흙·돌 기타 현재 있는 자연만물의 모든 사물로 변화된다고 하였다. 위의 3인을 '밀레토스 학파'라 부르며, 이들이 생각하는 물질을 '살아있는 물질'로 보고 그 주장을 '물활론(物活論 :살아 있어, 운동하고, 변화하며 잡다한 것으로 나누어져 만물이 생성된다고 봄)[3]이라 한다. 여기서 Arche는 밀레토스 학파에게 ① 다양한 세계가 발생된 근원상태, ② 존재의 불변인 근본(실체), ③ 두 대립

3) 紫藤貞昭 편, 전게서, p. 31, p. 37.

물 사이에서 중간물의 개념이라 하였다. 후세에는 인식의 제1전제, 사물의 제1구성요소, 운동의 요인 등으로 본 학술용어이다.

그림 4·2 탈레스

그림 4·3 헤라클레이토스

마지막으로 에페수스의 명문출신 헤라클레이토스(Herakleitos, B.C. 540~B.C. 480)는 자연과학자가 아닌 철학자로 유명하다(그림 4·3). 만물의 근원을 '불'이라 하고, 불이 수축하여 습하게 되면 물이 되고, 물이 응결하면 흙이 된다. 반대로 흙이 액화하여 물이 되고, 물에서 남는 것이 불로 된다고 하여 "만물은 유전(流轉)한다(panta rei)"고 생각하여 운동과 변화를 중시하였다. 따라서, 자연을 운동상태에 의해 변증법적으로 본 최초의 사람이다.

### (2) 피타고라스와 그 학파의 자연관4)

우주를 설명하는 열쇠로 수를 중요시한 사모스 섬 출신의 피타고라스(Pythagoras, B.C. 582~B.C. 500년경)(그림 4·4)는 "세계의 원리(근원적인 존재)는 수"라고 생각하여 우주의 구조를 수로 표시하려 하였다.

그림 4·4 피타고라스

우주의 모든 현상의 배후에는 수적 조화, 수학적인 합법칙성을 가지고 있다고 보며, 가장 유명한 것은「피타고라스의 정리」(*Pytagorian theorem*)이다. 그는 고대 그리스의 수학자·종교가이며 남이탈리아에서 종교적 교단을 창립하여 활동하였다. 그의 제자들 가운데 과학연구에

4) F. Dannemann(安田德太郎 외 역), 大自然科學史, vol. 1, p. 127, 1941, 三省堂.

정진한 피타고라스 학파는 수학의 연구를 중요시하여 우주의 수적 조화(수학적 질서)를 주장하였다. 그래서 아리스토텔레스는 '피타고라스 학파에서는 수학이 철학이다'라고 말하였고, 따라서 수학의 신비가 중심이었다. 수는 실제로 어디든 감추어져 있다. 기하학적인 모양(一은 점, 二는 직선, 三은 평면, 四는 공간), 도덕성(四는 정의, 七은 좋은 기회), 사회제도(三은 결혼) 등이다.

### (3) 지구와 천문

피타고라스 학파에 따르면 우주는 세 부분으로 나누어져 있다. 고귀함과 안전정도가 큰 순서대로 살펴보면 먼저 대지와 지상구역과의 우라노스(Ouranos, 하늘 또는 창공), 다음에 항성구역과 경계를 이루어 움직이는 하늘의 코스모스(Kosmos, 세계), 그리고 신들이 살고 있는 올림포스(Olympos, 12신)이다. 땅 · 천체 · 우주 전체는 구형(球形)이다. 구형은 기하학적 입체 중 가장 완전하기 때문이다. 우주 가운데 모든 천체는 한결같이 원운동으로 움직이는 데, 원 또한 완전한 기하학 도형이기 때문이다.

밀레토스의 헤카다이오스(Hekataios, B.C. 약 550~B.C. 475년경)는「대지의 주위」라는 저서에서, 세계는 평평한 원주이고 둘레는 물이 흐르고 있으며, 크기는 유럽과 아시아로 나눠어지고 아시아에는 리비아가 포함되어 있다고 하였다. B.C. 4세기에는 아리스토텔레스가 지구를 중심으로 한 우주체계를 만들었다. 그는 지구중심설(천동설)을 주장하였는데 그 후 1500년 이상 지배적이었다.

스트라톤의 제자인 아리스타르코스(Aristarchos, B.C.310~B.C.230년경)는 지구가 태양을 중심으로 공전하고 있다고 하였다. 하지만 그의 태양중심설(지동설)은 좀체 시민에게 수용되지 않았다. 그러다가 대지는 둥근 형상(지구)이라고 주장한 것이 피타고라스 학파라고 한다. 일식 때 달에 만들어지는 지구의 그림자, 해안에서 멀리 있는 배를 볼 때 선체가 점차 보이지 않는 현상 때문에 그렇게 추정한 것이다. 그래서 우주의 구조로는 일종의 지동설을 생각하고 있었다.

우주의 중심에는 그림 4 · 5와 같이 큰 불덩어리인 '중심화'(中心火)가 있어 그 둘레를 지구와 태양, 기타의 혹성이 회전하고 있으며, 인간은 지구의 반구면에만 살고 중심화의 둘레를 공전하고 있다고 본 것이다. 중심화를 둘러싸고 지구궤도 반대쪽에는 '대지구'(對地球)가 있어, 지구와 같은 속도로 회전하고 있다. 이 우주의 구조에는 중심화를 제외하고 지구 · 대지구 · 달 · 태양 · 수성 · 금성 · 목성 · 토성 · 혹성이라는 9개의 천체가 있다.[5)]

중심화의 둘레를 지구가 매일 회전한다는 파타고라스 학파의 가정은 우주에서

---

5) 平田 寛, 전게서, 상권, p. 30.

움직이는 모든 천체는 중심화의 둘레를 일제히 서에서 동으로 회전하고 있음을 표시하는데 그 회전주기는 천체가 고귀할수록 크다. 최하등천체인 지구는 중심화 둘레를 1일에 1회전, 달은 1개월, 태양은 1년, 혹성은 더욱 오래 걸리나 항성구는 정지하고 있다.

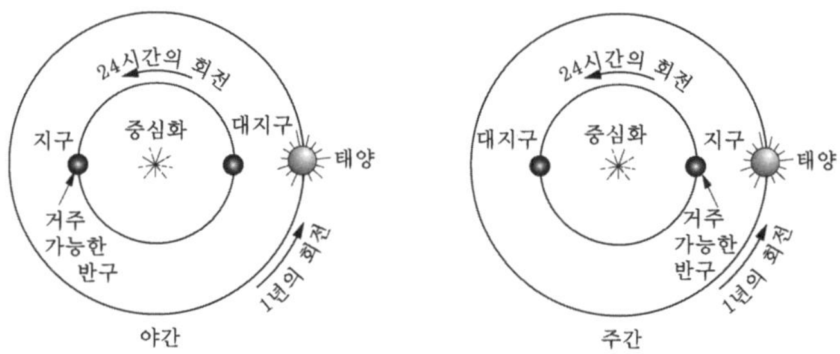


**그림 4 · 5 피타고라스 학파의 변칙적인 지동설**

## 2. 이성과 감성의 통일로 자연계의 진리탐구

이오니아 과학전통의 두 번째는, 자연계의 진리를 생각하는 데 감성(감각)을 활동시켜 자연계의 끊임없는 변화를 그냥 관찰하는 것이 아니고, 감성을 이성으로 정리하는 등의 감성과 이성을 통일하여 생각해야 한다고 보았다. 시칠리아 섬의 아그라가스인 엠페도클레스(Empedocles, B.C. 490~B.C. 430년경)는 생성 · 소멸 · 변화 · 운동 · 다수성(多數性)을 일체 부정하고 실재(實在)를 유일 · 불생(不生) · 불멸 · 부동 · 등질의 연속충실체로 하는 일원론(一元論)을 주장한 엘레아 학파(Eleatics)의 논리에 기본적으로는 따르면서, 다른 한편으로 감각이나 일상경험을 통해 생성 · 변화하는 세계를 학문적으로 설명하는 방도를 새롭게 탐구하였다. 그는 만물의 근원이 '흙 · 물 · 공기(風) · 불'의 넷이라는 원소설을 주장하였다. 이 넷이 만물의 근원원소로 시원원소라고 하였으며, 만물은 이 원소의 혼합으로 생성되고 분리에 의해 해체된다고 하였다. 이 4개의 혼합을 가능하게 하는 힘을 '사랑'(Philia), 분리시키는 힘으로 '미움'(Neikos)을 도입하여 세계는 이들 사랑과 미움이 완전히 지배하는 시기가 순환적으로 반복된다고 설명하고, 이 원소는 스스로 운동하는 활력을 구비한 물질로 생각하여 '물활론'을 주장하였다.

한편, 아낙사고라스(Anaxagoras, B.C. 500~B.C. 428년경)는 엠페도클레스의 4원소설과는 다른 새로운 자연철학을 주장하였다. 즉, 존재의 무한 가분할성(可分割性)과 어떠한 사물이라도 그 안에는 질적으로 다른, 각기 고유의 성질을 가지는 무수한 극소 미립자인 '종자'(spermata, sperma)가 있다고 주장하여, 자연과 현상의 세계를 설명하는 길을 열었다. 따라서, 물질의 변화는 종자의 혼합 · 분리에 의한다는 다원적 원소론을 펴기도 하였다.

## 3. 원자론에 의한 합리적인 자연의 해석

이오니아의 과학전통을 총정리한 사람인 아프데라 출신의 데모크리토스[Democritos, B.C. 460(67)년경~B.C. 370(60)년경](그림 4 · 6)는 가장 합리적인 자연의 해석방법으로 고대 그리스의 원자론 창시자인 레우키포스(Leukippos, B.C. 440년경)를 계승, 고대 원자론을 발전시켜 다원론자 중에서 으뜸을 차지하였다. 그의 원자론 세계는 충실체로서의 무수한 원자(atoma)와 원자들이 운동하는 공간으로서의 진공 또는 공허(空虛, kenon)의 둘로 되어 있으며, 원자는 물체를 분할하여 그 이상 분할되지 않는, 눈에 보이지 않는 미립자라고 생각하였다.

원자는 크기 · 모양 · 위치 · 배열 및 운동상태가 모두 달라 질적 차이가 생기며, 무거운 원자단은 우주의 중심(大地)에, 가벼운 원자단은 하늘 높이의 천체가 된다. 그런데 모든 것은 흙 · 물 · 공기 · 불의 4원소가 바뀌어서 변화한다고 아리스토텔레스는 강조하였다.

4원소의 물질전화설(物質轉化說)에서 불은 온과 건, 공기는 온과 습, 물은 냉과 습, 흙은 냉과 건을 추상적으로 대표한다. 만물의 모든 조성 및 변화의 성질은 냉 · 온 · 건 · 습 네 성질의 이합집산(離合集散)으로 결정된다는 것이다.

데모크리토스는 천문학 · 의학 · 농업 · 공학 · 병학(兵學)과 그 이전의 많은 학술에 대해서도 논하였으며 과학적 동물학, 식물학 및 광물학에 관계되는 최초의 논문도 발표하여 아리스토텔레스 이전의 최고의 백과전서적인 학자였다.

그림 4 · 6 제자에게 원자론을 설명하는 데모크리토스

## 4. 그리스의 의학

### (1) 신전의학

초기의학에는 세 개의 큰 흐름이 있었다. 첫째는 가장 오래된 신전의학이고, 둘째는 남이탈리아의 철학적 의학인 피타고라스 학파, 셋째는 실제의학인 고스(Kos) 섬의 히포크라테스 학파이다.[6)]

신전의학은 고대 동양에서 시작되어 B.C. 6세기경 그리스에서 의신(醫神) 아스클레피오스(Asklepios)를 제사하는 신관들에 의한 기적치료와 암시치료이다. 피타고라스 학파는 독자적인 의학교를 세워 의학분야에 힘을 기우렸고, 병의 원인은 추위 · 더위 · 건조 · 습도 등 신체요소의 불균형에 있다고 하였다.

인체의 질환을 치료하고자 하는 노력도 자연과학의 확립을 유도한 가장 오랜 원인의 하나임에는 틀림이 없다. 이런 노력이 사람의 관찰력을 예리하게 하여 주위의 자연물에 주목함으로써 의학에 기여하고자 시도한 것이다.

동양과 이집트에서 발생한 지식이나 비전이 그리스 의학에 강하게 영향을 끼친 것은 의심할 여지가 없다. 이러한 기초 위에서 그리스 의학이 전개된 것이다.

그리스 의학은 자기암시 · 식이요법 · 목욕요법 · 운동요법 등으로 고대 동양의 여러 나라와 같이 종교와 주술적 요소를 가진 신전의학이었고, 그리스 의학의 발전에는 올림피아드(Olympiad)에서 B.C. 776년에 시작하여 4년마다 열리는 운동경기(그림 4 · 7 참조)가 크게 기여하였다. 당시의 의사는 많은 떠돌이 의사, 소수의 공공의사나 궁정의사 등이었고 의사면허는 물론 없었다.

### (2) 히포크라테스의 과학적 의학

그러다가 '의성'(醫聖) 또는 '의학의 아버지'라고 하는 그리스 최초의 과학적 의사 히포크라테스(Hippocrates, B.C. 460~B.C. 377)(그림 4 · 8)가 등장한다. 의사는 병을 고치는 데 있어서 "일반적인 인간의 본질, 각 개인의 본질, 그리고 각 질병의 성질이 지닌 본질을 고려해야 한다"는 개념을 최초로 제안하였다. 그의 경력은 불확실한 점이 많으나 그리스에서 가장 오랜 의학서인 「히포크라테스 전집」(*Corpus Hippocraticum*, B.C. 4세기) 중의 여러 논문에서 그의 연구나 학설을 알 수 있다. 히포크라테스는 "인간은 산소성 생물이다"라는 명언을 남겼으며, 의학사상의 특색으로 다음의 세 가지를 들 수 있다.[7)]

---

6) S. Mason(矢島祐利 역), 과학의 역사, 상권, p. 27, 1967, 岩波書店.

7) 平田 寛, 전게서, 상권, p. 34.

① 미신과 무지에의 도전

당시 간질병을 신성한 병이라 하였는데, 그는 논문「신성병」에서 간질병은 뇌에서 유래된다고 설명하고, 신에 의한 병이란 주술사나 무당의사의 미신이나 무지 때문이라고 단언하고, 종교나 미신을 의학이나 의술에서 배제시키려고 하였다. 정신의 장애를 신체질환의 관계로 보는 것이 큰 진전이다.

그림 4·7 운동경기를 묘사

그림 4·8 의학의 아버지 히포크라테스

② 사변(思辨)과 가설에 대한 거부

의술은 자연학자와 같이 훌륭한 가설을 세우거나, 인간의 질병이나 사망의 원인이 되는 것을 일괄적으로 보편적인 동일원리로 취급하는 것은 공허한 이론이라고 통박하고, 참된 의술이란 먼저 개개인의 육체와 정신적 조건의 차이를 면밀히 조사하여, 거기에 각기 대응하는 구체적인 처치를 하는 것이라고 주장한다. 그는 경험이나 개별관찰의 귀납법을 유추(analogy)하여 체계화하고 기술과 과학방법의 융합을 기하는 것이라 하였다.

③ 4체액설의 주장

해부학, 생리학, 병리학에 대한 지식이 충분치 못하므로, 이 분야에서는 히포크라테스도 사변적·도식적 생각(그림 4·9)을 한다. 인체는 네 체액 또는 액즙(液汁), 즉 혈액(血液)·점액(粘液)·황담즙(黃膽汁)·흑담즙(黑膽汁)으로 되어 있고, 이들의 혼합이나 힘·양이 평형을 이룰 때에는 건강하고, 그렇지 않을 때는 건강하지 않다고 하였다. 그래서 이들 4체액은 각각 4계절과 흙·물·공기·불의 4원소, 냉·온·건·습의 네 성질과 관련지었고, 정신의 장해를 신체질환의 요인으로 보았기에 자연을 치유인자로 인정하였다. 또, 절제와 근면을 위생학상 대단히 높게 평가하여 합리적 예방법으로 생각하고, 치유수단으로 음악까지 권장하였다.

혈액은 붉은 색의 액체, 흑담즙은 검은 응혈이고, 황담즙은 황색의 혈청을 나타내며 점액과 관계있는 것은 섬유소이다. 그래서 자연치유의 진행을 제일로 간주해 약물요법보다는 양생법이라든가 식이요법을 중요시하였다. 그래서 "건강한 생활에 법칙이 있듯 병에도 법칙이 있고, 음식으로 못 고치는 병은 약으로도 고칠 수 없다"라고 주장하였다. 그리고「히포크라테스 전집」안에는 B.C. 4세기 이후 후기 피타고라스 학파에서 유래된 것으로 전해진 의사의 직업윤리인 '히포크라테스의 선서'란 문장이 있다.

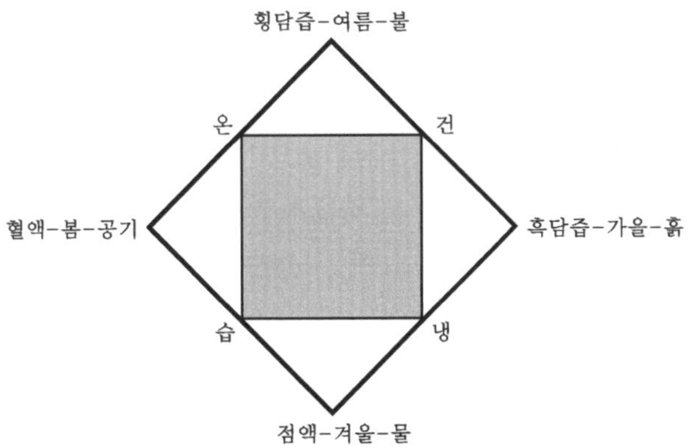


그림 4·9 4체액설

이 선서에는 의사와 환자 사이의 신뢰성, 환자에 대한 의사의 책임, 그리고 사회적 신분에 관계없이 누구든지 치료해야 하는 의사의 의무와 같은 기본신조가 포함되어 있으며, 이 외에도 지침·학식·예절·의사 등 뛰어난 윤리내용이 담겨 있다. 이 흐름은 세계의사협회의 제네바 선언(1948, 1968)으로까지 계승되고 있다.

## 4.3 아테네 시대의 자연철학

서아시아의 그리스 식민지 여러 도시에서 꽃이 핀 그리스 문화는 이후 그리스 본토까지 전파되었으나 그 중심은 역시 아테네였다. 소크라테스·플라톤·아리스토텔레스 등이 활약하여 창조적인 문화가 탄생하였다.

소크라테스(Sokrates, B.C.469~399)는 '지행일치'(知行一致)를 말하면서 거리나 공원 등에서 일문일답 방식의 토론을 하였고,철학자의 첫 번째 일은 인간과 인간사회의 질서를 부여하는 것이며, 자연계를 이해하거나 지배하는 것은 아니라고 했다. 그는 자연철학을 거부하고 무엇보다 윤리와 정치적 색채가 있는 여러 문제와 관련시켰다. B.C.399년에 신을 모독하고, 청년들을 부패 · 타락시켰다는 이유로 고발당해 독배를 받아 죽임을 당하였다.

## 1. 플라톤의 이데아론

고대 그리스의 철학자인 플라톤(Platón, B.C. 427~B.C. 347)은 아테네의 명문출신으로 젊었을 때는 정치가를 지망하였으나 소크라테스의 형사(刑死)에 영향을 받아 12년간에 걸친 내 · 외의 편력시대를 거친 후, 마침내 철학정신과 정치권력의 일체화를 기하는 철인통치(哲人統治)의 사상에 이른다. 그는 B.C. 387년경 학식이 높은 사람인 정치가의 육성을 위해 아테네 교외에 학원 아카데메이아(Akademeia, 영어 academy의 원어)를 창설하고 조직적인 교육을 통해서 소크라테스의 '도덕적 진리(善)의 사상'을 체계적으로 학문화한 '이데아(idea)론'을 사물의 진정한 본질이라고 적극적으로 전개했으며 「향연」, 「파이돈」 및 「국가」(전 10권) 등 저술활동도 계속했다.[8] 이 아카데메이아는 플라톤의 제자와 계승자에 의해 약 900년간 지속되었으나 529년 로마황제 유스티니아누스에 의해 폐쇄되었다. 아카데메이아의 궁극적 목적은 철학연구에 있었으나 쇠퇴하고 있는 그리스의 폴리스를 구하기 위한 철학훈련에 바탕을 둔 이상적인 입법자 · 정치가의 양성을 중요한 실천목표로 하였음을 주목할 수 있다.

플라톤은 철학이 보편성을 요구하는 이상, 우주의 본질에 관한 이론을 포함시켜야 한다고 생각하였고, 이 이론은 윤리학 · 정치학 · 신학에 종속시킬 수 있다. 그래서 플라톤은 자기의 정치학 및 신학적 견해와 조화시키고 거기에 종속시키는 자연철학을 전개하였다.

그는 자연을 자연 그대로 설명하려 하였으나, 실제 진정한 세계는 지상이 아니고 천상이며, 그곳은 '불변불멸의 세계'(이데아의 세계)라 하여 이것을 플라톤의 이데아론이라 한다. 이 관념에 따르면 인간의 혼(정신)은 현실세계의 감성이 아니고, 감성을 떠나 이성에 의해 이데아 세계를 추구하는 것이 중요하다고 내다보았다. 그는 우주창조에 대해서도 신화를 부활시켜 저서 「티마이오스」(*Timaios*)에서 우주창조의 순서를 설명하였다.

세계는 영원히 옛날부터 존립하는 것이 아니었고 세계에는 시작이 있고 창조자가 있다. 영원한 것은 여러 가지 '이데아'뿐이고 창조자(즉, 起動的 原理)가 이 이데

---

8) 伊東俊太郎 외 편, 전게서, p. 914.

아를 비로소 형체가 없는 물질계의 시원적 토대(흔히, 카오스와 비교)에 연결시켰으며, 그 결과 이룩된 것이 세계의 무한성이 아니라 단 하나의 세계이고, 그것은 가장 완전한 형체, 즉 둥근 모양을 이룬다고 하였다. 한편, 「티마이오스」에서 플라톤은, 천동설의 입장에서 혹성이나 태양, 달의 운행이 다른 항성의 똑같은 운행과 비교하여 불규칙이라고 주장했다.

한편, 플라톤 자신의 철학사상을 의미하는 '플라톤주의'[9](Platonism)의 특색을 현실주의에 대한 이상주의, 육체(물체)에 대한 혼(마음, 정신)의 우위, 철학자의 통치에 의한 이상국가의 구상, 수학의 중시, 개개의 사물이나 현상에 대한 보편의 우선 등이라 하였는데, 어느 것이나 플라톤 철학의 중심인 이데아론에서 유래된다.

## 2. 아리스토텔레스의 자연과학

마케도니아의 아뮨다스 Ⅱ세의 궁정의사 니코마코스(Nikomachos)의 아들로 태어난 고대 그리스의 철학자이면서 '생물학의 아버지', '만학(萬學)의 조상' 또는 '아는 자의 스승'으로 알려진 아리스토텔레스(Aristoteles, B.C. 384~B.C. 322)(그림 4·10)는, 17세에 아테네에 나와 20여년간 당시 학문의 중심인 플라톤의 아카데메이아에서 공부를 하고 플라톤의 수제자가 되었는데, 그는 타고난 생물학자이다.

그림 4·10 플라톤(좌)과 아리스토텔레스(우)

### (1) 자연과학과 생물학의 연구

저서 중 가장 특별한 것은 자연과학에 대한 것으로, 물질체계의 보편적 조건이나 우주구조에서 지구상의 개개 동물·식물의 설명이나 해부에 이르기까지 총괄적인데, 「자연학」·「천체론」·「생성소멸론」·「기상학」·「역학의 문제」 등이다. 자연과학에 대한 아리스토텔레스의 공적은 두 방면에서 볼 수 있다. 그 하나는 선인들의 분산된 하나하나의 지식을 종합하여 저서로서 후세에 남긴 것이고, 반면에 그는 지식의 무비판적인 태도에도 만족하지 않고 철학원리를 모든 과학의 통일체계로 전개한다는 자연과학의 관찰방법을 변증법에 결부시키고자 노력하였다.

그는 540종의 동물을 그 형태의 변화에 따라 분류하고 50종의 동물을 해부하여

---

9) 伊東俊太郎 외 편, 전게서, p. 915.

해부학적 구조연구를 시도, 생물학을 본격적인 학문으로 체계화시킨 사람이다.[10) 아리스토텔레스는 에게해의 동물을 중심으로 수많은 동물을 관찰했는데, 그 성과로 「동물지」·「동물부분론」·「동물운동론」·「동물발생론」 등이 남아있고, 가장 중요한 저서는 바로 「동물지」이다. 이것은 고대 최대의 동물학서적으로, 그 내용은 동물의 설명뿐만 아니라 그 구조나 기능, 또 발생이나 생태에까지 미치고 있다.

아리스토텔레스는 동물분류를 시도하며 관찰에 근거해 유혈, 무혈, 태생과 난생, 완전 알과 불완전 알 등의 형질이나 기능을 분류기준으로 삼으려고 하였다.

또, 사람의 기능에 대해서도 계층화된 질서 및 사물의 상하관계로 보는 견해인 위계론적 관점에서 몸체의 상반부는 하반부보다 우위에 있고, 심장은 상반신의 중앙에 있으며 체내에서 최고위 기관으로 생각하였다. 심장은 영혼을 유숙하게 하며, 정신활동이나 감각·운동의 중추이고 열이나 혈액을 만들며, 혈관을 통해서 혈액·열·영양을 공급하는 것이라고 생각하였다.

그는 지상의 생물을 식물형·동물형·인간형의 세 유형으로 나누고 생명원리로 영혼론을 주장하였다. 식물형은 영양·성장·생식(生殖)을 책임맡아 성장을 주관하는 식물적 영혼 또는 영양적 영혼을 가지고 있으며, 동물형은 영양영혼과 감각운동을 책임맡은 동물적 영혼을 갖는다. 인간형은 위의 두 개에 덧붙여 사고(思考)를 주로 하는 이성이라는 영혼, 즉 이성적 영혼을 가지며, 가장 신에 가까운 존재라고 하였다.

그렇게 하여 완전성의 차이에 의해 무생물 → 식물(한 개의 영혼을 가짐) → 동물(두 개의 영혼) → 인간(세 개의 영혼)이라는 상하관계를 명시하였다. 인간 그 자체는 전체 창조의 목적인 동시에 중심이었다.

### (2) 4원소설과 4원인설

#### ① 4원소설[11)12)]

만물이 하나의 근원원소로 구성되어 있다는 사상은 탈레스 이후 이오니아 자연철학자의 관심을 가지게 하였고 그들은 하나의 근원원소를 가정하여 그것이 다른 물질로 바뀐다고 생각하였다.

엠페도클레스는 흙·물·공기·불 네 원소는 다 함께 근원원소로 다른 원소로는 바뀌지 않는다고 주장하였다. 이 근원물질로 네 개의 원소를 생각, 모든 물질

---

10) 紫藤貞昭 편, 전게서, p. 44.

11) F. Dannemann(安田德太郎 외 편), 전게서, vol. 1, pp. 201~202, p. 205.

12) 伊東俊太郎 외 편, 전게서, p. 1082.

이 이들 원소의 혼합으로 성립되어 있다고 하는 사상을 4원소설이라고 한다. 이들 원소는 대립과 화합이라는 두 종류의 기동력(起動力)에 의해 사물을 구성하여 간다. 공기는 온과 습, 물은 냉과 습, 흙은 냉과 건, 불은 온과 건의 성질을 각각 가지며 불, 공기와 같이 동질성을 가지는 원소는 결합이 되나 불과 물 같이 이질성을 가지는 원소는 대립된다. 아리스토텔레스는 엠페도클레스의 4원소설을 지지하고 발전시켰다.

아리스토텔레스의 4원소설에서는 공기는 습, 물은 냉, 흙은 건, 불은 온의 성질이 다른 성질보다 우세하다고 하였다. 그래서 이들 네 원소는 절대불변이 아니고 공유하고 있는 성질을 매개로 다른 물질로 바뀐다.

아리스토텔레스의 4원소설은 그의 운동론과도 관계가 있어 불과 공기는 고유의 성질로 가벼운 성질을, 흙과 물은 무거운 성질을 가진다. 불은 공기보다 가볍고 흙은 물보다 무겁다. 그래서 불과 공기는 스스로의 성질로 상승하고 흙과 물은 스스로의 성질에 따라 하강한다. 아리스토텔레스의 4원소설과 그의 운동론은 근데에 이르기까지 천문학, 물리학에 영향을 주게 된다.

### ② 4원인설[13)]

물리학 분야에서 아리스토텔레스는 물체는 항상 작용하는 기동자(起動者, 활동을 유도하는 자)와 직접 접촉하고 있을 때만 운동을 유지할 수 있다는 견해를 가지고 있다.

균질한 물체는 외부 발동자(發動者)에 의해서만 운동을 일으킬 수 있다. 왜냐하면 자기운동을 하는 물체는 반드시 합성물로 기동자와 움직이게 되는 것으로 구성되었기 때문이다. 그래서 자기운동을 하는 합성물이고 실제로 존재하는 물체의 경우는 기동자가 움직이게 되는 물체보다 고귀하고 정신적이라 보았다. 그는 "모든 합성물에는 항상 지배요인과 종속요인이 있다"고 주장한다. 여기서 균질한 물체는 무기물이고 자기운동을 하는 물체는 영혼과 육체로 되어 있다.

사물을 어떻게 이해하는가는 네 개의 중요한 모델을 통해 설명하였다. 첫째, 목적인(目的因; final cause)은 목적을 밝히므로써 대상의 행동이나 특징을 이해하고자 하는 개념, 둘째, 질료인(質料因, 또는 素材; material cause)은 무엇으로 만들어졌는가를 제시, 셋째, 작용인(作用因 또는 始動因; efficient or moving cause)은 어떤 일이 진행되거나 발생하게 한 행위를 의미, 넷째, 형상인(形相因; formal cause)은 물체의 본성에 관한 설명으로 사물의 종류를 형상(form)에 의해 결정된다고 보았다.

---

13) S. Mason(矢島祐利 역), 전게서, 상권, p. 38.

### (3) 천문체계와 운동론[14) 15) 16)]

그림 4·11 아리스토텔레스의 천동설

모든 지상계의 물체는 흙·물·공기·불이라 부르는 4개의 기본물질(4원소) 또는 그 원소의 조합으로 되어 있는데 비해, 천상계는 제5의 원소인 '에테르'로 되어 있다. 우주의 구조는 본질적으로 지구중심이고, 무거운 지구는 그의 본성에 의해 우주의 중심에 정지할 수밖에 없다. 그래서 우주의 중심에는 정지한 지구가 있고 그 둘레는 지구를 같은 중심으로 하면서 지름이 다른 동심천구[에우독소서(Eudoxos, B.C. 408~B.C. 355)의 동심천구설(同心天球說)]가 회전한다. 외측 천구의 회전은 내측 천구의 회전에 영향을 미치며, 이로 인해 혹성의 불규칙한 운동이 설명된다(그림 4·11).

수학의 중요성을 그의 저서 중 여러 곳에서 강조하고 있는데, 최초의 역학도 수학적 사고의 일정단계의 달성으로 이룩되었다. 그는 먼저 운동을 한계가 있는 직선운동과 한계가 없는 원운동으로 보고 있다.

우주를 불생·불멸의 완전한 천상계(天上界)와 생성·소멸을 끊임없이 반복하는 불완전한 지상계(地上界)로 나누어 이들의 두 영역에는 성질이 다른 질서가 지배한다고 하였다.

운동론은 지상계와 천상계를 별개로 취급하여 지상계에서는 ① 성질에 관계되는 운동(화학적 변화), ② 양에 관계되는 운동(증대, 성장, 감소, 위축의 생물학적 운동), ③ 장소에 관계되는 운동(역학적 운동)의 3종류가 있다고 하였다.

또, 천상계는 완전하고 영원·불멸이므로 그 운동은 시작도 끝도 없는 원운동으로 완전운동이며, 지상계의 운동은 모두 유한하며 시작도 있고 끝도 있다. 지상계의 모든 물체에는 그 본성에 적합한 자연의 장소가 있어 그 장소가 있으면 각각의 물체는 안정되어 정지상태를 계속 유지한다.

지상계의 역학운동에서는 자연운동(상하의 직선운동)과 강제운동으로 구분하고, 불완전운동이라고 하였으며, 자연운동에서는 가벼운 원소는 상승하고 무거운 원소는 밑으로 내려온다.

---

14) 平田 寬, 전게서, 상권, p. 35.
15) F. Dannmann(安田德太郎 외 역), 전게서, vol. 1, pp. 176~178.
16) R. J. Forbes · J. E. Dijksterhuis(廣重 徹 외 역), 전게서, pp. 32~33.

강제운동에서는 물체를 끌어당기거나 밀거나 던지는 운동으로, 인간의 실제활동에 의해 생긴다고 하였다. 성질에 관한 운동(화학적 변화)에서는 그는 먼저 제1질료라고 하는 순수하게 추상적인 질료를 가정, 거기서 생성되는 것으로 하여금 엠페도클레스의 4원소설을 지지하였다. 그리고 기본 4성질(냉 · 온 · 건 · 습)을 지적하여 4원소의 각각에 2개의 기본성질을 배정하였다.

오늘날 전해지고 있는 「아리스토텔레스의 저작집」(*Corpus Aristotelicum*)은 B.C. 1세기경 안드로니코스(Andronikos)가 편집, 간행한 것인데, 저술은 대화형식, 자료적인 여러 문헌, 학술논문으로 나뉘어지나, 현재 남아있는 것은 학술논문이 대부분이고 이론적인 것으로는 형이상학 · 영혼 · 자연학(우주론) · 박물학 등이 있다. 실제적이고 생산적인 것으로는 시학(詩學) · 윤리학 · 경제학 · 정치학 등이다. 아리스토텔레스는 그리스 과학역사상의 전환기를 만들었다. 왜냐하면 그는 전체로 세계에 대해서 체계를 표면화한 최후의 인물이고 또 광범위한 경험적 탐구에 관계한 최초의 인물이기 때문이다.

## 4.4 헬레니즘 시대의 과학과 기술

### 1. 인류 최초의 세계문화인 헬레니즘 과학

마케도니아의 알렉산더(Alexander, B.C. 356~B.C. 323 재위)대왕은 어느 출정(出征)이던 공학자 · 지리학자 · 측량사를 동행시켰다. 이른바 군대의 학술탐사이다. 이들은 정복지역의 지도를 만들거나 자원을 기록하고 박물학이나 지리학에 관한 막대한 양의 관찰자료를 수집하였다. 이렇게 알렉산더 군대에 의해 수집된 자료는 그리스 과학의 이상주의를 경험주의로 변모시켰다.

일반적으로 B.C. 330년에 페르시아 제국이 멸망(동방세계의 통일)한 데서 시작하여 B.C. 30년에 이집트 왕국이 로마에게 정복(지중해 세계의 통일)당할 때까지 지중해 연안의 동부, 서아시아, 흑해연안을 지배한 300년간을 헬레니즘(Hellenism) 시대(약 B.C. 330~B.C. 30년경)라고 부른다. 이전의 순수 그리스 문화에 대해서 세계화한 그리스 문화, 즉 그리스형 세계문화로 이 시대는 그리스 문화를 후세에 전하는 중계역할을 하였다. 그리스 기술의 독창적인 전성기는 B.C. 600년경에 시작하여 알렉산더 대왕이 B.C. 330년에 페르시아 제국을 정복하였을 때 이미 전성기는 끝났다. 그러나 이 정복은 헬레니즘 문명의 막을 올렸다. 이 시대의 큰 문화특색은 고전 그리스어 대신에 공통 그리스어가 세계어(코이네, Koine)로 사용된 사실이다. 대부분의 국민이 그리스 문화의 지배하에 살았기 때문이다.

알렉산더 대왕이 정권을 장악하여 그리스 고유의 문화가 지중해 연안 · 시리아 · 이집트 · 페르시아 등지에 이동되어 동양문화와 융합 · 형성되었다. 즉 알렉산더 대왕이 정권을 장악하여 그리스, 이집트, 시리아 등 유럽과 동양에 이르는 국가가 되고 동서문화가 융합되었으며, 그리스의 합리주의(이상주의)와 동양에서 전해 내려오는 현실주의와 실증지식(야금술 · 건축술 · 의술 등)이 결합, 세계화된 새로운 헬레니즘 문화가 형성된다. 이러한 가운데 새로운 과학이 생겨 자연과학이 철학으로부터 독립되기 시작하였으며, 수학 · 역학 · 천문학 등이 헬레니즘 과학이다. 전체로 실험이나 관찰이 중요시되었으며, 과학의 전문분화가 진행되었다는 데 그 특징이 있고, 그 중심지는 이집트의 알렉산드리아(그림 4 · 12)로 당시 세계 최대의 상업도시(추정인구 40만)였다. 이 도시는 아테네를 계승해 지중해의 정치 · 경제 · 문화의 중심지가 되었고, 시장의 확대로 수공업과 농업도 번영하여 노예도입을 포함한 무역도 성행하였다. 이른바 '세계를 잇는 중심지'가 되었다.

그림 4 · 12 알렉산드리아

## 2. 무세이온과 과학연구의 공헌

알렉산더 대왕의 병사(病死)로 성립된 세 나라는 프톨레마이오스(Ptolemios) I세의 이집트 왕국, 안티고누스(Antigonus)의 마케도니아 왕국과 셀레우쿠스(Seleucus)의 시리아 왕국이다. 그 중에서도 이집트 왕국의 프톨레마이오스 왕조 최대의 지적 업적은 프톨레마이오스 I세(B.C. 367~B.C. 283 재위)와 프톨레마이오스 II세(B.C. 285~B.C. 247 재위)의 열의로 알렉산드리아에 무세이온(Museion, Museum의 어원), 즉 학예신의 신전 창설이다. 이곳은 교육, 연구기관인 과학과 공예의 아카데미로 이집트 국가는 당대의 유명한 학자 약 100여명을 초빙하여 국가가 급여를 지급하였고 B.C. 3세기 시작부터 389년까지 약 600년간 지속되었으며, 주요

목적은 지식의 증가와 보급 및 보존의 세 가지였다. 학자들은 이곳에서 공동생활을 하면서 연구에 몰두했다. 이 연구소에는 숙소, 공동식당, 토론과 강의를 할 수 있는 건물 및 가로수가 심어진 산책로까지 있었다. 그 외 지원시설로 연구실 · 실험실 · 천문관측소 · 병원 · 동물원 · 식물원이 있었고, 도서관의 장서가 최성기에는 70만권에 달했는데, 동양관련서는 종교 · 역사서가 많았고, 그리스 고전은 서사시 · 서정시 · 희곡 · 법률 · 철학 · 역사 · 웅변술 · 의학 · 수학 · 자연과학 등으로 분류된다. 이 헬레니즘 시대의 과학은 세계가 확대되었기 때문에 고전 그리스 시대와 같이 폐쇄적이고, 사변적 · 논리적 본위의 학문은 통용되지 못하였고, 개방적이고, 이론을 실제화하려는 진보적 경향이 보인다.

저명한 학자로는 지리학 · 수학 · 천문학에 정통한 프톨레마이오스 Ⅳ세의 가정교사로, 그후 무세이온의 소장으로 임명되기도 한 에라토스테네스(Eratosthenes, B.C. 약 273~B.C. 192년경)는 최초로 수학지리서 「지오그라피카」(*Geographica*)에서 지구의 크기를 실측하려해서 유명하다. 지구 둘레의 측정에는 지구가 우주의 중심으로 정지하고 있는 둥근 모양이라고 생각(천동설)하여 39,690 km(오늘날의 실측값은 40,120 km)로 계산하였다.

뿐만 아니라 지리학에서는 선배의 연구를 조사하여 나름대로 최초의 세계지도를 만들었고, 지구상의 인간의 거주지역을 평면화하여 남북간은 약 6,000 km, 동서간은 약 12,000 km로 계산하였는데, 위치를 표시하기 위해 경도선과 위도선을 고안하였다. 실제의 측정과 기하학에 의해 지구의 크기를 과학적으로 계산하였다는 데 의미가 있다.

사모스의 아리스타르크스(Aristarchos)는 천문학자로 「태양과 달의 크기와 거리에 관해서」라는 저서에서 삼각법을 이용하였다고 한다. 그는 지구는 매일 그 축을 회전시켜 태양 주위에서 원궤도를 그리며 1년에 1회 운행한다는 태양중심설을 처음으로 명석하게 전개한 사람이다. 그 밖에도 구면삼각법을 사용하여 관측천문학이라는 새로운 분야를 개척한 히파르코스(Hipparchus, B.C. 160~B.C. 125년)는 약 1,000개의 밝은 별의 위치를 표시하는 별자리표를 작성하였다.

그 외에 B.C. 2세기경의 「원추곡선론」 8권을 남긴 아폴로니오스(Apollonious), 생리학연구에 주력하여 당시의 사상에 영향을 준 에라시스트라토스(Erasistratos, B.C. 280년경 활약), 인체를 해부한 최초의 인물로 알려진 고대 그리스 해부학자 헬로필로스(Helophilos, B.C. 300년경)는 동맥과 정맥을 명확하게 구분하였고, 알렉산드리아에서 활약한 수학자 · 천문학자인 메네라오스(Menelaos)는 구면삼각법을 연구하여 「구면학」을 남겼다.

## 3. 유클리드의 수학체계 수립[17)]

유클리드(Euclid 또는 Eukleidēs, B.C. 330~B.C. 260년경)는 알렉산드리아에서 활약한 그리스 수학자로 수학사상 가장 유명한 인물 중의 한 사람이다. 그는 「기하학 교과서」[원론(*Elements*), 원본(*Stoicheia*)] 13권으로 유명하다(그림 4 · 13). 고대 · 중세 · 근대에 이르기까지 유럽의 논리적, 합리적인 학문의 모델이었다. 이 책은 성서 다음으로 많이 읽혀진 과학사에서 고전 중의 고전인데, 그의 생애에 대해서는 애석하게도 잘 알려져 있지 않다. 그는 이 책을 통해서 기본적인 465개의 기하학 명제를 논리에 의해 차례 차례로 증명하고 있다. 제1권~제4권의 평면도형론에서 시작, 제13권의 정다면체론에 이르기까지 전체의 체계가 B.C. 300년경에 「원론」이란 형태로 완벽하게 정리된 것은 실로 놀라운 사실이다. 뿐만 아니라 실제문제와 결부시켜 그 자신이 기하학을 천문학 · 광학 · 기술에까지 응용시켜 각각 「광학」, 「구면천문학」, 「음향학」 및 「기계학」을 저술하였다고 한다.

「원론」은 특히 영국에서는 19세기 말까지도 수학의 기본교재로 사용되었으며, 그래서 1,000년 이상 세계 각지에서 사용되면서 각국어로 번역되었다. 한편, 1703년에는 「유클리드 전집」이 발간되었다. 유클리드는 그 시대의 수학지식을 하나의 체계로 정리하였다. 그래서 '기하학의 아버지'라고도 한다.

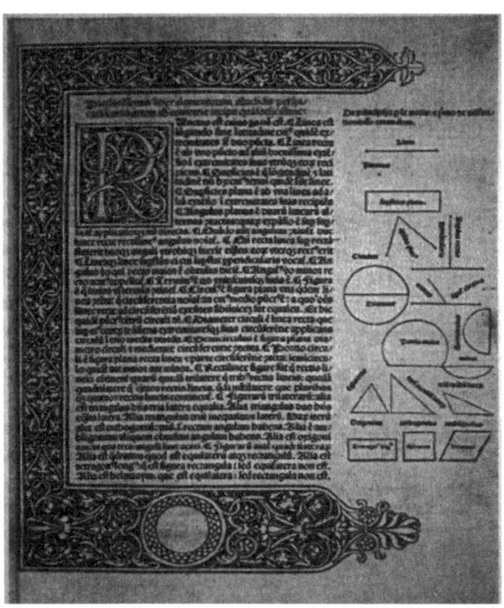

그림 4 · 13 유클리드 「원론」의 최초의 활자 인쇄본

유클리드의 저서가 너무 방대하고 무미건조함에 놀란 프톨레마이오스 I 세가 기하학의 손쉬운 학습방법을 유클리드에게 묻자, 그는 "기하학에는 왕도(王道)가 없다(There is no royal road to geometry)"고 대답하였다는 이야기는 너무나 유명하다.

17) F. Dannemann(安田德太郎 외 역), 전게서, vol. 1, pp. 243~245.

## 4. 수리물리학의 시작

### (1) 기계학자 아르키메데스

아르키메데스(Archimédes, B.C. 287~B.C. 212)(그림 4 · 14)는 유클리드, 아폴로니오스(Apollónios, B.C. 2세기)와 함께 알렉산드리아 시대의 3대 수학자의 한 사람으로 알려져 있고, 과학, 기술사상 최고의 물리학자 · 실험가이며 천재적인 수리과학자 · 기계학자이다. 시칠리아 섬의 도시국가 시라쿠사에서 태어나 제2차 포에니 전쟁 중 로마병사에게 살해되었다. 그의 아버지는 천문학자로 아르키메데스의 연구생활은 천문관측으로부터 시작되었고 그래서 태양 · 달 · 혹성의 운동을 모방한 '혹성모형'을 만들었다고 한다.[18] 그림 4 · 15는 아르키메데스의 원리를 발견한 실험을 상상한 그림이다.

그림 4 · 14 아르키메데스

그림 4 · 15 아르키메데스 원리 발견을 상상한 그림

앞 시대를 대표하는 아리스토텔레스와 이 아르키메데스 사이에는 약 100년간의 차이가 존재한다. 이 기간은 역사상으로 보아 한편으로는 알렉산더 대왕의 정벌 이후 동양과 지중해 여러 민족의 접촉이 긴밀화되고 다른 한편으로는 로마라는 새로운 제국이 최초의 서지중해 지역을 부분적으로 지배하고 있었고 계속하여 고대 문화세계 전체를 장악하고자 노력을 계속해 온 중요한 시기이다.[19]

아르키메데스 연구의 특색은 이론과 실제를 결합시킨 기술로 저울 등을 이용하여 얻은 역학연구에서 수학을 연구하였고 유체정역학이나 기계학의 연구로 과학

18) 伊東俊太郎 외 편, 전게서, p. 30.
19) F. Dannemann(安田徳太郎 외 역), 전게서, vol. 1, p. 247.

과 기술과의 결합을 의도적으로 시도한 인물로 인간성에서 그의 다면성과 천재성을 근세에는 필적할 사람이 없을 정도이며, 아르키메데스의 과학적 의미는 순수수학 및 역학 두 분야에서 볼 수 있다.

#### (2) 아르키메데스의 업적[20) 21)]

아르키메데스는 π계산을 포함하는 「원의 측정에 관해서」에서 계산술에 의해 π의 한계값으로 3.141~3.142라는 값을 산출하였는데, 이는 내접, 외접 정96변형의 변의 길이에 해당된다. 바로 고대수학의 적분법이다. 그는 평면기하학에서 벗어나 입체기하학(공, 원통)을 개척함과 아울러 원추곡선의 문제(求積)에까지 파고들었고, 드디어 미적분의 기초개념을 세워 나중에는 정역학 및 유체정역학의 기초이론을 수립하였다. 그는 플라톤적 수학을 극복하여 수학에 계량요소를 대담하게 도입하거나 수학의 실제응용을 의식적으로 고려한 역학(또는 기계학)이라는 새로운 분야를 개척하고, 과학을 통한 기술의 세계를 싹트게 했다.

그는 이집트에 건너가서는 나선 양수기를 발명하였고, 유클리드의 기하학을 응용하여 '지레의 반비례 법칙'을 만들었다. 그는 경험론 지식을 기하학 논증으로 확인하면서 이 법칙을 만들었고, 시라쿠사에 돌아와서는 "지점과 긴 막대만 있으면 지구도 움직일 수 있다"고 하여 지레의 위력을 호언장담하였다. 당시 히에론(Hieron)왕의 명령으로 만든 마스트가 세 개인 군선을 지레의 응용인 복합 도르래로 움직였다고 한다. 물체고유의 중요한 측정법을 발견하여 그는 부력과 비중에 관계되는 「아르키메데스의 원리」로 유체정역학 · 수력학의 원리를 확립하였고, 우주의 구조에 대해서는 지구중심의 천동설을 지지하여 사모스의 아리스타르크스의 지동설을 비판하였다. 물속에서 부력의 원리(왕관의 금과 은의 비를 물속에서 측정)를 밝혀내고 너무 좋아서 왕관을 들고 벌거벗은 체로 뛰쳐나가면서 '찾았다, 찾았다'(heureka, heureka)를 외친 일은 대단히 유명하다. 그림 4 · 16과 그림 4 · 17은 아르키메데스가 발명한 도르래에 의한 기중기와 나사의 원리에 근거한 양수기이다.[22)]

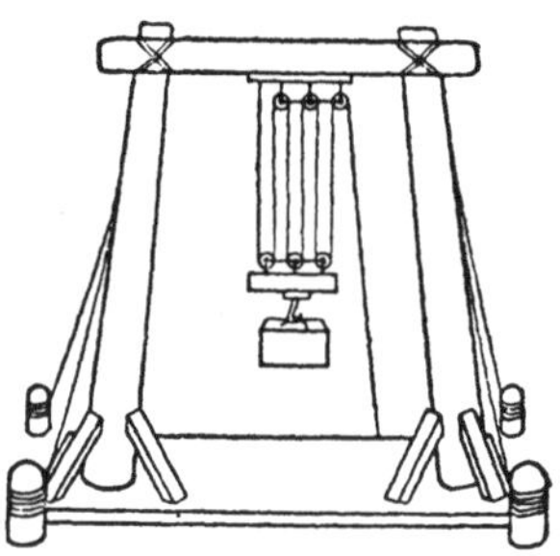
그림 4 · 16 기중기(복합 도르래)

아르키메데스의 저서는 수학업적으로 「원의 측정에 관해서」, 곡선론의 「나선에

20) 會田軍太夫, 과학기술개론, pp. 1~10, 1978, 東京電機大學出版局.
21) F. Dannemann(安田德太郎 외 역), 전게서, vol. 1, pp. 248~254, pp. 265~269.
22) 中山秀太郎, 전게서, p. 22.

그림 4·17 아르키메데스의 나선 양수기

관해서」, 무한소분법(無限小分法)의 「방법론」이나 「구와 원주에 관해서」 등과 역학 저서로 무게 중심의 문제를 다룬 「평판의 평행에 관해서」, 왕관의 금과 은의 비율을 물속에서 측정하여 액체의 기본성질을 다룬 「부체(浮體)에 관해서」(아르키메데스의 원리) 등으로 크게 구분되어 오늘날 13종 정도만이 남아 있다.

## 5. 의 학

헬레니즘 시대에는 무세이온의 원조로 두 사람의 유명한 의학자가 등장하였다. 그 한 사람은 헬로필로스(Helophilos, B.C. 약 300년경)로 해부학의 개척자가 되었다. 알렉산드리아에서는 인체해부가 허용되어 해부학과 생리학이 발달하였다. 인체를 해부한 최초의 헬로필로스는 운동신경과 지각신경을 구별하여 지각신경의 중추는 뇌에 있다고 하였고, 동맥이 맥동하고 있음을 관찰하였다.

두번째의 의학자인 에라시스트라토스(Erasistratos, B.C. 약 304~250)는 헬로필로스의 해부학도 계속하여 연구하였으나 생리학을 더 중요하게 생각하였다. 대뇌와 소뇌를 구분하고 인간의 뇌가 다른 동물의 뇌보다 복잡함을 발견하였다. 그런가 하면 원자론(진공의 존재를 인정)을 중요시하여 혈액의 흐름이나 호흡, 분비도 이 진공의 원리로 설명하였다. 그래서 신체기관에서 에너지의 근원이 되는 것은 혈액과 프네우마(pneuma)라 하였다.

## 6. 기 술

그리스의 과학 · 기술에서 새로운 경험과 실제경향의 등장은 알렉산드리아에 교양이 있는 많은 기술자들이 출현했기 때문이다. 초기의 그리스 기술자들은 기술적

재능이 높은 수준에 도달하여 있었으나 아무런 기록도 남아 있지 않다.[23)]

알렉산드리아 항구중심에 있는 작은 파로스 섬에는 프톨레마이오스 I세 때 구니토스의 소스트라토스(Sostratos)에 의해 석조의 파로스 등대가 건조되어 알렉산드리아와는 제방으로 연결되었다(그림 4·18). 높이는 120m이상으로 3층탑이며, B.C. 283년에 완성되었고 수세기 동안 여러 차례의 지진을 견디어 냈지만 결국 1100년과 1307년에 발생한 두 차례의 큰 지진으로 붕괴되고 말았다. 이 건조물은 등대역할뿐만 아니라 항구의 출구에 적의 함대가 침입하는 것도 방어하였다. 탑내부에는 다수의 수비대가 있었기 때문이다.

석회암으로 건조된 이 등대의 하부는 한변이 30.5 m의 정4각형이고 2층은 8면체이며, 원기둥 형태의 3층에는 등대의 불이 타고 있었다.

연료는 나선형의 경사로를 당나귀에 싣고 운반하였고, 탑의 1층에는 음료수를 넣는 거대한 물 탱크가 있었다.

이 탑은 헬레니즘 시대의 과학·기술·예술이 집결된 작품으로 등대가 된 것은 5세기경부터이다.[24)]

**그림 4·18 파로스 등대의 복원도**

B.C. 2세기경에 키츠로스의 건축가 안드로니코스가 아테네에 세운 기념물 '바람의 탑'에는 옥상에 회전하는 청동제의 해신상으로 풍향을 나타내게 하였고, 건물 전체에는 복잡한 구조양식의 큰 물 시계가 있었다.

발명가 크데시비우스(Ctesibius, B.C. 2세기)의 최초의 발명은 이발사를 하고 있

23) S. Mason(矢島祐利 역), 전게서, 상권, pp. 46~47.
24) 伊東俊太郎 외 편, 전게서, p. 359.

는 아버지를 위해 납의 무게를 이용하여 거울을 아래 위로 움직이는 장치를 고안하였고, 관속에 공기를 보내어 소리를 내는 악기인 오르간을 만들었고, 더욱 유명한 것은 이집트의 물 시계를 개량한 것인데 기계장치의 물 시계이다(그림 4 · 19). 고대로서는 아주 정확하여 17세기 호이헨스가 진자시계를 발명할 때까지 실제로 사용되었다. 그 외에도 고대의 비도구 · 축성법 · 식량공급법 · 도시의 방어법 · 공성법 등이 알려지고 있다.

또 크데시비우스와 필론(Philon, B.C. 2세기)은 압축공기나 금속제의 스프링의 탄성이 성(城)을 공격하기 위한 발사기에 이용되도록 설계도 하였다고 한다. '필론의 일'이나 B.C. 100~A.D. 150년까지의 어느 기간에 생긴 '헤론의 일'이란 세 가지의 큰 문제, 즉 군사과학과 과학기구, '기계완구'이다. 그러나 당시 지식계급의 '과학 완구'의 영역을 벗어나지 못하였다.

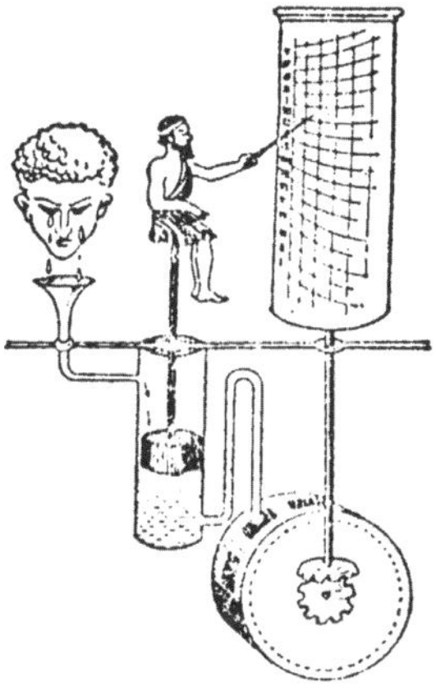

그림 4 · 19 크데시비우스의 물 시계

제5장

# 고대 로마의 과학과 기술

그리스 시대 최후인 헬레니즘 시대 이후 로마인에 의해 지중해 지역이 정복되어 로마시대(B.C. 300~A.D. 400년경)를 맞이하게 되면서 정치 · 문화의 중심은 로마로 옮겨갔다.

그리스인은 자연의 근원을 탐구하는 데 관심을 가지고 진취적 기상과 합리성을 중요시하는 과학활동을 하는데 비해 로마인은 정치 · 경제 등의 환경이 달라 로마는 넓은 영토를 확장, 전쟁을 계속하고 나라를 다스리는 데 역량을 기울여 학문에는 힘을 쏟지 않아 순수과학에는 손을 댈 수 없었다.

"로마는 하루 아침에 이루어진 것은 아니다"라고 역사가들은 이야기하고 있는데 고대 로마인에 대해서는 사실상 기록이 별로 없고, 우화(fables)와 신화(myths)로 혼합되어 있는 역사이기에 역사가들조차 어디까지가 사실이고 허구(fictions)인지 구별을 잘 못하고 있다. 또 세계의 모든 도시 가운데 유일하게 약 3,000년 동안 침략 · 약탈 · 방화 · 폭력 등에 견디고 지속된 지금의 이탈리아 수도인 로마시를 '영원의 도시'(The Eternal City)라 한다.[1] 중부의 이탈리아에서 일어난 로마인은 무기의 힘으로 세계를 정복하였다. 로마는 수많은 전쟁으로 전 유럽은 물론 그 주변의 아시아, 아프리카의 일부까지 광대한 영토를 지배하였다. 지중해의 바닷물이 닿는 모든 해안들이 로마의 영역이었다.

1) Compton's Encyclopedia, 전게서, vol. 20, p. 240.

로마인도 그리스인과 마찬가지로 야만에서 갑자기 문명에 도달하였다. 그러나 그들은 청동기시대의 전통에서 그리스인처럼 완전히 손을 떼지 못하였을 뿐만 아니라 연안도시 국가문명을 발전시키지도 못하였다. 로마는 그리스 국가에서 가장 지성적이지 못한 스파르타(Sparta)와 같은 농병(農兵)사회였다. 로마의 원로원 의원들은 상업에 종사하는 것을 금지 당하였다.

그런 한편 상인들은 상인사회가 어떻게 평가받는지를 구애하지 않고 농지소유자가 되는 것을 갈망하였다. 그래서 로마인들은 상업여행자가 가지는 양적 · 공간적 사고가 결여되고 수학이 그들의 최대의 약점이었다.

로마인이 과학에 기여한 것은 별로 없고 그들의 공헌은 다른 방면, 즉 사회의 조직분야인 공중의료 시설의 설립, 도로, 수도의 건설, 율리우스 달력의 채용과 사회조직을 규제하기 위한 로마법의 성립에 있었다.

## 5.1 고대과학의 쇠퇴와 미약화

로마인은 그리스인이 과학에서 이론과 실제 사이에 수립한 한계가 있는 통일성에 동화하지 못했고, 그리스 과학의 내용도 방법을 정해서 수용하여 그들의 저서는 출전(出典)에 대해 무비판적이고 자기들이 읽은 책의 내용을 무조건 수용하였다. 특히 수학을 로마인이 기피하여 주목할만한 수학자나 천문학자는 한 사람도 없었고, 지리학에서는 양적인 면만을 받아들이고 수학과 측량은 무시하였다. 의학은 늦게나마 실용적이라는 이유로 무엇이든 동화하고, 그런데 공교롭게도 그리스인에게 천대받은 연금술은 부활되었고 기독교의 등장으로 청동기시대의 우주관이 부활되기도 하였다.

### 1. 그리스와 로마 과학활동의 비교

로마인은 동방에서 자신들에게 정신적 특색을 부여한 그리스를 정치적으로 정복한 것과 같은 정도로 그리스의 과학과 기술의 성과를 응용하였으며, 따라서, 그들은 그리스인의 주인이 됨과 동시에 학생이 되어 그리스 문화의 충실한 후계자 구실을 하였다.

로마인은 예술이나 과학분야에서는 뛰어난 인물이 되지 못하였으나 기술개발은 그들의 재능이나 그들의 필요성에도 적합하였다.

분명히 로마인은 피정복민족인 그리스인의 문화를 높이 평가하고 그 문화를 수용하였으나 그리스인이 좋아한 추상적, 이론적 사고는 로마인으로서는 좋아하는 바가 아니었다. 로마 제정시대에 들어가서도 수학 · 천문학과 같은 이론과학은 여전히 그리스계의 사람들의 손에 놓여 있었다. 일반적으로 로마 지식인의 과학연구에 대한 태도는 스스로 연구하기보다는 그리스인의 성과를 집대성하여 교양으로써 몸에 체득하였다.

로마 문화와 그리스 문화의 접촉은 통상으로 시작되었으나 한층 깊은 침투를 본 것은 군사충돌을 통해서이다. 로마인은 그리스인이 선발한 계승자라고 하나 처음은 세계를 정복하고 다음에는 이를 지배하기 위한 임무때문에 과학문제에 매달릴 시간이나 기분이 아니었다.

로마의 제정시대는 대다수 황제의 권한이 매우 커서 전제군주정이었으나, 그리스 문화가 앞서고 있었으므로 그 문화는 동양의 anonymous적이 아니고 eponymous(이름이 있는)적이었다. 그래서 로마 문화에는 그리스와 다른 특색이 있었다.[2)]

먼저 기독교라는 일신교의 역할이다. 로마의 다신교적 비밀의식인 종교는, 기독교가 점차 포교됨에 따라 황제들의 기독교도 박해에도 불구하고 기독교의 세력은 점차 커져 콘스탄티누스(Constantinus, A.D. 306~337 재위)대제는 313년 '밀라노 칙령'(콘스탄티누스가 로마를 공동으로 다스리고 있떤 리키니우스와 밀라노에서 회견한 뒤에 발표)에 의해 기독교를 공인하였고, 392년에는 데오도시우스(Theodosius, 379~395 재위) 황제가 국교로 정했다. 그 후는 기독교의 포교가 허용되고 성베드로 대성당을 중심으로 하는 가톨릭교는 성속(聖俗)에 이르기까지 강대한 권력을 행사하게 되었다.

로마가 전쟁으로 영토를 넓혀감에 따라 로마제국은 점차 확대되고 많은 속주에는 다른 민족으로 구성되어, 이들 여러 민족을 로마의 지배하에 잘 관리하기 위해서는 현실적인 법질서를 지키게 할 수밖에 없었다. 때문에 로마제국에는 여러 가지 법률이나 법철학론이 대두되었다. 그렇게 하여 이들 법학자의 저서나 법전류를 집대성한 것이 유스티니아누스(Justinianus, A.D. 527~565)제의 「법학대전」인데 공법과 사법을 분리하였으며, 529~534년에 편찬되었다.

마지막으로 법전류의 제정에서 알 수 있듯이, 로마인은 그리스인과 달리 지극히 현실적 · 실용적이며 교양있는 민족이었다. 그렇기 때문에 이론적 · 추상적인 전문적 학문연구와는 거리가 멀고, 실제적인 기술에 강하였다. 행정과 군사면에서는 간선도로망, 수도망, 개선문, 전승기념비 등이 건설되었고, 지방에서는 신전 · 원

2) 平田 寬, 전게서, 상권, pp. 57~58.

형극장 · 목욕탕 등 노예나 하층 노동자를 동원하여 대공사를 할 수 있었다. 이러한 공사의 재료인 콘크리트의 발명(B.C. 2세기경)은 로마인의 큰 공적이다. 로마인이 세계에 공헌하게 된 유일한 발명은 건축과 군사 및 토목기술에서의 콘크리트 사용이다.

## 2. 백과전서적 저술가

로마 시대의 초기는 아직도 그리스인의 활동이 많았다. 과학사편으로 볼 때 그리스 과학시대라고 하는 편이 맞을지도 모른다. 로마인도 그리스인의 문화를 높이 평가하여 그리스 여러 문헌을 모아 편집한 실용적인 백과전서가 많이 만들어졌다.

로마 부근에서 태어난 바로(Marcus Terentius, Varro, B.C. 116~B.C. 27)는 '로마인 중에서 최고의 학자'로 불린다. 그는 73세까지 군인, 정치가로 바쁜 공직생활을 하다 73세부터 90세에 사망하기까지 17년간 정력적인 집필활동을 하여 저서가 무려 74종 620권에 이른다. 그의 백과전서적 저서의 내용은 학문으로 분류되어 여러 학과에 대한 '九권' 또는 '자유학예'라 하여 문법학 · 변증법 · 수사학 · 기하학 · 수론 · 천문학 · 음학 · 의학 · 건축학 등을 망라하는데 「라틴어론」과 「농업에 관해서」만이 남아 있다. 농업론의 주요내용은 경작 · 목축 · 양봉 · 어류 · 수렵 등이다.

그의 저서 중 후세에 가장 영향을 많이 준 것은 분실되고 없는 「학문론」이다. 그는 학문을 '3과'(문법 · 수사학 · 변증술), '4과'(기하학 · 수론 · 천문학 · 음악), 그리고 의학과 건축술이라는 9개의 학과로 분류하였다. 최후의 두 학과는 카시오드로스(F.M.A. Cassiodros, 480경~575경)에 의해 삭제되었으나 그의 학문분류는 '자유7과'(artes liberales)로 계승되어 중세의 학문론의 출발점이 되었다. '자유7과'는 노예가 아닌 자유인에게 잘 어울리는 학술의 뜻이다.[3)]

비트루비우스[4)](Pollio M. Vitruvius, B.C. 1세기 후반)는 건축가 · 기술자로 그의 저서 「건축에 관해서」 10권만이 남아 있는데, 건축을 중심으로 관련기술을 취급한 기술의 백과전서로서 건축의 원리, 역사, 건축재료는 물론 각종의 신전, 가옥, 극장과 그 음향, 목욕탕, 항만건설, 급수, 시계, 기계기술, 군사기술을 취급하고 있다. 비트루비우스는 군사기계의 제조에 종사하였으며, 당시 건축장관에 임명되기

---

3) 伊東俊太郎 외 편, 전게서, p. 80.

4) F. Dannemann(安田德太郎 외 역), 전게서, vol. 1, pp. 334~337.

도 하였다. 기술자로서 그는 기술자는 수학에 능숙해야 될 뿐만 아니라 법률이나 의학의 기초에도 통달하여야 한다고 역설하고 있다.

건축술 및 공학(교량가설 · 선박건조 · 수도건설 · 군사용 도로 · 군사용 공사)분야에서 로마인의 업적은 어느 모로 보나 순수한 직인이 하는 영역을 벗어나고 있다. 이들 업적은 과학과 실제교육을 받은 건축가나 기술자의 존재를 전제로 하고 있다. 철학 · 수사학 · 법률학 · 의학에는 각기 학교가 있었으나 기술자의 학교는 없었다. 따라서 기술부문에 종사하려면 일찍부터 전문가의 제자가 되어야 하였다. 공학습득의 예비지식으로는 수학 · 광학 · 천문학 · 역사 · 법률 등의 학문이 있다.

켈수스(Aulus Cornelius, Celsus, B.C. 30~A.D. 45)는 티베리우스(Tiberius)제 시대에 활약한 학자로서, 저서는 농업 · 의술 · 군사기술 · 웅변술 · 철학 · 법률을 다루었다. 현재 남아있는 「의술에 관해서」(*De midica*, 8권)는 외과술로 유명하며, 얼굴과 입의 성형, 갑상선종이나 편도선, 방광결석의 제거 등 수술이 설명되어 있고, 원형탈모는 오늘날도 '켈수스 탈모'라 불려지고 있다.

大플리니우스(Gaius Plinius Secundus, 23~79)(그림 5 · 1)는 이탈리아 고모출신으로 로마의 박물학자이다.[5) 6)] 12세 때 로마에 나와 웅변술 · 법률을 배웠고, 23세 때 관직에 종사하였다. 58년경 병역을 마치고 로마로 돌아와 10년간 변호사로 근무하다 69년에 다시 관직에 복귀, 에스파냐 변경과 아프리카에 행정관으로 근무하면서 과학 백과전서 작가로 대저서 「박물지」(*Naturalis historiae*, 37권)를 77년에 저술하였고, 최후의 직책은 해군제독이며 79년 비에즈비이오 화산의 폭발로 구조에 나섰는데 화산활동을 관찰하려 접근하다 그만 유독가스로 죽었다.

그림 5 · 1 大플리니우스

「박물지」는 고전 그리스 · 로마 시대 지식의 집대성으로 로마출신 146명과 그리스인 326명이 집필한 저서 약 2,000권의 문헌에서 사실과 관찰내용 등 34,707항목을 인용하여 수록한 37권의 저서이다. 그의 저술의 근본사상은 자연은 인간을 위해 만물을 창조한 것 같이 보인다는 사고방식이다. 그래서 자연물은 물(物) 대 물(物)이 아닌 특히 인간과의 관계에 대해 관찰하고 있다. 그의 저서는 7종류 102권이 있었으나 박물지만이 완전한 형태로 남아 있고, 저서의 내용을 크게 나누면

5) 伊東俊太郎 외 편, 전게서, p. 923.
6) F. Dannemann(安田德太郎 외 역), 전게서, vol. 1, pp. 341~352.

우주 · 지리학 · 인류학 · 동물학 · 식물학 · 의학 · 광물학 · 기예 등이다.

## 3. 측량술과 율리우스 달력

로마인의 측량술은 로마 그 자체와 같이 역사가 깊다. 그 시초는 신관들이 신전소속의 토지를 구획 정리하기 위해 응용하면서부터였다. 제정시대에 들어와서 측량술이 크게 진보하여 측량에 종사하려면 학교를 마치고 시험에 합격하여야만 되었다. 당시의 측량기기로는 수평면에서 두 개의 정규 자를 교차시킨 직각十자가 사용되었다.

카이사르(Gaius Juliusr Caesar, B.C. 102~B.C. 44)가 시도한 로마제국의 측량도 다분히 알렉산드리아 학자들의 영향을 받아 속주의 임대 · 군대의 출정 · 군함 · 상선의 확장 등 때문이었다. 그러나 그가 죽자 아그리파(M. Agrippa, B.C. 62~B.C. 12)에 의해 30년이라는 세월에 걸쳐 도로를 중심으로 한 측량지도가 B.C. 20년에 완성되었는데, 이탈리아 · 그리스 · 이집트에 대해서는 상당한 정밀도를 가졌다고 한다. 그 지도의 일부가 16세기 이후 「포이팅그의 지도」로 불려진다.

B.C. 46년까지 로마의 달력(전쟁과 무역을 통한 문화권 사이의 교류, 민중의 일상적인 요구 그리고 정치권력자들의 야심에 의한 무수한 개혁)도 1년이 354일인 태음력을 사용하였다. 그러나 로마의 정치가이고 명장인 카이사르는 로마통일을 고려, 정복한 땅을 포함, 넓은 지역을 단일화하는 최고의 방법으로 전 주민에게 공통되는 달력을 보급시키겠다는 정치의도에서 알렉산드리아의 천문역법가 소시게네스(Sosigenes)로 하여금 이집트의 달력을 개량하여 달력(태양력, 율리우스력)을 B.C. 46년에 만들도록 하였다. 그리스와 로마인들은 365일의 태양년을 채택하였고 남는 0.25일의 문제(제6장 3절 4항 참고)를 해결하기 위해 1년을 365일로, 4년마다 윤년을 넣어 366일로 하였고, 그래서 1년의 길이는 평균 365일 6시간으로 결정하였다. 실제 태양의 운행에서 태양년의 길이는 정확하게 365.25일(365일 6시간)이 아니고 365일 5시간 48분 46초(365. 2422일)이므로 율리우스력은 1년은 실제와는 0.0078일, 시간으로 11분 14초(또는 674초)가 길어 128년만에 하루가 더 길어지게 된다. 그래서 16세기 그레고리오력에 의해 약간의 수정을 하여 로마에서 기원된 월명이나 일수도 오늘날까지 이어지고 있다. 바로 다음과 같은 월명과 일수이다.[7] 현재의 월명과 대비시켰다.

---

7) 平田 寬, 전게서, 상권, pp. 62~63.

1월 야누아리우스(Januarius - January) ………………… 31일
2월 페브루아리우스(Februarius - February) ………… 28일
3월 마르티우스(Martius - March) ……………………… 31일
4월 아프릴리스(Aprilis - April) ………………………… 30일
5월 마이우스(Maius - May) ……………………………… 31일
6월 유니우스(Junius - June) …………………………… 30일
7월 율리우스(Julius - July) ……………………………… 31일
8월 아우구스투스(Augustus - August) ………………… 31일
9월 셉템브리스(Septembris - September) …………… 30일
10월 옥토브리스(Octobris - October) ………………… 31일
11월 노벰브리스(Novembris - November) …………… 30일
12월 디셈브리스(Decembris - December) …………… 31일

이 가운데 7월과 8월의 월명은 J. 카이사르와 아우구스투스제(帝)의 이름을 딴 것이다.

### 4. 도로지도 및 지리

로마는 자연의 객관적 진리를 찾아, 그 사실에 기초를 두어 실제면에 응용하는 의미의 과학은 방치하였다. 로마의 지배자들은 과학이론이 자연의 객관적 진리의 추구라는 점을 외면하고, 자신들의 지배에 맞게 이용하였다.

모든 길은 로마로 통한다. 통일유지를 위해 광대한 영토에는 돌로 튼튼하게 포장한 도로가 계속 건설되어 로마를 기점으로 하는 이정표(milestone)가 세워지고 역마와 우편제도가 정비되어 있었다. 로마인의 지도는 도로를 축으로 하여 도성 · 숙박역 등 실용본위로 만들었다.

로마인으로서는 넓은 영토를 측량하여 지도를 작성하는 일이 군사 · 행정 · 통상적으로도 필요하였다. 카이사르의 명령으로 아그리파가 도로를 중심으로 만든 세계에서 가장 오래된 지도는 375년에 제작, 다시 12세기 말~13세기 초에 필사한 것이며, 측량지도는 그 일부가 16세기 독일의 인문주의자이고 수집가인 포이팅그(Peutinger)의 이름을 붙여 「포이팅그의 지도」(*Tabula Peutingeriana*)라고도 하는데 길이 7 m, 폭 34 cm로 11매의 양피지를 연결한 두루마리 군용지도이다. 이 지도는 오늘날의 관광지도와 같은 것이며, 로마군의 행군에 편리하도록 부근의 산 · 숙소 등이 거리와 함께 기록되어 있다.

다음으로는 스페인 출신의 메라(P. Mera, 43년경)는 지리학자로 「세계에 관해, 3권」

이 있는데, 대부분을 그리스인의 지리학 지식에 의존하고 있고 열대의 남방지역에도 사람이 살고 있다고 주장하였다.

### 5. 의 학

로마인의 의학은 초기에는 미신과 주술로 저속하였고 의사는 노예라든가 예속적인 지위에 있는 사람들이었다. 히포크라테스 이후의 그리스 의학이나 로마에 살고 있는 그리스계 의학자의 영향을 받아 의사의 지위도 향상되고, 아울러 상류계급으로 의학지식과 치료법이 침투되었다고 생각된다.

로마인은 의학에는 비교적 관심을 가졌지만 의학 그 자체에 대해서는 아무런 업적이 없으나 의학교와 공공 의료시설을 설립하였고, 위생설비나 급수, 하수도 등 공중위생 방면에는 큰 공적을 남겼다. 또 전쟁이 빈번한 관계로 외과의술이 크게 발전되었다.

## 5.2 로마의 공학과 기술

로마는 건국 이래 전쟁을 통해서 영토를 확대하여 간 군사국가이다. B.C. 27년 로마제국이 성립되었으나 이것은 과거 500년간에 걸친 노예의 획득과 영토확장의 결과였다. 때문에 로마인 사이에는 넓은 제국을 통치하는 데 필요한 현실적이고 구체적 문제인 행정 · 법률 · 토목 · 건축 등에 관심이 쏠려 있었다.

로마인은 일반적으로 농민출신이며, 실제적인 민족이었으므로 기술면에서는 큰 혁신적 발명은 없었다. 그러나 일상생활은 물론, 특히 군사 · 정치면에서는 직 · 간접적으로 관련이 있는 수많은 실용사업을 수행하였다. 강력한 권력을 가진 군주정(君主政) 하에서 많은 노예와 하층계급의 로마인을 동원하였다.

로마인이 큰 관심을 나타낸 분야는 토목사업을 바탕으로 하는 기술의 분야이다. 군단의 신속한 이동, 우편이나 군사의 전령제도 확립 등 행정상의 목적으로 로마를 중심, 제국의 각 속주에 이르는 도로망을 건설하였고, 하천에는 석조의 교량을 만들고 산을 우회할 수 없는 경우에는 관통 터널공사를 하였다. 또 로마시나 속주의 인구가 밀집된 지역에는 상수원지대에서 시내까지 연결되는 상수도나 수로교(水路橋)를 건설하기도 하였다.

거대한 공공 건조물이나 기념 건조물을 세웠으나 건축에는 아치의 이론을 충분히 적용하였고, 장식재는 주로 대리석을, 구조재로는 기와와 로마인이 발명한 콘크리트를 사용하였다. 큰 돌 등 중량물을 쌓아 올리는데는 도르래를 사용한 기중기를 이용하였고 또 군사기계의 개량이나 고안에도 노력을 기울였다.

그 뿐만이 아니고 B.C. 1세기경의 로마의 기술자 비트루비우스는 그때까지의 수평형 수차를 개량하여 수직형 수차로 만들었으나 노예노동을 경감시키는 수차는 노예의 공급이 풍부한 로마의 제정초기에는 보급이 되지 않았다. 구체적인 내용은 다음에 설명한다.

### 1. 로마의 기술자[8)]

뭐라해도 고대의 가장 우수한 기술자는 로마인이었다. 그런데 로마제국은 4세기까지 길게 이어졌고 이 시대의 처음 2세기 반은 구체적 평화의 기간이었다. 로마인은 심정적으로 보아 끝까지 농민이었다. 그들의 정신은 과학적이 아니었고 그들의 과학은 대부분 그리스의 것이고 또는 그리스의 혼이 담긴 것이었다. 제국이 된 로마는 농민이 가진 투박한 품성과 실용적인 성실성을 나타내었다.

로마인은 순수과학을 경시하고 순수과학을 시간낭비라고까지 생각하였다. 그 실용적, 현실적인 견해로 응용과학에만 관심을 가져 그들은 우수한 기술자이나, 수학자로는 평범하였고 달력을 개편하였으나 천문학에는 공헌한 바 없고 군사(軍事)에 대해서도 역시 독자적인 공헌은 없다. 과학은 국가에 실제로 유용한 효과를 가져올 때만 가치를 인정하였다. 자연법칙을 발견하고자 욕망은 가졌으나 헬레니즘 시대 과학자의 인내를 로마인은 가지지 못했다. 그들은 위대한 법률가이고 유능한 통치자였다. 그래서 공공사업의 실시에는 효과가 있는 범위에서만 과학을 추진하였다. 그리스의 과학과 기술의 성과를 응용한 실용기술에는 타고난 천성을 가지고 있었다.

'로마가 강제하는 평화'(Pax Romana)는 분명히 공예 · 수공업과 그 발전을 추진하였고, 채광 · 야금 · 유리와 유약 · 염료와 직물 · 기름(油脂) · 소금 · 향료 · 가죽제품 · 기타 제품 및 거래가 기록에 남아 있다. 직인의 길드가 로마제국의 모든 주요 도시에 존재하였다는 사실을 알고 있다. 경우에 따라 은행가가 직인에게 자금을 대출하여 주거나 또는 직인에게 작업용의 건물이나 도구 · 재료까지 공급하기도 하였다. 로마의 남부 카프아에는 청동제의 기구나 공예품을 대량으로 생산하는 야금공장도 있었다.

국가가 자금과 인력의 유일한 공급처였으므로 공업은 국가의 독점물이었다. 국

---

8) R. J. Forbes(田中 實 역), 전게서, pp. 67~69.

가의 후원에 의한 기업이 남 및 북서 스페인과 게룬텐의 구리 · 철 · 금 · 은을 채굴하였고 또 로마 군단과 잘 정비된 도로가 제국을 창조하였다는 것도 어느 정도 사실로 볼 수 있다. 그런데 재미있는 사실은 이러한 성과를 올리기 위한 기구를 관찰하면 대단히 빈약하다. 수준기, 무게 추, 조준 자를 갖춘 측량용 기구, 측량용의 막대 · 끈 · 체인 그리고 손 노동 등 이것이 설비의 전부였다. 배수에는 헤론과 비트루비우스가 기록에 남긴 수차와 청동제 펌프가 사용되었다. 이와 같은 기구와 그리스의 기하학 및 수학을 응용하여 로마 기술자는 놀라운 업적을 이룩하였다. 여기서 분명한 것은 이들 공공사업의 대부분이 국가에 소속된 노예나 평화 때 군대에 의해서 이루어졌고, 대부분의 경우, 일은 노예집단을 소유한 청부업자에게 의뢰되었다.

## 2. 도로(주로 군사용)와 육상운송[9)]

도로건설은 로마인의 발명은 아니었으나 로마인이 채용하게 된 것은 대제국을 통치하는 중앙권력에 의해 운송이나 통신방식이 대단히 중요하다는 사실을 역사를 통해 배웠기 때문이다. B.C.300년경 이탈리아의 오래된 도로체계의 조직과 재건을 시작으로 세계정복이 시작됨에 따라 도로를 새로운 정복지역까지 하나의 지방이 정복되어 함락되면 그 지방을 관통하는 도로가 건설되고 로마의 군단이 언제라도 출동이 되도록 하였다. 그리고 여기에 뒤이어 상업이 생기고, 광산지대 · 상공업의 중요한 중심지까지 연장되어 로마에서 사방팔방으로 통하는 모든 도로는 전부 포장되었다.

“모든 길은 로마로 통한다”(All roads lead to Rome.)라고 말해지듯, 총 길이 7,600km의 간선 도로망이 유럽 전 지역에서 영국의 북부에까지 걸쳐 건설되었는데, 이는 강력한 로마 군대의 정복활동과 지배강화에 맞추어 건설된 것이다. 이들 간선도로에서 가장 유명한 것은 B.C. 312년경에 도로 건설기사 아피우스(Claudius Caecus Appius)가 지휘하여 포장된 군사도로 ‘아피우스 가도’(그림 5 · 2)가 최초의 포장도로이다. 이 도로는 로마에서 카프아까지 건설되었으며, 도로 폭 8 m, 총 길이 540 km로 그리스 방면의 주요도로이다. 포장은 표면에서 밑의 돌이나, 자갈, 콘크리트 및 깨뜨려 부순 돌과 모르타르를 이용, 콘크리트 · 시멘트 · 모르타르로 건설된 도로로서 800년 후까지도 사용할 수 있었다니 당시의 기술수준을 알 수 있다.

9) R. J. Forbes(田中 實 역), 전게서, pp. 69~70.

그림 5·2 아피아 가도의 건설

노예제도가 전면적으로 개화된 로마는 인공적으로 도로를 축조하였고, 도로는 기층·쇄석층·핵층·표면층으로 구성되며, 제일 밑의 기층에는 자갈이나 보통 돌을 깔아 그 위에 쇄석과 석회를 혼합한 것을 부어 굳게 하였다. 핵층은 쇄석, 석회, 모르타르 및 화산암을 혼합하여 만든 콘크리트를 부어두고, 그 위에 다시 표면층으로 모르타르를 부은 4층의 포장도로를 만들었고 도로표면이 붕괴되지 않도록 배수시설까지 갖추었다. 로마인은 콘크리트의 발명으로 도로건설이나 건축기술의 발전에 크게 공헌하였다.

로마 도로의 '기층'과 '쇄석층'과를 합한 것이 현대의 수공적 기초공사에 해당되고, 현재의 공사에서는 '쇄석층'은 '기층'으로부터의 물을 차단하는 방습층이다. '핵층'은 원래 '표면층'에 대한 일종의 결합층이다. 기초층을 벽처럼 견고하게 축조하였기에 현대의 어느 유명한 기술자는 로마의 도로를 '평지위의 벽'이라고 특징지우고 있다. 그 두께가 간선도로에서는 9~15cm로 오늘날 가장 좋은 콘크리트 도로의 4배 이상 강도가 크고, 비석에서나 이정표에서 확인한 그 평균수명은 70~100년이나 된다고 한다.

로마의 도로기술자는 양질의 재료를 자유롭게 사용할 수 있었는데 그들은 도로공사 현장부근에 채석장을 설치, 지역의 재료를 사용하였기에 사용재료가 제국의 지역에 따라 대단히 특색이 있었고, 이들 도로의 폭은 그 중요성과 용도에 따라 달랐으나 보통 주요간선의 주도로면(중앙부)은 군대가 행군할 수 있게 하였고 주도로면의 양쪽에는 보행측도(步行側道)가 마련되어 보행자나 승마자가 사용하였으며, 경우에 따라서는 일방통행으로 강요하기도 하였다고 전해지고 있다.

그런데 로마는 행군·대상(隊商)·짐을 실은 동물에게 안전하고 좋은 길을 제공한다는 국가시책과 국영우편, 여행객 수송제도가 되어 있어 각 도로에는 16~20 km마다 중계 숙박소와 휴게실이 마련되어 있어 우편마차에 새로운 말을 활용할 수 있었고, 48~65 km마다 대형 숙박시설이 있어 여기서는 숙박뿐만 아니라 생활필수품까지 조달할 수 있었고, 지역의 교통안전을 확보하기 위해 숙박소에는 순찰병사들의 병영도 부속되어 있었다.

## 3. 상수도와 다리(水路橋)[10]

인류는 처음에 생활에 필요한 물을 하천이나 샘 · 우물에서 얻었으나 도시가 형성되고 인구가 집중되면서 양적으로 부족하고 수질도 악화되었다.

고대의 상수도는 이러한 과정을 거쳐 건설되는데 그 대표적인 것으로는 로마의 상수도이다. 고대의 상수도는 B.C. 312년에 아피우스에 의해 로마에 생활용수를 공급하기 위한 16.5 km에 이르는 석조수로를 축조하였는데, 이것이 '아피우스 수도'이다. 이 수도는 로마의 남쪽 16km의 언덕에 있는 상수원에서 몇 개의 계곡을 지나 로마시에 물을 공급하였다. 그 후 50년경에는 비슷한 9개의 수로가 건설되어 400 km가 넘었다고 하며, 수로 중간에는 상당한 거리의 터널도 있었다고 한다.

로마의 급수는 시당국이 전적으로 책임을 맡았으며, 하나의 특별사업소를 두었다. 책임자 중 한 사람인 프론티누스(Sextus Julius Frontinus 40~103경)의 기록에 따르면 이 사업소에는 700명의 직원이 있었는데 측량사 · 검사계 · 석공 · 포장공 · 일반직인 · 노동자 · 소수의 건축가 · 연관공(鉛管工), 거기에 관리자까지 활동하고 있었고 기술자의 일부는 개인주택에 급수하는 경우, 청동제 수도꼭지의 지름을 검정하고 물의 사용량을 계산하여 주택별 수도요금을 산정하였다고 한다.

산이나 하천을 건너 하루에 3억 갤런의 물을 로마시로 운반하는 9개의 수로교는 아치식 구조로 고도의 건축기술을 말해주는 것인데, 이는 남이탈리아 평정전쟁(B.C. 275), 카르타고 전쟁(B.C. 146)의 약탈품으로 만들었다고 한다. 이 수로교는 주로 가사, 목욕탕, 분수, 공중변소 및 하수구의 세정 등의 필요성으로 각지에 건설되었으며, 그 유적은 스페인, 프랑스 및 이탈리아와 로마부근에 남아 있다. 또, 프랑스의 님(Nimes) 부근에 유적으로 남아 있는 수로교(그림 5 · 3)는 3계층으로 높이가 약 48 m나 되어 많은 사람들을 감탄시키고 있다. 공중목욕탕은 1,600여 명을 수용

**그림 5 · 3 님 부근의 로마 수로교**

10) R. J. Forbes(田中 實 역), 전게서, p. 76.

할 수 있었으며, 냉탕 · 온탕 · 한증탕 · 홀 · 도서실 · 경기장 · 점포 등도 구비하고 있었다고 전해진다.

급수의 결과 나타난 것은 도시문명과 함께 생겨난 시설의 노후와 폐수, 쓰레기 처리문제이다. 로마 이전의 고대도시에는 하수관과 우수한 위생설비가 되어 있었다. 그래서 로마에서 생긴 최초의 대 공공사업은 시의 중심에 있는 대광장의 오수를 흘러보내는 하수도 설비였는데 지금도 일부는 활용이 되고 있다고 한다.

## 4. 군사용 기계

그리스 · 로마의 노예사회 생활양식은 노예노동을 폭넓게 활용하는 것을 기반으로 하였는데 노예를 획득하기 위한 수단이 전쟁이다. 그래서 고대에는 무기가 노동용구나 노동수단보다 급속하게 발달하였다.

기계발명이 큰 구실을 한 유일한 분야는 포위와 전투이다. 기계화된 활(弓), 즉 투사기의 대열이 공격과 후퇴를 도왔다. 전쟁기계의 대부분은 목재였다. 그림 5 · 4는 고대 그리스 · 로마의 성을 공격하기 위한 기계의 일종이다.[11] [12]

그림 5 · 4 고대 그리스 · 로마의 성곽공격용 기계

투석기, 석궁(石弓), 파성루(破城樓) 등의 병기는 그 원리가 전 시대인 알렉산드리아 시대에 알려진 것이나, 양적 확대나 대형화는 로마 기술자의 능력을 말하는 것이다. 시라쿠사가 로마군에게 포위되었을 때 거대한 돌이나 재목을 날려 로마 군용선을 침몰시킨 '아르키메데스의 투석기'는 150~200 kg의 큰 돌을 500 m 이상이나 멀리 날릴 수 있었다고 한다. 또 그때도 주전력은 군선(軍船)이었고, B.C.

---

11) 소련 과학아카데미 편(金光不二夫 외 역), 전게서, p. 77.
12) R. J. Forbes(田中 實 역), 전게서, pp. 80~82.

5세기의 아테네에는 약 300척이 있었다고 하며, 해전을 목적으로 하는 군선, 군대의 수송을 목적으로 하는 수송선을 건조하였다.

## 5. 수차와 건조물

제분소는 최초에 노예의 힘을 활용하였으나 그 다음은 축력을 이용하게 되었고, 수력사용에까지 확대되었다. 또, 동방에서 발명된 수차를 B.C. 75년에서 B.C. 26년 사이에 로마의 건축기사 비트루비우스가 수직식 수차로 개조하여 제분용으로 사용하였으나 보급되지 않았다.

그러나 2~3세기경에는 아루루 부근에서 산업규모로 확대되면서 낙차 18.6 m, 경사 30도의 저수조도 있어, 목제 기어가 철제축에 연결되어서 1시간 제분량이 240~320 kg이나 되었다고 한다.

수평동력을 사용한 기중기의 사용은 역시 노예노동을 경감시킨다는 이유로 보급되지 않았으나, 3세기경부터 로마제국에는 전쟁도 별로 없고, 또 4~5세기경에는 노예수도 줄고 노예활동이 줄어들자 로마 시내에 등장하게 되었다(그림 5·5). 또, 그리스 문화의 영향으로 고대 로마는 B.C. 6~B.C. 1세기에 건축기술은 아치와 둥근 천정의 구조가 광범위하게 보급되어 거대한 공공건조물이 건설되었다.

그림 5·5 로마형 수차

로마의 기술에서 유명한 콜로세움(Colosseum)이라 불리는 타원형의 원형극장(그림 5·6)은 크기가 긴 지름이 187.5 m, 짧은 지름이 156.7 m이고 주위의 벽 높이는 48.5 m이며, 9만 명의 관중을 수용하였다. 외측은 4계층으로 되어 있고 밑의 3계층은 각각 트리아식 · 이오니아식 · 코린트식의 아케이드로 최상층은 줄지어 늘어선 기둥으로 장식하였다.

그림 5 · 6 콜로세움의 유적

그림 5 · 7 콜로세움의 복원도

경기장은 긴 지름 83 m, 짧은 지름 13 m로 이 곳에서 각종 동물의 싸움, 검투사의 결투 또는 검투사와 맹수와의 격투, 범죄자와 기독교인의 공개처형이 이루어졌다. 베스파시아누스(Vespasianus, 69~81 재위)제 시대인 A.D. 80년에 완성되었다. 공사기간은 무려 8년이나 걸렸고 동원된 노예 숫자만 하여도 약 12,000명에 이르렀다고 한다. 그 후 여러 번의 재해와 야만족의 침입으로 파괴되었으나 19세기에 와서 복구가 시작되었다(그림 5 · 7).

로마상선은 그리스 상선과는 큰 변화가 없으나 대형의 1층 배와 2층 배가 만들어졌고, 군용선은 전체가 튼튼해서 뱃머리에는 충격장치가 붙어 있었다. 또, 전투 때에는 병사가 적선에 건너갈 수 있는 연결판이 사용되기도 하였다. 지중해를 정복하기 위해 군대수송용으로 2,000톤의 거대한 선박도 건조하였으며, 뿐만 아니라 가리구라 황제(41~54 재위) 때는 호화유람선까지 건조하였다고 한다.

로마는 세계를 세 번 정복하였다고 독일의 법철학자 예링(Jhering, 1818~1892)이 그의 저서 「로마법의 정신」(1852~1883, 전 3권)에서 주장하였다. 첫째는 지중해를 중심으로 하는 동서지역의 모든 민족과 국가를 정복한 '정치적 통일' 사업이요, 둘째는 그리스도교에 의한 유럽의 통일적 종교세계를 건설한 '정신적 통일' 사업이며, 셋째는 가장 로마적 문화인 로마법에 의한 사회적으로 세계질서 사회를 수립한 '제도적 문화의 통일' 사업이 그것이다. 그리하여 로마는 그리스인으로부터 받은 헬레니즘과 기독교인에게서 받은 기독교문화를 자기들의 문화적 소산인 로마법과 더불어 중세에 전하였다.

## 5.3 알렉산드리아 시대의 과학과 기술의 계승

로마제국에서도 알렉산드리아는 변함없이 과학의 중심이었고, 이 시기에 알렉산드리아에서 연구한 인물은 프톨레마이오스와 갈레노스이다. 그리스계 과학자들은 헬레니즘의 전통을 이어 받아 활약하여 그리스어로 여러 종류의 과학서가 집필되었다. 그들은 물론 순수하게 그리스, 헬레니즘적인 요소가 강하고 그것이 로마인에게 영향을 주었으며, 또 로마적 요소(현실적 · 실용적 · 교양적)의 영향을 받았다. 그래서 그들은 고대과학의 마무리를 하였다.

### 1. 헤론이 주도한 알렉산드리아의 기술문화

기계기술의 천재인 헤론(Hérón, B.C. 1세기)은 알렉산드리아에서 활약한 기계학자 · 수학자였으나 그의 출생과 사망은 분명하지 않아 '헤론 문제'(Heronische Frage)라고만 하고 있다. 그러나 오늘날 일반적으로 B.C. 100년에서 150년 사이라고 한다. 저서나 주석서는 14종이 남아 있으며, 정역학이나 동역학의 기초와 응용을 설명한 「기계술」, 기체나 팽창한 증기의 성질을 이용한 여러 가지 장치를 설명하고 있는 「기체학」, 수학에서는 구체적인 수를 사용하여 평면도형이나 입체의 면적을 구하는 「측량술」(세변을 알고 삼각형의 면적을 구하는 '헤론의 공식'도 포함), 2차 방정식의 수치해법 등을 설명한 「기하학」 외에 자동장치 · 날라갈 수 있는 도구 · 물 시계 · 광학 · 둥근 천장공사 등을 다루고 있다. 그는 독창적인 것은 비록 적으나, 선인(先人)들의 업적을 널리 연구하여 대성시켰다는 점에서 주목되는 인물이다.[13) 14)]

역학(力學)에서 그는 5종의 능력(단일기계)인 지렛대 · 도르래 · 나사 · 쐐기 · 바퀴 축을 사용하여 힘의 효과를 크게 할 수 있다고 주장하였다. 역학을 응용한 몇 개의 기계적 고안장치들은 복합 도르래를 위시하여 오늘날 경위의(經緯儀)의 원형이라고 할 수 있는 조준의(照準儀), 재단에 불을 붙이면 자동적으로 문이 열리는 장치(그림 5 · 8), 화폐를 넣었을 때 성수(聖水)가 흐르는 장치(그림 5 · 9), 바람의 힘을 빌려 소리를 내는 오르간, '헤론의 기력구(汽力球)'(그림 5 · 10)라는 최초의 원시 증기터빈도 포함된다. 이 장치는 스트라톤의 원자론에 기초를 둔 진공의 흡인력, 증기의 분출력, 공기의 압력 등을 이용했고, 램프의 심지를 자동적으로 밀어올리는 자동

---

13) F. Dannemann(安田德太郎 외 역), 전게서, vol. 1, pp. 296~318.
14) 會田軍太夫, 전게서, pp. 11~23.

조절 램프(그림 5 · 11), 그 밖에 78개의 기계장치를 고안했으나 실용화되지는 못했다.[15)]

이때 헤론의 발명으로 요즈음의 금전표시기인 거리를 측정하는 노정계(hodometer)가 있어 차륜의 이동거리를 알 수 있었다. 이렇게 하여 측량술의 과학적 기초를 만들었고 기체 및 액체물리학을 개척하였다고 볼 수 있다. 또 터널의 기하학적 구조와 설계에 정확한 이론을 제공하기도 하였다.

그림 5 · 8 신전의 문

그림 5 · 9 성수장치

그림 5 · 10 헤론의 증기터빈

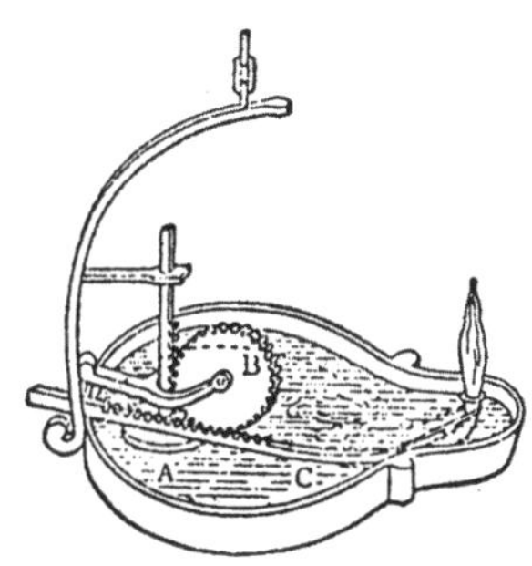

그림 5 · 11 자동조절 램프

특히, 이 시대의 기술 가운데 특색은 아테네에서 25만명, 알렉산드리아에서는 75만명, 로마에는 실로 150만명이 생활하였기 때문에 식량공급은 물론, 제일 중요한 것이 급수문제였다. 그래서 음료수의 위생문제를 포함하여 신선한 음료수를 공급하기 위해 B.C. 532년부터 수도를 만들었다는 사실이다.

15) 中山秀太郎, 전게서, pp. 24~25.

## 2. 프톨레마이오스의 지구중심설16) 17)

고대 최후의 천문학자인 프톨레마이오스(Klaudios Ptolemaios, 140년경)는 수학자 · 천문학자 · 물리학자 · 지리학자로서 고대 동양시대부터 그리스 · 헬레니즘 · 로마시대에 걸쳐 천문사상의 주류인 천동설을 그리스의 히파르코스의 성과에 자기 자신의 창의성을 집대성하여 고대 천동설의 완성자로서 최대의 공적을 세웠고, 그가 남긴 저서로는 13권이나 되는 천문학서와 「광학」, 「지리학입문」이 있다.

그가 저술한 수리천문학서는 천체현상을 운동학적 기록만을 목표로 한 것이 아니고 수리천문학 외에 천체에서 실제 무엇이 일어나고 있는가를 추구한 물리학적 천문학도 포함되어 있다. 원명은 그리스어로 「천문학의 위대한 체계」(13권) 또는 「수학적 체계」로 되었다가 9세기경 이슬람권에 소개되어 원명이 아랍어로 책 이름이 「위대한 서」가 된다. 이 아랍어의 번역서가 12세기에 유럽에 소개되고, 다시 라틴어로 바뀌어 이후 「알마게스트」(*Almagest, 1515*)로 불리게 되었다. 이 「알마게스트」는 16세기의 코페르니쿠스 때까지 널리, 그리고 오래도록 천문학의 권위로서의 지배력을 유지하고 세간의 지지를 받았다.

알마게스트의 내용 몇 가지 예를 들어 보면, 지구는 둥글고 천체의 한 가운데 고정되어 움직이지 않으나 다른 별은 원궤도를 그리며 운동한다. 1년의 길이는 365일 5시간 55분으로 되어 있고, 지구는 크기가 다른 천체에 비해 하나의 점에 지나지 않으나 달보다 39배 크고, 태양은 달의 6,600배이다. 지구로부터의 거리는 달이 지구 반지름의 59배, 태양은 1,210배로 되어 있다. 프톨레마이오스의 천문체계에서는 지구는 움직이지 않으나(지구정지, geostatic) 우주의 중심(지구중심, geocentric)에서 벗어난 곳에 위치한다. 별들이 지구로부터 멀어지는 순서는 달이 다음이고 이어서 수성, 금성, 그 다음에 태양이 온다. 이어서 화성, 목성, 토성이고, 이들 7개의 유성 다음에 항성이 있다. 그는 지구를 우주의 중심으로 하여 당시의 측각법(測角法)과 3각법의 원리를 이용하고 천문기구를 활용하여 태양의 운동 · 일식과 월식 · 위도 및 경도와 더불어 등급이 표시된 1,022개 별의 목록까지도 수록되어 있다. 일시적으로 반 프톨레마이오스파와 대립하였으나 유명한 기독교 신학자 토마스 아퀴나스(Thomas Aquinas, 1225~1274)의 지지를 받아 16세기의 코페르니쿠스의 지동설이 보급될 때까지 천동설의 권위는 계속되었다. 그림 5 · 12는 프톨레마이오스, 그림 5 · 13은 그의 우주상이다.

---

16) 鈴木善次 외, 전게서, pp. 15~16.

17) F. Dannemann(安田德太郎 외 역), 전게서, vol. 1, pp. 280~282.

그림 5 · 12 프톨레마이오스

그림 5 · 13 프톨레마이오스의 우주상

## 3. 근대화학 초기 현상인 연금술[18) 19)]

자연계의 배후에 있는 여러 가지 숨은 법칙을 탐구하고 그 지식을 통해 자기들 의지대로 자연을 지배하는 것이 인간의 공통된 꿈이라 할 수 있는데, 연금술은 마술의 기원이기도 하고 과학의 기원이기도 하다. 유럽의 연금술(鍊金術), 중국의 연단술(煉丹術)도 그러한 전통의 하나이며, 근대화학의 최초의 형상이라 볼 수 있다.

연금술은 일직부터 철학 및 종교적(신비적)인 요소와 실제 및 기술적 요소가 결합되어 있었다. 때문에 연금술은 이해하기가 어려웠는데, 바로 그 어려움이 연금술사상이다. 그리스에서 초기의 수공업 공정은 주술적 의식과 결합되어 있어 이 의식을 잘 하는 것이 작업을 잘하는 절대요건이라 한다. 또 금속제품은 탄생 · 죽음 · 부활 등 유기체 과정과 연결되어 있기도 하였다.

B.C. 500년경 페르시아 신화에서는 금속의 탄생은 신성한 원시적 존재물이 죽은 결과로 보며, 존재물이 죽으면 머리에서 납, 그 피에서는 주석, 골수에서는 은, 뼈에서 구리, 살(肉)에서 강철, 혼에서 황금이 생겨난다고 보았다.

연금술은 문자 그대로 '황금 제조기술'이 그 가운데 포함되기는 하나 동시에 인간의 '불로장생약' 제조기술(연단술)과도 중복된다. 그래서 연금술을 물질조작 · 조합의 기술에 국한시키는 것은 잘못이다. 화학처리의 주술적 요소와 실용적 요소는 점차 분리되었다.

---

18) 伊東俊太郎 외 편, 전게서, p. 366.

19) 紫藤貞照 편, 전게서, p. 56.

연금술은 비금속(卑金屬, 철 · 구리 · 납 · 주석)을 귀금속(특히 금)으로 바꾸는 기술인데, 네 천한 금속으로 합금을 제조하는 것에서 시작되었다. 유럽에서는 2~4세기 사이에 알렉산드리아에서 탄생하였다. 연금술에는 두 가지의 측면이 있다. 하나는 물질의 외관을 변화시키는 화학 및 야금술인 기술적 측면과 다른 하나는 물질의 외관상의 변화를 물질의 참된 변화라고 믿고 만족하는 철학 및 신비사상인 관념적 측면이다.

기술적 측면은 관념적 측면보다 기원은 훨씬 앞선다. 고대 이집트에서 귀금속 재료를 사용하여 의식용품을 만드는 것은 신전의 신관(神官)계급의 특권이었으며, 그들은 때로 귀금속의 모조품 · 대용품을 만드는 경우도 있으며, 그 기술은 특권지식으로 전승되었다. 귀금속의 모조법을 기록한 가장 오래된 문서로, 3세기에 편집된 「라이덴 파피루스」(*Papyrus Leidensis X*)와 「스톡홀름 파피루스」(*Papyrus Stockholmiensis*)의 두 책이 남아 있는데, 주로 금속 · 보석 · 귀금속의 모조법, 표면도색(表面塗色) 및 표면처리가 기록되어 있다.

연금술의 관념적 측면의 중심을 이루는 것은 아리스토텔레스의 물질관인데, 우주의 구성요소로 흙 · 물 · 공기 · 불의 4원소를 생각하였으나 이들 원소는 습 · 건 · 온 · 냉이라는 속성의 조합적인 변화로 서로 전환된다고 하여 연금술에 철학적 기초를 부여하였다. 그 밖에도 연금술사상에는 물질의 변환을 생명의 탄생 · 죽음(비금속이 합금으로 되어 각 개성을 상실) · 부활(표면도색으로 은이나 황금의 형상으로 변환)에 비유하는 물활론적 요소나, 혹성의 운행이 물질의 생명 변환에 영향을 준다는 점성술적 요소 등 동양의 신비종교, 이집트의 야금술 및 그리스의 자연철학 등 세 가지의 전통에 기원을 가지는 사상이 뒤섞여 있다.

**그림 5 · 14 증류기, A.D. 0~A.D. 19세기까지 사용됨**

초기 연금술의 기본기법은 금속의 도색술과 귀금속의 증량법(增量法)이다. 연금술에는 금속의 색이 금색이나 은색을 하고 있으면 금이나 은으로 생각되었기에 도색술은 가장 중요시되었다. 금속의 완성단계로는 금속의 색에 주목하여 흑색화 → 백색화 → 황색화 → 이오시스화의 각 단계가 있었다. 흑색화는 무색이며, 납 · 주석 · 구리 · 철 합금을 산화시켜 제조, 백색화는 비금속의 은제조단계, 구리는 비소화합물이나 주석화합물에 의해 백색이 된다. 황색화는 금의 제조단계이고, 이오시스화는 자줏빛을 의미하며 금속의 완성단계이다.

금속의 증량법은 금을 변색하지 않고 다른 비금속을 혼입하는 방법이다. 3세기 후반부터 4세기가 되면서 이와 같은 금속표면의 도색기술과 금속의 융합기술에 덧붙여 각종 증류기(그림 5 · 14)를 사용하여 휘발성물질을 정류 · 순환시키는 방법이 채용되었고, 이 증류법은 이 시기이후 연금술의 대표기법이 됨과 동시에 근대의 화학조작의 근간이 되었고 화학과 실험기술에 공헌하였다.

## 4. 고대 지리학의 종합[20)]

고대 동양의 메소포타미아에서 B.C. 1500년경으로 추정되는 지도가 1899년 가을에 발굴되었는데 니풀(Nippur)의 점토판 지도(21×18 cm)로 수메르의 옛 표의문자로 표시되어 있다. 바빌로니아에서는 B.C. 700년경으로 보이는 에블라(Ebla)의 점토판 지도가 최근 출토되었는데 이것은 쐐기형 문자이다. 또한 이집트에는 나일강의 정기적인 범람에서 지적도와 지도가 생겨 기하학이 성립되었다. 지도는 이집트에 금을 공급한 나일강 상류의 누비아(Nubia)의 금광산까지의 지도이다.

그리스에서는 헤카다이오스의 지도에서 그리스 세계가 흑해 · 지중해 · 홍해 · 페르시아만으로 확대되어 있다. 또 B.C. 5세기경의 역사가인 헤로도토스(Herodotos)의 세계지도도 전해지고 있다. 헬레니즘 시대에는 에라토스데네스가 최초의 수학 지리서인 「지오그라피카」를 발간하였다(제4장 4절 2항에서 설명).

프톨레마이오스 이전의 유명한 지리학자로는 스트라본(Strabon, B.C. 64~A.D. 20년경)이 있다. 스트라본의 주저서 「지리학」(*Geographia*, 17권)은 아직도 남아 있다. 이 책은 지리학의 백과사전이라고도 불리며, 서론에서부터 유럽 각지와 동양세계를 상세하게 설명하고 있다. 정치 · 군사목적으로 집필되었으므로 수리지리학에는 관심이 희박하나, 로마인 기질의 한면인 교양지향 서적이다.

헬레니즘 세계의 지리학의 지식은 프톨레마이오스에 의해 130년경에 「지리학입문」(*Geographike hyphegesis*, 전 8권)에 의해 집대성되었다(그림 5 · 15). 제1, 8권은 수리지리학과 지도제작법으로 지구원주를 360°로 등분한 경도 · 위도선 좌표를 설정하고 있고, 제 2~7권은 약 8,000지점의 지명, 위도와 경도를 표시하고 있다. 카나리아 여러 섬을 경도 0°로 하여 원추도법을 고안하였는데 투상과 전개의 개념이 확립되어 근대의 '과학지도'의 시작이 되었다.

---

20) 下間頼一, 전게서, pp. 15~24.

그림 5·15 프톨레마이오스의 세계지도

## 5. 고대 의학의 마무리

로마 세계에는 많은 그리스의 의학과 의술관이 전해졌으나, 로마인 카토(Cato, Marcus Porcius B.C. 234~B.C. 149)의 「농경에 관해서」(*De agricultra*)에 담긴 통속적인 민간요법이나, 로마 민중의 실용성을 중요하게 생각하는 것이 처음에는 그리스 의학의 보급을 방해하였다. 그러나 로마의 특수한 사정에서 그리스 의학의 활로를 찾은 사람이 그리스인 아스크레피아데스(Ascrepiades, B.C. 1세기)였다. 그는 원자론 사상을 의학에 도입하여 새로운 생리학 및 치료이론을 주장하였으며, 해부학이나 약물요법을 좋아하지 않아 식이요법, 운동, 목욕, 땀 내기 및 맛사지 등을 권하였고, 정규의 의학교를 로마에 설립하였다.

소아시아 에페소스 출신의 로우포스(Rhouphos)는 트라야누스(Trajanus, 98~117 재위)제 시대의 해부학자 · 의학자로 저서에는 가장 오래된 해부학상 명명을 설명한 「인체각부의 명명에 관해서」, 인체의 해부에 관한 「인체각부의 절개에 관해서」, 맥박에 관한 소론 「맥박요론」이 있다. 그는 시각신경(視神經)을 처음으로 설명하였고, 눈에 대해서도 설명하였으며, 감각신경과 운동신경의 차이도 이해하고 있다.

다음 에페소스 출신으로 트라야누스제와 하드리아누스(Hadranus, 117~138 재위)제 때 활약한 해부학자 · 의학자인 소라누스(Soranus)는 모든 병은 신체의 얼굴모양과 몸의 형태에서 일어난다는 방법학파의 제1인자로, 산부인과 의사로서는 고대 최고의 인물이다. 그는 산부인과, 소아과에 관계되는 저서가 많고 합리적 치료법을 설명하고 있다.

소아시아의 페르가몬에서 태어나 수미루나, 고린도, 알렉산드리아 등에서 해부학 · 임상의학 · 약물학 · 외과의학을 연구한 고대 최후의 대의학자 갈레노스[21](Gal 'enos, 131~201)(그림 5 · 16)는 로마에서 궁정의사로 있으면서 연구와 저술에 몰두하여 과제는 의학뿐만이 아니고, 철학 · 수학 · 언어학 · 수사학 · 법률학 등 광범위하며, 의학관계의 저술은 수백편이 넘는다. 의학론일반을 시작으로 히포크라테스 주해, 해부학 · 생리학 · 위생학 · 양생법 · 약물학 · 병리학 · 진단 등의 분야를 망라하고 있다.

갈레노스는 히포크라테스의 의술을 근간으로 하여 학문적인 기초 위에 튼튼한 의학체계를 세우고자 해부학 지식, 생리학적 관찰, 임상경험, 자연철학적 고찰을 종합하고, 각 학파의 장점을 채용하여 전 그리스 의학을 체계적으로 집대성하였다. 고대 알렉산드리아는 인체의 사체해부가 가능했으나 고대 로마는 사체해부를 허용하지 않아 갈레노스는 원숭이, 소 및 돼지 등의 해부를 통해 '해부학 지식'을 얻을 수 있었고, 생리학실험이 이루어졌다. 생리학에서는 히포크라테스 학파의 4원소 · 4성질 · 4체액설을 채용하여 질병을 설명하였고 자연치유력을 중요하게 여겼고, 또 간장, 심장 및 뇌를 세 주요기관으로 생각하였다. 갈레노스는 B.C. 280년경에 활약한 에라시스트라토스(Erasistratos)가 주장한 프네우마설을 계승하여 생명의 원리로 활동의 원동력인 '공기의 정기[精氣; 허파로 들어온 공기 때문에 생긴 생명력의 종류인 령(靈)]'와 연관시켜 '프네우마'(pneuma ; spirit, 정기)의 개념을 도입하여 설명하고 있다.

간장에서 '자연 프네우마'(성장을 담당)가 생겨 소화 · 영양 · 배설 · 생식 등의 식물성기능을 지배한다. 심장은 내재열의 중심이며, '생명 프네우마'(활동을 담당)를 만들고 우심실에서 심장 가운데 막의 작은 구멍을 통해 좌심실로 들어오는 혈액과 혼합, 동맥을 통해서 온몸으로 생명 프네우마를 내 보낸다. 뇌는 표상, 사고 및 기억의 자리이다. 심장에서 온 '생명 프네우마'는 뇌에서 '정신(영혼) 프네우마(사고를 담당)'로 바뀐다. 정신 프네우마는 신경의 가는 도관을 지나면서 근육운동이나 지각(知覺)을 맡고 있다.[22]

갈레노스는 혈액의 운행을 다음과 같이 설명하고 있다. "정맥을 통해서 혈액은 심장의 오른쪽 부분에 도달하며, 심장은 열을 매개로 사용되는 부분과 사용되지 않는 부분으로 분리된다. 후자는 폐동맥을 통해서 폐장에 유도되어 호흡 때 배제되고 그와 동시에 폐장은 대기로부터 프네우마를 흡입한다. 프네우마는 폐정맥을 통해서 왼쪽 심장에 들어가고 여기서 오른쪽 심장에서 심장의 막을 통해서 들어온다고 보는 혈액과 결합하여 이어 대동맥을 통해서 신체의 여러 부분에 도달하고

21) 伊東俊太郎 외 편, 전게서, p. 217.
22) 伊東俊太郎 외 편, 전게서, pp. 217~218, p. 273, p. 906.

마지막으로 다시 정맥으로 돌아온다"라고 설명하고 있는데, 따라서 혈액의 대순환의 개념을 알고는 있었으나 이 대순환의 종료 후 혈액전체의 양이 폐장을 순환한다는 것을 결국은 모르고 끝났다.[23]

갈레노스의 생리학체계에서 현재와 가장 틀리는 것은 혈액의 운행이다. 그는 혈액은 정맥과 동맥 안을 조수의 간만과 같이 밀려 나가고 밀려 들어온다고 생각하였다. 그래서 정맥이나 동맥이 혈액을 심장에서 전신으로 운반하는 것으로 알았다. 갈레노스의 이 생각은 혈액순환에 한걸음 더 접근, 1628년 하비가 혈액순환의 진상을 발견하는 계기를 마련하였으나 약 1,500년 가까운 세월의 노력이 필요하였다.

갈레노스는 인간의 세 개의 생명활동력의 경우를 소화 · 호흡 · 신경계통에 두었다.[24] 생명과정에 관한 물음에는 "어떻게 하여라든가 왜가 아니라, 그래서 무엇 때문에"였다. 그의 의학사상은 명확하게 목적론적이다. 그 밖에도 프네우마를 혈관계통과 관련지어 중요한 생명유지의 과정을 논하고 있으며, 혈액운행도(그림 5 · 17)를 만들었다. 저서로는 알려지고 있는 131편의 의학문서 중에서 「치료법」, 「해부학상설, 7권」 등 83편이 지금까지 남아 있다고 한다.

그림 5 · 16 갈레노스

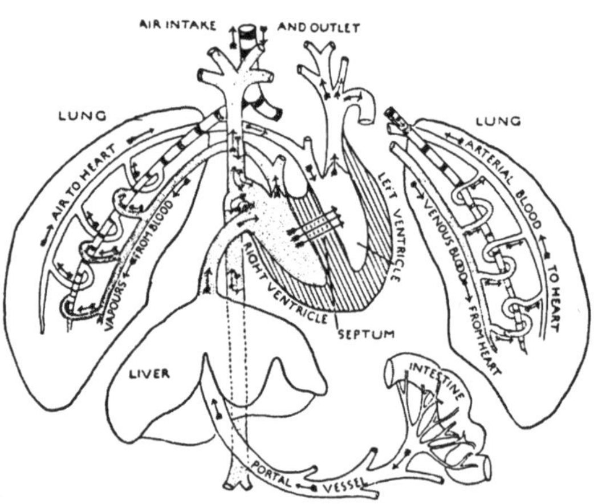


그림 5 · 17 갈레노스의 혈액운행도

의학의 위생법 · 식이요법 방면에 큰 의의를 두어 공기 및 음식물의 효과에 관한 의견을 상세하게 설명하고 또 수면이나 각성, 안정 및 마음의 상태를 의학적 견지

23) F. Dannemann(安田德太郎 외 역), 전게서, vol. 1, pp. 363~368.

24) S. Mason(矢島祐利 역), 전게서, 상권, pp. 55~57.

에서 평가하였다.

갈레노스는 구상력이 풍부한 의학자로 의술은 그에 의해 처음으로 학문의 기초를 확립하였고, 그의 학문업적은 천수백 년간 유럽의 의학계를 지배하였고, 훌륭한 체계성에 의해 중세의 이슬람 세계에까지 계승되고 드디어 중세와 근세에 이르기까지 유럽의학에 전승되었다.

## 第6장

# 중세의 과학 및 이슬람 세계의 과학과 기술

역사가들은 특별한 사건을 중심으로 시대를 구분하기 좋아하기 때문인지 375년경 게르만인의 민족(Germanic Peoples; 게르만어파에 속한 언어를 쓰는 민족으로 오늘날 스웨덴인 · 덴마크인 · 노르웨이인 · 아이슬란드인 · 앵글로색슨인 · 네덜란드인 · 독일인 등이 여기에 속함. 4세기 민족대이동 이전 원시 게르만 민족을 뜻하는 경우가 많다.)대이동의 시작, 395년에는 로마제국이 동 · 서로 분열되어 동 로마제국(비잔틴 제국)은 봉건국가로 바뀌었고, 410년에는 로마가 알라릭(Alaric, 370~410)왕이 이끄는 서고트족에 점령당하였다. 최후의 서로마 황제는 476년에 퇴위를 당하므로 로마제국은 최종적으로 멸망하게 되었다. 이는 노예제와 노예제 생산방식의 붕괴라고도 할 수 있다. 이렇게 375년, 410년 및 476년을 중세의 시작으로 본다.[1)]

그런가하면 중세의 끝은 역사가들이 제각기 1453년 콘스탄티노플의 함락, 1492년 콜럼버스에 의한 신대륙의 발견, 1517년 종교개혁의 시작이라는 주장을 내세운다.

따라서 중세라면 대체로 약 400년경 게르만 민족의 대이동 때부터 약 1400년경의 르네상스 시대에 그리스 · 로마의 예술과 과학이 재발견되어 '문명'에의 복귀가 시작될 때까지 약 1,000년 사이를 말한다. 그렇게 볼 때 중세사회의 형성은 그리스 · 로마 문명에 그리스도교가 가세하고 게르만 민족의 요소까지 관련된다. 이 1,000년 동안은 전란의 시대였고, 종교의 시대이며, 교권과 황제권, 그래서 봉건시대라 할 수 있다.

무엇보다도 중세에서 정치는 가톨릭교를 이데올로기적 중추로 한 봉건제도가

1) Compton's Encyclopedia, 전게서 vol. 14, p. 294.

그 주체성을 형성하고, 생산관계에서는 봉건 길드제가 지배적이었다. 이와 같은 상황하에 동력원으로서의 수차나 당시 선진국인 중국에서 이전된 여러 기술이 정착되어 점차 독자적인 기술체계가 구축되었다. 또, 그리스에서 로마에 계승된 자유 7학과나 대우주와 소우주의 교의는 중세의 교육이나 종교 · 신비사상에 큰 영향을 주었고, 로마의 기술 이외에 게르만인의 기술도 가미되었다.

문명사가들은 한결같이 봉건제도와 교회의 속박으로 고대 로마문화가 몰락하고 또 예술, 문학 그리고 과학의 형식 및 이론부문도 상실되어 '문명'이 파괴된 중세 초기의 약 400~1000년경 사이를 '암흑시대'(Dark Ages)라 부르기도 한다.

## 6.1 초기에 그리스 과학의 서유럽 침투

자연에 관한 그리스인의 사상이 서유럽에 침투되어 간 경로를 고찰하는 데는 그리스 과학의 보존에 공헌하고 그 과학이 확산되는 것을 도와 준 세 문화권을 구별할 수 있다. 로마, 비잔티움 그리고 이슬람 문화권이다. 이들 공헌은 서로 다르고 또한 중요성도 같지는 않으나 어느 경우나 자연과학의 역사에서 생략할 수는 없다.[2)]

### 1. 로마의 문화권

세계에서 로마가 차지하는 중요성이 아무리 크고 로마 사람들이 다방면에 걸쳐 재능의 혜택을 받고 있었다고 하여도 수학과 자연과학의 실천에 대해서는 완전히 적성이 결여되어 있다. 그들은 무엇인가의 기여에 대해서는 진보란 하나도 없다. 그러나 로마인이 그리스를 정복하여 그리스 문화와 접하게 되었을 때 계속하여 상기된 것은 보다 높은 문화를 가진 피정복자가 정복자를 지적으로 정복한다는 것은 잘 알려진 현상이다. 그리스 사상은 지적인 로마인이 노력하여 배워야 할 이상이 되고 그리스에 머무는 것은 교육을 위해 불가피한 것으로 여겨졌다.

이러한 지적 태도의 증거는 되도록 많은 그리스인의 지식을 수집하여 보존하는 백과전서를 편집하고자 한 것은 로마인에게는 전형적인 경향이었다. 이런 편찬물은 대체로 과학적 중요성은 가지지 않으나 문화를 보존하고 전달하는데는 많은 기여를 하였다. 자연과학 분야에서는 특히 大플리니우스의 「박물지」와 세네카(Lucius Annacus Seneca, B.C.4~A.D.65)의 「자연의 여러 문제」를 기억해 두어야 한다.

로마의 학자 보에티우스(A.M.S. Boethius, 480경~524)와 카시오도루스(F.M.A.

2) R. J. Forbes · J. E. Dijksterhuis(廣重 徹 외 역), 전게서, pp. 94~99.

Cassiodorus, 480경~575경)는 많은 영향을 주었다. 보에티우스는 오랜 세월에 걸쳐 그의 저서「철학의 위로」로 알려져 있으나 '최후의 로마인이고 최초의 스콜라학자 및 중세 초기의 교사'라는 호칭이 그의 역사적 위치부여를 말해주고 있다. 그는 윤리학에 관해 아리스토텔레스의 몇 저서, 그리스의 산술 · 기하학 · 천문학 · 음악 등에 관한 저서를 남겼는데 중세의 대학에서 교재로 활용되어 서유럽은 그리스 과학의 중요한 여러 요소를 알게 되었다. 카시오도루스는 자기가 설립한 수도원에서 수도자가 과학연구에 종사하는 전통을 확립하였다. 또 그는「자유학예의 여러 기예, 여러 학문에 관해서」라는 서적에서 그와 같은 목적으로 배워야 할 학과를 여러 기예(문법 · 수사술 · 변증술)와 여러 학문(산술 · 기하학 · 천문학 · 음악)으로 나누었다. 3기예(Triuium), 4학과(Quadrivium)라는 이름으로 존속시켰다. 그 외에도 그리스인의 사고방식을 중세에 전하는데 역할을 수행한 라틴어 저서가 있다.

## 2. 비잔티움(Byzantium)의 문화권

비잔티움은 옛 이스탄블의 이름이며 동로마 제국의 수도였다. 로마제국의 동부지역(동로마 제국)은 서부지역이 함정에 빠진 듯 심한 지적 타락에 대해서는 알지 못하였다. 콘스탄티노플은 그리스 과학의 중심이고 1453년 터키인에 의해 정복될 때까지 계속되었다. 비잔틴 학자들은 전체적으로 창조적이기보다는 보수적이었고 적어도 수학에 관해서만은 그들은 큰 중요성을 가졌다. 6세기 초에 수학자 에우토기오스(Eutokios, 6세기 전반)는 이미 잊어지고 있던 두 사람의 수학자 아르키메데스와 아폴로니오스(Apollonios, B.C. 2세기)의 저서에 주석을 만들었다.「구와 원통에 관해서」·「원의 측정」·「평면의 평형에 관해」이고, 만일 아폴로니오스의「원추곡선론」전 8권 중1~4권까지의 그리스어 원문을 확보하지 못하였다면 5~8권처럼 보존하지 못했을지도 모른다.

같은 시기에 건축가 · 수학자인 안데미오스(Anthemios)와 미레토스의 이시도로스(lsidoros)는 콘스탄티노플에 수학학교를 세워 아르키메데스의 저서를 완전히 수집한 것도 비잔틴 학자들의 활동덕분이다. 그러한 저서와 역학 및 광학의 저술을 위한 원고를 포함한 옛 사본은 결국 노르만인의 왕들과 그의 후계자들에 의해 시칠랴와 이탈리아를 거쳐 최후로 서유럽에 도달하였다.

## 3. 이슬람의 문화권

앞서 설명한 두 전달 영향은 어느 경우라도 그 중요성은 제3의 이슬람 문화권에는 미치지 못한다. 7세기 이후 아라비아인들의 정치적 팽창을 추진한 경탄할 만큼의 힘은 굴복된 나라들의 오래되고 풍요로운 문화에 대한 뛰어난 동화력(同化力)을 수반하고 있었다. 그리스 과학과의 접촉은 주로 확산되고 있던 기독교에 의해 그리스 및 헬레니즘 문화가 가져다 준 근동지역에서 이루어졌다. 콘스탄티노플에서 추방된 네스토리아파 및 기독교 단성론자[單性論者, Monophysite; 그리스도는 신성(神性)과 인성(人性)이 일체가 된 단일체라고 주장하는 학자] 가 그곳에 학교를 세워 신학교육에서 자연스럽게 그리스 철학연구로 유도되었다. 학생의 편이를 위해 처음에는 철학, 뒤이어 과학의 여러 분야에 관한 그리스어 교재가 시리아어로 번역되었다. 그렇게 하여 8~9세기에는 이슬람에 의한 그리스 문화의 동화(同化) 중심이 되었다. 이 동화작용은 아파스왕조의 회교 대군주 알 만술(al-Mansūr, 775사망), 라시드(Harun al-Rashid, 765경~809) 및 알 마문(al-Mamūn, 786~839)이 그리스인의 저서를 아라비아어로 번역하는 것을 적극적으로 장려하였기에 제대로 진전되었다.

알 마문의 치세에는 바그다드에 완전한 번역소가 있어 처음은 주로 의학과 점성술의 저서에 관심이 집중되었으나 드디어 천문학 · 수학 · 철학의 저서에도 흥미를 나타내게 되어 9세기 말이 되면서 남아있던 그리스어의 주된 철학 및 기술문헌은 아라비아어로 읽을 수 있게 되었다.

이슬람이 문화자산을 받아들인 근원은 그리스 문화뿐만이 아니고 인도인들의 성취, 특히나 수학의 달성에서 얻은 것만도 풍요로웠다. 이 근원에서 두 가지의 발견이 포함되어 있다. 첫째, 정수에 대한 자리수의 기수법(記數法)인데, 모든 정수는 10개의 기호 0,1,2,3,4,5,6,7,8,9로 표시할 수 있다. 둘째, 호(弧)의 크기를 표시하는 데 그리스인이 사용한 현(弦) 대신에 정현(正弦)을 도입한 사실이다. 그래서 이슬람의 많은 학자들은 독립적인 많은 발견에 의해 과학을 풍부하게 하고 로마나 비잔티움을 능가하였다.

수학자 · 물리학자 · 천문학자였던 이븐 알 하이삼[Ibn al-Haytham(라틴어로 Alhazen), 965~1040경]의 역사적 중요성은 주로 광학에 관한 위대한 저서 「시각론」(視覺論), 7권인데 「광학보전」이라는 표제로 17세기까지 유럽의 물리학에서 중요한 저서였다. 또 눈의 구조와 활동에 대해서도 설명하고 있다.

이슬람이 그리스 사상의 성과를 습득한 것에 대응되는게 12~13세기에 기독교 라틴 세계가 아라비아어의 서적에서 지혜와 지식의 보물을 시실랴를 통해 흡수하는데 열심히였다.

## 4. 서유럽의 과학

중세문명의 밑바탕이 된 철학은 분명히 그리스도교의 신학과 윤리를 기초로 한 것이었고, 중세철학의 목표는 자연의 정복이라기 보다 '천상의 왕국'이었다. 이 철학이 과학과 기술에 미친 영향은 실로 광범위한 것이었다. 근대의 학자는 중세과학을 표현하는 용어로는 '비참한 모양'이 적절한 말이라고 생각하였다.[3)]

중세를 편의상 5세기에서 15세기에 걸치는 시기로 하고 '과학'이란 아리스토텔레스의 이론학 삼분도식(三分圖式 : 자연학 · 수학 · 신학(제1철학))에 대응하는 연구분야에서 서유럽 라틴세계의 지적 일을 경영하는 전체를 포괄하는 명칭이다. 이때의 약 1,000년간은 학문수준의 관점에서 둘로 시대구분한다.

5세기부터 11세기까지의 전기는 과학연구의 쇠퇴기이며, 로마과학의 안내서의 전통에 의거하여 백과전서가들이 과학지식의 일부분을 자유 7학과의 형식으로 자세하게 전달하는 것에 불과하다. 자유 7학과의 교육은 그 자체가 목적이 아니고 어디까지나 수도원 부속학교에서의 성서연구의 예비과정에 머물렀다. 중세 지식인의 정신형성을 규제한 이 교육체제하에서 과학지식의 내용면에서 후대에 지속적으로 영향을 미친 것은 보에디우스의 중세 대학에서 교과서로 사용된 번역을 포함한 저서 대부분과 아리스토텔레스의 논리학과 카르기디우스(Chalcidius, 4~5세기에 활동)의 신 플라톤주의[Neo-Platonism; 로마시대에 있어서 그리스 철학의 한 학파. 단순한 플라톤사상의 부흥이 아니고 종교적 신비사상으로 신비적 직관과 범신론적 일원론(一元論)임]적 우주해석이다.

12세기부터 15세기까지의 후기는 유럽문화 일반의 융성기와 중복되며, 과학연구에서는 아리스토텔레스의 과학과 철학의 이해 · 흡수 · 비판이 그 핵심을 이룬다. 후기에 있어 과학연구의 융성은 외부세계와의 접촉, 즉 그리스 · 아라비아 과학서의 대번역운동에 의해 이루어져 이 현상을 '12세기의 르네상스'라 하며, 이 시기는 지식량을 비약적으로 증대시켰을 뿐만 아니라 이븐 루시드(Ibn Rushed, 1126~1198)와 아비센나의 아리스토텔레스 철학의 도입에 따라 서유럽 세계에 처음으로 자연적 세계에 관한 '체계'를 제시, 자연의 상징적 해석이라 할 수 있는 중세 전기 이후의 전통을 쇠퇴시켰다.[4)]

또 12세기에서 13세기에 걸쳐 볼로냐 · 파리 · 옥스퍼드 등 각지에 대학이 창설되어 과학연구의 확고한 제도적 기반이 마련되었다. 당시 금지된 아리스토텔레스

---

3) R. J. Forbes(田中 實 역), 전게서, p. 104.

4) 伊東俊太郎 외 편, 전게서, pp. 647~648.

의 저서가 1225년 파리대학 학예학부의 교육과정에 편성되어 중세과학은 분명하게 아리스토텔레스 사상을 깊이 새기게 되었다. 영국의 자연철학자 · 광학자 · 신학자인 그로세테스테(Robert, Grosseteste, 1168년경~1253)는 과학방법론을 전개하였으며 광학을 기초로 하는 자연학연구의 전통을 처음으로 만들었는데, 광학연구는 R. 베이컨(Roger, Bacon, 1219~1292년경)에 의해 계승되었다. 중세 수학에서의 비례론의 전개, 중세 논리학의 발전, 노미널리즘(Nominalism, 唯名論, 명목론—개체만이 실재하고 보편은 그 개체에서 추상하여 얻은 명목일뿐이며, 객관적 존재 또는 객관적 타당성이 아니라고 주장하는 이론)의 발흥이 그 자체를 위한 이론적 무기를 제공하여 아리스토텔레스를 반대하거나 또는 초월하는 문제가 새롭게 논의되어 14세기의 독특한 자연학이 결실을 맺게 되었다.

14세기에 풍성한 성과를 얻게 된 중세과학은 15세기에는 아무런 독창적인 기여를 얻지 못한 채 계승되어 르네상스로 이어졌다.

## 6.2 초기의 과학

### 1. 교회권력과 과학

5세기에 서로마 제국이 붕괴되어 고대과학이 쇠퇴한 이후, 12~13세기에 다시 유럽에서 부활되기까지의 700~800년 사이에 과학이 후퇴한 원인의 하나가 정치권력과 결탁한 기독교에 있었음을 부인할 수 없다. 기독교는 로마제국의 압제에 대항한 운동이 실패를 거듭하자, 이에 실망한 빈민과 노예가 구세주(메시아)의 출현에 희망을 걸게 되면서 1세기에 생겨난 민중의 종교였다.

황제 네로(Lucius Domitius Ahenobarbus, Nero, 54~68 재위)를 시작으로 하는 수 세기에 걸친 박해에도 불구하고 기독교는 상류계급에까지 확산되고, 로마제국 지배의 근간을 뒤흔들게 됨에 따라(제5장 1절 1항에 설명) 황제들은 포교의 자유를 인정, 기독교를 국교로 채택하였다. 이를 빌미로 교회는 정치권력과 결탁해서 특권을 부여받아 병역거부와 신도의 파문 등 제국지배의 도구로 변하였다. 이 성격은 그대로 봉건사회에까지 연결되고, 교회는 대토지 소유자로서 독자적으로 세금을 징수하는 등, 봉건적 정치권력을 버티어 괴는 하나의 기둥이 되었다. 모든 철학이나 과학은 신의 영광을 높이는 데 공헌하여야 하였고, 실제로 과학은 교회와 그 권력자에게 봉사하게끔 되었다.

## 2. 자유 7학과[5) 6)]

플라톤에서 시작, 로마인 바로를 거쳐 M. 카펠라(Martianus Capella, 5세기)에게로 정착된 자유 7학과[문법학, 수사학, 변증법의 3학과(문예적 3학), 기하학, 수론(산술), 천문학, 음악의 4학과(수학적, 자연과학적 4과)]는 중세교육의 기초가 되어 중세지식인의 정신적 질서의 지주가 되기에 이르렀다. 그러나 자유 7학과도 교회어를 해독하거나 사용하기 위해서(문법 · 수사학), 수학은 수의 비밀을 신비적으로 해석하였고, 천문학은 교회달력을 확립하기 위해, 음악도 종교의 특색을 거부하지 못하였다. 중세가 되면서 자유 7학과는 매우 중요시되고 거기에 관해서는 여러 가지 도해(圖解)로 나타나고 있다.

'지식의 탑'이라 불리는 그림 6 · 1에서, 탑 입구에 선 지식인(여성으로 표현한 진리)은 왼손에 탑의 열쇠를 가지고 있는데, 오른손에 A, B, C, …라 쓴 판을 들고 아이들을 탑으로 인도하고 있다. 문에는 문법이라는 문자가 적혀 있다. 도나투스(Donatus)가 초등문법을 대표하여 최하층에, 프리스키아누스(Priscianus)가 고등문법을 대표하여 2층, 3층에는 아리스토텔레스가 논리학(변증법)을, 세루비우스가 수사학과 시를 대표하고 있다. 다음 3층의 오른쪽에 수론의 대표자 보에디우스가 있으며, 4층에는 음악의 대표자 피타고라스, 천문학의 대표자 프톨레마이오스, 기하학의 대표자 유클리드가 있다. 5층에는 플리니우스가 이학, 세네카가 윤리학을 대표하고 있다. 최고층에는 신학을 대표하여 베드로가 있다.

또, 이 그림과 비슷한 '과학의 성'(그림 6 · 2)에는 유클리드가 과학의 성문을 지

그림 6 · 1 지식의 탑, 자유학과의 체계도

그림 6 · 2 과학의 성

5) F. Dannemann(安田德太郎 외 역), 전게서, vol. 2, p. 76, p. 79.

6) 平田 寛, 전게서, 상권, pp. 86~87.

키고 있다. 성문안에는 N. 타르탈리아(Tartalia)와 그의 친구들이 서 있는데, 친구들이란 학자의 합창대로 그 중에는 수론 · 음악 · 기하학 · 천문학 · 기타 많은 전문가가 있다. 그 중의 한 사람인 플라톤의 오른손에는 "기하학을 모르는 사람은 들어와서는 안 된다"라고 기록된 깃발이 들려져 있다. 12세기 말에서 13세기에 걸쳐 서유럽의 독자적 교육 시스템인 대학의 등장과 함께 자유 7학과는 학예학부의 교육과정으로 정착하였다. 대학의 학예학부는 보다 고도의 연구기관인 신학부 · 법학부 · 의학부에의 예비과정이다. 지금으로 본다면 3학과는 학사, 4학과는 석사, 신학 · 법학 · 의학은 박사과정에 해당된다.

### 3. 수도원의 역할과 학자들[7) 8)]

수도원제도 그 자체는 이집트 등 고대 중동지방에서 시작되나 과학 · 기술사에서 중요한 것은 서유럽에서의 수도원이다.

성서의 「창세기」에 의하면 하나님은 세계를 6일간에 창조하였는데 이것이 계획적이고 생산적인 '노동의 원시적 형태'로 되고 있다. 그래서 유태교의 율법학자들은 손 작업을 배우는 것을 습관으로 삼았다. 예수는 목수였고 사도 바울은 천막 만드는 직업을 가지고 있었다.

중세기의 수도원은 중세 초기의 학문을 대표하며, 최초의 문화전파자였다. 수도원에서 처음으로 직업적 수공업이 발생하여 최초의 직물직공, 맥주양조공이 탄생하였다. 수도사들은 부근의 주민에게 이 같은 모든 생산기술을 지도하여 목면에서 실을 뽑아 옷을 짜는 법을 가르쳤으며, 아울러 농업에서 농기구, 경작법을 창안 · 개량하여 지도하였고, 양치기, 포도재배 등 노동의 집약이 수도원에서 이루어졌기 때문에 상품생산이 수도원에서 처음으로 성공, 따라서 수도사는 중세에서 처음으로 상인이 된 것이다. 또 수차건설과 그 동력에 의한 주철생산도 수도원의 첨단기술로 가능하였다.

수도사는 수도원을 중심으로 최초의 시가를 형성하고, 황무지를 개간하거나 늪과 연못을 만드는 등 치수공사도 하였으며, 기술사의 발전에 중요한 구실을 한 수도원은 또한 중세과학의 유일한 양성소이기도 하였다. 수도원에는 최초의 의사가 거주하였고 부근의 주민은 의사로부터 사람이나 가축의 질병에 대해 우수한 기술을 배울 수 있었다. 수도원에 의해 사람들은 읽기 · 쓰기 · 산술을 배우고 문자가

---

7) 平田 寬, 전게서, 상권, p. 88.

8) 伊東俊太郎 외, 전게서, pp. 452~453.

계통적으로 보급되었다. 인재양성을 수도원에 맡겼기 때문이다.

서로마가 멸망한 후 그 중에서도 성 베네딕투스(Benedictus, 480~543년경)가 6세기의 전반에 세운 드 카시노 수도원의 역할은 대단히 컸다. 500년 이상 서양의 경제 · 사회 그리고 종교 · 문화적 발전을 담당하였다. 수도원은 그리스도 교도로서 엄격한 계율생활을 하는 곳이며, 특히 이 수도회에서는 노동을 신성한 것으로 보고 땀 흘리며 일을 하였다. 기도와 노동과를 조화시킨 생활방식을 형성하여 노동에 종교가치를 부여하였다. 때문에 일상생활의 수공노동이나 생산기술이 중요시되었다. 그렇게 하여 노동으로 인한 일과를 단축하지 않기 위해 기계류가 사용되었다. 이와 같이 교양인이 노동에 종사하는 일은 신기한 일로, 12세기경에는 자유 7학과 이외에도 기계기술 · 직포 · 병기의 제조 · 항해 · 농경 · 수렵 · 의술 · 연기 등도 장려되었다. 그래서 수도사는 12세기 이후 중세농업(산업)혁명의 주요 담당자가 되었다.

이때 로마의 저술가 카시오도루스가 동고트 왕국에서 일하면서 그곳에 수도원을 열어(550년부터) 신학상의 저술이나 연대기를 썼는데, 수도사가 과학연구의 전통을 확립하여 성서와 자유철학을 다룬 백과사전 「성속학문지남(聖俗學問指南)」은 수 세기에 걸쳐 세계지식의 원천이 되기도 하였다.

보에티우스라고 하면 「철학의 위로」란 저서로 유명한데, 최초의 스콜라 학자로서 자유 7학과 중 4학과에 대해서 기록하였으며, 그 가운데 니코마코스(Nikomachos, 1세기)에 의한 수론 · 기하학 · 음악의 저서가 전해지고 있다. 또, 영국인 베다(Venerabilis Beda, 673~735)는 영국의 성직자로 대수도원장을 지내기도 한 중세 최고의 연대기 저자의 한 사람이다. 연대기인 「영국인의 교회사, 5권」 외에 플라톤과 플리니우스에 기초를 둔 「사물의 본성에 관해서」와 「손가락에 의한 언어에 관해서」가 있다. 특히, 「손가락에 의한 언어에 관해서」에는 중세에 손가락으로 수기호를 표시하는 방법이 설명되어 있다.

## 4. 카롤링 르네상스[9] [10]

8~9세기, 서유럽에 카알(Charlemagne, 768~814 재위)대제의 프랑크 왕국은 서로마 제국에 필적할 정도의 영토를 보유했으며, 9세기에는 프랑스 · 독일 · 북이탈리아 등으로 분열되기까지의 사이에 그때까지의 혼란과 암흑의 시대가 끝나는데,

---

9) 山崎俊雄 외 편, 전게서, p. 45.
10) 伊東俊太郎 외 편, 전게서, p. 219.

이 시기는 이른바 '카롤링 르네상스'(Carolingian Renaissance)라 불리는 문화부흥 시대가 찾아 왔다. 기술이 발달되고 농기구의 개량으로 삼림이 개간되고 삼포식 농법이 시행되어 생산력이 대단히 높아지면서 봉건제도가 성립되기 시작하였다. 봉건제도의 성립에 따르는 국가기관의 강화를 위해서 인재양성을 교회의 수도원에 맡기지 않을 수 없었다.

카알대제는 고전학문과 교양의 부활을 목표로, 그의 궁정 안에 당시의 대표적 학자를 초빙하였는데, 영국의 알퀴누스(Alcuinus, ?~604), 독일의 아인하르트(Einhard, 약 775~840년경), 이탈리아의 디아코누스(Diaconus, 약 720~797년경)와 그 밖에 테오둘푸스(Theodulfus), 라바누스 마우루스(Rabanus Maurus, 780~856), 힌크마르(Hincmar, 806~882) 등이 활동하였다. 또, 787년에는 각지의 수도원을 중심으로 학문연구를 장려하는 훈령을 발표하고, 드디어 789년에는 왕국 내의 청소년에게 기초교육을 실시하도록 명령하였다. 이들 정책은 고전 고대 · 그리스도교 · 게르만의 3요소를 포함한 서유럽에서의 최초의 교육 · 문화운동으로 높이 평가되고 있다. 카알대제의 부름을 받은 영국의 알퀴누스는 대제에게 올린 편지 가운데 "나는 성스런 신의 교회를 위해 폐하의 황제권의 미화를 도모하도록 다수의 인재를 교육한다"고 기록하였다. 그렇게 하여 자유 7학과의 교육을 중심으로 고전의 교양도 보급되었다. 과학사에서 본다면 그 문화운동에서 이루어진 성과는 매우 크다. 그러나 아쉽게도 카알 대제의 제국이 분해되면서 그 성과는 급속하게 상실되었다.

## 6.3 후기의 과학

중세에서 학문의 부흥은 제11~제13세기에 걸쳐 일어난 수공업과 상업의 팽창, 대성당의 건립 및 대학의 창설이라는 사실에서 나타난다. 약 1100~1400년경은 중세 후기로 그 무대는 대부분 유럽이 된다.

11~12세기에 걸쳐 유럽에서는 이슬람 세계에서 고대 그리스와 인도 등의 학문이나 과학을 수용하여, 고도로 발달시킨 사실을 알고 있었기 때문에 학문과 과학을 획득하고자 하는 의욕은 십자군(1096~1270)의 대원정에 의해 더욱 강해졌다. 그래서 12~13세기경에 유럽에서는 '번역시대'가 등장하였는데 이 사실은 역사가 하스킨스(Haskins, 1870~1937)가 말하는 '12세기의 르네상스'(the 12th century renaissance)이다. 즉 서유럽 세계는 12세기에 비잔틴과 이슬람 문화권에서 그리스 · 아라비아의 학술의 핵심내용을 받아들여 그 후 서유럽의 과학과 철학이 독자

적인 발전을 하는 데 지적 기반이 형성하게 되었음을 뜻한다.

이 아라비아어에서 라틴어(인도-유럽어족의 이탈리아어파에 속하는 로마인의 언어. B.C. 1세기 이후 고대 지중해 세계의 공용어 · 공통어로 프랑스 · 이탈리아 · 에스차냐 · 포루투갈 · 루마니아 등 언어의 근원이 됨)로의 번역 중심지는 잉글랜드, 스코틀랜드, 스페인 및 이탈리아이며, 번역서는 주로 고대 그리스와 아라비아의 과학 · 의학 · 철학서였다.

이렇게 12세기에 시작되는 대번역운동은 그때까지의 서유럽 학술수준을 단숨에 바꾸어 서유럽 근대과학의 형성을 가능케 하는 새로운 지식의 바탕을 구축하였다는 데 그 중요성을 찾을 수 있다.

## 1. 중세문화의 꽃으로서의 대학

가톨릭교회에 속하는 프란체스코 수도회(1209년 창설), 도미니크 수도회(1215년 창설)의 수도원에서도 자연과학자가 배출되었는데 이때부터 각지에 대학이 설립되기에 이르렀고 이 대학을 '중세문화의 꽃'이라 부르기도 한다.

대학은 12~13세기에 걸쳐 이탈리아 · 프랑스 · 영국을 중심으로 유럽의 각지에 등장하였다. 당시 외국인의 교사와 학생은 해당 대학도시 또는 나라의 시민권의 보호를 받지 못하였기 때문에 자기생활과 생명을 보호하기 위해 당시 존재하고 있던 길드와 병행하여 교사와 학생 각자가 독립된 조합을 결성하였다.

대학[11]은 대성당의 학교에 모인 길드풍의 교사와 학생과의 조합에서 발생하였다. 11세기에는 유니벨시타스(universitas)와 길드(guild)라는 말은 수공업조합을 뜻하는 용어로 같이 사용되었으나 종합대학을 의미하는 'universitas'의 원뜻은 전체 · 세계 · 우주이나, 13세기에 와서 특히 학생조합을 의미하게 되었다. 이 universitas의 기원은 학생조합이 강한 볼로냐(Bologna, 법학으로 유명) 대학형 ― 주로 이탈리아 대학의 모델 ― 과 단과대학을 뜻하는 콜레지아(collegia)인 교사조합이 강력한 파리(Paris, 신학) 대학형 ― 주로 알프스 이북의 대학모델 ― 이 유명하다.

이 대학은 크게 세 종류로 나누는데[12], 첫째는 파리(1200), 옥스퍼드(1214) 및 케임브리지(1231)의 경우와 같이 교회기금에 의한 건물이 있고, 학생과 교수가 학장 밑에서 밀접한 법인형태를 가지는 대학이며, 둘째는 볼로냐(1088, 또는 합병하여 1215), 파두바(1222)와 같이 학생이 선정한 학장에 의해 관리되는 대학이고, 셋째는 시칠리아의 황제 프리드리히에 의해 조직된 나폴리(1224), 카스틸야의 페르난

11) COmpton's Encyclopedia, 전게서, vol. 24, pp. 204~209.
12) S. Mason((矢島祐利 역), 전게서, 상권, p. 120.

도 Ⅲ세가 설립한 사마란카(13세기)와 같이 군주에 의해 교황의 인가로 설립된 국립대학이다. 따라서 대학의 창설은 당연히 중세문화의 발전에 큰 공헌을 한 셈이다. 현재와 같은 대학의 운영 · 제도, 가운과 모자는 파리 · 볼로냐 · 옥스포드 대학 등에서 유래되었다고 한다.

## 2. 중세사회의 스콜라 철학

중세의 공식철학은 스콜라 철학으로 알려져 있다. 스콜라란 교회 혹은 수도원 중심의 부속학원을 말하며, 그 학원에서 가르친 철학을 스콜라 철학 또는 스콜라학(scholasticism)이라 한다. 이는 그리스도교 신앙의 뜻을 학문적으로 체계화하려는 철학이며, 중세 초기 유럽의 신학원 교수(doctors scholastici)에서 유래되었고, 그 후 신학원과 대학에서 연구되는 학문을 널리 스콜라학이라 부르게 되었다.[13)]

번역사업과 병행하여 유럽에서는 기독교를 기반으로 스콜라학이 당시의 교양계급을 구성하고 있던 성직자들에게 큰 영향을 주었으며, 그 대표적인 인물은 「신학대전」(*Summa theologica*)을 저술하였고 '천사박사'라 불려진 토마스 아퀴나스(Thomas Aquinas, 1225~1274)이다. 자연학에 관한 저서로는 아리스토텔레스의 「자연학」·「영혼론」·「천체, 우주」 등의 해설집이 있다.

스콜라학은 그 목적이나 방법에서 보더라도 경험과학과는 기본적으로 상응되지 않는 점이 있었다. 스콜라학의 목적은 진리를 새롭게 탐구하는 것이 아니고, 진리는 신앙 안에 처음부터 주어져 있다고 보는 권위로서의 성서나 신앙의 뜻에 근거를 두고 있다.

그러나 이 스콜라학의 논리성 내지 합리성이 자연이나 외적 생활의 현실면에 직면하였을 때 근대과학의 중요한 하나의 싹이 되었다고 할 수 있다. 사실 이 시기의 많은 과학자는 대부분이 성직자 출신이었다.

## 3. 스콜라학의 박학자들

영국의 프란시스코회에 속하는 신학자인 그로세레스테는 언어연구를 중요시하였으며, 과학연구에서는 새로운 방법을 주장, 그 새로운 방법이란 수학의 합리성과 실험의 실증성을 통합하고자 한 점으로, 근대 과학정신의 예언자의 한 사람이라 한다. 그러한 입장에서 그는 물리학이나 기상학을 취급한 과학논문을 썼으며, 특히 광학에 큰 관심을 가졌다.

---

13) 동아출판사, 원색세계대백과사전, 제18권, p. 132.

잉글랜드인 바르솔로뮤(Bartholomew, 1220~1240년경 활약)는 일반대중을 위한 백과사전「사물의 특성에 관해서」19권을 저술하였는데, 그의 저서는 무려 3세기 동안 보급이 계속되었다. 저자는 이 사전을 신학과 철학의 목적으로 저술하였으나, 그 내용은 포괄적으로 천사와 악마, 심리학, 가정경제, 의학, 우주론, 점성술, 시각, 기상, 생물, 자연지리, 질료의 물체 및 원소 등 다채로웠다.

알베르투스 마그누스(Albertus Magnus, 1200~1280)는 '만능박사'라고도 불려졌으며, 과학사상 생물과학에 관한 공헌이 크며「식물론」,「동물론」등이 있고, 심리학 저서에는「인간론」,「영혼론」등이고 광물학 · 화학 · 연금술 관계에서는「광물론」,「기상학」, 신학저서에는 독자적인「신학대전」이 있다.

빈센트(Vincent, 약 1190~1264)는 루이(Louis) Ⅸ세와 그 왕자의 가정교사를 지내기도 하였고 백과전서 작가로 그의 저서에「대경(大鏡)」이 있는데, 크게 나누어 자연 · 학식 · 도덕 및 역사의 4편으로 되어 있다. '자연'편에는 기상 · 지리학 · 지질학 · 천문학 · 식물학 · 동물학 · 해부학 · 생리학 · 심리학을, '학식'편에는 문법 · 논리학 · 가정 · 법률 · 정치 또는 각종 물품의 매매 · 의학 · 물리학 · 수학 · 천문학 · 점성술 · 음악 · 도량형 · 측량을 취급하였는데 이는 중세의 위대한 유산의 하나로 볼 수 있다.

## 4. 우주론과 천문학에서 역법(曆法)을 변경

이 시기의 우주론은 프톨레마이오스 또는 아리스토텔레스의 우주론이 인정되고 있었고, 한편으로는 우주와 인간(넓게는 생물)을 대우주와 소우주로 보고, 두 개를 관련지우는 교의(dogma)에 기초를 둔 신비적인 우주론이 널리 제창되었다.

이를테면 영국의 비흐트퍼스(Byrhtferth, 100년경)가 표시하는 대우주와 소우주의 관계에서는 인간의 네 개의 시대에 해당되는 네 계절, 인체의 4체액과 하지와 동지, 춘분과 추분, 4원소와 4방위점 등 사이를 대응하여 식별하고 있다. 여기에서 4방위점의 북(Arcton) · 서(Dysis) · 동(Anatole) · 남(Mesembrios)의 머리 문자를 ADAM(아담)에 관련시키고 있다. 이와 같은 신비적 우주관에서는 물리적 일, 도덕적 진리 및 정신적인 경험과의 사이에는 궁극적 구별이 없고, 내적인 우주와 외적인 우주는 융합되어 있다. 이 경향이 최고조에 달한 것이 단테(Alighieri Dante, 1265~1321)의「신곡」(*Divina Commedia*, 1304~1322)이다.

신비적인 우주상의 구성과 병행하여 천문학의 목적이라기보다는 점성술의 목적으로 천체를 관측하기도 하였다.

유럽의 천문학에서 대단히 중요한 문제는 달력의 계산이었다. 사실 달력은 정치 · 경제 · 과학 등 문명간의 충돌, 민족간의 전쟁 등 무수한 고갯길과 굽은 길이 있었다. 시간과 달력에서 책으로 된 달력(冊曆)은 몇 천년 동안 수정된 결과 일(日), 월(月) 그리고 년(年)으로 이루어졌고 그 길이는 세 개의 기본 천체운동으로 해가 뜬 후 다시 해가 뜰 때까지의 지구의 자전은 하루의 길이, 지구 주위를 도는 달의 공전은 월(月)을, 그리고 계절의 주기를 가져온 태양의 주위를 도는 공전은 년(年)의 길이를 결정해 주었다. 불행하게도 태양일, 태양년, 그리고 태음월은 시간의 길이가 일정하지 않다. 태양년은 대략 365.25일인 반면 태음월은 약 29.5일이다. 이러한 까닭에 책력은 더 복잡하여졌고, 때로는 조정이 필요하다.

율리우스 카이사르에 의해 제정된 율리우스력(Julian calendar)은 1년이 365일로 되어 있고 4년마다 윤년을 넣어 366일이 된다고 하였다. 그래서 1년의 평균길이는 365.25일로 결정하였다. 이미 제5장 1절 3항에서 설명한 바와 같이 128년에 하루가 더 길어져 매년이 길어지므로 일년의 마지막이 그만큼 늦어지고 태양의 춘분점 통과가 매년 빨라져, 결국은 농업과 달력과의 관계, 기독교의 부활절을 결정하는 데 방해가 되었다.

그래서 개력(改曆)의 문제가 많이 제기되었으나 1582년 비로소 교황 그레고리우스(Gregorius, 1502~1585) XIII세가 그의 이름을 빌려 개력을 확정하고 그레고리오력을 만들었다.[14) 15)] 이때 율리우스력은 태양년에 의해 기록되어진 계절보다 10일이 앞서게 되어 1582년 10월 4일의 다음 날을 동년 10월 15일로 확정하였다. 10일을 줄인 이유는 1583년도부터 춘분을 3월 21일로 고정하기 위한 것이었다. 그레고리오력(Gregorian calendar)의 1년 평균 길이는 365.2422일로 실제 태양년과의 차이는 0.0003일(0.432분)로 결과적으로 1년에 60초, 3323년 후에 하루가 늘어나지만 대단히 우수한 역법이다. 그러나 4500년의 어떤 시점에서 한번 더 보정이 필요할 것이다. 현재 우리가 사용하고 있는 역법은 이 그레고리오력이며, 영국은 1752년, 일본은 1872년, 한국은 1896년, 중국은 1912년, 터키는 1926년에 채택하였다.

## 6.4 중세의 교량역할을 한 이슬람 세계

이 시기는 중세중기로 약 750~1200년경까지를 말하는데, 4세기에 접어들어 가톨릭교회가 공인되고 로마에서 이단적인 사상은 추방되었다. 일부를 제외하고

---

14) R. J. Forbes · E. J. Dijksterhuis(廣重 徹 외 역), 전게서, pp. 139~140.
15) 동아출판사, 원색세계대백과사전, 제5권, p. 330.

는 그리스 사상은 로마로부터 배제되고, 이러한 사상을 가진 사람들이나 네스토리우스파의 신자들은 시리아 방면으로 도주했다.

메카에서 태어난 무함마드(Muhammad, 570~632)는 낙타상인으로 각지를 여행하면서 유대교 · 그리스도교 · 불교를 접하고, 40세 때에 동굴 속에서 명상에 잠기면서 신의 계시를 받아 다신교와 우상숭배를 그만두고 610년에 유일신 알라를 신앙(마호멧교, 이슬람교)하는 종교를 창시하였다.

그는 622년, 메카에서 메디나로 쫓겨났는데 이를 헤지라(Hegira)라 불러 그 해를 이슬람교의 기원 원년으로 한다. 630년에 무력으로 메카를 점령하고 아라비아를 통일, 아랍제국을 세우고 사라센(사막의 아들) 제국이라 불렀다.

이슬람 세계란 다신교와 기독교적인 유일신의 신앙을 도입, 무함마드가 창시한 알라신을 신앙하는 사람들이 압도적으로 많이 생활한 지역으로 최성기에는 서남아시아와 지중해 연안의 아프리카에서 스페인까지를 포함하는 아랍제국으로 언어적으로는 인종을 초월하여 대개 아라비아어를 읽고, 쓰고 생활한 사람들을 지칭한다.

8세기 후반에서 9세기에 걸쳐 무함마드에 의한 이슬람 세계가 전성시대를 이루며, 아바스(Abbas) 왕조(750~1258)에서는 과학이 가장 번성하였다.

## 1. 아라비아의 과학

아라비아 세계가 과학사에서 역사적으로 중요성을 가진 것은 중세이므로 보통 '아라비아 과학'이란 중세의 아라비아 과학을 의미하며, 그것은 "이슬람에 의해 통일된 지역 — 동은 중앙아시아에서 서는 스페인 남부, 남은 이집트에서 북아프리카에 이르는 — 에서 8세기 후반부터 15세기에 걸쳐 아라비아어로 문화활동을 한 사람들의 과학"이라고 정의한다.[16)]

8~15세기에 걸친 아라비아 과학도 발전에 따라 ① 8세기 후반에서 9세기까지의 '아파스시대의 과학', ② 10세기에서 11세기의 '전체 이슬람시대의 과학', ③ 12세기부터 15세기까지의 '안달시아－몽골시대'로 구분하나 종합하여 논한다.

이슬람 세계는 여러 인종의 용광로였다. 이 역사에서 아라비아의 과학에 대해서 말할 때는 아라비아의 기술에 기여한 페르시아 · 시리아 · 이집트 · 무아 · 스페인의 과학자와 기술자가 포함된다. 이슬람 세계는 당시로서는 세계의 축을 이루는 하나의 위대한 문명이었다. 여러 가지 이론과 실용적 발명들이 동과 서에서 유입되고

---

16) 伊東俊太郎 외 편, 전게서, pp. 24~25.

또 두 방향으로 세계에 확산되어 갔다. 동과 서와의 매듭이라는 중요한 역할 외에도 이슬람 세계는 비잔티움과 함께 고전시대 유산의 파수꾼 역할을 한 것이다.[17) 또 750~900년 사이는 번역시대인데 아라비아어로 번역된 많은 과학저서 외에 이론기계학 · 양수 · 수차 · 저울 · 물시계 등에 관한 번역이나 저서가 있었음이 문헌에 밝혀지고 있다.

아라비아의 학자는 수학 · 천문학 · 물리학 · 화학 · 의학의 방면에 많은 중요한 발견을 하였고, 그래서 아라비아의 여러 나라는 8~11세기에 걸쳐 경제적으로나 문화적으로나 당시로서는 가장 진보된 나라들이었다.

당시에 신앙의 자유가 다소 허용되면서 추방된 학자가 부름을 받아 고대 과학 · 의학 · 철학서를 번역하였고, 832년경에는 아바스 왕조 제7대는 칼리프(caliph, 회교국의 왕)이며, 학예의 옹호자로 명성이 높은 군주인 알 마문(al-M'am'un, 786~833)에 의해 도서관과 천문대를 포함하는 과학연구소인 '지혜의 집'이 세워졌고 100여 명이나 되는 번역관이 있었다. 회교도들은 외국문화를 열심히 받아들였으며, 이슬람 세계의 과학은 동양에서보다 서방에 더 많은 영향을 주었다.

알 비루니(al-Biruni, 973~1048)는 페르시아인으로 이슬람의 시아파에 속하는데, 오랫동안 인도에 살았으며 여행가 · 철학자 · 수학자 · 천문학자 · 지리학자 · 백과전서작가였다. 그의 비판정신, 관용, 진리의 사랑, 지적 용감성은 중세에서 따를 사람이 없었다. 그는 지리학, 역사, 수학 및 천문학에 대해 아라비아어로 약 150종에 이르는 저서를 남겼다. 또, 그는 인도 숫자(흔히, 아라비아 숫자)의 원리를 명확하게 설명하였다. 그는 태양중심설(지동설)의 가능성을 생각하였고, 계산에 의해 지구의 둘레를 약 41,550 km(현재는 40,120 km)라 하였다.[18)

유명한 의학자로서 40세 무렵에 바그다드의 중앙병원장까지 지낸 라제스[(Rhazes, al-Razi, 865~925(932))](그림 6 · 3)는 의학문제에 대해서 이슬람교 최초의 독창적인 집필가로 100편 이상의 저술을 남겼다. 고대의학의 과학적 전통을 이어받아 미신과는 관계없이 병자의 증상이나 경과를 관찰하고 인간에게는 자연적 치유능력이 있다고 판단, 환경을 중요시하여 식사와 환경을 정비하면 치유능력이 강해

그림 6 · 3 병상을 순회하는 라제스

17) R. J. Forbes(田中 實 역), 전게서, pp. 88~89.
18) 平田 實, 전게서, 상권, p. 94.

진다고 생각하였다.

갈레노스 · 히포크라테스의 그리스 의학과 인도의학 및 시리아 · 아라비아 의학 등의 의학지식을 망라한 그의 대표적 저서는 임상의학의 최고봉이라 불리는 의학의 백과사전「의학보고(醫學寶庫)」25권이 있다. 이 책은 사변적인 것을 피하고 객관적 관찰과 개개의 병을 처방한 임상의학서이며, 그 밖에도 그때까지 구별할 수 없었던 천연두와 홍역병자를 세밀하게 관찰한「천연두와 홍역의 서」가 있다.

이븐 시나(Ibn-Sina, 980~1037)는 아비케나(Avicenna)[19](그림 6 · 4)라고도 부르는데, 철학자임과 동시에 신학 · 수학 · 천문학 · 의학 등 학문전반에 정통하며, 이슬람 최고의 과학자일 뿐만 아니라 세계적으로도 유명한 과학자의 한 사람이다. 저서는 100권이 넘고 가장 중요한 것은 이론체계의 최고봉인「의학규범」과「치료의 서」이다. 의학규범은 그리스와 이슬람 의학의 집대성이고, 12~17세기에 걸쳐 서유럽 의학의 기본서로 몇 종의 라틴어와 히브리어로 번역되었고, 아라비아어 원문이 간행되었다.

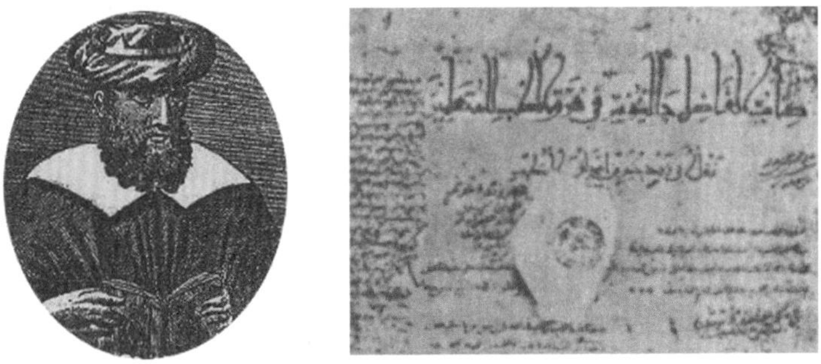

**그림 6 · 4 아비케나와 그의 옛날 책**

물리학에서는 운동, 접촉, 힘, 진공, 무한대, 빛, 열 등에 대해서 연구를 하였다. 다음에 의학이론가로서 그는 "의학이란 건강유지와 체내에 원인이 있다고 보는 치료"로 정의하고, 건강과 병의 관계에서 환경(공기, 물, 음식물, 수면과 각성, 휴식과 운동, 희로애락)을 중요시하였으며, 신체 내부의 구성요소에서 아리스토텔레스류의 4원소 · 4성질 · 4원인, 히포크라테스의 4체액이라든가 칼레노스의 세 능력(자연적 · 정신적 · 생명적)을 고려하면서 정신과 신체의 조화를 폭넓게 고도의 시야로 전망하고 있다.

라제스 이후의 유명한 임상의사인 이븐 주르(Ibn Zuhr, 1091~1161)는「치료학과 음식에 관한 간편한 서」가 있으며, 최고의 외과의사인 아브 알 카심(Abu al-Qasim,

19) 平田 寛, 전게서, 상권, pp. 95~96.

1013년경 사망)은 승화나 증류에 의한 흥미있는 약제의 조제법을 설명하였고, 산부인과, 안과, 귀 및 이[齒]의 외과치료법을 사용하였다.

서부 회교군주국에서의 과학의 발생은 기독교도의 스페인 침입보다 약간 앞서이다. 회교도의 과학은 기독교도가 점령한 도시뿐만 아니라, 특히 1085년에 함락된 도레도에서 번영하였다. 따라서 스페인은 고대과학이 서양에 도달하는 중요한 통로였다. 중국의 제지기술도 이 통로였고 몽고인의 침입 이전에는 화약이나 화기(火器)도 알지 못하였으며 중국의 인쇄방법도 몰랐다. 한편 이슬람권에서 최초의 목판 인쇄는 900~1350년 사이 어느 시기에 이집트에서 등장하였다.

이와 같이 아라비아 과학은 거의 700여년 긴 세월 동안에 걸쳐 중세세계를 통해 당시로서는 최고수준의 과학을 발전시키고 유지, 계승하였다.

## 2. 아라비아 숫자와 수학

불편한 그리스 수학, 로마 수학 대신에 인도숫자가 도입되어 영(0)이 사용되었는데, 이 0의 사용은 인류최대의 발견 중 하나라고 한다. 이 0을 포함하는 수기호는 인도에서 발생하여 아라비아를 통해 유럽에 전파되었다. 그리고 기호 0은 누구에 의해 사용되었는지는 분명치 않으나 가장 오랜 기록은 876년경의 인도 구아비아의 비문이라 하며, 산스크리트어로 공위(空位)를 뜻한다.[20] [21] 이것이 이슬람 세계에서 8세기의 아파스 왕조시대에 전해진 것이다.

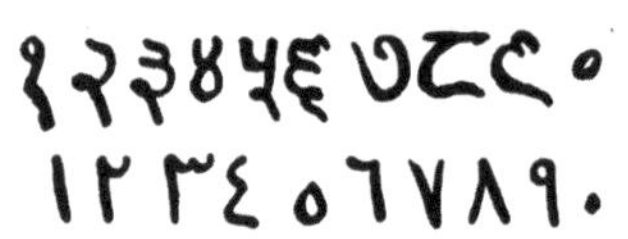

0을 포함하는 수기호, 위는 산스크리트숫자이고 아래는 아라비아 숫자

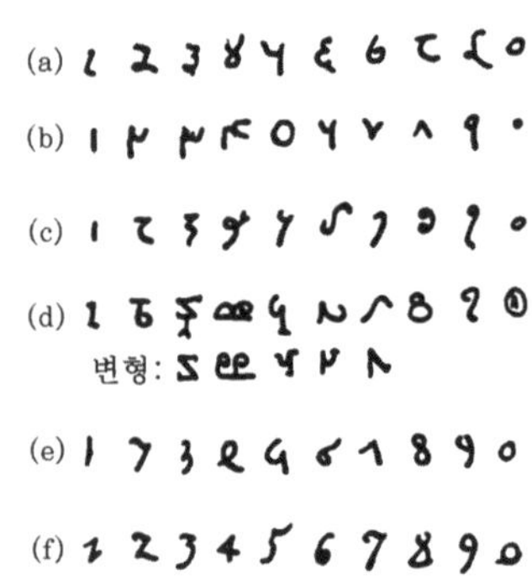


그림 6·5 아라비아 숫자의 변천: (a)는 산스크리트 문자, (b)는 이슬람의 아라비아 숫자, (c)는 서방 이슬람 숫자

이 수 기록법이 이슬람 세계에서 12세기경부터 유럽에 널리 퍼지면서 '아라비아 숫자'로 불리게 되었다. 따라서, 역사적으로는 이 수기호를 인도=아라비아 숫자라 부른다. 이것은 1에서 9까지의 숫자와 0을 사용하여 어떤 수라도 표기할 수 있다.[22]

이슬람 세계에서 가장 유명한 수학자는 알 프와리즈미(al-Khwārizmī, Muhammad ibn Mūsā 800~847 이후)로, 천문학 · 지리학 · 역학(曆學)에도 공헌하였고

20) 下間頼一, 전게서, pp. 242~244.

21) F. Dannemann(安田德太郎 외 역), 전게서, vol. 2, pp. 105~108.

22) 伊東俊太郎 외 편, 전게서, p. 25, p. 69, p. 525, p. 568.

인도 숫자나 인도의 계산법을 이슬람 세계에 소개, 책 이름을 유럽에서는 라틴어로 algorismus(영어의 *algorism*)라 하고, 12세기에 라틴어로 번역된「산수입문」이 남아 있는데,「복원과 대비의 계산」이란 책도 저술하여 대수학을 의미하는 algebra가 생겼다. 그림 6 · 5는 아라비아 숫자의 변천을 나타내고 있다.[23)]

아라비아 수학이라면 아라비아 과학이 흥성한 8~15세기 사이의 아라비아 문헌 중에 보이는 수학을 말한다. 시간 · 공간적으로 넓은 범위를 차지하고 있는 이 수학은 세 가지의 특징이 있다. (1) 실천적이다. 알 프와리즈미의「수학적 학문」은 산술 · 기하학 · 광학 · 천문학 · 음악 · 무게의 학 · 기술학의 7개로 성립되며 실천적인 것과 이론적인 것으로 나누어진다. (2) 천문학과 밀접한 관계를 가지고 있고, 삼각법이나 고차 방정식의 근사해법이 천문학자이기도 한 수학자에 의해 취급되었다. (3) 고전적 저술에 대해 수의 주석이 담겨져 있다. 따라서 그리스어 저서뿐만 아니라 아라비아 저서도 수학의 표현형식은 문장에 있고 기호법은 존재하지 않았다.

### 3. 아라비아 천문학[24) 25)]

초기의 아라비아 천문학은 인도와 페르시아의 영향으로 성립되었는데, 알 파르가니(al-Farghání, 9세기 전반)는 최고의 천문학자 중 한 사람으로, 대표작에는「천체의 운동과 천문지식의 요강 및 서」가 있다. 이 책은 천체의 운동과 상세한 별의 학문을 취급하고 있으며, 12세기에는 라틴어로 번역되어 레기오몬타누스(Regiomontaunus, 1436~1476) 이전의 유럽 천문학에 큰 영향을 주었다. 이슬람권에서 프톨레마이오스의「알마게스트」는 최초의 번역서에서 주석서 · 해설서 · 비판서 · 반박서로 변천되었다.

나시르 알딘(Nasír—al—din 또는 al—Túsí, 1201~1270)은 이슬람시대 후기에 속하는 학자로 역시 이슬람 세계에서 최고 천문학자의 한 사람이다. 수학 · 의학 · 철학에도 능통하였으며, 특히 천문학에서 이론적인「천문학의 기억」이 유명하다. 프톨레마이오스와는 달리 지구의 중심에서 하나의 구가 다른 구의 안쪽에서 회전하는 이른바「알 투시의 대원(對圓)」이라는 모델을 고안하였다.

천문관측에 필요한 기구로서는 헬레니즘 시대의 히파르고스 또는 아폴로니오스가 발명한 것이라고 전해지는 아스트로라베는 가장 오래된 천문기구의 하나인데,

---

23) 平田 寬, 전게서, 상권, p. 98.
24) 平田 寬, 전게서, 상권, pp. 99~101.
25) 伊東俊太郎 외 편, 전게서, p. 26.

이슬람 세계에서도 이것이 일찍부터 사용되었고 17세기에는 항해에도 사용되었다.

아브드 알 라만(Abd al rahman 또는 al-Sufi, 903~986)은 항성의 관측을 기초로 별의 그림 설명 목록인 「도해항성서」를 저술하였다. 여기에는 여러 가지 별 자리가 그려져 있으며, 당시로서는 천체가 과학연구의 대상이기도 하고 우주, 종교 또는 점성술의 대상이기도 하였다. 고대 동양에서 전해진 황도 12궁도 점성술에 이용되었는데 3개의 별을 한 조로 해서 그리스적인 4원소 · 4성질 · 4계절의 기능이 나누어져 있다.

## 4. 아라비아 광학[26)]

이미 제6장 1절 3항에서 언급한 이븐 알 하이삼은 카이로에서 활약한 중세 최고의 물리학자로, 특히 기하광학, 생리과학에서 획기적인 업적을 남겼다. 그의 주된 저서 「시각론」(전7권)은 광학사상 가장 중요한 책의 하나이다. 몰건이 보이는 모양을 직접 보는 경우, 반사에 의한 경우, 굴절에 의한 경우로 나누어 상세하게 설명하였고 각 경우에 생기는 착각에 대해서도 검토하고 있다. 또 「Alhazen의 문제」(눈 · 대상물 · 2차곡면 거울의 위치가 주어졌을 때 상의 위치를 구하는)를 풀이한 것은 잘 알려져 있다. 이 저서는 12~13세기 라틴어로 번역되어, R.베이컨, 디드로, J.케플러에 이르기까지 유럽 학자들에게 큰 영향을 주었고, 그 후 다른 학자에 의해 보완되어 16세기 후반에 출판된 「알하센의 광학보전」은 해부학 기록으로 가치가 있다.

눈(시각기관)의 구조에서는 눈이 물체에 대해서 판별하는 12종의 성질, 즉 빛 · 색 · 거리 · 형태 · 크기 · 수 · 운동 · 정지 및 투명 등이 고찰되어 있다.

그는 반사와 굴절을 중요시하고 있는데, 상(像)을 만들기 위해서는 평면경뿐만 아니라 공, 원 기둥, 원뿔의 凹면경과 凸면경도 사용하고 있다. 그래서 상의 위치와 크기, 반사법칙, 촛점, 빛의 수렴 등에 대해서도 기록하고 있다. 그 외에도 달이 태양의 빛을 받아 빛나는 연구, 빛의 성질을 자연학적으로 설명하고, 핀 홀 카메라의 원리를 일식 · 월식과의 관계로 논하였고, 凹거울의 반사나 유리 공의 굴절에 관한 수학적 논문도 있다. 「우주의 구조에 관해서」는 실체적인 우주상이 묘사되어 있으며, 「알마게스트」의 수학적인 우주관을 보완한 것으로 오랫동안 영향을 주었다.

---

26) F. Dannemann(安田徳太郎 외 역), 상권, pp. 113~124.

## 5. 아라비아의 기술[27)]

아라비아인은 도자기[陶器] 제조기술, 특히 오지그릇에 사용하는 광택과 색채가 있는 유약으로 유명하다. 유약이 묻은 오지그릇 대부분이 내화성이며, 생산공정용의 용기로 멋진 모양을 하고 있었다. 이 도기의 개량된 품질은 어떤 종류의 화학약품의 양산 등 아라비아 화학자의 실험에 대단한 도움을 주었다. 그들은 원통형이나 원추형의 용광로를 발명하여 그 안에 증류병을 몇 줄로 배치하여 연소가스로 가열, 나프사(가솔린)를 제조하였다고 한다. 이 도기제조의 비밀은 12세기까지 페르시아에는 알려지지 않았고, 중요한 기술로 서방이 실험을 통해 도기(도자기)를 만드는 기술을 발견한 것은 18세기가 되어서이다.

아라비아인은 직물생산에도 흥미를 가지고 있어 그들은 8세기에 목면을 중국에 가지고 갔다. 한편 명주의 생산은 중국인에 의해 상업의 비밀로 되어 있었으나 6세기가 되어 토르케스탄(Turkestan)에서 누에가 밀수출되어 이 기술은 페르시아와 비잔티움에 확산되었다. 양모의 깔개와 융단의 제조는 이 문명의 전통기술로 터키의 융단은 오늘날에도 고가품이다.

아라비아에서 제지공업의 발생은 중국과의 접촉에 의해서이다. 105년에 중국의 蔡倫이 종이 만드는 비법을 발견하였다. 그런데 중국인은 종이 제법의 비밀을 외국인에게 숨기려고 노력하였으나 752년 아라비아인이 사마르칸드(Samarkand)에서 새로 건설되는 제지공장에 일하려고 머물고 있던 몇사람의 중국인을 포로로 잡았는데 이들을 통해 비밀이 알려졌다. 이 제지기술은 일찍이 793년에는 바그다드에 제지공장이 건설되었고, 900년에는 종이의 표준치수가 바그다드에 도입되어 그 중에는 비둘기에 의한 '에어 메일'에 사용하는 얇은 특수품질까지 나왔고, 제지업은 물론 제본에도 밀접하게 관련되어 있는데 아라비아인은 독특한 기술을 가지고 있어 손 세공으로 호화로운 '가죽 표지'를 만들었고, 제본의 장식에 '금박'을 사용하는 방법을 서양에 전달하였다. 지금도 성경이나 찬송가 표지에 사용되고 있다.

1000년 전후에는 이집트에 포장지가, 지폐는 1024년 이란의 타브리즈(Tabriz)에 들어왔다. 옛날의 필기재료인 파피루스는 사실상 8세기에 자취를 감추었다. 뿐만 아니라 옛날부터 고가의 양피지를 서서히 대체하게 되었다. 제지기술은 드디어 11~12세기에는 북아프리카 해안, 13세기에는 유럽에까지 확산되었다.

설탕의 정제방법은 아라비아인의 발명이다. 사탕수수는 500년경 인도에서 남페

27) R. J. Forbes(田中 實 역), 전게서, pp. 94~101.

르시아에 수입되었으나 그 당시는 줄기에서 액즙을 만드는 정도였고, 이것을 정제하는 방법은 아라비아안인이 처음으로 고안하여 11세기가 되어 이집트의 화학자가 액즙을 석탄과 목탄으로 처리하여 불순물을 제거하였다. 이런 기술이 인도에서 중국에 이르기까지 여러 지역에 확산되어 「동방견문록」으로 유명한 마르코 폴로(Marco Polo, 1254~1324)는 중국에 있으면서 가장 숙련된 정제공이고 동시에 이집트의 공인(工人)이라고 전해지고 있다.

알코올의 증류법과 황산 · 초산 등의 제조법은 각각 12~13세기에 이탈리아에서 도입되어 많은 기술에 대단한 영향을 주었다. 액체향료의 제조법도 완전히 바뀌었다. 아라비아인은 꽃이나 식물을 알코올이나 물에 혼합하여 혼합물을 증류하여 액체향료를 처음으로 만들었고, 이런 기술이 장미꽃에서 '장미수'가 만들어졌다. 그 밖에 올리브 기름의 제조도 중요하다.

아라비아인은 비잔티움 등 다른 '이교도'와 끊임없는 전쟁을 하고 있었으므로 전쟁기계[파성추(破城槌, 움직이는 탑, 투사기(投射機) 등)]의 고안을 대단히 발전시켰고, 대규모의 화학병기도 도입되었다.

그러나 1100년 이후 아라비아 문명은 쇠퇴하기 시작하여 아라비아 기술은 정체되기 시작하였고, 문명의 횃불은 아라비아인을 떠나 서방세계로 옮겨갔다.

## 제7장

# 중세에서 기술의 축적

중세는 기술사에서 변혁의 시기로 고대와 근세를 연결하는 중요한 고리를 형성하였다. 기술의 발전은 느렸으나 확실하게 축적되었다. 농업이나 수공업, 운수 등의 영역에서 이루어진 발명이나 기술의 개량은 중세 봉건사회의 모태 안에 자본주의 관계를 잉태시키는 주요한 원인이 되고 있다.

중세 유럽문명에 결정적으로 영향을 준 것은 고대 그리스 과학과 로마의 기술을 흡수하여 발전시킨 아라비아 문명의 유입이다.

고대기술의 전통과 중세의 준비 사이에 단절은 없다고 하더라도 중세, 특히 초기의 기술과 공예에 관해서는 기록된 증거자료가 부족하다. 문명의 수준을 측정하려면 지적 문화의 절정뿐만 아니라 모든 국민의 생활수준을 측정하여야만 한다. 그래서 모든 국민의 생활수준은 인간이 자연에서 생존을 위해 쟁취하는 수단의 진보, 즉 기술의 발명과 그 응용에 의존하고 있다. 기술의 진보는 B.C.2500년경이 되면서 대부분 멈추고 말았다. 그것이 철기시대가 되어 부활은 하였으나 1,500년 이상의 기간에 분산되어 빠른 진보속도는 아닐 것이다. 고대세계에서는 비교적 진전된 여러 기술, 특히 수차와 같은 노동 절약기계를 충분히 활용하지 못했고 중세는 그때까지 노예노동이 쉽게 선택됨에 따라 또 로마의 중앙정권 붕괴는 기술의 발달에서 많은 영향을 주었다. 또 최대의 위험은 스칸디나비아인의 해적 바이킹의 침입(850~950년)으로 서방세계의 미래를 치명적 위험에 처하게 하였다. 로마인은 로마제국의 변경이나 내부에서 발명된 기술은 이용할 수 없었다. 그러나 유럽의 중세는 전세계에서, 특히 중국에서 새로운 방법을 수집, 정리하여 우리들 근대문명의 토대를 구축하였다.

## 7.1 중세의 공학과 기술

최근의 서양사 학계에서는[1] 그리스 · 로마 세계와 중세 이후의 유럽세계와는 별개의 것으로 근대 유럽문명은 중세로부터 시작된다는 사관이 주류를 이루고 있다. 즉 개인주의 · 시민사회 · 자연과학이, 근대국가 등의 사상 · 제도의 기원은 모두 10세기 이후의 서유럽에 있다고 보는데 물질문명의 면에서도 기계력의 추구가 동시에 시작되었다. 서유럽의 기술적 우위를 확립하여 미국 · 아시아 정복의 출발점이 된 시계 · 인쇄술 · 고로제철 · 화포 등은 12세기경의 서유럽에 동시 다발적으로 출현한 것으로 이들을 묶어 '중세의 산업혁명'이라고 부르는 사람도 있다.

### 1. 중세 봉건사회의 형성

고대사회의 멸망으로 등장한 것이 이른바 중세의 봉건사회(Feudal Society) 또는 봉건제도(Feudalism)이다. 봉건제도는 그 근본 구성에서 주군과 신하와의 주종관계를 중심으로 성립되는 신분제도이며, 주종제도와 장원(莊園)제도가 결합된 중세특유의 정치 · 경제 · 군사 · 사회의 지배질서이다. 그래서 봉건제도는 영주 · 무사 · 농민으로 구성되고 그 주종관계는 신하가 주군에 대하여 헌신 · 충성을 맹세하면 주군은 신하에게 봉(封)(fief ; 주로 토지이나 그 밖에 관직, 금전 · 세금징수권 등)을 부여함으로 성립된다.[2] 장원은 귀족이나 사원(寺院)이 사유하는 토지이며, 봉건신하가 토지를 효율적으로 경영하기 위한 중세 농촌경제생활의 기본단위이다.

노예제도에 기틀을 둔 고대국가에서는 노예노동의 착취에 의한 부의 축적 위에 과학이나 문화가 발전되고, 기술의 일정한 발달로 생산력도 향상되었다. 그러나 가혹한 노예노동과 인권을 억압하는 상태에서는 드디어 노예의 도주나 스파르타쿠스(Spartacus)의 봉기(B.C. 73~B.C. 71)로 대표되는 반란이 계속 일어나, 노예제 사회는 내부에서 무너지기 시작하였다.[3]

로마 사회자체에서도 폐해가 심각하였던 노예제도는 쇠퇴하였으나 갑자기 소멸된 것은 아니며, 로마제국의 최후 2, 3세기와 중세 최초의 2, 3세기를 통해 점차

---

1) 荒井政治 외 편, 산업혁명의 기술, pp. 77~78, 1981, 有斐閣.

2) 辛寧滿 외, 문화사신강, p.113, 1995, 창문각.

3) 鈴木善次 외, 전게서, pp. 103~104.

소규모로 되었다. 노예공급이 계속된 것은 로마가 강하고 팽창적 군사국가인 시대뿐이었고 로마의 권력이 기울어짐에 따라 노예공급도 점차 줄어들었는데 이 사실은 생산의 새로운 기초가 등장하기까지는 가장 원시적인 생활로 돌아갈 수밖에 없다는 것을 의미하였다.

후기의 로마사회는 대노예국가의 출현 이전에 일반적으로 존재하였던 조직형태로 복귀하여 갔다. 그것은 자급자족형태인 지방적 단위로 되고 각 단위가 자기들의 농업생산을 토대로 하여 그 내부에서 스스로 간단한 공업을 경영, 철이나 소금과 같은 소수의 필수품 외에는 외부와 거래를 하지 않는 조직이었다. 그래서 그것이 미개인 침입자들의 가장 계급이 없는 사회와 융합함으로 '장원제도'가 생겼다. 장원제도는 엄격한 계급분열을 크게 경감시킨 제도이다. 신(神)격인 한 사람의 황제에서 '인간이하'의 노예로까지 계층구조 대신에 농노(농사일에 종사하는 노예), 즉 토지에 예속되어 일을 하지만 자기들 노동생산물의 일정한 비율에 대해 명확한 권리를 가지는 인간으로, 장원의 영주, 즉 자기들 농노와 매우 밀접하게 접촉하고 있어 생산과정에 관해 어느 정도의 실제지식을 가지는 인간으로 폭이 좁혀지는 계층구조가 되었다. 이러한 여건을 근거로 육체노동은 새롭게 향상된 위신과 존경을 받는 위치로 높아졌다. 장원마다 조금씩은 달랐지만 그림 7·1은 중세 농촌의 구성을 보여 주고 있다.

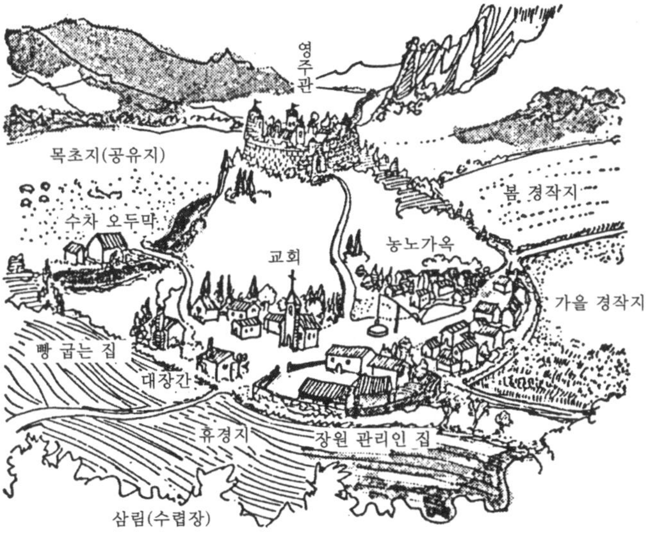


**그림 7·1 중세 장원의 구성**

## 2. 농업에서의 혁명

### (1) 삼포식 농법

암흑시대라 일컬어지는 중세 초기는 사실상 자연과학분야는 침체되었으나 이때 다수의 기본기술의 새로운 방법이 등장하였다. 붕괴가 계속되는 로마에 침입한 튜우튼(Teuton)족(인도-유럽인 중 게르만 민족의 하나)은 사소하게 보이는 물건, 즉 바깥 옷(外衣) 대신에 바지, 올리브유 대신에 버터, 개량한 펠터(felt) 제조법과 쟁기 및 술통의 제조법을 전달시켜 주었다. 더욱 중요한 것은 생산활동의 농업인데 호밀 · 귀리 · 밀 · 보리와 호프 재배이다. 특히 바퀴가 달린 쟁기는 중세의 장원생활에 기초를 부여하는 삼포식 농법을 발달시키는 수단이 되었다. 중세에서 생산활동의 중심은 물론 농업이다.[4)]

장원의 경작지는 몇 종류로 구분되어 있었는데 영주직영지, 농민경작지, 교회영지와 공동이용의 삼림 및 목초지 등이며, 경작지가 띠 모양으로 길죽한 토지(strip)는 울타리를 가지지 않아 쟁기 사용에 적합한 개방경지(open field)라고도 불린다. 기록상 765년에 처음으로 농법으로서는 북방식인 '삼포식(三圃式) 농법'[5)](three field system)이 실시되었다.

삼포식 농법이란 표 7 · 1과 같이 경작지 전체를 지력회복을 위하여 동곡 · 하곡 · 휴경지의 세 경지집단으로 나누고, 곡류 등의 작물을 윤작(같은 경작지에 일정한 순서에 따라, 일정한 년한마다 순환하여 재배하는 경작법)하여 3년마다 1년씩 휴경시키는 농업경영법인데 전통적인 겨울의 종자, 봄 작물의 종자를 심는 것이다. 동곡으로는 소맥, 대맥 등의 식료작물을, 하곡으로서는 대맥과 귀리 등의 양조용 · 사료용 작물 또는 콩 · 완두콩을 심어 수확하였다. 이전에는 가장 원시 약탈농법인 화전농법과 휴경농법으로 1년간 작물을 재배하면 그 다음해는 휴경하는 '이포식(二圃式) 농법'(남방식)이 성행했으나, 9세기부터 삼포식으로 옮겨졌다.

**표 7 · 1 삼포식 농법**

| | 1년차 | 2년차 | 3년차 |
|---|---|---|---|
| A 경작지 군(群) | 동곡 | 하곡 | 휴경 |
| B 경작지 군(群) | 하곡 | 휴경 | 동곡 |
| C 경작지 군(群) | 휴경 | 동곡 | 하곡 |

4) 山崎俊雄 외 편, 전게서, p. 40.

5) 鈴木善次 외, 전게서, pp. 104~106.

삼포식의 개량된 경작과 휴경의 회전은 농업의 효율을 높혔고 단위면적으로 보면 삼포식은 이포식보다 1/3정도 여분의 생산이 가능하였다. 한편 그리스인과 로마인에 의해 맥주를 음료로 하는 지방인 스페인이나 프랑스에 도입된 포도재배는 그곳에 정착하였고, 800~1200년 사이에 중앙유럽에 확산된 사과 및 서양 배가 재배되어 사과주와 배 술이 5세기에 확산되기 시작하여 10세기까지는 일상적인 음료가 되었다.

#### (2) 쟁기의 발달[6] [7]

쟁기는 인류가 농경생활에 접어들자 바로 출현하였다. 옛날부터 사용되던 쟁기는 청동기시대의 쟁기와 본질적인 변화는 없고 다만 B.C. 1000년경 보습이 목제로부터 철제로 바뀐 것뿐이며, 바퀴가 달리지 않아 경작하는 사람의 힘으로 지탱하고 끌기 때문에 많은 육체적인 노동이 필요한 조작이었다. 또 새로운 쟁기는 옛날 쟁기보다 무거워 견인력이 필요하여 농민들은 10~11세기가 되어 말의 사용이 일반화되기까지는 경작용에 소가 사용되었고, 말은 중세사회에서 '농부의 엔진'이라고 할 정도로 말의 유효 견인력은 고대의 경우보다 3~4배가 되었으며 소에 비해 시간과 노력이 절약되었다. 쟁기는 인간이 근육을 움직이는 육체노동에서 벗어나기 위해 인간 이외의 동력원을 이용하는 길을 열었으며, 농업에서 최대의 혁신을 초래하였다. 학자에 따라서는 '중세의 농업혁명'이라고도 한다.

지중해 연안지방에서 발달된 고대의 쟁기는 그 지역에서 건조한 땅의 농업에 적합하게 토양을 얕게 갈고 일구는 정도의 것이어서, 인력으로 적당한 높이를 유지하면서 제어할 필요가 있으며, 취급하는 데 많은 힘이 필요하였다. 이와 같은 미발달 쟁기는 토질이 무겁고 점토인 북서 유럽에서는 사용할 수 없었다. 여기서는 토양을 깊게 갈고 뒤집어 일구지 않을 수 없었다.

지면을 끊어 뒤집어 갈 수 있는 쟁기가 북서유럽에 보급되기 시작한 것은 6세기경이지만 드디어 발달된 '게르만 쟁기'(점토질 농업용)가 출현하였다. 게르만 쟁기는 지면을 수직으로 끊는 부분과 땅을 가는 쟁기 날(보습)과, 잘린 흙을 한쪽으로 떠 넘기는 볏으로 되어 있고 어느 것이나 철제로 되어 있으며 또 앞쪽에 바퀴가 달려 있다(그림 7·2 및 7·3).

바퀴는 밭이랑 사이를 바로 앞에서 평탄하게 끌려지도록 하여 강력하고 무거운 쟁기를 적당한 높이로 유지하고 노력을 줄여 쟁기에 대한 조정성능을 크게 향상시

---

6) 鈴木善次 외, 전게서, pp. 106~107.
7) 山崎俊雄 외 편, 전게서, pp. 40~41.

킬 수 있게 하였다. 농민이 쟁기를 지탱할 필요가 없기 때문에 쟁기 그 자체의 대형화가 가능하였고, 거기에 대응하여 쟁기를 끌게 하는 가축 수도 늘어나고 큰 힘을 사용하는 데 익숙하게 되었다.

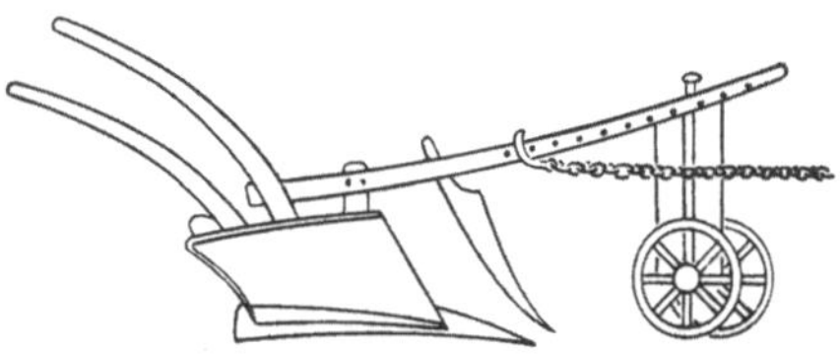

그림 7·2 발달된 중세의 쟁기

그림 7·3 바퀴가 붙은 쟁기에 의한 작업(12세기)

축력은 동물의 목에 걸던 종래의 멍애(輓具) 대신에 뱃대 끈(胸帶)을 사용하는 방법이 널리 보급된 것과 말발굽 편자의 이용으로 또한 큰 것을 끌 수 있게 되고, 다시 몇 마리의 동물을 함께 연결시켜 쟁기를 끄는 방법이 출현해서 농경의 능률을 현저하게 높일 수 있었다.

이렇게 하여 철제 보습을 가진 바퀴가 붙은 게르만 쟁기는 13세기경까지는 근대와 같은 형상으로 발달하였다.

새 농법이나 농업기술의 일정한 발달로 농업생산력의 증가는 보다 큰 동력을 필요로 하게 되었고 이를 만족시킨 것이 수차나 풍차였다.

## 3. 중세 유럽의 연금술

연금술의 탄생에 대해서는 이미 제5장 3절 3항에서 설명하였으나 1000년까지의 계보는 그림 7·4와 같다.[8)] 그런데 중세인 13세기에 부활한 연금술은 또 다른 실제적인 활동력이었다.

1144년에 아라비아어를 라틴어로 번역한 로버트(Robert, 12세기경)는 처음으로 연금술 책 「연금술의 합성에 관한 책」을 라틴어로 번역하였고, 뒤이어 계속되는 많은 연금술의 논술에 따라 헬레니즘·아라비아·중국 연금술의 뜻이 분명하게 되어 보편적 용재, 철학자의 돌, 알카헤스트(alkahest, 만물 융화액), '재생'(재에서 식물의 부활), '청춘의 샘', '제5의 정'(精, 프네우마), '마시는 금' 및 '만능약'에 깊은 관심이 서유럽에서 생겼다.

8) 平田 寬, 전게서, 상권, p. 77.

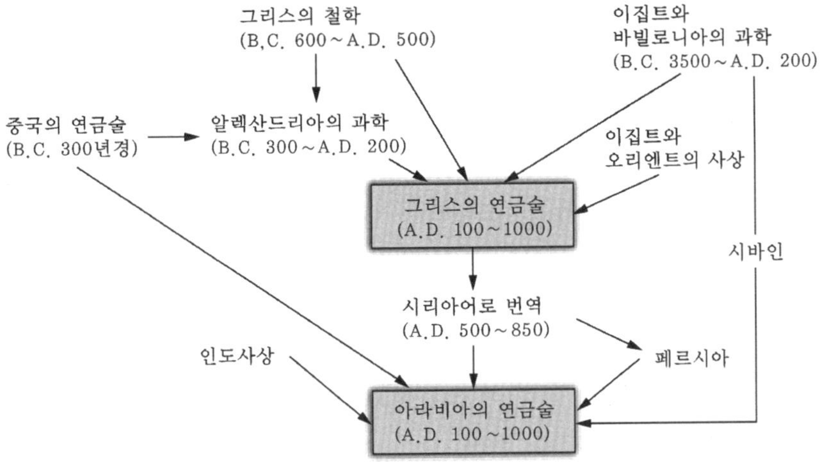


**그림 7·4 1000년까지의 연금술 계보**

비록 틀린 가설에 따른다고 하지만 활발한 실험은 드디어 알콜(12세기), 황산이나 질산(13세기)의 제조와 같은 중요한 발견을 초래하였다. 이것은 연금술가와 화학기술가(제약사)의 일 능력을 확대시켰다.[9)]

연금술의 보급과 함께 새로운 화학제품도 생겼다. 1295년경 황산 · 염산 · 질산과 같은 광산(鑛酸, 무기산)의 기록이 프랑스에서 나왔고, 또 포도주와 맥주를 증류하여 만든 알콜도 이때 처음으로 기록이 남아 있다. 알콜은 '생명의 물'이라 불려져 연금술의 불로장생약에 비해 중요시되었다. 알콜의 성질은 수도사들에 의해 연구되었는데 정도가 지나쳐 1288년에는 도미니코 수도회의 집회에서는 그 회원들에게 알콜 증류기기의 지참을 금지시키기도 하였다. 그러나 수도회는 그 연구를 계속하여 유명한 리큐르(Liqueur, 혼성주)의 여러 종류를 만들었다.

산과 알콜에 관한 연구는 가장 활성의 원질인 '제5의 정'을 분리하고자하는 열망에 고조되어 계속되었다. 때문에 자연물질의 강력한 용제이고 제약가에 있어서도 가장 유력한 도구인 알콜의 제조는 많은 주의가 집중되었다. 순도 60%의 '연소되는 물'을 재증류하여 대단히 강한 '생명의 물'이 얻어졌고 14세기에는 생석회와 함께 재증류하여 100%의 알콜이 제조되었다. 그 강장(强壯), 방부(防腐) 및 추출의 성능이 널리 연구되어 실용에 제공되었다.

다수의 중세 연금술가들은 이론고찰에서 유용한 산물의 제조로 바뀌면서 그들의 실용적 실험이나 처방을 수집한 방대한 요점정리서가 나왔다. 이들 제약가와

9) R.J. Forbes J.E. Dijksterhuis(廣重 徹 외 역), 전게서, pp.88~89.

증류가들은 알콜 추출물, 증류물을 만들어 의약을 제조하였다. 이렇게 해서 알콜 연구자들은 점차 연금술을 의학적인 방향으로 진출시키기도 하였다.

일반 연금술은 1317년에 교황 요한네스(Johnes) ⅡXⅡ세가 발표한 교서에 의해 금지되었다. 그 이유는 연금술이 무분별하게 너무 많이 남용되기 때문이었다.

중세 연금사들의 이론[10]에는 새로운 것이 별로 없었다. 금속은 유황의 남성원리와 수은의 여성원리와의 결합에 의해 생기며, 천한 금속은 죽음과 소생과의 과정을 거쳐 고귀하게 된다고 그들은 믿었다.

수은 중심의 이런 체계는 13세기의 스페인 사상가인 룰루스(Raimundus, Lullus, 약 1232~1316)가 제기, 그의 주장에 따르면 처음에 신이 수은을 만들었다. 다음에 수은은 환류증기와 같이 순환, 다른 여러 가지로 분화(分化)되었다. 원초의 수은이 가진 미세한 부분이 먼저 분리되어 천사의 한 그룹을 만들고 조금 적게 미세한 부분은 천체와 천구(天球), 조잡한 부분은 네 개의 원소와 다섯째 근원의 형상을 만들고, 거기서 지상의 모든 사물이 생겼다. 4원소로부터 지상의 만물이 만들어졌고 제5원소로부터는 그 정신이 만들어졌다.

대학에서 의학의 주류는 연금술사들을 방임하였다. 그들은 한편 신비종교에, 다른 한편으로는 손을 사용하는 실제활동을 하였기 때문이다. 13세기에 진정한 실험이 실행된 것은, 학문의 전통은 경험의 탐구에서 보다는 합리적 토론에 의해 발전하며, 그 대부분은 중세를 통해 수공업의 전통과는 거리를 두었다.

그래서 알렉산드리아인 사이에서 찾아 볼 수 있었던 연금술이 Chemi 또는 Chemistry(화학)라 불려 화학의 시작이 된 것이다.

## 4. 새 동력원인 수차 및 풍차

### (1) 수차의 기원

유럽 중세사회의 12~13세기는 기술의 새 시대가 열린 시기에 해당되나, 그 중심축에 위치하는 것은 일반적인 동력으로서의 수차 · 풍차의 도입이다.

수차와 풍차는 자연력을 이용하고 동시에 동력을 작업기에 전달하는 에너지원인 기계장치이다. 수차의 기원은 명확하지 않으나 B.C. 31년에는 중국 하나라의 기록에 금속가공용의 풀무에 사용되고, 한편 유럽에서는 B.C. 16년경 비트루비우스가 수차의 사용에 대해 기록하고 있다.

10) S. Mason(矢島祐利 역), 전게서, 상권, pp. 122~123.

4세기까지 다소 큰 수차가 사용되긴 하였으나 대체로 로마 세력이 강한 시대에는 노예노동에 의존하는 경우가 많아 크게 보급되지 않았으나 로마의 세력이 기울기 시작한 중세 초기에는 노예공급이 크게 줄어 중대한 노동력 부족에 직면하였다. 그래서 중세에는 인력 이외의 힘의 원천을 개발하여 응용하지 않으면 안 되게 되었다.

수차의 이용은 초기 몇 세기 동안 곡물제분에 한정될 만큼 충분히 기능을 발휘하지 못하였으나, 기술이 전반적으로 발달하여 산업에 이용되면서 노동의 생산성 향상을 가져왔고, 수차 그 자체의 여러 가지 기구의 기술적 진보가 서유럽에서 현대의 '기술문명'을 가져왔다고 하여도 과언은 아닐 것이다.

#### (2) 수차의 역사적 의미[11)]

수차는 동력원으로서의 몇 가지 중요한 의미를 가지고 있다. 첫째, 축력은 생물이 가진 유기적인 자연력인데 비해 수차는 위치 에너지에 의한 수력(무기적 자연력)을 사용하는 것이며, 의지도 없고 생명의 유지를 필요로 하지 않고 쉽사리 동력을 얻을 수 있는 동력수단이라는 점, 둘째, 그 출력이 축력에 비해 엄청나게 크다는 것, 셋째, 기계를 움직이는 데 필요한 회전운동을 간단히 만들 수 있으며, 따라서 기술의 응용범위가 축력보다 넓다는 것, 넷째, 수차동력을 작업기에 전달하기 위한 기어와 캠을 진화시켜 메커니즘 발전의 기초를 만든 것, 다섯째, 수차대공이라는 우수한 기계기술자를 탄생시켜 근대의 중기계기술의 형성에 필요한 인적 자원을 제공하였다는 점이다.

인류는 지금까지 인력과 축력을 이용하여 왔으나, 그 최대의 단위출력은 각각 0.1 kW, 1 kW 정도였다. 그러나 수차의 출력은 훨씬 커서 제일 큰 것은 8 kW 정도였고, 따라서 종래 볼 수 없었던 대규모의 노동수단을 움직일 수 있게 되어 인간의 신체적 제약을 초월하여 큰 출력을 얻을 수 있었다.

인력에서 열기관에 이르는 동력원의 단위출력의 발달과정은 그림 7·5와 같다. 이 그림에서 동력원의 단위출력이 연속적으로 증가하여 왔음을 명확하게 알 수 있다. 그래서 이 사실은 새로운 동력원으로 전환되어 가는 경우, 오래된 동력원의 능력이 충분히 발달하여 새롭고 보다 강력한 동력원의 수요를 창출하는 것이 필요한 전제조건임을 말한다.

---

11) 鈴木善次 외, 전게서, pp. 108~109.

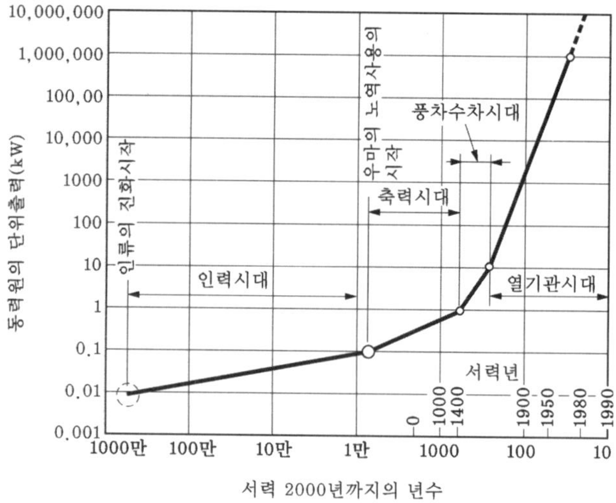


**그림 7·5 인류사에서 동력원 단위출력 발달과정**

### (3) 수차의 발달과 합리적 이용

수차는 이미 B.C. 1세기에는 지중해 세계에 탄생되어 있었으나 계절의 변화가 큰 하천유량, 풍부한 노예노동력, 지배계급의 기술멸시 등의 이유에서 수차의 보급은 늦으나 로마와 같이 수도가 정비되어 있고 소비인구도 많아 제분수요가 많은 도시에 한해서는 수차는 중요한 역할을 담당하였다.

기독교의 자애, 인간의 노동에 대한 본래적 존중, 그래서 노예제도의 비난이 수력이나 풍력을 이용하고자 하는 강한 유인이 되었다. 때문에 정치 및 사회조건이 호전되었을 때 서유럽의 수차의 수는 엄청스럽게 늘어났다. 불과 100여년 전에 100대이하이던 것이 영국 최초의 토지대장인 「돔즈데이 북(Domesday Book, 잉글란드의 토지 · 인구 · 가옥 등 기재)」에는 1086년 영국에 5,624대 이상의 수차가 있었다고 기록하고 있다.[12] 11~12세기는 18~19세기에 비교할 정도의 '산업혁명'이 일어났다.

유럽 중세 봉건사회의 초기에는 수차가 제분용으로 분산되어 있었으나 점차 유럽 각지에 수차가 급속히 보급되었다. 그것은 단순히 수만 늘어난 것이 아니고 제분용 이외에도 많은 생산활동의 일반 원동기로 확산되어 갔다. 즉 그 용도도 모직물에서 축융(13세기), 광석의 분쇄(14세기), 금속의 연마, 단조용 수력 헤머와 수력 풀무(11~12세기) 등 다양하여졌고 야금기술의 발달을 가져 왔다. 이것이 12~13세

12) R. J. Forbes · J.E. Dijksterhuis(廣重 徹 외 역), 전게서, p. 120.

기에 걸친 유럽의 농업 기술혁신과도 이어졌다(그림 7 · 6, 그림 7 · 7 참조).

중세사회에서의 이와 같은 수차의 보급에 공헌한 것은 다른 한편으로는 수도원의 역할이 매우 크다. 수도원은 기독교 교리의 연수장임과 동시에 독립된 경제단위를 이루는 생산의 현장이기도 하여 노동이 존중되었다. 사회전체가 아직 미성숙하고 기술발달이 지연되고 있을 때, 노동력이 집중된 수도원은 기술발달의 중심적인 존재였다. 수차를 제분용뿐만 아니고 다른 일반 원동기로 이용하는 선구적 실천이 이루어졌다. 프랑스의 클레르보 대수도원이 대표적이다.

**그림 7 · 6 수력에 의한 해머**

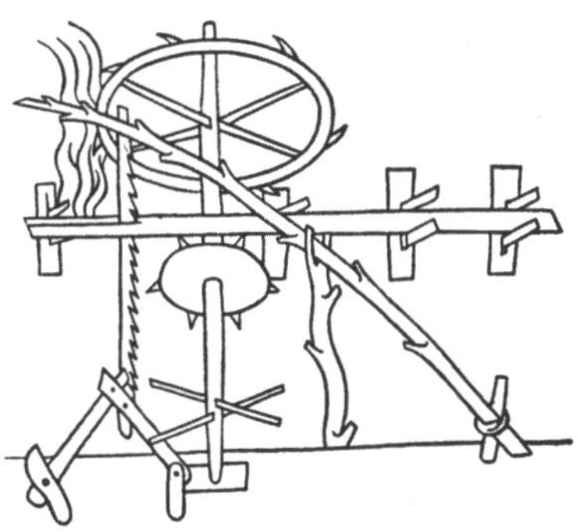

**그림 7 · 7 수력의 톱(1250년경)**

수차는 그 이외에도 제지용의 목재분쇄기(13세기), 제재 톱 · 칼날의 연마(13세기), 양수와 관개(11세기 말) 및 선반(旋盤)의 운전 · 가죽 가공 · 바늘의 길이 늘리기(14세기) 등의 원동력이 되었고, 이러한 노력은 1360년까지는 실질적으로 완성되었다. 수차는 11~13세기까지 300년 내지 400년 사이에 곡물제분용의 특수한 장치에서 공업의 많은 분야에 걸쳐 필요성과 기회가 생기면 어느 분야에서든 인간의 육체노동을 경감시킬 수 있어 공업의 많은 분야에 일반 원동기로 발달하였다.[13)]

수차가 공업의 일반 원동기로 발달하기 위해서는 동력을 전달하는 기구의 개발, 즉, 회전운동을 왕복운동으로 바꾸는 메커니즘이 필요한데, 이것은 캠 기구에 의해 10세기경, 수력 축융기에서 최초로 실현되었다.

---

13) S. Lilley(伊藤新一 외 역), 전게서, pp. 55~56.

### (4) 풍차

12세기 후반에는 제2의 원동기라 할 수 있는 풍차의 출현이 북서유럽에서 바람이 많은 낮은 지대의 연안에 또 하나의 동력원 이용을 가능케 하였으나, 수차에는 미치지 못하였다. 풍차는 십자군이 유럽에 도입시켰다고 하여, 7세기경 이후 이슬람에 존재하였으나 특수한 형태이고, 유럽의 풍차는 1180년경 노르망디부터 시작한다. 풍차는 곡물의 제분 외에는 잘 활용되지 않았으나 1400년 이후 네덜란드의 간척사업에 양수용으로 이용되었고 또 광산에서의 양수 등이다. 형상은 대체로 장치의 대부분이 고정된 탑의 내부에 수용되고, 꼭대기의 회전탑에 날개를 부착한 탑형이었다. 이후 충분히 개발되어 많은 산업목적에 사용되었는데 동력 기계의 근원적 형태라 할 수 있을 것이다.

## 5. 직물공업

의류는 식량 다음으로 생활필수품이다. 그래서 이 진보의 시대에 직물기계도 근본변화를 하였다고 하여도 조금도 이상한 일은 아니다.[14)]

기계의 발달, 특히 수차로 움직이는 튀어 오르는 해머와 타격기로 중세에서 최초로 이익을 얻은 수공업은 직물공업이다. 야금과 채광을 제외하면 직물제조는 공업답게 발달한 몇 안 되는 중세 수공업의 하나였다. 중세의 길드는 그들의 수공기능이 아무리 높은 수준에 있더라도 항상 자본의 부족으로 대단한 방해를 받아왔다. 경제적 생산을 위해 은행가가 자금을 제공하여 필요한 도구와 기계를 도입하여 기계화하는데 성공하였다. 그래서 이 공업은 이탈리아, 영국 등 부유한 지역에서 번영하게 된 것이다.

직물공업은 실제로 몇 개의 수공업 복합체이다. 그 하나하나가 별개의 길드 형태를 만들어 배타적인 사업을 경영하고 있었다. 이렇게 되어 직물제조의 모든 조작은 나누어지고 각 그룹의 직인에 의해 처리되었다.

먼저 기계화되어야 할 첫 번째 조작은 모직물의 축융이다. 비누나 알카리 용액을 혼합하고 압력이나 마찰을 가해서 수축시키거나 늘려서 조직을 치밀하게 만들어 모직물의 내구성을 크게 하는 공정이다. 수차도입은 축융업자의 이 중노동을 기계화하는 기회를 제공하였다. 기계화의 두 번째 조작은 기계직기이다. 중세유럽에 중국에서 하나의 중요한 신종직기가 들어왔다. 이것은 능직기로 북이 지나갈 때마다 실이 아래, 위로 오르내리는 종사(縱絲)의 조를 적절하게 선택하는 장치로

14) S. Lilley(伊藤新一 외 역), 전게서, pp. 65~66.

복잡한 모양을 짤 수 있는 기계였다. 중국에서 B.C. 2세기까지 사용되었고, A.D. 3세기까지 근동으로, 중세의 유럽으로 확산되었다.

13세기에는 물레(紡車)가 도입되어 직물제조의 공정을 기계화하였다. 중세의 물레는 사실상 완전히 기계화된 방적으로 나가는 첫단계이며, 다음 단계는 물레에 플라이어를 부착시켜 섬유의 실에 꼬임을 주는 연사(撚絲) 공정을 반기계화한 것이다.[15)]

물레에는 두 형태가 있다. 하나는 그림 7·8과 같은 형상으로 부인이 물레를 돌리면서 실을 감는 것이고, 다른 하나는 그림 7·9와 같이 감는 것을 플라이어 기구에 의해 작업하는 것이다. 플라이어(flyer ; 실을 감는 쇠) 기구의 작동은 그림 7·10으로 알 수 있을 것이다.

그림 7·8 플라이어를 사용하지 않은 물레(14세기)

그림 7·9 플라이어가 붙은 물레

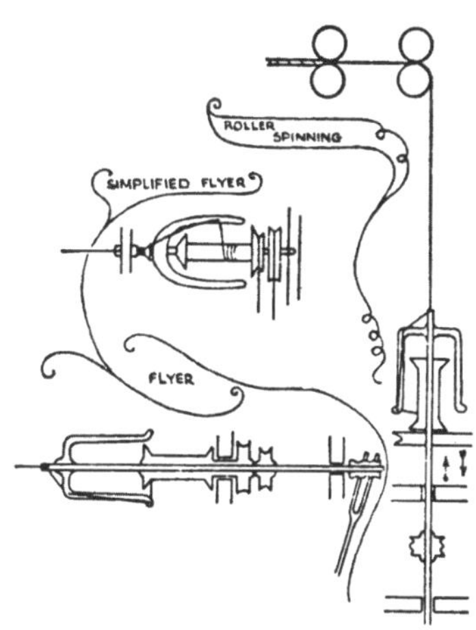


그림 7·10 플라이어 기구의 발전

15) R. J. Forbes(田中 實 역), 전게서, pp. 113~115.

이 두 형상은 이후 실을 만드는 기술발달에서 두 가지 기본형이 되었다. 플라이어가 없는 물레는 산업혁명기의 제니기와 뮬기, 또 플라이어가 붙은 물레는 수력방적기, 링크방적기의 기본형이 되고 있다.

직물 길드에 속하는 직인은 스스로 자기의 점포를 경영하는 다른 길드의 직인과 달라 숙련노동의 특성을 가지고 근대형의 임금노동자가 되었다.

## 6. 주철과 새로운 병기[16)17)18)]

중세의 위대한 기술달성은 주철의 제조에 있었다. 그것은 실제로 용광로가 서서히 발전된 결과였다. 금속에 대한 많은 수요는 중세의 전쟁 때문이다. 고대로부터의 여러 종류의 무기 외에 중세 특유의 투구와 갑옷, 정밀하지 못한 대포를 만드는데 대량의 금속이 필요하였다.

주철을 만들려면 당시까지 사용되던 어떤 용광로보다 훨씬 고온의 용광로가 필요하였다. 그래서 로마의 야금가는 여러 형태의 용광로에 관한 실험을 통해 성능과 생산방법이 개량되어 중세에는 온도도 더 한층 높고 치수도 더욱 커졌다. 동시에 수력이 이용되어 단위시간에 대량으로 풀무의 바람을 불어 넣어 결과적으로 탄소의 함유량이 많아져 양질의 주철이 얻어졌다.

11~12세기에 수력이 야금에 응용되기에 이른 것은 광석의 파쇄나 다른 조작을 기계화하였을뿐만 아니라 수력 풀무로 용광로에 대량의 공기를 송풍하는 방법도 주어졌다. 1300년경 라인강 연안에 있는 철공업은 큰 풀무를 움직이는 수차의 사용으로 송풍로의 내부조건이 개선되어 주철을 질적으로 변화없이 생산 가능하였다.

주철이 최초로 등장한 것은 13세기였으나 기술적인 어려움이 해결되지 않아 일반적인 이용은 15세기까지 늦어졌다. 모래 주형을 사용하는 기술은 14~15세기에 개발되었다. 주철은 단철이나 강과는 성분이 달라 생산을 값싸게 할 수 있었고 또 어떤 종류의 용도에도 적합한 철이라 그 후 수세기 동안 산업의 변혁에 크게 공헌하였다.

주철의 생산은 총포(銃砲)의 제조에 대단히 중요하였다. 그래서 전쟁기계의 구조에 큰 영향을 주게 되었는데 비슷한 시기에 화약의 발명(1220~1230년)이 이루어졌기 때문이다. 주철은 대포나 다른 병기의 제작에 대단히 효과적으로 이용되었

16) Samuel Lilley(小林秋男 외 역), 전게서, pp. 75~76.
17) R.J. Forbes · J.E. Dijksterhuis(廣重 徹 외 역), 전게서, pp. 128~130.
18) R.J. Forbes(田中 實 외 역), 전게서, pp. 115~122.

다. 재래식 대포는 1350년까지는 대부분 '주조 청동포'로 대체되었고, 그로부터 1세기가 지나 철제 포신(砲身)을 주조하는 바른 기술이 완성되어 15세기 초에는 용광로에서 직접 주형에 넣어 제조하게 되었다. '철의 주조기술'은 북동프랑스 · 이탈리아 등 넓게 확산되어 단조로 만들어지는 경우는 사라졌다.

주철은 그 외에도 쇠로 바늘을 만드는 인발판(引抜板)이 10세기에 발명되었고 도검류(刀劍類), 낫, 강철 바늘의 제조도 또 발전하였다.

대포 및 총포의 도입은 기술의 발달에 대해 두 가지의 중요한 여향을 주었다. 대포는 발사체가 그리는 과정이나 탄도학(彈道學)의 여러 문제의 연구를 유도하고 또 중력 · 충격 기타의 역학에 관한 문제의 연구를 자극하여 이런 문제의 해결은 군사적 효용을 초월하는 의미를 가지고 있다. 이 기술상의 발명은 과학자들로 하여금 직인들의 일에 흥미를 가지게 하여 과학과 기술의 협력을 촉진하는 여러 요인의 하나가 되었다.

총포의 도입은 또 도구와 부품의 표준화 필요성에 당국의 주의를 환기시키는 일이 되었다. 초기의 총포는 각기 전용포탄을 구비하고 있었으나 군사당국은 포신과 탄약과의 호환성이 크게 가치가 있다고 판단, 병기의 표준화에 이어 훈련이나 복장에도 표준화가 이루어졌다.

## 7. 육로 및 수로운송[19)]

### (1) 육로(陸路)운송

로마제국 붕괴의 최악의 결과는 중앙정권의 붕괴였다. 이 사실은 육로운송에 치명적인 영향을 주었다. 왜냐하면 중세에서는 결코 완전히 회복이 되지 않았기 때문이다. 로마정부는 공공사업에 대해 높은 가치를 두었으나 중세에서 어느 정부도 로마인들이 이룩한 사업을 따라가지 못하였다. 로마의 도로조직은 몇 세기 동안 존속되었으나 점차 파손되어 중세 말경에는 도로의 대부분은 건축을 위해 돌을 필요로하는 농민들에 의해 파헤쳐졌다.

로마의 도로조직은 이슬람 세계 쪽에서 오랫동안 남아 있었다. 그러나 서유럽의 여행은 대단히 어려웠다. 많은 도시, 사원이나 수도원 또 관리들은 각각 문서 전달원을 두고 있었음이 확실하여졌다. 그들은 때로는 규칙적인 서비스를 유지하였으나 처음에는 도보로, 13세기 이후는 대부분 말을 타고 업무수행을 하였다. 상품

19) R.J. Forbes · J.E. Dijksterhuis(廣重 徹 외 역), 전게서, pp. 124~126.

의 운송은 도로 · 강 · 해상에 부과되는 무수한 통과나 시장에서의 부과금으로 엄청난 방해를 받았다. 부과금이 비록 도로와 운송을 유치하기 위한 것이었으나 효과적으로 사용은 하지 못하였다. 14세기가 되어서는 '왕의 공로'(公路)는 국가예산에 크게 의존하게 되었고, 로마와 다른 지역에 있는 중요한 성지에 순례자의 여행이 시작됨에 따라 새로운 공로(公路)가 필요하였다. 상업의 발전은 몇 개의 도시를 강제해서 도시 사이를 연결하는 도로를 건설시켰다. 13세기에는 알프스를 넘는 도로를 다시 바꾸거나 개선하였다.

중세의 도로기술자는 고대인의 단단한 도로구조를 모방하지 않고 무른 모래 땅의 기초 위에 둥근 돌이나 파쇄된 돌을 깐 공로를 도입하였다. 그러다 보니 더위와 추위에 따라 쉽게 팽창되거나 수축되었다. 물론 돌을 몰탈로 굳힌 자갈길(砂利道) 등 단단한 도로도 건설하였다.

중세의 2륜 또는 4륜 짐수레는 고대와 별 차이는 없었으나 대형일 때는 짐수레를 끄는 동물들을 능율적으로 세로로 세울 수 있게 되었다. 앞 차축은 중세 말까지는 피보드(pivot)로 선회되는 축받이를 차대에 부착해서 회전이 쉽게 되었고, 이런 연결은 처음으로 전쟁기계에 나타났고 점차 다른 수레나 짐 마차에 응용되었다. 유일한 새 형태의 수레는 손으로 미는 수레로 13세기 이후 알프스의 산길을 넘어 상품을 운반하는 것을 도왔다. 대부분의 상품은 또 탄광부(collier)들이 짐 싣는 동물에 의해 운반하였다.

#### (2) 수로(水路)운송

대부분의 중세 육로운송은 실제로는 강이나 해안까지 최단거리를 운송하는 것이었다. 고대와 마찬가지로 수로운송이 그래도 상품운송에는 값이 싼 방법이었다. 고대의 평저선(平底船)이 중세에도 강을 운행하고 있었으나 서유럽이 점차 눈앞에 확대되는 대서양의 중요성에 눈을 돌리게 됨에 따라 대양 항해선의 건조에 중요한 변화가 생겼다. 다수의 노(櫓, oar)를 가진 운반선이나 지중해의 상선은 점차 큰 삼각 돛을 채용하여, 노 젓는 경우는 좋은 조건이라도 대서양이나 거칠은 북해를 항해하는데는 대개 적합하지 않았다.

아이슬랜드나 스페인에서 항해된 널빤지를 깐 바이킹(항해술이 뛰어나고 주로 상업에 종사)식 '장거리 배'에 대해선 두, 세가지 정도 알려지고 있다. 또 조립식 옆면이나 용골이 점차 채용되었음도 알려져 있다. 12세기에 환영을 받은 중앙의 돛대(mast)에 하나의 4각 돛을 단 대형의 둥글고 팽팽한 널빤지로 된 상선 콕그(cog)는 북해연안에서 몇 세기 동안 사용한 둥근 목조선이 대형화된 것이다. 15세기는 전

범주선에 도달하였다. 8세기의 중국과 13세기의 유럽에서 근대적인 키(舵)가 등장하였고, 그것은 용골의 연장이면서 배와 일체로 되어 있고 선미재(船尾材)에 단단히 고정하였다. 14세기에는 새로운 평 널빤지 선박이 일반화되어 있었고, 나침반의 도입(12세기)이 대양 항해를 촉진시키는 가장 중요한 발명이었다.

## 7.2 동업조합(길드)의 수공업 생산

11세기경 일부의 서유럽 여러 나라에는 봉건제도가 최성기로 접어들었음을 표시하는 큰 사회적 변동이 나타났다. 도시가 형성되고 전국적인 시장이 발생하여 개개 지역간의 경제관계가 호전되었다. 10세기 후반 이후 상업의 부활과 함께 도시 내에 상공업 조합으로 길드(guild)[20]라 부르는 조직이 발달하였다. 잉글랜드 남부, 북프랑스, 서부독일 및 라인강 하류지역에 형성된 상인을 중심으로 한 길드(merchart guild)는 먼저 원거리 상인의 공동방위와 권익을 확보하기 위해 등장한 것이나 중세도시에서 상인지배의 주축을 형성하게 되었다. 상인과 더불어 드디어 수공업의 길드(craft guild)가 직종마다 조직이 결성되어 13세기 이후 상인층의 도시 지배에 대항하여 시정(市政)참가의 운동을 전개하였다. 또 13~14세기 봉건도시의 주민과 봉건영주와의 계급투쟁이 격화된 결과 수공업 동업조합이 기본적인 형태가 되었고, 동업조합에 결집된 수공업자들은 영주에서 독립, 자치권을 획득하여 결국은 자치도시를 형성하게 되었는데 이후 길드라면 수공업자의 동업조합을 의미하였으며, 이 길드는 산업상의 단체이기도 하고 동시에 정치적인 단체가 되기도 하였다.

동업조합의 생산형태는 사회의 발달에 진보적인 역할을 하게 되었다. 이 형태는 독점적 · 배타적으로 조합원을 제한하여 수공업자의 경제 · 법적 지위를 강화하고, 생산수단을 개량하는 조건을 만들어 생산성의 경험을 축적해서 사회적 분업의 발전을 더욱 부채질하였다.

### 1. 수공업 길드의 중심

#### (1) 길드의 조직형태

자연과학과 기술의 진보는 도시발전과 매우 밀접한 관계를 가지고 있다. 유럽에서 자연과학과 기술이 최초로 발생된 것은 수공업이 널리 발전된 이탈리아였다.

---

20) 鈴木善次 외, 전게서, p. 112.

봉건사회의 생산관계 여러 능력의 증가, 분업 및 수공업이 농업에서 분리된 결과 발생한 도시는 행정기관의 중심이고, 상업의 중심도 되었다. 이 시기에 도시가 뚜렷하게 발전된 것은 농업과 관계를 단절하고 수공업이 유리하다고 판단한 다수의 농민이 유입되였기 때문이다.[21] 수공업이 발전하여 나가는데 특히 중요한 것은 상품을 유통시키는 상인이고, 도시 각종 수공업의 발달에 토대가 된 것은 농업과 농민들의 수요였다. 그렇게 되면서 농업과 수공업은 필연적으로 전문화되었다. 이들 수공업의 직인조직에는 크게 우두머리를 중심멤버로 하는 동업조합(guild, 同業組合)과 직인의 횡적 연대조직인 동료단체(company, 同職組合)가 있었다.

10세기 유럽에 수공업자의 초기 동업조합 조직의 형성에서 동업조합은 도시에 있고, 이들 생산은 농업과 완전히 분리 되었다. 이 동업조합은 매우 폐쇄적이었고 수공업의 사업장은 내부에 우두머리(Master, 匠人), 직인(Journeyman) 및 도제(Apprentice, 조수)의 계층이 생겼다. 우두머리는 2~3인의 무급도제를 조수로 데리고 있었고, 또 1~2인의 직인을 고용하였는데 이들 직인은 임금을 받고 일을 하고 있으나 장차 자기도 우두머리가 되기 위한 준비에 지나지 않았다.

당시의 직인은 12~13세로 도제가 되고, 4~6년의 수련 후 직인의 시험을 보아 제몫을 할 자격이 되면 떠돌이 직인이 되어 기예를 지도하는 유명한 스승(師匠) 밑에서 다시 수련을 한다. 편력을 마치고 도시의 길드에 작품(masterpiece)을 제출하여 인정을 받으면 길드에의 가입허가가 나와 비로소 우두머리가 될 수 있다. 우두머리가 못되면 공방(工房)은 물론 도제도 거느릴 수 없었고, 작품을 팔 수도 없었다.

우두머리는 많은 특권을 가지고 있었으나, 특히 화가나 유리, 석공, 조각가의 우두머리는 귀족과 친족이 되기도 하며, 건축물 등의 작품에 자기의 이름을 새기기도 한다. 일부는 무능력한 자식이 후계자가 되어 망하기도 하였다.

### (2) 길드의 규정

길드는 수공업의 우두머리 영업공동체이므로 경쟁과 수입감소를 방지하기 위해 길드 규정에 의해 조합원을 엄하게 규제하였다. 이와 같은 길드 규정은 직인의 자격, 우두머리에의 승격을 결정하는 권한을 가지며, 또 우두머리 · 직인 · 도제 등 수의 제한, 야간작업의 금지, 제품의 품질보증, 공정가격의 결정 등을 하며, 우두머리가 자본가가 되는 것도 금지되어 있어 그 직종에 종사하는 조합원의 독점적 권익을 옹호하였고, 동시에 의료비, 장제비를 공동부담하는 상호부조, 연대보증

---

21) 鈴木善次 외, 전게서, p. 112.

제도까지 있었다. 또, 생산공정도 규제하여 오랜 전통에서 확립된 작업방법을 엄수하였다.

길드 규제의 하나인 편력강제[22]는 직종에 따라 정도의 차이는 있으나 우두머리 조합에 대항하고 인격구속에서 벗어나 사회적 지위의 향상을 기하는 직인조합(동직조합)의 형성을 촉진하였고, 다른 한편으로 그 편력은 문자를 읽을 수 없었던 직인들의 취직자리나 기술 · 문화의 정보교환을 추진하였다. 편력직인에 의한 기술의 파급은 산업혁명의 과도기로 기술교육이 일반에게 보급되어 가는 19세기 중반경까지 계속되었다.

과대평가해서는 안 되겠지만 이들 편력직인이 유럽문화를 근본적으로 매개하여 보편화하는 역할의 일부분을 담당하였다. 그래서 산업혁명 시기에 등장하는 근대적 기술자(engineer)의 대부분도 도제시대 · 편력시대를 경험한 직인, 즉 수차대공 · 석공 · 시계사 · 대장장이의 자손들이었다.

중세의 여러 도시에서는 길드의 종류[23]로 볼 수 있는 금속단련공 · 귀금속 세공사 · 도자기공 · 목공 · 피혁공 · 유리공 · 골재 조각사 · 화폐도안공 · 무기제조공 · 선반공 · 성상화가 · 건축기사 등의 수공업자가 하나의 구역 내에서 거주하였다.

기술이 발달하여 사회의 생산력이 높아지면 수공업도 변혁과 발전을 강요당하는데, 길드는 작업의 규모를 확대한다든가 작업장 내에 분업을 도입하여 생산성을 높이기 위한 혁신방책을 강구하기보다는, 옛날의 작업방법을 고수하는 소규모 그대로의 길드 직종과 그 수를 증가시키는 것으로 대응하였다. 예를 들어, 14세기 초의 파리에서는 이렇게 하여 단순하게 확대된 5,500여명의 수공업자를 고용하는 300개 이상의 길드가 존재하였다.

### (3) 길드의 결과

길드 제도는 농촌과 도시의 분리로 농업과 수공업이 나누어지면서 중세 봉건사회의 역사적 조건에 기초를 두어 도시 수공업의 확립과 그 기술수준을 높이고 유지하여 제품의 품질과 전통적인 틀이 지켜졌다.

14세기 이후, 중세 도시경제의 발전이 한계에 이르자 농촌인구의 유입에 따른 직인층의 증가에 대해 우두머리 수의 제한으로 길드 제도를 지키고자 자유경쟁 원리가 배제되어 기술면이나 제도면에서 보수적인 성격을 강하게 하였다. 한편 편력직인층이 유럽 전 지역을 왕래하면서 유럽 기술수준의 평준화에 공헌도 하

---

22) 荒井政治 외 편, 전게서, p. 287.

23) 소련 과학아카데미 편(金光不二夫 외 역), 전게서, pp. 116~122.

였다.[24)]

봉건적 생산방식의 생산력이 증가함에 따라 길드는 성장 · 전문화하여 새로운 직업이 출현, 보다 개량된 도구가 개발되기에 이르렀고, 또 직인층이 분화되고, 그 가운데 특히 고소득 · 특권계층이 생겨 이들을 '고등직인'이라 불렀는데 교회나 봉건영주의 예속에서 벗어나 자립을 하기도 하였다.

15세기경에는 기술이 진보되는 경향이 어느 정도 인정되었고 생산력의 동력기반을 근본적으로 변화시키는 필요성이 생겨 수력 · 풍력에너지를 이용하게 되었다. 그러나 18세기 후반 이후 영업의 자유경쟁원칙이 채택됨에 따라 길드는 해체되었다.

## 2. 최초의 자동장치인 기계시계

### (1) 시계의 등장

시간관념은 이미 원시시대부터 생겨, 여러 가지 연구를 시도하여 어느 정도 정확한 시간을 측정하려고 노력하였다.

자연 가운데서도 기본적으로 인간생활에 크게 영향을 주는 것에 하늘의 별들 움직임, 달(月)이 차고 이지러짐, 그리고 매일의 태양 움직임, 세 가지가 있다. 이 가운데 별의 움직임과 태양의 경로는 1년을 주기로 변화한다. 이 세 가지에 의해 1년, 1개월 및 1일이 사람들의 생활을 규제하게 된 것은 당연하다.

그래서 원시시대는 종교적 의미에서 특정한 별, 태양이 특정의 위치에서 출입하는 시기를 측정할 필요가 생겼다. 농경문화가 시작됨과 아울러 계절의 변화를 포착하기 위해 보다 정확하게 별의 위치와 태양의 고도를 알기 원했고, 사람들이 도시에 살게 되면서 공통시간을 가질 필요도 생겼다.

일하는 시간, 상행위의 약속 등으로 하루를 아침 · 낮 · 밤이라는 정도로는 불충분하여 물시계 · 해시계 · 모래시계 · 불시계(또는 촛불시계) 등 옛날부터 여러 형태의 시계가 개발, 사용되었다.

일본에서는 절에 향불시계, 예능기생의 집에서는 화대를 셈하는 선향(線香)시계도 있었다.[25)] '불시계'는 물시계에 비교하여 정확성이 뒤지고 한정된 특수장소에서만 사용되었다. 그 외에도 자연에서 꽃의 개화시간을 이용한 '꽃시계' 등 여러 가지가 고안, 사용되었으나 시간측정의 주류는 되지 못했다.

---

24) 伊東俊太郎 외 편, 전게서, p. 280.
25) 伊東俊太郎 외 편, 전게서, p. 727.

그러다 과학기술이 발달, 천문관측과 천체운동의 연구, 수도원에서는 정확한 기도시간의 파악, 활발한 시민들의 상거래, 또 바다에서는 대양 항해의 발전에 따라 선박의 위치를 결정할 때 위도는 천체관측으로 할 수 있으나 필요한 경도의 측정에는 정확한 시간을 알 필요성이 대두되어 기계시계가 만들어졌을 것으로 판단된다.

#### (2) 기술발전에 따른 기계시계의 변천

기계시계의 발명 이전에도 기술 · 기계학 · 수학 · 천문학의 진보가 있었다. 기계시계는 그 이전의 여러 시계보다 정확성이 높고, 그리고 많은 분야에 큰 영향을 주었다. 대양 항해시대를 가져온 것도 정밀시계인 크로노미터가 발명되었기 때문이다. 그런데 기계시계가 등장하기 위해서는 속도를 일정하게 유지시키는 조속기의 발명이 우선되어야만 한다.

11세기경부터 추가 붙은 기계시계가 등장하였다. 기계시계에 사용되는 조속기의 최초 발명자는 앙리 드 윗크로 그는 1364~1370년에 걸쳐 시간을 알리는 시계를 만들었다고 한다. 1390년경에는 영국, 프랑스 및 독일의 각 지역에서 시계가 만들어져 대성당의 탑에 설치되기도 했다.

기계시계에서 가장 중요한 메커니즘은 탈진장치(escapement)이고 이 장치는 조속기와 기어 등의 전도기를 중계하며, 조속기에 동력을 주어 진동시키는 장치인데, 동력원의 에너지를 조금씩 방출시켜 시간을 지키게 한다.

최초의 탈진기는 중국 송시대의 정치가 · 천문학자 · 본초학자인 소용(蘇頌, 1020~1101)이 11세기 말에 지은 「신의상법요」(新儀象法要)(1092)에 천문시계용으로 기록되어 있다(그림 7 · 11). 여기서는 물의 낙하를 이용한 메커니즘이 세계에서 가장 오래된 것이나, 중국에서는 이 장치가 권력의 빈번한 교체로 인해

그림 7 · 11 소용이 건조한 천문시계탑(1090)
(탑 내의 수차의 구동바퀴에 특수한 탈진기가 붙어 있다)

아깝게도 전해지지 않고 있다.[26)]

유럽에서는 기계시계가 14세기에는 분명하게 있었으며, 이미 13세기의 기록에 탈진기의 기본원리를 포함하는 장치의 기록이 있다. 이것은 중세의 우수한 기술자인 프랑스인 비라르 드 오네쿠르(Villard de Honnecourt, 1190~1260년경)에 의한 기록 중에 있는 것이며, 추의 낙하를 막대에 감겨져 있는 로프의 저항으로 제어하는 조립식이다(그림 7 · 12).

유럽에 나타난 최초의 기계시계[27)] [28)]는 머리 기어, 두 개의 작은 추가 붙은 T자형 막대의 조정장치 및 이것을 연결하는 막대와 두 개의 갈고리 판으로 이루어지는 탈진장치를 가지고 있으며, 이것에 의해 큰 추의 낙하에너지를 제어하도록 만들어져 있다(그림 7 · 13). 이런 시계는 대단히 커서 탑시계에 적합하며, 유럽 도시의 큰 공공건물과 수도원, 대성당에만 사용되었다.

16세기 이후에는 태엽을 동력원으로 하는 소형이고 정밀한 회중시계가 뉘른베르크에 나타났다. 그러나 너무 값이 비싸 일반적인 시계로는 되지 못하고 부호들의 기계 장난감에 불과하였다.

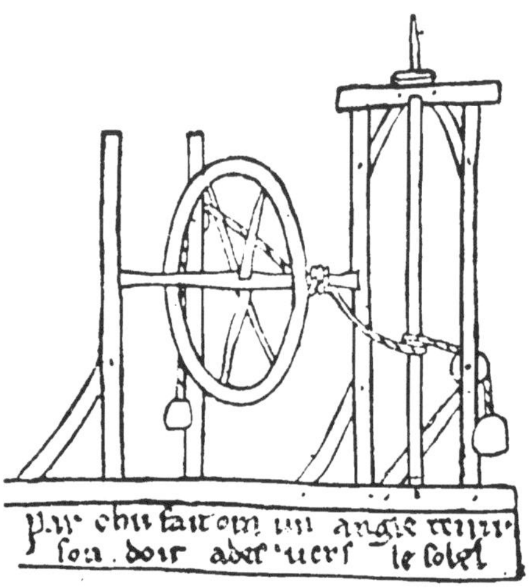

그림 7 · 12 비라르 드 오네쿠르에 의해 기록된 탈진기

그림 7 · 13 가장 오래된 기계시계

26) 鈴木善次 외, 전게서, pp. 113~114.

27) T. K. Derry · Trevor I. Williams, 전게서, pp. 226~228.

28) S. Lilley(伊藤新一 외 역), 전게서, pp. 67~69.

1582년에 갈릴레오가 진자의 등시성 이론을 연구하고, 그의 아들과 시계를 만들려고 하였으나 성공하지 못하였다. 네덜란드의 물리학자 호이헨스(Christian. Huygens, 1629~1695)[29]는 진자의 등시성을 시계의 속도조정 시스템에 응용하여 1657년에 최초의 항해용 진자시계를 만들었다.

호이헨스는 자기가 사용할 기구를 스스로 만들고, 자기가 렌즈를 연마하거나 소재의 본질에 관한 명확한 지식을 가진 직인 · 기술자 · 과학자라 할 수 있을 정도로 유명하였다. 그는 영국 왕립학회에 속한 네덜란드인으로 근대 초기의 파리 국립천문대(1672년 완성)에서 일을 한 국제적 인물이었다.

호이헨스는 유명한 저서 「진자시계」를 1673년에 출판하였는데 등시적인 진자의 운동에 관한 이론과 진자시계를 설계하여 그림으로 표시하였다. 그런데 이 진자시계는 하루에 10초 정도의 오차밖에 생기지 않을 정도로 정밀하였다고 한다. 이 시계야말로 원동기 · 전동기 · 작업기를 하나로 종합한 시계원형이었다.

또 항해 중의 선박이 현위치를 알고자 하면 위도와 경도의 측정에 의해 확정되는데 정확한 기계시계는 위도와 경도의 측정을 위해서는 꼭 필요한 물건이 되어, 사용하기에 충분히 오래 견디는 항해용 정밀시계인 크로노미터(chronometer)를 개발하기에 이르렀고, 실용적인 것은 18세기 후반에 하리슨(J. Harison, 1693~1776)에 의해 실현되었다. 하리슨은 1728~1759년에 걸쳐 항해용의 크로노미터 4종을 제작하였는데 기계시계의 극치라 할 정도였다. 이로써 항해의 확실성과 안전성이 보장되었다. 한편 팔목시계는 19세기 초에 보급되었다.

#### (3) 기계시계의 의미

기계시계는 인간에 의해 만들어진 최초의 자동기계이며, 시계 발달사에는 동력전달의 기구나 다른 메커니즘 원리의 전개가 집약되어 있다.

당시의 시계기사는 대형 진자시계의 각 부품이나 소형 회중시계의 작은 금속부품을 되도록이면 정밀하게 가공하지 않으면 안 되었다. 시계기사가 가지는 정밀공작기술은 수차 등의 큰 동력을 사용하는 기계를 만드는 중기기술자와 결합되어 근대 기계공작 기술을 탄생시키는 모체가 되었다. 또 산업혁명에서의 기계체계 중 동력전달기구의 기술적 기초를 구축하였다.

시계기술은 그후 1918년에 미국의 와렌(Warren)이 전기시계를 만들었고, 1927년에는 수정진동자에 전압을 가해 대단히 정확한 주파수를 만드는 수정시계(현재

29) 伊東俊太郎 외 편, 전게서, p. 728.

는 300년간 1초 정도의 오차)를 발명하였으며, 현재는 '원자시계'가 실용화되어 국제적인 시간의 기준이 되고 있다.

## 7.3 제철의 기술혁명

인류의 역사는 석기시대 · 청동기시대를 거쳐 B.C. 1500년경부터 철기시대에 진입하였다. 그러나 산업혁명 이전, 실제로 철이 사용된 것은 동 · 서양에서 공구 · 농구 · 무기 · 못 · 바늘 등 한정된 용도였고, 양적으로도 여러 재료의 사용량 중 일부에 지나지 않았다.

그러던 것이 14 및 15세기경 고로법(Hochofen)이 라인강 중류지역에 생겨 16세기 각국에 전파되어 제철기술의 혁명이 일어났다. 지금까지 제철은 용융상태에서는 불가능하였는데 용융상태의 선철(주철)이 고로법으로 제조할 수 있게 되었다.

철의 원료인 철광석은 산화철이므로 용광로 안에서 다량의 탄소를 연소시켜 고온의 상태에서 산소를 탄소와 화합시켜 탄산가스로 제거(환원)시키고 남은 철금속을 얻는다. 예로부터 현대에 이르기까지의 제철법은 모두 이 원리에 따르고 있다.

제철기술의 역사는 크게 2단계를 거쳐 왔다.[30) 31)] 제1단계는 목탄을 연료로 하여 연철을 제조하는 직접제철법의 시대로 용광로의 온도를 충분히 올릴 수 없기 때문에 철은 반용융상태로 얻어지며, 그 안에는 목탄 · 광석 · 기타의 불순물의 일부가 함유되어 있었다. 철광석에서 쇠를 제련할 때는 내화성의 돌로 축조한 렌로, 슈우도워로 등이 사용되었다. 렌로나 슈우도워로는 노내에서 철광석이 해면상(海綿狀)의 덩어리가 되면 노벽을 파괴하여 끄집어내고 가단주철로 사용하였다.

제2단계는 서부독일과 북이탈리아에서 14세기에 개발된 고로(용광로)를 사용, 수차로 강력한 송풍을 하여 용해된 선철(주철)을 제조하고 이것을 다시 정련로에서 가열하여 탄소를 제거[脫炭], 연철(가단철)을 얻는 고로-정련로라는 간접제철법의 시대였다. 이러한 고로법에서는 수차로 움직이는 수력 풀무를 사용하여 노 내의 온도(1350℃ 정도)를 높이고 용융된 선철을 16세기경에 만들 수 있었다. 이렇게 하여 제철법은 지금까지의 1단계법(직접법)에서 고로(철광석 → 선철) - 정련로(선철 → 연철)라는 2단계법(간접법)으로 바뀌었다(그림 7 · 14 참조).

이와 같은 2단계 제철법은 오늘날의 거대한 제철기술의 기본이 되고 있다. 또

30) 荒井政治 외 편, 전게서, pp. 122~123.
31) 伊東俊太郎 외 편, 전게서, pp. 1054~1056.

이러한 금속의 제련·정련은 산화·환원이나 증류, 아말감법 등 화학이론의 형성을 준비하였고, 또 광석시험법은 화학분석의 기초가 되는 등 근대화학의 학교역할을 하였다. 철의 정련은 몇 사람의 노동자가 일정한 분업을 전제로 하고 있다. 공장에서는 목탄·용련·단련의 직인이나 대장간의 독립된 부분노동을 한다.

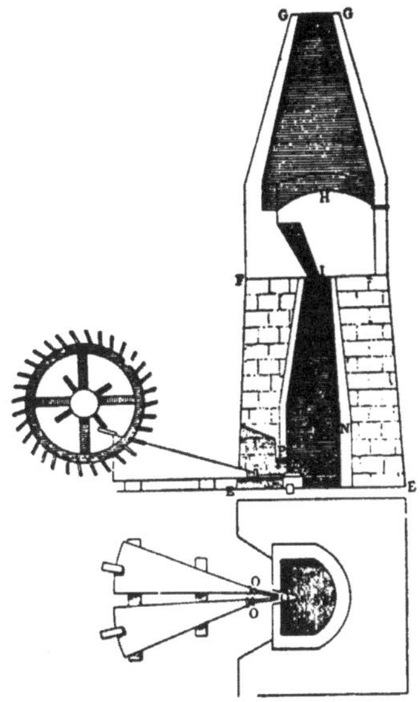


그림 7·14 15~16세기의 용광로

목탄을 사용하는 고로의 높이는 16세기까지는 대개 4.5 m 정도였으나, 대형의 목제 풀무가 출현한 17세기 이후는 한층 높은 것이 되었다(18세기의 목탄로는 10~14 m 높이가 되는 것도 있었다). 고로는 렌로가 1일당 8 kg정도의 생산능력을 가진 데 비해, 최초의 고로도 1일당 2~3톤의 능력이 있었으며, 개량된 후의 고로는 1일당 10톤을 넘었다.[32)]

철의 주조가 가능하게 되고 주조대포가 등장하면서 마침내 소총의 출현을 가져와 전쟁형태나 축성술에 큰 변화가 왔다. 또한, 전쟁은 새 고로법에 큰 시장을 제공했으며, 군사기술의 발전은 총기의 금속부분 가공이나 대포의 보링을 위한 금속가공 기술을 발달시키기에 이르렀다. 이렇게 볼 때, 야금과 광산기술에는 수차가 상당히 큰 역할을 하였다.

## 7.4 중세사회의 3대발명

중세 유럽의 공업·기술의 발전은 암흑시대의 막바지에 일어난 안정된 경제·정치적 여러 조건에 의해 처음으로 가능하였다.

중세 봉건사회를 해방시키고 근대 시민사회를 형성시키는 계기를 만든 것은 14~15세기에 이루어진 인쇄술·원양 항해기술·화약의 '3대발명'이라고 한다.

이들 기술은 근대적인 산업이나 문화·교통의 기초를 준비하였고, 어느 것이나 세계 문화발전의 기초를 이룬 것은 말할 것도 없고 나아가서 여러 과학·기술이 과학기술 문화를 배양하고 경제력을 발전시켜 드디어 현대에서 자본주의 사회의

---

32) 山崎俊雄 외 편, 전게서, p. 63.

발전을 초래하였다. 이들 3대발명의 기원은 중국이며, 유럽에서 개량되어 기술적으로 성숙되고 보급되어 중세사회를 변혁하게 되는 중요한 요인이 되었다.

## 1. 종이와 인쇄술

### (1) 종이[33) 34)]

인류 최대발명의 하나인 종이(학자에 따라서는 4대발명이라고도 함)는 105년 중국 후한 때의 채륜에 의해 발명되었다. 종이는 식물성 섬유로 만들며, 중국에서 오랜 세월이 지나고 복잡한 경로를 거쳐 유럽에 전파되었다.

서역 지역에는 실크로드를 통해 전해졌으나, 751년 포로가 된 당나라 군사 중 제지공이 전승국(戰勝國) 사라센 제국에 기술을 전달한 것이 동양의 종이가 서유럽 국가에 전파된 요인이다.

759년 드디어 사라센인의 손을 통해 이집트에는 960년, 그래서 1150년경 아라비아 문명과 유럽문명의 주요 접촉점인 스페인에 이르렀다. 1189년에는 남프랑스, 1270년에 이탈리아, 1320년에는 독일로까지 확산되었고, 1494년에는 영국에 최초의 제지공장이 건설되었다. 대서양을 건너 미국은 1690년경으로 세계가 종이를 생산하게 되었다. 그 사이 14세기경부터 발생한 르네상스의 풍조는 정보의 매체로 종이의 증산을 독촉하게 되고, 독일인 구텐베르크 등의 활판인쇄술의 발명은 여기에 박차를 가했고, 원료인 마포(麻布)의 부족은 심각하였다.

그림 7·15 한 나라 때의 제지공정

그림 7·15는 중국 한나라 때의 제지기술의 공정도이다. 이 종이의 출현과 밀접한 관계가 있는 것이 인쇄술이다.

문자를 쓰는 종이는 B.C.3000년경 고대 이집트시대에 만들었다고 하는 파피루스(Papyrus)에서 유래된다. 파피루스는

33) 下間頼一, 전게서, p. 147, pp. 171~172.
34) 伊東俊太郎 외 편, 전게서, p. 209.

이집트 나일강 삼각주 지대에 자라는 수초라고 한다. Paper(영국), Papier(독일, 프랑스)라는 용어는 바로 Papyrus에서 딴 이름이다.

5세기경에 그리스인이 연구한 양피지(Parchment)가 있다. 소아시아, 서부아시아에서 발명된 것이라 한다. 양 또는 산양의 가죽으로 만든 것이나 중국에서 전해진 제지기술로 인해 15세기경부터는 사용되지 않았다.

### (2) 활판인쇄술

인쇄술의 발명은 3단계로 구분할 수 있는데, 최초는 목제의 판목에 의해 판목인쇄가 되었고, 다음 단계에 목제활자로 목제활자 인쇄가 가능하였다. 목제활자들은 어느 경우나 하나하나 글자를 조각하여 만들어야 했고, 목제활자에 의한 인쇄에는 큰 노력이 필요하였다. 마지막으로 된 것이 금속활자에 의한 금속활자 인쇄이며, 같은 자모의 활자는 모두 하나의 주형에서 주조할 수 있었으며, 규격화된 호환성 부품이기 때문에 대량생산이 가능하였다(그림 7·16 참조).

중국에서 목판인쇄는 6세기 초에 등장하였다. 흙으로 만든 활자가 사용된 것은 1045년경 필승(畢昇)에 의해 발명되었고, 목제활자는 1314년경이었다. 그러나 중국 글에 필요한 활자의 종류가 너무 많은 것이 주조활자의 넓은 이용을 방해하였다.

중국과 유럽 사이의 상업적 접촉을 통해 인쇄술은 1294년에 페르시아에 도달하였으나 그후 1세기 사이는 더 이상 확산되지 않았다. 유럽에 사용된 기술은 중국과는 달랐다.[35) 36)]

그림 7·16 당시의 인쇄소(1586)

35) S. Lilley(伊藤新一 외 역), 전게서, pp. 70~72.

중세 이후 독일은 인쇄 · 출판의 중심지가 되었다. 프랑크푸르트 서쪽 라인강변에 있는 마인즈시에서 태어난 구텐베르크(Johann Gutenberg, 1398~1468)는 금속활자에 의한 인쇄를 개시한 사람으로 유명하다. 그는 마인즈시의 전통있는 귀족가문에서 태어났다. 또, 당시 르네상스 시대의 수도원 등에서 종교에 관한 복사체의 출판이 성행되고 책의 수요가 급격하게 확대되고 있는 시대인 만큼, 구텐베르크는 금 · 은의 세공사로 활약하면서 납 활자의 주조를 시작하였다. 이 납에는 주석과 소량의 안티몬을 넣고 납에 경도를 주도록 연구하여 '삼원합금'의 활자를 만들었고, 1445년에 삼원합금에 의한 주조활자로 '활판인쇄술'(typograpy)을 발명하였다. 이 인쇄술은 구텐베르크의 가장 큰 공헌이고, 또 삼원합금은 그후 500년이 더 지난 지금도 인쇄용 활자합금으로 사용되고 있다.[37]

최근의 연구에 의하면 하렘의 코스트(Coster, 1370~1440)가 처음으로 흩어진 주조활자를 사용하여 인쇄한 것을 1448~1454년 사이에 구텐베르크가 이 기술을 개량한 것이라 한다.[38] 그런가 하면 42줄의 성경은 1452년 구텐베르크가 착수하였고, 요한 후스트(Johann Fust, ?~1466)와 피터 세퍼(Peter Schöffer, 1430~1502)가 1455년경 완성하였다고 한다.

구텐베르크가 최초로 인쇄한 것이 한 페이지에 42행 2단으로 되어 있는「42행 성서」(1452~1455 ?)(그림 7 · 17), 또는「구텐베르크 성서」(Gutenberg Bible)라고도 하며, 180부만을 인쇄하였고, 현존하는 48부 중 온전한 책이 22부이며, 그 가운데 한 권이 1978년 6월, 240만 달러였고, 1987년에는 539만 달러였다고 한다.

**그림 7 · 17 구텐베르크와 처음으로 인쇄된 성서**

36) T. K. Derry · Trevor I. Williams, 전게서, pp. 235~242.

37) 會田軍太夫, 전게서, pp. 50~54.

38) R. J. Forbes(田中 實 역), 전게서, p. 133.

1470년 구텐베르크의 제자이기도 한 프랑스인 니콜라스 존슨은 베네치아 공국(公國, dukedom)에서 인쇄업을 시작하여 로마 서체를 발명하였고, 1494년 역시 베네치아에서 인쇄업을 시작한 마누치우스는 이탤릭체의 창시자로 유명하다. 파리의 소르본대학에서는 1470년에 인쇄를 시작하였고, 1478년에는 옥스퍼드대학에서 출판국을 창설하였다.

### (3) 한국(조선)의 인쇄기술[39) 40) 41)]

한국의 인쇄기술은 7세기경인 삼국시대 말부터 시작하여 통일신라시대 초경에는 실용화되었으리라 짐작되며, 고려시대에는 눈부신 발달을 하였다.

목판인쇄로 현재 남아있는 인쇄물로서는 1966년, 경주 불국사 안에 있는 3층 석탑인 석가탑에서 전문이 인쇄된, 길이 6m의 목판인쇄물인 「무구정광대다라니경(無垢淨光大陀羅尼經)」(706~751)이 발견되었는데(그림 7·18), 이 석가탑이 751년에 건조되었고 그후 한번도 사람의 손이 닿지 않은 점으로 보아 현존하는 세계에서 가장 오래된 것으로 보고 있다. 일본에서 770년에 인쇄된 「백만탑다라니경」과 중국에서 인쇄된 「금강반야바라밀경」이 현재까지 보존되어 있다. 또 거란의 침략을 계기로 1011년(현종 2)에 「초판고본대장경」이 간행되었는데 몽고의 침략으로 불타 없어지고 1236년(고종 23)에 시작하여 16년에 걸쳐 세계에서 가장 오래되고 최

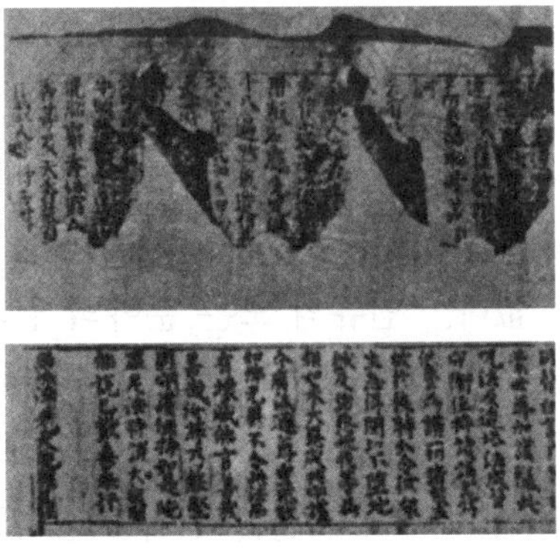

그림 7·18 세계에서 가장 오래된 한국의 다라니경

그림 7·19 세계에서 가장 오랜 금속활자의 직지심체요절

39) 伊東俊太郎 외 편, 전게서, p. 61, p. 224.
40) 會田軍太夫, 전게서, pp. 47~48.
41) 中山秀太郎, 전게서, pp. 39~40.

대의 판목인「8만대장경」을 재조(再彫)하여 경남 가야산 해인사에 보존되고 있다. 정확하게는 81,258판으로 이것은 안팎으로 새겨져 있어 16만여 면을 이루고 있다. 이「팔만대장경」에 담고 있는 불경은 1,510여종으로 연인원 50만명이 참여하였으며, 2007년에 유네스코 지정 세계기록유산이 됐다.

금속활자에 의한 인쇄는 고려 1227년(고종 14)부터 10년간에 걸쳐 주자(鑄字)를 사용하여「고금상정예문」(古今詳定禮文)(28~50권)을 간행하였다고 전해지고 있으나 현물이 없어 추정할 따름이다. 그러나 현재 프랑스 파리 국립도서관에 소장된「백운화상초록불조직지심체요절」(白雲和尙抄錄佛組直指心體要節－직지심체요절; 고승들의 법어 모음집)(그림 7·19)은 1377년(고려 우왕 3) 청주목 흥덕사에서 주조된 활자로 간행된 것이며 세계에서 가장 오래된 현존 금속활자본으로 높이 평가되고 있으며, 구텐베르크의 42행 성서보다 78년 앞선 책이다. 2001년에는 유네스코 세계기록유산이 되었다.

금속활자의 주조는 조선왕조 초기부터 본격화하였다. 1403년 태종은 대신들의 반대를 무릅쓰고 청동활자의 주조를 강행하였는데 계미자(癸未字)라 부른다. 인쇄기술 향상의 열의는 세종에 이어져 1420년에는 경자자(庚子字)의 주조와 규격화된 출판물 제작이 가능하여 효율도 높았다.

이렇게 8세기 초 이후 중국·조선·일본 등 동양을 중심으로 개판문화(開版文化)의 꽃을 피운 인쇄술이 유럽에서 처음으로 이루어진 것은 동양보다 700년이나 뒤진 15세기 초이다.

### (4) 활판인쇄술이 인류에게 끼친 영향

미국의 서지학자 다그라스 마그마트리(D. C. McMurtrie)는「서적—인쇄와 제본의 이야기」(*The Book ; Story of Printing and Bookmaking*, 1950)에서 활판인쇄술의 발명이 인류에게 끼친 영향에 대해 다음과 같이 말하였다. '인류의 문화사상 중요한 점에서 활판인쇄술에 견줄만한 큰 사건은 없다. "인류의 모든 분야의 일과 경험이란 인쇄라는 매개물을 통해 넓고, 높고 멀리 또 깊이 확산되어 무지와 사교(邪敎)의 억압에서 인류를 해방시켰다. 인쇄된 언어가 인간의 사고방식이나 행동에 미치는 위대한 힘은 그 후 신문이나 출판물에 여러 가지 제한을 두어 억압하는 데에서도 알 수 있다"고.[42)]

인쇄술이란 기술은 '암흑의 중세'에 종지부를 찍었고, 특히 학문보급, 즉 학문의 민주화와 그로 인한 인간정신의 왕성한 힘의 해방에 기여한 바 크다. 유럽의 전

42) 伊東俊太郎 외 편, 전게서, p. 61.

영토에 확산되어 종교개혁을 촉진시키고 르네상스를 일으키는 기폭제 구실도 하였다. 아울러 그 영향은 시민혁명 · 산업혁명에까지 이어졌다.

인쇄술의 보급[43] [44]으로 다수의 도서출판이 이어졌고, 르네상스 시대의 문학의 보급이나 전달에 큰 공헌을 하였으며, 그 당시까지 귀족계급 · 승려계급이라는 특권계급의 독점물이었던 학문이 서민계급에까지 확산되어 서민계급을 위한 대중화에 한몫을 하였다. 1517년에 시작된 마틴 루터(Martin Luther, 1483~1546)의 종교개혁 운동에도 이용되었다. 이렇듯 활자인쇄에 의한 많은 문서의 발생은 무지, 압정, 불합리에 대항하는 유력한 무기가 되었고, 르네상스 문명의 중요한 기틀이 되기도 하였다. 또, 기독교에서 성서, 불교에서 경전의 보급에도 기여하였음은 물론, 동 · 서 양유럽의 문화가 접촉되어 있는 지역에는 학술정보, 문화성과의 교류가 이루어졌다.

철이 물리적 도구를 민주화시킨 혁명이라면 인쇄는 "의사소통의 혁명', 또는 '사고(思考)의 도구를 민주화시킨 혁명"이라고까지 말하는 학자도 있다. 그래서 그 후 수 세기에 걸쳐 일어난 발명속도 증가의 한 요인이 되기도 하였고, 정보의 전파가 대단한 속도로 빨라지고, 그리고 이 활자는 유니폼(군복)보다 앞서 표준화 · 호환가능성 · 양산시스템에서는 선도자역할을 하였고, 인쇄물과 서적은 지식 · 정보 · 학문의 대명사가 되었다. 제지와 인쇄술의 발명과 발전이 중세의 기술적 양상을 종결지웠다고 생각하여도 좋을 것이다. 또 사회구조의 변화는 계급차별을 경감시켰다. 뿐만 아니라 정보의 저장과 확산에 혁명이 일어났다.

## 2. 나침반과 항해기술

예로부터 방위를 알기 위해서 태양 · 북극성 · 달 등 하늘에 있는 목표물을 활용하였다.

나침반은 수평면 내의 기준방위를 표시하는 항해계기로, 배의 진행방향이나 배의 위치를 확인하기 위해 사용된다. 나침반의 원리는 자침의 성질을 이용한 것으로, 자침이 남북을 지시하는 성질은 이미 B.C. 3세기 중국에서 '지남차'(指南車)로 알려져 있었다. 이것은 자철광을 나무조각 안에 넣고 물에 띄워 남북을 아는 것이다. 나침반이 중국에서 항해에 이용된 것은 11~12세기경 지남선으로 남아시아 연안의 항해였다. 이 나침반이 유럽에 전해지면서 설계면에서 크게 개량되어 자석

43) 中山秀太郎, 전게서, pp. 38~39.
44) 會田軍太夫, 전게서, pp. 47~48.

나침반이 되었는데 항해용 자석의 사용은 13세기부터이다.

나침반의 사용으로 당시 동지중해를 중심으로 한 해상무역의 기반이 확립되었다.

나침반은 이탈리아의 아마루피에서 발명되었다고 하며, 페레그리누스(P. Peregrinus)가 1268년에 나침반을 하나의 진귀한 현상으로 기록하였을 뿐이며, 아라비아 사람은 그보다 앞서 지중해와 인도양의 항해에 나침반을 사용하였다.[45)]

동남아시아에서는 새로운 조선기술과 항해기술이 축적되어 사람들이 태평양으로 이동하기 시작하였고 1500여년 전에 대부분의 태평양 섬에 사람들이 거주한 것으로 알려지고 있다. 나침반을 사용하여 작성한 지도는 12세기 말~13세기 초에 '항해자의 나라'라고 부르는 이탈리아에 등장하였다. 이러한 가운데 13세기 유럽에 나타난 새로운 키는 선박에 대한 조종성능 향상, 선체의 대형화와 범선의 개량으로 15세기에는 온전한 돛단배가 출현하였다(그림 7 · 19). 이와 동시에 방위측정용의 나침반(그림 7 · 20)이라든가 천문관측을 위한 기기 등을 설비한 대형의 범선이 15세기 말에서부터 대양 항해를 개시하고, 유럽에서는 미지의 세계에 진출하기에 이르렀다. 새로운 강한 선체설계 · 범선장비 · 키(舵) 등과 아울러 나침반은 유럽세계에서 상업의 기초를 형성, 이러한 것이 없었더라면 미국대륙의 발견 · 탐사 · 정주(定住)는 도저히 일어날 수 없었다. 결국 항해와 여행의 범위가 비약적으로 확대되었다.

그림 7 · 20 15세기 말의 온전한 돛단 배

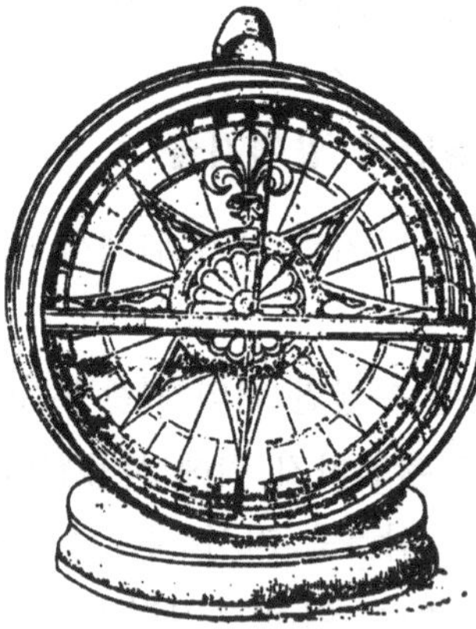

그림 7 · 21 나침반

이 항해에 의한 신천지의 개척은 지중해 여러 도시의 쇠퇴와 스페인 · 영국 · 네

45) 伊東俊太郎 외 편, 전게서, p. 1088.

덜란드 등의 대서양 여러 나라의 흥융, 이들 나라에 의한 식민지 경영과 노예노동 및 자원의 수탈, 세계시장의 전개, 부 · 자본의 축적 등 중세 유럽의 사회 · 경제적 여러 조건에 큰 변동을 불러일으켜 봉건적 여러 관계를 뒤흔드는 요인이 되었다. 범선이 대양에 진출함에 따라 선박자체의 대형화도 두드러졌다.[46]

이렇게 발달한 범선이 가진 기술가능성을 이용하여, 15세기 말에서 16세기에 걸쳐 콜럼버스, 바스코 다 가마 및 마젤란 등이 활약해서 이후 광대한 세계시장이 개척되었다.

## 3. 화약

중세 사회를 크게 변화시킨 화약의 등장은 아주 오래 되었으나 처음 개발한 곳은 중국이다. 처음에 화약을 만든 이유는 연금술사가 불로장생약을 찾기 위해서다. 그러나 최초의 화약은 언제, 어디서, 누구에 의해 발명되었는지는 분명치 않으나 1150년경 중국 북송시대에 전쟁터에서 사용되어 13세기에서 14세기에 걸쳐 중국에서 유럽에 전해졌다. 그러나 이전에는 많은 저술가들이 중국과 인도에서 발명되었다고 주장하였다. 13세기 R. 베이컨이 거론하였고, 1313년 독일의 수도사 슈바르츠(Berthold Schwarz)가 흑색화약을 발명하였다. 그래서 현재 명확해진 사실은 13세기 말에서 14세기 초에 걸쳐 서양의 발명이라는 것이다.[47] 기록에 의하면, 671년 비잔티움의 사람들이 유황 · 아스팔트 · 초석 · 석유 · 아마인유를 성분으로 하는 화약(그리스 불, Greek fire)이 시리아의 기술자 칼리니코스(Kallinikos)에 의해 667년에 발명되었고, 673년에는 사라센의 침공을 막기 위해 콘스탄티노플에서 사용되었다. 1326년 대포에 사용되었고, 1346년 크레시(Crecy)전투에서 사용되었으나 사람과 말을 놀라게 하는 정도였다고 한다. 중국인은 1232년에 통안에 화약을 넣어 화살과 연결하고 발화 · 폭발시키면서 날려보내 통신용으로 사용한 '화전'(火箭)은 로켓의 원조라 할 수 있는데 이것이 흑색화약을 사용한 최초의 기록이다.[48]

몽고인 위승(魏勝)이 1282년에 발명하였다는 날으는 불화살(飛火矢)의 기록이 있다. 가루로 만든 탄소와 초석과의 가연성 혼합물, 즉 참된 화약은 1320~1330년 사이에 라인강 하류지역에서 발견되어, 일찍이 1331년에는 독일군대가 화기를 사용하였다고 한다. 이후 흑색화약은 전쟁에서 화기(火器), 특히 대포에 널리 사용되었다.

---

46) 鈴木善次 외, 전게서, pp. 121~123.

47) R. J. Forbes(田中 實 역), 전게서, p. 117.

48) 소련 과학아카데미 편(金光不二夫 외 역), 전게서, p. 106.

흑색화약이란 75%의 칼리 초석(KNO3)과 10%의 유황, 15%의 목탄 가루를 혼합한 것이다. 이때 칼리 초석을 얻는 것이 제일 어려운 일이었다. 이것은 습기가 많은 흙에 부패된 식물이나 동물의 내장물을 함유시키고, 일정한 시간이 경과된 것에서 압출하는 방법에 의해 제조되었다. 중국에서는 옛날부터 알려져 있어 13세기 고려 · 원나라 군사가 일본을 침략할 때 사용한 철포는 이 화약을 사용하였다.[49)]

13~14세기에 흑색화약의 제조법이 중국에서 아라비아를 거쳐 유럽에 전해지면서 화약을 이용한 화기가 각지에서 만들어졌다. 주조기술을 응용한 청동제의 짧은 포신, 전장포(前裝砲)로 간단한 구조의 대포가 만들어졌고, 15세기에는 소총이 대포에서 분화, 16세기에는 용광로 출현으로 철제의 총포 · 탄환이 보급되고 또 금속가공기술과 과학기술의 진보로 수공업 기술수준이 향상되어 아주 정밀하고 다양한 신식 화기가 제조되었다.

대포와 소총의 제조에는 대량의 금속을 필요로 하였을 뿐만 아니라, 새로운 기술적 수단과 보다 복잡한 사용도구가 필요하게 되었다. 그렇게 하여 각종 드릴링 머신, 보링 머신, 기타 다른 기계들이 만들어졌다.

화약은 전쟁무기, 군단의 편성, 전쟁방법 및 축성술 등 군사기술의 중대한 변화를 가져왔고, 화기의 출현은 전쟁의 기계화를 의미하며, 총포의 규격화로 곧이어 조직적인 군사훈련, 규격제복, 최후로는 징병제도로까지 실현되었다.

대포와 소총의 등장은 기사계급의 몰락과 봉건제도의 해체를 촉진시켰으며, 서유럽 여러 나라의 해외진출, 식민지 개척에 결정적인 역할을 하였다. 또 산업면에서는 광산에서의 채광에도 활용되었다.

중세유럽에 전개된 모든 발명품 가운데 정치 · 경제 · 과학적으로 가장 큰 영향을 끼친 것은 가장 파괴력이 강한 화약이며, 화학 · 물리학에도 영향을 주었다.

49) 鈴木善次 외, 전게서, pp. 123~124.

제8장

# 르네상스와 유럽의 근대화

중세 후기의 1300년경부터 1500년대 초반까지는 영국과 프랑스 사이의 백년전쟁, 흑사병에 의한 대규모의 인적 손실, 가톨릭교회의 대분열, 투르크족의 침입 등 비할 바 없는 혼란의 시기였으나 동시에 17세기까지 지속된 르네상스의 시기였다. 그래서 이 시기는 '몰락의 시대'이자 동시에 '재생의 시대'라고 말하기도 한다.

중세의 마지막이 가까워지게 되면서 이때까지 성직자가 성서와 아리스토텔레스의 여러 저서를 기초로 하여 수행한 거대한 신학 · 철학적 구축물에 대한 강한 반발이 일어났다. 중세사상의 유대를 분쇄한 사조는 이탈리아에서 일찍 15세기에 일어나 16세기 말에는 알프스 이북의 여러 나라와 대서양의 연안에까지 파고 들었다.

중세문화와 봉건 사회구조의 쇠퇴는 새로운 사회체제와 새로운 문화, 즉 근대세계와 근대문화로써 르네상스 · 종교개혁 · 유럽의 세계진출 · 과학혁명 등으로 구체화되었다. 특히나 지리상의 발견은 새로운 시대의 과학과 기술을 수단으로 삼고, 해외로 진출하려는 현대국가의 의지가 합하여 이루어진 성과였다.

르네상스는 14~16세기 이탈리아를 중심으로 고대 그리스 · 로마 문화의 부흥을 목표로 일어난 인간성 해방을 위한 문화혁신운동이며, 문화운동과 이에 따른 사회 · 경제적 여러 변혁을 의미하며, 문학 · 미술 · 건축 · 자연과학 등 여러 방면에 걸쳐 유럽문화의 근대화에 사상적 원류가 되었다. 문화운동은 인문주의자로 대표되는 대학 외의 지식인이나 예술가들에 의해 담당되고, 새로운 인간의 발견, 즉 정신영역에서 일어난 운동으로 개인주의 인간관을 탄생시켰다. 르네상스의 과학은 중세학문의 변혁을 요구한 여러 활동의 일환이다.

사실상 르네상스는 여러 분야에서 발견의 시대이다. 새로운 과학법칙 · 예술과 문학의 스타일 · 종교, 정치적 관념 · 미국을 포함한 육지의 발견 등, 그래서 르네상스는 변화와 융합, 준비와 시행(試行)하는 시기라 할 수 있다.

## 8.1 르네상스의 사상

### 1. 르네상스의 의미와 과학부흥[1) 2)]

#### (1) 르네상스란?

르네상스(Renaissance)라는 말은 원래는 '재생'(또는 부흥)이라는 의미이다. 여기에서 다루는 르네상스는 14~16세기에 걸쳐 이탈리아를 중심으로 하여 유럽의 여러 나라에서 일어난 문예 · 학술 등의 변혁을 지칭하는 것이며, 주로 그리스도교 이전의 그리스 · 로마 고전문화의 재발견으로 '재생' 또는 '문예부흥'이라 일컬어지기도 한다. 수학을 포함하는 고대의 철학적 전통과 저술들을 중시, 재생을 의미하게 되고 복원되어야 할 고대세계는 아테네의 건축물, 오버디우스(Ovdius)의 시, 아리스토텔레의 자연학, 아르키메데스의 수학, 프톨레마이오스의 천문학이 있었던 세계이다. 농업을 주체로 하는 봉건사회 속에 도시가 융성하고 상업과 수공업이 활발하게 되었으며, 기독교 세계에서도 개혁이 일어나서 유럽인의 정신세계에 변혁을 가져다 준 지도정신으로, 개인의 사상과 표현과의 재생이고 인간의 개성과 자유를 존중하는 휴머니즘(humanism, 인문주의, 인간주의, 인문학; studia humanitas에서 유래)이었다. 이는 주로 미술 · 문학 · 윤리 · 철학분야에서 일어난 운동이었다.

'인문주의'란 인간부흥을 표방하여 인간성을 강조하고 고전의 수집, 고대문화를 연구함으로써 인간의 교양을 높이고자 하는 일종의 시민운동이다. '좋은 문학을 부흥', '고귀한 문명을 재생' 및 '미술의 르네상스'를 말하고 있다.

교육은 완전히 새로운 형태를 갖추었고, 아메리카와 기타 육지의 발견은 자각을 하게 된 유럽에 새로운 산물과 영향을 안겨 주었다. 유럽에서 사람들은 비로소 인간활동의 모든 분야를 탐구하고자 노력하였다. 중세 사람들의 소심하고 자기중심의 세계를 급속하게 변화시켰는데 그들은 황금시대가 다시 찾아오고, 보다 좋은 세계의 재생, 고대인보다 풍요로운 문명의 부활을 꿈꾸고 있었다.

---

1) 鈴木善次 외, 전게서, p. 20.
2) 會田軍太夫, 전게서, p. 58.

이러한 가운데 선구자 노릇을 한 사람은 영국의 진보적 철학자(철학사상가) 로저 베이컨이고 이탈리아 태생으로 14세기의 대표적 3대 휴머니스트인 대 시인으로 단테, 페트라르카(Petrarca, 1304~1374), 보카치오(Boccaccio, 1313~1375)가 있다. 단테의 「신곡」, 보카치오의 「데카메론」(*Decameron*)은 어느 것이나 인간성을 주장한 것이었다. 특히나 단테의 「신곡」은 그 특색의 하나로 자연과학적 추리와 시적 묘미를 교묘하게 일체화시켜 표현한 점에서 과학사로 보아 흥미깊다. 천문지식과 과학지식의 표현, 신학적 발상과 과학상상이 겹치는 법칙성의 추구, 과학적 경험, 관찰, 수량적 관념의 주장은 매우 특이하다. 또 그 근대정신은 종교 그림에서 '최후의 만찬'으로 인간을 그린 레오나르도 다 빈치, '성모상'을 그린 라파엘로(Raffaello, Sanzio, 1483~1520), 조각가 · 건축가 · 화가로 '최후의 심판'을 그린 미켈란젤로(Michelangelo, 1474~1563) 등의 예술에서 발전되었다. 이들 세 사람을 '르네상스의 3대 거장'이라 부르기도 한다.

**(2) 인간 · 자연의 발견 및 과학부흥**

르네상스의 문화는 먼저 이탈리아 각 도시에서의 신흥 부르주아(bourgeois)와 지식계급에 의해 파악된 봉건성에 대한 의욕적인 투쟁에 근거한 서민적 문화 이데올로기에 의해 구현된다.

12세기의 변혁을 선두로 유럽사회는 서서히 근세의 새벽을 맞이한다. 14세기 말부터 이탈리아에서는 지중해 무역으로 번영한 여러 도시를 중심으로 자유스런 정신이 성숙되었다. 15세기가 되면서 오랜 탐험항해와 스페인, 포르투갈에 의한 해외영토의 확장으로 유럽인의 지리학적 시야가 넓어졌다. 또 그리스 · 로마 고전문화의 부흥으로 봉건적 사고방식에서 근대정신의 부흥을 보게 되고, 합리적 정신과 과학정신이 강하게 주장되어 근대 과학정신이 탄생하게 된다.

르네상스는 중세기의 교권에서 탈피하려는 새로운 숨결(신 중심의 세계관에서 인간 중심의 세계관으로)이었다. 자연으로부터 합리성과 자유를 배우고자 하는 의욕, 자연을 통해서 실험하고 경험을 합리화하여 전혀 구속이 없는 인간의 발견을 도모하고자 하는 것이고, 또 자연의 발견이었다. 여기서 근대적 과학정신이 탄생되어 근대과학에의 싹이 트기 시작하였다. 또 도시생활, 도시 서민생활의 향상을 위해 모든 기술이 발달하여 왔고, 그래서 기술은 또 과학과 같은 자격으로 파악되었다. 그때의 기술은 근대과학이 발생되는 기초가 되고 모체가 되었다.

그와 동시에 중국에서의 화약 · 나침반의 도입, 인쇄술의 발명이 이루어져 기술을 중요시하고, 기술자의 지위가 향상되어 지금까지 분리되었던 학자와 기술자(職人)와의 결합이 이루어지는 분위기가 조성되었고, 직인의 기예가 학문으로서의 지위가 확보되었다. 이때 기술자측을 대표할 수 있는 인물로는 레오나르도 다 빈치였고, 학자측에서 기술에의 접근을 시도한 사람은 베살리우스와 아그리콜라였다. 그래서 르네상스는 '과학부흥'이기도 하였다.

이렇게 하여 르네상스는 과학과 기술(또는 예술)을 융합하여 일체화시켰고, 지동설을 탄생시켰으며, 인체해부의 과학적인 기초를 확립하여 근대적인 과학혁명에의 길을 개척하였다.

### 2. 이탈리아에서 시작된 르네상스[3) 4)]

이탈리아가 르네상스를 선도한 이유는 우선 13세기 이전에 봉건제도가 쇠퇴하고, 십자군과 지중해 무역을 통해서 일직부터 경제적 번영을 누려와 유럽 중에서도 수공업이 발달하여 신흥 부르주아 계층이 주도권을 장악, 이들을 중심으로 직인과 농민의 운동을 지원하면서 각 도시는 각기 독립된 국가처럼 되어 이탈리아 시민은 평등한 입장에서 정치에 참가하여 자치국가를 형성하고 있었다. 아울러 시민들 사이에는 자유의 정신이 강해 창조의식도 싹트서 르네상스 정신이 먼저 자랄 수 있었다.

그 가운데서도 피렌체는 유럽에서 금융의 중심지이고 전형적인 도시국가로서 신흥 부르주아 계층은 자기들의 문화를 만들기 위해 고대문화를 부활시켰는데 이것이 르네상스 문화운동이다. 그것은 '휴머니즘'의 기치를 내걸고 봉건적 속박에서 자유로운 노동력의 해방과 부(富)의 소재인 '자연'의 부활을 갈망하였다. 이렇게 이탈리아의 르네상스는 신흥 부르주아 계층의 경제력을 바탕으로 성장하였고, 1453년 터키에 의한 콘스탄티노플의 함락 후에는 그리스 학자들의 망명지가 되기도 하였으며, 피렌체는 상업과 학문이 크게 번영하였다.

한편 피렌체 도시국가의 유력자이고 지배자이면서 최대 금융업자인 메디치(Medici)가의 보호하에 많은 학자 · 문인 · 예술가가 배출되었다.

## 8.2 르네상스 시대의 과학과 기술

### 1. 르네상스의 과학[5)]

르네상스의 과학에서 첫째로 고려해야 할 것은 인문주의 운동의 영향이다. 인문

---

3) 동아출판사, 전게서, 제11권, pp. 67~68.

4) 羅鐘一 외, 문화사, pp. 158~160, 1987, 한국방송통신대학.

5) 伊東俊太郎 외 편, 전게서, pp. 1121~1122.

주의자들의 활동은 대학 외의 지식인의 대두를 초래하였고, 보수적인 대학에 대한 비판세력을 탄생시켰다. 그들은 15세기 후반 비잔틴으로부터 필사본(筆寫本)의 대량유입에 따라, 중세에는 알려지지 않았던 고대 그리스 · 로마 · 헬레니즘 시대의 저서를 소개하여 플라톤주의, 원자론, 회의론(懷疑論)의 부활을 유도하였다. 한편, 16세기에 와서 고대 그리스의 수학저서의 재발견은 근대수학의 발전에 큰 영향을 주었다. 둘째, 15세기 중의 인쇄술 발명은 인문주의 운동의 영향을 보다 크게 하여 구두문화에서 서적문화로의 전환을 촉진하였다. 셋째, 플라톤주의 및 신 플라톤주의에 연결된 마술적 전통의 부흥은 중세의 신학을 중심으로 한 사변적 학문에 대해 마술이나 연금술과 같이 자연에 직접 작용시키는 실천적 · 조작적인 학문을 제시하였고, 그 신비주의적 수학찬미는 수학에의 새로운 관심을 일으켰다. 넷째, 항해술 · 건축학 · 기계학 등의 직인적인 기술과 예술이 학문으로 위치를 높여 담당자들이 사회적으로 주요한 지위를 차지하게 되었다. 특히, 기계학(mechanics)은 자연학과 수학과의 혼합학문으로, 수학자들의 관심을 모아 이론의 기계학이라는 새로운 역학(mechanics)이 그 전통 중에서 형성되었다. 또, 항해술은 개력(改曆) 문제와 함께 천문학의 발전에 큰 영향을 주었다. 다섯째, 해부학의 발전은 베살리우스가 대표할 만큼 인체해부를 통해 고대의 권위적인 저서로부터 해방을 촉진시켰고, 또 식물학은 책을 통해서만 알고 있던 식물을 직접관찰하는 것을 시작으로 식물학을 위해 대학에 식물원이 설치되기에 이르렀다. 마지막으로 인문주의와 종교개혁의 영향하에서 이루어진 교육개혁은 중세의 학문상에 충격을 주었다.

르네상스 시대는 '과학으로서 체계적이고 전면적인 발전을 하게된 유일한 자연연구'를 특징으로 하고 있다.

네덜란드의 인문학자이자 수도사인 에라스무스(Desiderius Erasmus, 1466~1536)와 뷰디(G. Budé, 1468~1540) 등 인문주의자들은 신학중심의 중세 대학교육에 대해 고전문학에 의한 인격형성을 목표로 한 교육을 제창하여 많은 아카데미를 창설하였고, 그들의 활동은 16세기에 많은 대학에서 이루어진 교과과정 개혁에 큰 영향을 주었다. 그래서 대학개혁에까지 이어지고 인문주의의 영향으로 아리스토텔레스의 사상을 고대 · 중세의 주석자에 따르지 않고 스스로의 판단에 의해 해석하는 경향이 생겼고, 고대의 다른 사상과의 비교를 통해 반 아리스토텔레스 주의의 기풍이 육성되었다.

또 신학을 중심으로 하는 중세의 학문관에 대해 개개의 학문을 독자적인 학문으로 연구하는 태도가 생겨, 결과적으로 이 새로운 학문관은 17세기의 과학혁명에 계승되고 있다.

## 2. 최초의 과학·기술적 천재인 레오나르도 다 빈치

### (1) 시대를 앞서 간 사람[6)]

레오나르도 다 빈치(Leonardo da Vinci, 1452~1519)(그림 8·1)는 르네상스 시대에 활약한 예술가로 건축가·과학기술자·발명가였다. 그는 그림·조각은 물론, 문학·음악을 비롯하여 의학, 특히 해부학·식물학·생리학·물리학·역학·수학·지리학·천문학·기상학·건축학·토목학·수리학·병기에서 화석에 이르기까지 거의 모든 영역에서 탐구의 안목으로 사색하고 활동하였으며, 자기의 역량, 재능에 대해 절대적인 자신감을 가진 '만능의 천재'의 한 사람으로 반신반인(半神半人)이라고도 하였다.

그는 '최후의 만찬', '모나리자' 등 12개의 그림을 그린 난순한 화가만은 아니다. 5,000매에 이르는 노트라든가 최근(1967) 스페인의 마드리드에서 발견된 700매의 노트는 레오나르도 다 빈치가 여러 분야의 과학이나 건축, 토목, 병기 등에서 기술에 능통한 과학자요, 기술자로 자신의 기술적 재능을 당시의 기술수준 이상으로 높게 발휘하였다. 그런데 그는 외손잡이라고 하며, 노트의 글씨는 거울에 비친 글자처럼 거꾸로 쓰여 있다고 한다.

그림 8·1 레오나르도 다 빈치

이탈리아·르네상스의 대표적 인물로서 이 시대는 과학이나 기술이 철학 및 예술과 혼합되어 그의 업적도 위에서와 같이 광범위한 분야에 걸쳐 있었다. 이 광범위한 분야라는 개념 자체가 근·현대이고, 과학이나 기술이 전문적으로 나누어져 발달되어 가는 과정은 레오나르도 다 빈치 이후이다. 전문적 분화는 혼돈 속에서 전체를 파악함으로 시작되었다.

### (2) 레오나르도 다 빈치의 과학·기술[7)] [8)]

실제 레오나르도 다 빈치의 예술과 과학이란 '자연'의 여러 법칙을 관찰하고 조사하여 실험에 과학정신을 마음껏 발휘한 인물로 자연을 통해서 과학정신에 의해

---

6) 會田軍太夫, 전게서, pp. 60~61.
7) 平田 寬, 전게서, 상권, pp. 140~145.
8) F. Dannemann(安田德太郎 외 역), 전게서, vol. 2, pp. 227~242.

자연의 합리성을 예술에 표현하고자 하였다. 원근법과 조화의 감각은 과학과 예술의 융화이다.

인체를 이상적인 비례로 생각하고 3차원의 그림을 그리면서 원근법을 구사하는 등, 예술과 기술을 융합하여 일체로 하고 있어, 그의 밑바닥에는 근대 과학정신이 흐르고 있었다.

새나 물고기, 곤충이 기어가고 날아다니는 모습 등을 면밀히 연구하여 탱크나 비행기의 원리, 헬리콥터, 프로펠러까지 설계하였다.

당시 직인의 해부는 인체의 표면구조를 알기 위한 '표면층 해부'였다. 레오나르도 다 빈치는 직인들의 표면층 해부의 경지를 넘어 내부의 해부로까지 파고들어 구조와 기능의 해명을 시도하여 과학해부학에 도달하고 있으며, 남녀사체를 30구 이상 해부하여 근대적인 경험, 실험적 과학을 눈뜨게 했다. 해부는 골격계와 근육계가 대부분이나, 그 가운데 인체의 흉부와 복부를 표시하는 해부도(그림 8 · 2), 자궁 내에 발육한 태아의 그림(그림 8 · 3) 등 800매의 해부도의 대부분이 영국의 윈저(Windsor) 왕립도서관에 보존되어 있다고 한다.

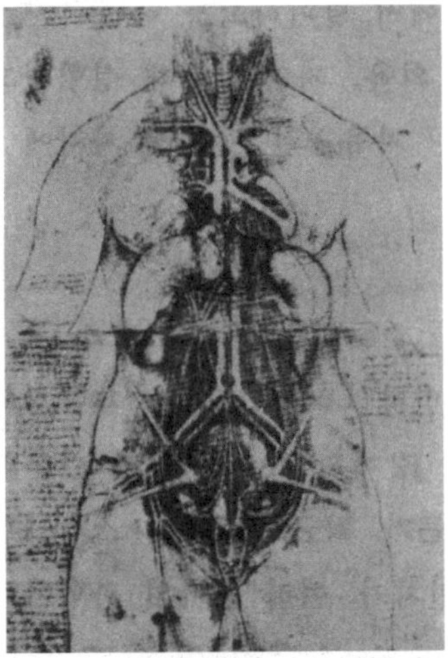

그림 8 · 2 인체의 흉부와 복부의 내장을 표시하는 해부도

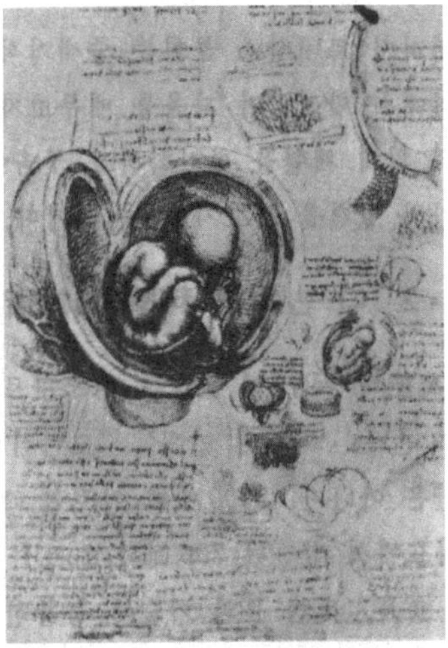

그림 8 · 3 자궁 내에 발육한 태아

스케치에는 플로렌스의 직물공장, 밀라노의 철공소, 대포제작소[그림 8 · 4 (c)], 사원의 시계 등이 있으며, 방직기의 개량[그림 8 · 4 (d)], 동력이나 조인트, 기어 등의 전달장치, 비탈면 등의 기계의 역학연구에서는 작업하는 기계와 동력을 공급하

는 원동기를 구별하였고, 스프링을 이용하여 움직이는 차량, 응력의 이론을 연구하여 재료의 파괴강도를 결정, 영구기관의 불가능성, 일의 원리(에너지 보존법칙), 금속가공에서의 평판압연, 수력학을 활용한 펌프 · 수차 등 헤아릴 수 없을 정도로 여러 방면에 걸쳐 있다.

군사기술[9)10)]에서는 1480년 당시의 지배자 로도비코 스포르차(Ludovico Sforza, 통칭 Il Moro, 1479~1500)에게 제출한 '자기추천장'에는 군사기술자, 토목기술자로 15개 분야에 독특한 숙련기술을 설명하여 관리가 되고자 하였다. 그러한 인연으로 1499년까지 스포르차 밑에서 집사생활을 하였다. 그의 자신만만한 내용의 카탈로그는 사람들을 경탄시켰다고 하며 대체적인 내용은 다음과 같다.

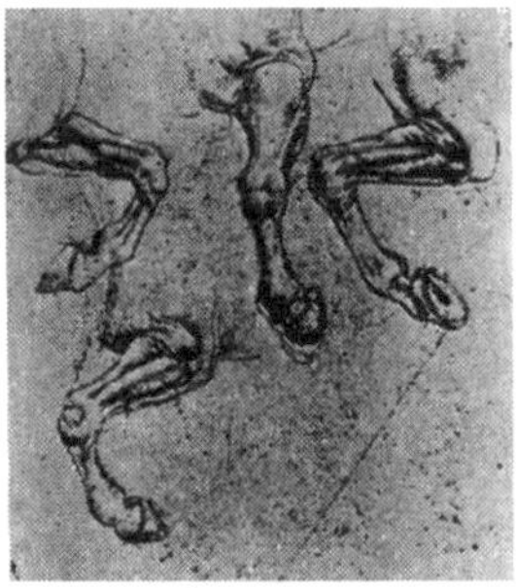

(a) 말의 스케치

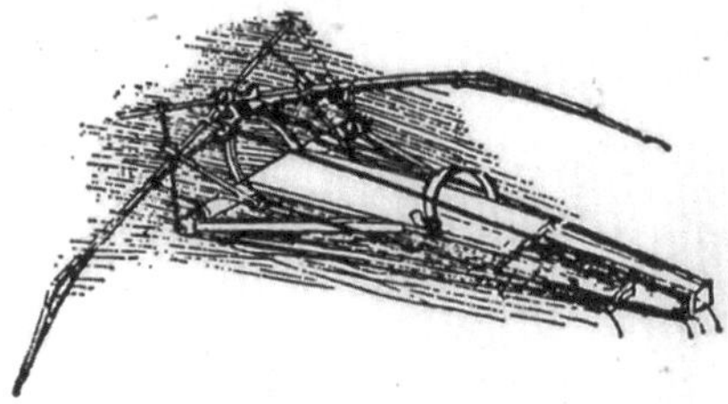

(b) 인력비행기

(c) 대포주조소

(d) 자동 사권기

그림 8 · 4 레오나르도 다 빈치의 스케치

9) 中山秀太郎, 전게서, pp. 44~55.

10) R.J.Forbes(田中 寛역), 전게서, pp. 143~145.

성곽을 공격하는 사다리, 대포의 활용이 적용되지 않는 경우에 사용하는 투석기와 사석기(射石機)를 고안하였고, 소리를 내지 않고 터널을 뚫거나 지하요새를 만들 수 있어 필요하면 호수나 강의 밑을 통과하여 정해진 목적지에 도달할 수 있고, 파괴되지 않는 복개전차에 대포를 탑재하여 적진으로 침입, 적군을 분쇄하고 쉽게 뒤쪽으로 보병의 진입을 도울 수 있고, 기관포, 각종 대포제조법을 알고 있으며, 관개와 수리에 능해 운하 · 수문 · 항만건설은 물론 아주 가벼운 이동용 교량을 만들 수 있으며, 바다에서는 공격과 수비 양용의 기계, 잠수정, 치열한 공격에도 저항하며 증기를 발생시키는데 적합한 선박도 알고 있다고 하였으며 마지막으로 그림이나 조각에도 능통하다고 기록하고 있다.

화기에 사용하는 탄환의 최초는 철탄 · 석탄(石彈) · 납탄 · 연막탄 · 백열탄 · 산탄(散彈) 등 다양하였으며, 한 대의 대포차에 몇 개의 포신을 붙여 한꺼번에 몇 발의 탄환을 발사하는 풍금포(風琴砲)라고 부르는 장치도 있었다. 실제로 레오나르도 다 빈치는 몇 곳의 전쟁에 참가하여 군사기술자로 활약하여 능력을 발휘하였다고 한다.

1981년 러시아 에르미타주 박물관에서 발견된「엘 코덱스 로마노프 더 레오나르도 다빈치」(1490년경 추정)에서는 그의 요리비법과 관련, 발명품이 수록되어 있는데 책 내용에서 그는 요리사 노릇도 잘 하였다고 보아진다.

레오나르드 다 빈치를 몇 번이나 기술자라 호칭하였는데 건축가(Architect)와 구별한 기술자(engineer)란 호칭을 처음으로 사용한 인물은 영국의 왕실기술자 · 건축가인 카우스(Salomon de Caus, 1576경~1626)이다. 이 칭호는 프랑스에서 독일과 영국으로 전해졌다. 당시 기술자는 군사기술자를 의미하고 건축가는 토목기술자(civil engineer)와 같았다. 그러나 17세기 사이에는 '기술자'는 기계기술이나 토목기술에도 사용하였다.

## 3. 수 학

중세 후기 이후 계속되어 온 아바기스트(로마자파)와 알고리스트(아라비아 숫자파)의 투쟁은 르네상스에 의해 수학자 사이에는 아라비아 숫자의 사용이 일반화되어, 흑판을 사용할 때도 아라비아 숫자가 채용되었다.

독일의 수학자 J. 위드만(J. Widman, 15세기 후반)은 상업용 산술책을 저술하여 상행위에서 초과와 부족을 의미하는 기호의 플러스(+), 마이너스(−)를 발명하였다. 이것이 일반의 가법, 감법의 기호로 인쇄되었던 것이다.

르네상스 시대에도 아라비아어 책이나 그리스어에서의 아라비아 번역본, 또 그리스어 원본의 발행이 이어지는 가운데, 영국의 실용수학의 제1인자인 R. 로버트

(R. Robert, 약 1510~1558)는 그의 저서 「기술의 기초」(*The Ground of Artes*, 1540~1542)에서 계산판에 등호($z \rightarrow =$)와 +, −를 사용하고 있으며, 1557년에 발간된 「재지(才知)의 연마」에서는 대수가 취급되어 제곱근이 $\mathcal{N}$, 세 제곱근이 $\mathcal{W}$와 같은 현대에 가까운 기호를 사용하고 있다.

이탈리아의 수학자 타르탈리아(Niccolo Tartaglia, 1500~1557)는 미완성의 저서 「수와 계량의 일반론」(1556)이 있다. 그는 실제면에서 탄도(彈道)를 수학적으로 논해서 고도를 45도 각도로 할 때 최대의 착탄거리가 얻어진다고 하였다.

프랑스의 수학자이며 법률가인 비에타(Francois Vieta, 1540~1603)는 '근대 대수학의 아버지'로 불려지며, 대수학 분야에서 활약하여 대수를 처음으로 기호적으로 취급한 저서 「해석학서론」(1591)으로 유명하다. 이 책에서는 문자기호를 사용하여 방정식을 풀이하는 기본인 연산방법을 확립하였다.

## 4. 생 물 학

이 시기의 생물학에는 일부이긴 하여도 아리스토텔레스나 플리니우스와 같은 고대인의 지식에 의하거나 중세의 동물우화집에 등장하는 교훈적, 공상적인 동물과 식물의 경향이 남아 있다. 그러나 연구조사의 주류는 동물 · 식물을 관찰하거나, 많은 동물 · 식물을 채집해서 비교 연구하고 분류하는 것이었다.

이 시기에 식물학의 개척자라면 독일산 식물을 최초로 설명한 O. 브룬펠스(Otto Brunfels, 1489~1534), 독일산 식물 기관(器官)에 관한 생물학적 의의에 주목한 H. 보크(H. Bock, 1498~1554)와 저서 「식물지」(1543)에서 다수의 야생식물과 약 100종의 재배식물에 학문명명을 시도한 L. 푹스(Leonhart Fucks, 1501~1566)의 세 사람이 있다.

그 밖에 이탈리아 철학자 · 식물학자 · 의사인 체살피노(A. Cesarpino, 1519~1603)는 그의 저서인 「식물에 관해서」 16권(1583)에서 식물을 수정(受精)기관에 의해 분류하였으며, 또 「의학문제」 2권(1593)에서는 하비보다 앞서 혈액의 순환도를 다루고 있다. 그리고 스위스의 박물학자 · 해부학자인 G. 보앵(G. Bauhin, 1569~1624)은 그의 주요저서 「식물의 일반지」(1619)에서 이미 알고 있는 식물 6,000여 종을 二명명법으로 분류하여 총목록을 만들었다.

동물학자로는 스위스의 게스너(C.V. Gesner, 1516~1565)가 있다. 그는 개업의사이며 그리스어 교수이기도 하며 저서인 「동물지」 4권(1155~1158)에 당시의 지식을 집대성하고 그림 설명도 많이 넣었으며 화석에 관한 논문을 발표하기도 하였다.

프랑스의 박물학자 브롱(Pierre Belon, 1517~1564)은 그리스, 터키, 시리아 및 이집트 등으로 연구여행을 하면서 연체동물, 조류 등을 조사하였고 그의 저서 「조류 성질의 역사」(1555)에 있는 도해 중에는 인간과 새의 골격을 비교하고 있다. 여기서 그는 비교해부학을 강조하여 인간과 새의 여러 가지 골격 중 비슷한 뼈의 유사성을 지적하고 있다.

## 5. 의 학

스위스 출신으로 의학자 · 자연과학자 · 신학자 · 철학자인 파라셀수스(Theophrastus Paracelsus, 1493~1541)는 의학을 배워 일시 바젤대학에서 교수로 근무하였으나 각지를 방랑하였다. 그는 연금술에 흥미를 가졌으나 연금술의 진정한 목적은 금을 만드는 것이 아니라 질병치료의 약제를 만드는 데 있다고 결론지었고, 이러한 주장은 의료화학(iatrochemistry)으로 발전하였다. 그는 연금술의 4원소설(흙 · 물 · 공기 · 불)과 3성분설(수은, 유황, 식염)을 믿고 있었다.

오늘날 아메리카 전래설이 유력시되고 있는 매독은 콜럼버스의 제1회 항해 직후인 1493년 바르셀로나시에서 유행되기 시작, 1495년에는 독일 · 프랑스 · 스위스, 1496년에는 네덜란드, 1497년에는 영국과 스코틀랜드, 1498년에는 인도, 16세기 초 중국에까지 만연되었다. 그러나 매독의 병원체 스피로헤타 팔리다(Spirochaete-pallida)는 독일인 샤우딘(F. R. Schaudinn, 1871~1906)과 호프만(P. E. Hoffmann, 1868~1959)에 의해 발견된 것은 20세기 초인 1905년이었다.

유럽에서 매독이 만연되기 시작할 무렵, 이탈리아의 의사이며 병리학자인 시인 프란카스트로(Girolamo Francastro, 1483~1553)가 의학시 「매독 또는 갈리아병」 3권(1530)과, 「접촉전염과 전염병에 관해서」(1546)에서 병의 증상과 치료에 대해 설명하고 있다. 이때 전염병에 대해서는 미생물 병원설을 주장하고 있다.

치료기술, 특히 외과수술은 이때까지 큰 변화가 없었으나 기구를 사용하고 있는 그림 판이 많이 남아 있다. 당시 전쟁터에서 부상으로 생기는 출혈에 의약 대신 혈관을 묶는 치료법을 시작한 것은 프랑스의 이발사 외과의인 앙브르아즈 파레(Ambroise Pare, 1510~1590)였다. (더 자세한 내용은 제9장 6절 2항을 참고할 것.)

18세기에 마취제로 에테르를 사용하기 전까지는, 수술에서 환자의 통증을 줄여주는 수단으로 대마 · 아편, 여러 가지 약초의 뿌리 · 껍질 · 종자나 알코올 등을 사용하였다.

## 6. 기 술

근대문명의 도래에 큰 영향을 준 것이 활판인쇄의 출현인데, 발명가로서 구텐베르크와 요한 후스트 및 L. 코스트(L. Coster, 약 1440년경 활약)를 거명하며, 3인 모두 초기의 활판인쇄업에 관계되나, 오늘날은 구텐베르크(제7장 4절 1항에서 설명)가 활자인쇄술을 발명한 것으로 판단하고 있다.

독일 출신의 광산학자로 지질, 광물학자, 의사이고 인문주의자인 아그리콜라(제8장 5절 2항에 설명)는 「금속에 관해서」로 근대산업의 탄생에 큰 영향을 주었다.

말(馬)의 힘에 의지하는 인양기, 수차에 의한 양수장치에는 일련의 흡상펌프가 하나의 수차로 움직이고, 배수용 수차에서는 상사식 수차가 사용되고 있다. 송풍기용 동력장치도 사용되었고, 또 이 시기에는 추의 낙하에 의해 시침이 움직이는 구식의 시계도 널리 사용되었으나, 구동력에 의해서 시계를 연속적이 아니고 단계적으로 움직이는 탈진기가 붙은 시계가 등장하였다.

수천년 전 이집트에 세워졌던 높이 23 m, 무게 327톤의 큰 오벨리스크를 로마제국의 칼리굴라(Caligula, 37~41 재위)제가 이집트에서 운반하여 성베드로 대성당의 한 곳에 옆으로 눕혀 놓은 것을 1586년에 그곳에서 340 m 떨어진 대성당 앞에 운반하여 세우게 되었다. 이 작업은 르네상스 시대의 대표적인 기술성과의 하나로 꼽힌다.

교황으로부터 의뢰를 받은 건축가 D. 폰타나(D. Fountana, 1543~1607)가 면밀한 계산을 하여 노동자 800명, 말 140필, 주된 기구로 권상기 40대, 약 13 m의 강력한 지렛대 5개와 그 밖에 지주나 목재, 철제의 도구류를 준비해서 1586년 4월 30일 새벽부터 작업을 결행하였는데, 한 사람의 희생자도 없이 무사히 끝마쳤다고 한다.

탐험시대에는 항해용의 대형 범선이 수없이 많이 만들어졌으며, 그만큼 기능적인 선박설계가 이루어지기도 하였고, 수차로 풀무에 바람을 불어넣어 쇠를 용해하기도 하였다.

전쟁에는 화살이나 투석기도 사용되었으나, 화기의 사용이 늘어나면서 화약의 효과를 좋게 하거나 총포의 성능을 향상시키기 위해 노력하였다. 대포제조에는 피렌체 출신의 야금기술자로 유명한 이탈리아의 비링구치오(제8장 5절 1항에서 설명)가 크게 기여했다.

## 8.3 동양인에 의한 원양항해

유럽의 항해자들의 탐험항해에 앞서 중국 명나라 때에 정화[11][12](鄭和, Chéng

---

11) 伊東俊太郎 외 편, 전게서, pp. 670~671.

Ho, 1371~1435)의 원양항해가 있었다. 명나라의 제독인 정화는 이슬람교도로 성을 마(馬)로 하고 있었는데 무공을 세워 영락황제가 즉위하자 환관의 장관인 태감으로 발탁되어 정(鄭)이라는 성을 하사받았고, 1405년부터 1433년까지 영락황제의 명을 받아 전후 7회에 걸쳐 동남아시아 해역 · 인도양 해안 · 아라비아 · 동아프리카의 서쪽해안(=인도양)으로 항하는 원정으로 30여국을 탐험하였다. 제1회(1405~1407), 제2회(1407~1409), 제3회(1409~1411)는 인도 서해안 캘리컽까지 도달하였고, 제4회(1413~1415), 제5회(1417~1419)는 페르시아만 입구의 호르므즈까지 원정, 파견대는 아프리카 · 아라비아까지 도달, 제6회(1421~1422)는 수마트라섬, 안다만해의 샴도까지 갔으며, 파견대는 아프리카 · 페르시아까지, 제7회(1431~1433)는 호르므즈까지, 별동대는 이슬람의 성지 메카까지 도달하였다.

제1회의 원정대는 보선(寶船)이라 불렸던 62척으로 구성, 총인원 27,800여명이 분승하였는데 원정목적은 국가의 위신을 해외에 과시함과 아울러 무역의 실리를 얻는 것이었고, 이 원정으로 중국인의 아프리카 동쪽 해안에 이르는 지리학지식이 증가하였을뿐만 아니라 많은 박물학상의 품종이 중국에 오게 되었다. 이 원정은 수행자들에 의해 많은 저서가 있었고 여러 인종 · 풍속 · 산물이 상세하게 소개되었다. 인도양을 항해할 무렵에는 천체를 관측하여 방위 및 위도를 아는 천문항법이 사용되었고 항로 · 연안항법 및 천문항법을 표시하는 내용이 「정화항해도」에 수록되어 있다.

정화의 함대가 인도양에 진출한 것은 바스코 다 가마의 인도양 도달보다 80~90년이나 앞섰다. 그림 8 · 5는 정화의 1~7차 남해원정 항로를 표시하고 있다.

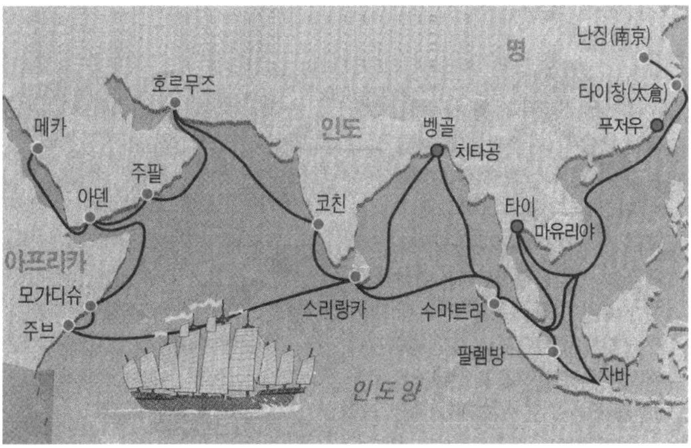


**그림 8 · 5 정화의 1~7차 남해원정 항로**

12) 동아출판사, 전게서, 제25권, p. 36.

## 8.4 유럽 세계의 지리상의 대발견

15세기는 정당하게 '발견의 시대'라 불려지고 있다. 포르투갈인이 그 선구자였고, 에스파냐인 · 네덜란드인 · 영국인은 16세기가 되어서야 그 뒤를 이었다. 포르투갈의 엔리케(Henrique, O.Navegador, 1394~1460) 항해왕자가 1410년에 시작한 서아프리카 항해개척 시대부터 콜럼버스의 대서양 횡단(1492), 가마의 인도도달(1498), 마젤란의 세계일주(1519~22) 등의 획기적인 항해를 거쳐 에스파냐 · 포르투갈을 시작으로 하는 유럽 각국이 대규모의 원양항해를 해서 세계 각지의 연락과 접촉을 가능케 한 시대를 '대항해시대'라고 한다. 이 대항해시대로 인해 처음에 우세하였던 에스파냐 · 포르투갈을 대신하여 네덜란드 · 영국 등의 새 세력의 대두가 결정적으로 된 17세기 중반까지가 이 범위에 들어간다.

유럽세계의 경제발전에 대단히 큰 역할을 한 것이 대항해시대의 지리상의 대발견이고 15세기 후반의 자본주의 경제의 발생에 의해 대 자본, 새로운 판매시장, 원료원 및 노동력 자원이 필요하게 되었다. 유럽의 강국, 특히 해양국(에스파냐, 네덜란드, 포르투갈 및 영국)은 지구상의 모든 지역의 토지를 경쟁적으로 획득하려고 노력하였는데 이 경쟁으로 대규모의 전쟁이 이어졌고, 유럽에서 화폐유통이 발달됨에 따라 금이나 귀금속을 얻고자 원정군을 파견하게 되고, 이러한 역사적 사실이 새로운 항로를 발견하게 되는 중세 항해자의 과제가 되었다.

### 1. 발견항해의 의미와 동기[13)] [14)]

십자군의 원정, 마르코폴로의 「동방견문록」 영향과 신대륙 · 신항로의 발견을 계기로 남북아메리카, 동아시아 방면으로 식민(植民), 무역 및 포교활동을 전개하여 그 결과 유럽에 의한 세계지배와 세계문화권의 기초가 형성되는 동시에 사람들의 지리적 시야가 넓어져 미지 대륙의 존재와 지구 구체설(地球球体說)이 실증되면서 신학이 주장하던 지구중심의 우주관인 지구평면설 등이 부정되었다.

에스파니아 · 포르투갈 · 네덜란드 · 프랑스 · 영국 등 소위 근대적 국민국가의 성립을 가능케 하였으며, 상업자본의 비약적 발전과 공업생산의 증대는 사회 · 경제적 구조를 근본적으로 뒤흔들어 중세의 봉건제도가 몰락하는 결정적 계기가 되었다. 그래서 지리상의 발견은 르네상스 · 종교개혁과 더불어 근대의 출발점으로서 큰 의미를 가지고 있다.

---

13) 羅鐘一 외, 전게서, pp. 168~175.

14) 辛寧滿 외, 전게서, pp. 187~189.

그 동기는 미지세계에 대한 동경과 동양에 대한 서유럽인의 관심과 호기심이 점차 높아짐에 따라 유럽 세계의 확대팽창운동의 연장으로서 동양에 이르는 새로운 항로를 찾아내려는 것이었고, 동방무역에 참여하여 동양물산의 취득을 바라는 시민계급의 경제적인 요구와 르네상스 시대의 항해술의 발달로 나침반이 이용되는 등 과학발달과 결부가 되어 이루어진 것이다. 한편으로는 동방에 있는 후추를 비롯, 향료, 비단, 목면 및 금은 보석 등의 산물을 아라비아와 이탈리아 상인의 비싼 중간착취를 당하지 않고 직접 구득하려는 것이었다.

## 2. 탐험 항해자들

르네상스의 특색 중 하나는 지리상의 대발견이다.[15] [16] 과학발전이 바로 유럽의 세계진출 조건이 되고, 중세 말기의 항해는 나침반의 도입, 천문학 및 천문학적 원리에 기틀을 둔 항해용 기기에 의해 큰 위험이나 사고가 줄어들고, 그 결과 항해술은 한층 큰 목표를 세우게 되었다. 그래서 유럽의 세계진출은 이탈리아, 포르투갈 및 에스파냐 등이 중심이 되어 일어났다.

이탈리아 피렌체 출신의 의사이고 천문학자 · 지리학자인 P.d.P. 토스카넬리(Paolo dal Pozzo Toscanelli, 1397~1482)는 대서양의 새로운 해도(海圖; sea chart)를 만들고, 세계가 둥글다는 입장에서 콜럼버스가 대항해를 할 수 있게 하였다.

이와 비슷한 시기에 포르투갈의 왕자이며 '항해자'인 엔리케(그림 8 · 6)는 아프리카 서해안의 탐험과 인도항로의 개척을 염두에 두고 해도의 작성, 천문대 · 항해학교를 세워 선원을 양성하였고, 또 컴퍼스를 개량하고 선박을 건조하여 탐험항해를 일으켰다.

그림 8 · 6 '항해자' 엔리케

그림 8 · 7 Ch. 콜럼버스

15) 平田 寬, 전게서, 상권, pp. 145~148.

16) 伊東俊太郎 외 편, 전게서, p. 376, p. 605.

스칸디나비아 출신인 바이킹족이 콜럼버스보다 약 500년 전에 이미 아메리카에 발을 내디딘 유럽인으로 알려지고 있다.

신대륙(아메리카 대륙)의 발견자 콜럼버스[17](Christopher Columbus, 1446~1506)(그림 8·7)는 이탈리아의 제노바 출신으로, 자금원조 문제로 처음에는 다소 고생을 하였으나, 에스파냐의 페르난도 왕과 이사벨라 여왕의 원조를 받아 1492년 8월 3일 산타 마리아호(약 240톤) 등 세 척에(그림 8·8) 150여명이 승선하여 팔로스항을 출항한다. 그의 꿈은 마르코폴로가 쓴 「동방견문록」에 나타나는 황금의 섬 지팡구(Jipangu—Japan)를 발견하는 일이었다. 그러나 지팡구는 발견하지 못하고 그는 항해 도중 자석의 기우러짐과 기온변화를 조사하면서 대서양 횡단에 성공하여 69일째인 12월 12일 현재의 바하마 여러 섬 중 산 살바도르를 발견하고 인도의 한 섬으로 알고 원주민을 인디안이라 호칭하였고 다음 해에 귀국한다. 그는 크게 환영을 받았고, 그 유명한 '콜럼버스의 달걀'(그림 8·9)이라는 일화도 생겨났다.

이어 제2(1493~1496)·제3(1498~1500)·제4(1502~1504)의 항해를 계속하였다. 제2항해에서는 도미니카·자메이카 등을 발견하였고, 제3항해에서는 트리니다드·오리노코강을 발견하였지만 본국의 음모로 체포당한다. 제4항해에서 온두라스, 파나마를 발견하였으나 자메이카에서 조난을 당하여 귀국하였지만 실의에 빠져 1506년에 죽게 된다.

그는 최후까지 아시아에 도착하였다고 믿었고 그가 발견한 땅이 신대륙(오늘날의 미국)임을 몰랐다(그림 8·10 참고). 그러나 아시아의 동쪽에 땅 덩어리가 있음을 알았고, 유럽의 신대륙 진출을 개척한 의미는 대단히 크다. 하지만 콜럼버스는 지구둘레를 축소하여 계산하였고, 남·북 아메리카 사이를 인도라는 두 가지 착각을 하였다고 한다.

**그림 8·8 산타 마리아호의 복원과 산타 마리아 선단**

17) Crompton's Encyclopedia, vol. 5, pp. 474~479.

그림 8·9 콜럼버스가 유명한 달걀의 실험을 보여 주는 장면

피렌체 출신의 이탈리아인 아메리고 베스푸치(Amerigo Vespucci, 1451~1512)는 상인이면서 항해자로, 스페인의 탐험대에 참가하여 아메리카에 1497·1499·1501·1503년 등 네 번이나 항해하였고, 1499년에는 남아메리카의 베네수엘라를 발견하였다.

포르투갈의 항해자 바스코 다 가마(Vasco da Gama, 1469~1524)는 1497년 7월 8일 약 170여명을 세 척의 배에 태워 리스본을 출항하여 11월 22일 아프리카의 남단 희망봉(Cape of Good Hope)을 돌았다. 그후 폭풍우와 반란이 있었으나 다음 해인 1498년에 인도 서해안 칼리컽에 도달 인도항로를 발견하게 된다. 2년 뒤인 1499년 본국에 귀향하였을 때는 55명만이 살아 남았다.

가마의 항해에서 주목되는 점은 아프리카 서쪽의 연안항해를 하지 않고 베르데곶 여러 섬에서 아프리카 남단까지 바로 항해한 사실이며, 소요된 일수는 97일로 골럼버스의 제1회 대서양 횡단보다 28일이 길다. 따라서 가마는 콜럼버스보다 장기간 원양항해를 한 선구자라 할 수 있다.

그림 8·10 신세계 발견 당시, 인디언 중에는 이런 기형인의 종족이 있다는 풍문이 나돌았음.

그림 8·11 마젤란

최초로 세계를 일주한 사람은 포르투갈의 항해자 마젤란(Ferdinand Magellan, 1480~1521)(그림 8·11)이다. 그는 에스파냐의 국왕 카를로스 I 세의 원조로' 1519년 8월 10일 다섯 척의 배와 270여명의 선원으로 세빌랴항을 행선지도 밝히지 않고

출항하여 1520년 남아메리카 남단에 도달, 위험한 수로(마젤란 해협발견)를 통과하고 '남쪽의 바다'(바다가 조용하여 태평양이라 이름 붙임)를 횡단하여 필리핀에 도달하였다. 반란이 일어나기도 하고 폭풍우, 식량 · 음료수의 부족 등 난관에 봉착하였으나 '용기와 인내'로 극복하였지만 1521년 원주민과의 싸움에서 살해되었다. 하지만 그는 문명세계에 태평양을 열어 주었다. 3년 12일 동안에 세계를 일주하고 3년 뒤인 1522년 9월 8일 귀항하였을 때에는 배 한 척에 승원은 18명만이 살아남았다. 그러나 그는 문명세계에 태평양 항로를 개척하여 주었고 역사상 처음으로 세계를 일주하여 지구가 둥글다는 사실을 확인한 셈이다. 그림 8 · 12는 지리상의 발견 항해지도이다.

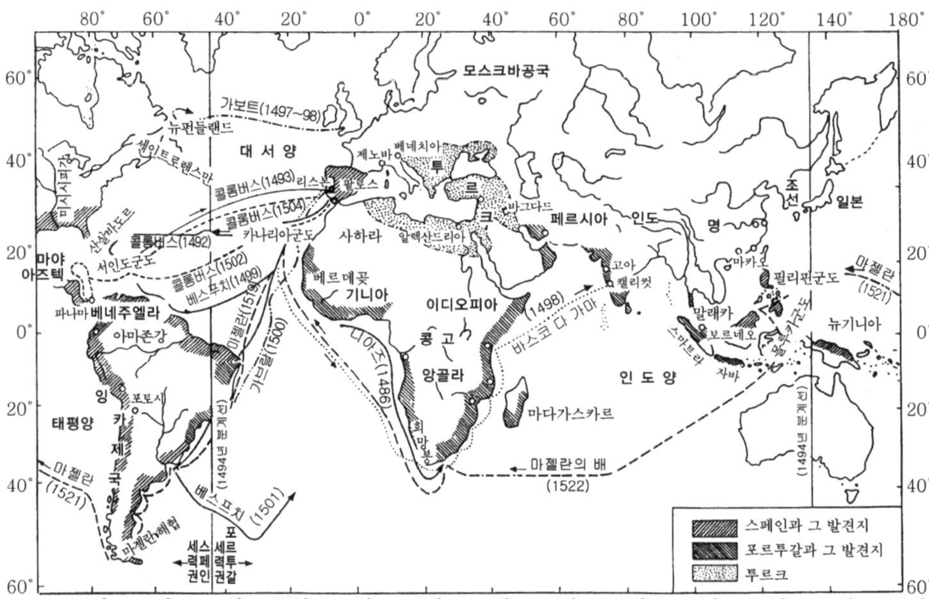


그림 8 · 12 지리상의 발견 항해지도

## 3. 발견항해의 결과로 유럽사회가 세계진출

일찍이 땅 위에는 '강(江)의 시대'가 있어 그 무렵에는 강이 부족(部族)을 연결하는 길의 역할을 하였으며, 이어서 사람들은 바다를 정복하였고, '바다의 시대'가 시작되었다. 지금은 '바다의 시대'에 이어서 대륙과 대륙을 연결하는 '대양의 시대'가 찾아온 것이다.

지리상의 발견이 유럽사회에 미친 영향은 매우 크다. 우선 새로운 인도항로의 개척[18]으로 동양의 산물이 값싸게 대량으로 들어오게 되었고, 한편 신대륙에서 감자 · 담배 · 코코아 · 옥수수 · 설탕 · 커피 등이 대량으로 들어와 유럽인들의 일상생활에 큰 변화를 주었다. 특히 신대륙에서 유럽에 상업 및 공업자본의 토대가 된 금 · 은이 대량으로 들어오자 화폐량이 늘어나고 화폐가치가 하락, 물가는 오르고 돈의 가치가 하락하는 인플레이션 현상으로 이른바 '가격혁명'(The price revolution)을 야기시켰다.

새로운 항로와 신대륙의 발견[19]으로 세계무역의 중심은 지중해에서 대서양과 인도양으로 이동되어 '대양의 시대'가 되었다. 유럽경제의 중심도 이탈리아로부터 대서양 연안의 민족국가로 이동하였다. 또 16세기 전반에 상인들과 제조업자들의 활동영역이 확대되어 유럽의 상업은 그 교역상품의 다양화, 교역량의 급증, 시장의 확대, 이윤과 자본축적의 증가 등 이른바 '상업혁명'(Commercial revolution)이 일어났다.

세계 각지의 지형이 명확하게 밝혀지면서 지도제작이 크게 진보하였고, 프톨레마이오스의 낡은 지리학에서 탈피가 가능하였다. 또 상인이나 포교자가 정보를 수집하는 루트(route)가 만들어져 세계적인 커뮤니케이션 시스템의 싹이 튼 것도 이 시대가 가진 의미의 하나이다.

다른 한편으로는 대항해의 루트에 편성하여 유럽의 학문 · 기술 · 사상 · 종교 등이 각지로 확산된 것도 역사적으로 중요하다. 특히 화기(火器)의 전파는 아프리카 · 아시아 각 지역에 큰 충격을 주었다.

그 밖에도 지리상의 대발견은 당시 알려져 있던 세계의 범위를 넓혔고, 군주의 재산을 풍족케 하여 유럽에서 자본주의의 발달을 촉진하였으며, 또 항해술 · 나침반 · 해도 · 지도 · 지리학 등 자연과학의 많은 분야에 근본적인 영향을 주었을 뿐만 아니라 유럽에서 지도작성의 급격한 발달과도 밀접한 관계가 있다.[20]

아시아 여러 민족에 대해서 백인의 세력확대와 백인이 우월하다는 인종차별론(全 지구가 백인종의 세력권화)과, 흑인 인디언에 대한 유례없는 잔혹한 탄압을 발생시키는 하나의 계기가 되었다. 이렇게 하여 유럽인의 개척정신은 근대 400년 동안 그들에 의한 세계지배의 원동력이라 할 수 있다.

흑인무역[21]이 시작된 것은 1530년경이다. 아프리카에서 끌려간 흑인노예 수는 16세기에 90만, 17세기에 275만, 18세기 400만, 19세기 900만 등 총 1,665만

---

18) 羅鍾一 외, 전게서, pp. 174~175.
19) T. K. Derry · Trevor I. Williams, 전게서, pp. 66~69.
20) 소련 과학아카데미 편(金光不二夫 외 역), 전게서, p. 145.
21) 박은봉, 세계사 100장면, pp. 202~204, 1993, 가람기획.

명인데 항해 도중 6명 가운데 5명꼴로 희생당하였으므로 실제 잡혀간 전체 수는 무려 6,000~7,000만 명에 달한다. 노예무역은 주로 영국 · 에스파냐 · 포르투갈인들에 의해서인데 아프리카 사회와 문명의 완전한 파괴로 볼 수 있다.

## 4. 과학적인 세계지도

세계지도의 제작[22]은 세계 각지로 확대되는 탐험항해와 깊은 관계가 있다. 콜럼버스의 신대륙발견 이전의 세계지도로는 프톨레마이오스의 지리학서를 기초로 한 라틴어 번역의 「우주지」가 간행되었으며, 1482년의 독일어판은 최초의 목판지도로 유럽, 아시아 및 아프리카가 포함된 세계지도이다. 그러나 프톨레마이오스의 지도는 지구라는 둥근 면을 평면으로 바꾸는 방법이 충분하지 못해, 지구상의 참 모습이 변형되었으므로 개량시킬 필요가 있었다.

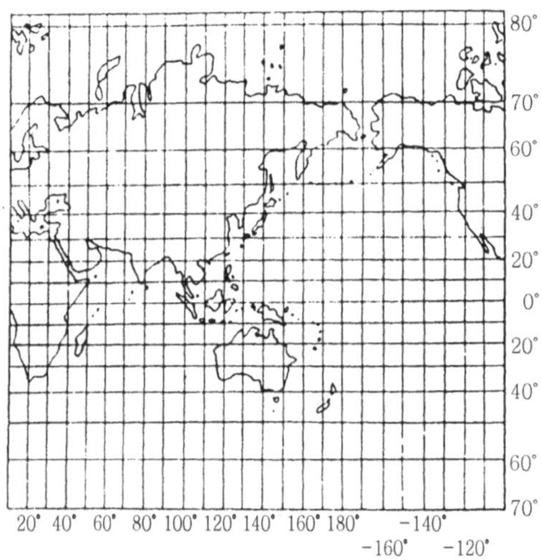


그림 8 · 13 메르카토르의 세계지도(부분)

이 무렵, 네덜란드의 지리학자인 메르카토르[23](Gerhardus Mercator, 1512~1594)는 1569년에 '원통투상법'을 고안하여 지도제작법을 개량하는 데 큰 기여를 하였다. 이로서 24도폭(圖幅), 132×198 cm의 유명한 세계지도가 완성되었다. 이 방법은 지구적도에 외접시켜 가운데가 텅 빈 원통을 두고, 지구의 중심에 광원을 넣어 원통면에 지구의 표면을 투상시키고, 이 원통을 펼치면 '메르카토르 투상'이 된다. 그는 아들과 함께 「아틀라스」(*Atlas*, 1595)라는 107도폭의 세계지도를 남겼는데, 유럽 여러 나라의 지도집에 개개의 대륙지도와 전 지구의 개관을 추가하여 이후 아틀라스는 지도책이란 의미가 되었다.

그림 8 · 13은 메르카토르에 의한 세계지도이다. 사실상 세계지도의 완성이라고 할 수 있다.

---

22) 下間頼一, 전게서, pp. 27~29.

23) F. Dannemann(安田德太郎 외 역), 전게서, pp. 280~284.

# 8.5 광산과 야금의 발달

사람들의 생활은 르네상스 시대를 거치면서 점차 향상되어 갔다. 많은 기술자가 생활에 필요한 물품을 경험에 의해, 또 인간의 예민한 직감을 활동시켜 시행착오를 거듭하면서 생산하였고, 기술분야에서 최대의 진보가 이루어진 것은 채광과 야금이며, 16세기의 경제력은 이들 분야의 발달에 크게 도움을 받았고 또 각종의 기계, 건축 등에 관한 기술서가 간행되었다.

금속제련법과 가공기술이 개량되어 금속의 생산량이 증가됨에 따라 채광기술도 발달하였고 그에 따라 채광은 농업에서 독립하여 전문광부가 나타나 채광지식과 경험이 쌓이게 되었으며 전문적인 채광부가 중심이 되어 활약하는 광산지방의 중심에 광산도시가 형성되었다.[24)]

광산은 대개의 경우 후카가(家)와 같은 봉건영주에 의해 소유되고 있었으며, 채광부는 일정한 채굴의 자유를 얻기 위해 항상 봉건영주의 규제와 투쟁하게 되었다. 그런 가운데 광산법을 제정하여 영주, 왕과 제후 사이에 채굴조건이 조정되었다.

광산업은 자본주의적 생산방식의 모태가 되었다.

## 1. 야금 및 청동포의 제조

이탈리아 야금학자이며 로마 최후의 주조·조병(造兵) 기술책임자이던 비링구치오[25)] (Vannoccio Biringuccio, 1480~1539)의 유일한 저서인「피로테크니아」(*Pirotechnia*, 火工術, 불꽃 제조기술 10권)(그림 8·14)는 그가 죽은 뒤인 1540년에 출판되었는데 주요내용은 금속의 용융·대포·활자·바늘의 제조·화폐의 주조·합금·금의 세공·화약과 화기의 제조에 대해서 설명하고 있으며, 이 책은 특히 대포(청동포)의 주조에 관해서 상세하게 설명하고 있다. 비링구치오의 대포주조에 대한 연구는 대포 주조기술을 진보시켰으나, 이는 봉건 제후나 신흥상업 자본가들이 군사력을 강화하고자 하는 요구에 부응하는 것이 되었다. 당시의 대포는 포신에 문제가 있었고, 청동의 성분도 일정하지 않아 수십발을 발사시키면 파열되고 명중률도 극히 낮았다. 그래서 어떻게 하면 강하고 명중률이 높은 대포로 만들 것인가 하는 것이 그의 과제였다(그림 8·15).

---

24) T. K. Derry · Trevor I. Williams, 전게서, p. 140, p. 142.

25) 伊東俊太郎 외 편, 전게서, p. 871.

먼저, 지금까지의 대포 제조기술의 경험에서 배우고, 청동의 제조, 주입(鑄入), 화약의 양 등을 일정량으로 표시하고 규격화해서 만들기에 이르렀다. 그가 만든 대포는 명중률이 좋아 중세의 기사도 전쟁과는 전혀 다른 전쟁형태가 생겨나 군사작전에도 영향을 주었다. 또, 대포의 출현[26]은 포탄 · 탄환의 비행과 관계되는 탄도학, 대포의 이용과 관련되는 모든 계산의 수학, 화약성분의 가장 적절한 배합의 연구를 위한 화학 및 큰 구경의 대포를 운반하기 위해 차량에 부착되는 모든 장치가 제작된 운송수단 등의 발달에도 크게 영향을 주었다.

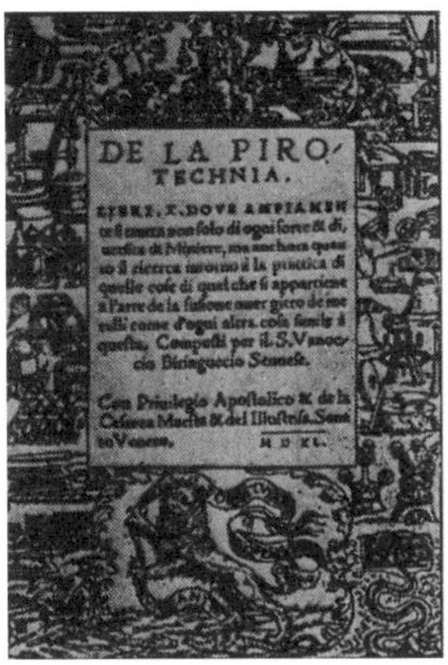


그림 8 · 14 피로테크니아

그림 8 · 15 16세기의 대포주조 공장

## 2. 채광 · 야금기술

한편, 아그리콜라[27] [28](Georgius Agricola, 1494~1555)(그림 8 · 16)는 1530년대부터 많은 광산 · 야금학에 관한 저서가 있으나 주된 저서는 죽은 후에 간행된『데 · 레 · 메탈리카』(*De re metallica*, 금속의 서 또는 야금술, 12권, 1556)이다.「금속의 서」(그림 8 · 17)에는 광산에서의 채광준비, 채광과 광석을 용해하여 금속을 만드는 과정까지 기술되어 있다.

광맥을 탐사하는 방법, 갱도를 만드는 방법, 갱도의 배수 · 환기, 광석을 지상에까지 올리는 방법, 선광법 · 정련법 · 광부의 관리 · 경영법 등까지 포함하여 광산과 관련된 총론에 대해서는 물론, 작업에 사용되는 양수기, 권상기, 송풍기, 야금

---

26) 소련 과학아카데미 편(金光不二夫 외 역), 전게서, p. 139.
27) T. K. Derry · Trevor I. Williams, 전게서, p. 39, p. 92, p. 129.
28) 伊東俊太郎 외 편, 전게서, p. 10.

로의 구조, 정제의 방법에 이르기까지 화가 웨프링(B.Wefring)에 의한 292개에 달하는 목판화를 넣어 상세하게 설명하고 있는데, 기술적 공동경영자의 한 사람으로 이 저서를 집필하는 데 무려 20년이 소요되었다.[29] 이 저서는 출판 후 200년간 유럽의 광산에 관한 지식 및 일반기술에 관해 대단한 영향을 주었다.

그림 8·16 아그리콜라

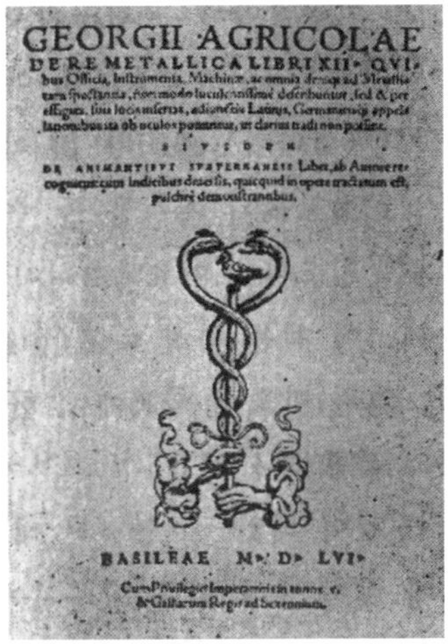


그림 8·17 데 레 메탈리카

갱도에 관해서 한 가지만 살펴보면, 그때까지 광산의 갱도에서 침수되는 물의 대처에는 인력이나 축력이 주된 동력원이었으나, 이때는 지름이 11 m나 되는 대형 수차를 사용해 대형 양동이 물을 퍼 올리고 3단조의 흡상펌프에 의해 배수하는 등, 그때까지와는 다른 규모로 작업을 하였고, 또 풍차를 사용하여 갱도 내의 환기를 하는 등 획기적인 조치였다. 이와 같은 작업을 원활하게 하기 위해 동력을 전달하는 기어나 축의 전달장치도 정교한 것이 요구되었다.

그는 광업에 정진하려면 과학에 정통해야 한다고 주장하여 철학(지금은 물리학 포함), 의학 · 천문학 · 도량학 · 계산술 · 법률학 등의 지식의 중요성을 강조하였다. 그런 한편으로 광산 특유의 질병인 분진에 의한 호흡기 장애, 유독한 규소광물의 취급 등 미해결의 문제도 광산학의 발달과 아울러 많게 되어 이것도 아그리콜라가 다루어야 할 문제가 되었다.

이 「금속의 서」가 현대인에게 널리 알려지게 된 것은 1912년 미국 대통령 후버(H.C.Hoover and L.H.Hoover)부부가 함께 영어로 번역한 덕택이다.

---

29) S. Lilley(伊藤新一 외 역), 전게서, pp. 87~92.

# 8.6 근대 세계를 향한 발돋움

## 1. 16세기 동양과 서양의 기술[30)]

중세 말에서 근세 초까지의 유럽의 기술을, 같은 시대에서의 아시아, 특히 중국의 기술과 비교한다면 둘 사이에는 17세기 이후의 양자의 발전에서 볼 수 있을 정도의 큰 차이는 없었다고 본다. 이 점의 고찰에서는 명나라 말기인 1637년에 송응성(宋應星, Sung Ying-hsing, 시대 미상)이 지은 「천공개물(天工開物)」에서 찾을 수 있다. 이 책은 중국이 아직 유럽의 과학 · 기술의 직접적인 영향을 받지 않은 시대에 저술된 중국기술을 집대성한 책이다. 따라서 이 책에 기록된 기술은 중국의 고유기술이라 보아도 된다.

몇 가지만 보면, 수차가 잘 발달되어 기어 장치에 의해 작동되고 있고, 파종기가 붙은 쟁기가 이미 사용되어 있었기 때문에 이것은 유럽보다 앞서 철제가 사용된 것이다. 방적기는 옛날부터 발달하여 유럽에 전해졌고, 물레는 유럽에서는 13세기에 발명되었으나 중국은 훨씬 빠르다. 특히 유럽의 근대사회에 가장 중요한 영향을 준 제지기술 · 화약 · 나침반은 중국에서 전달된 기술이다. 이렇게 본다면 적어도 중세 말기의 중국문명은 당시의 유럽문명에 뒤지지 않았다.

### (1) 서양의 기술

그렇다면 기술적으로 높은 수준에 있었던 이 아시아의 문명이 16세기 이후의 세계문명의 발전에서 왜 유럽문명에 뒤쳐지고 말았을까? 그 원인으로서는 여러 가지를 거론할 수 있을 것이다. 사회 · 경제적으로는 유럽사회는 중세 말 이후 바로 봉쇄경제를 벗어나 광역경제로 진입하고 15세기 이후 근세에 들어와 동양과 신대륙으로의 새 항로의 발견에 의해 세계경제에 돌입하였다. 그 결과 교역이 성행하고 도시경제 및 화폐경제가 생겨나 시민계급과 자본주의가 대두되고 운수기관이 곧바로 개선되어 생산력 증가에 대한 요구가 높아지면서 이 요구가 자본주의의 이윤추구에 자극되어 기술의 발달을 촉진시켰다.

한편, 그 과정에서 중세 봉건사회는 붕괴, 농노는 해방되어 자유농민이 되고 도시의 직인도 길드적 구속에서 해방되어 자유직인이 되었기 때문에 그들의 기술적 개선에 대한 의욕이 강하여졌다. 동시에 점차 흥하고 있던 근대국가는 부강정책에 힘입어 무기제작의 기술은 물론 다른 산업기술의 발달도 꾀하게 되었다.

---

30) 加茂儀一 편, 기술의 역사, pp. 45~49, 1956, 매일신문사.

그리고 이와 병행하여 사상적으로는 유럽에서 시민계급의 발전에 따라 르네상스에 의해 싹이 튼 인간의 해방, 존중 원리가 진전되어 그것으로 말미암아 인간의 노동력을 절약, 생활향상과 풍요로움을 실현하기 위한 기술개선의 노력이 성취되어 기술의 사회적 평가가 충분하지는 않으나 높아지게 되었다.

시민사회 안에서는 사고의 자유가 존중되고 합리주의가 발전, 중세적 미신을 타파하여 중세에서 몰가치적으로 보였던 자연에 가치가 부여되어 르네상스 시대에 싹이 튼 자연 유정(有情)의 관념이 자연을 객관적으로 보는 방향으로 나가는 한편, 자연을 공리적으로 이용하여 개선하는 기술의 발전으로 유도하고, 다른 한편으로 자연을 관찰하고 그 법칙을 찾아냄과 동시에 실험에 의해 확인하는 자연과학 발생의 길을 열었다.

르네상스 시대에는 아직 미분화된 과학과 기술이 16세기 이후에는 분화가 시작, 각각 전문화되었다. 그래서 17~18세기 사이에 현대의 자연과학, 특히 물리학 · 수학의 기초가 확립되었고 한편, 기술은 그 사이에 매뉴팩처 생산방식에 기초하여 인력 · 축력 · 풍력 · 수력 등 자연력이 동력으로 크게 발달하였고, 18세기 이후에는 기술은 자연과학과 결합되어 무기적인 자연력을 얻음과 동시에 기술은 무한으로 확대되는 동력을 스스로 가지게 되어 여러 부분에서 고도의 기술을 요구하게 되어 그 요구를 만족시키는 과정에서 산업혁명에 도달하고 그 발전이 현대문명을 형성하였다.

### (2) 동양의 기술

아시아는 근세 초에 유럽에서 근대문명의 최초의 세례를 받았으나 중국은 그 후 고립주의를 취하고 한국이나 일본도 쇄국주의를 오래도록 고집하였다. 그 결과 아시아는 중세 봉건제도가 강하게 지배, 계급제도가 엄격하여 농노나 대부분의 농민은 봉건제약에 얽매이었고, 중국에서는 노예의 수도 많고 무한으로 공급되어 풍부한 노예 노동력으로 종래의 농업기술을 개선하는 노력을 하지 않았고 동시에 이 봉건제도 하에서는 자연경제가 지배하여 교통기관도 발달하지 않았기 때문에 생산력의 증대에 대한 사회적 요구도 없었다. 그 결과 도시경제나 시민사회도 발전되지 않았다.

비록 시민계급이 형성되고 부의 축적이 되었어도 봉건세력에 종속되어 유럽에서의 시민사회와 같이 봉건제후에 대항하여 자기의 정치기반을 만들 정도의 자주력을 가지지 못하였다. 그래서 아시아의 오랜 문명국에서는 근대 자본주의가 발전하는 여지가 없었고, 산업기술이 발달하지 못하였기 때문에 기술에 대한 사회 평가도 낮았다.

또 동양에서는 인간해방을 주장하는 르네상스 운동도, 인간의 존엄과 평등을 확고히 하는 이념도 생기지 않았기 때문에 인간의 노동력을 업신여기고 복지를 위한 사회적 노력도 기울이지 않았다. 그래서 자본주의도 미숙, 합리주의도 철저하지 못해 비판철학도 생기지 않았다.

그 대신에 의리나 인정, 음양 · 오행설에 기초한 비합리주의가 지배, 자연현상도 그 관념에 의해 설명하는 데 만족하여 자연에 대해서 유정적(有情的)이고 자연과의 합일(合一)을 이상의 경지로 생각, 자연을 객관시하는 것을 두려워하였다. 따라서 자연현상의 분석, 법칙의 발견에 무관심하여 근대 자연과학도 등장하지 못했다. 그 결과 아시아는 16세기 이후 근대문명의 발전에서 유럽보다 대단히 지체되지 않을 수 없었다.

## 제9장

# 제16 · 17세기 유럽의 과학혁명 형성

16세기는 직인의 전통과 학자의 전통 사이에 장벽이 허물어지기 시작하는 모든 분야에서 준비시대였다. 자연과학의 근대적 방법은 서서히 실험방법으로 발전하였다. 두 단계로 나누어 14세기 말~17세기 초의 전 단계를 과학적 르네상스, 두 번째가 과학혁명으로 17세기는 갈릴레이 · 케플러 · 데카르트 · 하이헨스 · 뉴턴과 같은 사람들의 선도로 이제껏 알 수 없었던 승리의 행진, 항진의 광경을 보여 주고 있다. 자연과학과 수학과의 내면적 융합, 병행하여 엄밀한 귀납적 연구방법의 완성이 이루어졌다.

과학혁명은 일반적으로 과학이론이 급속하게 변혁되어지는 것을 말하며, 자연에 관한 사상들, 자연에 대한 지식추구의 올바른 목표들 그리고 그 지식을 획득하는 방법들에 대해 전반적으로 심오하게 재구성하는 것이다. 좁은 의미로는 16~17세기에 근대과학이 성립된 역사적 사태를 의미한다. 이 경우에는 통상 머리글자를 대문자로 하여 'the Scientific Revolution'이라 기록한다. 토마스 쿤(Thomas Samuel, Kuhn, 1922~ )의 「과학혁명의 구조」(*The Structure of Scientific Revolution*, 1962)는 일반적인 과학혁명을 뜻하며, 패러다임(paradigm)의 개념을 구사한 과학이론 발전의 메커니즘을 명확하게 하는 시도였다. 여기서 '패러다임'이란 과학자의 공동체에 일정기간 모델적 문제 · 모델적 해법을 부여하는 과학업적을 의미한다.

또 스노(C. P. Snow)의 「두 개의 문화와 과학혁명」(*The Two Cultures and Scientific Revolution*, 1959)은 현대 및 가까운 장래의 과학의 대비약을 과학혁명이라고 부르고 있다. 뒤의 좁은 의미의 보기가 일반화된 것은 고이레와 버트필드에 의해서이다.

좁은 의미로 보아 16~17세기의 과학혁명(제1의 과학혁명)은 코페르니쿠스의 「천구의 회전에 관해서」와 베살리우스의 「인체의 구조에 관해서」가 출판된 1543년부터 뉴턴의 「프린키피아」가 발간된 1687년까지 생긴 과학상의 업적을 총괄하여 지칭한다. 지동설을 강조할 때에는 '코페르니쿠스의 혁명'이라고도 한다. 이와 같은 과학혁명의 물결은 F. 베이컨 · R. 데카르트 · G. 갈릴레이 · J. 케플러 · R. 보일러 · W. 하비 · 뉴턴의 손에 의해 여러 분야에 침투하여 근대과학의 기초와 발전을 약속하기에 이른다.

과학혁명의 본질은 자연을 연구할 경우, 일체의 선입관이나 편견 없이, 그 대상을 자신이 스스로 관찰하고 실험하여 그 결과를 체계화하거나, 또는 그 사고(思考)하는 방법으로 귀납법을 구사하는 것이다. 이 경우 실험할 때의 물질관은 기계 · 입자적이어야 하며, 역학적 · 수학적으로 인식되어야 한다. 동시에 확실한 실증성이 요구된다.

## 9.1 유럽에서 과학혁명이 형성된 배경

학문상의 과학혁명이 어떻게 하여 발생하였는지를 아는 것이 근대과학의 성격을 파악하는데 대단히 중요하다.

과학혁명이 생긴 배경을 살펴보면,[1] 첫째는 중세적 전제이다. 그리스 학문이 본격적으로 유럽에 번역, 소개된 것이 12세기였고, 이 12세기 르네상스의 번역가들은 주로 아라비아어, 때로는 그리스어에서 유클리드, 아리스토텔레스 등 중요한 그리스 저술가들 작품을 특수한 기독교적 관심을 가지고 번역하였고, 13세기는 유럽에서 대학의 자유학예의 내용은 압도적으로 기독교적 아리스토텔레스 주의가 되는 경향을 보였다. 한편, 직인들은 대부분 자유학예와는 무관한 기계학예를 형성하였고, 상인들은 아라비아식 계산법을 배우기 시작하였다. 14세기에는 치밀한 논리학적 논의를 자연학 영역에서 전개한 유명론자(唯名論者)가 등장하여, 스콜라적 아리스토텔레스 주의를 비판하는 분위기를 조성하였다.

여기서 7기계학예[2]라 함은 후고(de St. Victor Hugo, 1096~1141)가 1130년경 자유 7학과에 대응하여 기계학을 근간으로 (1) 기계, (2) 무기 · 무기제조 · 전쟁술 · 건축, (3) 선박운항 · 상업 · 지리, (4) 경작 · 목축 · 가정, (5) 수렵 · 어로 · 요리법, (6) 의술 · 약초학, (7) 연극술 · 놀이 기술 · 스포츠 등 일곱 종류의 기술을 하나의

1) 伊東俊太郎 외 편, 전게서, pp. 166~167.
2) 荒井政治 외 편, 전게서, pp. 290~291.

학문으로 취급한 데서 비롯된다. 이를 테면 최초의 종합적 기술이다.

둘째, 스콜라적 아리스토텔레스 주의의 학문구조 자체를 철폐한 사실이다. 그 배경은 르네상스 · 종교개혁 시대의 사회변동과도 결합한 심각한 사상적 위기의 존재 때문이다. 종래의 종교와 정치권력을 양극으로 하는 사상, 사회구조가 변혁의 위치에 노출된 시대야말로 16세기와 17세기였다.

중세의 기계학예를 자유학예와 결합시키는 고급직인들이 르네상스의 후원자(patron)들에 의해 등장되는데 그 대표적인 예가 레오나르도 다 빈치이다. 인쇄술의 발명과 프로테스탄티즘(protestantism)의 발흥은 서적문화를 형성하여 그때까지 문자와는 인연이 없던 사람들을 지식의 세계로 안내하였다. 16세기의 라므스(Petrus Ramus)의 아리스토텔레스 주의에 대한 실용주의적 도전은 이와 같은 새 지식층을 염두에 두고 비로소 이해된다.

셋째, 새로운 사회층의 실용주의적 관심은 자연을 관조(觀照)되는 대상으로 존재하는 것이 아닌 적극적으로 활용하는 대상으로 보기 시작하였다. 이와 같은 자연관은 당초는 신 플라톤주의적 신비주의나 의화학적 마술의 전통과도 결부되어 있었으나 17세기에 접어들어 실험을 위한 독자적인 논리를 형성하는 사상가가 등장하여 신비주의적 색채를 소멸시켰다. 실험을 고취시키는 베이컨(F.Bacon)의 「신기관」(1620)은 아리스토텔레스 주의에 대한 도전을 분명하게 의식한 논리체계이다.

넷째, 한편, 코페르니쿠스의 지동설의 수학적 천문학이 프톨레마이오스의 전통적 체계에 서로 경쟁하게된 예가 표시하듯 일상적인 감각적 세계의 설명에 대한 의심의 눈이 떠져, 새로운 확실성의 기준이 탐구되기에 이른다. 고대의 원자론을 부활시킨 가산디(Pierre Gassendi, 1592~1655)에 의해 중세에서 아리스토텔레스적 학문은 학문이라 하기에는 미흡하다고 하고 그는 라무스의 후계자임을 자칭, 학문의 실용주의 측면을 강조하고 아리스토텔레스적 본질주의는 거부된다. 데카르트는 수학적 확실성을 진리의 기준으로 선정함에 따라 겉보기의 세계 설명을 포기한다. 「방법서설」(1637)과 그 시론(試論)은 그의 회의론과 투쟁의 기록이다. 결과로 공간이 기하학화 되기에 이른다. 또 근세에서의 아르키메데스적 정신을 가지고 갈릴레이의 실험적 및 수학적 정신의 결합은 새로운 수학적 과학을 탄생시켰다. 새로운 수학화된 학문이란 기계학과 위치운동에 관한 과학이다.

다섯째, 실험을 할 때의 물질관은 기계론적, 입자론적이 된다. 색이나 냄새 등의 감각적 2차성질은 입자의 모양, 운동의 상태 등의 1차성질로 환원되어 이해되는데 1차성질은 사람들의 감각을 속이지 않는 객관적 존재이고 수학적 · 양적으로 파악된다. 2차성질을 수학적으로 공간화된 1차성질로 환원시켜 보는 환원주의의 구도는 케플러, 갈릴레이 및 데카르트 등 대표적인 과학혁명 추진자들에게 똑같이 인식되어 보일의 입자론적 실험화학의 기초가 되었다. 하비의 「심장 및 혈액의 운동에 관해서」(1628)의 혈액순환설을 수용한 것이 데카르트 등 기계론적 생물관의 중심이 된 것도 생물학에의 새로운 견해가 지배적으로 되었다는 증거이다.

여섯째, 수학 자체는 대수화되어 그리스 기하학에서의 탈출이 시작된다. 전체 학문구조 중에 지위가 현저히 향상되어 학문으로서 자율연구의 대상이 된다. 뉴턴과 라이프니즈에 의한 미분적분학의 형성은 과학혁명 시대에서 수학변혁의 한 보기이다. 뉴턴의 1687년 주저서는 몇 개의 수학적 법칙이 예상 외의 많은 자연현상을 통괄하고 있음을 표시하며, 여러 학문은 새롭게 형성된 뉴턴의 수학적 동역학을 모델로 하기에 이르렀다.

일곱째, 뉴턴이 회원으로, 나이가 들어 늙었을 때에는 회장으로 활약한 런던의 왕립학회가 1662년에 설립된 사실이다. 1666년에는 파리에 아카데미 · 데 · 시앙스(Académie Royale des Sciences)가 설립되어 뉴턴의 라이벌인 호이헨스가 중심적 역할을 하였다. 1665년 1월에는 「학자 저널」이 발간되어 과학적 논의가 공개되어 정례화되고, 같은 3월에는 기관지도 간행되어 학문용어의 확정 · 통일 · 보급을 위한 수단도 17세기 말까지는 정리가 되었다.

## 9.2 실험 여러 과학의 기초형성

### 1. 실험적 방법의 탄생[3)]

과학과 기술을 진보시키는 데 제일 필요한 것은 새로운 원리 · 방법 및 사실을 탐구하는 것이라고 베이컨이 주장하였다. 그와 같은 원리와 사실은 직인적 기술 및 실험과학에서 유도할 수 있다. 과학은 관찰을 병행하여 실험방법을 자기 것으로 함에 따라 근대과학이 되었다. 관찰은 자연에 대한 수동적 방법이나, 실험은 어느 가설을 세워 그 가설이 옳은가의 여부를 확인하는 능동적 방법이다. 이 방법은 인간이 목적 의식적으로 노동수단을 가지고 자연에 활동을 가하는 생산수단을 모델로 한 것이다. 따라서, 실험은 자연의 탐구방법으로 고대로부터 없었던 것이 아니고, 중세 말에 도시의 성립에 의해 직인의 생산활동이 활발해짐에 따라 로저

3) 山崎俊雄 외, 전게서, p. 64.

베이컨 등이 '실험과학'을 제창하였으나, 과학의 필수적인 방법으로 정착된 것은 16세기 후반부터 17세기에 걸쳐 영국에서 시작되었다. 이 시대는 영국에 절대주의가 성립된 시대, 즉 엘리자베스 여왕과 제임스 I세의 시대이며, 매뉴팩처적 공업생산이 시작되고 여기에 호응하여 세계무역의 중심이 영국으로 옮겨진 시기였다. 스페인 무적함대의 격멸은 1588년이었는데 이와 같은 시기에 스콜라 논의로 세월을 보내는 옥스퍼드 · 케임브릿지대학에 싫증이 난 시민들이 학자의 지식과 직인이나 선원들의 여러 경험과를 결부시키고자 하는 운동을 일으켰다. 그 중심이 대상인(大商人) 그레셤의 유언에 의해 1597년에 설립된 런던의 그레셤(Gresham)대학이다. 이 대학에서는 다른 대학과 같이 교과서의 주석이라 할 교수법을 택하지 않고, 가령 천문학 교수는 승선하여 항해기구의 사용방법을 실물로 가르치고, 기하학의 교수이면 이론만이 아닌 응용까지 강의하는 등, 수업에서는 이론과 응용을 결부시킨다는 강의규정이 있었다. 학자의 지식(관찰)과 직인들의 경험(기술)을 결합시켜 자연의 탐구방법으로서의 실험적 방법이 탄생되었다.

## 2. 자기 · 전기의 시작과 물리학실험의 개척[4)][5)][6)]

electricity(전기)란 말은 호박(琥珀)을 의미하는 그리스어 엘렉트론에 유래하며, 이탈리아에서 귀화, 영국의 의사 · 물리학자로 엘리자베스 여왕의 시의(待医, 1601년)가 된 길버트(William Gilbert, 1544~1603)(그림 9 · 1)는 그의 저서 「자성, 자성체와 대자석인 지구의 신생리학, 6권, 1600」(자석론)에서 'electrica'라 불렀고, electricity란 용어를 사용한 인물은 1646년 브라운(Th, Browne, 1605~1682)이 처음이다. 전기란 말에는 자기(magnetism)를 포함하여 전자기(electricity and magnetism, electromagnetism)의 의미로 사용된다.

길버트는 물리학 실험의 개척자로 그 명성이 전해지고 있다. 「자석론」은 약 18년간의 전기 · 자기에 관한 연구의 결집이며, 자기(磁氣)운동, 지향성, 편각(偏角) 복각(伏角) 회전에 관해 수록되어 있는데 전자기현상은 근대과학의 대상이 되었고, 영국에서 최초의 물리학 책이며 근대적 실험사실에 근거하여 과학으로서의 전기학이 시작되었다고 평가한다.

자석에 대해서는 B.C.600년경 그리스의 탈레스가 전기학의 시조로 보고 있다. 중국에서 나침반의 발명 · 사용을 거쳐 1600년까지를 전기역사의 첫 시대로 본다.

---

4) 平田 寛, 전게서, 하권, pp. 216~221.
5) S. Mason(矢島祐利 역), 전게서, 상권, pp. 148~148.
6) R.I.Forbes · J.E. Dijksterhuis(廣重 徹 외 역), 전게서, pp.166-167.

길버트는 13세기에 프랑스 학자 페트루스 페리그리누스(Petrus Perigrinus)의 저서 「자석에 관한 편지」에서 실험으로 규명한 자석의 이종극과 동종극 사이에서 작용하는 실험적 연구를 계승, 연구를 확대하여 항해에서 터득한 경험과 채광 및 야금술에 대한 그의 폭 넓은 실제지식을 이용하였고, 15세기 말까지는 나침반 자침의 자기적 복각(伏角, 보통 편각이라 부름)을 발견하였다. 또 16세기의 로버트 노오만(Robert Norman)의 「신인력(新引力)」(1581)이라는 연구에서도 도움을 받았는데 길버트의 특이한 연구는 막대 자석이 아니고 둥근 자석(球磁石)을 사용하였는데, 결론으로 "지구는 큰 자석이고 따라서 자석은 작은 지구(小地球)다."라 하였다.

그림 9·1 엘리자베스 여왕 앞에서 실험하는 길버트

길버트의 「자석론」 이후 18세기 말까지가 정(靜)전기학의 시대이고, 1800년의 볼트에 의한 전퇴의 발명 이후는 동(動)전기 또는 갈바니 전기(Galvanism)의 시대가 된다. 1820년 외르스테트에 의한 전류의 자기작용 발견, 1832년 페러데이에 의한 전자유도의 발견에 의해 전기와 자기의 관계가 명확하게 되었는데 전자유도의 발견은 전자현상을 이용하는 오늘날의 전기문명을 가능하게 하였다.

## 3. 실험물리학

네덜란드의 뛰어난 수학자 · 물리학자인 스테빈(Simon Stevin, 1548~1620)은 젊을 때에 공공사업에도 관여하였고 물리학에서는 정역학의 3부작인 「균형의 원리」(1586), 「계량의 실제」(1586) 및 「물의 무게의 원리」(1586)를 집필하였는데, 「균형의 원리」에서 결국 아르키메데스의 논법이 단순화되어 있는 수학적 증명을 지렛대의 원리에 처음으로 관여시켰고, 또 비탈면의 법칙을 증명한 것은 매우 독창적이었다. 부록에는 낙하물체의 운동이론에 대한 그의 유일한 연구가 설명되어 있다. 「계량의 실제」는 그의 정역학이 여러 가지 실제 문제에 적용되고 있다.

「물의 무게 원리」에서는 아르키메데스의 연구를 계승하고 있는데 그는 유체 중에 잠긴 물체가 받는 부력에 대해 새로운 증명을 하였다. 불행하게도 그의 저서는 자국어로 쓴 것이기에 일부지역 외에는 잘 알려지지 않았지만 그러나 라틴어로 번역된 논문집 「수학연구각서」(1606), 크게는 사망 후 편집된 「수학저작집」(1634)은 국제적으로 알려지게 되었다. 그는 지렛대와 도르래, 기타 단일기계에 대해서 힘과 운동의 진행방향을 표시하는 법칙인 '가상변위의 원리'를 세워 갈릴레이 이전에 낙하실험을 하고 있다.

이탈리아의 물리학자 토리첼리(Evangelista Torricelli, 1608~1647)(그림 9 · 2)는 로마에서 수학을 배웠고, 갈릴레이의 제자, 말년에는 비서로 갈릴레이가 제기한 물리학의 문제를 이어받아 많은 성과를 내었는데 가장 큰 업적은 기체에 관한 연구이다. "자연은 진공을 싫어한다"(nature abhors vaccum)라고 하는 종래의 아리스토텔레스적인 생각을 타파하여 펌프로 물을 올릴 경우 10m를 넘지 못하였는데 갈릴레이의 위임을 받은 토리첼리는 1643년 물 대신에 유리관을 꽉 채운 수은을 사용, 수은통 안에 거꾸로 세웠더니 그것이 10m의 물 높이에 해당되는 76cm의 수은 기둥으로 되고 그 수은 유리관 위쪽은 아무것도 없는 공간이 생기는 것을 분명이 하였는데 이것을 '토리첼리의 진공'(1643)이라 하며, 인류가 만든 최초의 진공이다. 동시에 수은기압계도 발명하였다.

진공의 존재가 과학적으로 증명되고부터 여러 가지 방면에 실험이 계속되고, 약 100년 후에는 증기기관이 개발되어 산업혁명이 일어났다.

진공을 본격적으로 만든 실험과학자로는 법률 · 수학 · 역학 · 축성학을 공부한 독일인 오토 폰 게리케(Otto von Guericke, 1602~1686)(그림 9 · 3)이다. 그는 독일의 실험과학의 창시자이기도 하며, 1654년 마그데부르크시의 시장이었을 때, 진공문제를 철학적으로 논증하는게 아니고 실험에 의해 확인하려 하였다. 그래서 그가 1650년에 발명한 진공 펌프로 1657년에는 관중들 앞에서 실험을 하였으며, 진공실험을 정리하여, 「진공에 관한 마그데부르크의 신실험」(1672)이라는 제목으로 발표한 바 있다. 게리케의 진공 펌프가 발명된 이후 각종 진공 펌프가 고안되어 여러분야에 영향을 주었으며 또 게리케는 유황 덩어리로 마찰실험을 하여 전기학

그림 9 · 2 토리첼리

그림 9 · 3 게리케

연구에도 기여하였다. 역사상 처음의 마찰전기 장치로 보면 되겠다.

프랑스의 수학자 · 물리학자 · 종교사상가인 파스칼(Blaise Pascal, 1623~1662)은 오늘날 금전등록기의 원조인 최초의 계산기를 발명하였고, 1653년 '파스칼의 원리'를 발견하였다. 그는 저서 「시골 사람에의 편지」(1656~1657), 「명상록」(1670)으로도 유명하다.

그의 물리학자로서의 업적은 1643년 토리첼리의 기압계 실험과 대기압의 생각에 따른 실험의 설명인데 여러 가지 조건하에 이 실험을 여러 번 반복하여 1646~1648년 사이에 완성하였다. 그는 기체정역학의 기초를 알고 있었기 때문에 이것을 액체정역학과 결합시켜 유체정역학이라는 단일부문으로 만들었고 죽은 후에 「유체의 평형 및 공기의 무게에 관해서」(1663)에 완전히 설명하였는데 정지유체에서의 역학의 원리를 전개한 주옥같은 작품이라는 평을 받고 있다.

네덜란드 출신의 호이헨스는 천문학자 및 물리학자로 형의 도움을 받아 렌즈를 가공하고 조립하여 만든 망원경으로 몇 가지 천문학상의 발견을 하였고, 원심력의 법칙을 수학적으로 수식화함과 아울러 1655~1658년에는 시계의 움직임을 흔들이(振子, Pendulum)로 조정하는 진자시계를 설계하였다.

사이클로이드 곡선을 그리는 진자의 진동이 등시성을 완전히 만족시킴을 증명하여 진자시계를 등장케 한다. 저서로는 「시계」(1658), 「진자시계」(1673) 및 「빛에 관한 논술」(1690) 등이 있다. 그는 빛의 본질에 관해 뉴턴의 입자설과는 달리 파동설을 지지하였으나, 뉴턴의 명성에 가리어 1세기 후에 빛을 보게 되었다. 기계론적으로 빛의 이론을 전개하여 물리광학에 기여를 한다.

## 4. 과학적 방법론의 선구자7) 8) 9)

17세기에는 과학의 중심이 독일과 이탈리아로부터 프랑스, 네덜란드 및 남부이탈리아로 이동하였다. 케플러와 갈릴레이는 근세 초기의 과학 중 독일 · 이탈리아에서 성과의 정점에 선 인물이었으나, 17세기에는 과학자인 인간의 형(型)도 바뀌어 케플러와 갈릴레이는 직업적 과학자였으나 프랑스 · 영국 · 네덜란드에서 등장한 과학자의 새로운 형은 아마추어였다. 바로 프란시스 베이컨과 르네 데카르트이다.

17세기 초에 근대과학의 발전은 시작되었으나 그 진행은 대단히 느렸고, 그 새

7) 鈴木善次 외, 전게서, pp. 28~29.
8) 平田 寬, 전게서, 하권, pp. 192~193.
9) S. Mason(矢島祐利 역), 전게서, 상권, pp. 151~158.

로운 특성은 충분히 인식되지 않았다. 17세기 중에는 직인의 전통과 학자의 전통은 점차 새로운 연구방법에 자리를 마련하고 있었다. 새로운 방법의 성질과 그 응용의 유효성을 알고 있었던 사람은 드물게도 프랜시스 베이컨뿐이었다. 그래서 그는 과학의 일반방법론을 분석, 정의하고 또 그 응용의 방법을 제시함으로 새로운 과학적 운동에 자극과 방향을 부여하고자 하였다.

근대의 과학기술 사상을 확립한 프랜시스 베이컨(Francis Bacon, 1561~1626)은 영국의 왕실에서 요직에 있었던 신하의 아들로 태어난 저명한 재판관 · 철학자 · 정치가이다. 그는 과학의 활동에는 직접 가담하지 않았으나 과학연구에 대해서는 실험방법의 가능성을 탐구하고자 하였다. 실험방법이란 과학과 기술과를 진보시키는데 제일 필요로 하는 것은 새로운 원리 · 방법 및 사실을 탐구하는 것이라 하였는데 그와 같은 원리와 사실이란 직인적 기술 및 실험과학에서 유도할 수 있다. 그것들이 이해된다면 그것은 기술과 과학에서의 새로운 응용으로 이끌 것이다. 「학문의 대혁신」(1620)에서 논의를 위한 논의를 하는 스콜라학에 비해서 인간생활의 개선에 필요한 학문의 확립에 목표를 둔다고 하였으며, 한편 「새로운 기관」(*Novum Organum*, 1620)에서는 연구를 위한 지도원리로 '자연은 순응함으로 정복된다'라는 금언을 남겼다. 그의 저서 「학문의 전진」(*The Advancement of Learning*, 1605)을 통하여 두 가지 큰 역할을 하였다. 첫째는 학자적 및 직인적인 전통의 통합 필요성을 지적하여 기술자는 학자로부터 과학적인 방법을 몸에 익혀 능률을 올릴 수 있고, 학자는 경험이나 실험을 통해 자연현상을 보다 정확하게 파악할 수 있다고 말했다. 영국의 경험주의적 전통이 흐르고 있다고 할 수 있다. 자연계에 숨겨진 원인 · 법칙을 발견하는 방법으로 관찰 이외에 실험을 강조하였는데, 자연계에 적극적으로 활동을 가하는 방법으로 직인들의 생산활동을 모델로 한 것은 2차 생산 · 산업도 넓은 의미에서의 실험, 즉 "성과를 가져오는 실험"이라고 호칭한 사실로도 알 수 있다.

둘째는, 지금의 경험이라는 사실과 관계되나 과학의 방법으로 경험적 사실에서 일반화를 시도하는 귀납방법의 사용을 시사한 사실이다. 귀납법은 현재로는 널리 사용되고 있는 방법이고, 특히 생물학 분야에서 많이 활용되고 있다. 그러나 자연현상을 귀납적으로 추리하여 갈 때 완전귀납은 불가능해서 불완전귀납이 되지 않을 수 없다. 베이컨의 귀납법은 질적이고 귀납적이라는 의미에서 '질적 귀납법'이라 부르며 양적(수량적) 방법이 아니고 질적(성질적) 방법이다.

위의 두 가지 외에 베이컨은 과학의 연구태도에 대해서도 언급하였다. 그가 죽은 후에 출판된 저서 「새로운 아틀란티스」(*Nova Atlantis*, 1628)에 기록한 학자 사이의 조직화된 과학적 협력 및 공동연구의 필요성에서 직인 · 수공업자 · 학자 사이의 보다 밀접한 접촉 등 과학의 사회적 기능을 역설하여, 후에 로버트 보일에 의해 창설되는 런던 왕립학회(Royal Society of London) 탄생의 계기가 되고 있다. 학회의 설립은 학자 사이의 정보교환 역할을 하며, 과학연구를 촉진시켰다.

## 9.3 천문학의 혁신

### 1. 코페르니쿠스의 우주체계인 지동설

15세기에 와서 달력의 문제가 등장, 개력문제의 해결에는 새로운 천문학의 계산법 확립이 기대되고 있었다. 정확한 달력을 만들기 위한 이론체계를 연구하고 있던 코페르니쿠스[10](Nicholas Copernicus, 1473~1543)(그림 9 · 4)는 프톨레마이오스의 우주체계가 잘못되었음을 알고 지동설을 제창하게 되었다. 그래서 태양중심설은 '프톨레마이오스의 체계'를 붕괴시켰고 이 후 3세기에 걸쳐 천문학 연구의 중심뿐만 아니라 사회 및 철학적 투쟁의 중심으로 지식혁명이 시작되었다.

태양중심설(heliocentric theory)의 중요한 특징의 하나가 지구의 운동이라고 하면 이 학설의 기원은 B.C. 4세기 피타고라스학파의 '필로라오스(Philoraos)이론'인데 우주의 중심에는 불이 있고 그 주위를 지구와 태양, 기타의 천체가 회전하고 있다는 변칙지동설을 주장한 사실이다.

그림 9 · 4 코페르니쿠스

중세를 통해서 유럽을 지배한 법왕청이 공인한 프톨레마이오스의 천동설에 대해 코페르니쿠스는 태양을 우주의 중심으로 하여 단순한 우주체계를 그렸고, 이때 이미 지구의 지동설을 인정하였다. 그래서 천동설에 항상 곤혹을 느끼고 있었는데 혹성의 불규칙운동을 지동설로 설명하여 처음으로 내혹성(수성, 금성)과 외혹성(화성, 목성, 토성)을 구별하여 우주도를 제시하였다(그림 9 · 5).

이 혹성(planet)은 태양 주위를 공전하는 비교적 큰 아홉개의 천체를 말하는데 그 모양을 보고 바빌로니아 사람은 "신의 뜻을 알리는 고지자(告知者)", 이집트인은 "쉬지

10) 伊東俊太郎 외 편, 전게서, pp. 370~371, p. 610.

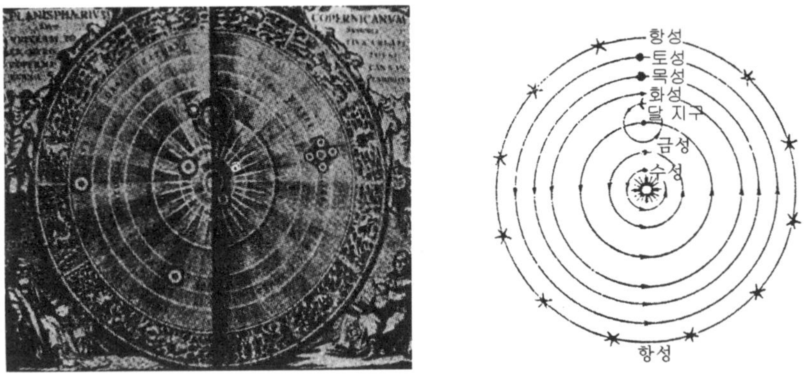


**그림 9·5 코페르니쿠스의 우주체계**

않고 살아있는 별", 중국에서는 '행성'(行星) 또는 혹성—수성·금성·화성·목성·토성의 다섯 별—, 고대 로마에서는 신화에 따라 수성은 상신(商神-Mercurious), 금성을 미성(美星-Venus), 화성을 군성(軍星-Mars), 목성을 사성(司星-Jupiter), 토성을 농성(農星-Saturnus)에 비유하였다.

코페르니쿠스의 지동설[11]에 세계의 중심은 태양이지 지구는 아니었다. 지구는 다른 여러 혹성(행성)과 마찬가지로 하나의 혹성으로 세계의 중심에 정지하고 있는 태양의 둘레를 공전하고 있다고 하였다. 또 혹성의 운동은 비교적 간단하게 설명된다. 바깥쪽에서 (1) 부동의 항성구, (2) 30년 주기의 토성구, (3) 12년 주기의 목성구, (4) 2년 주기의 화성구, (5) 달과 함께 1년 주기의 지구, (6) 9개월 주기의 금성구, (7) 80일 주기의 수성구로 되어 있다. 그렇게 하여 이들 중심에는 태양이 있다.

그러나 당시로서는 기독교 교리에 위배되고 고대의 아리스토텔레스, 프톨레마이오스의 우주와도 대립이 되는 상황에서, 태양중심설[12]에 대한 구상은 이미 1515년 5월 이전에 집필되었다고 보이나 만들어진 원고를 30년 이상 공표하지 못했다. 1540년에 코페르니쿠스가 품고 있던 생각의 개요를 설명하고 그 장점을 찬양하는 내용을 담은 「첫번째 보고」를 출간한 독일의 수학자이며 천문학자인 레티쿠스(George J. Rheticus, 1514~1574)의 권유로 그가 죽던 해인 1543년에 당시로서는 혁명적인 우주론인 「천구의 회전에 관해서」(전 6권)를 통해 지동설을 발표했다. 이 지동설은 그 후 갈릴레이나 케플러, 뉴턴에 의해 완성되나, 그 영향은 단순히 천문학뿐만이 아니고 기독교에도 타격을 주었으며, 기독교 신학의 속박으로부터 과학을 해방시키고 사상적으로도 사람의 사고방식을 크게 변혁, 우주에 대한 인류의

---

11) F. Dannemann(安田德太郎 외 역), 전게서, pp. 259~272.

12) S. Mason(矢島祐利 역), 전게서, pp. 135~143.

'사고(思考)의 틀'을 해체한 분기점이 되었다.

코페르니쿠스의 천문학이 근대 자연과학의 한 분야로 성립되기 위해서는 15세기에 시작된 지리상의 대발견, 대항해 시대(1492년의 콜럼버스 · 1497년의 바스코 다가마 · 1519~1522년의 마젤란 등)라는 배경없이는 사실상 불가능하였다.

이때 코페르니쿠스의 지동설을 열렬히 지지한 이탈리아의 철학자이고 범신론적 세계관을 수립한 수도사인 브루노(Giordano Bruno, 1548~1600)(그림 9 · 6)가 있다. 그는 이때문에 수도회에서 추방되어 스위스, 프랑스, 영국 및 독일 등을 전전하다가 체포되어 7년간의 옥중생활 후 로마 시내에서 화형(火刑)에 처해졌다(그림 6 · 7). 브루노는 진리의 순교자로 파란만장한 생애를 마감하였다.

그림 9 · 6 브루노

그림 9 · 7 종교 재판소에서 형을 받은 죄인의 화형장면

## 2. 천문관측의 개량[13)14)]

근대 초기 가장 중요한 천문관측의 일은 티코 브라해(Tycho Brahe, 1546~1601)에 의해 달성되었다. 그는 덴마크 귀족의 아들로 대학 1학년 때인 1560년 8월 부분일식에 큰 영향을 받아 이후 일생동안 천문관측에 헌신하였다. 1576년 국왕 프레데릭 Ⅱ세는 그에게 연금과 후벤섬에 거대한 천문관측소를 기증, 그곳에 성곽과 공장 · 개인 인쇄소와 관측소를 만들고 1576~1596년까지 많은 조수를 거느리고 태양 · 달 · 행성의 위치 관측을 하였다.

국왕이 사망하자 1596년 덴마크를 떠나 체코로 가서 1599년에 황제 루돌프 Ⅱ

13) R. J. Forbes · J. E. Dijksterhuis(廣重 徹 외 역), 전게서, p. 146.
14) 伊東俊太郎 외 편, 전게서, p. 30.

세의 궁정수학자가 되어 그곳에 정착하였고 다음 해에 젊은 독일의 천문학자 케플러를 조수로 맞이하였고, 케플러에게 화성관측의 일을 주었다. 그가 죽은 후 모든 관측자료를 케플러에게 넘겨 주어 '케플러의 법칙'에 결실을 맺게 하였다.

브라해는 프톨레마이어스 체계의 결점을 완전히 알고 있었고 또 코페르니쿠스 체계에서 진보되어 있는 사실을 잘 이해하고 있었으나 신학과 물리적인 이유 두가지로 그는 지구운동의 가정에 단호하게 반대하여 지구를 부동의 중심적 위치로 지지하고 태양주위를 회전하는 행성을 고려하는 타협적인 체계(티코의 체계라 부름)를 고안하였다.

### 3. 케플러의 위치천문학인 천체운행이론

코페르니쿠스의 체계를 더욱 정확하게 하였으며, '혹성의 운동법칙'을 발견하여 중요한 과학 및 실제의 과제를 해결한 독일의 천문학자 케플러(Johannes Kepler, 1571~1630)(그림 9·8)는 가난한 집안에서 태어나 처음에는 신학을 공부하였으나, 같은 학교의 교수로부터 수학과 천문학을 배웠다. 1600년에 프라하에 있던 유명한 화성 관찰자이던 티코 브라해의 조수가 되었고 티코가 죽으면서 남긴 화성의 운동에 관한 그 유명한 관측자료를 인수받았고 또 길버트의 자기이론도 도입하여 행성의 운동에 관한 법칙을 만든 직업적 과학자이다.

케플러의 우주론[15) 16)]에 관한 최초의 저서인 「우주의 신비」(1597)에서 당시 알려진 행성의 수는 6개(수성, 금성, 지구, 화성, 목성, 토성)인데 그 이유를 그림 9·9

그림 9·8 케플러

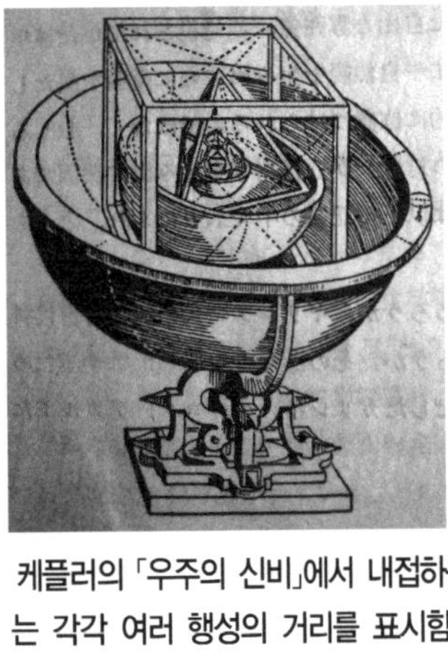

그림 9·9 케플러의 「우주의 신비」에서 내접하는 정다면체는 각각 여러 행성의 거리를 표시함.

15) S. Mason(矢島祐利 역), 전게서, 상권, pp. 144~147.
16) F. Dannemann(安田德太郎 외 역), 전게서, vol. 3, pp. 189~201, pp. 213~254.

와 같은 정다면체의 수(5)와의 사이에 수적인 조화관계를 기하학적으로 설명하고 있다. 1604년에는 새로운 별(케플러 별)을 발견하기도 하였다. 그후 계속되는 연구에서 행성의 운동에 관계되는 3개의 법칙, 즉 '케플러의 세 법칙'을 밝혔다. 1609년의 저서 「새로운 천문학」(화성운동론)에서는 제1법칙(타원법칙)인 "행성의 궤도는 타원이며, 태양을 하나의 촛점으로 공전한다"와, 제2법칙(면적 · 속도 일정의 법칙)인 "행성과 태양을 연결하는 직선의 면적 · 속도는 한 행성에 대해서는 항상 일정한다."는 학설은 천문학상 획기적이고 혁명적인 사건이 되었다.

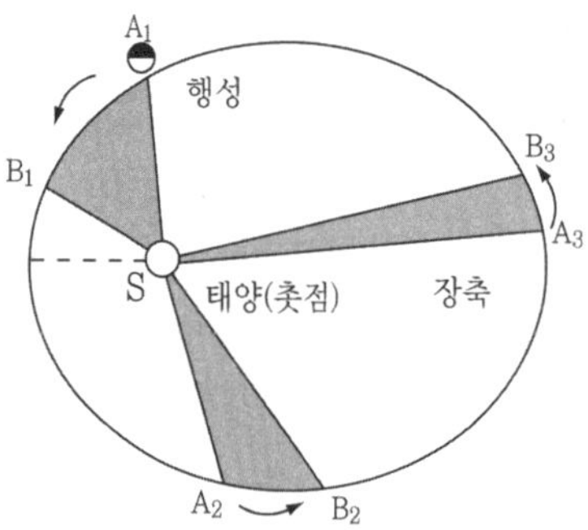


어떤 시간에 행성이 $A_1 \rightarrow B_1$, $A_2 \rightarrow B_2$, $A_3 \rightarrow B_3$, 이동했다고 하면 부채꼴 $A_1B_1S$, $A_2B_2S$, $A_3B_3S$의 면적은 같다.

**그림 9 · 10 케플러의 제1, 제2 법칙**

또, 세계의 수적 질서와 신의 수적 조화에 의한 세계창조를 결부시킨 천문학 · 음악 · 기하학의 책으로, 「세계의 화성학(和聲學)」(1619)이라 불려지고 「세계의 조화론」으로도 번역되는 이 책에서 제3법칙(조화의 법칙)인 "태양 둘레의 임의 행성의 공전주기의 제곱은 행성의 태양으로부터의 평균거리의 세 제곱에 비례한다"를 발표하였다. 이 세 법칙으로 천문학은 새로운 한 장(章)을 열게 되었고, 케플러의 천체운행이론이 완성된다.[17] 케플러에 의해 처음으로 태양계의 공간배치가 명확하게 되고 천체의 여러 가지 모양을 운동학적 평형에 의해 설명할 수 있는 길이 열렸다.

1618년에서 1621년에 걸쳐 집필한 「코페르니쿠스 천문학의 개요」 중에 케플러는 코페르니쿠스와 대단히 다른 천문학의 방법에 대해 설명하고 있다. 천문학에는 다섯 가지의 부분이 있다고 케플러는 말하고 있다.

첫째는 하늘의 관측, 둘째는 관측되어 보이는 운동을 설명하는 가설, 셋째는 우주의 구조에 대한 물리학 또는 형이상학, 넷째는 천체의 과거 및 미래에서의 위치의 계산, 다섯째는 기기의 제조 및 사용법을 다루는 부분이다. 케플러의 처음의 두 법칙은 각각 행성이 어떻게 움직이는가를 나타내며 마지막 법칙은 행성계의 구조에 대해서 설명하고 있다. 뉴턴이 천체의 운동을 포함하는 역학체계를 수립하는 데도 케플러의 세 법칙은 빼놓을 수 없는 기초자료였다.

한편, 프랑스 파리에서는 1667년 왕립 천문관측소가 건설되어, 망원경이 옥상

---

17) R. J. Forbes · J. E. Dijksterhuis(廣重 徹 외 역), 전게서, pp. 147~149.

과 지상에 조립되면서 천문연구의 중심지가 되었고, 영국의 그리니치 천문대는 1675년에 설립되어 해상에서의 경도를 결정하는 문제를 해결하고자 하였다.

케플러의 후계자로 볼 수 있는 독일의 천문학자 J. 헤벨리우스(Johannes Hevelius, 1611~1687)는 자기 집에 직접 천문대를 만들어 도서실, 개인용 인쇄기는 물론 천체관측기까지 마련해서 관측하였다고 한다. 그의 최대공적은 달의 정확한 지도인 「월리학」(月理學, 1647)이며, 달의 검은 반점을 물의 집합체로 보고, '한냉(寒冷)의 바다', '폭풍의 대양'이라 이름 붙였고, 혜성을 관측 · 연구하여 「혜성지」(1668)라는 저서를 발표하였다.

## 9.4 근대과학의 성립과 기계론적 자연관

15, 16세기에서의 르네상스는 다음 17세기에서의 근대과학을 성립시키는 기반이 되었다. 르네상스로 조성된 자유스러운 분위기, 절대시된 신학사상에 대한 회의(懷疑) 등이 새로운 과학의 방법이나 자연관을 탄생시키는 데 역할을 한 것이다. 그러나 기독교와 과학이 대립적인 위치에 있는 것이 아니고 기독교적 자연관(신 · 인간 · 자연의 대응)이 근대과학을 생겨나게 한 요인이 되었다고 볼 수 있다.

근대에 와서는 그리스 이후의 목적론적 자연관에 대신하여 인과적 자연법칙을 탐구하는 기계론적 자연관이 제기되었다. 이 자연철학을 특징지우는 것이 데카르트의 기하학적 자연관, 프랜시스 베이컨의 실험적 기법 및 갈릴레이의 수학적 정식화이며, 오늘날의 자연과학의 원류를 이룬다.

근대 과학사상의 중요한 두 기둥은 첫째, 데카르트의 '기계론적 자연관', 둘째, 베이컨의 '자연의 기술적 지배의 사상'을 확립한 사실이다.

### 1. 기계론적 자연관의 시작

17세기 전반에 과학의 중심이 지리적 위치의 변화에 따라 이동하게 된 것은 과학의 방법으로 일반적 분석을 하고자 노력한 두 사람이 새로운 지역에서 나타남에 따른 것이다. 프란시스 베이컨은 영국에서, 데카르트는 프랑스에서 등장했기 때문이다.

르네 데카르트(Ren'e Descartes, 1596~1650)(그림 9 · 11)는 17세기 프랑스의 유명한 철학자 · 수학자 · 자연학자이며, 근대철학과 과학사상 형성에 결정적 역할을 수행하였기 때문에 '근대철학의 아버지'로 알려져 있다. 대학에서 공부에 별로 흥미를 가지지 못하고 프랑스의 지식적 분위기에 불만을 품고 학문의 대상을 찾아

그림 9·11 데카르트

유럽을 순방하다가 1628년 네덜란드에 정착하여 1637년에 「방법서설」을 출판하였으나, 만년에는 스웨덴의 왕실에 초대되어 강의를 하다 병사하였다.

그는 자연철학[18]에서 두 가지를 하려고 하였든 바 첫째, 역학에서 발전이 계속된 수학적 방법을 검토하여 일반화하는 것이고, 둘째, 이 방법을 사용하여 자연의 움직임의 일반적인 역학적 영상(映像)을 형성하는 일이었다. 그래서 물리과학 중에서 발전하여 온 수학방법에 강한 인상을 주었다. 데카르트의 체계에서 모든 물질적 존재(또는 우주)는 동일한 역학의 법칙에 지배되는 기계이다.

그의 최대공적은 수학분야로 대수학과 기하학을 결합하여 '해석기하학'이라는 새로운 학문분야를 개척하였고, 수학을 유일한 방법론적 무기로 생각, 순수한 수학이 아닌 실용적인 계획을 과학의 중요한 목적으로 간주, 뉴턴의 미적분학의 길을 열어 갈릴레이가 중요시한 수학방법을 과학에 도입하였다.[19]

그의 저서에는 「방법서설」(1637), 「성찰」(*meditationes*, 1641), 「철학의 원리」(1644) 등이 있으며, 주저서 「방법서설」에서 첫째는 수학적, 연역적 방법의 분석이고 다음은 그의 물리적 세계의 개관을 표현한 것이었다. 데카르트는 과학이 스콜라학과 달리 어떠한 권위에도 종속되지 않고 이성에 의해 명확한 것만을 믿으며, 관찰과 실험 및 분석과 종합에 의해 진리를 찾는 방법을 가지고 있음에 주의를 기울여, 이 과학이 직인의 일과 연결되면 인간생활의 개선에 큰 역할을 한다고 기록하고 있다. 이러한 점에서 데카르트는 「굴절광학」(1637)을 연구하여 렌즈 가공직인과 협력까지 하였다. 또 해부학, 생리학, 화학 및 의학 등도 연구하여 하비의 「혈액순환론」을 증명하면서 푸줏간에서 폐와 심장을 사서 조사도 하였다. 그는 단순한 과학자가 아니라 당시의 과학성과를 일일이 나열할 뿐만 아니라 자연전체를 어떻게 볼 것인가를 고찰한 과학사상가로서 "나는 생각한다. 고로 나는 존재한다"(cogito, ergo sum)라는 정신의 존재를 인정하고, 물질세계와 신을 중심으로 한 정신세계인 '물신이원론'(物神二元論)을 주장하여 근대의 기계론적 자연관의 기초를 확립하였으며, 자연학 · 인간학 · 윤리학 등을 신학에서 분리하기에 이르렀다.

데카르트에게 우주는 하나의 큰 기계이며, 신은 그 기계를 만든 기술자이다. 이 기계론적 자연관은 인간을 포함한 동물에도 적용되었다. 즉 동물의 생체작용을 자

18) S. Mason(矢島祐利 역), 전게서, 상권, pp. 179~190.

19) 平田 寬, 전게서, 하권, pp. 194~197.

동기계장치로 표현하려 하였고, 그래서 하비의 혈액순환 발견(1628)을 인정한 최초의 한 사람이기도 하였다. 이 사고방식은 신은 처음에 정한 '자연법칙'에 따라 세계를 전면적으로 지배한다고 생각한 것이다. 신이 세계를 창조한 이후 신성(神性)이 이 자동기계에 대해 간섭한 경우는 한번도 없다. 세계에서 물질의 양과 운동의 양은 일정하며 영원하다. "신이 자연 가운데 짜맞춘 법칙"도 마찬가지이다. 자연의 법칙과 역학의 원리가 동일하고 "자연의 법칙은 역학의 법칙이다"라고 하였다.

데카르트의 자연관은 경험과 실험, 귀납법을 중요시한 프렌시스 베이컨의 방법을 보완하도록 수학적 · 기계적 방법에 역점을 두었으며, 여기에 근대 과학 본질의 기초가 확립되었다.

## 2. 기계론과 입자론

데카르트는 기계의 부품에 해당되는 자연계의 부품은 눈에 보이지 않는 미립자로 생각하여 미립자의 모양과 크기, 역학적 운동에 의해 자연의 모든 현상이 설명된다고 하여 이것을 역학적 입자론이라 하며, 고대 원자론의 발전형태라 생각할 수 있다.

그런데 이 입자론은 스콜라적 목적론과는 대립된다. 스콜라학은 자연계가 미리 정해진 신(神)의 계획을 목적으로 하여 순서가 되어 있는 운동을 한다는 생각이다.

또, 데카르트는 무생물뿐만 아니라 동물체나 인체까지도 기계장치라고 생각하였다. 예를 들어, 신경작용에 의해 신체각부가 활동하는 상태를 뇌에 도달한 혈액이 불꽃(炎)이라고도 하는 '동물정기'로 바뀌고, 이것이 신경관 속을 흐른다고 판단하였다(「인간론」).

기계론에 있는 이러한 적극적 측면을 데카르트는 더욱 발전시켜, 이 우주를 단순한 기계로 보지 않고 진화하고 발전된 것으로 내다보았다. 이것은 같은 시대의 많은 기계론자들과 데카르트를 크게 구별하는 점이었다. 처음 신은 '완전히 굳은 무한의 물체'를 만들고, 이것을 분할하여 어떤 방향에 운동을 주어 카오스(混沌)를 만든다. 별도로 신은 역학의 법칙(관성의 법칙이나 운동량 불변의 법칙)을 만들고, 그 다음은 물체가 자력으로 하늘을 만들고, 별 · 태양 · 지구를 만든다. 이와 같은 상세한 생성의 경과가 「우주론」 후반에 기록되어 있으며, 드디어 지구의 지각의 생성(「철학원리」 4部)이나 인체의 생성(「인체의 記述」, 1648)에 이르고 있다. 모든 자연현상을 불활성 물질의 입자들 사이의 기계적 상호작용으로 설명하는 데카르트의 접근법을 '데카르트 주의'(불어, Cartésianisme)라 한다.

그러나 데카르트는 이 발전적 자연관을 자기의 철학으로 발표하지는 않았다. 갈릴레이의 종교재판에 충격을 받아 교회권력과 타협하는 길을 택하여 신이 존재해야 수행할 수 있는 발전적 자연관을 수정하였다.

### 3. 입자론적 물질관

데카르트의 입자론이나 기계론은 근대적 화학으로 체계화시키기 위한 사상적 요인이 되었다. 그리스 시대 데모크리토스에 의해 제창된 원자론은 아리스토텔레스의 원소론 때문에 17세기까지 햇빛을 보지 못하였으나 피엘, 가산디가 1649년에 「에피쿠로스 철학의 체계」를 지어 원자론을 소개한 이후 다시 주목을 받게 된다.

근대화학의 조상이라는 영국의 보일[20] [21](Robert Boyle, 1626~1691)은 1639년부터 유럽을 유학하고 1644년 귀국하여 런던의 하버드를 중심으로 과학자의 모임(invisible college)과 교류하는 동시에 1654년 프렌시스 베이컨의 실험철학을 계승, 신과학을 연구하는 그레샴대학의 서클에도 참가, 1650년대에 그리스 원자론을 기본으로 데카르트의 입자론과 가산디의 원자론을 절충하여 입자철학을 형성하었다. 그레샴대학의 서클은 그 이후 영국의 왕립학회(1662)로 발전한다.[22][23]

당시 광산의 발달로 흡상펌프가 사용되었는데 펌프의 고장이 계기가 되어 토리첼리, 게리케 및 파스칼 등의 대기압연구가 발전하여 진공을 실험적으로 만들 수 있었다. 이러한 소식을 전해 들은 보일도 대기압연구에 힘을 기울여, 기압이 물의 비등점에 영향을 주며, 물이 얼어 체적이 팽창하는 사실도 연구하였다. 또 1658~1659년 사이에 훅이 제작한 공기펌프를 사용한 실험에서 공기의 탄성을 표시하고 소리의 전파, 물질의 연소 및 동물의 호흡에 공기가 필요함을 입증하였다. 그 연구의 성과를 1660년 「공기의 탄성과 그 효과에 관한 물리학적 · 역학적 새로운 실험」으로 출판하였고, 같은 책의 제2판(1662)의 부록 「공기의 탄성과 무게에 대한 학설의 옹호」에서 유명한 기체의 압력과 체적의 법칙인 '보일의 법칙'이 설명되어 있다. 그는 1660년의 저서를 통해 입자론의 입장에서 화학적 물질의 성질을 해명하고자 하여 보일은 입자론적 물질관의 부활의 길을 열었다. 이 사실은 이후 물질구조에 관해서는 뉴턴의 연구에 선구가 되었다고 한다. 또 이것이 플로지스톤설과 18세기의 라부아지에의 근대적 원소관이 탄생하는 데 밑거름이 되었다.

왕립학회에 초청된 로버트 훅[24](Robert Hooke, 1635~1703)은 실험과학의 중요

---

20) S. Mason(矢島祐利 역), 전게서, pp. 261~263.
21) 鈴木善次 외, 전게서, pp. 32~34.
22) 會田軍太夫, 전게서, pp. 144~145.
23) F. Dannemann(安田德太郎 외 역), 전게서, vol. 3, pp. 380~382.
24) 伊東俊太郎 외 편, 전게서, p. 897.

성을 인식, 다방면에 걸쳐 실험 · 관찰을 하였으며, 현미경을 사용하여 만든 관찰기록집 「마이크로그라피아」(*Micrographia*, 1665)에 탄성을 밝힐 목적으로 조사한 코르크(cork) 조각의 스케치가 수록되어 있는데 이것은 '세포의 발견'으로 전해지고 있으며, 그는 빛의 파동설을 논하거나 뉴턴의 만유인력에 대해서도 논쟁을 벌였다고 한다. 이 책은 학회에 의해 출판되었다.

한편, 파리에도 과학 아카데미가 창립되어(1666) 국내 · 외에서 우수한 학자가 모여들었다. 그 중에 네덜란드에서 회원으로 선발된 학자가 호이헨스이다. 그는 천문학, 수학 및 물리학에서 그 재능을 발휘하여 토성의 위성 발견, 진자시계의 이론, 광학에의 기계론적 이론을 전개하였다. 호이헨스는 데카르트가 시도한 기계론적 자연관을 과학적으로 정밀화시키고 발전시킨 인물로 평가되고 있다.

## 9.5 근대역학의 시작과 역학적 자연관

### 1. 새로운 과학방법을 개척한 갈릴레이

직업과학자이기도 한 갈릴레오 갈릴레이[25) 26)](Galileo Galilei, 1564~1642)(그림 9 · 12)는 이탈리아의 피사에서 태어나 피사, 피렌체시 및 파두바 등에서 학구생활을 보낸 인물이다. 그는 연구에 대해서 명확하고 아름답게 표현하는 문학적 재능도 뛰어났고, 그는 연구의 새로운 과학방법으로 사물을 관찰하는 것만으로는 만족하지 않고 측정하여 수량화하고 물리현상을 분석하여 수학을 응용하는 수학적 방법과 실험적 방법을 결합하여 관계식을 유도하는 수학적 과학을 제시하였다. 이것은 그의 최대 공적이었다. 1589년 그는 피사대학의 임기 3년의 수학강사가 되어 유클리드의 기하학과 프톨레마이오스의 천문학을 강의하였고, 1592년에는 파두바대학의 수학교수가 되었다.

그림 9 · 12 갈릴레이

그가 생애에 걸쳐 목표한 것은 신학사상에 빠져 버린 아리스토텔레스파의 우주론이나 운동론의 타파였다. 1609년에 망원경을 직접 제작, 천체관측에 이용하여

25) 江澤洋 외, 科學史入門, pp. 1~57, 1965, 미스즈 書房.
26) 平田 寬, 전게서, 하권, pp. 201~209.

달 표면의 凹凸, 태양의 흑점 및 목성의 위성 등을 발견하여 1610년에 「성계의 보고」에 발표하였다. 또 신부 그라슈를 반박한 저서 「황금계량자」(1623)는 우주의 실상에 대해 아리스토텔레스의 생각을 무비판적으로 받아들인 그때까지의 아리스토텔레스파에 대한 비판서였다.

그의 구체적인 비판은 지동설의 실증을 포함하여 우주론을 전개한 「천문대화」(1632: 프톨레마이오스와 코페르니쿠스의 두 개의 주된 우주체계에 관한 대화), 새로운 동역학을 설명한 「신과학대화」(1638; 역학과 지구운동의 두 가지 새로운 과학에 관한 논의와 수학적 증명)에서 볼 수 있다. 「천문대화」는 망원경을 통해 알고 있었던 태양흑점의 발견 외에도 목성의 네 위성, 토성의 두 위성 등을 발견하여 아리스토텔레스파의 우주체계를 부정하고 코페르니쿠스의 지동설을 실증한다. 그의 최대업적은 새로운 과학방법의 길을 연 것이며 「신과학대화」는 아리스토텔레스의 지지자인 심플리치오(Simplicio)와 갈릴레이의 친구이자 지지자인 실리아티(Silviati), 사그레도(Sagrede) 세 사람과의 6일간의 대화형식으로 꾸며진 책으로 근대물리학의 토대로 보는 관성의 법칙과 낙하물체의 법칙을 발표하였다.[27) 28)]

갈릴레이의 운동론 분야에서의 큰 역할은 자유낙하 법칙의 발견이다. 아리스토텔레스의 운동론에 따르면 물체의 본성은 목적론적으로 운동이 존재하는 것이며, 그 낙하속도도 무게에 비례하는 것이었다. 여기에 대해서는 이미 14세기에 뷔리당(Jean Buridan, 1300~1358년경)으로부터 비판이 있었으며, 그는 운동하고 있는 물체에 외부에서 임퍼터스(impetus)라는 힘이 작용하여 운동이 지속된다는 이론을 제창하였다.

그는 이와 같은 생각을 발전시켜 운동론 중에서 자연현상을 수학적으로 취급하는 상태로 분해하고, 수학용어로 운동의 경과를 되도록 정확하게 기록하는 데 노력한 결과, 피사 사탑에서의 실험이나 비탈면을 사용하여 물체의 낙하속도 · 낙하거리 · 시간과의 관계를 실험으로 검증하였다.

그림 9 · 13 비탈면의 실험

이때 그는 분석방법, 종합방법이라는 이름을 사용하여 피사 탑 및 비탈면의 실험을 무려 100회 이상이나 반복하였다고 하며(그림

27) 會田軍太夫, 전게서, pp. 69~80.

28) R. J. Forbes · J. E. Dijksterhuis(廣重 徹 외 역), 전게서, pp. 157~166.

9·13), 그 내용은「신과학대화」를 통해 알 수 있다.

## 2. 갈릴레이의 망원경과 교회권력에 대한 투쟁

그림 9·14 갈릴레이가 만든 망원경

갈릴레이는 일직부터 지동설을 믿고 있었으며, 이때 네덜란드의 안경점에서 만든 원통의 안경을 토대로 갈릴레이는 1609년에 대안용 凹렌즈, 대물용 凸렌즈로 조립한 배율 30배의 망원경(그림 9·14)을 새로 만들어 천체를 관측하고부터 사태가 급변하였다. 망원경에 비친 달은 지구와 같이 산이나 언덕이 있고 태양에는 흑점이 있으며, 목성 둘레에는 위성 4개(실제는 14개)가 돌고 있음이 명확해졌다.

갈릴레이는 천문학상 발견의 대부분을 1610년대에 공표하였다. 이는 코페르니쿠스 이론 지지를 위해 가장 효과적이었다. 그러나 천문학을 위한 새로운 증거가 나타났기 때문에 이에 대한 반대론이 격화되었고 성직자들이 갈릴레이의 의견을 이단적이라 선언, 1615년 갈릴레이는 로마의 이단자 재판소에 호출되어 코페르니쿠스 이론을 포기하도록 강요되어 지구가 자전하고 또 지구가 태양 주위를 공전한다는 명제는 오류이고 이단적이라 공식 선언하기에 이른다.

1616년 공식적으로 서약을 했음에도 불구하고 1632년「천문대화」를 로마가 아닌 피렌체에서 발간, 코페르니쿠스 이론이 유리하다고 주장하였는데 강력한 이의가 제기되어 1633년 고소를 당해 자기의 학설을 폐기하였다. 이것을 과학과 종교의 대립으로만 생각하는 경향이 있는데, 그는 결코 무신론자가 아니었기 때문에 재판은 인간적인 배경에 의한 것으로 풀이된다. 피렌체에서 피자와 파두바 시대의 역학연구를 다시 시작, 1638년「신과학대화」의 출판이 금지된 이탈리아와 독일이 아닌 네덜란드에서 출판하게 되었다.

그림 9·15 갈릴레이의 종교재판

그림 9·15는 재판에서 지동설을 부인은 하였으나 재판정을 나오면서 "그래도 지구는 돌고 있다"는 말이 전해지고 있지만 그 이야기는 사실이 아니고, 세상 사람들이 지어낸 이야기다. 그는 근대과학의 창시자임에는 틀림없다.

## 3. 뉴턴에 의한 역학적 자연관의 기초

그림 9·16 뉴턴

17세기가 끝날 무렵, 16세기 중반부터 발전하여 온 자연과학의 중요한 흐름은 뉴턴[29)30)](Isaac Newton, 1642~1727)(그림 9·16)이라는 위대한 인물을 향해 집중되었다.

뉴턴은 태어나기 전에 이미 아버지는 세상을 떠났고, 세 살 때 어머니는 재혼을 하여 사실상 조부모 밑에서 양육을 받았다. 19세 때 케임브리지대학에 입학하여 유명한 선인들의 연구성과를 흡수하였으며, 학생시설, 페스트가 유행하여 대학이 폐쇄되어 고향(그곳이 과수원?)에서 보낸 1665~1667의 2년간은 뉴턴(22~24세)으로서는 '창조활동의 절정기'였다. 만유인력의 기본적 생각, 운동법칙의 창안, 프리즘을 사용한 광학실험, 이항정리(二項定理)의 발견 및 유솔법(fraction, 미적분법)의 발견 등 주요업적의 대부분이 이 시기에 기초가 확립되었다.

고대·중세의 과학에서 당시 근대과학(지금은 고전과학)으로의 전환은 그에 의해 완성되었다. 이 발전을 되돌아보면 뉴턴에 집중되는 흐름은 세 가지이다. 이들의 각각은 앞서 설명한 걸출한 인물에 의해 표시할 수 있다. ① 천문학; 코페르니쿠스·티코 브라해·케플러·갈릴레이·호이헨스, ② 역학; 스테빈·갈릴레이·호이헨스, ③ 광학; 갈릴레이·케플러·데카르트·호이헨스이다. 이 시대에 지배적이었던 자연연구의 방법은 기계론적이라고 정의할 수 있다. "기계론적이란 말은 다른 입자와의 접촉에 의한 이외의 영향을 받지 않는 입자의 모양·크기·위치·배치·운동에 관한 가설에 근거하는 것이 아니라면 자연현상의 설명은 정당하다고 보지 않는다"라는 것을 이해하여야 한다. 이와같은 방식으로 자연의 여러 과정을 연구한 대표적 인물이 데카르트·가산디·보일·호이헨스였다.

과학의 발전에 기여한 뉴턴의 역할은 다음과 같이 요약된다.

29) 山崎俊雄 외 편, 전게서, p. 76.

30) R. J. Forbes·E. J. Dijksterhuis(廣重 徹 외 역), 전게서, p. 213.

(1) 그 자체의 법칙적 기초에 근거한 독립된 과학으로서 역학을 수립하였다.
(2) 자연과학의 여러 분야에 역학을 어떻게 적용할 것인가를 제시하였다.
(3) 역학을 이론천문학에 적용하여 지상과 천계의 물리학을 완전히 통합하였다.
(4) 광학의 이론과 실제에 대해서 새로운 장(場)을 열었다.
(5) 기계론적 자연과학의 개념에 새로운 의미를 부여하였다.
(6) 위의 사실로 말미암아 자연과학의 전 분야에 새로운 가능성을 창안하여 그 실현은 오늘날까지 중단되지 않고 계속되고 있다.

구체적으로 중요한 연구[31]는 빛의 분산에 의한 태양의 스펙트럼 연구(1666), 미적분법(fraction법)의 고안(1667), 반사망원경의 제작(1668), 뉴턴 환(박막)에 의한 색의 연구(1675), 운동의 법칙과 만유인력론(1687), 냉각의 법칙(1701), 무지개의 이론 및 회절현상, 기타 광학의 여러 연구(1704) 등이다.

뉴턴은 케플러의 법칙과 갈릴레이의 낙하물체의 법칙, 운동의 기본적 세 법칙과 만유인력의 법칙에 의해 지상의 물체나 지구상의 밀물 · 썰물에서 지구를 포함하는 여러 행성의 운동, 달을 포함하는 여러 위성과 혜성의 운동에 이르기까지 그들 운동을 단일의 하나의 법칙, 이른바 중력의 법칙 안에 한데 끌어 모아 이들 성과의 대부분을 라틴어로 기록된 「자연철학의 수학적 원리」 줄여서 「프린키피아」(*Principia*)[32) 33)](1687)와 영어로 된 「광학」(1704)이라는 두 책에 정리하고 있다. 三부로 된 프린키피아」(그림 9 · 17, 학회의 지원으로 출판)는 개정 2판이 1713년, 3판이 1726년에 발간되었는데 서장(序章)이 붙어 있다. 그곳에는 역학이 유클리드식 정의와 법칙에 의해 논리적으로 구성되어 있는데(정의가 8개부문, 운동은 세 법칙과 여섯 종류의 계가 포함) 역사적으로 대단히 중요하다. 제1부는 대부분 행성의 운동, 제2부는 저항 매질 중의 물체의 운동은 천문학과는 관계가 없는 일반적인 수리물리학의 논문이며, 제3부는 수학적으로 취급한 세계체계, 뉴턴의 가장 위대한 업적인 중력의 일반이론에 토대를 둔 우주론에서 역학의 응용이 취급되고 있다.

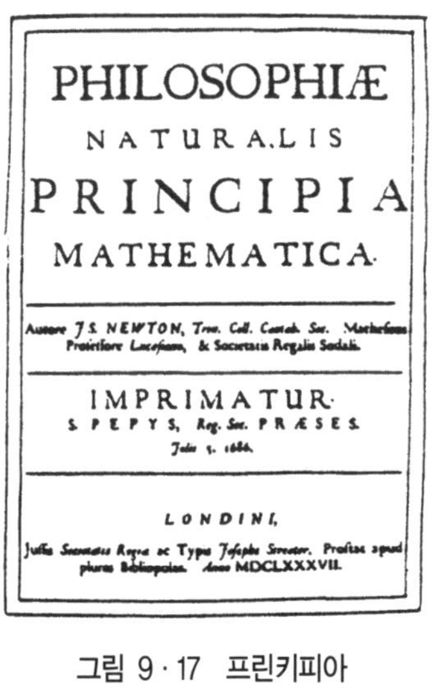
PHILOSOPHIÆ
NATURALIS
PRINCIPIA
MATHEMATICA
Autore J S. NEWTON, Trin. Coll. Cantab. Soc. Matheseos Professore Lucasiano, & Societatis Regalis Sodali.
IMPRIMATUR
S. PEPYS, Reg. Soc. PRÆSES.
Julii 5. 1686.
LONDINI,
Jussu Societatis Regiæ ac Typis Josephi Streater. Prostat apud plures Bibliopolas. Anno MDCLXXXVII.

그림 9 · 17 프린키피아

31) 會田軍太夫, 전게서, p. 155, p. 158.
32) 江澤洋 외, 전게서, pp. 68~74.
33) R. J. Forbes · E. J. Dijksterhuis(廣重 徹 외 역), 전게서, pp. 214~222.

뉴턴의 최대공적은 '만유인력의 법칙'[34] 발견이다.

그는 만유인력에서 중요한 운동의 기본적인 세 법칙을 세웠다. 제1은 '관성의 법칙', 제2는 '운동방정식', 제3은 '작용과 반작용의 법칙'이다. 그는 이 세 법칙을 사용하여 지구와 달의 인력을 계산하는 방법을 고찰했는데, 인력은 각기 질량의 곱에 비례하고 중심까지의 거리의 제곱에 반비례(역제곱의 법칙)함을 명확히 하였다. 이로서 기계론적 자연관이 확립되었다.

그림 9·18 뉴턴의 반사 망원경

「광학」을 발간하기 이전에 이미 1665~1667년에 제2의 활동범위인 광학분야에서 주요한 발견을 하고 있다. 1668년에는 케플러와 갈릴레이의 망원경을 개량, 구면수차와 색수차를 없애기 위해 새로운 凹면경을 사용하여 최초의 반사망원경(그림 9·18)을 제작하였고 1672년에는 다시 개량형 대형 망원경을 제작하여 왕립학회에 제출함과 아울러 「빛과 색의 신이론」[35](1672)에 여러 발견을 공표하였다.

뉴턴은 프리즘의 실험으로 백색광은 굴절율을 달리하는 여러 가지 단색광의 혼합이라는 새 이론을 수립하였고, 뉴턴 환(ring)의 발견 등을 포함하는 그의 광학상의 실험·이론을 논쟁을 피하기 위해 출판이 연기되어 1704년에 「광학」을 출판하게 되었다. 「광학」은 세 부분인 기하광학·박막의 색·회절, 의문으로 되어 있는데 의문은 16항목의 부록으로 되어 있다.

미적분(無限小分計算)의 발견에 있어서는 뉴턴과 독일의 철학자이고 수학자인 라이프니츠(Gottfried Wilhelm Leibniz, 1646~1716) 사이에 장기간에 걸친 치열한 선취권 다툼이 있었다.[36] 뉴턴은 그의 증언을 통해 유솔법(流率法)과 그 역(逆)인 미적분법은 1665~1666년에 걸쳐 발견하였고, 공표한 것은 1704년이었기 때문이다. 라이프니츠는 1684년에 발표하였다. 원리적으로는 일치하고 있으나 뉴턴은 운동의 연구에서, 라이프니츠는 기하학의 연구에서 유도하여 뉴턴이 먼저 발견하고, 라이프니츠가 먼저 공표하고 있다.

코페르니쿠스가 태양중심설을 발표하고부터 약 65년 후에 케플러가 천체운행의 이론을 완성시키고, 그 20 수년 후에 갈릴레이는 지상에서의 운동이론을 제시하

34) S. Mason(矢島祐利 역), 전게서, pp. 214~221.
35) F. Dannemann(安田德太郎 외 역), 전게서, vol. 4, pp. 23~37.
36) F. Dannemann(安田德太郎 외 역), 전게서, vol. 3, pp. 281~295.

고 있다. 드디어 이 천체의 운동과 지상의 물체운동과를 하나의 역학이론체계 내에 통일하여 기계론적 우주관을 정립하여 완성한 인물이 뉴턴이다.

이와 같은 과학상의 업적에도 불구하고, 뉴턴의 철학적 견해는 보수적이어서 자연관 중에 신의 존재를 긍정하고 신의 위치를 자리매김하고 있다. 자연계가 역학과 신의 분업으로 되어 있으며 "신은 이 아름다운 우주를 만든 설계자이며, 끊임없이 이 아름다운 우주라는 기계를 지키고 돌보며, 질서를 유지시키는 지성이 있는 기술자"라고 하였다. 이렇게 본다면 과학혁명은 과학과 종교의 대립이라는 관점에서 취급할 수 없고, 중세를 지배한 스콜라철학과 새로운 철학과의 교대로 인식해야 한다고 생각된다.

갈릴레이의 시대에서 뉴턴의 시대로 그 짧은 기간 사이에 세상에서 과학의 지위는 완벽하게 바뀌었다. 일생동안 갈릴레이는 세상의 학자연하는 사람들과 맞서 싸워야만 했고, 말년에는 자신의 업적에 가해진 종교적 박해와 저주로 고통받았다. 하지만 뉴턴은 18세 때 캐임브리지 트리니티대학의 학부생이 된 그 순간부터 온 세상의 찬사를 한 몸에 받았다.

마지막으로, 근대과학과 고대과학을 간단히 비교하여 보면 다음과 같이 요약할 수 있다. 근대과학을 사상사적으로 보면, 스콜라철학 안에서 이용되고, 명맥을 유지하여 온 아리스토텔레스적 자연관의 타파이다. 한편, 방법론적으로 보면 고대과학은 논증의 학문이며, 그 안에는 때로 독단이 들어가기도 하였다. 여기에 비해 근대과학은 실증의 학문이라고도 할 수 있다. 근대과학은 고대과학 중에 있었던 합리적 · 수학적 방법과 근대의 실증과 실험방법이 가미되어 이루어진 것이다. 실증정신이 충만한 것이 근대과학이다. 근대과학의 객관성이 긍정되는 것은 바로 이러한 이유 때문이다.

## 9.6 의학 및 혈액순환학설

### 1. 의학에서의 직인 및 학자적 전통[37)]

중세 및 근세 초기의 학자가 공부한 중요학문 중에 자연과학과 관계가 깊은 것에는 천문학과 의학의 두 가지가 있다. 이 두 학문 중 의학쪽이 보다 중요하였다. 중세대학에는 의학은 신학 및 법률과 함께 박사 학위단계까지 연구할 수 있는 세 학과의 하나였으

---

37) S. Mason(矢島祐利 역), 전게서, 상권, pp. 234~236.

나 천문학은 초보적인 과정의 일부에 지나지 않았다. 직업의사는 비교적 수도 많았고 또 당시로서는 가장 좋은 과학훈련을 받았기에 과학혁명의 지도자 중에서도 특별한 존재가 되어 있다. 영국에서는 자기(磁氣)의 연구자인 길버트는 엘리자베스 Ⅰ세의 시의(侍医)였고, 처음으로 일관되게 혈관순환학설을 주장한 하비도 찰스 Ⅰ세의 시의였다.

의사라는 직업이 가지는 특징 중에서 근대과학의 발전을 위해 중요하였다고 판단되는 또 하나는 이 직업에서 직인적이고 학자적 요소가 대단히 밀접하게 연계되어 있다는 사실이다. 여기에 비하면 다른 여러 학문에서는 두 요소가 대부분 완전히 분리되어 있었다. 수차대공과 역학의 이론을 취급하는 학자와의 사이가 그러한 보기이다. 하지만 의학의 경우는 이발-외과의사의 전통과 약제사의 전통은 그렇치가 않다. 이들 직인은 의학자와 약간의 접촉을 가지고 있었다. 대학교육을 받은 의사는 처방을 하고 약제사에게 약을 제조시키거나 때로는 외과의사의 수술을 감독하였기 때문이다. 더욱 의학생은 해부학을 배워 사체를 보지 않으면 안되므로 대학교육을 받는 의사의 훈련은 다른 학자보다는 약간은 경험적이었다.

초기의 의학서에 묘사되어 있는 것을 보면 의학생의 훈련법은 다소 추상적이고 공론을 다루는 것과 같았다. 강사나 낭독자가 그리스인 갈레노스와 같은 고대 저자의 해부학서를 발췌하여 읽으면 교수는 의자에 앉은 자세로 때때로 여기에 주석을 붙인다(그림 9·19). 또 해부조교가 책 중의 설명과 해부되는 인체의 각 부분이 맞도록 지시한다. 해부 그 자체는 이발-외과의사에 의해 진행되었으나 이들은 아주 숙련된 해부가이고 인체의 해부학적 구조에 깊은 지식을 가지는 사람이라도 라틴어로 진행되는 토론에는 라틴어를 모른다는 이유로 이발-외과의사는 참석하지 못하였다.

그림 9·19 중세 해부학의 강의

인체를 해부하는 사람은 고대의 문서를 대부분 모르고, 의학서적을 읽는 사람은 실제해부를 하지 않았으므로 위의 훈련법은 해부학 지식의 진보를 가져다 주지 못하였다. 그러나 16세기 사이에 의학이나 다른 영역에도 학자의 전통과 직인의 전통 사이의 벽이 허물어지기 시작하였다. 약제사 및 이발-외과의사는 이전보다 더 책을 읽고 학문을 공부하게 되고 의학자는 실제 해부를 하게 되었다. 해부학 지식 및 외과의사의 실기에서 현저한 진보가 이와 같은 인물들에 의해 시작되었다. 실제 해부에 의한 해부학 연구의 부흥이 가장 현저한 곳은 북이탈리아였다. 이곳에서는 15세기 말경에 레오나르도 다 빈치 및 같은 시대의 인물인 르네상스의 예술가들이 수 많은 동물 및 인체를 해부하고 눈으로 본 내용을 주의깊게 정확한 그림을 그렸다. 이에 따라 파두바대학의 의학교수들이 스스로 해부하기 시작하여 각자 해부학 책에 우수한 그림의 부록을 만들어 예술가들의 전통을 이어갔다.

## 2. 이발소 직인으로 일한 파레의 업적[38)]

16세기에 의학의 새로운 발전 중에서도 의료업의 직인적 요소와 학자적 요소와의 낡은 구분이 얼마간 남아 있었다. 즉 해부학 지식은 주로 학자들, 파두바대학 의학교수인 베살리우스(1514~1564) · 코롬보(1516~1559) · 파브리지오(1537~1619)에 의해 발전되었고 외과술은 프랑스인 앙브르아즈 파레 등의 이발-외과의사의 손에 의해 발전되었다. 파레는 1529년 파리에 등장할 때까지 시골 이발소의 도제에 불과하였으나 파리의 큰 병원 오데르듀에서 일을 하고 또 프랑스의 여러 종교전쟁에 군의관으로 근무하면서 전상(戰傷) 외과치료의 경험을 축적, 16세기에서 제1류의 외과의사가 되었다. 1541년에는 이발-외과의장(外科医長)의 자격시험에도 합격하였다.

파레는 외과의 기술에 네 가지의 중요한 공헌을 하였다.

첫째, 당시 신뢰를 받고 있던 총상중독설(銃傷中毒說)에 관해 총상 그 자체는 독을 가지는 것이 아니므로 상처부위를 화염법(火炎法)이나 열유(熱油)로 소작(燒灼)하지 않고 진정제를 붙여 치료하는 것이 최선임을 밝혔고, 둘째는 절단 후의 지혈법으로 역시 불에 달군 쇠로 처치하는 것이 아니고 절단된 동맥을 결박하는 것이 가장 효과적임을 발견하였고, 셋째는 어떤 종류의 이상분만(異常分娩)은 분만하기에 앞서 태아를 회전시키면 가벼워진다는 사실도 찾아 내었고, 넷째는 여러 가지 작업을 기계적으로 할 수 있는 교묘한 의수(義手)를 발명하여 획기적으로 수술을 개량, 「외과학 10권」(1564), 「외과학 5권」(1572) 등 대작을 프랑스어로 간행, 이전 조잡한 수술을 개선하여 해부학을 기본으로 한 과학적 외과학의 발달을 촉진시켰다. 그 외에도 파두바의 학자 베살리우스가 라틴어로 집필한 해부학의 여러 저서를 프랑스어로 요약한 책을 만들어 이발-외과의사들에게 이것을 소개하였다.

---

38) S. Mason(矢島祐利 역), 전게서, 상권, p. 236.

### 3. 베살리우스에 의한 해부학의 재출발

인체해부의 역사는 B.C. 4세기경의 알렉산드리아 학파(헬로필로스 · 에라시스트라토스) 이전으로 거슬러 올라간다. 갈레노스는 고대의학에서의 해부학 지식을 체계화하였고, 중세 아라비아 의학에서 해부학의 수준은 이븐 시나의「의학규범」에서 알 수 있다. 르네상스 시대의 북이탈리아에서는 해부가 중요시되어 몬디노(Mondino, 1275년경~1326)의「해부서」(1316)는 중세 최초의 인체해부교과서이다. 레오나르도 다 빈치의 해부도는 많이 남아 있고 근대해부학은 베살리우스의「인체구조론」에서 시작되며, 갈레노스 이후의 많은 잘못을 수정, 이후 해부학은 착실하게 발전을 계속하여 오늘에 이르고 있다.

인체해부학은 레오나르도 다 빈치의 해부도에 의해 근대적인 요소를 가지게 되나, 그후 의학적인 입장에서 접근, 근대해부학의 기초를 베살리우스(Andreas Vesalius, 1514~1564)가 구축하였다.

그림 9 · 20 베살리우스

과학혁명의 선구자적 인물이며, 의학에서 실제적 전통과 경험적 탐구를 쌓아 인체의 과학해부학의 진정한 개척자가 된 베살리우스[39](그림 9 · 20)는 벨기에 사람으로서, 의사요 약제사의 가계이다. 그는 파리에 가서 의학을 공부하였고, 그 후 북이탈리아로 건너가 23세 때 파두바대학의 외과학과 해부학교수가 되었다.

1537년 이후 파두바대학은 인체해부가 허용되었고, 의학부의 자유스러우면서도, 한편으로 인체해부와 실물설명 및 강의가 의무화된 엄격한 규정하에서 베살리우스는 인체해부를 조수에게 맡기지 않고 자신이 직접 집도하였고, 갈레노스의 교과서에 실제 개나 원숭이의 해부결과를 인체로 기록된 것을 보고 200여 군데의 잘못이 있음을 지적하였다.

1543년 출판된「인체의 구조에 관해서, 7권」[40](줄여서 *fabrica*)은 처음으로 계통적인 인체해부에 대한 소견을 밝힌 것이며, 신체의 뼈 · 근육 · 혈관 등이다. 이 책 안에는 300개 이상의 정교한 목판화의 해부도(全身의 골격도가 3매, 근육도가 14매)

39) 平田 寬, 전게서, 상권, pp. 168~170.

40) F. Dannemann(安田德太郎 외 역), 전게서, vol. 2, pp. 355~360.

가 마치 살아있는 것처럼 그려졌다고 한다. 책의 내용은 (1) 골격, (2) 인대와 근육, (3) 맥관, (4) 신경, (5) 내장, (6) 심장, (7) 뇌 및 감각기관이다.

## 4. 해부학과 생리학의 실험적 연구

### (1) 혈액순환학설

기계론적 생물관을 확립한 윌리엄 하비(William Harvey, 1578~1657)(그림 9 · 21)는 영국의 해부학자 · 생리학자 · 의사이며, 케임브리지대학에서 의학을 배운 후 이탈리아의 파두바대학에 유학하면서 해부학자 · 외과의사인 파브리지오(Girolamo Fabrizio 또는 Fabricius 1537~1619)의 사사(師事)를 받았고, 1602년 런던으로 돌아와 왕립의학교의 교수가 되었다. 하비에 앞서 베살리우스와 셀베토(Miguel Serveto, 1511~1553)는 혈액이 우심실에서 폐를 통하여 좌심실로 흐른다는 혈액순환을 밝혀 하비의 안내 역할을 하였다. 그는 치료보다 연구에, 특히 인체해부에 흥미를 가져 심장과 혈관의 연구를 시작하여 갈레노스의 심장운동, 혈액의 운행에 대한 학설에 의문을 품고 128종이나 되는 동물의 심장운동을 관찰하여 잘못을 밝혔다. 혈액순환(혈액운동)의 역학적 원인이 심장의 근육수축이고 심장이 수축하면 바로 동맥이 확장되는데 이는 심장에서 혈액이 방출되기 때문이며, 심장이 펌프 구실을 함을 확인하였다. 또 파두바대학 코롬보(Matteo Realdo Colombo, 1516~1559) 교수의 '폐순환설'을 지지하여 포유류의 태아와 물고기의 혈액운행이 심장 → 폐동맥 → 폐 → 폐정맥 → 심장이라는 일방통행식 혈액유동경로의 폐순환임을 확인하였다.

실제해부에서 심장의 위의 2실(심방)과 밑의 2실(심실)과의 사이에 있는 판막(밸브)이 한 방향으로만 열리는 사실을 알고(이미 파브라키우스가 발견), 혈액은 좌심방에 의해 폐에서 폐정맥을 통해 흡인되어 좌심실에 보내져 대동맥을 통해 방출되어 소동맥으로 흐른다. 그리하여 정맥계를 통해 대정맥과 우심방에 되돌아 온다. 혈액의 이 '대순환'이 완성되면, 혈액은 우심방에서 밸브를 통해 우심실로 흘러 나가고 폐동맥에서 폐로 들어가 폐에서 정맥혈은 선홍색의 동맥혈로 바뀌고 폐에서 폐정맥을 통해 좌심방과 좌심실까지 흐르는 소순환을 시작한다. 또 다시 좌심실에서 신체의 상하를 순환하기 위해 다시 대동맥을 통해 유출 즉, 심장 → 동맥 → 정맥 → 심장의 체순환(體循環)을 증명하게 된다.[41) 42)]

---

41) S. Mason(矢島祐利 역), 전게서, 상권, pp. 245~248.

42) 山崎俊雄, 전게서, pp. 67~69.

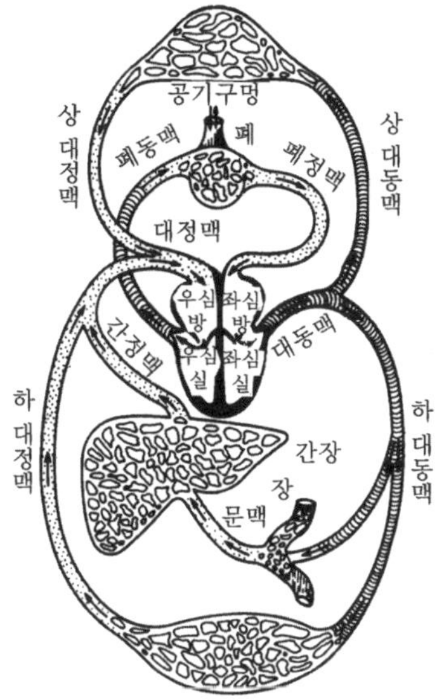


그림 9 · 21 하비와 혈액순환론

하비는 1619년에 혈액순환설을 확립하였으나 10년 후인 1628년에 발표하였다.[43] 이 논문 「심장 및 혈액의 운동」은 15년 이상의 관찰과 실험, 세론의 강한 반박을 고려하여 발표하였다. 하비의 학설은 심장 · 정맥 및 동맥이 혈액운반의 역학체계를 구성한다고 밝혔으며, 이것이 새로운 기계론적 철학에 중요한 기여를 하였다. 그는 혈액순환설 외에 「동물의 생식에 관한 시론 – 동물발생론」(1651)에서 유명한, "모든 것은 알에서(Ex ovo omnia)"란 말을 남겨 자연발생설을 대체로 인정하였다. 그는 생리학적인 혈액순환설에서 과학의 개혁을 추진한 중요한 인물의 한 사람이며, 이로 말미암아 실험생리학의 출발이 되기도 하였다.

### (2) 공포의 페스트(흑사병)와 기타의 의학

파두바대학의 교수로 의학부에 근무한 산토리오(S. Santorio, 1561~1636)는 「의학적인 저울의 기술」(1614)에서 물리적인 실험으로 인체의 신진대사를 처음으로 연구하기 시작하였는 바, 무릎 운동 · 식사 · 수면 · 기타 생리적 실험 전후에 걸쳐 체중의 증감을 약 30년간 끈기있게 연구하였고, 개량형 온도계를 만들어 처음으로 인간의 체열 진단에 사용하였으며, 동시에 맥박계도 만들었다.

'현미경 사용의 아버지'라고 불리는 이탈리아의 해부학자요, 생리학자인 말피기(Marcello Malpighi, 1628~1694)는 피사대학 교수로 있을 때에 실험 아카데미에 참가

43) 平田 寬, 전게서, 하권, pp. 232~234.

하였고, 생명현상을 기계적으로 추구한 결과의 하나인「폐의 구조에 관한 서한」(1661)이라는 저서에서 하비가 해결하지 못한 동맥에서 정맥에의 연결에 대해 그는 현미경으로 모세혈관을 발견하여 바른 해답을 남겼다.

또, 식물에 대해서도 현미경을 사용하여 연구하였으며,「식물의 해부학」(1675, 1679)에 대한 저서가 있고, 식물의 호흡작용을 연구하여 잎사귀 뒤에 있는 공기구멍을 발견하기도 하였다.

마취약이 발견되는 19세기까지는 외과수술이나 출산의 고통은 대단한 것이었다. 고통이 심할 때는 임산부는 의자나 침대에 결박을 당한 상태로 수술을 받는 경우도 있었다.

14세기 중엽 높은 사망률과 전염성이 강한 페스트가 중세의 유럽에 맹열하게 창궐하였고 그 후 각지에 다소 전염되었으나 1665년 런던을 중심으로 크게 유행하였다.

페스트(Pest, 흑사병, 급성전염병)의 유행이 아주 옛날부터 있었음은 확실하나 역사적 기록으로는 가장 오랜 예가 구약성서 사무엘 전서(5-9), B.C. 천수백 년경 팔레스타인 지방에서 발생된 것으로 추정한다. 6세기 중 근동에서 유럽을 습격한 세계적 대유행 이후 거의 300년 주기로 반복해서 세계사에 등장하는데 그 가운데서도 1347~1350년 동안은 중국 원나라에서 중앙아시아, 지중해, 유럽으로 서는 영국, 러시아 · 이집트 등도 포함하여 전 지구규모로 확산, 유럽인구의 1/3(1,500~2,000만명)을 희생시킨 이후 400년 이상 계속되었다. 이러한 참혹현상은 중세 유럽의 붕괴를 촉진, "죽음을 기억하자"의 표어로 인해 세계관이나 인생관을 바꿀 정도로 충격을 주었다. 1665년 영국을 습격한 페스트로 런던에 유학 중이던 뉴턴도 위험을 피해 고향으로 피난하였는데, 이 시기에 그의 물리학 업적의 기초를 구축하였다는 에피소드는 '강요된 휴가'(forced leisure)로 유명하다. 페스트균의 발견은 1894년 홍콩에서 유행할 때 프랑스에서 파견된 예르상(A. Yersin, 1863~1943)에 의해 달성되었다.

## 5. 연금술 · 의학이 결합된 의화학

이 시기는 연금술의 신뢰와 지지가 뿌리 깊었으나 최성기는 지나가고, 연금술의 변모와 더불어 새로운 사상이 주입되어, 의화학이라는 새로운 과학분야가 싹트기 시작하였다.

의화학의 탄생에는 연금술의 사상이나 목적, 실험방법은 관계가 없다고 하더라도, 연금술사들이 지금까지 사용하였거나 발견한 약품류나 실험용 기구류의 상당수가 사용된 것만은 틀림없다.

파라셀수스는 이미 제8장의 2절 5항에서 약간 언급하였으나 의학과 연금술을 합일시켜 의화학을 새로운 하나의 과학으로 만드는 데 노력하였다. 여러 시대를 통해서 연금술은 한편으로는 화학적 수공업과 다른 한편으로는 신비적 종교와 결부되어 있었다. 종교적 격동의 시대 또 직인적 전통이 성숙기에 이른 시대에 연금술분야에 이런 발달이 이룩된 것은 이상한 일이 아니다. 또 코페르니쿠스적 변화 · 프로테스탄트 개혁 · 혈액순환설의 최초의 활동 등과 때를 같이 한다. 파라셀수스가 바젤대학 교수일 때는 약제사와 이발-외과의사를 강의에 초청, 의료업의 직인과 학자와의 구분을 없이 하였다.

파라셀수스[44]의 이론 및 치료법은 연금술을 자연의 원료를 인간에게 유용한 완성물로 전환시키는 과학이라고 정의하였다. 이 정의에는 모든 화학 · 생화학적 기술을 포함하는 것이었다. 의사나 약제사는 물론 광석을 금속으로 만드는 용광로의 기술자, 음식물을 만드는 요리사나 제빵 기술자까지도 연금술가이다.

의학에 있어서 파라셀수스는 육체의 건강이 4체액에 의해 결정된다는 견해를 이어받아 인체는 원래 하나의 화학계로 연금술가의 두 원소인 수은 · 유황과 그 자신이 새로 추가한 제3의 원소인 소금으로 구성되어 있다는 이론을 세웠다. 그래서 그는 질병이란 3원소 사이의 평형의 결여로 오는 것이며, 평형을 회복하는 것은 광물질의 의약이지 유기질의 치료약이 아니라고 하였다.

그래서 의화학의 방법은 논리적이라기보다는 신비적 통찰과 경험적 탐색에 따르는 경향이며, 그의 이론은 16~17세기 사이에 크게 영향을 주었으며 갈레노스 이론의 경쟁자가 되었다. 의화학은 아카데미 의사들보다 약제사에게 더 강하게 영향을 주어 독자적으로 의료에 종사할 수 있다고 하여 16세기에는 크게 지위가 향상되고 약종상에서 분리되어 1608년 '식료품조합'을 탈퇴하게 되면서 새로 그들의 '약제사조합'을 설립하였다. 1703년에는 약제사가 의료에 종사할 수 있게 완전한 권리를 획득하였다.

연금술에서 의화학으로의 과도기를 상징하는 인물로 벨기에의 의사, 화학자인 반 헬몬트[45](J. B. Van Helmont, 1577~1644)가 있다. 그는 파라셀수스의 영향을 받아 신비주의적인 색채가 강한 물질이론에 기초를 두어 화학 · 생리학 · 의학이론을 전개하고 있다. 그가 죽은 후 1648년에 출판된 「의학의 발전에 관해서」는 파라

44) 平田 寬, 전게서, 상권, pp. 165~167.

45) 伊東俊太郎 외 편, 전게서, p. 880.

셀수스를 계승하여 의화학을 한층 발전시켰다.

하나의 질병은 그 원인 · 작용 · 위치에 따라 특이하고, 따라서 특유의 치료약—하나의 단순한 무기질 또는 식물—에 의해서 처리해야 한다고 강조하였다. 일반적으로 "치료라고 하면 그 경우의 원인제거에 있지 결코 증상의 제거에 있지 않다"고 하였다.

글라우버(J. R. Glauber, 1604~1668)는 독일화학자로 처음에는 연금술을 신봉하였으나 산과 염기에 관한 생각을 명확하게 하였고, 또 초석과 황산에서 초산을 만들 때 얻어지는 황산소다를 발견하여 그 이름을 '글라우버 소금' 또는 '불가사의의 소금'이라 하여 설사약, 이뇨제에 응용하였다.

고대의 4원소(흙 · 물 · 공기 · 불)나 중세 연금술의 3원소(수은, 유황, 소금) 대신에 원자와 비슷한 것으로, 신의 운동에 의해 생기는 감지되지 않는 미립자의 존재를 주장한 보일도 과학혁명 담당자의 한 사람이다.

## 9.7 과학자의 공동체인 학회

왕과 제후, 귀족이 수학 및 실험과학에서 교양에 자극을 받아 과학자들에게 물심양면의 원조를 하다가 제후, 귀족을 대상으로 하는 학회(아케데미아 또는 협회)란 것이 생겼다. 이 학회의 출현으로 연구자 사이의 상호비판의 장(場)이 생겨 개인만의 과학적 · 기술적 창의에 의존하지 않는 새로운 방향이 제시되었다.

학회다운 학회가 처음으로 설립된 것은 1603년 로마에서 만들어진 '산 고양이 아카데미아'(Academia dei Lincei)(그림 9 · 22)였고, 이어서 결성된 것이 갈릴레이의 죽음(1642) 후에 바로 만들어진 '실험 아카데미아'(Academia del cimento)였다.[46] 주로 물리학상의 실험은 이론적 고찰을 문제삼지 않고 시행하였다. 이 아카데미아는 학회지도 발간하고 회합도 하였으나, 그 당시의 교권적 정치압력하에서는 10년밖에 존속되지 못하였다.

과학사상 가장 중요한 학회라고 하면 1645년에 기본 틀이 형성된 영국의 '왕립학회'(Royal Society)이다. 이 학회는 과학자 R. 보일이 런던에서 1644년경에 시작한 'invisible college'가 핵심이 되었다. 그후 이 조직은 발전적으로 해체가 되고, 찰스 Ⅱ세도 개인자격으로 적극 참가한 법인조직으로서의 왕립학회는, "물리 · 수학 · 기계적 모든 것을 연구하기 위한 것"이며, 구체적으로는 "자연의 지식을 활용하기 위

46) 平田 寬, 전게서, 하권, p. 197.

한 런던의 왕립학회(The Royal Society of London for Improving Natural Knowledge)"가 1662년 7월 15일에 인가장이 나왔고,[47] 현존하는 가장 오래된 학술잡지의 하나인 학회지 「*philosophical transaction*」(그림 9 · 23)의 제1권이 수년 후에 발간되었다. 자기의 연구과제에 따라 연구하는 순수한 과학자들의 연합이었다. 이 학회에서 유명한 과학자가 많이 배출되었으며, 가장 뛰어난 인물은 뉴턴이다.

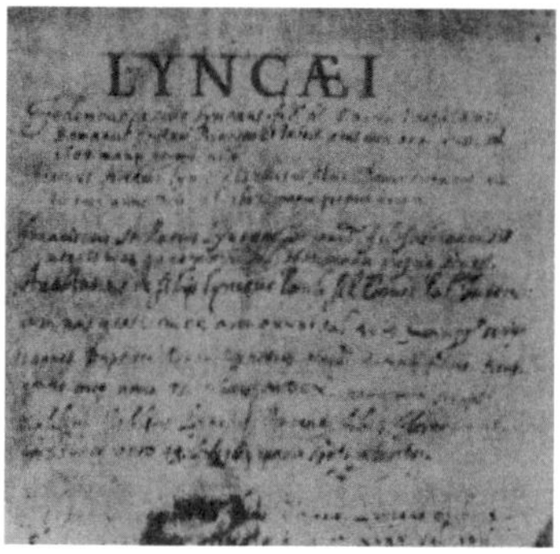
LYNCÆI

그림 9 · 22 山猫 아카데미아의 설립 결의서

이 학회는 주로 순수이론 및 실험의 연구, 이른바 베이컨류의 발표를 하고, 정치 · 사상 · 종교 등에 관련되는 문제는 거론하지 않기로 하였다. 그래서 물리학, 해부학, 기하학, 천문학, 항해학, 역학 및 자연현상에 관계되는 일반적 문제를 다루었다. 예컨대 혈액의 순환, 정맥의 판막, 코페르니쿠스설, 혜성이나 새 별의 문제, 망원경의 개량, 이와 관계되는 유리 렌즈의 연마문제, 또 공기의 계량, 진공의 문제, 토리첼리의 실험, 물체의 낙하진동 문제 등, 어느 것이나 당시로서는 새로운 문제, 발견 등에 대해 논의하였다.

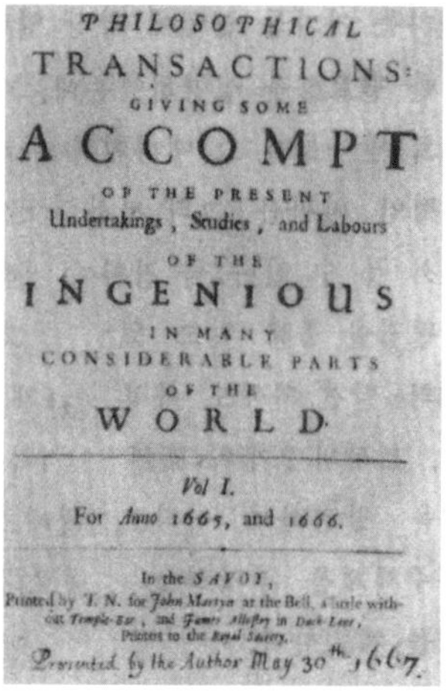
PHILOSOPHICAL
TRANSACTIONS:
GIVING SOME
ACCOMPT
OF THE PRESENT
Undertakings, Studies, and Labours
OF THE
INGENIOUS
IN MANY
CONSIDERABLE PARTS
OF THE
WORLD.

Vol I.
For Anno 1665, and 1666.

In the SAVOY,
Printed by T. N. for John Martyn at the Bell, a little without Temple-Bar, and James Allestry in Duck-Lane, Printers to the Royal Society.

Presented by the Author May 30th, 1667.

그림 9 · 23 philosophical transaction의 제1권 표지

영국왕립학회의 영향을 받아 프랑스에서는 1666년 루이 XⅣ세(1643~1718 재위) 때에 코르베르트(J. B. Corbert, 1619~1683)에 의해 과학의 응용이 프랑스의 공업과 상업을 발전시킬 것이라는 생각으로 파리에 '과학 아카데미'(Academie des Sciences)가 설립되어 루이 XⅣ세도 이 아카데미를 방문하였다. 이때 회원 수는 20여 명이며, 국왕으로부터 급여를 받았고 정부에서 부과하는 과제를 연구하는 직업 과학자였다. 따라서 일종의 관제 과학 아카데미였다.

18세기 말의 프랑스 혁명기간 중에는 폐쇄되었다가(1793) 1795년에는 이름을 바꿔 '국립연구소'로 되어 내용이 더욱 충실하게 되었다.

베를린 과학 아카데미는 1700년에 설립되었고, 러시아 과학 아카데미는 1724년에 설립되었다.

---

47) S. Mason(矢島祐利 역), 전게서, 상권, pp. 281~292.

## 제10장

# 계몽주의 과학과 과학혁명의 완성

계몽주의 사상[1)]은 일반적으로 17세기 후반에서 18세기를 통해서 영국, 프랑스, 독일 등 유럽의 문화와 사고방식에서 등장한 경험론, 합리주의적인 사상 전체이다.

당시의 지식인들은 그들 자신이 '계몽'되었고 자신들의 시대가 그 이전의 미신·무지·독단 등으로부터 깨어난 '계몽된 시기'라고 생각하였을 것이다. 계몽주의 사상의 목표는 교회의 교리나 기타의 편견으로부터의 해방, 즉 인간정신의 근대적 해방이라는 측면도 있고, 그것은 종래의 절대주의 사회에서의 모든 권위를 타파하고자 하는 시민사회의 자기주장이기도 하였다. 거기에는 중세의 봉건사회를 허물고 밝은 이성적 세계로 개혁코자 하는 강한 풍조가 보였다. 그렇게 하여 계몽주의 사상 안에는 이신론(理神論: 계몽주의 시대에 나타난 합리적인 종교관으로 계시종교에 대한 이성종교)·무신론·경험주의·합리주의·개성주의·자유주의·자연법·사회계약법 등의 사상이 포함되어 있으며, 따라서 '이성의 세기'(Age of Reason), '비판의 시대'(Age of Criticism)라고도 한다. 계몽주의 사상은 종교적으로 내세의 행복이 아니고 현세에서의 시민의 행복을 원하고 있다.

계몽주의 사상에 영향을 받은 과학에 대해서는 이성의 해방과 과학지식의 증가만이 인간을 진실되게 행복으로 이끈다고 생각, 과학의 진보에 대해서는 낙관론적 사고방식을 가지고 있었다.

---

1) 平田 寛, 전게서, 하권, pp. 265~266.

계몽주의 사상운동과 연관시켜 생각해야 할 중요한 사상은 이것이 원인이 되어 프랑스 혁명(1789~1799)이나 미국의 독립전쟁(1775~1783)이 일어난 사실이며, 더욱이 자본주의 생산방식을 확립시킨 산업혁명(18세기 말)도 간접적인 관계가 있다. 그렇게 하여 이 시기에는 전기의 실험연구가 본격적으로 싹트기 시작하였고, 근대화학의 탄생이 라부아지에로 말미암아 기초가 다져졌다. 또 18세기 말에서 19세기 초에 생긴 과학개혁도 눈여겨 볼 필요가 있다.

## 10.1 제2의 과학혁명

최근에는 길리스피가 「과학과 기술」(*Science and Technology*, 1965)이라는 저서에서 16~17세기의 과학혁명을 '제1의 과학혁명'이라 부르고, 18세기 말에서 19세기 초에 생긴 과학개혁을 '제2의 과학혁명[2)]'이라고 불렀다.

제2의 과학혁명은 프랑스 혁명에 의해 생긴 과학사상의 혁명을 바탕으로 이야기하기 시작하는 것을 상식으로 본다. 18세기에 「백과전서」 등에 의탁하고 있던 계몽주의 사상가들은 근대과학을 사상의 중심축으로 하는 구상을 크게 하고 있었는데 이 구상이 실현되기에 이른 것은 대개 1794년 부르주아가 혁명의 주도권을 잡고부터이다. 새로운 과학혁명에 있어서는 1794년 에콜 폴리테크니크 전신교(前身校)의 설립이 결정적 역할을 연출하였다.

첫째, 과학의 전문직업화(professionalzation)가 문제가 된다. 에콜 폴리테크니크 창설을 계기로 그 때까지 아카데미를 거점으로 활동하고 있던 과학자는 교수가 되고, 수업대상인 학생도 장차 과학에 관계된 직업을 선택할 것으로 예측되고 있기 때문이다. 물론 이와같은 직업을 차지하려면 프랑스 공화국이 국가적으로 산업진흥을 할 수 있는 체제로 조직되지 않으면 안되었다.

둘째, 과학의 내용도 변혁된다. 학문내용은 교육적으로 한결같이 같다. 에콜 폴리테크니크 교수로 몽주 · 라그랑즈 등 일류 수학자가 있어 학생은 해석적 수학을 자유롭게 구사하도록 훈련되었다. 18세기까지 수학적 과학이 되어 있던 학문은 주로 역학이었으나 에콜 폴리테크니크 관계자에 의해 실험물리학이 해석학에 의해 기록되면서 이론화되기 시작한다. 푸리에 · 카르노는 열의 이론을 형성하고 앙페르는 전기역학을 완성하고 프레내르는 광학을 파동이론으로 바꾸고, 이들 실험물리학에 의해 비로소 과학을 기본으로 한 기술개발이 비약적으로 발전하게 되었다.

2) 伊東俊太郎 외 편, 전게서, pp. 165~167.

셋째, 프랑스 혁명에서 공인사상이 된 근대과학은 독일 근대대학 중에서 오늘날 의미로 제도화(institutionalization)된다. 훔볼트(W.von Humboldt, 1767~1835)의 구상에 의하여 1810년에 개교한 베를린대학은 새로운 인문주의 이념에 의해 중세에서는 지위가 낮았던 철학부에 중요한 역할이 부여되었다. 1825년에 일류 연구성과를 근간으로 수학강의를 시작한 인물은 야코비(C.G.J.Jacobi)이고, 게니히스베르크대학에서는 수학 · 물리학의 세미나가, 리비히는 키센대학에서 학생실험을 도입하여 학생도 본격적으로 근대과학을 전문학문으로 연구하기에 이른다. 19세기 영국에서도 독일대학을 모델로 하여 점진적인 과학제도로 하여금 대학개혁의 운동이 일어났다. 산업사회에서 과학을 전공하는 오늘날 학생의 존재는 제2의 과학혁명을 전제로 하고 있다.

## 10.2 계몽주의 사상의 과학 및 그 활동

### 1. 과학계몽 사상과 과학[3)]

18세기 유럽의 계몽주의 사상과 과학(science in Enlightenment)과의 관계는 세 가지의 국면에서 논의된다. 첫째, 이 시기에 과학은 '신에서 벗어남'(離神)을 달성하였다는 국면인데 이것을 '성속혁명'(聖俗革命)이라 부르는 학자도 있다. 17세기 말에 영국 · 프랑스에서 명확하여진 이신론(理神論), 범신론의 경향은 자연에 관한 논의에서 신의 역할, 즉 창조의 책임자이고, 계획(Holy Design)의 입안자이며, 질서의 원천이라는 신으로서의 불가피한 역할에 대한 의문을 키웠다. 신은 자연에 존재하여 있으나 자연을 초월한 인격적인 존재라는 기독교적인 신(神)개념의 핵심이 18세기에 들어와서 분명하게 흔들리기 시작하였다. 특히, 데카르트 주의를 이어가면서 뉴턴의 운동학을 기계론적인 구도 속에서 수용하고자 한 프랑스의 계몽주의 사상가 F. 볼테르, D. 디드로, J. 달랑베드 및 돌바크 등의 계보에서 이러한 '신에서 벗어남'이 기본적으로 달성되었다고 한다.

둘째는 이와 같은 '신에서 벗어남' 현상은 학문 내지 과학의 성격을 바꾸었다는 점이다. 17세기까지의 자연철학자들이 똑같이 자연탐구를 최종적으로는 신의 계획의 이해를 목적으로 하여 실행하였다고 보는 견해에 대해 계몽주의 사상에서는 무엇보다 인간의 행복을 위해서 실행하는 것이 되고, 따라서 그것은 기술로서의

3) 伊東俊太郎 외 편, 전게서, pp. 313~314.

성격을 강하게 가지게 되었다. 계몽주의 사상 씨앗의 하나로 프랑스 혁명에서 세계 최초라 할 수 있는 고등과학기술자 양성기관인 에콜 폴리테크니크가 생긴 것은 이러한 시대적 배경을 전제로 한 것이다.

셋째는 계몽주의 사상은 과학을 매개로 하여 사회의 모순을 변혁하려는 전진적 사상인 역사의 진보주의를 탄생시켰다는 사실이 중요하다. 기본적으로 반종교적 입장에서 17세기 자연철학자들의 일을 반종교적 투쟁의 선두에 나선 영웅들의 것이라 평가하고, 이성의 해방과 과학지식의 증대만이 인류의 진보이고 인간을 진실되게 행복으로 유도한다고 생각, 과학의 진보에 대해서는 낙관주의에 철저하였다.

역사는 근대에 들어와서 그 진보의 길을 걷기 시작하였다고 하는 역사관과 낙관주의가 계몽주의 사상을 지배하고 있다고 보아도 좋다.

낭만주의는 기본적으로 이러한 계몽주의 사상에 대한 반발로 이해되며, 실제로 낭만주의에는 과학에 대한 심각한 비판을 포함하고 있으나 괴테 등에게는 분명하게 계몽주의 사상과 낭만주의가 혼재하고 있다.

## 2. 계몽주의 사상가들의 활동

### (1) 볼테에르

뉴턴 역학이 최초로 수용된 곳은 영국이 아니라 프랑스였다. 1726년 5월, 프랑스 귀족의 횡포로 영국에서 3년간(1726~1729)의 망명생활을 해야 했던 프랑스의 볼테에르[4](Voltaire, 1694~1778)는 정치 · 종교 · 사상 · 문화 전반에 걸쳐서 묘하게 프랑스의 전제정치를 비판하여 프랑스 혁명을 사상적으로 준비하는 계몽주의 사상운동의 선봉이 되었다. 이런 가운데 뉴턴 역학에 접해 공명(共鳴)한 그는 귀국 후 그 보급에 열을 올렸다.

볼테에르는 1732년 뉴턴의 「프린키피아」의 번역에 노력하였고, 1734년 「철학서간」을 지었으며, 다시 1738년에는 「뉴턴 철학의 여러 가지 원리」를 출판하여 당시 프랑스에서 지배적이었던 데카르트의 자연학에 대해 뉴턴 역학이나 광학을 쉽게 소개하면서 뉴턴의 사상, 즉 실험관찰과 수학적 합리성을 중시하는 사고방식을 넓혀 계몽주의 운동의 일익을 담당하였다. 그는 뉴턴 역학을 통해서 자연과학적 지식의 확실성을 파악하였으나, 뉴턴 역학에서 결핍되었다고 보는 인간적 측면을 존 로크(John Locke, 1632~1704)의 심리학, 정치철학에서 찾아 보완하였다.[5] 그는 존 로

4) F. Dannemann(安田德太郎 외 역), 전게서, vol. 4, pp. 458~461.
5) S. Mason(矢島祐利 역), 전게서, 상권, pp. 354~356.

크가 1689년에 발간한 「인간지성론」을 '의식의 박물관'이라 지칭하였다고 전해지고 있다.

### (2) 백과전서파에 의한 백과전서

프랑스 절대왕제와 결탁한 승려 · 귀족계급과 부르주아 · 직인 · 농민과의 대립은 제1차 영국과의 전쟁(1741~1748)을 계기로 점차 심화되었다. 이와 같은 시기에 디드로(Denis Diderot, 1713~1784)와 달랑베르 등의 백과전서파가 등장하여 과학계몽에 힘을 기울였다. 디드로는 기술의 진보와 인간의 사회생활을 풍요롭게 함을 확신하면서 영국의 백과사전을 프랑스어로 번역하는 일을 시작한 사람이나, 철저한 합리주의자는 아니고 낭만주의적인 면도 가지고 있었다. 그는 「백과전서」(Encyclopedias)를 만들면서 지금까지의 낡은 권위인 전제와 교회권력에 종속된 일체의 지식을 뒤바꾸어 권위주의를 벗어나 객관적으로 자연스럽게 진리를 추구하고 지식을 부여하듯 하여야만 된다는 태도로 임하였다. 또한, 그는 반전제 · 반교권사상을 가진 사람이면 세계관은 불문에 붙이고, 집필자를 모아 통일된 힘을 여기에 집결시켰다. 무려 160명 이상의 집필자 중에는 볼테에르나 달랑베르 등 유명인사 외에 직인 14명, 기타 다수의 무명 집필자가 포함되어 있다.

그는 여러 가지 위기 · 박해를 무릅쓰고 22년간 전 28권(본문 17권, 도판 11권)에 이르는 발간(1751~1772)을 가능케 하여 프랑스 혁명의 사상적 준비로서의 구실을 단단히 하였다. 그런데 「백과전서」의 내용은 F. 베이컨의 학문론에 치우쳐 있고, 또 메뉴팩처 기술을 지식화하는데 뜻을 기울이고 있다.

각권은 40cm 높이에 2단 조판 900쪽이 대부분이며 주제는 종교 · 법 · 문학 · 수학 · 철학 · 화학 · 군사학 · 농업 · 동력기계 · 대장간 일 · 광업 · 조선 · 무역까지 각종 기술, 예술, 과학에 관한 체계적 사전이며 각종 기술에 관해서는 동판화가 들어 있다.

그림 10 · 1 달랑베르

달랑베르(Jean le Rond d'Alembert, 1717~1783)(그림 10 · 1)는 프랑스의 수학자, 물리학자 및 철학자로 신학 · 의학 · 법률학을 배웠으나, 역학연구에 종사하여 고체의 운동론을 정리해서 해석역학의 기초를 이룩한 '달랑베르의 원리'를 세웠다. 달랑베르의 저서는 크게 수학 및 과학관계, 백과전서 관계, 철학관계 셋으로 분류되며 달랑베르의 지적 전망은 디드로와 공동편집의 「백과전서」 출판과 더불어 크게 확대된다. 서론과 과학 항목(1751년)

을 책임맡아 완결은 못하였으나 계몽주의 사상을 대표하는 근대적 합리주의의 구도로 묘사, 18세기 중엽 이후 과학 아카데미 중에 지배적 사상은 바로 달랑베르의 계몽주의 사상이다.

또한, 프랑스에서는 인류를 구원하는 것은 신이 아니고 인간 자신의 이성에 의하여, 과학의 실용화를 통해서 가능하다는 생각이 고개를 들어, 드디어 수학자 · 철학자 · 정치가인 콩도르세(Marguis de Condorcet, 1743~1794) 등의 학자에 의해 같은 진보사관이 생겨났다. 자코방(Jacobin)당의 독재하에 핍박을 받아 도망을 다니면서 집필한 그의 저서 「인간정신 진보의 역사」(1794)는 이성의 개화(開花)에 의한 사회의 연속적 진보를 묘사하여 진보사상을 명확히 하였다. 이 사실은 뒤에 콩트에 의해 다시 보강된다.

## 3. 반계몽주의 사상가들의 활동

뉴턴 역학이 확립되면서 사람들은 과학의 가치를 인정하고 인간생활 중에 합리적 정신, 인과론적 인식이 강력한 위치를 차지하게 되었다. 그것은 지금까지 계속되어 온 과학만능 주의의 출발이기도 하였다. 한편, 이와 같은 합리적인 것에 반발하여 감정을 중시하려는 움직임도 있어, 문학이나 예술방면에서 얼마간의 움직임이 보였는데, 이런 움직임이 반계몽주의 사상으로 낭만주의를 뜻한다.

### (1) 과학만능 주의에 대한 반작용[6]

근대에 있어서는 그리스 이래의 목적론적 자연관에 대신하여 인과적 자연법칙을 탐구하는 기계론적 자연관이 제기되었는데, 자연계 일반을 대상으로 하고 경험적 · 실증과학이 주류를 차지하고 있는 자연철학을 특징지우는 것이 데카르트의 기하학적 자연관, 갈릴레이의 수학적 정식화 및 F. 베이컨의 실험기법이다. 이것이 오늘날 자연과학의 원류를 이루고 있다.

그런데 18세기 후반이 되면서 과학계몽 사상이 강력하게 대두, 영국에서는 산업혁명의 싹이 트며, 이런 동향에 대해 반계몽주의 사상이 등장하게 되었다. 이 본질적 특색이 낭만주의(Romanticisms)이다. 수학화되고 기계론적이 된 과학이 인간의 욕구와 감정 등과는 무관해지고, 자연으로부터 조화 · 생명 · 신비 · 멋 같은 것들을 제거해 버린 데 대한 반동인 동시에, 과학이 너무 어려워지고 전문화되어 지적 엘리트의 전유물이 되었을 뿐만 아니라, 권력과도 결탁하여 통제와 억압의

---

6) 鈴木善次 외, 전게서, pp. 38~39.

수단으로 사용하게 되었다는 생각에서 비롯한 정치과학자들의 반과학태도로 이른바 반계몽주의 사상이다. 낭만주의는 합리적인 것에 반발하여 감성적, 주관적인 것을 의지하거나 믿는 것이며, 주로 문학이나 예술의 세계에서 그 활동이 보였다. 이들 분야는 합리적인 것과 별로 관계가 없기 때문이었다.

낭만주의자로는 독일의 시인 슐레겔(Schlegel, 1772~1829)과 같은 전형적인 인물 외에 앞서의 디드로, 합리주의자로 보이는 루소(Jean Jacgues Rousseau, 1712~1778)와 같은 사람들도 포함되어 있는데, 이 사실은 인간의 사상이 어느 정도 동적인가, 또 복잡한가를 나타낸다고 볼 수 있다. 루소는 「학문예술론」(1750)에서 유명한 "자연으로 돌아가자"는 명언을 남겼다. 또 우리의 영혼은 우리의 기술과 학문이 완벽을 향해가면 갈수록 타락해진다는 「인간불평등 기원론」(1755)을 간행하였다.

독일의 낭만주의자로는 괴테(J. W. Goethe, 1749~1832)(그림 10 · 2)를 들 수 있다. 괴테는 셰익스피어(William Shakespeare, 1564~1616)와 같이 최고의 문학가의 한 사람으로 일컬어지나 동식물학, 지질학 및 광학 등 과학분야에서도 활약하였으며, 인간의 입 천장을 구성하고 있는 한쌍의 뼈인 상악골(上顎骨)의 연구는 화석학상 귀중한 것이며, 또 뉴턴의 색채론에는 반대하였다. 그 배경으로 수학을 이용한 자연연구, 즉 요소분석주의적인 방법에 반발하였다고 본다. 그의 색채론은 직관에 의존하는 것으로 설득력이 부족하였다. 그가 낭만주의자 속에 들게 된 것은, 이러한 기계론적 우주관에 반발하여 유기체적 우주관의 입장을 가졌기 때문이었다.

그림 10 · 2 괴테

반계몽주의 사상활동은 문화면만이 아니고 영국과 같이 산업혁명이 진행된 곳에서는 과학기술의 도입에 따른 여러 가지 피해가 표면화되어, 반과학주의, 반계몽주의 사상이 생겨났다. 즉, 기계화에 따른 노동자의 실업, 산업형태의 변화에 의한 이해관계 등으로, 대중의 불만이 폭발해서 기계를 파괴하는 등의 운동도 벌어졌다.

### (2) 낭만주의와 과학[7]

아서 로베조이(Arthur O. Lovejoy, 1873~1962)는 낭만주의에는 때로 상반되어 교류가 되지 않는 다양한 정치 · 문예 · 철학사상의 요소가 포함되어 있음을 인정하여 이들 여러 형태는 복수형(romantisms)을 가진다고 말하기도 한다. 한편

---

7) 伊東俊太郎 외 편, 전게서, p. 1144.

1960년 이후 쿤의 '패러다임론'(paradigm)을 시초로 과학도 문화권이나 시대에 따라 그 형태 · 구조를 달리하는 여러 과학(sciences) 중의 하나로 보는 경향이 뚜렷하여졌다. 따라서 낭만주의와 과학의 두 개념이 가지는 폭넓은 뜻을 어떻게 규정하느냐에 따라 서로의 관계도식이 바뀌어진다.

가령, 과학을 뉴턴 역학 체계로 대표되는 물리학이론에 근거한 자연탐구를 하는 것으로 하고, 낭만주의를 18세기 말에서 19세기 전반에 걸쳐 탄생한 반계몽주의 · 반합리주의 운동이라고 해석하면 양자의 사이에는 분명한 대립도식이 떠오른다. 고전역학에서 전제되고 있는 관찰주체와 대상과의 첨예한 분리는 자연과 개체와의 조화 · 융합을 동경하는 낭만파적 기질과는 서로 용인되지 않고, 따라서 프랑스 혁명기의 수학자 · 과학자인 라플라스(Pierre Simon Laplace, 1749~1827)가 그의 저서 「확률의 해석적 이론」(1812)에서 "확률론이란 인간의 무지를 조금은 부분적으로 구제하는 수단"이라고 하여 '라플라스의 마(魔)'(Laplace's demon)를 주장하였는데, 라플라스의 마에 상징되는 뉴턴 과학이 가지는 기계론적 자연관이나 결정론적 경향은 개성의 자유로운 발현과 정신의 자율성을 존중하고, 또 자연의 정적 구조보다는 동적 생성과정을 취하고자 하는 낭만주의 심성과 대립되기 때문이다.

그러나 18세기 계몽주의 사상의 금자탑이라고 하는 「백과전서」 편집자의 한 사람인 디드로의 자연사상에는 뉴턴 역학의 현저한 측면인 자연현상의 계량화 · 수량화를 오만하다고 비판하여 인간과 자연과의 융화를 설명하는 등 낭만주의적 경향이 농후하였다. 또 18세기 후반이 되어 점차 이론적 지위를 굳힌 역학 이외의 여러 과학에서는 낭만주의적 과학(romantic science)이라 할 수 있는 징조를 표시하는 것도 있다. 셰링(F. W. Joseph Schelling, 1775~1854)의 자연철학에서 강한 영향을 받은 리타(J. W. Ritter, 1776~1810)와 외르스테드의 과학연구가 그 대표다. 그들은 인간정신은 자연의 일부이므로 자연을 반영하고 있다고 생각, 이성의 법칙과 자연법칙의 유사함을 설명, 또 자연계의 물질과 그 운동에서 설명하기 보다는 근원적인 힘이 극성(極性)을 나타내 여러 종류의 발현형태(전기 · 자기 · 화학친화력 · 열 · 빛)를 취하는 것으로 전망하려고 하였다.

## 4. 뉴턴주의 과학자들의 활동

계몽주의 사상으로 근대과학의 탄생은 인간의 사상이나 생활에 여러 가지의 영향을 주었다. 그 중에서도 뉴턴 역학을 신봉하고, 뉴턴 역학을 다른 과학분야에 적용시키려고 시도한 몇 사람의 과학자들이 있다.

영국 국교파의 목사인 스티븐 헤일즈[8](Stephen Hales, 1677~1761)가 그 중의 한 사람이며, 그는 영국의 켄트에서 태어나 케임브리지 대학시절에 뉴턴 역학에 접하고, 그 영향을 받아 생물, 특히 식물의 화학 · 생리적인 실험연구에서 중요한 성과를 올렸다. 1727년에 지은 「식물정역학」은 그 표제가 나타내듯, 식물체에 보이는 현상을 역학적으로 설명한 것이다. 그는 식물의 성장속도와 식물수액의 압력을 측정하였고, 즙액의 상승이나 수은계에 의한 뿌리의 압력측정과 증발 · 확산 등 물리학적 기법으로 실험을 하였다(그림 10 · 3). 또 다른 「혈액정역학」(1733)은 혈액운동을 논하고 있으나, 거기서 검붉은 빛의 정맥혈이 폐의 모세혈관에서 선명한 붉은 색의 동맥혈로 변화하는 현상을 혈액과 모세혈관벽과의 마찰에 의한 것으로 설명하고 있다. 헤일즈는 두 저서로 18세기 중엽, 영국의 대표적 과학자로 인정되어 뉴턴 다음 가는 영향력을 행사하였고 열분해와 화학반응에서 발생 내지 흡수되는 공기량을 측정하는 장치를 고안, 여러 가지 동물 · 식물 · 광물 중에 고정되어 있는 공기의 양을 측정하였다. 그는 기체연구도 수행하여 이산화탄소에 해당되는 것을 찾아내었으나 발전시키지는 못하였다.

프랑스의 수학자 · 천문학자인 모페르튀이(P. L. Maupertuis, 1698~1759)는 영국에 건너가 뉴턴학설을 연구하였다. 그는 지구가 양극에서 편평한 타원체임을 측정하여(1736~1737) 뉴턴의 이론을 입증하였으며, 목적론적 자연관에 기초를 두어 빛의 굴절에서 페르마(Pierre de Fermat, 1601~1665)가 '전파시간 최소의 원리'를 가정, 매질 중의 빛의 속도는 굴절률에 반비례한다는 주장을 반박하여 시간이 아니고 작용의 양이 최소가 된다는 생각을 주장하였다. 여기서 작용의 양을 속도와 통과거리의 곱에 비례하는 값으로 규정하였다. 1746년에 「형이상학적 원리에서 유도된 운동과 정지의 법칙」에서 보편적 원리로 '최소작용의 원리'[9](principle of least action)를 만들었다. 작용량을 $mvs$ (s는 경로의 길이)로 규정하고 운동은 일반적으로 $mvs$가 최소라는 조건에서 결정된다고 하였다.

그림 10 · 3 헤일스의 식물정역학의 실험

8) 伊東俊太郎 외 편, 전게서, pp. 956~957.
9) 伊東俊太郎 외 편, 전게서, p. 387, p. 885.

또 모페르튀이는 생물의 유전현상 설명에서 뉴턴의 입자론적 생각을 채택, 어버이로부터 자식에게 유전을 담당한 입자가 유전된다고 주장하여 19세기에 멘델의 유전자이론의 선구를 이룬 것이라고 평가된다.

## 10.3 근대적 물질이론의 형성

18세기는 전반에 뉴턴 역학이 확립되어 천문학 · 수리학에 근대화의 방향이 제시되기도 하였고, 또 새로운 화학의 여러 가지 개념과 고대화학의 최후의 부활인 플로지스톤설과의 사이에 격렬한 투쟁의 시기이기도 하였다. 그러나 18세기 후반은 인간의 물질관에 변화의 조짐이 나타나 화학의 근대화가 이루어졌다.[10)]

### 1. 18세기 역학적(기계적) 자연관

18세기 자연관을 특징지운 최대의 관점은 자연과학의 모든 현상을 역학적인 방법으로 연구 · 검토하고 역학원리에 의거하여 설명하려는 역학적 자연관(기계적 자연관)이었다. 그 기초가 된 것은 17세기 말에 성립된 뉴턴 역학이다. 그후 해석역학의 성장 및 칸트에 의한 철학적 해석(「순수이성비판」, 1781) 등, 당시의 다른 여러 과학에 비해 체계화되어 18세기를 통해 그 우위성이 확립되었다. 「달랑베르의 원리」(1743), 모페르튀이의 「최소작용의 원리」(1744 · 1746), 오일러의 「강체운동이론」(1750 · 1760) 등을 거쳐 1788년 라그랑주(J. L. Lagrange, 1736~1813)의 「해석역학」이 출판되었다. 이것은 근대화학 성립의 직접적인 계기가 된 라부아지에의 「화학요론」이 나오기 한 해 전이다.

근대적 물질이론의 형성을 논하려면 당연히 화학뿐만 아니라 앞서의 역학이나 열역학 및 전자기학 등 고전물리학 전체의 성립을 함께 생각하여야 하며, 근대화학의 성립만에 한정된 것이 아니라는 사실은 분명하다. 이러한 의미에서 근대화학 체계의 첫 걸음은 18세기 말에서 19세기 초에 걸쳐 라부아지에, 돌턴에 의해 계승된다. 근대과학의 제일 전제가 되는 것이 18세기의 역학적 자연관이다.

이 역학적 자연관은 특히 18세기 중엽 이후 1세기 가까운 기간 동안 지배적 위치를 차지하였다. 19세기적 자연관의 골격이 되는 것은 전자기학과 열역학으로 체계화되는 장(場)과 에너지의 개념이며, 한편 돌턴에 의해 시작되는 원자론이다. 앞의 것은 자연의 연속성을 반영하고, 뒤의 것은 불연속성을 표현한다.

---

10) 山崎俊雄 외 편, 전게서, pp. 89~92.

19세기의 대부분 기간을 통해 전자기학 및 역학을 포함하는 열역학의 고전물리학 체계와 근대화학의 체계는 개별적으로 발전되어 전체로 19세기의 지배적인 물질관을 형성한다.

분명히 데카르트는 17세기 전반까지의 과학기초 위에서 그 기계론적 자연관을 제기하였으며, 당연히 역사적 제약하에 있으나 동시에 거기에는 동적인 자연 이미지가 있으며, 진화의 개념도 포함되어 오늘날에 다시 되살아나는 면을 포함하고 있다. 뉴턴은 역학적 자연관을 자기 나름의 역학체계로 확립하였으나 그후 지배적 시대사조가 된 역학적 자연관에는 좁은 의미의 기계론적 사유(思惟)의 특징, 즉 사물의 질적 차이를 무시하는 경향이 수반되는 결과를 낳았고, 데카르트의 동적인 적극면이 상실되었다. 근대적 물질관이 확립되기 위해서는 이상의 역학적 자연관을 전제로 그 약점을 극복하고 나서는 변혁이 요구된다. 그의 임무는 먼저 19세기의 것이며, 나아가 오늘에 계승된 즉, 데카르트의 기계적 자연관→뉴턴의 역학적 자연관→19세기적 자연관→현대적(상대론적 · 양자역학적) 자연관이라는 17세기 이후 인류가 획득하여 온 자연관의 역사는 진화의 각 단계마다의 계승과 대항의 관계뿐만이 아니고, 전과정을 통해서 관철하는 것으로 전체과정에 오늘에 계승되는 면도 포함되는 것이다.

## 2. 스코틀랜드의 글래스고대학

물질의 질적 차이문제를 주목하게 되면, 거기에는 하나의 중대한 근대적 물질관의 과정이 엿보인다. 그것은 공기 · 물과 같이 자연에 존재하는 가장 '기본적이나 편재적인' 물질 및 연소라는 보편적 현상에 대해서이다. 이들 물질 및 과정에 관계되는 과학, 거기에 질적 차이를 감안하면 공기과학에서 기체화학으로의 길이 열린다. 이것이 근대원소관의 출발점이 되며, 첫 걸음은 블랙(Joseph Black, 1728~1799)(그림 10 · 4)에 의해 출발한다.

블랙은 스코틀랜드계 포도주 상인의 아들로 프랑스 볼드에서 태어났으나, 스코틀랜드의 글래스고대학과 에딘버러대학에서 수학하였다. 영국과 스코틀랜드의 합병 이후 '대영국 연합왕국'이 된 것은 1707년의 일이다. 이 합병은 스코틀랜드에 영국의 부(富)를 안겨줌과 아울러 스코틀랜드인의 민족 에너지를 영국의 국민활동으로 발휘하게 한다.

영국의 산업혁명사에는 많은 스코틀랜드 출신의 과학자 · 기술자 · 산업가 · 사상가의 이름이 글래스고대학(그림 10 · 5), 에딘버러대학, 에딘버러 왕립학회의 이름과 함께 등장한다. 블랙도 그 중의 한 사람이며, 글래스고대학에는 같은 시기에 기계제조직인으로 와트와 「국부론」의 저자 애덤 스미스(Adam Smith, 1723~1790)도 있었다. 글래스고대학은 영국이 산업혁명으로 진입하려할 때 그 시민사회의 경제학적 지도이념, 자연과학 및 기술의 선도자들의 출발기지의 위치에 있었다. 따라서 산업혁명 이후에도 글래스고대학은 열역학의 조력자로서 캘빈의 활약에서 볼 수 있듯 주요한 위치를 차지한다.

그림 10·4 블랙

그림 10·4 글래스고대학

## 3. 영국의 기체화학

블랙[11]은 1756년에 교수가 되었다. 블랙의 첫 번째 업적은 그가 '고정공기'(fixed air)라 부르는 오늘날의 '탄산가스'의 발견(1754)이다. 당시 '마그네시아·아르바'(염기성의 탄산 마그네슘)가 의약으로 사용되었다. 블랙은 이것을 가열하거나, 또는 산을 가할 때 발생되는 기체가 보통의 '공기'와 화학적으로 다른 공기임을 정량적으로 실험하여 확인하였다. 이 사실은 모든 기체가 공기라는 단일의 '원소'로부터 구성된다는 지금까지의 개념을 부정하는 획기적인 첫 걸음이 된다. 이상에서 블랙은 캐번디시, 프리스틀리로 이어지는 영국의 '공기화학'(기체화학)의 출발점을 만들었고, 이 공기화학이 라부아지에의 원소개념 형성에 실험적인 공헌을 한다.

블랙의 두 번째 업적은 잠열현상의 발견 및 관련된 열용량 개념의 제기이다. 물이 과냉각 상태에서는 급속하게 얼음이 어는 온도가 상승한다는 사실을 알고 '잠열'의 개념에 도달하였다(1762). "물에 잠열이 함유되어 있으며, 잠열에 의해 물의 액체성이 유지된다"는 생각에서 "증기에는 온도계에 나타나지 않는 다량의 열이 포함되어, 그 열에 의해 기체상태를 보존한다"라고 하였다. 그는 물리학자에게 온

11) 平田 寬, 전게서, 하권, pp. 273~274.

도와 열량 사이에는 분명한 구분이 있음을 아르켰고 열소 · 비열 · 열용량 · 융해열 · 잠열이라는 용어를 도입하였다.

실험적 증명은 1763년 당시, 와트(James Watt, 1736~1819)(그림 10 · 6)가 기계 제조 직인으로 글래스고대학에 근무하고 있을 때, 1764년에 뉴커먼이 제작한 대기압기관의 수리의뢰를 받은 것을 계기로 계통적으로 증기기관의 개량에 종사하였다. 와트의 증기기관이 실용화에 성공한 배경에는 당시 열학의 대가 블랙 등 학자와의 교류로 여러 가지 새로운 지식을 습득하였고, 또 윌킨슨의 보링머신 개발이 사실상 큰 기여를 하였다. 이렇게 본다면 산업혁명에의 이행(移行)에 핵심이 된 것은 우수한 생산기술의 확립이라고 하여도 과언이 아닐 것이다. 와트는 비교적 소량의 증기가 냉각수를 잘 가열한다는 데 주목했고, 이 결과의 해석에 블랙이 잠열현상의 결과라고 설명하였던 것이다. 그림 10 · 7은 와트의 작업장이다.

그림 10 · 6 와트

그림 10 · 7 와트의 작업장

블랙의 열에 관한 연구는 라부아지에와 라플라스에 의한 열량계의 실험을 거쳐 19세기에 열역학 성립의 선구가 되었다. 당시로서는 열의 운동설에 비해 블랙 · 라보아지에 등의 열의 물질설이 더 설득력이 있었다고 본다.

## 10.4 플로지스톤설과 화학혁명

### 1. 연소이론의 시작인 플로지스톤 이론

17세기 말경 자연과학이 침체의 징후를 보이기 시작하였을 때 발생시기에 있던 학문으로서의 화학은 중대한 타격을 받았다. 보일 및 17세기의 60년대와 70년대에 번영하였던 영국학파의 의화학자는 전통을 확립하는데 실패하고, 독일의 의화학파가 부활하여 플로지스톤설을 탄생시켰다. 의화학자는 화학물질에 세 개의 요소(essence) 또는 물질(principle)이 함유되어 있다고 상상하였다. 가연성의 원질인 유황, 유동성과 위발성의 원질인 수은, 고정성과 무활동성의 원질인 소금의 세 개가 바로 그것이다.

독일의 의화학자인 요아힘 벤헤르(Johan Joachim Becher, 1635~1682)는 의화학의 원리를 다소 수정하여 1669년 고체의 토성물은 대개 세 개의 성분을 함유한다는 사고방식을 확립하였다. 첫째, 테라 라피타(terra lapidea, 유리질의 흙-소금원질), 둘째, 테라 멜쿠리아리스(terra mercurialis, 수은질의 흙-수은원질), 셋째, 테라 핀구이스(terra pinguis, 유성의 흙-유황원질)로 이루어진다고 결론을 내렸다. 그에 따르면 가연성물질은 테라 핀구이스를 다량 함유하고 있으며 연소 중에 그것이 타고 없어진다고 하였는데 '유성(油性)의 흙'을 '가연성(phlogistos)의 유황'이라 하였다.

요아힘 벤헤르의 제자인 슈탈[12](Georg Ernst Stahl, 1660~1734)은 18세기 중엽, 유럽 화학의 2대권위자로 화학에서 기계론을 배제하고 화학적 3원질(소금 · 유황 · 수은)의 전통을 고수하였다. 슈탈은 '불의 원소'(토성물질 또는 유성의 흙)에 해당되는 것에 플로지스톤(모든 가연성물질의 본질적 요소로 기름 · 지방 · 목재 · 목탄, 기타의 연료는 플로지스톤을 많이 함유)이라는 이름을 붙여, 1679년에 이 플로지스톤의 방출이 연소현상이라는 학설을 내세웠다. 말하자면 '플로지스톤설'(phlogiston theory)이라 부르는 것이다. 이것은 산소의 발견과 화학이 발달되기 이전의 연소이론이다. 이 플로지스톤은 '열의 운동', '불의 운동'이며, 동시에 '유황성의 원질' 또는 '유성의 원질'이고 그리스어로 '탄다'를 의미한다.[13] [14]

## 2. 플로지스톤설의 영향에 의한 각종 화학적 발견

블랙과 별도로 비열, 잠열의 개념을 발견하여 수은과 기타의 물질에 의해 빙점을 측정한 캐번디시(Henry Cavendish, 1731~1810)는 명문 귀족출신의 과학자로 이색적 존재다. 50여 년의 연구생활에서 저서는 없고 전기이론 · 공기화학 · 빙결온도 · 지구의 밀도실험 등 20편의 논문을 발표하는데 그쳤으나 영국의 대표적 과학자이다.

캐번디시는 실험연구가로 우수한 재능을 가지고 있었으며, 최초의 논문에서 '가연성 공기'(inflamable air—수소)의 존재를 1766년에 밝혔다. 이것은 보통의 공기와 다른 화학종(化學種)으로 기체의 존재를 표시하는 것으로 '고정공기'에 이은 제2

12) 伊東俊太郎 외 편, 전게서, p. 461, pp. 932~933.
13) S. Mason(矢島祐利 역), 전게서, 상권, pp. 331~336.
14) J.R. Forbes, J.E. Dijksterhuis(廣重 徹 외 역), 전게서, pp. 203~204.

의 물질이었다(1766).

1777년 캐번디시는 공기에 관한 실험에 착수하여(그림 10 · 8) 1778년에는 공기는 79.16%의 '질소'(phlogisticated air)와 20.84%의 '산소'(dephlogisticated air)로 됨을 밝혔고, 또 탄산과 수소를 연구하였다(1776). 수소와 산소의 혼합체에 전기불꽃을 튕겨 물을 만든 사실은 대단한 연구였다(1783). 이 물의 합성실험은 정성적으로는 프리스틀리가 먼저 하였지만 정량적인 자료를 처음으로 제공한 사람은 캐번디시이다. 그는 기체의 체적과 무게도 측정, 처음으로 밀도를 정하였다.

그림 10 · 8 블랙의 공기 연구를 실험한 장치

블랙의 제자 라더포드(D. Rutherford, 1749~1819)는 가스의 화학연구를 하여 1772년에 '유독가스'(mephitic air)라는 질소를 발견하였다. 그는 질소는 연소물에서 생긴 플로지스톤 성질의 물질이 공기와 화합한 것으로 알고 있었다.

슈탈의 플로지스톤설은 18세기를 통해 많은 과학자들이 믿고 있었다. 그 중 한 사람이 영국의 비국교파 목사이며 화학자인 프리스틀리(Joseph Priestley, 1733~1804)이다. 그는 유명한 저서 「전기학의 역사와 현상(現象)」(1767)과 「시각, 빛 및 색체에 관한 발견의 역사와 현상」(1772)이 있고 공기(기체)의 연구에서는 고전적 유명한 논문 「여러 종류의 공기의 관찰」(1773)로 영국왕립학회의 상을 받았다. 벤자민 프랭클린과 만나면서 과학에 흥미를 가져 당시 사람들의 관심사였던 기체연구에 뛰어들었다.

그는 발효작용에서 생기는 고정공기(탄산가스)의 연구에 몰두하여, 이 탄산가스를 물에 녹일 때 나는 것에 단맛을 넣었더니 소다수란 음료가 되었다. 그래서 그를 '음료산업의 아버지'라 한다.

프리스틀리는 발생하는 기체를 포집하는 장치를 연구, 그러한 과정에서 수은포집법을 사용해 1772~1775년 사이에 유리(遊離)하여 확인한 기체, 일산화질소 · 아산화질소 · 불화규소 · 일산화탄소 · 이산화질소 · 염화수소 · 암모니아 · 아황산가스 등 10종의 기체를 새로 발견하였다. 그 외에도 광합성의 발견, 호흡과 혈액의 관계 등 중요한 연구가 있다. 라보아지에의 새로운 화학체계를 인정하지 않고 끝까지 플로지스톤설을 지지하였다. 그의 연구 중에서 가장 큰 것이 '탈(脫)플로지스톤 공기'(dephlogiscated air, 산소)의 발견이다(1774). 바로 프리스털리가 발견한 조연성 · 호흡성의 새 기체에 주어진 이름이며, 이후 라부아지에는 이 기체를 산소(oxygen)라 불렀다. 1774년 프리스틀리는 HgO를 가열하여 기체를 얻고, 그 기체 안에서 초가 힘차게 타는 현상을 알고서 이것을 ' 플로지스톤 공기'라 이름 붙였다. 프리스틀리의 실험결과는 라부아지에의 연소이론에 크게 공헌하였다.

플로지스톤설을 믿은 스웨덴의 약제직인 셸레(Carl Wilhelm Scheele, 1742~1786)도 프리스틀리보다 적어도 2년 앞서 산소의 발견을 위한 실험을 1768~1773년 사이에 행하였으나, 출판사의 태만으로 연소문제를 취급한 저서 「공기와 불에 관해서」(1777)의 발표는 프리스틀리의 발표보다 2년이나 늦다. 그는 다만 '불의 공기'라 하였다. 또 1770~1777년 사이에 염소를 발견하였다.

## 3. 라보아지에의 연소실험과 화학혁명

18세기 기체에 관한 지식이 축적되면서 당시로서는 오늘날과 같은 기체에 대한 인식은 없었으나 공기 중에 여러 가지 기체가 있다는 인식은 화학의 진보에는 대단한 성과였다. 이러한 상황에서 프랑스의 라부아지에가 등장, 화학자로 활동한 18세기 후반을 '화학혁명의 시대'라 하며, 라부아지에를 근대화학의 창시자라 부른다.

18세기 말, 프랑스 과학의 절정기에 활약하여 화학혁명을 성취한 화학자 라부아지에[15](Antoine Laurent Lavoisier, 1743~1794)가 프랑스의 슈탈파와 영국 공기화학파의 공기(기체)의 화학적 역할을 이어받아 산소를 중심으로 연소이론의 연구를 시작, 화학의 혁신체계를 수립하였는데 이것을 '화학학명'(chemical revolution)이라 한다. 이 화학혁명의 성과에는 18세기 계몽주의 사상이 각인되어 있다.

라부아지에도 기체나 연소의 문제에 관해 관심을 보였고, 1772년 인이나 유황의 연소 때 공기가 흡수된다는 사실을 알고, 엄밀하게 조사하기 위해 밀폐된 레토르트 기구 속에서 납을 태워 냉각시킨 후, 금속재의 증가량과 공기가 들어간 비율이 같다는 사실을 알았다. 이와 같은 방법을 정량적 방법이라 한다.

앞에서 말한 바와 같이 산업혁명 초기에는 화학반응, 특히 연소현상은 이른바 플로지스톤설에 의해 설명되어 왔으나, 실험과 경험에 기초하여 비로소 연소가

15) 江澤洋 외, 전게서, pp. 81~98.

'산화현상'임이 밝혀졌다. 이 산화현상은 산소의 발견과 여러 가지 기체반응에 기초를 두고 있으며, 경험주의가 플로지스톤설을 타파하게 된 것이다.

1777년 셸레가 공기는 원소성 물질이 아니고 두 개의 가스로 되어 있으며, 그 하나는 연소를 돕는 '산소', 다른 하나는 불활성의 '질소'로 두 기체의 조성이 1 : 3임을 제시하였다.

라부아지에는 셸레의 견해를 승인하고 1780년에 공기는 부피로 산소가 1/4이고, 질소가 3/4으로 되어 있다는 견해를 발표하였다. 이로 인해 연소란 가연물과 산소(프리스틀리가 발견한 '탈플로지스톤 공기')와의 결합이라는 새로운 연소이론을 제시하였고, 라부아지에는 탈플로지스톤 공기를 처음은 '생명의 공기'(air vital)라 불렀으나 이것은 산을 만드는 의미에서 '산소'로 명명했다(1777). 이에 따라 연소와 같이 산소와의 결합을 수반하는 반응을 산화라 부르게 되었고 호흡이나 연소도 산소를 흡입하고 탄산가스를 방출하는 화학반응이라고 하였다.[16)]

화학조성을 표시하는 명명법에서 성분원소를 분명하게 할 필요성이 있었고, 분석에 의해 원소의 정의에서 역사상 처음으로 33종 원소(단순물질이라 부름)를 산소와 화합하는 방법에 따라 배열하여 원소표를「화학요론」에 제안하였다. 이것에 의해 예로부터의 4원소, 3원질 등이 일소되었으며, 원소의 과학적 개념이 확립되었다.

새로운 원소표에 근거하여 라부아지에가 처음 시작한 유기원소 분석은 19세기의 유기화학 발전에의 길을 열었고, 그리고 화학혁명을 수행하기 위해 귀통(L. B. Guyton de Morveau, 1737~1816), 베르톨레(Claude Louis Berthollet, 1748~1822) 및 푸르크르아(A. F. Fourcroy, 1755~1809)와의 공저「화학명명법」을 1787년에 간행하였다. 1789년에 라부아지에는 최초의 근대 화학교과서로 산소를 중심으로 하는 새로운 화학체계를 나타내는 유명한 저서「화학요론」을 출판하였다. 여기서 플로지스톤을 벗어난 화학이 탄생하였고, 근대화학의 기초가 확립되었는데, 이로써 이른바 화학혁명이 달성되기에 이르렀다.

### 4. 화학혁명과 그 시대적 배경[17)]

라부아지에나 프리스틀리의 과학연구가 '이성과 혁명의 시대'라 일컬어지는 18세기 말에 이루어졌다는 역사적 사실은 과학도 시대나 환경, 그 위에 다른 여러 가지 문화 · 사회문제와 관련되어 있음을 암시하고, 또 과학의 진보가 연구자 개인

16) S. Mason(矢島祐利 역), 전게서, 상권, pp. 336~345.
17) 江澤洋 외, 전게서, pp. 101~102.

의 성격이나 생활상황과도 무관하지 않음을 나타내고 있다.

라부아지에의 연구에 의해 대표되는 화학혁명은 대체로 1770~1800년 사이에 이루어졌다. 이 시기에 프랑스 혁명이 있었고, 미국 독립선언이 이루어진 사실을 되돌아볼 때 이 18세기 말은 사실상 혁명의 시대라 부를 수 있을 것이다. 화학혁명이라는 과학사적 사실과 프랑스 혁명이나 미국독립과 같은 정치사건이 이 기간에 거의 동시에 일어났다는 사실이 우연이긴 하나 서로 무엇인가 연관성이 있었는지의 여부는 역사관에서 흥미가 있는 문제인 동시에 앞으로 연구할만한 가치가 있다고 생각된다. 그러나 같은 시대에 계속해서 일어난 기술 · 경제적 사건을 함께 고려한다면 이 시대의 특이성이 종합적으로 떠오른다. 다음에 1760~1799년 사이에 일어난 화학혁명 이외의 각종 주요한 사건을 살펴본다.

1760년 선(주)철제조에서 스미턴법의 발명, 1765년 직물공업에서 하그리브스의 방적기발명, 1769년 와트가 최초의 기관을 제작, 아크라이트에 의한 방적공업에 대한 수력기관의 개량이 있었다. 그리고 1776년에 미국의 독립선언, 애덤 스미스의 「국부론」의 간행, 1779년 영국에서의 방적공업의 개량, 1783년 영국과 미국 사이에 화해가 성립되었고, 와트는 개량기관을 내놓았다. 1784년 선철에서 연철을 만드는 코트법이 발명되었고, 1786년 염소의 표백작용(베르톨레법)을 섬유공업에 적용, 1787년에는 미국헌법이 제정되었고, 1789년에는 루이 X VI세의 국회소집으로 제3제국이 성립되었다. 1792년에는 루이 X VI세가 체포되어 프랑스공화정이 선언되었으며, 1793년 루이 X VI세의 처형으로 프랑스에서는 공포정치의 막이 오르고 영국과 프랑스 사이에 전쟁이 시작되었다. 1794년에는 라부아지에가 처형되고 공포정치는 종결되었다. 영국에서 선철생산은 125,000톤에 이르렀고, 1798년에는 프랑스와의 전쟁에서 넬슨군이 승리하였으며, 같은 해에 맬서스의 「인구론」이 간행되었고, 1799년에는 나폴레옹이 통치자로 등장하였다.

라부아지에의 화학혁명의 진전과 때맞추어 정치, 군사적으로 중요한 역사적 사건이 계속 발생하였다. 동시에 영국에서 산업혁명의 성과가 현실화하게 되었음을 알 수 있다.

산업혁명은 분명히 16~17세기 과학혁명에 의한 영향의 실현이라고 생각되나, 산업혁명은 갈릴레이, 뉴턴에 의한 과학혁명이 성취된 약 1세기 후에 실현된 것이다. 이것은 특히 와트의 증기기관에 의해 상징된다.

애덤 스미스의 「국부론」이나 맬서스의 「인구론」은 산업혁명에 의해 등장한 사회문제의 표출이라 볼 수 있겠고, 이미 설명한 프랑스 혁명이나 미국의 독립선언도 18세기 초에 시작되는 계몽주의 사상운동에 유래되는 것이고 적어도 간접적으로는 과학혁명의 영향이 표출된 것이라 볼 수 있을 것이다.

자연과학분야에서는 화학혁명과 병행하여 일어난 기술혁신 중에는 제철과 같이 화학과 밀접하게 관련된 문제가 포함되어 있다. 그러나 이것들은 화학기초의 응용이 아니라 분명히 기술적 경험의 산물로써 실현된 것이라고 보는 게 타당하다.

## 5. 돌턴에 의한 화학적 원자론

라부아지에에 의한 화학의 정량적 연구가 이루어져 그 방법이 채택되고, 화학반응을 정량화하여 가는 경향이 보였다. 그 과정에서 프랑스의 약제화학자 프루스트(Joesph Louis Proust, 1754~1826)는 탄산동 중의 탄소, 산소 및 구리의 비율이 항상 일정하다는 사실을 알고, 그것을 일반화하여 화합물의 성분원소량의 비율은 일정하다는 '정비례의 법칙'을 발견하였다(1799).

이 문제는 다른 방향에서 해결된다. 영국의 물리학자, 화학자로 맨체스터의 문예철학협회[18) 19)]에 속하며 화학적 원자론을 제창하여 근대 원자론의 창시자라 불리는 존 돌턴(John Dalton, 1766~1844)(그림 10·9)이 그 사람이다. 그는 처음에 기상학에 관심을 가져 21세부터 20만 회 이상의 관측을 하여 「기상학적 관측과 평론」(1793)을 발표하였으며, 또 자신이 색맹이기 때문에 색맹에 관한 연구도 발표하여, 이후부터 선천성 녹색맹을 'Daltonism'이라 부르고 있다.

1800년경부터 기체의 성질에 관심을 나타내면서 공기의 압력팽창에 따르는 열변화(1800), 대기 중의 산소농도 분포(1801), 대기의 조성(1802), 기체의 확산·분압의 법칙·물에의 용해도(1803) 등의 연구를 발표하였는데 1794년 이후 죽을 때까지 소속된 협회에서 117편의 논물을 발표하였다.[20)]

1801년 기체의 팽창과 온도의 관계에서 대기압 중 수증기압력의 문제로, 혼합기체 중 각 성분기체의 압력은 다른 기체의 압력과는 관계가 없으며, 전체 압력은 각 기체의 총합이라고 하는 '분압의 법칙'을 발표하였다. 그는 두 성분으로 되는 기체에서는 "동종입자는 서로 반발하고 이종입자는 서로 반발하지 않는다"는 식으로 설명하여 화학적 원자론을 제창하게 되고, 드디어 1804년 2종의 원소가 다종의 화합물을 형성하는 경우, 한쪽 원소의 일정량과 화합하는 다른 원소의 중량이 각각 화합물에서 간단한 정수비가 된다는 법칙성인 '배수비례의 법칙'을 창출해 「화학철학의 신체계」(제1권 1808·1810, 제2권 1827)에 이른다. 예로 18세기 말에는

18) 鈴木善次 외, 전게서, p. 45.
19) 江澤洋 외, 전게서, pp. 111~142.
20) 伊東俊太郎 외 편, 전게서, p. 745.

5종의 질소화합물이 알려져 있는데 일정량의 산소와 결합하는 질소의 중량비는 1:2:3:4:5가 된다. '돌턴의 원자론'은 라부아지에의 원소개념과 뉴턴의 역학적 입자관에 의거, B.C. 5세기 그리스 시대 데모크리토스 이래의 철학적 원자론을 고유의 질량을 가지는 원자로서의 과학원자론을 확립하였다(그림 10 · 10 참조).

돌턴의 또 다른 공적은 많은 화학기호를 채용한 점이다. 그러나 돌턴의 원자론은 당시로서는 세상 사람들의 눈길을 모았으나 약점이 있었다. 이를 극복하는 실마리는 프랑스의 화학자 · 물리학자로 에콜 폴리테크니크의 졸업생인 게이뤼삭(J.L. Gay-Lussac, 1778~1850)에 의해 1802년 샤를르에 의한 실험으로 기체의 팽창과 온도에 관한 법칙[샤를르(1778) · 게이뤼삭(1801)의 법칙]이 발견되었고, 1808년에는 화학반응을 일으키는 기체의 체적비는 등온 · 등압하에서 간단한 정수비가 된다는 '기체반응의 법칙'과 이탈리아의 물리화학자인 아보가드로(Amedeo Avogadro, 1776~1856)는 기체의 밀도와 분자량의 관계에 착안, 1811년에 발표한 논문「아보가드로의 가설」에 의해 발전, 공식화 되었다. 이 가설이란 제1가설은 "온도 · 압력이 같으면 어떤 기체도 같은 체적 내에 같은 수의 입자를 가진다"이고, 제2가설은 "단체(單体) 기체를 구성하고 있는 분자는 하나가 아니고 일정한 수의 인력(引力)에 의해 결합된 원소로 이루어진다"는 내용이다.

이렇게 해서 오늘날 볼 수 있는 원자 · 분자의 개념을 축으로 하는 물질관이 이루어졌다.[21]

그림 10 · 9 돌턴

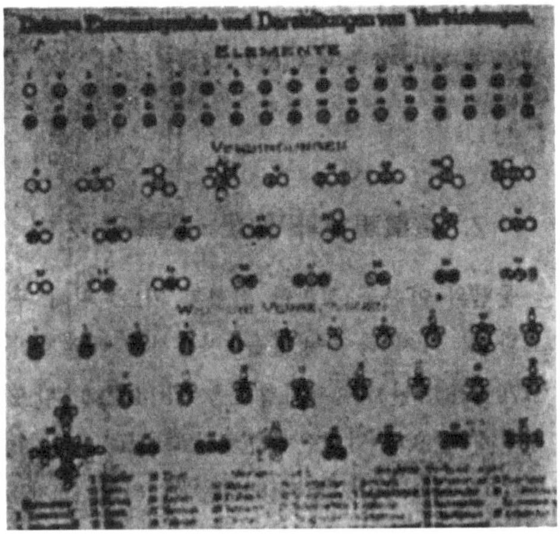

그림 10 · 10 돌턴의 원자론

21) 山崎俊雄 외 편, 전게서, pp. 96.

## 10.5 전류의 탄생과 물질탐구의 새로운 길[22)23)]

이때 물리학의 세계에서는 18~19세기에 걸쳐 빛과 열의 본성을 탄구하는 논쟁, 그와 관련, 에너지개념의 문제, 다시 전자기현상의 탐구 등 여러 방향으로 연구의 손길이 뻗어 나갔다. 이러한 활약과 물질관의 변천과는 크게 관계가 있다.

### 1. 전기 에너지

19세기는 '전기 에너지의 시대'였다. 현대의 전자(電磁)현상(전기와 자기의 상호작용)이 근대과학의 대상이 된 것은 1600년 길버트의 연구에서 비롯된다. 1665년 게리케는 마찰전기를 발명하였고, 라이든병은 1745년에 독일의 클라이트(Evald Georg von Kleist, 1700~1748?)가 고안하였으나 네덜란드의 뮈스헨브르크(Pieter van Musschenbroek, 1692~1761)가 가장 설명을 잘 하였고 명칭도 그 지역의 이름을 따서 지었다. 라이든병을 계기로 미국의 B. 프랭크린은 전기의 실체를 밝혔다.

뉴턴 이후의 역학이 전자현상에 적용되었는데 프랑스의 토목기사 · 물리학자인 쿨롬(Charles Augustin Coulomb, 1736~1806)은 1785~1789년 사이에 전기력 및 자기력에 관한 '역제곱의 법칙'으로 양적인 취급이 가능하여졌다. 1780년 이탈리아의 해부학자 · 생리학자인 갈바니(Luigi Galvani, 1737~1798)는 개구리 근육의 경련에서 '동물전기', 즉 전류의 발견을 유도하게 된다(그림 10 · 11). 이탈리아 물리학자인 볼타(Alessandro G. Antonio Volta, 1745~1827)는 갈바니의 '동물전기'설을 비판하여 이종(異種) 금속의 접촉으로 생기는 '금속전기'현상을 발견하여 1800년에 전퇴(電堆, pile)(그림 10 · 12) 및 전지를 발명, 정(靜)전기가 아닌 전류의 존재를 처음으로 공표하였다. 전지를 galvanic cell · voltaic cell, 동전기(전류, 흐르는 전기)를 galvanic elcetricity라 부르는 것도 전지발명에 기인한 것이다. 볼타의 전지는 19세기의 분석화학에 강력한 수단을 제공하여 전기화학의 기초를 형성하였다.

이때 독일의 물리학자인 옴(Georg Simon Ohm, 1787~1854)은 1826~1827년에 걸쳐 전류회로 중의 전압 · 전류 · 저항의 관계를 연구, '옴의 법칙'을 성공시켰다.

이종금속의 접촉전위차를 이용, 지속적으로 전류를 얻는 화학전지도 볼타 이후 계속 개량되어 전지의 분극작용을 방지하는 복극제(復極劑)가 연구되어 다니엘 전지(1836) · 그로브 전지(1839) · 루크란체 전지(1868)를 거쳐 오늘날 건전지의 형태를 가지게 되었다. 충전하여 반복사용되는 납 축전지는 1859년 프란테(Planté)에

22) 藤貞熙 편, 전게서, pp. 148~156.
23) 加茂儀一 편, 전게서, pp. 308~309.

그림 10 · 11 갈바니의 동물전기 실험

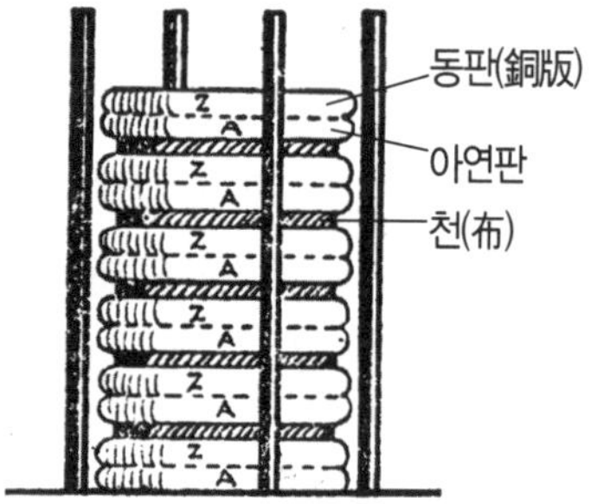


그림 10 · 12 볼타 전퇴

의해 원형이 제작되었고, 전지의 발달을 전기학의 연구뿐만 아니라 직류를 전원으로 사용하는 기계 · 기기 · 장치의 발달을 자극하였다.

## 2. 전기와 물질

영국에서 "과학을 산업에 응용 · 촉진"하는 것을 목적으로 18세기 말에 설립된 왕립연구소가 전자기학 연구의 중심이 되었고, 데이비(Humpry Davy, 1778~1829)는 주로 전류의 화학작용을 연구, 1806년 이후 볼타전지를 이용한 전기분해의 실험에 의해 알카리 토류금속 · 금속원소를 분리함과 동시에 화학결합이 전기적 극성(極性)에 기인한다는 사실을 밝혀 전기화학의 기초를 구축하였다.

화학의 혁명가인 라부아지에가 프랑스 혁명에서 '반혁명가'로 처형당한 것은 1794년인데 그가 죽은 후, 라부아지에의 업적을 계승하려고 초인적인 활약을 한 사람은 '라부아지에 Ⅱ세'라 부른 스웨덴의 화학자 베르젤리우스(Jon Jacob Berzelius, 1779~1848)이다. 그는 돌턴의 원자론을 이어받아 원소기호의 고안, 원자량표를 1814년에 발표하였고, 「전기화학 二원론」이라 부르는 화합결합의 이론을 1812년에 제출하여 모든 원소, 화합물은 전기극성을 가지며, 이것을 친화력의 원인으로 생각하였다.

지속적으로 흐르는 전기 에너지(전류)의 정복은 인류역사상 큰 사건으로 물질탐구 과학자들에게는 바로 큰 무기구실을 하였고, 데이비의 후계자인 패러데이는 스승을 능가하는 전기화학의 대가(大家)가 되었고, 물질탐구의 핵심적 위치에 전기 에너지가 정착하게 되었다.

# 10.6 과학 · 기술교육과 기술학

기술교육이 태어난 파라독스는 숙명적이다. 교육은 개인의 인간형성 과정을 어느 정한 목적을 향해서 조정한다. 사회의 이 준비는 후기 르네상스(과학 · 기술적 휴머니즘, 보편적 인격의 형성, 자유와 평등의 사상)의 산물이나, 이 시대는 다른 한편으로는 멀지 않은 산업혁명을 향한 매뉴팩처의 우월시대였다. 여기에 성립된 매뉴팩처 경영계층이 사회의 지배자로서 요구한 것은 단능노동력, 노예적 유순 및 군대적 질서였다. 그래서 현대를 상징하는 단순작업을 반복하는 인간집단을 투입한 생산라인 복합체, 공장이라고 부르는 이 거대한 로봇은 매뉴팩처에 나타난 원리의 완결에 지나지 않았다. 이러한 사회분위기 속에서 자유 · 평등 · 기회균등의 기치 아래 교육운동이 시작되었다. 교육이란 인간형성의 자연스런 과정을 목적의식을 가지고 제어하는 작용이며 그 자체가 기술의 범주에 속한다. 교육자체를 재편하는 것은 종합기술교육'(polytechnism)이라 불려진다. 즉 교육의 첫 걸음부터 손 작업, 협동작업을 통해 대뇌의 발달, 과학과 인간관계에서의 적극적 흥미를 자극하며 그 토대 위에 언어능력, 여러 가지 감각, 육체의 성장을 기대하며 나아가 보편적 인격을 형성하고자 하는 것이다.[24)]

## 1. 프랑스 혁명시대의 과학 · 기술교육

### (1) 에콜 폴리테크니크의 학풍인 이론과 응용의 통일

1789년에 시작된 프랑스 혁명은 이웃 여러 국가로부터 군사적인 간섭을 받았고, 혁명 때의 혼란으로 왕정제측에 가담한 기술자의 처형과 망명도 있었고, 실제 포병사관 및 공병사관의 부족도 통감하였다. 따라서 혁명정부는 국방의 필요성에서 긴급하게 많은 기술자를 양성하지 않을 수 없었다.

한편으로 혁명에서의 과학자 · 기술자의 헌신적 역할이 인정되어 혁명정신에서 교육 · 연구기관의 설립이 요구되면서,[25)] 1793년에 기술을 위한 기초교육기관의 창설이 제안되어 1794년에 '공공사업중앙학교'(Ecole Centrale des Travaux Publics)가 11월 30일에 개교, 25개 도시에서 경쟁시험으로 선발된 400명이 입학하였다. 전 학생에게 장학금이 주어졌고 수업년한은 3년간이다. 다음 해인 1795년에 군사기술학교인 에콜 폴리테크니크(Ecole Polytechnique, 이공과학교)로 바뀌었다.

1805년 나폴레옹(Napoleon Bonaparte, 1769~1821)이 학제개혁을 단행, 2년제가 되고 그 위에 2년간의 각 부분기술을 가르치는 학교가 되었는데 기초과정의

---

24) 伊東俊太郎 외 편, 전게서, p. 249~250.

25) 伊東俊太郎 외 편, 전게서, p. 111, p. 919.

2년제가 에콜 폴리테크니크이며, 최초로 기술자 양성을 담당하였다.[26] 기하학자 몽주(Gaspard Monge, 1746~1818)와 화학자 푸르크로이가 창립의 중심인물이며, 역학과 수학에는 라그랑주(J. L. Lagrange, 1736~1813), 푸리에(Fourier, 1768~1830), 화학에서는 베르톨레, 보클랭(L. N. Vauquelin, 1763~1829) 등, 당시 프랑스에서 가장 우수한 인재를 교수로 초빙하였다.

교육내용으로는 첫째, 수학 · 역학 · 물리 · 화학 등 기초과학에 대한 기초지식, 둘째, 과학기기와 기계를 사용하는 실습 · 훈련, 셋째, 과학의 기초가 되는 도학(圖學) · 제도의 교육, 넷째, 화법기하학(畵法幾何學; descriptive geometry)의 공학적 전문분야(특히 토목공학 및 기계공학)에의 응용 등이 중요시됨과 아울러, 이론과 응용을 통합한 종합기술교육이라는 데 그 특징이 있다.

2년간의 전문기술학과는 사관양성에 육상포병과 · 해상포병과 · 공병과이며, 기술자의 양성에 토목과 · 조선항해과 · 광산과 · 지도과 등의 종류가 있었다.

19세기 초 에콜 폴리테크니크의 교수, 졸업생 등이 이룬 공헌이 얼마나 큰 가를 살펴본다. 수학에서는 푸리에에 의한 'Fourier 급수'(1811), 라플라스의 '확률론'(1812), 코시(Cauchy)의 '복소함수론'(1825), 퐁슬레의 '투상기하'(1822) 등, 역학에서는 라그랑주의 '해석역학'(1788, 1811~1815), 프렌넬(A.J.Fresnel)의 '광학연구'(1816~1826), 앙페르 · 비오(Biot) · 사발(Savart) 등의 1820년 전후의 '전자기학 연구', 화학방면에는 베르톨레, 게이뤼삭이 있고, 열역학에서는 S.카르노가 1824년 「불의 동력에 관한 성찰」을 출판하여 오늘날 열역학체계의 길을 열었다.[27]

### (2) 결과

'이공과학교'로 시작된 이 에콜 폴리테크니크에 의한 학제개혁 이후 프랑스에서는 과학기술교육의 중심이 되었고, 과학과 기술을 연결하는 프랑스의 전통을 만들었으며, 기술교육에서 기초과학교육을 중시하는 그 교육방침은 독일의 Technische Hochshule, 미국의 M.I.T, 일본의 동경공과대학 등 유럽은 물론이거니와 전 세계 기술교육의 모델이 되었다.

또한 과학이 전문직업으로 된 것도 프랑스 혁명을 계기로 삼았고, 또 과학의 학문내용이나 과학제도면에서 중요한 변혁을 초래하였다. 이른바 나폴레옹이 말하는 "황금알을 낳는 거위"[28] 구실을 톡톡히 한 것이다.

---

26) 會田軍太夫, 전게서, pp. 207~211.

27) 山崎後雄 외 편, 전게서, p. 97.

28) 會田軍太夫, 전게서, p. 223.

## 2. 오늘날의 에콜 폴리테크니크

프랑스 엘리트 교육에서 '대학 위의 대학'이라는 그랑제콜(Grandes ecoles)로 알려진 에콜 폴리테크니크는 나폴레옹 황제에 의해 국방부 소속 고등교육기관으로 지정됐다. 현직 군장성이 총장을 맡고 있고, 입학하면 6~7개월의 장교훈련을 의무적으로 이수해야 한다. 대신 국가는 학생들에게 장교신분을 부여하고 졸업할 때까지 월 800유로(약 150만 원)의 월급을 준다.

그랑제콜로 가는 길은 프랑스 고등학교 3학년 학생들이 보는 대학입학자격시험(바칼로레아–약 80% 합격)에 합격되면 그 가운데 8% 정도가 프레파(Prepa)로 불리는 2년제의 그랑제콜 입시준비학교에 입학한다. 이 과정을 끝내고 그랑제콜 시험은 필기와 구두시험을 각각 1주일씩 2주간의 시험을 치른다.

결국 고교졸업생 80만명 중 단 400명에게만 입학기회를 주는 에콜 폴리테크니크는 지금까지도 수학 · 물리 · 화학 등 기초교육에 치중한다.

교육과정도 2학년까지는 교실강의 위주이고, 3학년부터는 연구소 현장실습 위주로 운영하며 4학년 한 해는 외부 연구소, 국가기관 및 기업 등에서 실습을 하게 된다. 외국인 교환학생을 제외하고 전원 기숙사 생활을 하면서 3개월마다 한번씩 시험을 치르고 성적은 모두 공개된다. 졸업 후 10년 동안 국가에 봉사해야 하는 의무를 진다.

매년 65~75명의 외국학생을 별도로 선발하는데 한국의 서울대와 카이스트, 중국의 베이징대와 칭화대, 일본의 도쿄대 등 추천을 받아 서류심사 후 필기시험을 거쳐 선발한다.

## 3. 기술학의 성립

기계제 생산의 발달은 도량형 체계문제를 시작으로 열기관에 관계되는 열역학, 기구학, 역학 등 과학적인 고찰을 필요로 하는 문제를 야기시켜 자연과학의 비약적 발전을 촉진시켰으나, 그 가운데서도 중요한 사실은 생산과정 자체를 과학적으로 취급하는 방법과 기술학을 처음으로 만든 사실이다.

기술학에 체계를 부여하는 최초의 시도는 독일의 괴팅겐대학의 베크만(그림 10 · 13)에 의해서이다. 베크만은 1772년에 종래의 '공예사'에 대해 '기술학'이란 용어를 사용하고 노동수단의 분류를 시도해서 기술학을 일반기술학과 특수기술학으로 나누었다.

그림 10 · 13 베크만

베크만의 기술학은 중상주의의 학문체계인 관방학(官房學, cameralism, 16~18세기를 통해서 독일에서 일어난 국가수입 획득에 관한 학문)에서 출발하면서, 곧이어 그 낡은 껍질을 벗게 되었다.

이후 포페(Poppe) 등 베크만파에 의해 기술학의 체계화가 추구되나, 기계제 생산에 대응하는 새로운 과학으로서의 기술학은 낡은 생각에서 벗어나 생산부문에 직결된 입장을 취해, 예를 들어 기계학은 레드텐바헤르(F. Redtenbacher, 1809~1863)와 바이스바흐(Julius Ludwig Weisbach, 1806~1871) 등에 의해 19세기 전반에 확립된다. 동시에 이 새로운 학문을 연구 · 추진하는 사회제도도 발달하여 신시대의 생산방법에 대응하는 사회체제가 형성되었다.

## 4. 기술자의 공동체인 학회

독일에서는 화학기술의 발달에 따라 응용화학이나 공업화학의 성립이 두드러졌지만, 영국에서도 종래의 전쟁 등에 관한 일에 대해서 '시민을 위한 공학'(Civil Engineering)이 스미턴에 의해 제창되었다. 매뉴팩처에서는 수공업자가 기계를 만들었으나, 산업혁명 이후의 대공업 기술자가 공학상의 문제를 논의하기 위해 독자적인 집단을 형성하기 시작하였다.

스미턴은 영국의 토목기술자 · 기계공학자로서 기계의 과학적 연구를 창시하여 기계공학의 기초를 세우기도 하였고, 또 최초의 전문기술자협회인 '토목기술자협회'(Society of Civil Engineers)를 1771년에 창설하기도 하였다. 그후 1818년에는 세계최초의 학회(Institution of Civil Engineers)가 창립되었다. 학회는 기술과 기술학분야의 발달에 따라, 1840년에 글래스고대학에서 처음으로 공학강좌가 개설되고 랭킨이 주임교수로 취임하였다. 여기서 응용역학 · 동력공학 · 토목공학 등이 처음 학문으로 체계화되는 길이 열렸다.

# 제11장

# 매뉴팩처 생산과 산업혁명의 기술

항해술의 발달로 콜럼버스에 의해 아메리카 대륙의 일부가 발견되고, 바스코 다 가마의 희망봉을 돌아가는 인도항로의 개척으로 세계무역은 매우 활발하게 되었다.

항해술의 진보와 거기에 협력한 천문학의 발달은 지리상의 발견을 활발하게 함과 동시에 새로운 국가들, 또는 식민지와의 교역의 번영도 가져왔다. 그렇게 하여 물질·경제 또는 정치·군사적인 여러 사정이나 기구의 발전은 필연적으로 화폐경제의 발달을 가져와 상업(상인적인) 자본가(부호)가 형성되어 왔다. 그래서 생산방식은 수공업적 길드의 조직으로는 감당할 수가 없게 되어 우두머리 제도의 길드를 벗어난 산업자본가는 공장제 형태로 수공업자를 하나의 공장에 집중시켜 각 개인이 가진 기술·기능을 분업적으로 분리, 부분품을 제작하는 분업에 의한 협업으로 생산하는 산업형태로 발전하여, 이른바 매뉴팩처(manufacture, 공장제 수공업) 시대가 등장하였다.

르네상스와 함께 생산체제는 공장제 수공업방식이 되고 드디어 산업혁명 시대를 선도하는 생산방식이 되어 이 기반에 기술의 발달을 수반하였다.

이전에는 과학과 기술은 서로 독립하여 발전하여 왔으나 르네상스 시대 이후 과학과 기술의 결합이 긴밀하게 되면서 산업혁명 초기에 기계·실천의 기술에서 지식·이론의 과학이라는 방향으로 제도적인 연계가 되었다고 본다. 인간의 손에 의해 움직이던 기계가 지금까지 없었던 새로운 동력원으로서의 증기기관에 의해 작동됨으로 생산이나 교통 등의 분야에 중대한 영향을 주어 매뉴팩처에서 벗어나 자본주의적 생산방식을 확립하여 과학기술의 혁신을 한층 더 빠르게 진전시켰다. 이는 자본 · 과학 · 기술 세 가지의 결합이 산업혁명의 토대임을 말해준다.

자본주의적 생산에는 방적산업, 금속의 채굴과 제철, 가공 및 제조의 산업, 석탄채굴량 증대, 기차나 기선의 발명 등이 있다. 또 전기에 관한 여러 가지 연구가 산업에 하나의 견인차 역할이 예상되는 발전추세였다. 그래서 행운인지 불행인지는 모르나 사람들이 과학기술에 대한 한 없는 희망과 꿈을 가지기 시작한 것은 이 시기 전후부터이다.

그러나 반면으로 증기기관의 눈부신 실용화가 일시적으로 심각한 실업문제를 야기한 것이나 또 석탄의 매연이 인간의 건강에 미치는 피해(공해의 싹이 틈)를 지적하는 소리가 있음을 우리는 잊어서는 안 된다.

## 11.1 매뉴팩처의 기술과 도구의 변혁

산업혁명은 수공업 · 매뉴팩처 단계까지의 수공도구에서 기계체계에 의한 대공업 생산으로 전환한 것을 그 기술의 출발점으로 하고 있다. 유럽의 중세사회에서 누적된 여러 도구의 체계는 매뉴팩처의 모태 안에 축적되었고, 매뉴팩처의 분업에 기초를 두는 협업의 노동편성과 깊이 관계되면서 점차 기계제 생산으로 옮겨가는 기술 요인을 형성하였다. 따라서 여기서는 산업혁명을 논하기에 앞서 매뉴팩처에서의 기술문제를 정립해야 한다.

### 1. 매뉴팩처의 기술

중세에서 지리상의 발견으로 해외교역의 발전에 따른 수요의 급격한 요구에 대해서는 종래와 같은 수공업제품의 생산체제가 흔들리기 시작하였다. 그래서 중세의 수공업 길드에 의해 형성되어 있는 시민적 · 개인적 · 인간적 · 공예적 · 수공업으로서는 도저히 대응할 수 없는 양상이 되었다.

그 사이 흥성하여 온 상업자본가는 이 양적으로 팽창한 수요를 충족시키기 위해 길드적인 수공업 생산방식에서 탈피하여 집중 · 협업 · 분업적인 생산방식을 만들어냈다. 즉 개인 수공업자, 우두머리의 지배하에 예속되어 있던 직인 작업자를 큰 작업장(공장)으로 집중시키는 방책이 강구되어 상업자본가 밑에서 양적 생산체제가 만들어졌는데 이른바 메뉴팩처 체제이다. 길드적 제약에 얽매여 있던 수공업자로 직인계층의 작업자는 그 길드에서 해방되었고 그들은 공장주의 지배하에 있는 공장(대작업장)의 고용인이 되었다. 그렇게 하여 하나의 공장에 집중되는 공장제 수공업자로, 이른바 매뉴팩처 생산방식의 체제와 함께 자기개인의 종합기술과 기능이 해체되어 특수하게 여러 갈래로 기술직 작업자로서의 입장에 서게 된다.

#### (1) 매뉴팩처란[1]

매뉴팩처란 농촌 가내공업과 도시 수공업과의 넓은 기초 위에 세워진 하나의 경제적 작품이며, 수공도구에 의존하는 공장시스템을 의미한다. 서유럽에서는 16세기에서부터 18세기 후반에 걸쳐, 영국을 중심으로 이와 같은 경영이 성장하였다.

매뉴팩처는 노동을 분업에 의한 협업관계로 편성한 것을 특징으로 삼고 있다. 길드에서 수공업의 우두머리나 직인은 하나의 완전한 생산품을 만드는 데 필요한 모든, 또는 대부분의 공정을 한 사람이 취급하는 것이 보통이었다. 또, 같은 작업장에서 일하는 직인의 수가 늘어나도 그들은 병렬적으로 배치되어 단순협업을 하는 데 그치고 노동조직에 기본변화는 없었다. 이와 같이 비능률적인 방법으로는 시장의 급격한 확대에 대응한 생산성의 비약적인 향상을 기대하기는 불가능하여 보다 우수한 형태의 혁신이 요구되었다. 이렇게 해서 분업에 의한 협업에 기초를 두는 매뉴팩처 경영이 등장하였다.

최초의 매뉴팩처인 견직물 매뉴팩처는 비잔티움에서 발생하였으나 비잔티움은 12세기에 견직물 제조의 독점권을 상실하였다.

시칠리아왕 로제르에 의해 침략을 당하고 견직물공들이 시칠리아로 잡혀갔기 때문이다. 1130~1148년에 로제르왕이 팔레르모에 견직물 매뉴팩처를 건설하였는데 이로 인해 이탈리아 전국으로 확대되었고 이어 프랑스 · 스페인 · 스위스 및 다른 유럽 국가에 확산되었다. 스페인과 시칠리아는 제지 매뉴팩처가 생긴 최초의 국가이다.

12세기에는 프랑스에서 거울 제조 매뉴팩처가 등장하였으며, 영국과 독일에 식탁용 칼의 매뉴팩처가 발생하였다. 14세기에는 서유럽의 대부분 국가에 칼 · 검 매뉴팩처, 15세기에는 마차 매뉴팩처, 이어 금은제품, 도자기 제조 및 편물에 이르렀고, 동유럽이나 아시아 및 근동 여러 나라에까지 파급되었다.

14세기 말에서 15세기 초에 야금 매뉴팩처, 금속가공 매뉴팩처(바늘 포함) 및 기타의 매뉴팩처로 파급되었다. 그런데 이들 매뉴팩처의 공통적인 특징은 각각 전문 수공업자가 하나의 공장에 통합된 점이다.

---

1) 鈴木善次 외, 전게서, pp. 127~128.

### (2) 기술적 측면[2)]

기술적 측면에서 볼 때 매뉴팩처 생산에 고유한 것으로 거론할 수 있는 것은 다음의 네 가지로, ① 인간의 근력을 자연력으로 바꾼 수차와 풍차의 폭 넓은 이용, ② 기계전도장치(이것의 토대는 시계의 제조)의 발달, ③ 단순한 수공업용 도구의 분화 · 전문화 · 개량, 아울러 ④ 힘 또는 속도로 정해지는 기계적 시스템의 발명이다.

이들 네 가지 기술발달의 방향 중에서 전혀 새롭게 인간노동의 성격을 바꾸고, 발달된 기술적 생산양식을 결정적으로 변화시킨 것은 인간의 근육을 자연력으로 대치 가능하게 한 수차와 풍차의 사용이다.

이 시기는 산업혁명으로 향하고 있는 기술의 전 단계이며, 세부적 분할에 의한 분업적 노동으로 제품정밀도의 향상이 가능하게 되었다. 이렇게 해서 공장주의 의지는 생산에 의한 상업적 이윤추구로 발전하게 되어, 여기서는 생산이 개인성에서 사회성으로 발전하는 계기를 가지게 되고 자본주의적 발전의 길을 열어 갔다.

이와 같은 16~17세기에서의 기술상의 문제는 산업, 교통 그래서 군사적인 문제였다. 산업에 관해서는 채광 · 야금에 관한 기술상의 여러 문제, 이를 테면 깊은 탄갱 내에서 광석을 끌어올리는 것, 탄갱 내의 환기 · 배수장치(펌프) · 용광로의 개량 등이고, 교통에 관해서는 선박의 적재량 및 항해속도의 증가, 안전율의 개선, 조종의 용이성이고, 항해중에서의 배의 위치, 자침의 편차, 밀물 · 썰물의 시각결정 및 국내의 수로의 완성과 해양과의 연락이다. 군사기술로서는 화기의 제작에 관한 기술(포신의 재료와 가공), 탄도학의 연구라는 분야이다.

## 2. 농촌공업과 매뉴팩처의 형성

15세기에 접어들면서 많은 국가에서 일부의 생산부문에 본격적으로 매뉴팩처가 탄생하였는데 매뉴팩처를 등장시킨 것은 대봉건영주와 왕이었고 이와 같은 매뉴팩처가 조직된 데에는 두 가지의 사정이 있다.

첫째는 여러 가지 많은 제품을 대량으로 생산하고자 하는 요구가 있었고, 둘째는 어떤 제품을 만드는 데 일부의 전문 수공업자가 협업을 하지 않으면 안 되는 생산상의 필요성도 있었으며, 또, 일부의 경우에는 봉건영주 · 왕과 동업조합 · 도시와의 투쟁으로 생기기도 하였다.

자본주의는 산업혁명을 거쳐 지배적인 경제제도가 되나, 그 단서는 봉건사회 안에서 싹이 튼 것이다. 봉건사회의 말기에 상품유통이 활발하게 됨에 따라 영국이

2) 소련 과학아카데미 편(金光不二夫 외 역), 전게서, p. 135, p. 137.

나 네덜란드를 선두로 유럽 여러 나라에 모직물업 등의 농촌공업의 현저한 발전을 볼 수 있었다. 여기서는 농민이나 직인이 가내노동에 의해 상품을 생산하였으나, 그들은 서로 경쟁을 통해 양극으로 분할되어 부유한 농민 · 소자본가 대 가난한 농민 · 임금노동자라는 노사관계를 탄생시켰다. 또, 가내 노동자에게 원료를 공급하여 임금노동을 시키고 만들어진 제품을 상품으로 유통시키는 자본가적 가내노동도 형성되었다. 이러한 농촌공업은 처음에는 가족노동을 중심으로 한 영세한 소경영이었으나, 국내 및 국외시장의 확장과 함께 점차 경영규모를 확대시켜 매뉴팩처의 형태를 취하게 되었다.[3)]

이와 아울러 매뉴팩처의 발달에 크게 영향을 준 과정이 도시에서 발생하였는데 이 과정이 생긴 것은 동업조합이 기술진보와 생산증대에 장해가 된 소규모의 생산, 노동용구 및 길드적 생산체제를 유지하고 영구화하려고 한 결과이다. 동업조합에 의한 여러 가지 방해에도 불구하고 우두머리끼리의 경쟁이 격화되었다. 결국 동업조합에는 생산의 증대, 국내 및 국외시장의 확대에 반대하는 사람은 없었다.

우두머리 사이에는 서서히 경제 · 사회적인 불평등이 증가되었고, 파산한 우두머리는 근로자로 전락하고 재력이 풍부한 우두머리는 자신의 영역 내에 많은 생산수단을 집중시킴으로 생산을 확대하여 근로자를 고용할 수가 있게 되었다.

수공업자와 시장 사이에 끼어들어 많은 재력을 축적한 상인은 재력을 자본으로 대체하여 공업의 발달을 촉진시켰다. 그 결과 동업조합은 증가되는 상품의 수요를 감당할 수 없게 되어 가장 선진국의 주요한 생산부문에 자본주의적 매뉴팩처가 발생되기 시작하였다.

## 3. 매뉴팩처의 생산과정

### (1) 유기적 매뉴팩처

매뉴팩처에서는 종래 미분할된 생산과정을 몇 개의 작은 공정으로 나누고 한 사람, 한 사람의 노동자를 부분화 · 단능화된 작업에 종사시켜 하나의 생산과정을 이와 같은 부분노동자의 유기적 통합체로 편성해서 생산활동을 한다. 분업에 의한 협업에 기초를 두는 생산공정은 산업혁명 이후의 기계제 대공업의 경영에 있어서도 기계의 분업에 바탕을 두는 협업으로 재생산되고, 또 오늘날에 있어서 자동차 등의 부품 제조공정, 조립공정에서도 볼 수 있다. 이와 같이 하나의 완성 생산품

---

3) 山崎俊雄 외 편, 전게서, p. 57.

을 만드는 데 공정을 분할하고, 노동과정을 그 작은 공정의 유기적 통일로 재편성하는 매뉴팩처를 '유기적 매뉴팩처'4)라고 부른다. 그 보기를 봉침(縫針 ; 바늘) 매뉴팩처(그림 11 · 1)에서 볼 수 있다.

**그림 11 · 1 봉침 매뉴팩처의 노동과정(1762)**

손 노동으로 봉침을 만들 경우, 원료는 계속하여 몇 개의 공정을 통과한다. 먼저 봉침재료를 자르고, 담금질하고, 귀를 내고, 구멍을 뚫고, 열처리하고 연마하는 것 등인데 애덤 스미스의 「국부론」에 따르면, 18세기에는 봉침 매뉴팩처 내부에서 18종의 작업으로 나누어져 있었다. 봉침 매뉴팩처에서는 한 사람이 하루 4,800개의 바늘을 만들 수 있었으나, 이 생산성은 수공업자가 이 공정전체를 한 사람이 하는 경우에 비해 훨씬 높았다. 작업장 내 분업에 의한 협업은 생산성을 비약적으로 높일 수 있었는데 그것은 단능화되고 특수화된 작업에 종사하는 노동자의 숙련이 극도로 발달되고, 또 노동의 연속성 · 일관성 · 규칙성이 노동강도를 현저히 높이는 작용을 하여, 노동자의 손에 사용되는 노동용구가 단순화된 작업에 가장 적합한 모양과 기능을 가지도록 개량되었기 때문이었다.

### (2) 이종적 매뉴팩처

하나의 생산품을 완성하기 위해 각종 부분품을 만들거나 작업을 하는 개개의 독립된 수공업자들이 한 사람의 자본가 밑에 결합되는 경우로, 이것을 '이종적 매뉴팩처'5)라고 부른다.

이종적 매뉴팩처의 보기는 모직물 매뉴팩처(그림 11 · 2)에서 볼 수 있다. 양모공

4) 鈴木善次 외, 전게서, p. 129.

5) 山崎俊雄 외 편, 전게서, p. 58.

업은 산업혁명에서 면공업이 융성하게 되기 이전의 영국에서는 수 세기에 걸쳐서 가장 중요한 제조업이었다. 이 공업의 생산과정에서는 털을 깨끗하게 물로 씻고, 솔로 빗질하고, 실을 만들고, 베를 짜고, 조직을 튼튼하게 하고, 마무리하여 염색하는 각 공정이 중요하였다.

**그림 11·2 양모 매뉴팩처에서의 방사작업**

이전에는 이들 여러 공정이 서로 다른 수공업자에 의해 다른 장소에서 주로 가내노동으로 실시되었으나, 점차 부유한 경영자 밑에 모이게 되고 수공업자들은 경영자가 운영하는 대규모의 작업장에 모여 임금노동을 하게 되었다. 유명한 뉴벨리의 존 윈치콤의 매뉴팩처에는 수백 명의 노동자가 고용되었고, 그들은 각 공정별 작업장에 작업의 숙련 · 비숙련에 따라 배치(직종 배정)되어 베를 짜고, 마무리 · 염색 · 축융의 작업장에는 남자 숙련 노동자들이, 선모 · 방모의 작업장에는 소년 · 소녀인 비숙련 노동자들이 일을 하였다고 한다.

매뉴팩처에서의 작업을 연속적으로 원활하게, 능률적으로 진행시키기 위해서는, 각 공정에 종사하는 노동자의 수 사이에는 엄밀한 비례관계가 확립되어야 한다. 따라서, 필요한 최소노동자의 수가 확정되고, 그 결과 생산라인에 배치되는 노동자의 총 수는 항상 그 최소 한도수의 정수배가 된다고 본다.

이와 같은 생산과정에서 노동자의 수량관계나 그 합리적 배치 · 편성은 노동과정 그 자체를 과학적으로 분석할 수 있게 하였고, 근대기술학의 하나인 관리기술학 형성의 요인이 되었다.

## 4. 도구의 변혁 및 전문화6) 7)

매뉴팩처에서 수공적 노동용구의 적용은 노동자 개개인의 생산력 증가에 일정한 한계에 부딪친다. 이 한계는 신체적 제약으로 수공적 도구만으로는 힘 · 속도 · 작업 등에서는 어느 한도까지만 일할 수 밖에 없었다. 그러나 수공도구에서 기계적 도구로의 전환은 그 한계를 허물었고, 기계공업으로 옮겨짐에 따라 도구는 인간 신체기관의 도구에서 기계장치의 도구로 바뀌었다.

수공용 도구로서는 1인의 노동자가 한번에 1개 또는 몇 개의 도구만을 사용할 수 있었으나 기계제 생산으로 옮겨지면서 노동자는 수많은 도구로 이루어지는 기계로 작업을 하게 되고, 이때 단순히 도구의 양이 변화될 뿐만 아니라 도구작업의 질 그 자체에 변화를 초래, 작업능력과 정밀도가 향상되었다. 도구가 주기적 운전에서 연속적으로 운전되는 자동기계로 탈바꿈된다. 기계는 같은 종류의 도구를 아주 많이 연결할 뿐만 아니라 종류가 다른 도구의 결합으로 노동의 다변화가 성립 · 형성되어 전문적인 노동으로 기술적 기능을 통일할 수 있었다.

매뉴팩처에서는 완전생산품을 만드는 생산공정이 세분화되고, 노동자는 단능화되어 단조로운 반복작업에 속박되기에 이르렀다. 그 결과, 그들의 손으로 사용하는 도구는 지금까지의 범용형태에서 특수한 목적에만 적합한 형태로 특수화된 작업을 실현하는 우수한 성능을 가지게 되었다. 이렇게 해서 도구의 분화, 세련화와 함께 전문직종에 맞게 많은 종류의 전문화된 도구가 생기고 개량되었다.

그림 11 · 3은 시계가공 공작기계이다. 이와 같이 매뉴팩처는 도구를 세분화된 작업에 종사하는 노동자의 특수한 기능에 적합시킴에 따라, 도구를 단능화하여 개량, 많은 종류로 분화시켰고, 이러한 일은 수공업에 사용되는 여러 도구를 기계화하기 위해 반드시 필요한 기술적 전제조건의 하나였다. 여기서 이루어진 기계화가 산업혁명의 기술적 출발점이 되었다.

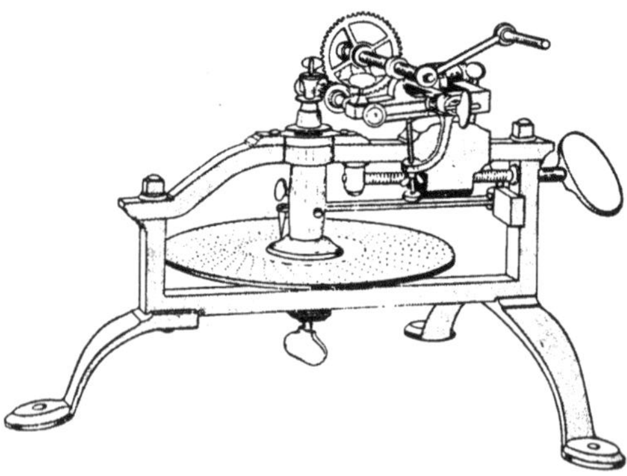

그림 11 · 3 시계의 기어를 가공하는 공작기계(1789)

매뉴팩처에 다수의 노동자와 도구나 원료가 집중되고, 생산이 대규모

6) 山崎俊雄 외, 편, 전게서, pp. 59~60.

7) 鈴木善次 외, 전게서, pp. 130~131.

로 됨에 따라 도구와 장치가 대형화되었으며, 보다 큰 동력원을 필요로 하게 되었다. 이 경향은 권양기, 광석분쇄기 및 용광로 등의 큰 기계장치와 수차 등이 결합된 기술체계를 가진 채광 · 야금공업의 매뉴팩처에서도 분명해졌다. 여기서 동력원으로서 수차의 한계가 점차 분명해지자 수차를 대신하는 가장 강력하고 기술적 응용범위가 넓은 새 동력원이 모색되기에 이르렀다.

또, 시계 매뉴팩처나 총포생산을 위한 '관영 매뉴팩처' 등에서는 금속재료를 가공하기 위한 선반, 볼링 기계 및 연마기가 설치되어 개량을 거듭하였다. 매뉴팩처 모태 내에서 싹트기 시작한 금속 가공기술은 산업혁명의 기술체계를 완결시키기 위해 결정적으로 중요한 구실을 하였다.

## 11.2 산업혁명과 기술의 발전

18세기 후반에는 기술사가나 문화사가가 산업혁명이라 부르고 있는 시기가 시작되었다. 산업혁명은 기계와 기술의 근대세계의 출현을 특징으로 하고 있으며, 문명 세계의 사회 · 경제 · 정치적 여러 제도의 광범한 변혁과 격동을 동반하였다. 뉴턴과 그 시대의 새로운 과학과 아그리콜라 시대 이후 축적된 기술자의 실제경험에 의해 성숙되었다. 두 세대에 걸친 빛나는 기술자와 발명가들이 이 시대에 산업계와 사회계의 양상을 문자 그대로 변화시켰다.

### 1. 산업혁명과 현대

#### (1) 근대 공업사회의 출발점

현대 우리들이 살고 있는 산업사회의 근원을 찾아 거슬러 올라가면 18세기 영국 산업혁명의 기술적 여러 혁신에 도달하게 된다.

산업혁명(Industrial Revolution)[8) 9)]이라면 일반적으로 급속한 기술진보와 더불어 생산력의 발전이 광범한 사회적 영향을 초래하여 진행된 경우에 이 용어가 사용된다. 따라서 축력이나 수력의 도입이 농업에 큰 변혁을 가져온 중세 유럽의 기술혁신, 영국의 산업혁명 및 최근의 '지식 산업혁명'까지 거론되기도 한다.

학술적으로는 공장제 대공업에 의한 상품생산이 지배적으로 되어 자본주의 생

---

8) 伊東俊太郎 외 편, 전게서, pp. 399~400.

9) T. K. Derry · Trevor I. Williams, 전게서, pp. 275~282.

산방식을 확립시킨 18세기 초에서 19세기 전반에 걸친 유럽, 특히 영국에서 일어난 사회변동에 대해서만 이 용어가 사용된다. 이와 같은 의미에서 산업혁명을 계통적으로 연구한 학자는 아놀드 토인비(Arnold Joseph Toynbee, 1852~1883)이며, 옥스퍼드대학에서의 강의를 죽은 후에 정리한 「18세기 영국 산업혁명사 강의」(*Lectures on the Industrial Revolution of the Eighteenth Century in England*, 1884)에서 산업혁명을 특징지우는 지표가 명시되어 있다.

현대의 대표적 경제사학자 란데스(Landes, 1969)는 "인간의 숙련을 기계로 바꾸어 인력이나 축력을 기계동력으로 변화시킴으로써 수공업에서 공장제 공업으로의 전환을 가져와 그 결과 근대의 경제사회를 등장시킨 기술혁신이라는 의미에서 18세기의 영국에서 시작된 산업혁명을 능가하는 전환기는 없다"고 하였다. 또 로스토(Rostow, 1960)는 그의 경제발전 단계설 중에서 가장 중요한 시기는 "몇 세기에 걸쳐 선조 대대로의 생산방법을 반복하여 온 전통사회에서 생산기술의 끊임없는 개량과 진보가 실현하는 공업화된 사회로 도약하는, 이륙(take off)시대다"라고 하였다. 그 원형은 세계에서 최초의 도약, 즉 영국 산업혁명이었다.[10)]

### (2) 영국 산업혁명의 배경[11)]

그렇다면 어떻게 해서 영국에서 전통기술로부터 산업혁명 시대의 여러 가지 기술이 생겼는가? 영국은 위생사정이 호전되어 사망률이 계속 줄어들고 더불어 안정되고 검소한 생활, 아이슬란드와 스코틀랜드에서 노동력이 유입되었고, 비록 공업이 농촌적이고 이동적이었으나 이전에 집중되었던 잉글랜드 남부와 동부에서 북상하여 중부지방과 북쪽으로 이동하였다. 이 사정은 산업혁명이 요구하는 여러 가지 경제 · 기술 · 산업의 재편성에도 대단히 좋은 조건이었다. 식민지제국의 건설을 통해 영국은 부유하게 되고 새로운 산업을 위해 필요한 많은 기본적 원료의 풍부한 자원을 획득하였을 뿐만 아니라 그 수출입 제품을 확보할 수 있는 상선단을 건설하였다. 또 영국의 상인들은 많은 상품수요를 증가시켜 상업을 발전시킨 선도자였다. 무역의 확대는 산업에 사용하기 위한 자본을 축적할 수 있게 하였고 생산의 저가 시스템은 각종 규제로부터 자유로웠기 때문에 크게 성장하였다.

영국에서는 이러한 운동을 도와주는 새로운 아이디어들이 있었다. 첫째, 광범위한 사회계층이 과학연구나 발명에 흥미를 가지고 부단한 접촉을 유지하면서 산업혁명에 창의를 제공하였고, 둘째, 경제 · 사회정책에서 '자유방임(laissez faire)주

10) 荒井政治 외 편, 전게서, pp. 4~6.

11) Compton's Encyclopedia, vol. 12, p. 170.

의'의 채택이다. 이 자유방임 주의(18세기 중엽 이후에 일어난 경제정책상의 한 주의. 개인의 기업 · 기업형태 · 노동조건 등 모든 경제활동에 대해 국가 또는 정부는 가능한 한 간섭을 피하고 자연의 추세에 일임한다는 주의)는 근대경제학의 창시자로 불리는 영국의 경제학자 애덤 스미스의 「국부론」(*The Wealth of Nations*, 1776) 출간 이후 더욱 활성화되었다. 셋째, 뉴턴의 역학에 대표되는 17세기 '과학혁명'의 영향을 중요시하는 견해, 넷째, 산업혁명에 앞서 영국 식민지무역의 확대와 인구증가가 상품의 수요를 유발하여 여기에 대응하기 위해 생산성이 높은 기술이 개발되었다는 경제중시의 견해, 다섯째, 영국 산업혁명에서 발명의 아이디어 발생보다 발명을 경영적으로 실현하고자 하는 심리적 요인이 더 컸다고 하는 사회학적 견해, 여섯째, 18세기 초에 발명된 세 가지의 기술이다. ① 뉴커먼의 미숙하고 작동이 느린 증기기관(1705)인데 광산에서 양수용으로 사용되었고, ② 존 케이의 나는 베틀의 북(1733)으로 이전의 두 사람 몫보다 더 빨리 작업을 할 수 있었고, ③ 루이스 폴과 존 와이어트의 롤러 방적기(1738)이다. 비록 상업적으로 실용화는 되지 않았으나 기계방적을 해결하는 첫 단계였다.

분명하게 17세기 시민혁명 이후의 영국사회가 유럽 대륙의 여러 나라에 비교하여 이와 같은 사회심리적 풍토에 혜택을 입고 있었음에도 여러 산업의 기술혁신이 많은 기업에 급속하게 보급된 것은 19세기가 되어서라는 사실을 어떻게 설명할 것인지 난점이 있다. 그래서 옛날에는 프로테스탄티즘(Protestantism)의 윤리와 자본주의 정신을 강조한 웨버설, 최근에는 슘페트(Joseph Schumpeter, 1883~1950) 이후에 혁신적 기업가 정신의 중요시와 연결하는데 결국, 이 의문에 일치된 결론에 도달하기 위해서는 산업혁명 시대의 기술 · 경영 · 경제적인 실증연구가 더욱 진행되지 않으면 안 될 것이다.

### (3) 산업혁명은 100년 간 계속

1769년 와트의 증기기관과 아크라이트의 방적기가 발명된 결과 하루 아침에 공장이 속출하여 산업혁명이 실현된 것처럼 생각하는 사람이 있을지 모르나 실제로는 산업혁명 시대의 기술의 여러 혁신은 대단히 오랜 세월에 걸쳐 달성된 것이다. 광범위한 실증적 연구로 산업혁명의 모습을 한층 명확하게 밝힌 만도(Paul Mandaux, 1877~1956)는 그의 저서 「산업혁명」(1906)에서 18세기의 마지막 25년간을 취급하였다. 그러나 그 이후의 연구에서는 산업혁명의 기간이 앞뒤로 점점 연장되는 경향이다.

대체로 영국 산업혁명 시대의 혁신적 발단이라고 생각되는 뉴커먼의 증기기관이나 다비의 코크스 고로가 출현된 1710년대를 기점으로 하여 산업혁명의 성과라고 생각되는 베틀(역직기) · 철도 · 자동 뮬 방적기 · 공작기계 등이 실용화된 1820년대를 산업혁명의 종점이라면 그 사이에 100년 이상의 세월이 흘러 다섯 세대에 걸쳐 관여되어 있고, 섬유나 철강업 등 대표적인 산업에 관해 상세히 조사하여 보면 기술혁신도 대부분 연속적으로 생겨났고 거기에 따르는 산업조직의 변화는 생각한 것보다 완만하게 진행되었다. 그러나 일부 학자는 1750년부터 1850년까지의 약 100여년간을 산업혁명기간이라 부르고 있다.

#### (4) 과연 기술혁명인가?[12)]

프랑스의 도마(Daumas, 1973)는 「기술혁신의 신화」라는 논문에서 영국 산업혁명 시대의 기술현대화의 혁신성을 부정하면서 산업혁명 시대의 주요한 기술혁신이라는 섬유기계와 야금이나 기계동력에는 전부 영국 이외에 선구적인 발명이 존재하고 있으며, 또 19세기 이후에도 보다 중요한 기술적 혁신이 있었음을 하나 하나 논증하고 있다. 도마의 논증에는 영국 중심의 산업혁명 사관에 대한 반발도 포함되어 있다고 생각되나 영국의 기술사가 릴리(Lilley, 1973)도 "산업혁명의 기술적 측면은 중세 초기부터 유럽에서 진행되어 온 프로세스가 가속화된 것에 불과하다"고 밝히고 있다. 릴리에 따르면 인류역사에서, 기술상의 대혁명이라고 불러도 좋은 것은 B.C. 8000년경에 시작되는 신석기시대 혁명과 기원 후 6세기 이후의 서유럽의 기술적 여러 혁신[그 내용은 수차 · 원양항해용 범선 · 물레(紡車) · 고로제철 · 기계시계 등이다. 제7장 1 · 2절 참고]의 두번뿐이다. 산업혁명은 제2차의 혁명 이후 계속되어 온 장기적인 경향가운데 하나의 단계에 지나지 않고, 산업혁명 시대의 새 기술은 위에 거론한 중세의 여러 발명과 비교하여 혁신성이 떨어진다고 논증하고 있다.

영국 산업혁명 시대의 여러 발명이 그만큼 독창적이고 획기적이 아니었다 하더라도 어떻게 하여 그와 같은 발명이 란데스 등의 경제사가가 이미 강조한 수공업에서 공장제 공업으로 바꾸어졌다는 사회적 변화를 일으킬 수 있었을까?

#### (5) 질의 문명에서 양의 문명으로[13)]

이점에 관해서는 미국의 네프(Nef, 1953)는 재미있는 이야기를 하고 있다. 그에 따르면 17~18세기의 프랑스에 대표되는, 산업혁명 이전의 기술의 발달은 질적인

12) 荒井政治 외 편, 전게서, pp. 7~8.
13) 荒井政治 외 편, 전게서, pp. 9~10.

면만을 추구하여 왔다. 이에 비해 영국 산업혁명 이후의 기술발달의 특징은 생산량의 증가나 생산성의 향상 등 양적인 발전을 목표로 하고 있다고 하였다. 산업혁명 이전에 품질이 좋고 아름다운 제품을 만들기 위한 노력이 중복된 것은 여러 지역의 박물관이나 미술관에서 인식할 수 있다. 그런데 이들 제품을 만드는 데는 많은 노력과 시간이 걸려 생산량이 적었다. 산업혁명 이후 기계나 동력을 사용하는 공장제 공업이 생겨 노동생산성이 크게 향상되고 물자의 공급이 급속도로 풍부하게 된 것은 산업혁명 전후의 방적의 생산성이나 철의 생산량이 향상되었기 때문이다.

산업혁명 시대의 기술이 남긴 "질의 문명에서 양의 문명으로"라는 경향은 현대의 에너지 문제에도 그림자를 드리우고 있다. 산업혁명 이전에는 장작이나 목탄, 수차동력 등의 순환 에너지원에 거의 의존하고 있어 1인당 이용되는 에너지량은 극히 적어 자원이 고갈되는 경우는 없었다.

그러나 석탄이라는 지하에 축적된 화석연료를 채굴하여 증기동력이나 제철에 이용되는 것이 영국 산업혁명의 중요한 기술적 측면이었으므로 그것 때문에 에너지 이용량이나 물자의 가공량을 비약적으로 늘릴 수 있었다. 이 기술사상은 20세기의 석유시대에도 그대로 연결되어 왔는데 에너지 소비가 지나치게 양적으로 팽창하였기 때문에 공해와 자원고갈의 위기라는 과제를 현대세계에 넘겨 주었다. 기계화에 의한 능률의 향상을 지나치게 추구하는 나머지 노동의 단조화, 인간의 소외라는 현상도 또 산업혁명 후의 문명의 특징에 덧붙여도 좋을 것이다. 이때 기계의 노예가 된 프롤레타리아(proletariat)라는 새로운 계급도 탄생되었다.

이와 같이 산업혁명의 기술은 그 부정적 측면도 고려하여 현대의 우리들이 한번 더 되새겨 보아야 할 의미가 있는 대상이다. 산업혁명의 원인 · 시기 · 기술의 평가, 문명론적인 비판에 대해 여러 가지 논쟁이 있음도 염두에 두어야 할 것이다.

## 2. 매뉴팩처 생산에서 기계제 생산으로[14) 15)]

18세기 후반, 영국의 비교적 소규모 생산부문의 하나인 목면공업에서 발생된 기술적 변화는 매뉴팩처 생산에서 기계제 생산으로의 변환을 의미하는 것이었으나, 동시에 공장제도에 기초를 두는 자본제 대공업의 변혁을 수반하는 것이었다. 또, 이 과정은 단지 한 산업부문의 수공업 생산에서 기계제 생산으로의 변환뿐만 아니라 영국 사회전체를 끌어들이고, 동시에 자본가 계급과 노동자 계급이라는 두 개

14) Compton's Encyclopedia, vol. 12, p. 169.
15) 山崎俊雄 외 편, 전게서, p. 79.

의 기본적인 계급이 형성되었다. 이 과정이 산업혁명이며, 산업혁명의 결과 영국은 1840년대에는 인도의 목면원료 등의 식민지경영 위에 군림하는 '세계의 공장'을 형성해서 근대 자본주의 생산방식의 '본질적 특색'이 되었다.

이미 설명한 바와 같이, 대공업 이전에도 기계는 존재하였다. 그러나 매뉴팩처에서는 자본주의적 매뉴팩처의 보급이 기계기술 발달의 직접적인 전제가 되었고, 도구에 의한 손 노동이 기본이었다. 또, 기계의 사용은 장래 대공업 발달의 기초를 만든 기계발달 그 자체의 기술적 전제가 되었지만, 아주 많고 거대한 노동력을 필요로 하는 '2차적인 생산과정'에 한정되었다. 생산과정에서의 이들 기계의 존재수단은 산업혁명 이후의 기계와는 기본적으로 다르다.

이때 와트의 개량에 의해, 산업혁명 과정에서 기계의 발달상 만능기관으로 중요한 의미를 가지는 증기기관은 원래 매뉴팩처 시대의 발명이다. 1690년 프랑스의 파팽은 대기압기관의 원리를 발견하였고, 실제 사용가능케 한 것은 영국의 세이버리(특허는 1698)였다. 또, 금속단련공인 뉴커먼이 개량하였고(1711), 뉴커먼의 대기압기관은 대도시의 수도용 이외에 같은 해 비아비쿠샤 탄광을 시작으로 18세기 중에 광산업에 널리 보급되었다. 이것은 석탄생산 증대에 공헌은 하였으나 산업혁명의 원인은 되지 못했다.

## 11.3 방직기계의 발명과 공장의 성립

### 1. 산업혁명 이전의 방직기술[16)]

섬유공업의 산업혁명 시기란 하그리브즈의 제니 방적기, 아크라이트의 수력방적기가 발명되어 영국의 목면공업이 발달하여 공장생산이 보급되었던 1760년대 이후 1830년경까지로 보는 것이 타당할 것이다. 이 시기의 기술변혁의 의미를 이해하기 위해 그 이전의 섬유 생산방법을 비교하여 어느 정도 획기적으로 변화되었는지 알아볼 필요가 있다.

산업혁명 이전, 즉 18세기까지의 섬유의 생산기술을 간단하게 살펴보면 섬유공업을 대표한 것은 양모(羊毛)공업의 생산공정으로 양모는 중근동에서 서유럽에 걸쳐 예로부터 옷감의 중심으로 사용된 섬유였다. 특히 18세기에 모직물업은 영국 제1의 산업으로 국내의 소비는 물론 유럽대륙이나 신대륙에 수출되어 모직물은 영

16) 荒井政治 외 편, 전게서, pp. 18~27.

국수출액의 절반정도를 차지하였다.

원료인 양모는 국내의 목초지에서 사육되는 양의 털을 1년에 1회씩 잘라 수집하는데 이것은 길이가 10cm 정도의 섬유 덩어리로, 이를 길이가 수십 미터나 되는 털실로 만들고 베를 짜려면 많은 공정을 거쳐야 하는데 이 공정은 크게 나누어 실을 만들기까지의 방적, 베를 짜기까지의 제직(製織) 및 베의 다듬질 등 3단계이다. 양모에서 직물(베)이 될 때까지는 20여 공정이 필요하였다.

산업혁명 시기에 발명된 역직기(力織機)도 직기의 메커니즘이나 운동 모양은 수직기(手織機)와 거의 같으며, 다만 베짜는 사람의 손 · 발의 동작을 자동화한 차이뿐이다. 이 20여 종류의 공정은 각기 분업으로 대개는 농가부업으로 시행되었는데 방적은 농촌부인의 일, 직포는 남자의 일, 다듬질은 남자나 여자도 종사하였다. 산업혁명 전의 섬유공업은 농촌공업(cottage industry)이라 하였는데,각각 분산된 전체공정을 지휘한 것이 베짜는 집(textile manufacture)이라 불려진 상인이고, 이와같은 생산조직을 가내공업(domestic system)이라 호칭하였다. 즉 섬유공업은 많은 공정을 거쳐 제품이 되는 시스템 산업으로 상인이나 공장주가 이 시스템을 통합하는 기능을 수행하여 일반적으로 제조가(manufacturer)라 불려졌다.

산업혁명에 따른 생산조직의 최대변화는 하나의 공장에 다수의 공정이 통합되어 많은 노동자가 고용되는 공장제 공업으로 바뀐 사실이다. 이 변화는 일시적이 아닌 많은 기간이 소요되었다. 그리고 기술변화는 혁신적이 아니고 앞선 기계의 개량에 따른 발명도 있었다고 판단된다.

## 2. 섬유공업에 작업기의 등장[17) 18) 19)]

### (1) 면직물업에 최초의 작업기 도입

산업혁명을 일으킨 기계는 낡은 도구, 즉 "수공업자나 가내노동자의 재산"을 휩쓸어 버린 기계인 작업기이고, 1735년의 존 와이어트(John. Wyatt. 1700~1766)에 의한 롤러 방적기이다. 기술적으로 수공업, 매뉴팩처 생산에서 기계에 의한 생산으로 바뀔 때 작업기는 '산업혁명의 출발점'이었다. 실을 만들거나 베를 짜는 일은 오랜 기간 가정 내에서 부인들의 일이었다. 이는 간단한 기계를 손으로 조작하는 시간이 걸리는 수공노동으로 이루어졌다.

17) 中山秀太郎, 전게서, pp. 80~85.
18) S. Lilley(伊藤新一 외 역), 전게서, pp. 111~116.
19) 荒井政治 외 편, 전게서, pp. 17~74.

이때 영국 목면공업에서는 와이어트보다 2년 앞서 1733년 직포공 겸 기술자인 존 케이(John Kay, 1704~1764)가 직물기계를 개량하여 옷감을 짜는데 쓰는 비저(飛杼 : Flying shuttle, 나는 베틀 북)(그림 11 · 4)를 발명하였는데, 처음에는 모직물 생산에 응용되었으나 18세기의 60년대부터 목면공업에도 보급되기 시작하였다. 섬유공업의 본작업은 방적 · 직포의 둘인데 이 둘은 같은 보조를 취하는 것이 정상 상태이나 비저의 출현에 따라 두 가지 근본문제를 해결하였는데, 생산에서 인간의 육체적 한계를 타파하였고, 동시에 종래의 직포공의 능률을 배로 끌어올렸고 직물의 폭을 넓게 할 수 있었다. 직포공의 작업은 종전보다 빨라져 방적의 실은 점차 부족, 가격은 앙등, 필요량 확보가 어려워졌다. 이때문에 직포 제조업자의 손해가 점차 커지게 되어 방사의 생산방법이 개량되는 게 급선무가 되었다.

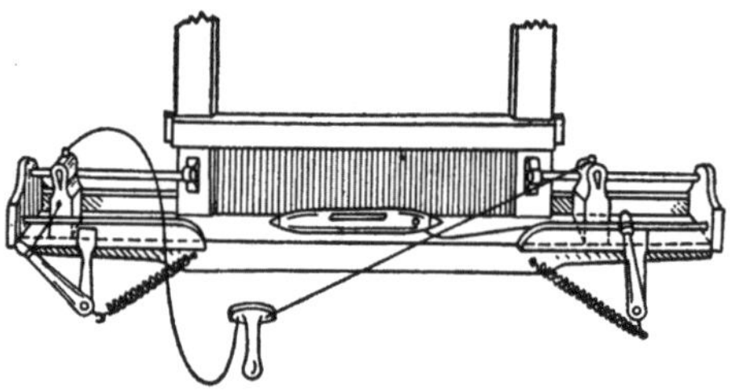

그림 11 · 4 비저(나는 베틀 북)

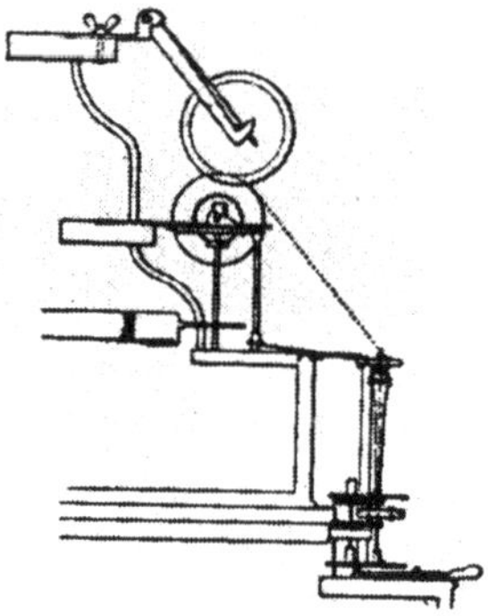

그림 11 · 5 폴의 방적기계

본래 수공업용 도구에는 인간을 단순한 원동력으로 생각하는 측면과 실을 뽑는 경우의 손과 같이 대상에 작용시키는 측면이 있다. 기계의 발달은 와이어트의 방적기계가 "손가락을 사용하지 않고 실을 뽑기 위한" 기계인 것과 같이 수공업 용구의 다음 측면에서 시작하는 것이다.

1738년에는 공업적 응용을 위해 최초로 존 와이어트와 루이스 폴(Lewis Paul, ?~1759)은 회전속도가 다른 2개의 롤러를 이용하여 섬유의 길이를 잡아당기는 롤러 방적기의 특허를 얻었다. 이 기계는 처음으로 손가락을 사용하지 않고 실을 뽑는 기본공정을 수행하는 기계였으나 보급은 많지 않았다(그림 11 · 5). 그러나 방적을 완전히 기계화하였다.

1756년에 폭동이 일어나 군중들은 존 케이의 가옥을 파괴하는 틈바구니에 존 케이는 맨체스터로 피신하였고, 결국은 프랑스로 피란하였다고 전해진다.

### (2) 방적업에 작업기의 도입

방적기의 가장 오래된 설계의 하나는 1500년경 레오나르도 다 빈치에 의한 것이었는데 방적기계의 요람기를 거쳐, 이어 결정적인 시기가 왔다. 하그리브즈(James Hargreaves, 1720~1778)의 '제니 방적기'(Spinning Jenny)와 영국의 방적기계 발명가 · 목면공업의 창시자인 아크라이트(Richard Arkwright, 1732~1792)의 '수력방적기'(Water frame)가 섬유공업에 혁명을 가져다 주었다.

하그리브즈는 물레를 개량하여 한 사람의 근로자가 약 8인몫의 면사를 생산할 수 있는 방적기계(그림 11 · 6)를 1764년 제작에 착수, 1767년에 제니기를 완성, 1769년에 특허를 신청하였으나 그 이전에 몇 대의 제니기를 판매하였다는 이유로 무효화 당하였다. 하그리브즈의 최초의 것은 물레의 가락이 8개였는데 그 수를 쉽게 늘릴 수 있어 80나레, 그 이상의 것도 만들어졌다. 이 새 기계가 판매되면서 실직공포를 느낀 방적공의 습격을 받아 집과 기계가 파괴되어 1768년, 다른 지역에서 새 공장을 건설하여 1790년까지 영국에서 약 2만대가 사용되었다.

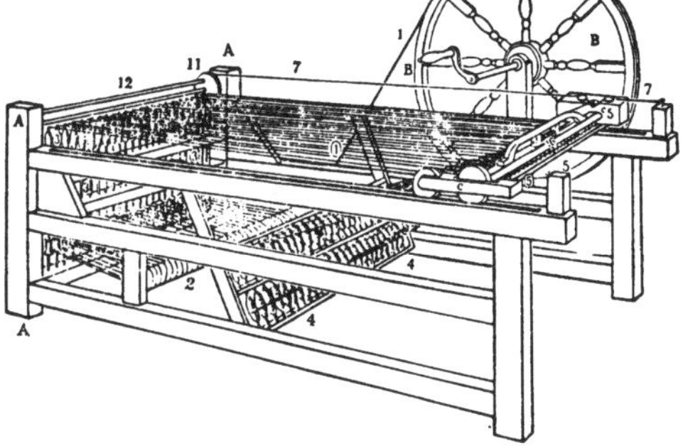

그림 11 · 6 제니 방적기

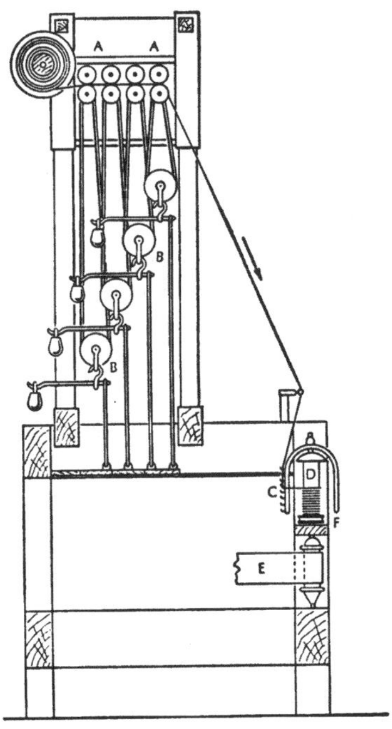

그림 11 · 7 수력 방적기

제니기가 만들어 내는 실은 가늘고 약해서 문제가 있었는데, 아크라이트가 1769년에 발명한 수력방적기는 실의 강도를 종전의 것보다 향상시킬 수 있었다. 이 수력방적기는 기술적으로는 와이어트와 루이스 폴의 롤러 방적기의 연장선상에 있다. 또 종래의 물레에 있던 플라이어(flier)를 이용하였으며, 수차에 의해 동력이 공급되었다(그림 11 · 7). 아크라이트의 수력방적기는 1775년에 대폭 개량되어 초기단계 공장의 실현을 보게 된다.

수력방적기는 하나의 원동기에서 얼마든지 많은 물레의 나레를 구동시킬 수 있는 시스템으로 할 수 있어 공장제 공업의 기본형태이며, 동력으로 수차를 이용하였기에 수동 제니기와 구별하기 위해 '수력방적기'(Water frame)라 불려졌다.

다시 크롬프톤(Samuel. Crompton, 1753~1827)은 제니기와 수력방적기의 특징을 살린 새로운 방적기를 1779년에 완성하였다. 이것이 뮬 방적기(Mule frame)이며, 이 방적기에 의해 가늘고 강하며 정교한 실을 뽑을 수 있게 되었고, 또 하나의 기계가 동시에 취급할 수 있는 나레 수도 비약적으로 증가하여 생산성을 현저하게 높일 수 있었다.

한편, 뮬 방적기는 1825년 이후 영국의 유명한 기계기술자인 로버트(Richard Roberts, 1789~1857)에 의해 자동화되어 '자동 뮬 방적기'(self actor)가 되었다. 이것이 산업혁명 시대의 방적기계 발명에 종지부를 찍었다. 자동 뮬 방적기의 그 원동력은 새로 등장한 증기기관을 사용하여 수력에 의존하지 않고 도시에서 생산활동을 영위할 수 있는 기계체계가 만들어져 수백 명의 방적공이 임금노동자로 노동에 종사할 수 있는 공장이 등장하기에 이르렀다.

### (3) 동력직기의 발명에 따른 직포공정의 기계화

방적공정의 기계화가 진행되고 생산성이 현저하게 높아짐에 따라 이번에는 역으로 직포공정과의 사이에 생산력의 최고와 최저와의 차이(較差)가 확대되어 간다. 비록 존 케이의 나는 베틀의 북이 보급되었으나 방적공정과의 교차가 커짐에 따라 직포에 따르는 여러 가지 조작의 자동화 방향의 연구에 많은 사람이 노력하였다. 그 결과 역직기(Power loom)는 영국의 목사이며 역직기 발명가인 카트라이트(Edmund Cartwright, 1743~1823)가 1784년 아크라이트의 방적기계를 알고 역직기 제작에 노력한 결과 1785년에 특허를 얻었고, 개량을 거듭하여 1787년, 1792년에도 특허를 얻었다. 이로 인해 본격적인 역직기의 시대가 도래하였다. 1791년 만체스터에 400대의 증기동력 역직기를 가진 공장을 세웠으나 실직한 직포공의 방화로 큰 경제적 타격을 입었다.

이와 같은 면직물공업은 그 주요한 작업공정이 인간의 손에서 기계조작으로 바뀌어져서 최초의 기계제 공장제도를 만들어 산업혁명의 주도부문이 되었다.

생산공정에 따라 기계가 배치되는 새로운 공장제도는 이들 기계를 움직이기 위한 동력으로 지금까지의 수력에 대신하여 보다 강력한, 또 안정된 동력을 강하게 요청하였다. 이와 같은 사회 · 경제적 요청에 호응하여 산업혁명을 동력의 면에서 추진한 것이 증기기관이었다.

## 3. 공장제도와 러다이트 운동[20]

위에서 설명한 바와 같이 산업혁명은 일단 성취가 되나 그 뒷면에는 낡은 노동조직의 해체, 새로운 공장제도에서 가혹한 노동도 있었다. 또 수공업자의 육체적 한계를 극복한 기계에 의한 공장제도는, "기계에 의존하고 있는 가장 큰 이익의 하나는 기계의 덕택으로 근로자의 부주의 · 나태 · 속임수로부터 충실해질 수 있다는 점"이며, 잉여노동의 확대를 목적으로 하는 자본주의 경영에 의해 숙련노동자를 축출하고, 광범위한 비숙련 노동자의 혹사, 처참한 부인 및 아동 노동의 출현을 초래하였다. 발명된 가스등은 공장의 심야노동에 사용되고, 공장감독관의 보고에 따르면, 어린이나 소년이 밤샘을 하거나 또는 낮에 종일토록, 또는 어느 쪽엔가 선택해 마음대로 일하게 했다고 한다(그림 11 · 8 및 11 · 9).

그림 11 · 8 뮬 방적공장에서 일하는 어린이와 부인

그림 11 · 9 19세기 초기의 공장도시의 주거

이와 같은 기계에 의한 자본주의적 생산의 발달로 일자리를 빼앗긴 노동자는 처음에는 자기의 생활을 지키기 위해 기계를 파괴하기도 했다. 존 케이 · 하그리브즈 · 아크라이트 · 카트라이트 등이 발명한 기계는 파괴되고, 공장은 불타버리는 결과가 나타났다.

1779년 랭커셔의 폭동으로 시작, 노동자의 기계파괴 운동의 절정은 1811~1816년의 러다이트 운동(Luddites movement, Luddism)이다. 이 운동에 참가한 사람은 기계에 의해 생활을 위협받은 사람들만이 아니었다.

기계는 사회적으로 자본가 계급과 노동자 계급의 2대계급의 분열을 시작케 하

20) 山崎俊雄 외 편, 전게서, p. 82.

는 새 시대의 상징이고, 이 운동은 새 시대의 하층계급이 노동자를 앞장 세워 자기의 생활을 지키기 위한 최초의 운동이었다.

기계의 사용 그 자체와 그 자본주의적 인력충원에 의한 소외를 구별하여, 노동자가 자기들의 조직형태인 노동조합을 가지게 되고, 생 시몽(Saint Simon, 1760~1825) · 푸리에(J. B. Joseph Fourier, 1768~1830) · 로버트 오웬(Robert Owen, 1771~1858) 등의 공상적 사회주의 이론을 거쳐 마르크스(Karl Heinrich Marx, 1818~1883)와 독일의 사회주의자로 마르크스와 함께 마르크스 주의를 창시한 엥겔스의 사회주의 이론에 의한 역사적 의미의 인식과 이론을 정립하기까지 각국의 노동자 계급은 반세기 동안 어려움을 겪지 않을 수 없었다.

## 11.4 수차의 전통, 석탄과 증기기관의 발명 · 개량

### 1. 수차의 전통과 산업혁명21)

#### (1) 첫 머리에

제임스 와트가 증기기관을 발명한 것은 1769년으로 하그리브즈의 제니 방적기나 아크라이트의 수력방적기의 출현과는 거의 같은 해이다. 영국 산업혁명을 대표하는 방적기와 증기기관이라는 두 큰 기술변혁이 동시에 발생하였다는 사실에서 이 시기를 산업혁명의 시작이라는 견해가 상식화되고 있다. 증기기관의 발명 이후는 인간사회가 처음으로 축력이나 풍 · 수력과 같은 자연동력의 제약에서 벗어나 지하에 매장된 석탄이 가진 잠재적 열에너지를 교묘한 기계장치를 통해 동력으로 전환한 것이며, 이로 말미암아 공장 · 광산이나 기차 · 증기선과 같은 수송부문에 대량으로 에너지를 이용하는 것이 가능하였다.

증기기관의 원리와 구조는 19세기에 등장한 석유기관인 내연기관에 연계되어 있고 에너지변환의 새로운 원리에 기초한 현대의 원자력발전과 그 부속부분은 증기기관 그 자체이다. 이와같은 점에서 증기기관은 단순히 한 산업부문의 기계화에 지나지 않는 방적기에 비해 후세에 끼친 영향은 보다 일반적이다. 따라서 와트의 증기기관이 영국 산업혁명을 등장시켰다고 하는 것은 정확하지 않다. 와트 이전에도 증기기관은 충분하게 실용하되어 있었고, 한편 '수력방적기'의 명칭이 말해주듯

21) 荒井政治 외 편, 전게서, pp. 76~87.

초기의 방적공장은 수차에 의해 운영되었다.

### (2) 서유럽 기계문명의 기원과 수차

동양이나 서양도 수차는 고대로부터 사용되어 왔다. 그러나 중세(10세기) 이후 서유럽에서 수차가 급격히 발달하였다. 11세기의 문서 「돔즈데이 북(Domesday Book)」에서는 당시 영국에 5,624대의 수차가 있었다고 기록되어 있고, 프랑스의 문명사가 브로델(Braudel, 1973)의 최근 저서에서는 산업혁명 직전에 유럽 전체에 약 50만대의 수차가 가동되었다고 추정하였다.

단순하게 수가 많은 것은 물론 수차 기계장치의 복잡화와 산업이용의 다양화가 발전하였다. 우리들은 수차라면 하천에서 단순하게 방앗간 구실의 수차나 양수차를 떠올리나 서유럽의 수차는 그렇지가 않다. 르네상스 시대에 등장한 최초의 본격적인 기술 거인 아그리콜라의 「데 레 메탈리카」나 라멜리(Agostion Ramelli, 1530경~1590경)의 「여러 가지 교묘한 기계」(1588)에 수록된 세밀한 판화(版畵)를 보면 수차는 비록 목제이나 거대하게 제작되었고, 회전축에 많은 기어나 캠 등이 들어간 기계장치에 의해 동력이 수평 · 수직으로 여러 가지 회전운동이나 왕복운동을 통해 작업기에 전달되고 있어 섬유공업의 수차이용은 그 일부에 지나지 않는다.

수차는 서유럽 문화의 복합적 중요한 요소의 하나로 수차동력의 산업이용은 현대 기술문명의 직계 선조격이라 하여도 과언은 아니다.

### (3) 수차의 형태와 이용

수차의 형태는 수평의 바퀴를 수류(水流)로 회전시켜 수직축을 돌리는 수평형과 수직의 바퀴를 수류로 수평축을 회전시키는 수직형의 두 종류가 있다. 수평형 수차는 효율이 낮아 많이 발달되지는 못하였다. 수직형 수차는 수평축에 캠 기계장치를 부착시켜 상하 · 왕복운동을 쉽게 한다. 서유럽에서는 축융, 단조공장의 가죽 풀무의 작동, 제재소의 톱, 제지공장의 펄프를 해체하는데 이용하였고, 수평의 회전운동 그대로 윈치(winch)에 의한 끌어 올리기, 원형의 절삭, 회전 숫돌 등도 가능하였다.

멧돌을 회전시키려고 수평축에서 수직축으로 회전을 바꾸려면 베벨기어가 이용되었고, 회전운동에서 수평수차나 수직수차의 회전속도의 조정은 치수(齒數)가 다른 기어를 서로 맞물리거나 지름이 다른 도르레 사이에 벨트를 걸어 회전수를 바꿀 수 있었다. 그래서 수차의 산업이용에의 보급은 기어와 도르레라는 기계장치 진보와 병행되고 있다.

기어에 의한 회전방향의 변경이나 회전수의 변환은 13세기에 발달된 기계시계에 이용되었고 또 기어 기계장치는 19세기까지 일반적으로 'Clock work'로 불렸다. 수차와 시계는 어느 것이 서로 영향을 주었는지는 알 수 없으나 둘 다 함께 기계의 발달에 공헌하였을 것이다. 18세기 전반에는 스웨덴의 광산기사 폴헴(Christoper Polhem, 1661~1751)은 수차동력을 몇 백m나 되는 거리에도 전달되는 기계장치를 설계하였고, 1682년 프랑스의 마루리에서는 14대의 대형수차를 합성, 베르사이유 궁전의 분수를 위해 물을 공급하였다.

#### (4) 수차에 의한 산업혁명

증기기관의 출현으로 수차가 바로 사라졌다고 생각하는 것은 잘못이다. 그러므로 18~19세기를 통해 수차자체의 기술진보가 현저하고 증기기관과 더불어 산업혁명 시기에 공장에서 더 한층 기계화의 원동력이 되었음이 명확하다.

18세기 후반에서 19세기 전반에 걸쳐 영국에서는 스미턴(John Smeaton, 1724~1792)·레니(John Renni, 1761~1821)·페어반(Sir William Fairbairn, 1789~1874) 등의 수차기사가 등장, 철제의 대형수차를 만들기 시작, 그 기계장치의 개량을 거듭한 결과 19세기 초에는 수차의 최대 지름이 10m, 출력은 100마력에 이르렀다. 이것은 당시 와트 증기기관의 최고 20마력을 크게 앞질렀다. 아크라이트형의 수력 방적공장이 증기기관을 사용하는 공장보다 앞선 것은 바로 그것 때문이었다. 방적공장이나 제철소에서 최초로 증기기관이 채용된 것은 실제로 지형이 평탄하고 물을 땜에 올려 수차를 작동시켜야 했기 때문이다. 이 단계에서는 증기기관은 수차를 보완하는 상황이었다.

1832년이 되어 공장감독관의 보고에 따르면 전국 섬유공장에서 사용되는 동력은 수차가 2,230대(27,000마력), 증기기관이 3,053대(74,000마력)로 수차는 무시할 수 없는 위치를 확보하고 있었다. 1854년에는 만 섬에 거대한 광산배수용 수차(지름 24m, 무게 약 100톤)가 건설되었다. 영국에서 증기기관이 완전히 수차를 압도한 것은 19세기 후반이다. 프랑스·스위스에서의 산업혁명도 수력에 의해 달성되었고, 미국의 방적공업도 19세기 중반에는 수차가 증기기관보다 경제적이었고 특히나 수력터빈의 연구·개량을 매개로 수차기술이 이어져 20세기 초 대규모의 수력발전의 개발로까지 연속적으로 연결되었다.

## 2. 영국의 특수성을 살린 석탄기술

증기기관이 영국에서 발명된 것은 이 나라에서 석탄산업이 일찍부터 발달되어 있었다는 특수사정과 깊이 관계가 있다. 증기기관은 처음부터 석탄을 연료로 사용하였을 뿐만 아니라 최초의 100년간은 주로 탄갱에서의 양수에 사용되었다. 다음에 논하게 되는 제철업의 혁신도 석탄의 사용이 중심이 되어 있어 영국 산업혁명의 대부분은 석탄에 의한 기술혁명이라고 할 수 있다.

영국의 탄광은 16세기 이후 발달하였으며, 18세기 영국의 석탄생산고는 다른 유럽 여러 나라보다 한자리 수가 많았는데, 영국이 지질학적으로 탄전의 혜택을 받은 것이 그 최대원인이다. 유럽의 탄전은 지금으로부터 약 3억 년 전으로 보는 고생대 석탄기(古生代石炭紀) 때 식물이 지하에 퇴적된 것으로 탄층은 몇 개나 되는 두꺼운 것이고 석탄의 맥은 영국의 중앙부에서 벨기에 · 서북독일 · 폴란드 국경지대로 100km에 이르는 폭으로 계속, 동서에 연결되어 있어 이 광맥으로 19세기의 증기기관을 이용한 공업지대가 출현하였다. 따라서 영국에서는 석탄의 채굴이나 이용의 기술이 발전, 17~18세기에는 유럽 여러 나라 중에서 영국만이 석탄기술(Coal technology)이라 부르는 특수한 기술을 발전시킨 결과 영국에서 산업혁명이 일어난 주 원인이라 일컬어지고 있다.

## 3. 대기압 증기기관

수공업과 병행하여 매뉴팩처적 생산에서 기계생산으로 옮겨 갈 때 산업혁명의 출발점을 만든 것이 작업기였으나 이번에는 기계생산이 증기기관의 응용으로 등장하여 '산업혁명의 제2단계'를 특징지었다.

### (1) 진공의 발생과 세이버리 기관22)23)

처음에는 석탄을 산업에 이용한 것에는 용광로와 가마 안의 원재료를 가열하기 위해 사용하여 왔으나 석탄의 열량을 동력의 발생에 응용하기 위해 고안된 것이 증기기관이다. 동력원인 수력 · 풍력 대신에 불을 사용하여 동력을 발생시킨 것은 획기적인 사실로 19세기 초까지 증기기관의 별명이 '불의 기관'(fire engine)이라 불렸다.

증기기관의 출현에 불을 붙인 사람은 프랑스의 물리학자 파팽(Denis Papin, 1647~1712)이다. 그는 오늘날 압력 솥의 원형이라는 '파팽의 솥'을 발명하였다. 또, 그는 간단한 대기압기관을 만들었으나 실용화하지는 못하였고 직동, 고압의 증기펌프를 고안하였다. 저서로는 「화력에 의해 효과적으로 양수하는 신기술」(1707)이 있다.

18세기 초에 등장한 세이버리 · 뉴커먼의 최초의 증기기관이 동력으로 이용된 것은

22) T. K. Derry · Trevor I. Williams, 전게서, pp. 315~318.
23) 소련 과학아카데미 편(金光不二夫 외 역), 전게서, pp. 234~237.

그림 11·10 세이버리의 기관

증기압력 그 자체가 아니고 증기가 냉각되어 물로 응축되면서 부피가 줄어 생긴 진공에 대해 작용하는 대기압이다. 그래서 이 기관을 대기압기관이라 불렀다.

영국의 기술자·발명가인 공병대위 세이버리(Thomas Savery, 1650~1715)는 파팽의 대기압 기관에서 힌트를 얻어 새로운 양수용의 증기기관을 고안, 1698년에 특허를 얻었고(그림 11·10), 1702년에 「광부의 벗 또는 화력에 의한 양수기관」이라는 저서에서 구조 및 작동을 상세하게 발표하였다. 이 기관은 용기 내에 생긴 진공으로 관 안의 물을 어느 높이까지 퍼올리고, 이어 수증기의 압력으로 물을 밖으로 퍼내는 것이었다. 약 10년 후에 뉴커먼의 기관이 등장하여 세이버리 기관은 많이 보급은 되지 않았으나 구조가 간단하여 일부의 광산이나 공장에서 가동되었고 특허의 유효기관이 1744년까지 연장되어 뉴커먼의 기관도 이 범위에 들어가는 것으로 보고 있다.

### (2) 뉴커먼의 기관

최초의 실용적인 증기기관은 1705년 뉴커먼(Thomas Newcomen, 1663~1729)과 그의 협력자 존 콜리(John Calley)에 의해 조립되었다. 이 형식은 과열의 고압증기를 사용하지 않고 다만 비등하는 물에서 발생하는 1기압, 섭씨 100도의 수증기를 이용하는 것인데, 빔이나 저울이 구조의 일부분을 형성하는 점에서 18세기의 전형적인 증기기관이다. 증기 실린더의 피스턴이 평형 빔의 한쪽 끝을 상하로 움직이고 빔의 다른 쪽 끝은 펌프에 접속되거나 다른 기계와 연결하는 동륜(動輪)에 접속되는 것이다. 1712년에 운전이 시작된 제1호는 광산의 배수용으로 제작되었고 8마력에 80m의 깊이에서 물을 배수할 수 있었다[24] [25][그림 11·11(a)]. 이 형식의 증기기관은 18세기를 통해서 500대 정도가 제조·판매되었다.

뉴커먼과 콜리는 실린더 내의 증기를 응축시켜 피스턴의 하향행정을 일으키는 세이버리의 원리를 이용하였다. 그들의 기관에는 한 조의 교묘한 밸브가 설치되어

24) 荒井政治 외 편, 전게서, pp. 95~99.
25) 소련 과학아카데미 편(金光不二夫 외 역), 전게서, pp. 238~241.

있어 이것으로 실린더 내에 증기를 유입, 증기를 응축하기 위한 냉수의 분사, 실린더에서 증기의 배출을 조정할 수 있었다. 뉴커먼은 그 기관의 특허취득이 불가능하여 1716년까지는 세이버리의 특허권 소유자가 발명의 덕을 보았다.[26)]

(a) 뉴커먼 증기기관(1712)　　(b) 스미턴 개량 뉴커먼 대기압기관

**그림 11 · 11 뉴커먼 증기압 기관**

뉴커먼기관에 관심을 가진 영국의 토목기술자 · 기계공학자인 스미턴은 뉴커먼기관의 개량에 노력하였다. 1770년경 특별히 설계한 실험용 기관을 제작, 계속하여 주의 깊은 실험을 수행, 기관작동의 정밀한 관찰과 수학적인 분석에 의해 보일러 · 연소로 · 연소의 문제를 연구하였다. 화격자를 새로 설계, 밸브와 증기관을 크게 하였다. 1772년에 그는 130회가 넘는 실험결과를 정리하여 1마력~78마력까지의 기관에 대해 최적의 실린더 지름 · 피스턴 행정의 길이 · 매분 행정수 · 보일러의 치수 · 급수량 · 분사수 온도 · 석탄의 소비량을 표시하는 설계자료를 만들었다. 이 자료를 바탕으로 1775년에 76.5마력의 출력이 얻어져, 스미턴에 의해 뉴커먼기관의 효율은 2배가 되었다[그림 11 · 11(b)].[27)28)]

여기서 뉴커먼기관의 의미를 살펴보면 첫째, 구조원리가 많은 점에서 후세에 발달된 기관의 원형이라는 사실이고, 둘째, 원시적이고 조잡한 구조는 당시의 공작기술 수준을 감안하면 합리적이라고 보는 것이 타당하다. 뉴커먼기관에서 석탄의 열량이 동력에 이용되는 효율이 좋지 않아(스미턴의 실험에 따르면 열효율은 평균 0.63%로 연료발열량의 99.37%가 손실이라는 의미로 와트는 연료 경제에 착안함) 실용적이 되지 못한다고 보지만 18세기를 통해 기술 · 경제적 의미는 적극적으로 평가되기에 이르렀다.

---

26) R.J.Forbes(田中 實 역), 전게서, pp. 184~185.

27) R.J.Forbes(田中 實 역), 전게서, p. 185.

28) 伊東俊太郎 외 편, 전게서, p. 535.

## 4. 와트기관[29)] [30)]

### (1) 방대한 와트의 자료

대기압기관 발명으로부터 60~70년이나 후에 출현한 와트의 증기기관이 어떻게 해서 산업혁명을 대표하는 발명으로 보고 있는가? 그것은 그 시대가 바로 방적업이나 철강업의 활발한 확장과 기술진보의 시기와 일치하며, 와트의 기관은 이들 공장에 필요한 동력을 제공하였고, 그리고 와트 그 자신이 네 개의 특허에 집약되는 중요한 발명을 혼자서 원리단계에서 실제 제작까지 일관되게 마무리하여 객관적으로 보드라도 발명가로써 같은 시대의 누구보다 우수한 업적을 남긴 인물로, 뒤에 기계공학회의 중심인물이 되고 영국 산업혁명의 상징적인 인물이었다.

와트가 증기기관의 연구에 착수했을 때 그는 역학 · 물리학 · 화학 · 수학 등 필요한 지식은 충분히 터득하고 있어 그는 단순한 기계제작자의 범주를 벗어나고 있었다. 버밍엄 도서관에는 와트 자필의 왕복기관 편지, 설계도 기타 영업서류 등의 자료가 방대하게 남아 있어 산업혁명 시기의 연구에 보물창고 역할을 하고 있다. 실제로 와트의 증기기관은 대기압기관에서 19세기의 고압기관에 이르는 증기기관 발달사의 한 획을 그은 중요한 사건이다.

### (2) 제1의 기관(분리복수기)

와트의 증기기관 발명은 크게 2단계로 나누어진다. 최초의 발명은 와트가 "글래스고 대학의 정밀기계 제작자"로 근무할 때이고 이곳에서 블랙과도 알게 되었다. 1764년 소형의 뉴커먼기관의 모형수리를 의뢰받아 작업과정에서 효율이 낮은 주된 원인이 증기의 응축을 실린더 내에서 수행하기 때문임을 알았다. 즉 실린더의 1행정마다 냉각되기 때문에 증기의 소비가 많았다. 그래서 응축을 실린더에서 분리된 원통(복수기 또는 분리응축기) 내에서 실행하는 복수기(ondenser)를 연구하여 1769년에 특허를 취득하였다.

와트의 제1기관[또는 단동(單動)기관]은 1772년부터 볼턴(Matteu Boulton, 1728~1809), 와트의 공동사업으로 증기기관 완성에 노력한 결과 독립된 복수기를 가진 기관을 처음으로 제작한 것이 1774년이었고, 1777년에는 경제성이 높은 기관을 제작, 특허권의 기한을 1800년까지 연장시키는데 성공, 분리복수기를 이용하는 모든 경쟁자를 물리치고 약 25년간 독점적 증기기관 제공자의 지위를 확보하였다.

29) 紫藤貞昭 편, 전게서, pp. 110~113.

30) S. Lilley(伊藤新一 외 역), 전게서, pp. 93~95. pp. 106~107.

그러나 와트의 제1기관 용도는 양수용에 제한되었다. 그래서 전국에 약 50대 정도가 판매되었는데 석탄소비를 절약한다는 것이 큰 장점이었다.

### (3) 제2의 기관(복동 · 회전기관)

증기기관이 성공하려면 모든 형태의 동력설비에 적용되지 않으면 안된다는 사실을 안 와트는 1781년 왕복운동을 회전운동으로 바꾸기 위해서는 크랭크 축의 기계장치가 필요하다고 알려져 있었으나 이미 다른 사람이 특허를 가지고 있었기 때문에 태양 · 유성기어(Sun and planet gearing system)를 개발하여 특허를 얻었다. 1782년에는 복동(復動)기관의 특허를 얻었는데 그 원리를 밸브의 자동개폐에 따라 실린더 내 피스턴의 상하부분(양쪽)에 교대로 증기가 공급되고 그 사이 반대편에 있는 증기의 배출밸브가 열려 복수기에 방출하도록 되어 있다. 따라서 빔의 상하운동이 원활하게 되어 회전운동을 발생하는 기관으로 사용하기 편리하게 되었다. 복동기관은 단동기관에 비해 같은 부피의 실린더이면 이론상 2배의 출력을 얻을 수 있다(그림 11 · 12).

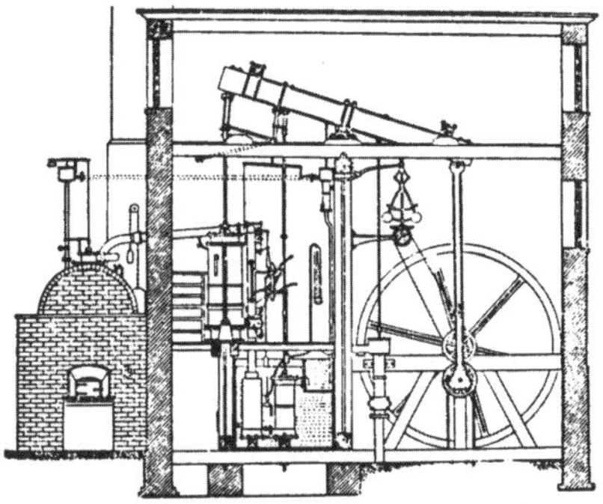

그림 11 · 12 와트의 복동회전 증기기관

1788년에는 특허로 원심조속기(governor)를 도입하여 기관에 걸리는 부하(負荷)의 증감에 따라 증기공급량을 자동적으로 제어하여 증기를 효율적으로 이용할 수 있었으며, 1790년에는 증기계기 또는 지압계(indicator)라는 새로운 기계장치를 개발하여 '기술자의 청진기'라고 부른 이 계기는 기관 실린더 내의 압력이 행정의 진행에 따라 어떻게 변하는가를 정확하게 표시하는 압력변화 곡선을 그려 연료공급 · 온도 · 압력의 여러 가지 조건에서 기관의 작동을 조정하는 수단을 제공하였다.

와트의 회전기관은 헨리 코트에 의한 연철제조의 압연법, 아크라이트와 크롬프톤에 의한 방적의 기계화와 동시에 등장하였다. 1783년 1대의 와트기관이 존 윌킨슨의 공장에서 최초의 헤머를 운전하였다. 그것은 증기기관의 실제응용으로 이어지는 대단한 성공의 출발이었다. 1800년에는 약 500대의 와트 · 볼턴기관이 운전되고 있었다. 동력전달의 새로운 기계장치에서 도움을 받아 증기기관은 다양하고 많은 공업에서 인간노동과 수차를 대신하여 19세기의 새로운 '기계시대'의 상징이 되었다.

와트는 기관성능을 표시하는데 '일율'(Power)의 개념을 도입, 그 단위로 말(馬)

한 필의 능력을 기준, '마력'(horse power)을 사용하였다. 1783년 그의 정의는 1마력은 1분간 33,000lb의 물을 1ft 올리는 일(또는 1분간 약 4.5톤의 물을 1m 올리는 일 · 매초당 76kg · m의 일 · 746 와트의 전력)이다. 일율의 단위로 Watt를 사용하게 된 것은 1889년 파리의 국제회의에서 결정되고 부터이다.

## 11.5 산업혁명과 야금기술의 발달

하나의 산업부문에 생산방법의 혁명이 일어나면 다른 산업분야에도 비슷한 현상이 생긴다. 기계공업은 먼저 영국에서 발달되고 처음으로 대공장제 공업이 발생하였다. 영국은 또 동력영역에서도, 광산업 · 야금 · 금속가공업 · 기계제작에서도 개척자였고, 방적기와 증기원동기의 발명 이후 산업혁명사에서 다음 단계를 형성시킨 것은 야금에 일어난 기술혁명이다.

18세기 야금기술의 획기적 발달은 과학의 발달에 강력한 동인(動因)을 부여하였는데 우수한 과학자가 이때 야금술의 문제를 연구하였다. 자본주의 공업의 발전은 야금술에 양뿐만 아니라 질적인 면에서 요구를 창출하였다.

기계제 대공업의 발전은 거기에 알맞은 에너지원과 소재를 얻기 시작하면서 가능하였다. 에너지원으로서의 석탄과 그 소재로 철이 산업혁명의 진행과정에서 전면에 출현했고, 그 후의 기술발전은 석탄과 철을 물질적 배경으로 전개되었다. 영국의 새 산업중심지인 중부 산업지대는 '검은 도시'(black country)라 부를 만큼 석탄과 철이 이 시대 기술의 발전단계를 상징하는 기본물질이 되었다.

제철기술은 중세의 유럽에서 고로법의 보급으로 용광공정과 정련공정의 두 단계로 되어 있는데(제7장 3절 참조, 제철의 기술혁명), 이 두 공정의 기술내용은 서로 대응이 되거나 의존하고 있어 하나의 통일된 체계를 구성하였다. 이 통일된 전체가 그 당시의 체철기술 자체였다.

### 1. 용강(熔鋼)공정의 기술

#### (1) 목탄의 대용품인 석탄[31) 32)]

독일에서 시작된 고로법은 15세기 말 영국에 도입되어 버밍엄, 다도레이 및 셰

---

31) R. J. Forbes · J.E. Dijksterhuis(廣重 徹 외 역), 전게서, pp. 311~312.
32) R. J. Forbes(田中 實 역), 전게서, pp. 195~197.

필드의 지역은 영국 제철업의 중심이 되었다. 16세기 이후 제철업의 급속한 발달로 그 연료인 목탄이 대량으로 소비되어 고로법이 도입된 지역주변은 삼림이 마구잡이로 벌채되어 16세기 말부터 삼림의 벌채를 금지하거나 목탄사용을 제한하는 법률이 차례로 제정되어 목탄의 품귀, 가격이 폭등하였다. 16세기 이후의 목탄기근은 대단히 심각한 문제였다. 영국의 제철업은 에너지를 확보할 수 없어 쇠퇴를 면할 수 없게 되고 많은 고로가 폐쇄되어 17세기 중반에는 300대의 고로가 1740년에는 50대에 불과하였다. 그래서 18세기 후반까지 영국이 필요한 철의 대부분(4/5)을 스웨덴, 독일 및 미국에서 수입하지 않을 수 없게 되었다.

이와 같은 목탄기근은 고로의 연료를 목탄에서 다른 연료로 바꾸어야 한다는 생각은 영국에서 이미 17세기에 있었다. 그러나 제철에 석탄을 사용하는 시도는 오랫동안 좋은 결과를 얻지 못했다. 그 이유는 용광로 안에서 발생하는 물리 · 화학적 공정 및 석탄의 코크스화 조건이 당시는 아직 연구되지 않았기 때문이다. 수세대에 걸쳐 선구자들이 목탄의 대용품으로 석탄을 야금에 사용하는 실험을 반복하여 왔다. 한편으로 목탄고로의 발달은 연료에서 오는 기술적 한계가 있고, 고로의 생산성은 목탄의 비교적 낮은 경도(硬度)의 수준에 규제되었다. 따라서 17~18세기에는 거의 한계에 도달한 용광공정의 기술수준을 향상시켜 산업혁명의 진행과 더불어 증대되는 철의 수요에 맞추기 위해 여기서도 연료전환이 필요하게 되었고, 그래서 석탄이 등장하게 되었다.

### (2) 코크스 고로(高爐)[33)34)]

석탄은 자연계에서는 비산화물 광물이며, 연소되기가 쉽고 큰 에너지를 발생시킨다. 영국에서는 13세기에 뉴캐슬의 자유시민에게 석탄채굴의 특허장이 주어지기도 했으나, 14세기에는 빠르게도 석탄의 해독을 규제하려는 법률이 런던에서 생겼다.

석탄은 가정용 · 공업용의 가열 · 야금용 코크스의 제조 · 유리 제조 · 양조업 등 화학기술상 중요한 가스, 기타 부산물의 제조에 필요하였지만 가장 중요한 용도는 제철업에 의해 유달리 눈에 띄었다. 이 새 연료는 코크스에 의해 담당되었다.

1619년(1621년설도 있음)에 영국의 제철학자인 더들리(Dud Dudley, 1599~1684)는 석탄을 사용한 선철제조의 특허를 얻었는데 그때 생산된 철은 고품질의 선철이었다. 그런데 석탄은 많은 유황을 함유하고 있어 그대로 사용하면 선철에 유황이

33) 荒井政治 외 편, 전게서, pp. 127~130.

34) 소련 과학아카데미 편(金光不二夫 외 역), 전게서, pp. 298~299.

많이 들어가 물러지고 만다. 때문에 석탄을 증류시켜 휘발분을 제거하고 동시에 유황분까지 제거하여 코크스로 사용하지 않을 수 없었다.

그러나 많은 미해결된 기술적 난관을 극복하고 고로에 실제로 석탄을 채용하여 성공한 것은 영국 중부 잉글랜드의 제철업자 에이브러햄 다비(Abraham Davy)가문으로, 고로에 보통의 석탄을 사용하지 않고 특별히 가공한 연료 코크스를 사용하였다. 하지만 코크스를 제철에 사용하기란 다비가 생각하는 것 이상으로 어려움이 많아 그는 코크스화의 공정에 영향을 주는 물리 · 화학 · 기술적 요인을 연구하여야만 하였다.

다비 I 세(1677~1717)는 1709년에 석탄을 일단 코크스로 바꾸는 과정에서 불순물을 제거, 코크스를 목탄 대신에 고로의 원료로 사용함으로 문제를 해결하였다. 다비 I 세가 죽은 1717년에는 실험이 충분히 진행되었기에 아들인 다비 Ⅱ세(1711~1763)는 코크스만으로 조업에 성공할 수 있었다. 코크스만으로 조업하는 코크스법 고로를 성공한 것은 1740년경으로 기록되어 있다(1735). 1747년이 되어 코크스는 영국 이외의 제철소에 사용하게 되었고, 결국 1796년까지는 영국에서는 목탄에 의한 선철의 생산이 중지되었다.

또 다비 Ⅲ세(1750~1791)는 1779년에 세계 최초로 세반강에 주철 다리를 건설하여 구조재료로 철이 사용되는 신기원을 열었다. 이 다리는 지금도 남아 있으며 'Iron Bridge'라는 지명이 되고 있다.

### (3) 고로용 실린더 송풍기

18세기 후반에 영국의 각지에 코크스로가 건설되기 시작하였으나, 이 코크스로의 발달은 처음에는 지연되었다. 그 이유는 수차에 의한 송풍 기계장치가 새로운 코크스로의 기술체계에 맞게 충분히 발달되지 못하였기 때문이다. 코크스로가 우수한 조건이 이루어져 발달되기 위해서는 송풍 기계장치의 변혁이 필요하였다. 그래도 고로는 송풍기인 가죽 풀무가 수차와 결합되면서 가능하게 되었고, 송풍 기계장치의 기술발전은 송풍기 부분에서 먼저 시작되었다. 발열량이 많은 코크스를 사용하기 위해서는 고로에 송풍량을 증가시키지 않으면 안 되었다. 영국에서 고로에 의한 제철에 송풍기가 사용되기 시작한 것은 1782년이다. 1850년대에는 더욱 발달된 원심송풍기가 보급되어 필요량의 공기를 고로에 공급하는 문제가 해결되었다.

연실법 황산의 발명자로 유명한 로벅(John Roebuck, 1718~1794)은 스코틀랜드 최초의 야금공장인 기아론 제철소를 세워 최신의 코크스로를 도입하였고, 이 노의 송풍을 위해 가죽제 풀무 대신에 1760년에 스미턴이 제작한 주철제 실린더 송풍기가 설치되었다. 코크스로의 현저한 발달을 위해서는 송풍 실린더만으로는 불충분하고 강력한 증기기관과 결합되어 비로소 가능하게 되었다.

18세기 말까지는 목탄고로는 대부분 소멸되고 19세기가 되어 용광로의 용량이 점차 크게 되고 생산성이 높아짐에 따라 20년대 말에서 30년대에 걸쳐 고로용 열풍로(공기가열로)를 제임스 닐슨(James B. Neilson, 1792~1865)이 1828년에 특허를 얻었다. 용광로에 보내는 공기를 미리 150~300℃까지 예열함에 따라 연료인 코크스의 효율을 높혀 코크스의 소비를 40%까지 낮출 수 있었고, 이 가열송풍법의 도입으로 생산성을 크게 높일 수 있었다. 이들 열경제는 석탄절약의 경향과 병행하여 고로는 대형화가 되는데 1860년에는 북동부지방의 제철소는 높이가 30m, 1기에 년산 15,000톤 규모도 있었다.

이렇게 하여 근대 용광로의 기술적 기초가 확립되고 동시에 기계제 대공업이 그 소재로 요구되는 철을 대량으로 공급할 수 있는 체제의 일부나마 확립되었다.

## 2. 정련(精錬)공정의 기술[35) 36)37)]

### (1) 정련로의 대형화

석탄의 정련로에는 연료와 선철을 접촉시키면서 탄소제거를 진행시켜야 하는데, 연료로 석탄이나 코크스를 사용하면 연료에 함유된 유황분이 철에 흡수되므로, 얻어진 단철은 물러서 사용할 수 없게 되어 석탄정련을 실시하기 위해서는 신형의 용광로를 개발하여야 하였다.

고로의 선철을 재용해하여 주조로 공급하기 위해, 영국에서는 당시에 반사로가 사용되었다. 패들법이라는 중요한 신기술은 1760년대에 생겼는데 패들로를 만드는 과정에서 17세기에 사용된 반사로의 경험이 되살아났다. 반사로란 금속을 용해 · 정련에 사용하는 노의 하나로 화상(火床)에서 불을 때고 그 화염을 아치형 천정에 반사시켜 그 밑에 있는 용해실의 금속 덩어리를 용해시키도록 하였다. 이 반사로는 연소실과 용해실이 따로 분리되어, 연료 중의 불순물이 금속 중에 흡수될 염려가 없었다. 석탄을 사용하는 반사로에 의한 연철제법을 처음으로 실용화한 인물은 헨리 코트(Henry Cort, 1740~1800)로 1784년에 패들법이라는 교반법[攪拌

35) 荒井政治 외 편, 전게서, pp. 131~136.
36) R. J. Forbes(田中 實 역), 전게서, pp. 203~205.
37) 소련 과학아카데미 편(金光不二夫 외 역), 전게서, pp. 302~305.

(paddling)法]과 동시에 압연(rolling)법(1783년에 특허받음)을 포함하는 1세트 두 개의 특허를 획득하였다. 패들링 공정에서 압연 롤을 채용한 것은 헨리 코트 발명의 최대특징이다.

헨리 코트의 방법은 반사로 안의 용해된 선철 덩어리를 '패들'(paddle)이라는 철봉으로 휘저어 과잉의 탄소 및 기타 불순물이 연소되어 선철을 연철의 점성 덩어리로 완전히 변화시키는 공정이다. 이 조작을 '패들링'(paddling)이라 하고, 그래서 이 노를 '패들로'라 부르게 된 것이다(그림 11 · 13). 이어 작은 공 모양의 연철 덩어리로 꺼내어 롤에서 판으로 가공하거나 롤면에 임의의 홈이 있는 공형압연기(孔型壓延機)로 원형이나 4각 이외의 단면을 가지는 봉재(棒材)를 생산한다(그림 11 · 14). 이때의 가공품은 섬유상태의 조직을 가진 내식성이 큰 전형적인 연철(단철)이 된다. 이 방법은 약 40년 뒤에 철로의 레일 제조에 큰 구실을 한다.

패들로는 목탄기근의 제약을 극복하였을 뿐만 아니라 노 내의 온도를 높게 할 수 있고 용량의 확대와 반응속도를 크게 진전시킬 수 있어 높은 수준의 생산성을 실현시킬 수 있었다. 이로서 양질의 연철(단철)을 대량으로 공급할 수 있었으며, 이것은 바로 영국의 귀중한 발명품이다.

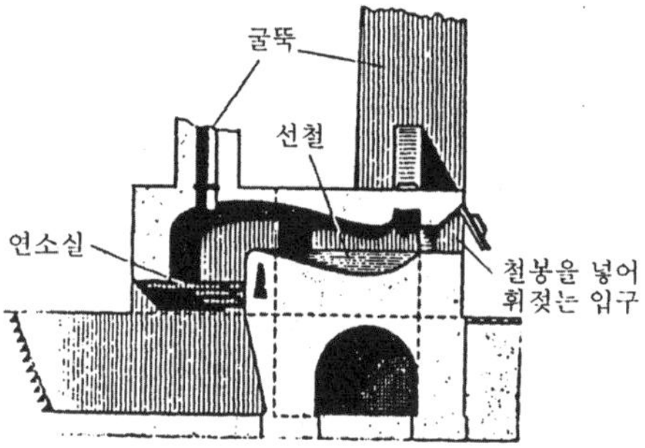


그림 11 · 13 패들로

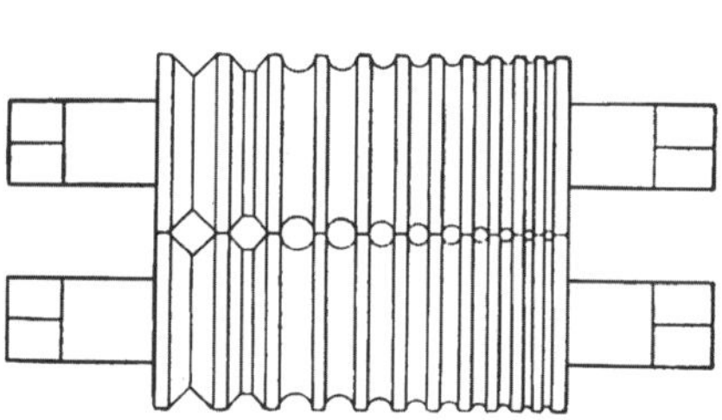

그림 11 · 14 구멍 형상의 롤

(2) 도가니 주강법(鑄鋼法)[38]

연철(해면철과 패들철)의 생산과 함께 이 시대에 주강을 생산하는 도가니법이 발달하였다. 철을 재용융하여 균일한 주강을 얻고자하는 것이었는데 가장 유명한 실험은 시계기사인 벤자민 헌츠만(Benjamin Humtsman, 1704~76)에 의해 1730년대에 침탄법으로 얻어진 강을 도가니(crucible 또는 pot)로 용융하여 균일한 강을

38) 鈴木善次 외, 전게서, p. 156.

만드는 것이며, 많은 성과를 얻었다. 헌츠만에 의한 도가니 주강법은 19세기 전반에는 이미 하나의 석탄 이용기술 발명이었다.

원래 영국에서는 양질의 강이 생산되지 않아 스웨덴에서 수입하였다. 하지만 당시 강의 제법은 연철을 작은 노 안에서 목탄 속에 파묻어 고체상태 그대로 표면에 탄소가 침투되게 대기하는 방법이었는데 품질이 균일하지 못하였다. 헌츠만은 시계의 태엽에 사용하는 좋은 강을 얻기 위해 침탄강을 목탄과 함께 도가니 안에서 한번 더 융해시키고 그것을 반사로 내에서 1,500℃이상으로 가열하여 불순물을 완전히 제거, 탄소의 분포를 일정하게 하는 방법을 고안한 것이다. 헌츠만의 방법은 선철이나 연철에서 강을 만드는 방법은 아니고 강을 정제, 품질을 향상시키는 방법이다. 강은 칼 종류, 시계의 태엽 등 억세고 질긴 성질이 요구되는 재료에 사용되었다.

## 11.6 금속 가공기술(기계에 의한 기계의 제작)

### 1. 초기의 공작기계 및 기계제작의 요건

목재 가공용의 선반은 고대부터 알려져 있었으며, 16~17세기에 유럽에 기록이 있고, 1500년에는 레오나르도 다 빈치가 제작한 것이 있고, 1660년에는 벤손의 나사 깎기용 및 타원체 절삭용의 선반이 있다.

산업혁명 이전의 목제기계는 수차대공이나 베틀 대공이 제작하였으며 작은 금속 부품은 대장간에서 가공한 것으로 알려져 있는데 이 목제기계는 기계자체가 가진 물리적 강도와 수공작업에 의한 기계정밀도라는 두 가지 한계가 있었다.

기계란 정해진 치수와 형상을 가진 많은 부품이 특정의 위치관계를 가지고 결합되어 서로 상대적인 운동을 함으로 작동된다. 따라서 기계제작에는 (1) 메커니즘을 고려하고(설계), (2) 설계에서 지정된 형상이나 치수의 부품을 만들고(공작), (3) 만들어진 부품을 조립하는 등 3단계가 필요하다. 이런 요건을 구비하고 주문에 따라 정확한 형상과 치수를 가지고 장기간의 사용에 견딜 수 있는 부품을 제작하기 위한 공작기술을 수반하지 못하면 제 구실을 하는 기계는 되지 않는다.

산업혁명기에는 여러 생산부문에 기계적인 기술의 보급에서 점차 많은 기계를 요구하기에 이르렀다. 기계의 제작은 특히 금속의 정밀한 가공을 필요로 하면서 대단히 복잡한 과제를 제시하였다. 거대한 증기선 · 교량 · 철도시설 · 방적기 · 원동기 등은 많은 철강과 강력한 기계를 요구하였다. 매뉴팩처적 기계제작이 이 과제를 해결하지 못해 기계에 의한 기계의 생산으로 이행됨은 필연적이었다. 18세기 말~19세기 초에 영국에서 설계자가 등장하였는데 첫손 꼽는 인물이 모즐레이이다. 이들 공작기계의 기술혁신적 발달이 '산업혁명의 3단계' 또는 '기술의 완성기'라 할 수 있다.

## 2. 원통의 지름 가공[39)40)]

보링(boring)이란 원통 내면을 칼날이 붙은 원반을 회전시켜 다듬질하거나 확대하는 가공이다. 이 기술은 17세기 대포의 보링으로부터 발달하였다. 대포는 코어를 사용하여 내부가 비어있는 원통 모양을 주조하고, 보링 기계(boring machine)로 안쪽을 절삭하여 다듬질하였다. 또, 증기의 힘을 왕복운동으로 바꾸는 실린더와 피스턴은 그 결합에 정밀한 가공과 다듬질이 필요하다. 이러한 필요성에서 와트가 복수기 부착 증기기관의 특허를 얻은 1769년에 스미턴이 보링용으로 최초의 공작기계를 제작하였다(그림 11 · 15).

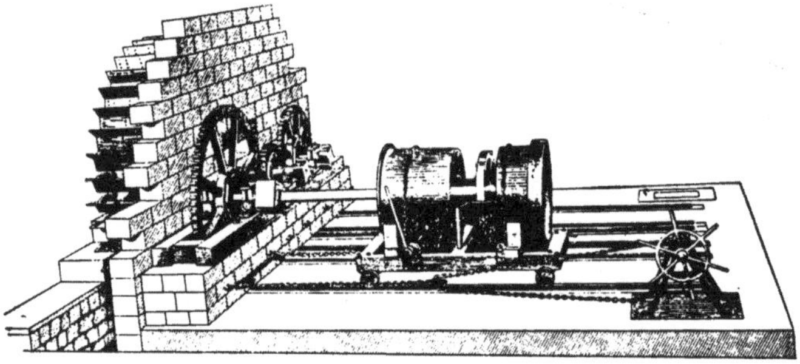

그림 11 · 15 스미턴의 보링 기계

스미턴에 의해 뉴커먼의 대기압기관을 만들었을 때는 안쪽 실린더 벽을 숫돌로 다듬질하는 손작업이었기 때문에 710 mm 지름에 13 mm의 오차로 효율이 좋지 않았다. 1774년에는 윌킨슨(John Wilkinson, 1728~1808)이 대포용 보링 기계(그림 11 · 16)를 개량, 계속하여 1775년에는 실린더 보링 기계를 완성하였다. 수차로 구동하여 기어 메커니즘으로 실린더를 천천히 회전시켜 축으로 지지된 칼날로 내면을 가공하는 것이었는데, 1882년부터 1895년까지 와트기관의 실린더는 이 보링 기술

39) 소련 과학아카데미 편(金光不二夫 외 역), 전게서, pp. 268~270.
40) 加茂儀一 편, 전게서, pp. 129~131.

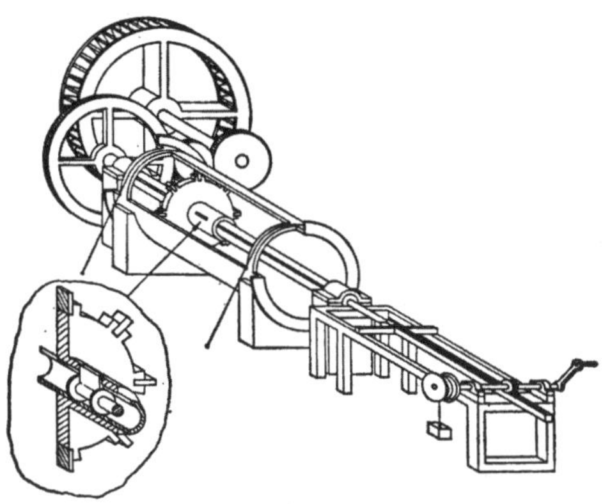

그림 11·16 윌킨슨의 보링 기계

에 의존하여 윌킨슨의 제철소에서 제작되었다. 이 기계는 가공의 정밀도가 1 m 이상의 지름에 1.5 mm의 오차로 와트의 증기기관을 한층 진보시키는 구실을 하였다.

이 외에도 윌킨슨은 증기해머·압연기·주화제조기·용광로 등 금속공업 발달에 중요한 많은 기계를 만들었다. 보링 기계의 정밀도의 향상은 그 뒤 자동 공작기계가 실현되어 처음으로 가능하게 되었고, 고압 증기기관을 기술적으로 제작하는 것이 가능하게 되었다.

## 3. 공업용 공작기계의 출현41) 42)

고대 이집트에서 시작되었다고 전해지고는 있으나 19세기 초 영국의 공업화는 급속히 그 속도를 더했고, 방직기계나 증기기관을 제작, 개량하는 소규모의 기계공장이 영국의 각지에 세워졌다. 증기기관으로 움직이는 방직기계류는 종래의 기계와는 달리 거의 철제이며, 또 대형이었다. 대형의 금속재료 가공은 손작업으로 불가능하였다. 지금까지 사용하던 시계공들의 소형선반으로는 되지 않고, 보다 강하고 큰 치수의 재료의 가공이 되는 공작기계가 필요하게 되었다.

영국의 기계기술자로 수세식 변기(1778), 안전 열쇠(1784)·제지기계·맥주 주입기·만년필 제조기·지폐번호 인쇄기·연관(鉛管) 인발기, 특히 수압기 발명(1795)으로 유명한 브라마(Joseph Brama, 1749~1814) 밑에 18세의 나이로 고용된 모즐레이(Henty Maudslay, 1771~1831)(그림 11·17)는 8년간 기량을 연마하면서 많은 종류의 공작기계에 대해 단조공·선반공·기계공, 때로는 제도공으로 일을 하였다. 그 사이 1794년에 이송대(slide rest)를 발명하여 공작기계의 정밀도를 높이는데 공헌하였고, 1797년에는 전부 금속으로 된 나사깎기 선반도 제작하였다(그림11·18).

1797년, 26세 때 새로운 공장을 세워 독립하였고 자기공장에서 해군의 복합 도르래 제작기계를 제작(1801~08)하였는데 군함에 사용되는 목재 도르래를 년간 10만 개 이상 생산하였다고 하니 이들 블록 가공기계는 세계에서 최초의 대량생산

41) 中山秀太郎, 전게서, pp. 92~94.
42) T. K. Derry·Trevor I. Williams, 전게서, p. 326, p. 348, p. 351, p. 354.

그림 11 · 17 모즐레이

그림 11 · 18 모즐레이의 나사깎기 선반

전용기인 셈이다. 모즐레이가 추구한 점은 정확한 공작기계의 기초를 완전히 평활한 평면(眞平面), 균일한 나사 및 정밀한 측정기구 등 3요소에 두었다. 19세기 초에는 치수를 정확하게 측정하는 측정기 마이크로미터도 제작하였다.

와이어트와 폴에 의해 시작된 방적기계의 개량이 산업혁명의 도화선이 되어 와트의 증기기관이 여기에 가세하였고, 그리하여 빛나는 산업혁명을 완성시킨 것은 모즐레이가 발명한 자동 공작기계의 혜택 때문이다. 그래서 봉건제 수공업은 자본제 기계공업으로 발전된 것이다.

모즐레이의 공장에서 활동한 휘트워즈(Joseph Baronet Whitworth, 1803~87)가 세로 이동 메커니즘과 연결한 가로 방향의 자동 이송장치의 발명(1835)에 의해 선반의 근본적인 개량은 완료되었다.

## 11.7 운송수단의 혁명

시장의 끊임없는 확장을 필요로 하는 대공업제도의 발전은 소비하는 원료 및 제품을 대량으로 멀리, 또 빨리 수송해야 하는 운송 교통기관의 혁명이 필연적이었다. 영국에서는 육로의 운송체계가 불충분하고 정비되지 않은 단계에서 산업혁명으로 접어들었기 때문에, 물자의 유통이 확대됨에 따라 그때까지의 미발달된 교통기관 · 운하 등을 강화, 확장해서 이를 고도로 이용하는 데 노력하였다. 그러나 해상 및 육상의 운송에서는 과거 기술체계에 한계가 있기 때문에 대공업의 발전을 저해하는 결과가 되었다. 기계제생산이 필요로 하는 운송 기술체계는 기계제공장의 원동력이 된 증기기관을 운송의 동력으로 도입함에 따라 비로소 가능하였다.

육상이나 해상에 증기력에 의한 교통기관이 등장한 것은 19세기에 접어들어서이다. 와트의 증기기관은 공장의 동력발생용뿐만 아니라 증기기관차에 응용이 되고, 또 선박추진용으로도 사용되기에 이르렀다. 20세기 초 전력수요가 많아짐에 따라 증기기관을 발전용으로 대단한 발전을 하여 기타 여러 공업의 동력원으로서 일시적으로 독보적인 지위를 차지하게 되는데, 뉴커먼 시대의 4 kW에서 와트의 증기기관은 1대당 10,000 HP를 내는 것도 있었다.

### 1. 철(鐵)에 대한 수요증가

코크스에 의한 용광 · 열풍로의 도입 · 패들법, 용광로 상층부 열의 이용, 광범위한 야금공정의 기술적 재정비는 철의 광범위한 보급을 가능케 하였다. 이 방면에 특히 큰 충격을 준 것은 증기력 운송의 급속한 보급이다. 1830년 지구상의 철도는 전체 길이가 332 km였으나 1850년에는 38,000 km로 늘어났다.

철(아울러 선철)이 운송에 소비된 것은 레일용 뿐만 아니라 철교를 비롯하여 증기기관에 이르는 여러 종류의 철도시설 · 기관 등을 위한 것이었다. 특히나 해운의 개척은 막대한 철을 흡수하였다. 1832년 최초의 항해용 철선(鐵船, steel ship)이, 1843에는 대양 항해용의 철선이 건조되었고, 다량의 철이 국민경제의 다른 영역이나 군사용에도 소비되어 군비의 확장, 대포의 고안 등이 잇따랐다.

### 2. 증기차(최초의 기차)와 육상교통[43) 44)]

증기 철도운송의 진화에는 근본적으로 도로 그 자체, 즉 금속 레일을 가지는 도로의 발달, 레일에 맞게 특별히 장치된 차량의 발달 및 최후로 기관차의 발달을 거론할 수 있다.

고대로부터 두 바퀴차 · 네 바퀴차에 적재한 큰 하물을 운반하기 쉽게 석조 도로에 특수한 레일을 부설하는 것이 알려져 있었다. 고대 이집트 · 그리스에 이런 종류의 레일에 관한 기록이 있다. 16세기에는 광산지역에 목도(木道)가 응용되어 1630년 목도 하부에 가로로 침목을 부설하기 시작, 1767년에는 선철판으로 만든 레일을 도입, 그러나 약하기 때문에 주철제로 바뀌었다가 1803년에는 연철 레일이 응용되었다.

그러다 최초의 철도는 1801년 마차철도가 등장하였고, 레일이 없는 도로를 주행하려고 증기자동차를 고안하려는 시도는 18세기 퀴노(1769), 에반스(1772), 스미턴(1785) 및 머독(1787) 등이고 19세기 초에는 트래비딕으로 이어졌다.

---

43) R. J. Forbes(田中 實 역), 전게서, pp. 250~253.

44) T. K. Derry · Trevor I. Williams, 전게서, pp. 324~325, pp. 331~332.

프랑스의 군사기술자 퀴노(Nicholas Joseph Cugnot, 1725~1804)는 대포를 차에 실어 전쟁터에서 주행할 목적으로 1763년에 증기차를 만들었다. 1769년 퀴노가 개량하여 만든 3륜 증기자동차는 시속 3.5 km로 달렸지만 결국 파손되고 말았고, 와트의 제자이면서 조수인 윌리엄 머독(William Murdock, 1754~1839)은 1784년에 설계를 완성, 2년 후 실험에 착수하여 증기 3륜차의 움직이는 모형을 만들었으나 실용적인 운반차의 제조에는 실패하였다. 머독의 제자인 트레비식(Richard Trevithick, 1771~1833)은 1801년 고압 증기기관으로 차량인 '기관차(locomotive)호'를 구동하여 도로상에서 시속 13~15 km이었고 경제적이지는 못하였다. 1803년에는 트레비식이 처음으로 10톤의 화물과 약 70명의 승객을 태우고 시속 8km/h 정도로 주행하는 기관차를 만들어 실제 연습도 하였다. 그후 1804년 2월 2일 웨일스 탄광에서 주행한 증기차는 주철 레일 위를 달린 최초의 증기기관차였다.

그 뒤 많은 발명가나 기술자의 연구에 의해 영국철도의 창설기술자 스티븐슨(George Stephenson, 1781~1848)은 여객 · 화물 양용의 최초의 만능적 기관차를 설계, 1814년 최초의 기관차를 만들었고 1825년까지 16대의 기관차를 제작하여 스토크턴~다링턴 사이에 세계 최초의 여객용 철도를 건설, 그의 공장에서 제작한 기관차 '로코모션(locomotion)호'로 1825년 개통시켰고, 이어 1829년까지 기관차의 실험이 여러 번 반복되었다.

1829년에는 스티븐슨의 '로켓호'(그림 11 · 19)가 방적공업의 필요에서 건설된 리버풀-맨체스터선(45 km)을 개통되기 직전에 시행된 증기기관차의 경주에서 시속 55 km로 '로켓호'가 우승을 차지하였다.

그림 11 · 19 스티븐슨의 로켓호

'로켓호'는 증기기관차의 유년시대의 총 결산이며, 이후 각국에서 철도가 급속히 보급되어 1830년에는 프랑스, 1835년에는 독일, 1837년에는 네덜란드에서 철도가 개통되었고, 미국에서는 1869년 최초로 대서양 연안에서 태평양 연안에 이르는 대륙 횡단철도(뉴욕-샌프란시스코간 5,259 km)가 개통되어 서부개척에 결정적으로 중요한 물적 기초를 만들었다.

철도건설은 금속 · 연료 · 기계제품 등을 대량 필요로 하여 많은 공업 여러 부문의 성장을 초래하였고 운수 기계공업이라는 새로운 산업부문을 등장시켰고 또 철도의 빠른 보급은 제철업이나 기계제작업 등의 중공업부문의 넓은 시장을 제공하여 중공업분야의 급성장을 초래하였다.

철도는 신속성 · 대량수송 · 진행의 규칙성 · 안정성이 있고, 게다가 운임이 저렴하고 기후에 좌우되지 않아 자본주의적 생산방법의 확장과 세계시장 획득의 강력한 수단이 되었다.

### 3. 증기선의 등장과 해상운항[45)] [46)][47)]

18세기의 산업혁명은 또 수상운항에도 혁명을 가져왔다. 구식의 범선단을 대신하여 새로운 증기선단이 등장, 뒤이어 나선(screw) 기선(汽船)에 이르러 완성을 보았다. 그러나 초기에는 범선에 변화를 주는 정도에 한정되었으나 18세기 후반에 선체가 물에 잠기는 부분을 강철로 덮어 씌우는 방식이 도입되었고 이것은 선체에 해초가 생기는 것을 방지하고 운항속도를 현저히 증가시켰다.

아울러 18세기에는 조선술의 원리가 강구되어 선체의 운동 및 안정의 조건도 연구되었다. 18세기 신무역항로의 발견과 계속된 해상의 전쟁과 관련 함대가 발달되어 이것이 또한 조선학에 충동을 부여하였다. 조선술의 발달은 수학을 발달케 하여 18세기를 대표하는 수학자 오일러(Leonhard Euler, 1703~1783)의 업적은 이를 증명한다. 항해술에 관한 연구도 이어졌고 18세기 중기에는 점차 베르누이 · 오일러, 기타 해석학적 연구가 등장하였다. 1749년 베데르부르크에서 출판된 오일러의 업적은 선체의 평형 · 안정에 관한 이론, 선박의 형식과 추진, 풍력의 작용 등 정밀한 연구였다.

증기기관은 육상교통의 변혁뿐만 아니라 해상수송을 위한 새 동력이기도 하였다. 선박에 증기기관을 이용하게 되면서 대형의 해양화물선 · 여객선 · 군함의 건조가

45) R. J. Forbes(田中 實 역), 전게서, pp. 265~266.
46) T. K. Derry · Trevor I. Williams, 전게서, pp. 326~330.
47) 소련 과학아카데미 편(金光不二夫 외 역), 전게서, pp. 420~428.

시작되었는데 해상운송은 세계시장을 정복하고 멀리 떨어진 지역에 거주하는 사람들을 수탈하기 위한 가장 중요한 수단이 되었다.

미국의 피치(John Fitch, 1743~1796)는 1786년 증기의 힘으로 한 쌍의 노를 움직이는 최초의 실용적인 증기선을 만들었고, 1807년 외륜선 건조에 완전히 성공을 거두었고 최초의 실용적 증기선을 건조한 기술자인 풀턴(Robert Fulton, 1765~1815)은 외륜증기선 '클레르몽(Clermont)호'라는 길이 45 m, 폭 4 m, 150톤의 배를 만들어 뉴욕과 허드슨강 상류의 올바니 사이 왕복 386km를 62시간 항해로 상업적으로 성공한 세계 최조의 증기선이었다. 헨리 벨의 여객용 증기선 '코메트호'는 1812년 클라이드강에서 정기운항을 시작하였다. 벨이 1830년 여객전용의 선박을 만들면서 증기선의 건조가 급속히 진보되었다. 1819년에는 유럽과 미국을 연결하는 대서양 횡단항로에 처음으로 증기선 '사반나호'가 등장하여 목화를 미합중국에서 영국까지 26일이 소요되어 운송하였다.

그후 증기선은 증기기관의 마력의 확대와 거기에 따르는 선체의 대형화, 외륜을 대신한 스크류의 사용, 목재에서 철재로의 선박재료의 변화 등 기술적인 과제를 해결하면서 급속히 발전하였고, 스크류 추진선의 도입은 1839년 스미스가 설계하여 건조한 선박인 240톤의 '아르키메데스호'의 시험항해로 시작된다. 본격적인 철선은 설계기사 브루넬(I. K. Brunel, 1806~1859)에 의해 1839년에 건조를 시작, 1844년에 진수한 '그레이트 브리튼호'로 실현되었다. 이 배는 배수량이 3,618톤, 증기마력이 1,100마력으로 스크류 추진기를 설비하여 대서양을 정기적으로 횡단하였는데, 철판으로 만들어진 최초의 영국 선박이다.

브루넬은 다시 19세기 최대의 증기선 '그레이트 이스탄호'(배수량 2만 7,384톤, 출력 8,300마력)를 1858년에 건조하였다. 이 선박은 돛 외에 4대의 증기기관을 가지며 외륜과 스크류를 구비하고 있어 스크류와 외륜을 동시에 구동하였을 때는 속도가 최대 15노트, 외륜만일 경우는 7.25노트였다. 이 선박은 대서양을 11일만에 횡단(최초의 증기선 사반나호는 26일, 범선은 40일 이상)하였다. 스크류를 구동하는 증기기관의 마력은 4,886Hp, 외륜구동은 3,411Hp이었다. 4,000여명의 승객을 수송할 수 있었으며, 하루에 300톤의 석탄을 소비하였다. 1860년대에는 필요에 따라 임의의 출력을 가지는 선박의 건조는 기술적으로 가능하였으나 경제성은 좋지 않았다.

제12장

# 산업혁명의 확산과 근대적인 과학과 기술

영국은 1640년까지 1세기 동안 유럽 국가 중 상공업이 가장 뒤떨어진 후진국이었으나 산업혁명에 의해 선진국으로 변모하였다. 영국의 시민혁명이 17세기에 일어나 봉건적 제약에서 대체로 해방되어 새로운 사회구조에서 영국의 산업은 선례가 없을 정도로 진전되어 그 이후로 200년간의 자본주의는 이전의 어느 문명사회보다 기술에 관해서는 진보적이었다.

그 이유는 직인은 학자의 이론이 자기들의 실제의 노력에 도움이 되는 것을 알았고, 학자는 직인의 지식과 실제기술이 사물의 본성에 대해 자기들의 학문연구에 크게 기여하는 것을 발견하여 이론과 실천을 밀접하게 결합시키는 직인과 학자의 상호협력이었다. 학자와 직인 사이의 새로운 관계는 고대와 중세의 학문을 근대과학으로 전환시킨 중요한 원인 중의 하나가 된 것임에 틀림없다.

그런데 앞서 간 산업기술에서의 영국은 거의 경쟁자가 없는 우위는 무한으로 계속되지는 않았다. 18세기 말까지 다른 국가들도 같은 모양으로 발전을 시작하였다.[1)]

19세기 후반의 산업혁명의 진전과 더불어 1789년에 일어난 프랑스 혁명에 의한 봉건적 절대주의 국가의 일소와, 1783년 미국 독립전쟁으로 이루어진 주권재민의 민주적 연방국가의 출현은, 문명제국의 체제를 크게 바꾸어 자본주의 · 자유주의적 체제를 강화시켰다. 그렇게 하여 산업도 증기동력을 이용한 대량생산의 시대에 돌입하였다. 이런 상황은 과학 · 기술의 증진에 크게 기여하였다. 이를테면, 정보

1) S. Lilley(伊藤新一 외 역), 전게서, pp. 102~103, p. 132.

의 증가로 과학기술의 지식이 널리 보급되고, 많은 사람들의 관심과 호기심을 불러일으켜 과학 · 기술의 진보가 인류의 번영에 그대로 비례된다는 환상을 줄 정도였으며, 대량생산에 의해 사회에는 물질적인 풍요로움이 나타나기도 하였다. 또, 국가나 공공기관은 과학 아카데미나 대학에서 이공학과의 충실에 힘썼다.

17세기에는 기계적 철학의 영향으로 베이컨, 뉴턴 및 보일 등은 열의 본질을 물질입자의 운동으로 보는 시각이었다. 그러나 18세기에 와서는 열이 무게가 없는 물질의 입자라는 '칼로릭(caloric) 이론'이 등장한다. 이런 상황에서 19세기 초 카르노가 증기기관의 열효율 문제에 기초를 놓았고, 1830년 초부터 '에너지'를 취급하여 이 에너지는 전기 · 자기 · 빛 · 소리 · 열 · 화학 · 역학현상 등 다양한 형태가 나타난다고 생각하였다. 이렇게 열분야의 지식이 과학화되어 '열역학'이라는 하나의 학문분야가 생겼다.

생물학분야에서는 18세기와 19세기에 걸쳐 다윈을 중심으로 하는 '진화론'이 발표됨에 따라 생물학계뿐만 아니라 사회일반에 큰 반응을 일으켜 진화론의 시비에 대해 생물학자 및 교회의 성직자들이 큰 논쟁을 벌였다.

## 12.1 프랑스 · 독일 · 미국의 산업혁명과 기술

### 1. 프랑스의 산업혁명

영국이 다른 나라에 앞서 산업혁명을 시작하여 '세계의 공장'으로서의 위치를 지키고 있을 때, 프랑스는 시민혁명의 전야에 있었고, 독일은 300여 연방국가군으로 이루어진 정치적 분열상태에 있었다. 또, 미국은 독립전쟁의 시기였다. 이러한 역사적 상황은 이들 나라가 그후의 자본주의 발전을 위한 큰 변화를 가져오는 계기가 된다.

대혁명 개시 후 제1공화제 · 복고왕정 · 7월혁명 · 7월왕정 · 2월혁명 · 제2공화제(보나파르티즘)와 계속되는 시민혁명(정치혁명), 그 사이의 반동기(反動期)라는 과정에서 준비되어 전개된 프랑스의 산업혁명은 직접, 영국 산업혁명의 압력과 영국 자본주의의 생산력이 우위라는 역사적 전제 하에서, 직접적으로 그에 대항하는 측면도 포함되어 수행되었다.

영국 산업혁명의 시작에 따른 프랑스의 기계도입은 공업 검찰관 호루카의 지도하에 제니 방적기(그림 12 · 1)는 1771년에, 아크라이트 방적기(그림 12 · 2)는 1780년대에, 와트 증기기관은 1778년에 도입되었다. 1785년에는 윌킨슨의 지도로 코크스 고로가 설치되었다.

대혁명은 농민을 봉건제도하의 여러 규제에서 해방시킴과 동시에 1791년의 길드제 폐지법령, 또 매뉴팩처 검찰관과 산업규제의 폐지법령 등으로 '영업의 자유'를 확립시키고, '근대적 생산력'은 해방되었다. 대혁명의 진전은 특권 매뉴팩처에 의한 '초기독점'의 체제에서 프랑스 국민경제를 해방시켰다. 특권 매뉴팩처는 부정되었으나 경영 그 자체는 반드시 해방되었다고는 할 수 없고, 근대적인 사회기반 위에 재구성되어, 19세기 프랑스 자본주의 안에서 절대왕제의 유산으로 계승되어 간다.[2)]

그림 12 · 1 제니의 방적기와 그 작업

그림 12 · 2 아크라이트의 방적기

## 2. 프랑스의 목면공업

프랑스 산업혁명에 있어서도 주축이 된 산업은 역시 면업이다. 그러나 영국에서는 산업혁명 시대 전체를 통해 면업주도성을 관철하면서 국민경제의 자립적인 고도화가 추진, 달성된 후인 1830년 이후 철도건설이 시작된 데 비해, 프랑스에서는 면업주도의 산업혁명이 본격적으로 시작되려는 1830년대에 동시에 철도건설이 시작되고, 다른 여러 공업부문이 병행되어 산업혁명 추진에 합세하였다. 그러한 의미에서 프랑스 산업혁명의 본격적인 전개는 7월혁명 이후라 할 수 있다.

1786년 영국 · 프랑스 통상조약으로 영국의 면제품이 유입되어 프랑스 면업의 선진지역인 노르망디 목면업은 큰 타격을 받았으나, 혁명정부의 보호정책(1793년의 수입금지 등)으로 되살아났다.

노르망디는 제니 방적기의 보급, 또 뮬 · 제니 방적기의 사용으로 면업의 발달이 추진되면서 그 가운데 면업에서 직포공의 존재가 농촌에 일반화되었으며, 독립하

---

2) 吉田靜一, 近代 프랑스의 社會와 經濟, 제6장, 1975, 未來社.

여 소생산자의 기능까지도 하였다.

프랑스 면업에서 하나의 중심은 알사스(Alsace) 면업이었으나 뮐루즈로 이주하여 온 중산층에 의해 뮐루즈 날염(捺染, 피륙이나 실 같은 것에 어떠한 모양을 물들이는 방법의 하나)공업이 시작된다. 19세기 초까지는 뮐루즈 날염업에 대해 알사스의 자급적 면직물 공급이 우수하였으나, 나폴레옹 대륙체제에 의거해 영국에서의 면포 · 면사수입이 금지됨으로써 알사스 날염업은 방직 · 직포의 두 공정을 결합한 방직—직포—날염의 수직적인 집중형태로 시작된다.

1820~1825년경에는 알사스 면업은 뮐루즈 도시 귀족출신의 면업자본가의 지배로 융성기에 들고, 1830년대에는 프랑스 면공업의 중심이 노르망디에서 알사스로 옮기게 되었으며, 이때부터 프랑스 산업혁명은 본격적으로 전개기에 들어간다.

이른바, 대혁명 이후의 1790년대부터 1825년까지는 프랑스 산업혁명의 준비기 내지는 개시시기가 된다.

또 '알사스형'이 전개시기에는 우위를 차지하였으나 '노르망디형'으로 표현되는 '소생산자적 발전의 길'도 그후 같이 존립하면서 프랑스 자본주의 발전에서 하나의 특징을 구성하게 된다.

## 3. 프랑스의 철도건설과 제철업[3)]

제철업에 있어서는 나폴레옹 체제가 붕괴된 이후, 프랑스 제철업은 영국제품의 유입이라는 압력으로, 패들법에 의한 공장에서는 기간 노동력을 영국인에 의존하는 '영국형 제철소'였으나, 1830년경에는 프랑스인으로 바뀌어졌다.

철도건설이 급속히 시작된 것은 1833~1834년경으로, 프랑스에서 철도 붐이 일어난 것은 1842년의 '철도법' 이후이다. 이것은 동시에 제철업의 수요를 만들었으나 프랑스 전체에서 목탄제철에서 코크스 제철로 전환된 것이 1850년이니, 영국보다 반세기 이상 뒤진 셈이 된다.

한편, 1856년에 발명된 베서머(Bessemer) 전로법(그림 12 · 3)은 그 2년 후에 도입되었고, 1864년에는 평로법이 르쿠룬 제철소에 도입되었다. 노동력과 막대한 연료비가 필요한 패들법에 대신하여 연속적인 제강기술 체계를 만들게 되었다. 제2제제(第二帝制) 말기에 드아 윈테르는 제철에 7,000명, 철광에 8,000명, 탄광에 1,400명의 노동력을 고용하는 대기업이 되었다.

---

3) 山崎俊雄 외 편, 전게서, p. 105.

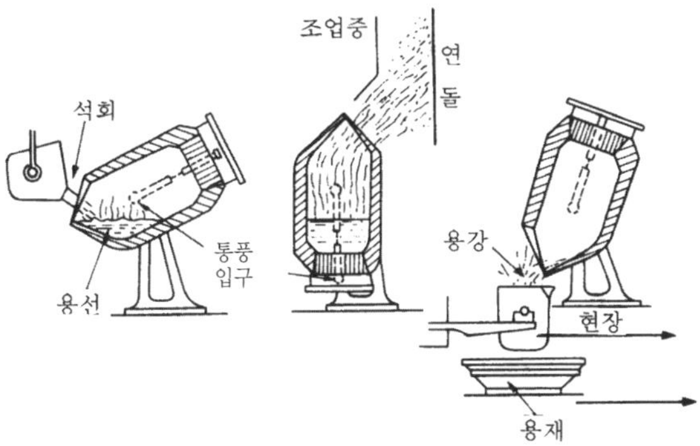


그림 12 · 3 베서머의 회전로

프랑스 자본주의는 1850년대 말까지 스스로 재생산 궤도를 확립하였고, 1857년의 공황은 전반적으로 과잉생산 공황의 성격을 가지고 있었다.

프랑스 산업혁명의 종료를 목표로 하는 지표는 프랑스 자본주의가 그 자유무역 정책에의 전환을 통해서 세계시장에 편입되는 1860년의 영국 · 프랑스 통상항해 조약이라 할 수 있다.

## 4. 독일에서의 개혁운동[4)]

프랑스 혁명과 나폴레옹 전쟁의 과정을 통해 독일의 정치구조는 큰 영향을 받아 정리 재편되었으나, 1815년의 빈 회의에서 주권이 인정된 나라는 불과 38개국이었다. 그 가운데 압도적으로 영향력을 가진 나라는 절대주의국 프로이센이었다. 프로이센은 나폴레옹 압제와 빈 체제의 시기에 '슈타인 하르덴베르크(Stein Hardenberg) 개혁'에 의해 동부 농업사회에서 융커(Junker－원래는 왕공 귀족의 아들을 의미)로 불리는 대지주 · 귀족의 경영을 성립시켰다.

직영농장을 확대시킨 융커로 귀족지주는 영세한 농지를 보유한 부역체제 등을 존속시킨 프롤레타리아트가 아닌 농민층을 그 노동력으로 파악하였다. 1807년에 세습 노예제도의 폐지, 1810년에 길드 제도의 폐지가 이루어지나 개혁의 중심으로서의 농사제도의 부르주아적 개혁은 진행되지 않았다.

여기에 비해 교육개혁은 슈타인의 인문주의적 측면이 관철되어 피히테(John Gottlieb Fichte) 등의 영향을 받아 교육관련 장관 훔볼트(Humboldt)가 페스탈로치의 교육사상과 혁명 후의 프랑스 교육개혁을 배워 초등 학교제도의 정비와 중등교육의 개혁에 착수하였다. 그리하여 1810년에는 베를린대학을 창설하였고, 1821년에는 기술교육을 위해 베를린 실업학교를 설립하였다. 이 영향은 독일 전국토로 확대되어, 각지에 중등 교육과정의 기술교육 학교인 실업학교, 공업학교 등이 설립되었다.

---

4) 武谷三男 편, 자연과학개론, 제3권, pp. 104~105, 1963, 勁草書房.

이와 같은 교육제도 개혁의 성과는 19세기 중반에 직접 나타났다. 독일 산업혁명에서 선진적인 역할을 한 베를린 기계공업의 중심인물이었던 보르지히(August Borsig, 1804~1854)는 이들 학교에서 교육을 받은 기술자 · 기업가가 된 경우이다. 이들 기술교육 학교는 산업혁명 전개에 앞서 대개 공업학교 등으로 바뀌었고, 드디어 산업혁명 완성기에 프로이센 주도하의 국가통일이 실현되는 단계에서 공과대학이 된다. 19세기 말의 초기에서 20세기에 걸쳐 독일 근대과학 · 기술발달의 근간은 카를스루에(1865), 뮌헨(1868), 아벤(1870) 및 베를린(1879) 등의 공과대학이다.

위와 같이 독일 산업혁명(1840~1850년대에서 1860~1870년대까지)의 전제조건의 첫 번째가 슈타인 하르덴베르크 개혁이고, 두 번째가 라인 좌안지역에서의 프랑스 혁명과 그 후의 나폴레옹 법전시행이라는 형태의 프랑스의 영향에 의한 '근대화'이었지만 무엇보다 중요한 직접 전제조건이 된 것은 1818년의 프로이센 구역 내에서 관세법 성립으로 18개 연방국가가 발족되는 1834년의 독일 관세동맹의 성립이었다.

## 5. 독일의 철도건설과 기계공업

개혁운동의 전제조건 하에서 1840년대에 독일 산업혁명은 시작되나, 사실은 철도건설의 발전과 겹쳐지고 그 주도하에 진행된다. 최초의 철도건설은 1835년 뉘른베르크—페르즈 사이이나, 1848년 3월혁명의 시기에는 총연장 길이가 4,300 km에 이르러 프랑스를 능가한다. 3월혁명 직후인 1850년대 초기에는 엘베 동쪽의 베를린 기계공업의 공장제 변환을 축으로, 또 엘베 서쪽의 라인 베스트팔렌 지역을 제철업의 중심지역으로 하여 전체적으로 급속도로 생산력이 증가되었다.

관세동맹 직전까지 20여 년간은 종업원 10명 이하의 소경영의 그룹은 관세동맹 성립 후 1855년에 종업원 860명 규모, 1865년에는 종업원 8,000명의 대공장에 이르게 된다.

그런데 독일 산업혁명에서 1840년 이후 기술자인 기업가 밑에서 기술교육을 받은 시민층 출신의 기업가(Fabrikant)가 출현한다. 취급소 역할에서 그룹으로 발전, 지멘스 형제의 역할 등을 보았을 때, 앞서 밝힌 전제로서의 교육제도 개혁의 의미가 분명해진다.

독일 기계공업은 당초 영국으로부터의 기술도입에 의지하여 설립된 것이 많고 에겔스(F. Aton, Eggles, 1882~1944)는 영국 · 프랑스에 파견되어 배웠으나 기술가 육성의 면으로 보더라도 교육제도 개혁은 효과적인 역할을 단단히 하였다. 유럽에서 독일의 생산력에서 프랑스를 앞서게 된 것은 1870년대이며, 독일의 산업혁명은 1870년대에 완료되었고, 1873년의 세계 경제공황의 발생을 계기로 유럽일대, 특히 독일을 중심으로 카르텔(Cartel, 기업연합) 형성의 움직임이 시작된다.

## 6. 미국의 독립전쟁 및 남북전쟁과 공업

1776년 7월 4일, 영국의 식민지 노릇을 하던 미국식민지는 독립을 선언하게 되고, 그에 따라 미국의 독립전쟁이 일어났다.[5] 미국 독립전쟁(1775~1783)은 그 자체가 시민혁명적 성격을 지니고 있었으나, 그 후의 남부 노예제 대농장경영(plantation)의 확대에서 볼 수 있듯이, 전근대성을 남기면서 전체적으로 급속도의 경제 발전을 가져왔다.

19세기 전반의 남부 노예제 대농장경영은 성장을 거듭하여 온 영국의 면공업에 대한 주요 원료공급 기지의 위치로 되어 영국의 산업자본에 종속되어 있었다. 미국의 이 미완성의 시민혁명은, 남북전쟁(1861~1865)에서 북부 부르주아지의 남부에 대한 승리를 통해서 달성된다.

미국의 산업혁명은 북부 뉴 잉글랜드에서의 면공업을 공장제로 바꾸면서 시작되고, 1820~1830년대에 농촌 가내공장을 추방하고 근대적 공장제로 바뀐다. 패들 압연법 도입(1817), 엘리 휘트니(Eli Whitney, 1765~1825)의 밀링 기계(1818), 동력이용의 베틀 도입에 따른 방적 일관공장을 보스턴에서의 설립(1815)에서 보듯이, 1810년대에서 1820년대에 걸쳐 산업혁명이 시작되었다고 볼 수 있다.[6]

19세기 전반기에는 제철업의 중심은 펜실베니아에서 오하이오로 옮겨지고 철강도시 피츠버그가 대두하나 목탄로를 대신하는 코크스로는 1855년이다.

북부에서는 산업혁명의 진전과 더불어 산업자본이 발달하였으나, 미국은 전체적으로 영국 자본주의의 원료공급(목화, 곡물)시장이었으며, 또 공업제품의 판매시장으로 영국자본에 지배되고 있었다. 미국은 독립전쟁 후에도 영국의 식민지적 지위에서 벗어나려고 노력했지만 영국 자본주의의 재생산 구조에 빠져 들어가는 경향을 보였다.

---

5) 羅鍾一 외, 전게서, p. 206.

6) 鈴木啓介 편, 미국경제사, 제1장 6절, 제2장 8절, 1972, 東大出版會.

남북전쟁 직전(1860)에는 뉴욕 등 중부 다섯 주와 뉴 잉글랜드를 합하면 미국 전 국토의 공업생산과 노동자수가 2/3 이상이 되는 상황이면서도, 남부는 전체생산액의 1/10도 되지 않았고, 자본주의 공업의 대부분은 북부에 있었다.

이 상황은 북부의 경제적 우위, 남부의 정치 · 군사적 우위로 특징지워진다. 이 시기의 남부 총인구 1,200만 명 중 흑인노예는 약 400만 명이며, 이것이 대농장 경영의 기간노동력이었다. '세계의 공장' 영국은 이 시기에 목화수요인 14억 파운드의 절반을 미국남부 목면농장에서 생산되는 목면으로 공급되었고, 미국으로 보더라도 총 수출액의 30~50%가 되었다.

거기에다 미국 특유의 서부문제에서 철도부설, 통신망의 발달에 의해 동부시장에 연계하려는 북부 산업자본의 요구와 노예제도의 외연적 확대를 시행하려는 남부의 요구와 정면으로 충돌한다. 여기서 남부와 북부의 대립은 자본주의의 성장 · 발전을 움직이는 두 개의 프로그램의 대립이며, 남북전쟁은 미국에서 자본주의 발달의 장애물을 한꺼번에 타파하는 정치변혁이 되었다. 1870년대 이후의 미국 자본주의의 발전이 이를 뒷받침하고 있다.

남북전쟁은 독립전쟁에서 미해결로 남아 있던 시민혁명을 완결하여 자본주의의 급속한 발전을 가능하게 하였다. 넓고 깊게 국내시장이 열리고 공장제도가 확립되어 전쟁 전인 1863년에 법제화되었으면서도 전국적으로 적용되지 않았던 은행제도 등이 산업자본에 의해 그 기능을 시작하였고, 1860년대까지 성립된 재봉틀, 기관차 및 농기구 등 기계공업 부분이 발전하여 공작기계 등의 면에서 대량생산 기술은 영국을 능가하였다.

제철업에서는 1868년 평로법이 도입되어 보급되고, 1870년대에는 스탠더드 석유회사가 성립되면서 미국의 선철생산은 독일, 프랑스를 능가한다. 산업혁명은 완료되고, 1873년에는 경제공황에 들어서면서 독점에의 과도기로 접어들게 되었다.

프랑스, 미국 및 독일에서는 영국에 약 30~40년 뒤진 채 산업자본의 확립이 이루어진다.

## 12.2 전자기학의 발달 및 열과 물질

17, 18세기는 전기라고 하면 마찰전기를 중심으로 하는 정전기시대였으나 19세기를 맞이함과 동시에 양상은 급변하여 1800년에 전류를 계속 흐르게 하는 볼타의 전퇴발명으로 정(靜)전기시대에서 동(動)전기시대로 바뀌었다.

## 1. 전기현상과 전기역학[7)8)]

19세기 초 이후 대부분 전기화학에 집중되어 있던 전기이론은 1820년에 중요한 새로운 전기와 자기 사이의 밀접한 관계를 발견함에 따라 전자기학 성립의 단서를 마련하였다. 1780년대에 쿨롬은 전기와 자기에 관한 '역제곱의 법칙'을 발견하였으나 그 이후 전기와 자기의 관련연구는 찾을 수 없었다. 덴마크의 물리학자인 외르스테트(Hans Christian Oersted, 1777~1851)(그림 12 · 4)는 1820년 자침 위에 전류를 흐르게 할 때 자침이 흔들린다는 '전류의 자기작용'을 발견하였고, 이 발견은 앙페르 · 패러데이의 연구에 계승된다.

그림 12 · 4 외르스테드

그림 12 · 5 앙페르

외르스테트의 실험을 통해 프랑스의 에콜 폴리테크니크 출신의 화학자 · 수리물리학자인 앙페르(Andre Marie Ampere, 1775~1836)(그림 12 · 5)는 1810년대에 전기화학 · 물질구조론을 연구하였고, 다음에 전류의 자기작용을 연구하여 전류의 단위명에 그의 이름이 남아 있다. 그는 전류가 흐르고 있는 평행도선에는 상호작용에 의해 힘이 작용함을 발견, "전류의 방향이 같으면 인력(引力)이, 반대방향이면 반발력(斥力)이 작용하며 일반적으로 두 전류요소에 작용하는 힘은 각 전류요소의 곱에 비례하고 도체 사이의 거리의 제곱에 반비례한다"는 전기역학 현상의 수학이론을 뉴턴 역학(만유인력의 법칙)에 대응시켜 '전기역학'(electro dynamics)이라 하였다. 이 입장은 1831년에 발견된 전자유도를 설명하기 위해 독일의 물리학자인 웨버(Wilhelm Eduard Weber, 1804~1891)와 노이만(F.E.Neumanny, 1798~1895)에 의해 확장되어 전류의 본성으로 운동하는 十, 一의 전하(電荷) 사이의 힘으로 고찰되었다. 앙페르의 주요저서로는 「전기역학현상론」(1826)과 「과학철학시험」(1834~1843)의

7) 紫藤貞昭 편, 전게서, pp. 171~172.

8) R. J. Forbes · J.E. Dijksterhuis(廣重 徹 외 역), 전게서, pp. 365~366.

두 권이 있다.

## 2. 패러데이의 전자유도와 맥스웰의 전자장이론

영국의 화학자 · 물리학자인 패러데이(Michael Faraday, 1791~1867)(그림 12 · 6)는 1830년까지 주로 화학실험상의 연구에 종사하여 염화에틸렌 합성(1820) · 특수강의 연구(1819~24) · 염소의 액화실험(1823) · 광학유리의 제조법 개량(1824) · 등화용 오일 가스에서 벤젠의 분리(1825) 등 현저한 업적이 있고 1827년에 유일한 저서 「화학조작법」을 출판하였다. 1821년에 전자기 회전의 실험에 성공하였고 전자기 연구에 전념한 것은 1830년 이후로 1831년 전자유도 현상을 발견, 전기화학 분해에 관한 유명한 두 법칙을 공표하였다.

'패러데이 법칙'(Faraday's law)의 발견은 전기현상과 화학현상의 밀접한 관계를 명시하였고, 전기분해의 설명은 뉴턴의 역학에 기초를 둔 역학적인 모델 — '크로도우스의 쇠 사슬'(그림 12 · 7)에 의해 설명되었다. 이로써 이온의 개념을 확립시키게 된다. 아울러 휴엘(William Whewell, 1794~1866)의 협력을 얻어 '전극'(음극 및 양극) · 이온(음이온 · 양이온) 등 새 용어를 도입하였다. 전기장론의 기초(1837) 및 진공방전에 관한 실험(1838) 등 3개의 연구성과는 전기공학의 기초를 형성하게 되었으며, 전자장론의 연구를 통해 '자력선'과 '자장'이라는 용어가 생기기도 하였다.9) 10)

그림 12 · 6 패러데이

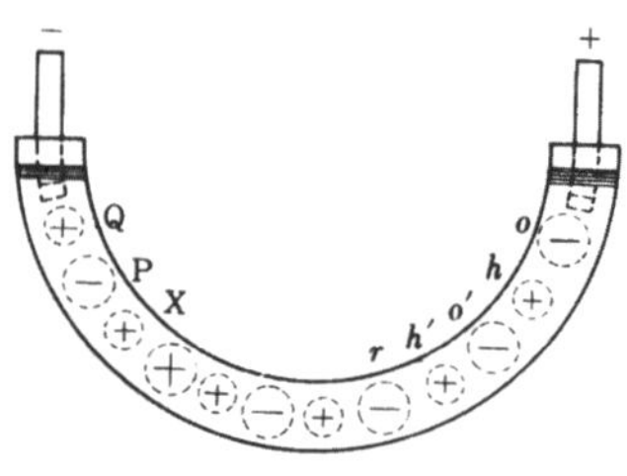


그림 12 · 7 크로도우스의 철

1831년에 패러데이는 전자유도(자계의 변화에 의해 회로 중에 기전력이 생기는 것) 현상을 발견하였다. 철심에 두 개의 코일을 감고 (1) 한쪽 코일에 전류를 흐르게 하고 이 전류를 증감시켰드니 다른 코일에도 전류가 흐르고, (2) 한 쪽 코일에 전류

9) 伊東俊太郎 외 편, 전게서, pp. 877~878.

10) T. K. Derry · Trevor I. Williams, 전게서, pp. 608~610, p. 615, p. 628.

를 차단하는 순간, 또는 전류를 흐르게 하는 순간에만 다른 코일에 전류가 흐르고, (3) 코일에 자석을 가까이 또는 멀리하여도 코일에 전류가 흐르는 이 현상을 그는 코일이 자력선을 끊으므로 기전력을 일으킨다는 자력선의 개념을 사용, 자력선을 전기긴장 상태(electrotonic state)로 하여 근접작용의 입장에서 취급, 자력선 변화의 비율은 생성되는 전류에 비례한다는 생각이었다. 패러데이 전자유도 발견의 중요성은 전기현상과 자기현상 사이의 상반(相反)관계를 찾아내었다는 사실이다.[11)]

패러데이 연구의 기초는 W. 톰손 켈빈 경(Sir William Thomson-Lord Kelvin, 1824~1907)(그림 12·8) 등에 의해 이를테면 '전신방정식'을 세워 신호파형의 스트레인을 해석하는 등 통신기술상의 문제해결을 통해 발전시켜 1845년 이후 '맥스웰의 방정식'에 이르게 된다.

패러데이는 정전기·전류·자기의 작용 전부를 유도현상으로 보고 통일적으로 이해된다고 생각하였다. 그 작용공간에는 곡선상태의 자력선·전기력선이 가득 차 있고 이 역선(力線)의 생각을 수학적으로 정밀화하고 전자장(전자기현상을 통일적으로 이해하기 위한 기초개념으로 전기작용·자기작용의 공간적 배치·시간적 변화를 표시하는 양)의 개념을 확립한 사람이 영국의 물리학자 맥스웰(Jame Clerk Maxwell, 1831~1879)(그림 12·9)이다. '전자장의 기본 방정식'을 도출하여 수학이론을 세웠다. 이렇게 하여 맥스웰은 전자파의 존재를 예언하였다.

그림 12·8 켈빈 경

그림 12·9 맥스웰

## 3. 열역학의 형성

열역학은 영국의 산업혁명이 진행되면서 열기관(증기기관)의 공학해석을 통해

11) 紫藤貞昭 편, 전게서, pp. 172~173.

시작되나(와트의 지압선도 등), 열역학의 이론체계의 기초를 세운 사람은 프랑스의 에콜 폴리테크니크 출신의 공병장교인 카르노(Micolas Léonard Sadi Carnot, 1796~1832)(그림 12 · 10)이다. 그의 유일한 저서로는「불의 동력에 관한 고찰」(1824)이 있다. 이 책에서 그는 영구기관 불가능의 원리와 칼로릭설, 온도차가 있을 때는 동력발생이 가능하다는 이 세가지를 전제로 '카르노 사이클'을 생각하여 '카르노 정리'를 도출하여 열역학 제2법칙을 탄생케 한다.

그림 12 · 10 카르노

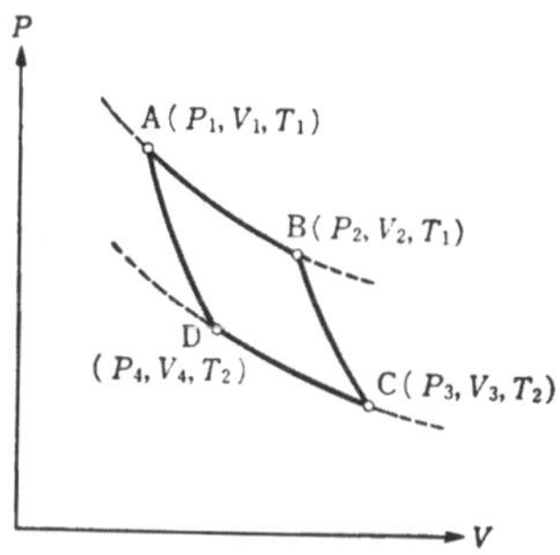


그림 12 · 11 카르노 사이클

카르노는 '카르노 사이클'[12](그림 12 · 11)에서 가역 열기관이라는 열역학의 기초개념을 만들고, 열기관의 최대효율(가역열기관의 효율)은 작업물질에 관계없이 고온열원과 저온열원의 온도에서만 결정된다는 '열역학 제2법칙'으로 정형화되는 '카르노의 정리'를 1824년에 확립하였다. 카르노 사이클은 가역 사이클로 수증기 등을 일정한 온도로 등온팽창시키고 열의 출입을 차단, 단열팽창시켜 온도를 저하시킨다. 다음 온도를 일정하게 등온압축, 마지막으로 열의 출입을 차단, 처음상태로 되돌아가게 하는 단열압축, 4개의 과정을 거친다. 이 카르노의 이론은 계량할 수 없는 물체인 '열소'(caloric)에 기초한 것이나, 그로부터 열소측면을 벗어나 열 운동설의 입장에서 카르노 정리를 열역학의 제2법칙으로 정식화, 1850년 열역학의 독자적인 이론체계를 성립시킨 사람이 독일의 클라우지우스(Rudolf Clausius, 1822~1888)(그림 12 · 12), 영국의 W. 톰슨(켈빈 경, 1851)이었다. "열은 스스로 저온도의 물체로부터 고온도의 물체로 흐를 수 없다"(Clausius의 표현)와 "자연계에 아무런 변화를 남기지 않고 어느 열원의 열을 계속하여 일로 바꿀 순 없다"(Thomson의 표현). 켈빈경은 물질의 특정성질에 의존하지 않는 절대온도의 눈금을 고안, 그 공적으로 절대

12) R. J. Forbes · E. J. Dijksterhuis(廣重 徹 외 역), 전게서, pp. 284~286.

그림 12 · 12 클라우지우스

온도의 단위가 Kelvin으로 정해지고 있다. 클라우지우스는 1854년 해석적 표현을 제2법칙에 부여하고, 그로 인해 에너지 변환의 방향성을 제시한 '엔트로피'(entropy) 개념을 구축하였다.[13)]

이들의 배경에는 증기기관의 가일층의 발달에 따른 기체(특히 수증기)의 열역학 여러 성질의 실험연구가 있었으나, 이러한 활동에는 맥스웰과 클라우지우스에 의한 '기체분자 운동론'의 최초의 시작(1860, 맥스웰의 속도분포 법칙의 발견)이 있었고, 볼츠만에 의해 통계역학의 확립이 계속된다.

## 4. 에너지 변환의 과학[14)15)]

자연계에 존재하는 여러 형태의 일을 하는 능력인 에너지가 서로 일정한 양적 관계로 변환하며 그 전체가 일정량으로 보존된다는 것으로 그 선구는 레오나르도 다 빈치, 갈릴레이에 의한 '일의 원리'나 라이프니츠에 의한 '활력보존의 원리'이지만 이는 역학적 에너지 보존법칙으로 오늘에 이르고 있다. 19세기 전반에서 최대의 발견이라는 에너지 보존법칙은 정확하게는 "에너지의 양적 보존과 그 형태의 상호변환에 관계되는 법칙"이라는 내용이다.

에너지는 1800년 토머스 영(Thomas Young, 1773~1829)이 활력(living force) $mv^2$에 관해서 「자연철학강의」에 사용한 것이 처음이다. 19세기 전반에는 힘(force)이란 말이때때로 사용되었으나, 1840년대에 에너지 보존법칙이 발견되면서 열역학이 형성되는 가운데 에너지 개념이 명확해졌다.

에너지 보존법칙은 여러 가지 힘의 변환 · 보존에 관한 일반적인 개념과 구체적 변환에서의 양적 관계(當量)의 확립이라는 두 가지 측면을 가지고 있다. 19세기의 30~40년대에 많은 사람이 동시에 발견하였다고 하여 '동시발견'이라고까지 한다. 그러나 다음의 몇 사람이 핵심이다.

마이어(Julius Robert von Mayer, 1814~1878)(그림 12 · 13)는 1842년에, 줄(James Prescott Joule, 1818~1878)(그림 12 · 14)은 열의 일 당량의 측정에서 1842년에, 그리고 콜딩(L. Colding, 1815~1888)이다. 또, 1847년에는 헬름홀츠(Hermann von

---

13) 伊東俊太郎 외 편, 전게서, p. 293.

14) T. K. Derry · Trevor I. Williams, 전게서, p. 341, p. 628.

15) 伊東俊太郎 외 편, 전게서, pp. 961~962.

Helmholtz, 1821~1894)(그림 12 · 15)가 논문 '힘의 보존에 대한 물리적 논술'을 발표함으로써 이론적 공식화가 진행되었다. 그들은 '힘의 보존'으로 이것을 논하고 있다. 1950년대가 되어 줄의 정확한 실험을 통해 열과 일은 서로 같은 종류의 양이고, 서로 변환되며, 그 합은 보존된다는 에너지변환의 수량관계를 포함, 항상 존재한다는 성질을 밝히는 '열역학 제1법칙'이라는 개념과 관련되어 에너지개념이 명확하게 된다.

그림 12 · 13 마이어

그림 12 · 14 줄

그림 12 · 15 헬름홀츠

이 발견의 밑바탕에는 산업혁명이 끝나고 산업 자본주의가 전개되는 가운데 증기기관의 동력과 효율의 문제에 많은 관심이 집중된 것(열역학)이나 또는 열기관뿐만 아니라 전지나 발전기, 모터 등 새로운 동력의 공업상의 이용가능성 검토(전자기학)라는 공학적 필연성이 있었음은 말할 나위도 없다.

그런데 단순한 열의 일 당량뿐만 아니라 자연계의 여러 힘의 상호변환을 설명한 마이어나 헬름홀츠에 관해 말하면, 이 발견의 실마리가 된 것은 생명현상에 관한 고찰(생리학)이었다. 에너지 보존법칙이 자연과학의 일반원리로서의 지위를 획득하려면, 단지 물리 · 화학현상(무기적 자연)뿐만 아니라 생명현상(유기적 자연)을 포함한 '자연의 여러 힘의 연관'이란 생각이 필요하였다고 본다.

## 5. 생명 · 물질 · 우주

세포설, 진화론과 함께 19세기의 3대발견의 하나로 간주되는 이 에너지 보존법칙 발견의 의미는, 첫째는 이 발견의 실마리가 그렇듯, 처음으로 자연의 통일적 또는 유물론적인 파악을 가능케 하였다는 사실이다. 19세기 중반까지의 자연과학에서는 뉴턴 역학이 지배적이었으며, 그의 보완물로 생명소(生命素) · 연소(플로지스톤), 열소 · 광소(光素) · 에테르 · 전기유체 및 자기유체(磁氣流体) 등 각 현상의 특성은 알지만 무게를 측정할 수 없는 가상물질, 즉 저울로 계량할 수 없는 물체(유체)가 유체역학과 결부되어 큰 역할을 하였다. 두 번째 의미는 그 법칙을 계기로 '자연의 연결점으로서의 원자(화학)', 분자(전자기학, 열역학 등의 물리학)를 주요 대상으로 한 micro의 물질구조로, 그 위에 생명현상 — 유기물(생리학), 우주로 자연과학의 연구대상이 집약되고, 집약된 연구에 의해 자연 여러 과학의 내적인 연관성이 명확하게 되어 가도록 하였다는 사실이다. 우주에 대해서는 켈빈 경이 에너지 보존법칙을 우주에까지 적용하고자 시도하였으나 실패하고, 물질적 · 통일적 실체로 '하전입자'(荷電粒子, 전자)의 생각을 하게 되었다.

그림 12 · 16 웨버

헬름홀츠는 1870년에 종래의 웨버(그림 12 · 16)의 하전입자가 속도를 가지고 운동을 하지만 질량은 가지고 있지 않다고 보고 처음으로 질량과 하전(荷電)을 병행하여 하전입자라는 생각을 제기하였다. 이로 인해 하전입자계의 운동방정식을 세워 에너지 보존법칙에 기초하여 해석한다는 방법이 가능하게 되었다.

웨버도 이 생각을 받아들여, 에너지 보존법칙을 만족시키는 유한의 범위 내에서 하전 입자계의 운동을 구체적으로 논해서, 단순한 전기역학의 이론으로서가 아니고 열현상, 화학현상도 설명하려는 물질의 '분자구조'의 이론으로 웨버가 '전자론'을 창시하였다(1871~1875). 이와 같이 '분자구조'로서의 전자론이든, 기체분자 운동론이든 1860~1870년대의 물리학의 대상은 분자에 집중되었다. 그럼에도 불구하고 그때 그 당시의 과학자들의 기계론적인 입장과 실제의 물질구조와의 사이의 모순점의 해결은 19세기 말의 '물리학의 위기시대' 이후로 넘기지 않으면 안 되었다.

## 12.3 생물진화론의 등장과 생명관의 변화

### 1. 다윈 이전의 진화론

다윈에 이르기까지의 진화론16)의 역사에 대해서는 세 가지의 계통 또는 흐름으로 정리할 수 있다.

16) 江澤洋 외, 전게서, pp. 148~152.

첫째 흐름은 고대 그리스의 진화사상으로 생물의 자연적 기원 및 그 후의 변화에 대해서 명확한 과학개념은 없고, 당시의 통속개념을 자연철학으로 다룬 것이며, 그때의 진화관념은 그리스도교 성서의 창세기에 설명된 생물의 특수창조설에 대립되어 생긴 것으로 본다. 당시의 진화론자로는 아낙시만드로스(B.C. 6세기), 엠페도클레스(B.C. 5세기), 스페우십포스(Speusippos, B.C. 400~B.C. 339) 등이 있다.

둘째의 흐름은 18세기 후반에서 19세기 초에 이르는 프랑스의 진화론이다. 17세기 후반부터 프랑스 사상계를 중심으로 "고대인과 근대인의 우열논쟁"이 일어나, 퐁트넬(Fontenelle, 1657~1757) 등에 의해 인간 및 사회의 진보에 대한 관념이 사회에 등장하여 진화론의 탄생에 크게 기여하였다. 진화론은 생명관 일반론과 사회사상이 관련되어 형성되었다.

이러한 가운데 데카르트가 주장한 17세기의 생명기계론, 18세기에는 뉴턴 역학이 프랑스에서 유력한 사상적 힘이 되어 기계론적 자연관이 보급됨에 따라 한층 더 발전, 근대적인 진화론이 필연적으로 탄생되기에 이르렀다.

1745년에 발표된 모페르튀이의 「인간과 동물의 기원」이 결정적인 역할을 하였으며, 그후 프랑스 진화론의 대표적인 학자 및 사상가로는 프랑스 혁명 전, 계몽주의 사상의 영향을 받은 디드로, 돌바크(P. H. d'Holbach, 1723~1789) 등이고, 라마르크에 의한 진화론의 저서인 「동물철학」은 1809년에 간행되었는데 그 기반이 된 사고는 혁명 전의 계몽주의 사상에 의해 영향을 받은 것이다.

셋째의 흐름은 18세기 말에서 다윈시대에 이르기까지의 영국의 진화론이다. 18세기 말 영국의 진화론자로는 진화론의 확립자 C. 다윈의 조부 E. 다윈이 있었다.

프랑스의 진화론과 시기적으로 일부 중복은 되나 요컨대, 18~19세기까지의 진화론의 역사를 먼저 프랑스, 뒤이어 영국으로 크게 구분하여 본다면, 전체적인 흐름을 파악하는 데 좋을 것으로 생각한다. 여기서 둘째 흐름의 프랑스 진화론이나 셋째 흐름의 영국 진화론은 동시에 세계관 또는 사회사상과 관련되어 생겨났고, 특히 세계 전체나 사회는 인간의 '진보'에 대한 관념과 밀접하게 관계되고 있다.

## 2. 린네에 의한 동·식물의 분류

진화론이 대두되고 있는 시대적인 상황에서 자연의 체계를 탐구하는 활동은 생물학에서는 분류학이 여기에 속하였다. 물론, 이와 같은 사상적 배경만으로 분류학(인위분류법·자연분류법)이 성행한 것은 아니고, 유럽인에 의한 지리적 확대가 가져온 생물종의 증가가 있었기 때문이다.

18세기의 분류학을 대표하는 인물은 스웨덴의 식물학자인 린네[17](Carl Linne, 1707~1778)(그림 12 · 17)이다. 그는 학생시절 현미경을 사용하여 식물의 암술 · 수술을 기록하고, 식물을 그 생식기관에 의해 분류하는 방법을 생각하였다.

그는 1735년에 「자연의 체계」를 발표, 동물 · 식물 · 광물을 독자적 방법으로 카탈로그화 하였고, 식물의 종에 대해서는 암술, 수술 등의 생식기관을 토대로 하여 분류할 것을 제안하였다. 이 책의 1778년 13판에는 6,000쪽에 이르는 12권의 책이 되었고, 2명명법을 동물에 적용하는 기초가 되었다.

1732년부터 랩란드(Lapland)의 식물 모양을 조사하게 되어 스칸디나비아 반도를 8,000 km 정도 걸어 새로운 동 · 식물을 구체적으로 관찰한 결과를 「랩란드의 식물상」(*Flora Lapponica*, 1737)으로 논문을 발표, 그때 남성을 ♂, 여성을 ♀로 표시하는 기호를 사용하였고 1,800여종의 식물을 직접 자기의 손으로 분류하였다. 식물에서 중요한 기관(器官)인 꽃을 신이 체계화의 기준으론 삼았다고 하였다.

그런데 자연의 체계를 탐구하는 데 신이 창조한 '종'이 고정적이냐 변화되는 것이냐를 어떻게 규정하느냐가 중요한 과제였다. 린네는 처음 '종의 불변'을 믿었으나, 당시 식물의 성을 연구하는 과정에서 식물의 잡종이 생기는 사실을 확인하고, 이것이 계기가 되어 '종의 변화'를 인정하게 되었는데, 이것이 진화론을 대두케 하는 일정한 역할을 하게 되었다.

「식물의 종류」(*Gemora plantarum*, 1737) 외에 1753년에 발간된 「식물의 종」(*Species plantarum*)에는 전세계로부터 수집한 약 8,000종의 식물이 등록 · 기록되어 있다(그림 12 · 18).

그림 12 · 17 린네

그림 12 · 18 린네의 저서

17) 平田 寬, 전게서, 하권, pp. 282~283.

생명의 세계에서 나타나는 최대의 차이는 동물 · 식물의 차이이다. 그는 체구조의 근본적인 특징에 의해 강(綱, classis)에서 점차 목(目, ordo), 과(科, familia), 속(屬, genus), 종(種, species)으로 세분하였고, 그렇게 하여 1753년에 식물과 동물에 2명명법(속명과 종명)을 적용하였다.

## 3. 라마르크에 의한 최초의 체계적 진화론

물론, 종의 변화사실로서 바로 진화론이 발생하게 된 것은 아니다. 생물학상에서는 자연발생 논쟁, 비교해부학상의 지식, 고생물학이나 지질학의 발달 이외에 프랑스에서의 계몽주의 사상, 진보사관 등의 사상적 배경이 있었기 때문이다. 특히, 프랑스에는 모페르튀이, 뷔퐁(G. L. Buffon, 1707~1788) 등의 선구자가 있었다. 뷔퐁은 44권이나 되는 「박물지」(1749~1788)를 지어 생물종의 특징이 환경에 적응하여 변화됨을 지적, 19세기 진화론의 기초가 되고 있다. 특히 뷔퐁은 「자연의 시대」(1788)에서 그는 자연의 시대를 70개의 시대로 나누어 창세기와 성서의 연대를 간단히 무시하기도 하였다.

이 뷔퐁의 후원으로 34세 때 「프랑스의 식물지」(1779)라는 저서로 식물학계에 이름을 떨치게 되고, 식물의 연구에서 동물로 바꾼 사람이 프랑스의 박물학자 라마르크[18](J. B. P. Antoine de Monet de Lamarck, 1744~1829)(그림 12 · 19)이다. 그는 19세기 초에 「생물의 체제연구」(1802)를 발표하였고, 「동물철학」(1809), 「무척추동물지, 7권」(1815~1822)에서는 생물학 역사상 최초로 체계적인 진화론을 제기하였다. 그의 진화론은 18세기 프랑스 계몽주의 사상과 프랑스 혁명이 가지는 진보와 진화의 사상적 영향을 받은 것이며, 그 자신의 무척추동물 연구가 기반이 되고 있다. 그는 하등동물에서 고등동물로 동물군을 분류 · 배열하는 데 있어, 동물체의 구조가 연속적으로 복잡화되어 가는 원인을 설명하고자 하였던 것이다.

가장 유명한 것은 체계적 진화론을 최초로 제시한 「동물철학」으로 이 책에서 라마르크는 '라마르키즘'(Lamarckisme)이라 부르는 진화론을 세 개의 줄거리로 제시하고 있다.[19] (1) 생물은 본래 진보하여 발달되어 나가는 경향이 있다. 이것을 생물의 '전진적 발달'(progressive development)이라 한다. 생물은 자연생성물로 생성된 하등의 생물은 점차 여러 기관을 발달시키는 능력을 가지게 되고 복잡한 체계의 생물로 되었다는 것이다. (2) 이러한 생물은 환경에 의해 여러 가지 구조 및 기능 가운데

18) S. Mason(矢島祐利 역), 전게서, 하권, pp. 380~387.
19) 紫藤貞昭 편, 전게서, p. 182.

유발된 변화가 자손에 전해진다는 사상으로 이것이 '획득형질의 유전'이다. (3) 새로운 환경조건과 새로운 습성은 적응형태를 만들어간다. 이것이 '용 · 불용설'(用 · 不用說, use and disuse theory)이다. 이는 기관이 사용되어 발달된 성질과 폐용으로 왜소화된 성질도 똑같이 자손에게 전해진다는 것이다.

라마르크의 진화론은 아직 18세기의 자연체계라는 사상의 테두리 안에 위치하고 있으며, 진화의 연구보다는 체계화에 중점을 두고 있고, 만인을 설득시키는 이론이 되지는 못하였다.

거기다 당시 화석연구의 제1인자이고 반진화론자인 프랑스의 동물학자 · 고생물학자인 퀴비에(Georges Le'-opold Chre'tien Fre'de'ric Dagobert Cuvier, 1769~1832)(그림 12 · 20)가 생물의 창조설을 지지하고, 천변지이설(天變地異說–catastrophism : 지구상에는 몇 차례나 천지자연의 변동과 괴변이 일어나 그 때마다 생물은 모두 사멸하고 신에 의하여 새로운 생물이 창조된다는 학설)을 채용하였기 때문에 강력하게 대립되어 그 권위에도 손상을 입었고 일반인에게 인정을 받지 못한 채 세상을 떠났다. 퀴비에의 저서로는「비교해부학 강의」5권(1801~1805)과「사족수(四足獸)의 화석에 관한 연구」(1812)가 있다.

그림 12 · 19 라마르크

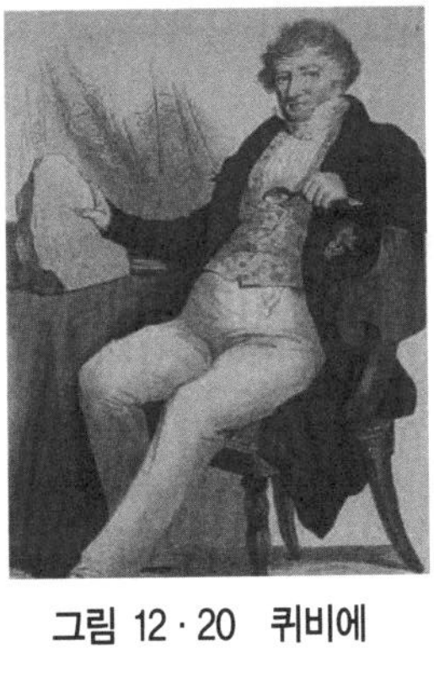

그림 12 · 20 퀴비에

## 4. 다윈의 비글호 항해와 생물진화론의 확립[20) 21)]

다윈의 진화론은 '생명탄생을 신의 영역에서 과학의 영역으로 끌어내린 혁명'이라고 하는 학자도 있다. 이는 마음을 연 관찰력의 결과로 볼 수 있다.

20) Compton's Encyclopedia, vol. 6, pp. 34~36.

21) 江澤洋, 전게서, pp. 154~163.

라마르크가 「동물철학」을 출판한 해에 태어난 다윈(Charles Darwin, 1809~1882)(그림 12 · 21)도 1859년에 공개한 「종의 기원」에서 진화론을 전개하여 일반인에게 수용이 된다. 이 50년의 차이는 무엇이었을까. 첫째, 19세기 전반에 사회적 변혁이 있었음을 들 수 있다. 영국에서는 산업혁명의 뒤를 이어 자본주의가 발달해서 자유경쟁 사상이 확산되어 가고 있었다. 둘째는 학문세계의 분위기이다. 지질학 · 고생물학 · 미생물학 · 발생학 · 물리학 · 화학의 진보와 함께 생명현상을 인과분석적으로 취급하는 활동의 제고로, 다윈의 진화이론도 라마르크와 같은 체계화를 시도한 것이 아니고 인과론적으로 고찰한 것이 들어맞은 것이다. 거기에다 50년간 진화를 증명하는 자료가 누적되고 있었던 점도 다윈에게는 유리하였다.

**그림 12 · 21 다윈과 그의 서재**

다윈의 조부 에라스무스 다윈(Erasmus Darwin, 1731~1802)도 진화사상을 가진 사람이며, 저서 「주노미아(*Zoonomia*, 1794~1796)」에서 진화를 논하였으나 다윈은 조부의 영향도 라마르크의 영향도 부인하고 있다. 이 사실은 자기 자신이 같은 부류로 취급받고 싶지 않았으며 자기를 과시하고 싶었기 때문일 것이다.

다윈은 처음에 의학교, 뒤에 신학교에서 공부를 하나 소년시절부터 흥미를 가지고 있던 박물학에 심취해, 27세의 함장이 지휘하는 영국해군의 측량함 Beagle호에 22세의 나이로 무보수 자연사학자로 승선하고 1831년 12월 27일에 출항하여 남아메리카 연안, 오스트레일리아, 남태평양의 여러 섬(특히 아메리카 대륙에서 1,000 km 가량 떨어진 19개의 섬인 갈라파고스 군도)을 거치면서 지질형성, 화석수집, 동 · 식물을 조사연구하고 2년의 예정이 5년이 되어 1836년 10월 2일에 귀항하였다(그림 12 · 22). 또, 휴대하고 있었던 영국의 지질학자인 라이엘(Charles Lyell, 1797~1875)의 저서 「지질학원리」(제1권은 1830, 1833년 간행된 제2권은 항해 중에 우송 받음)를 읽고, 라이엘의 방법 및 관점을 지질학에서 생물학에까지 확대함으로 생물종이 역사적으로 진화한 것이라는 결론에 도달, 이 답사가 계기가 되어 적자생존 · 자연선택의 원리를 얻게 되고 드디어 "종의 기원"으로 결론난다. 이것이 진화론의 토대가 되었다. 귀국 후, 1839년부터 18권의 노트에 수록된 연구자료(1,700매의 지질 · 동물자료, 3,900점의 동물 표본 등)를 정리하여 「Beagle호의 항해기」(1840~1843)로 발표하였다. 육종가들은 가축이나 농작물의 품질개량에서 자신들이 원하는 성질을 지닌 것들만을 선택해서 번식시킴으로써 품질개량을 하여 '인위적 선택'(artificial selection)을 하고 있는 데 암시를 얻어, 자연계에서의 동 · 식물의 진화를 설명하기 위해 인위적 선택설을 적용하였다.

그림 12 · 22 비글호의 항해경로

그때 그는 영국의 인구통계학 · 정치경제학자인 맬서스(Thomas Robert Malthus, 1766~1834)의 「인구론」(*An Essay on the Principles of Population*, 1798)을 읽고 "인구의 자연증가는 등비급수적이나 생활자료는 등차급수적으로밖에 증가하지 않는다. 그래서 과잉인구에 의해 불행과 악득이 생긴다"는 주장을 받아들여 생물의 증가는 기근 · 전쟁 · 질병에 의해 감소되거나 신종이 생겨난다고 확신하였다. 그렇게 하여 그의 마음 속에는 생존경쟁에 의한 '자연선택'(natural selection–흔히 자연도태라고도 함)과 '적자생존'이라는 사고방식은 외계의 환경에 가장 잘 적합한 것만이 생존 · 번영하고 적합지 않는 것은 쇠퇴 · 멸망한다는 것으로 바로 자본주의 하에서의 자유경쟁과 부합되는 것이었다. 결국 '자연선택설'이란 생활환경에 의해 유리한 변이를 가지는 개체는 생존의 기회와 같은 종을 번식하는 기회가 있으나 반대로 유해한 변이는 도태된다고 하여 인간이 농작물이나 가축의 품질개량을 할 때의 인위선택과 비교하여 자연선택(자연은 어떤 개체가 번식할 것인지를 선택)이라 불렀다. 자연선택의 원리는 생물계의 전 현상으로부터의 귀납적 결론이고, 따라서 또(혹은, 동시에) 그들 현상을 연역하는 기본원리이다. 그의 진화론에 대한 논문 「자연선택에 의한 종의 기원에 대해」(*On the origin of species by means of natural selection*, 통칭은 「종의 기원」, 1859), 「가축 및 재배식물의 변위」(1868) 및 인간의 기원과 진화를 논한 「인간의 유래와 성선택」(1871)은 진화론의 3부작으로 꼽히고 있다.

## 5. 진화론에 따른 생명관의 변화

다윈의 진화론은 바로 사람들의 반응을 불러일으켰다. 특히, 인간의 위치부여가 문제되었다. 다윈은 「종의 기원」에서는 문제삼지 않았으나, 1871년 「인간의 유래 및 성선택」에서 자기의 입장을 밝혔다. 그는 인간도 진화의 산물이라고 하여 무신론자임을 천명하였다.

그에 앞서 다윈의 생각을 지지하고 반대론자와 격렬한 논쟁을 벌인 헉슬리(Thomas Henry Huxley, 1825~1895)는 인간의 동물기원(動物起源)을 명확하게 하여 1863년 「자연계에서의 인간의 지위」를 저술해 인간이 동물에서 진화하였음을 여러 원숭이 종류와 비교하여 증명하였다.[22)]

### (1) 사회 다윈주의의 등장

진화론은 유럽인의 마음 속에 오랫동안 계속되어 온 기독교적 인간관(神, 인간, 자연)을 정면으로 부정, 급진적 사회사상가들은 '신은 죽었다'고 공공연하게 주장하였고, 인간은 창조주와 특별한 관계가 있는 것이 아니라 자연의 진화과정 중에서 우연히 나타난 종에 지나지 않는다고 생각하게 되었다.[23)] 따라서, 종교계의 반발은 당연한 것이었다. 한편, 독일의 생물사학자 · 진화론자인 헤켈(Haeckel Ernst Heinrich, 1834~1919)을 시작으로 진화론이 생물학자 속으로 서서히 확대되었는데 헤켈은 1866년 대저서 「일반형태학」을 발간하여 형태학 전체에 진화론의 그물을 덮어 씌웠다. 이 책에서 개체발생은 유전(번식)과 적응(영양)의 조건(생리적 기능)에 의해 규제되는 계통발생의 단축된 반복이라는 '생물발생원칙'(반복설)을 제창하였고, 「인류발생론」(1899)에서는 인류의 유래를 체계적으로 논하였다. 아울러, 인간사회에도 진화론이 적용되어 사회학자들이 경제 · 사회 · 정치 등에 이용하기에

22) 鈴木善次 외, 전게서, pp. 50~52.
23) 구학서 편저, 이야기 세계사 2, p. 357, 2004, 청아출판사.

이르렀다. 이른바, '사회 다윈주의'(사회진화론)의 등장이며, 이 방면에서 활약한 사람이 영국의 철학자인 스펜서(Herbert Spencer, 1820~1903)이다. 진보가 이 세계의 보편적 원리이고 그 본질은 균일의 상태에서 불균일의 상태로 진행된다고 설명, 이 입장으로 '사회유기체설'을 주장하였다. 생물학의 다윈주의(Darwinism)가 사회학 · 윤리학에도 이용된 것이다.

특히, 인간사회에 적용된 내용은 자연선택설이다. 생물계에서는 자연선택이 정상적으로 기능을 발휘하여 착실하게 진화가 이루어지는 데에 비해, 인간사회에서는 휴머니즘이 관여되기 때문에 정상적으로 기능이 작용하지 않고, 본래는 생존할 수 없는 성질을 가진 것이라도 생존하기 때문에 인간은 유전적으로 열악한 성질이 커져 진화되는 것이 아니고, 역으로 퇴화되어 역선택이 일어난다는 설이 나왔다. 이것을 연장하여 가면 인간은 진화(진보의 의미)하는 게 아니고 퇴화의 길을 걷게 된다는 것이다.

### (2) 우생학과 인종차별론

특히, 생물학의 다윈주의를 취급하여 우생학을 학문으로까지 제창하게 된 사람이 다윈의 종제(從弟)로 영국의 인류학자인 골턴(Francis Galton, 1822~1911)이었다.[24)]

우생학(eugenics)이란 어떤 인종의 타고 난 질의 개선에 미치는 모든 요인을 취급하는 학문 또는 타고 난 질을 최선으로 유도하는 학문으로 정의한다. 골턴은 다윈의 「종의 기원」에 자극을 받아 「유전적 천재」(1868)를 쓰고 능력은 유전된다고 주장, 우학생이라는 용어를 1883년에 만들고 유전적 질을 개선하는 학문아라 하였다. 1904년 그의 강연 "우생학, 그 정의 · 전망 · 목적" 이후 널리 알려졌다. 이론상으로는 결혼제한, 단종(斷種) 및 격리에 의해 나쁜 유전인자의 확대를 방지하고자 하는 '소극적 우생학'(negative eugenics)과 일부다처제나 세제 우대로 좋은 혈통이라고 생각되는 인종의 조기결혼이나 다산을 장려하는 '적극적 우생학'(positive eugenics)의 두 종류가 있으나 인간의 경우는 소극적 우생학이다.

이 우생학이란 인종의 열악화를 방지하는 방법을 연구하고자 한 것이, 뒤에 민족주의와 결탁하여 나치스 독일에 의한 유태민족 탄압이라는 극단적인 사태에까지 이른다. 서유럽인들은 다윈의 학설을 빌려 제국주의, 인종차별, 민족주의 및 군국주의를 아무런 양심의 가책없이 시행할 수 있었다.

진화론 그 자체는 인간의 이성이 이룩한 훌륭한 업적임에 틀림 없으나 사회진화론자들은 진화론을 변용하여 영토확장, 군비증강, 민족 사이의 불신, 국가가 적대

24) 伊東俊太郎 외 편, 전게서, p. 1064.

감을 악용시키는 일에 사용하여 전쟁을 예비하는 결과를 초래하였다.[25] 이 우생학은 미국에서는 인종문제와 관련되어 큰 관심의 대상이 되었다.

### (3) 세포설의 등장

이때 생물학 내부에는 이미 언급한 바와 같이 19세기가 되면서 물리학 · 화학의 진보와 함께 생명현상을 그들의 법칙으로 설명하고자 하는 움직임이 형성되어 생물체의 구조에 관해서 세포설이 등장한다.[26] 17세기에 현미경이 일반화되고 그 과정에서 로버트 훅이 코르크 조각의 세포를 관찰해 왔고(1665), 1675년에는 말피기가 식물의 내부구조를 역시 관찰하였다. 그후 18세기에는 두드러진 활약은 없었고, 이때 현미경의 개량과 관찰을 위한 기술의 진보는 의학이나 생물학의 연구를 크게 촉진하여 18세기 말에서 19세기 초에 걸쳐 생물체의 구조에 다시 관심이 쏠리기 시작하였다.

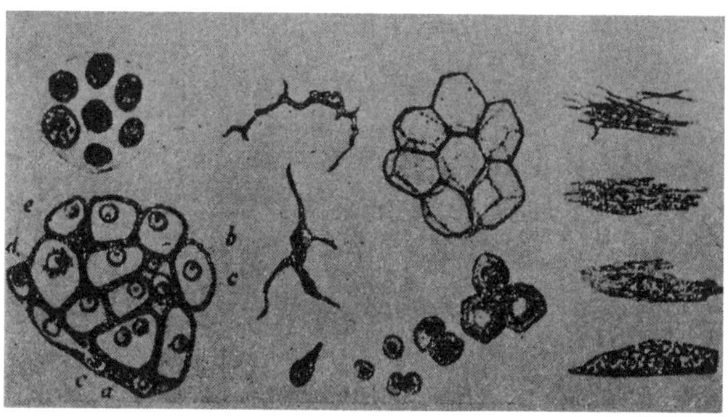

그림 12 · 23 슈반의 세포 그림

생물체의 기본단위가 세포일 것이라는 생각이 사람들의 사상을 지배하기 시작할 무렵, 생물학을 물리과학이나 정밀과학만큼 향상시켜야 한다고 의욕을 보인 독일의 슐라이덴(Mathias Jocob Schleiden, 1804~1881)과 동물학자 슈반(Theodor Ambrose Hubert Schwann, 1810~1882)에 의해 세포설이 제창되었다(1838). 슐라이덴의 세포설은 발생이나 형태형성의 요소적 단위로써 세포의 독립성을 강하게 주장하였고, 슈반은 세포설을 확립하였다. 이것은 단지 세포(그림 12 · 23)가 생물체의 기본단위임을 표시하는 것에 의미가 있는 것이 아니고 생명현상을 인과분석

25) 구학서, 전게서, p. 359.
26) 伊東俊太郎 외 편, 전게서, p. 388, p. 389.

적으로 취급하려 했다는 데 그 가치가 있다. 그는 세포설에서 "먼저 전 동 · 식물은 세포 또는 세포에서 방출된 물질로 구성되어 있다. 다음에 세포는 어느 정도 그 자체의 독자적인 생명을 가지고 있다. 마지막으로, 모든 세포의 각기 독립된 생명은 전체로서의 유기체의 생명에 종속되어 있다"는 세 가지의 결론을 내렸다.

세포설의 등장은 19세기의 생물학 · 의학의 중대한 사건이었다. 생물을 통일적으로 다루는 데 기여하였고, 이후 다윈의 진화론을 받아들이는 데도 기여했다. 이른바 기계론적인 생명관을 공고히 할 수 있었다.

사회의학 · 공중위생학 · 병리학 · 인류학에 공헌한 독일의 의학자인 피르효(Rudolf Carl Virchow, 1821~1902)는 질병이란 세포의 물리화학적 기능장애라 했다. 단일의 질병원인만으로는 질병이 되지 않고 질병은 사회적 조건에서 생겨 사회의 변화에 의해서 치유된다고 주장하여 의학의 사회적 측면을 중요시하였다. 그는 1858년 「세포병리학」(*Die Cellularpathologie*)을 발표하여 세포설을 병리학에 도입, 세포병리학을 창시하였다.

### (4) 유전현상의 해명

19세기 말에 생물학자들은 생명현상에서 생기론적(生氣論的) 설명(생명과정, 생명현상은 일반의 물리 · 화학법칙적인 기계론으로는 설명할 수 없는 초경험적인 생명력이 있다는 전제)을 추방하고, 많은 사람들이 조직을 깊이 있게 연구하게 되었다. 20세기의 생물학은 유전현상의 해명으로 새로운 국면에 접어들어, 오늘날에는 디옥시리보 핵산(DNA) 등 분자 레벨에서 생명현상의 구조를 설명하기에 이르렀다.

다윈의 진화론은 20세기에 발달하는 유전학의 영향으로, 어느 정도 수정을 받게 된다. 그것은 그 자신도 명확하게 하지 못한 생물변이의 원인이 얼마간 해결되었기 때문이다.

오스트리아의 사제(1868년에는 수도원장) · 유전학자인 멘델(Gregor Johann Mendel, 1822~1884)이 유명한 유전의 실험을 행한 하나의 동기는 이 변이의 원인을 탐구한 바와 같이 19세기 말에서 20세기에 걸쳐 활약한 유전학자의 대부분이 같은 문제의식을 가지고 있었기 때문이다. 그는 1856~1871년에 수도원 정원에서 완두콩을 사용한 교잡실험으로 '멘델법칙'을 얻게 되었다. 유전에서 다윈은 연속적인 유전을 주장하였으나 멘델은 유전자의 불연속적인 작용에서 비롯되는 것이며, 유전자는 우성과 열성의 원리에 따라 스스로 발현시킨다고 주장하였다. 따라서 자연선택이론은 다윈의 연속이론보다 멘델의 불연속적인 유전학과 결합되어 훨씬 잘 설명할 수 있다. 네덜란드의 식물학자 · 유전학자인 드 브리즈(Hugo Marie de Vries,

1848~1935)는 진화, 유전현상의 연구에서 물리 · 화학 방법을 채용, 물리학, 화학에서의 분자 · 원자에 해당하는 생물의 기본단위로서 '세포 내의 판겐설'(1889)을 주장하고, 이런 연구 중에 1900년 멘델법칙의 재발견, 1901년 돌연변이설 등을 제창하였다. 이 돌연변이설이 다윈의 자연선택설과 결부되어 현대 정통파 진화론자들의 요인론(돌연변이+자연선택)이 되고 있다.

## 6. 진화론의 사상적 영향[27)]

다윈에 의해 진화의 연구는 완전히 과학이 되고, 진화는 생물학의 문제가 되었다. 그렇다고 해서 진화론과 세계관, 사회사상의 관계가 거기서 단절된 것은 아니다. 과학진화론이 성립될 때까지는 세계관 · 사회사상이 진화론을 재촉하거나 제약하였지만 진화의 연구가 과학의 궤도에 오르자 이번에는 진화론쪽에서 세계관, 사회사상에 영향을 주는 국면이 되었다.

진화론의 경우, 그 사상적 영향은 극히 다면적인 것이 특징이다. 가장 일반적인 것은 사물을 과학적으로 생각하는 것, 발전 내지 진보라는 면에서 사물을 관찰, 또 여러 가지 사물을 역사적 견해로 고찰, 특수하게는 인간의 동물적 본능의 확인에 기인한 새로운 인간관의 수립이라는 사실이다.

일반진화가 아니라 자연선택설의 사상적 영향이라는 논의도 있는데 우승열패 · 약육강식(優勝劣敗 · 弱肉强食-정글의 법칙)의 합리화 등이라는 것이 그 하나이다. 인간의 동물적 본능이라고 하는 데서 시작되는 본능주의가 이것과 결부되는 경우이다. 즉, 전쟁에서 승리한 민족과 국가는 생존할 권리가 있으며, 패배한 민족과 국가는 멸종되어야 한다는 논리가 우승열패의 합리화와 관련되어 전쟁이나 인종차별의 필연성을 강조하는 경우도 생긴다. 이러한 점에서 진화론이나 자연선택설은 인간 및 사회를 후퇴시키는 것 같지만 넓은 시각에서는 예로부터 근거없는 관념을 버리고 인간의 도덕이나 교육에 새로운 고찰을 하는 동기를 부여하였다.

다윈의 진화론은 하나의 새로운 사상조류(철학사상)를 발족시키는데 대단히 큰 역할을 연출하였다. 미국의 프래그머티즘(pragmatism, 知와 行으로 관념적 진리추구에서 벗어난 실용주의)이 그것이다. 19세기 후반 급속히 발전을 계속한 미국사회에서 독자적인 문화나 사상을 가지고 싶다는 욕망이 다윈의 진화론에 발판을 찾아 호응한 것이다. 직접적인 영향은 첫째가 경험의 획득에서 능동적인 과정의 중요시이다. 경험을 단순하게 외계로부터 인식되는 것으로 생각하지 않고 인식 내지 행동의 주

27) 江澤洋 외, 전게서, pp. 170~172.

그림 12 · 24 다윈과 원숭이가 껴안고 있는 풍자 그림

체가 경험을 적극적으로 획득하여 가는 면에 주목한다는 것이다. 둘째는 경험의 획득이나 또 일반적으로 인간의 행동을 환경에의 적응이라는 점으로 생각하여 가는 입장이다. 이 사상의 창시자는 파스(Charles Sanders Peirce, 1839~1914), 제임스(William James, 1842~1910) 및 존 듀이(John. Dewey, 1859~1952)이며, "이론의 실험에 의한 검정"이라는 근대 자연과학의 방법에 대한 인식론적 일반화에 있다.

특히 중요한 것은 스펜서의 진화론으로 사회와 생물과의 비교에 바탕을 둔 그의 사회유기체설(사회의 체제를 생물의 체제와 비교하여, 사회를 자연 유기체와 유사한 존재로 보는 학설) — 이것과 밀접한 관계가 있는 사회진화론 — 이라는 것이 현저한 영향력을 나타냈다.

진화론의 철학에 대한 영향에는 실증주의 과학을 부인하는 것과 앙리 · 베르그송(Henri Bergson, 1859~1941)의 생명의 본질로서의 움직임 즉, 고정화 내지는 공간화를 꺼리는 생명은 내재하는 충동에 눌리어 끊임없이 전개를 한다는 '창조적 진화'(1907)라는 사상이 포함되어 있다.

그림 12 · 24는 다윈을 풍자한 그림이다.

## 12.4 화학과 화학공업의 진보

인간이 인간생활에 필요한 물질을 획득하는 데 노동이란 특수한 형태를 취하게 됨은 이미 설명하였다. 인간이 자연에 적극적으로 개입하여 이를 변형해서 인간이 필요로 하는 것으로 바꿀 경우, 두 가지의 일을 한다. 형태전환과 질료전환이다. '형태전환'이란 물체의 모양을 바꾸는 것으로 기계적 운동(물리적 노동)에 의해 이루어지며, 근골계통의 노동수단(도구, 기계)에 맡긴다. 자르고, 깎고, 뚫는 등의 운동이 여기에 포함된다. 여기에 비해, '질료전환'이란 물질의 질을 바꾸는 것으로 주로 화학변화를 이용하는 것이다. 이 변화를 담당하는 노동수단이 맥관계통의 노동수단(용기, 장치)이며, 화학변화(화학적 노동)를 이용하여 생산을 하는 기술이 화학기술이다.

화학공업의 발전에서 명확하게 된 것은 섬유 · 금속가공 · 가죽 · 지방가공 등의 산업부문에 필요한 소다 · 황산, 더욱 효과가 좋은 표백제 · 매염제(媒染劑) · 염료를 제조하기 위한 새 원료의 개발과 관련되는 중요한 방향이다.

이 시대에 세계의 화학공업 발전에서 획기적인 성과는 르브랑법에 의한 탄산소다의 제조(1791년), 연실법에 의한 황산의 제조(1746년) 및 솔베이의 암모니아 · 소다법에 의한 탄산소다의 제조(1863년)의 개발이다.

산업혁명에 의한 기계체계의 출현은 화학기술에도 결정적인 영향을 주어, 19세기에는 근대적인 대공업으로 전환되었다. 근대 화학기술의 특징은 첫째는 신비적인 베일을 벗고 근대화학의 이론체계와 그 방법에 의존하게 되었고, 둘째는 장치의 발달로 대량생산을 할 수 있게 된 점이다. 근대 화학기술은 먼저 무기화학의 영역을 취하고, 19세기 후반 석탄에서 출발하는 유기화학 기술체계로 발전해 왔다.

## 1. 무기화학 기술의 형성 · 발전

섬유공업은 그 제조공정 중에 마무리 작업으로 표백과 염색이라는 화학 프로세스가 내포되어 있다. 영국의 산업혁명의 중심은 이미 아는 바와 같이 섬유공업이며, 기계체계의 도입은 방적 · 직포부문의 생산성을 비약적으로 높였다. 여기에 비해 고대로부터의 방법 그대로인 표백과정은 긴 시간을 필요로 하며, 또 염색에 필요한 염료를 제조하는 데 오랜 시간이 걸려 기계공정과 화학공정의 기술 격차는 아주 심각하였다. 화학공정의 기술혁신이 사회 · 경제적으로 강제된 결과 표백과정의 혁신에서 무기화학 기술이, 염색과정의 근대화에서 유기화학 기술이 생겨났다.

고대부터 18세기 전반에 이르기까지 거의 변하지 않은 표백의 방법은 잿물(초목의 재, 해조류의 재 등의 액체)에 의한 알칼리 처리, 천일쇄(天日曬) · 산패(酸敗, 주류 · 지방류 같은 유기물이 산화하여 유리 지방산을 형성하는 현상), 밀크에 의한 산처리, 비누 세척을 반복하는 것으로, 이것은 장기간이 필요하며 아마포는 약 6개월, 면포도 3개월이 걸렸다. 18세기에 접어들어 산처리를 위해 황산의 사용이 제안되어, 이 공정은 시간적으로 대폭 단축되어서 황산의 시장이 열렸다.

황산은 종래 연금술에 중요한 약품으로, 8~9세기경에 연금술사의 손으로 명반의 증류에 의해 처음으로 만들어졌다. 또 하나의 방법으로 유황을 소량의 초석이 들어 있는 습한 유리기구 안에서 공기와 접촉시키면서 연소시키는 베르법인데 16~17세기가 되어 의료 화학자들이 발견하여 만들었으나, 양산이 어렵고 가격도 비쌌다. 양산이 불가능한 이유는 그림 12 · 25에서와 같이 용기가 유리제품으로 용량에 한계가 있었기 때문이다. 그러나 1746년에 영국의 화학기술자인 로벅은 유리용기 대신에 납을 장치재료로 채용한 '연실법'(鉛室法)을 사용, 반응을 성공시켜 일정한 양산의 길을 텄다. 1749년에는 최초의 종합적 화학공장이라 할 수 있는 최초의 연실공장을 건립하였는데 황산의 가격은 연실법에 의해 1/4로 떨어졌다고 한다.

이 연실법의 장치(그림 12 · 26)는 최초의 반응이 끝나면 1회 1회씩 회수하는 간헐식이었으나, 그 후 개량되어 19세기에는 질소산화물 등을 회수하는 게이뤼삭탑(1827), 로크바탑(1859)이 결합되어, 발명된 지 100년 뒤에는 연속적인 장치가 되었다. 연실법 황산은 근대 화학기술의 기점이 되었다.[28)]

천일쇄란 넓은 광장이나 하천부지에 천을 펴서 태양광선의 표백작용을 이용하는 표백이었으나, 염소가 갖고 있는 강력한 표백작용이 발견되고는 천일쇄가 화학쇄(化學曬)로 된다.

염소는 보통 기체이며 또 취급이 불편하고 위험하다. 1798년 영국의 테난트(S. Tennant, 1761~1815)가 소석회(CaCO3)에 염소가스를 흡수시켜 표백분을 만들어 이 어려움은 극복되었다.

알칼리 처리에 필요한 알카리 원료는 나무 · 풀의 재를 사용하여 왔으나, 삼림의 벌채 등 자원문제가 심각하였다.

프랑스 과학 아카데미는 소금(식염)에서 탄산소다(Na2CO3)를 제조하는 방법에 상금을 걸었는데, 여기에 응모하여 르블랑(Mocolas Leblanc, 1742~1806)이 식염

그림 12 · 25 베르법에 의한 황산제조

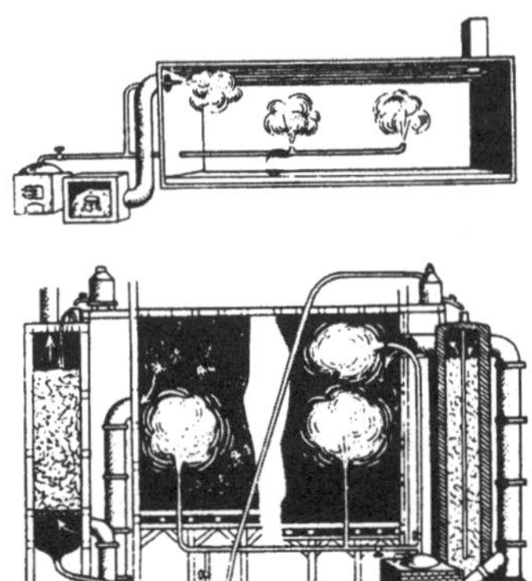

그림 12 · 26 연실법에 의한 황산제조

28) 鈴木善次 외, 전게서, pp. 162~165.

과 황산 또는 석회석에서 탄산나트륨(탄산소다)을 만드는 방법(르블랑법)(그림 12·27)을 발명하였다. 이 탄산소다 제조의 개발은 많은 국가의 무기화학 기술발전에 크게 영향을 주었다. 르블랑은 1787년에서 1789년까지 탄산소다를 인공적으로 제조하는 문제를 연구하여, 식염에서 탄산소다를 공업적으로 생산하는 방법을 개발하는 데 성공하였다.[29)]

그림 12·27 르블랑법 탄산소다 제조공장

르블랑법은 소금의 세금폐지 후의 영국에서 실업가 무스프래트(James Muspratt, 1793~1886)에 의해 최초로 공업화되었다.

원료의 하나인 황산이 대량으로 싸게 얻을 수 있었던 것이 유리하게 작용하였다. 이렇게 하여 영국은 르블랑법에 의한 탄산소다 제조를 독점적으로 실시하였으나, 벨기에의 공업화학자인 솔베이(Ernest Solvay, 1838~1922)가 1863년 진한 식염수와 암모니아 용액을 혼합하여 이산화탄소를 흡수시켜 백색침전이 생기는 것에 주목하여 암모니아·소다법 또는 솔베이법이라 부르는 소다의 새로운 공업제법에 성공하였다. 성공의 열쇠는 탄산화탑(솔베이탑)에 있으며 이것으로 공정의 연속화가 가능하여졌다.

또, 1865년에는 조업을 개시하여 르블랑법에 의한 탄산소다의 독점을 타파하고 독일의 생산량을 대폭 늘렸다.

섬유공업의 화학공정을 근대화하는 과정에서 출발한 산·알칼리 공업은 대공업에 걸맞은 기계체제를 갖추어 큰 연속화된 장치들을 결합한 콤비나아트(combinat)의 출현을 이루게 되었다.

29) T. K. Derry · Trevor I. Williams, 전게서, pp. 531~536.

## 2. 유기화학 기술의 형성·발전

섬유공업에서 중요한 제2의 화학 프로세스인 염색공정에도 기술변혁이 이루어졌다. 염색에 필요한 염료는 남(藍, 남빛)·코치닐(cochineal)·서양천초(西洋茜草, 꼭두서니)·소방목(蘇芳木, 다목이라고도 하며 콩과에 속하는 작은 교목)·오를레앙(orl'eans) 등의 식물색소를 추출하여 사용하였다. 이들 식물에서 색소를 추출하여 염료로 만들기 위해서는 1~2년까지의 시간이 걸렸고, 생산량도 많지 않았다. 이와 같은 천연염료 중에서 남빛에서 얻어지는 청색계통의 인디고(indigo) 및 서양천초에서 추출되는 적색 계통의 아가네(알라자린 원명)가 가장 중요한 것인데, 인디고의 경우, 영국이 인도의 것을 독점하였고, 또 프랑스는 남프랑스에다 대량의 서양천초를 재배하여 다른 나라를 압도하였다. 독일은 이와 같은 천연염료의 혜택을 받지 못하고 비싼 외국산에 의존하지 않을 수 없었다. 그래서 독일은 19세기 후반에 석탄 타르에서 아가네와 같은 화학구조를 가진 알리자린(alizarine)과, 천연 인디고와 같은 구조의 인디고를 합성하여 근대 유기화학 공업을 창출하는 중요한 역사적 역할을 수행하였다.

석탄은 제철업에서 코크스를 연료에 사용하게 되면서 자원으로서의 중요성이 높아졌다. 석탄에서 코크스를 만들 때 석탄가스와 콜타르가 부산물로 생산되나, 처음에는 양쪽 다 전부 내다버렸다. 석탄가스가 밝은 빛을 내면서 연소되는 현상을 알고, 이것을 조명에 이용하고자 하였다. 유럽에서는 그때까지 야간조명으로 고래기름을 사용하여 왔으나 영국의 머독이 석탄을 건류하여 석탄가스를 발생시키는 장치를 발명하면서, 야간조업을 하는 큰 공장의 조명용에 석탄가스가 채용되었다. 그리고 가스등으로 가로에까지 진출시켜 도시의 밤을 밝히게 된다.[30)]

다른 한편, 콜타르 쪽은 검고 점성이 있어 취급하는 데도 불편한 물질이라 당시는 대단히 싫어했다. 화학기술의 발전은 폐기물 이용에서 출발하여 폐기물을 유용한 물질로 전환하는 경우가 대단히 많다. 유기합성 화학기술은 폐기물 콜타르의 유효이용이란 관점에서 출발하였다. 이 기술이 다른 나라에 앞서 독일에서 발달한 것은 유기화학연구의 전통이 뿌리 깊이 존재하였고, 유기화학 연구가 콜타르를 겨냥하였으며, 대공업 발전에 부응한 교육제도를 일찍부터 준비하여 필요한 인재(과학기술자)를 공급할 수 있었음이 큰 요인이었다.

독일은 키센대학의 화학교수인 리비히(Justus von Liebig, 1803~1873)를 중심으로 유기화학 연구가 왕성하게 이루어져 그 제자인 호프만(A. W. von Hofmann,

---

30) R. J. Forbes·J.E. Dijksterhuis(廣重 徹 외 역), 전게서, pp. 412~420.

1818~1892)은 19세기 전반에 콜타르에서 아닐린 · 톨루엔 · 벤젠을 분리하는 데 성공하고 있었다. 콜타르를 분석하여 연구를 진행하려면, 콜타르를 각 성분으로 분리하는 수단이 필요한데, 이를 위해서는 농촌에서 사용되고 있던 화주(火酒, 소주나 보드카 등과 같은 주정성분이 강한 술)의 제조 · 증류장치를 이용할 수 있게 되었다.[31]

리비히는 유기화학을 농업 및 의학에도 이용하는 연구를 수행하여 「농업 및 생리학에 응용하는 유기화학」(1840), 「생리학 및 병리학에 응용하는 유기화학」(1842)을 출판하여 농업 및 의료의 과학화에 크게 기여하였다.

식물은 유기물이 아니더라도 무기영양물로 성장되는 것을 발견, 동물의 영양을 단백질 · 지방 · 함수탄소 · 염류로 구별하고(비타민류의 존재는 알지 못함), 또 단백질 등 생명에는 중요한 물질이 인공적으로 합성될 수 있음을 시사한 것은 역사적으로 큰 의미를 가지고 있다.

영국에 온 호프만 밑에서 유기화학을 배운 퍼킨(William Henry Perkin, 1838~1907)은 말라리아의 특효약인 키니네를 만들고자 하는 연구과정에서 우연히 중간물의 아닐린에서 청색염료를 유도하는 데 성공하여(1856) 이것을 기업화시켰다. 이것이 최초의 합성 아닐린 염료인 모브(Mauve)이다(그림 12 · 28). 모브의 발견 이후 각국에서 이닐린을 기로 한 아닐린 염료가 계속 발견되었다.

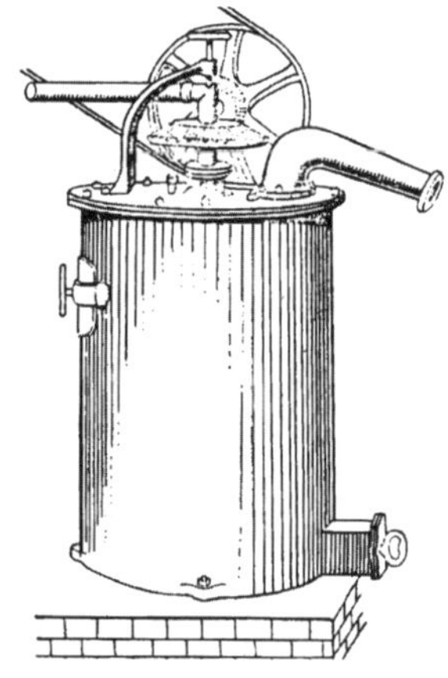

그림 12 · 28 퍼킨의 아닐린 정제장치

케쿨레(Friedrich August Kekule, 1829~1896)(그림 12 · 29)가 육각 고리 모양의 벤젠 구조를 밝히고(1865)부터 유기화학은 합성기술과 밀접한 관계를 가지게 되었고, 독일의 베를린대학 화학교실의 그레베(K. Graebe, 1841~1927)와 리베르만(K. Liebermann, 1842~1911)은 이어 아가네의 화학명인 알리자린의 화학식을 정했으며, 콜타르에서 얻어지는 안트라센에서 그 합성법을 얻어내는 데 성공하였다(1868)[32].

독일은 유기화학의 이론과 실험방법을 총동원하여 염료의 여왕이라는 알리자린과 인디고를 콜타르 성분에서 합성하는 데 성공하여 남프랑스의 아가네 재배업과 인도의 남 재배에 파멸적인 타격을 주었다.

31) T. K. Derry · Trevor I. Williams, 전게서, pp. 543~544.
32) T. K. Derry · Trevor I. Williams, 전게서, p. 544.

그림 12 · 29 케쿨레와 당시의 벤젠 고리

독일은 유기합성 화학기술의 세계적인 중심핵이 되었고, 금세기에 들어와서는 석탄에서 출발하는 고분자화학의 기술체계를 창출하기에 이르렀다.

## 3. 디아스타제의 발견과 촉매개념의 제안

19세기 초, 유기물의 추출과 유기화학의 발전이 시작되었을 무렵, 그 가운데 화학반응의 성질이 이전에는 몰랐던 한 무리가 나타났는데 이것은 효소라 부르는 선구적인 발견이었다.

러시아 화학자 키르히호프(G. S. Kirchhoff, 1764~1833)는 전분의 수용액에 묽은 산을 넣고 가열하였더니 당(糖)으로 변화되나 산 자체는 바뀌지 않음을 1812년에 발견하였고, 1814년에는 엿기름에서의 추출물 역시 이 작용을 한다는 사실을 알았다. 이 연구를 안 프랑스의 뒤브룅포(A. P. Dubrunfaut, 1797~1881)는 온탕에 녹은 엿기름의 투명한 액체가 이 작용을 하는 것을 알고 발효산업의 개선에 기여했다.

또 프랑스의 파얜(A. Payen, 1795~1871)과 페르소(J. F. Persoz, 1805~1868)는 연구를 계속, 1833년에 이 물질을 얻는데 성공하여 디아스타제(diastase, 전분 당화효소)라 불렀다.[33)]

1834년 미체르리히(Elihard Mitscherlich, 1794~1863)는 알콜이 황산의 작용으로 쉽게 물과 에테르로 변화되고 황산은 변화되지 않음을 발견하였고, 다른 비슷한 현상인 이산화망강에 의한 과산화수소의 분해, 알콜 발효 및 식초의 형성 등 분해를 유발하는 물질이 분해생성물 중에는 유입되지 않고 양자 사이에는 중량관

33) 山崎俊雄 외 편, 전게서, p. 18.

계가 성립되지 않는 것, 특히 미량으로 다량의 물질을 변화시키는 사실에서 이들은 이미 알고 있는 화학반응과는 다르다고 판단, 이 반응을 "접촉에 의한 분해와 결합"이라 부르고 이 유발물질을 '접촉물질'이라 호칭하였다.

베르젤리우스는 이 연구를 발전시켜, 키르히호프의 전분의 당화(糖化), 테나르르(L. J. Thénard, 1777~1857)의 금속산화물 분해 및 데베라이너(J. W. DÖbereiner, 1780~1849)의 냉온 하에서 백금의 흑색분말(白金黑)에 의한 알콜의 산화 및 디아스타제의 작용 등에 공통성이 있다고 보고, 이것을 촉매력에 의한 것으로 판단하여 촉매의 개념을 제기하였다.[34] 이들 여러 연구는 발효공업과 밀접한 관계에서 '발효' 및 '촉매'의 개념이 선구적으로 제기되었음을 나타내고 있다. 촉매는 반응 전후에 에너지 상태의 변환은 없고, 반응속도만을 증가시킨다는 현대적 견해를 1894년에 독일의 물리화학자인 오스트발트(F. W. Ostwarld, 1853~1932)가 제안하였다.

34) 伊東俊太郎 외 편, 전게서, p. 350.

## 제13장

# 철강 · 전기의 시대와 근대 과학과 기술의 접근

18세기 중에는 또한 전기의 과학은 급격한 발전을 하여 1900년 이후는 '전기의 시대'라 불리우고 있다. 이때 확실한 화학기술이 개화된 것도 18세기 후반의 산업혁명 때문이었다.

1815~1918년의 시기에는 대양 항해에서 증기선의 더 한층의 발달, 철도의 성장, 섬유공업 기계화의 완성 및 몇 종류의 원동기—수력터빈 · 증기터빈 · 내연기관—의 발달, 자동차와 비행기의 출현, 전력과 전신 · 전화와 라디오의 발달, 농업과 채탄의 효과적인 기계화, 그야말로 과학기술의 시대였다.[1] 이러한 발달의 이면에는 1850~1870년 사이에 베세머, 지멘스와 마르탱 및 토머스 등에 의한 제철기술의 비약적인 발달이 있었기 때문이었다. 그래서 1870년 이후는 '철강의 시대'라고도 한다.[2]

19세기의 70년대에서 선진국의 자본주의는 독점단계에 진입하였다. 독점단계에서의 자본주의의 특징은 생산력 발전의 불균형성이 현저하게 되고 기술이 자연과학과 접근하여 비약적으로 발전하는 가능성이 생긴 사실이다. 이와 동시에 자본주의가 제국주의 단계로 옮겨감에 따라 국제사회의 연계가 강화되고 상품수출 외에도 자본수출이 성행되어 자본주의적 강국에 의한 세계의 재분할이 시작되었다.

그러나 자본이 과학이나 기술의 성과를 이용하는 것은 높은 이윤을 확보하기 위한 것이고, 기술의 발달을 촉진시키는 것은 초과이윤을 획득하고자 하는 독점기업

1) S. Lilley(伊藤新一 외 역), 전게서, p. 134.
2) Compton's Encyclopedia, vol. 12, p. 174.

에서의 생산의 고도의 축적이다. 과학자와 연구기관을 자기의 손 안에 넣고 거대한 생산수단을 소유하는 독점기업은 과학과 기술의 최신의 성과를 생산에 도입하는 강력한 권력을 가지게끔 되었다.

## 13.1 근대 제철 및 비철금속의 발달

전기기술과 더불어 19세기를 대표하는 기술은 제강기술이다. 철도 · 조선 · 기계제작 · 증기터빈 · 내연기관 · 자동차 등 군수산업이나 기계공업의 기계제작에서 요구되는 재료가 선철과 연철 사이의 탄소함유량으로 큰 응력을 가지는 특수한 성질의 금속이 바로 철강이다. 그러나 당시 존재하고 있던 두 종류의 연철생산법(정련법 · 패들법) 및 도가니 제강법은 기업이 필요로 하는 철강의 수요를 충족시키기에는 역부족이었다. 정련로 · 패들로에서 연철의 생산은 공정시간이 길고, 막대한 노동력이 필요로 하였고, 도가니 제강법도 가격이 고가이고 용도가 제한되어 있어 철강의 생산을 근본적으로 바꾸어야 하는 절박한 시기에 당면하였다.

연철을 대신하는 용강(熔鋼)을 대량으로 생산하는 방법이 1860년대에 등장하였고, 1870년대부터 보급되어 세계의 제철공업을 변혁시켜 기술사에서 이 시대 이후를 '철강시대'라 부르게 된 것은 철강의 양산에 의한 철강재료가 아주 새롭게 되었기 때문이다.

그런가하면 금속과 합금의 역할도 급속히 증가하여 그 결과 선철 · 연철 · 강 및 철을 토대로 한 특수합금, 비철금속(구리 · 주석 · 아연 및 이들 합금)을 생산하는 필요성도 대두되었다.

### 1. 용광로의 가열송풍[3) 4) 5)]

산업혁명은 도가니 강과 코크스 연소 송풍로와 송풍예열을 도입하게 만들었다. 송풍로가 크게 됨에 따라 증기나 수력을 사용하는 압축기로도 필요로하는 높은 온도를 형성할 충분한 송풍이 가능하였다. 고로용 공기가열로(열풍로)는 스코틀랜드 출신으로 글래스고대학에서 화학과 자연과학을 배워 근대과학의 실험방법을 터득한 제임스 니일슨에 의해 1826년에 특허를 얻었다. 당시의 송풍로는 예열로를 별

---

3) R. J. Forbes(田中 實 역), 전게서, p. 276.
4) T. K. Derry · Trevor I. Williams, 전게서, p. 478, p. 512.
5) 소련 과학아카데미 편(金光不二夫 외 역), 전게서, p. 300.

도로 설치하였으나 니일슨은 공기 중에 내버리는 용광로 상층부의 폐가스로 노에 보내는 공기를 150~300℃로 예열하는 열원으로 활용, 연료의 소비를 40%까지 절약할 수 있었다. 그 결과 고로가 대형화되어 철야금의 열경제성과 고로의 생산성을 획기적으로 향상시킬 수 있었다(그림 13 · 1).

이와 같은 기술은 대단히 빨리 보급되어 용광로 자체의 개량과 철에 대한 수요의 가속적인 확대를 통해, 용광로의 규모가 급속히 증대되어 갔다. 19세기 초반 용광로의 높이는 10m, 하루 30톤의 선철을 생산하는 고로에서 1890년에 건조한 미국의 한 대형고로는 하루의 생산량이 무려 300톤에 이르기도 하였다.

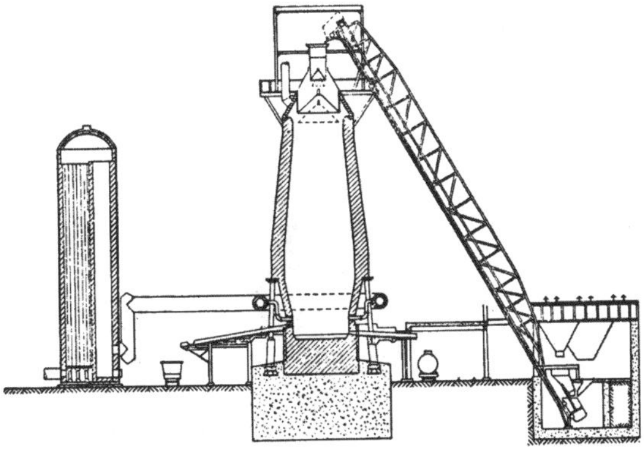

그림 13 · 1 승강기가 붙은 대형 용광로

## 2. 베세머 전로법(轉爐法)6) 7) 8)

철강에 대한 수요의 증가로 생산의 확대가 촉진되면서 품질에 대한 요구가 높아졌다. 독일의 크루프(A. Krupp, 1812~1887)는 100개 가까운 도가니로를 병렬로 해서 동시에 용해된 강을 만들고, 대포를 주조하여 세계를 깜짝 놀라게 하였다.

용강을 대량생산하는 문제는 1856년 영국에서 전로에 의해 용강법을 창시한 직업발명가인 베세머(Sir Henry Bessemer, 1813~1898)가 해결하였다. 1850년 크리미아 전쟁 때에 나폴레옹 Ⅲ세가 제시한 현상금에 끌리어 대포제작에 관심을 가지게 되었고, 그 지방에서 생산되는 강보다 양질의 강이 대량으로 필요함을 알고 대포용의 양질의 강을 얻고자 무수한 실험결과 '전로법'을 발명하였다. 전로의 용융선철에 밑에서부터 공기를 불어 넣어 선철에 함유되어 있는 규소 · 망간 · 탄소가 산화되어 강으로 바뀌는데 이때 급격한 산화의 발열로 강을 용융상태로 유지할 수 있음을 발견하였다.

6) S. Lilley(伊藤新一 외 역), 전게서, p. 175, R.J. Forbes(田中 實 외 역), 전게서, pp. 277~278.
7) 소련 과학아카데미 편(金光不二夫 외 역), 전게서, p. 309.
8) 伊東俊太郎 외 편, 전게서, p. 950.

'베세머법'은 생산성이 높은 것이 특징으로 10톤의 선철을 정련하는데 정련로는 3주간, 패들로는 3일 소요되었으나 전로는 10~20분이면 충분하였다. 최초의 전로는 1858년 프랑스에서 사용되었으며, 몇 년이 지나지 않아 25분 이내에 20톤의 용강을 생산, 대형의 주조물을 만들 수 있었다. 그러나 여러 가지 기술상 이유로 베세머법이 널리 보급되는데는 야금기술자 · 기술자 · 과학자들의 20여년간에 걸친 노력이 필요하였다. 그림 13 · 2는 1860년대의 베세머 회전로의 조작을 표시한 것으로 이 용광로는 10~15톤의 용선을 10분 전후해서 용강으로 만들 수 있었다.

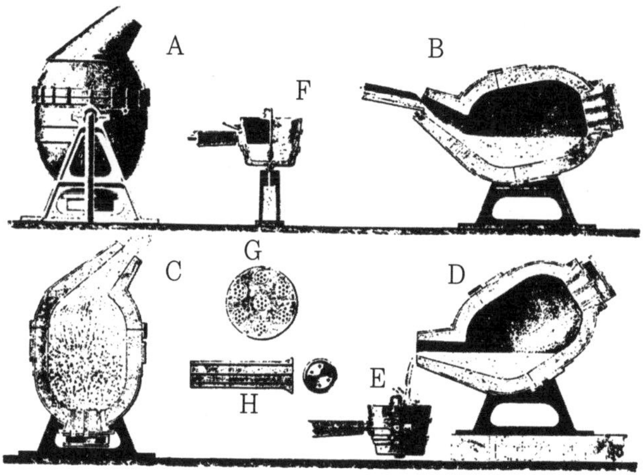


그림 13 · 2 베서머 전로

## 3. 평로제강법의 발명[9) 10) 11)]

베세머법이 패들법을 대신하였으나 드디어 지멘스 · 마르탱의 평로법(平爐法)에 그 위치를 물려주게 되었다. 평로법이란 1860년 지멘스(Sir William Siemens, 1823~1883)가 발명하였고 영국의 마르탱이 처음으로 상업화한 방법이다.

패들 연철이 용강으로 대체되면서 제철소에는 사용되지 않은 연철이 대량으로 적체되어 이것을 강으로 바꿀 필요성이 대두되었다. 1864년 이 문제를 해결한 사람이 프랑스의 야금기술자 마르탱(Pierre Emile Martin, 1824~1915)이었다. 그는 1856년 지멘스가 개발한 연소가스의 폐열회수 원리(폐기가스로 배출되는 연도(煙道)

9) R. J. Forbes · J. E. Dijksterhuis(廣重 徹 외 역), 전게서, p. 387.
10) 伊東俊太郎 외 편, 전게서, p. 440.
11) 山崎俊雄 외 편, 전게서, p. 149.

가스를 활용, 연소용 가스와 공기를 교대로 예열하여 열경제성을 기하는 것)를 이용하여 고온으로 가열하는 축열식 반사로로 제강하는 새로운 방식을 발명하였는데 이것이 '평로법' 또는 '지멘스 · 마르탱법'이라 부른다. 1873년에는 이 평로법으로 연강(軟鋼)을 생산하기 시작하였다(그림 13 · 3 참고).

베세머법은 전로의 내측이 산성물질의 벽돌로 되어 있어 '산성법'이라고도 부르며, 인과 유황의 함유량이 낮은 철광이나 선철의 전환에만 사용이 가능한 약점이 있었다. 그러나 1877년 재판소 서기이던 토머스(Sidney Gilchrist Thomas, 1850~1885)는 백운석(白雲石; 탄산칼슘 · 마그네슘이 주성분인 광석)과 같은 염기성 재료의 벽돌을 전로 내측에 축조하여 슬랙(slag)에 인을 결합시키는 방법을 개발하였다.

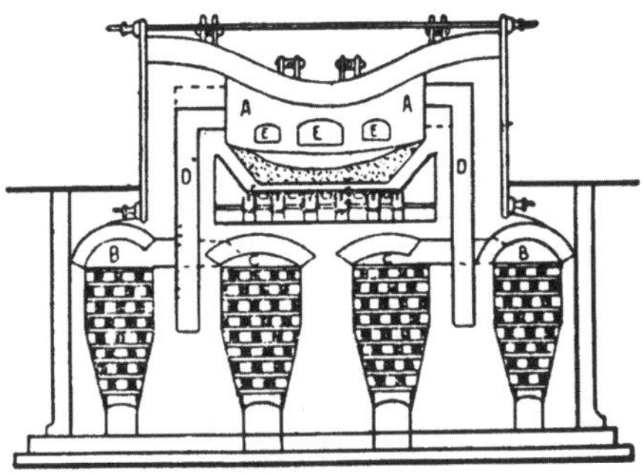

그림 13 · 3 지멘스의 평로

이 방법을 '염기성 전로법' 또는 '염기성 제강법'이라 하는데 이 방법에 의해 연철과 구식의 도가니법으로 만들어지는 조강(粗鋼)과의 중간성질을 가진 연강이 시판되기에 이르렀다. 이 연강은 레일 · 보일러 강판 · 막대 · 건축재료(선박 · 가정 · 철근 콘크리트 등에 사용) 및 통조림 공업 등의 박판으로는 이상적인 재료로 알려졌다.

베세머 · 지멘스와 마르탱 · 토마스의 세 가지 세로운 제강법의 개발과 발달은 이 시대 최대의 기술적 성과로 철강생산에 변혁을 초래하였다.

금속과 합금의 생산, 특히 제철의 진보는 압력에 의한 금속의 가공공정(압연 · 인발 · 프레스 성형 · 단조 · 압인가공)의 발달을 가져왔다. 재료로서의 철강수요는 가공법의 다변화로 용도 또한 다양하였다. 일예로 1874년에 건설된 센터루이스의 이즈교는 철강으로 만든 세계 최초의 다리이며, 1889년의 파리의 에펠탑도 마르탱 평로강으로 만들었다.

## 4. 비철금속

자본주의 생산의 발달은 비철금속(非鐵金屬)의 야금에도 깊이 침투하였다. 기계공업 · 증기원동기 · 운수 · 기계(器械)제조의 진보 · 화학 · 섬유 · 제지공업 · 병기제조 그 외의 기술분야의 발달에 의해 비철금속의 수요가 급격히 많아졌다. 야금공장의 설비를 갱신하고 새로운 공장을 건설하고 또 필요한 구조재료의 제품을 만드는 금속과 합금을 정련, 가공하기 위한 새로운 방법을 개발 · 실용화하는 필요성이 생겼다.

이 시대 비철금속 야금의 발달에는 두 가지의 특징을 볼 수 있다. 첫째는 옛날부터 알려진 비철금속과 귀금속(구리 · 주석 · 납 · 아연 · 수은 · 안티몬 · 금 · 은)의 생산량이 일관되게 증가된 점과 생산방법의 개량, 둘째는 새로운 금속의 생산법의 발견과 연구이다.

철에 이어 제2의 금속인 구리는 장식품이나 미술 공예품, 대포 · 종의 주조를 위한 주석과의 합금(청동)으로 옛날부터 널리 이용되어왔다. 이 구리의 생산은 18세기 후반 특히 18세기 말경부터 19세기 초까지의 산업혁명 후에 새로운 기술분야에서 구리를 사용하게 되어 크게 증가하였다. 구리야금의 공정은 1860년대에 근본적으로 개량되었다. 아연은 18세기 말까지는 유럽에서 대단히 진귀하였으나 18세기의 40년대에 영국에서 최초의 아연공장이 건설되면서 19세기 초에 공업생산의 시작으로 철의 도금용으로 이용되어 18세기 후반부터 알려지기 시작하였다.

## 13.2 전기기술의 성장과 전기 통신수단의 발달

전기를 정상적으로 공급하는 장치는 볼타가 1775년에 고안한 라이덴병에 포개지는 판(板) 모양의 장치이다. 이것이 개량되어 볼타 전퇴와 볼타 전지가 되고 화학에너지를 전기 에너지로 변형시켰다. 전기의 실용화는 1808년 데이비의 아크등에서 시작되었다. 전기기술은 18세기에는 존재하지 않았고, 19세기에 와서 처음으로 등장한 근대적인 기술의 하나이다. 근대 물리 · 화학에서 물질의 전자기적 성질을 목표로 전기 에너지를 만드는 장치가 개발되었고, 전기의 운동법칙성을 기술에 응용하는 인간의 의식적 노력 속에서 전기기술이 생겨났다. 전기기술은 근대 과학 소산의 하나의 전형(典型)이다.

### 1. 전기의 생산 · 수송 · 이용

#### (1) 전기의 생산

전기기술은 적은 전기 에너지를 사용하는 전신기술로 출발했으나, 그 전원으로 1836년에 발명된 다니엘 전지가 사용되었다. 이 전지의 기전력은 1볼트 전후로 급속하게 확대되는 전신망의 전원으로는 규모가 작고, 이것에 대체되는 강력한 발전기술이 절실하게 요청되기에 이르렀다.

발전기의 원리는 1831년 조셉 헨리(Joseph Henry, 1797~1878)와 패러데이에 의해 발견된 전자유도(電磁誘導)의 법칙이다. 이 현상은 자기(磁氣)에 의해 전류를 얻는 것이며, 외르스테드가 발견한 전류의 자기작용(磁氣作用)과는 정반대의 현상이다. 피키시(H. Pixxi, 1808~35)는 전자유도의 원리를 이용하여 전류를 얻는 장치인 수동 자석발전기를 제작(그림 13 · 4)하였으며, 자석발전기를 증기원동기로 회전시킨 사람은 울리치(J.S. Woolrich)가 최초이다. 피키시는 이때 정류자(整流子)를 부착시켜 직류를 얻었다.

발전기의 본격적인 발전은 자기여자(自己勵磁)의 원리에 기초를 둔 발전기가 발명되면서부터이다. 이 원리를 이용하면 적은 자기량으로 대단히 큰 양의 전기를 얻을 수 있다. 독일의 베르너 지멘스(Werner von Siemens, 1816~92)는 와일드(H. Wilde, 1833~1919)와 함께 1866~67년에 스스로 자석화되는 자기여자 방식의 발전기를 발표, 실용화시켰다. 따라서 대규모 발전의 잇점이 생겨 송전 · 배전기술의 확립이 필요하여졌다. 지멘스의 발전기는 복T형 전자기(Armature, 발전자라고도 함)를 구비하고 있었으나 발전기의 발전은 이 전기자의 개량에 의해 이루어졌다.[12)]

파리의 아리앙스사의 기사인 그람(Z. T. Gramme, 1826~1901)은 균일한 전류를 얻기 위해 환상(環狀)의 철심 위에 코일을 감은 환상 전기자를 발명, 오늘날의 직류발전기의 원형이라 할 수 있는 발전기를 고안, 1870년에 발매하기 시작했고, 후세에 그를 '발전기의 아버지'라 불렀다(그림 13 · 5). 또, 지멘스 하루스케사의 기사인 알테넥(F. V. Hefner Alteneck, 1845~1904)도 드럼형 전기자를 발명하여 발전

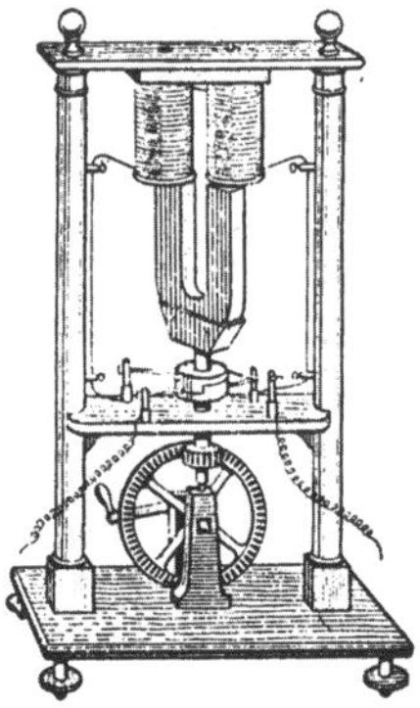

그림 13 · 4 피크시의 수동 발전기

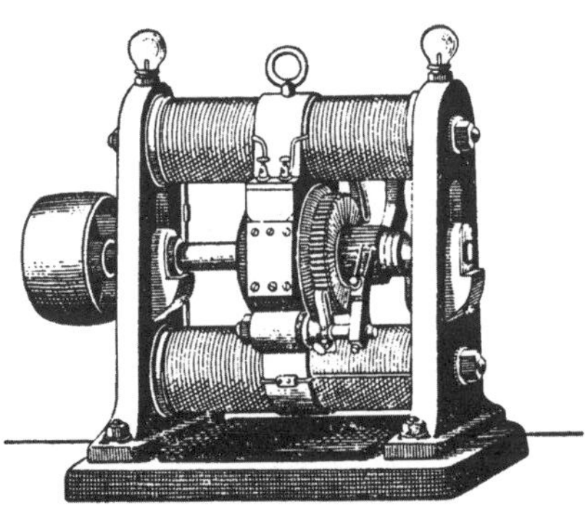

그림 13 · 5 그람의 A형 발전기

12) T. K. Derry · Trevor I. Williams, 전게서, p. 613, 614, 634, 636.

기는 충분히 실용적으로 되었다. 따라서 1870년에는 직류발전기나 교류발전기가 실용적으로 이용되기에 이르렀다.

기계적 에너지를 전기로 바꾸는 것이 발전기이고, 전기를 기계적 에너지로 되돌리는 것이 전동기(motor)가 되는데, 이미 제12장 2절 1항에서 설명한 바와 같이 외르스테드에 의해 우연히 발견되었다.

### (2) 전기수송과 새로운 발전소

전신과 전화가 지구상의 어디든 즉시 통신할 수 있게 하여 세계를 변화시켰다면 전기에 의한 동력의 수송은 그에 뒤지지 않을 정도의 혁명적 가능성을 포함하고 있다. 전기의 운명은 에너지를 수송하는 수단의 역할을 하는데 있다. 에너지는 발전소에서 전기로 바뀌고 그 다음에 먼 거리로 수송되어 다시 에너지로 변한다. 에너지 · 동력으로서의 전기는 장거리수송, 임의의 양으로 분할하여 사용할 수 있는데 전력기기인 변압기를 사용하여 교류전압을 승압(昇壓) · 강압(降壓)할 수 있기 때문이다.

전기의 송 · 배전망은 먼저 전기조명의 보급에 의해 성립되었다. 그 송 · 배전망에 의해 여러 곳에서 전기가 사용되면서 전동력 사용이 일반화되고 또 수력을 개발하여 대규모의 발전 · 송전이 이루어지게 되었다. 조셉 헨리는 1831년 전기 모터를 만들어 승압 및 강압변압기의 원리를 발견하였고, 또 1마일 길이의 전선을 따라 통신을 전달하는 전신기의 공개실험도 하였다.[13)]

최초의 발전기가 만들어 낸 전기는 교류이고 그래서 전지의 대용구실을 하였다. 그러나 1875년경 직류 및 교류 발전기가 실용화되면서 발전기의 공업적 용도는 급속도로 확산, 일부는 전기도금으로 사용되고, 대부분은 가로(街路) 조명용의 아크등에 사용되었다. 1877년 직류와 교류의 우열논쟁이 생겨, 선택은 장거리 전기수송의 문제와 연관, 장거리 수송은 높은 전압과 약한 전류를 사용하는게 경제적임이 밝혀져, 발전소에서는 고전압으로 소비자에게 보내어 안전하고 경제적인 전기장치에 사용하도록 변압기로 다시 저전압으로 바꾸어야 한다. 여기서 직류는 불편하고 교류가 송전 · 변압도 용이하기 때문이다.

상업적 변압기의 제작에 관한 연구는 몇 년간 계속되어 1882년 고라르(L.Gaulard, 1850~88)와 기브스(J.D. Gibbs)가 배전방식을 고안하였으나 전압의 변동을 피할 수 없어 실패하였다. 정전압(定電壓) 변압기는 1885년 헝거리의 간즈기계공장 기사인 지페르노스키(C.Zipernowsky, 1853~1942), 데리(M.Deri, 1854~1938) · 브라쉬(O.T.Blathy) 3인의 특허가 주어져 그 변압기가 로마 부근에서 사용되었다. 결국 1886년에는 최초의

---

13) R. J. Forbes · J. E. Dijksterhuis(廣重 徹 외 역), 전게서, p. 337.

상업변압기가 제작, 사용되었다.14)

전력수송의 시도는 1870년대부터 시작되었다. 1873년의 빈의 만국박람회에서 1 km 떨어진 곳에 전력을 수송하는 실험이 공개되었다.

페란티(S.Z.de Ferranti, 1864~1930)는 1891년까지 데드포드에 10 kv 교류송·배전 시스템을 건설하여 성공하였다. 1891년 프랑크푸르트 박람회에서는 AEG사의 러시아인 기사 돌리보 도브로윌키스(M.von Dolivo Dobrowolsky, 1862~1919)(그림 13·6)에 의해 3상교류 약 15 KV·75 KW의 전력을 170 Km 송전하는 시범을 보였는데 여기서 근본적인 장거리 송전기술이 확립되었다.

최초의 수력발전소는 1882년 위스콘신에 개설되었고, 4년 후에는 버플로시에서 교류발전소를 건설하여 전등 및 동력용에 대규모로 전력을 공급하기 시작하였다. 이때 이후 1910년에 이르는 시기에는 전기의 새로운 응용의 실험이나 연구가 많이 이루어졌고, 1894년에는 나이아가라 폭포의 수력이 개발되었고, 유도전동기를 발명하여 교류기술을 완성한 전기공학자·발명가인 테슬라(Nikola Tesla, 1857~1943)가 발명한 2상 교류방식에 의해 11 KV의 송전이 시작되었다.

그림 13·6 돌리보 도브로볼스키

### (3) 전기의 이용

18세기 정전기 연구의 시대에 이미 전기에 의한 조명의 아이디어가 있었고, 19세기 동전기시대에 진입하면서 전기조명의 이용은 1808년 데이비의 아크등 발명으로 시작, 야브로츠코프(P.N. Jablochkoff, 1847~94)가 1876년 2개의 전극 위에 탄소막대를 걸쳐 아크를 연속적으로 발생시키는 '전기양초'를 발명하여 파리·런던의 가로 조명용에 이용하였다.

1870년 그람의 발전기 출현이 전력의 원가를 크게 떨어뜨려서 경제성이 있으므로 1878~1880년에는 크게 붐이 일어 철도의 역, 극장, 철공장 및 시장의 조명이나 가로에도 사용되었다. 초기의 발전소는 주로 전등용의 전류를 공급하는 것이었다. 그러나 기회마다 새로운 응용이 여기 저기서 지적되었고, 1883년에 빈 박람회에서는 전기 가열판·방석·모포 등 실제로 거의 현대적인 전기기구가 진열되었다. 접시 세척기는 1865년, 최초의 세탁기는 1869년에 시판되었다.

---

14) 伊東俊太郎 외 편, 전게서, p. 966.

백열전구의 최초의 시도는 1820년 드 라 류(Warren De la Rue, 1815~1859)에 의해 백금의 백열전구가 만들어졌다. 그러나 필라멘트를 사용한 백열전구가 실용적으로 사용된 것은 1880년경의 에디슨 때이다. 에디슨의 공헌은 전구의 발명에 그치지 않고 최종적으로 완성시켰다.

1879년에는 스완(J.W. Swan, 1829~1914)과 에디슨(Thomas Alva Edison, 1847~1931)이 각각 탄소전극을 만들고 기업화하여 뉴욕이나 런던 등의 도시에 화력에 의한 중앙발전소(그림 13 · 7)가 건설되어 본격적인 전력생산과 배전체계가 구축되었다.[15) 16)] 그 외에도 그의 발명은 1877년에 축음기, 1891년에 활동사진, 1896년에 X선용 투시기, 1900년에는 알카리 축전지 등이 있다.

여기서 에디슨의 생애를 간단히 살펴보면 초등학교에서는 저능아 취급을 받아 어머니가 분노하여 학교를 그만 두게 하고 스스로 열심히 교육시켰다. 에디슨은 가혹한 노력을 통해 발명의 재능을 충분히 발휘, '천재는 99%의 땀과 1%의 영감이다'라는 말을 남겼다. 취득한 특허는 무려 1,000건이 넘으며, 유일한 과학업적은 1883년의 '에디슨의 효과'(열전자 방출의 발견)이다.

19세기의 80년대에 전동기가 증기기관에 대신하여 기계의 원동력으로 공장에 진출하는 길이 열렸다. 증기기관은 여기에서도 그 역사적 역할을 끝마치게 되었다. 증기기관을 공장동력으로 사용하고 있을 때는 동력을 전달하는 벨트 등의 전도체계가 공장 내에 종횡으로 걸려 있었고, 말단의 기계에 전달된 동력의 정확성도 결여되었다. 그러나 하나하나의 기계에 각각 전동기가 배치됨에 따라 기계의 조작은 대단히 간편해졌고, 기계의 배치에도 자유스러웠다. 또, 기계의 안정성, 가공의 정밀도도 향상되었다. 기계와 원동기의 긴밀한 결합은 생산과정의 가장 합리적인 연결성을 가능하게 하고 나아가서는 기계의 자동체계를 탄생시키는 조건이 되기도 하였다.[17) 18)]

증기기관은 그 출력에 한계가 있으므로, 전력수요가 증가됨에 따라 이를 대체할 원동기가 필요하게 되었다. 수력터빈이 바로 그것이다. 수력터빈은 물의 운동에너지와 압력에너지를 이용하는 것으로, 옛날부터 제분용의 반동터빈으로 알려져 왔다. 미국의 프랜시스나 펠턴은 반동터빈을 개량하여 발전기의 동력원으로 수력을 이용하는 길을 열었다. 1895년에는 나이아가라 수력발전소(그림 13 · 8)가 조업을

15) S. Lilley(伊藤新一 외 역), 전게서, pp. 141~143.
16) Compton's Encyclopedia, vol. 7, pp. 157~158.
17) R. J. Forbes(田中 實 역), 전게서, pp. 284~292.
18) Compton's Encyclopedia, vol. 7, pp. 147~151.

시작하였다. 물 대신에 증기에너지를 이용하는 증기터빈은 영국의 파슨스(Charles A. C. Parsons, 1854~1931) 및 스웨덴의 드 라발에 의해 19세기 말에 발명되었다. 증기터빈은 증기소비량이 적어도 되고 고속이고 소형이면서 출력이 크기 때문에, 증기터빈이 실용화되면서 발전소의 증기기관이 사라지고, 발전소를 위해서 뿐만 아니라 선박의 원동기로도 중요한 구실을 하게 되었다.

그림 13·7 전등을 켜기 위한 뉴욕 중앙발전소

그림 13·8 나이아가라 수력발전소

## 2. 전기가 통신기술을 촉진

### (1) 전기 통신기술의 등장

산업혁명에 의한 기계제 대공업의 발전, 자본주의적 생산양식의 확립은 원료나 제품, 인간의 대량수송을 사활의 문제로 삼아, 철도나 대형선박의 급격한 발달을 촉진시켜 광범위한 지역에서 인간의 의지나 정보를 빨리 전달하고자 하는 중요성이 커진다. 따라서 운송의 영역뿐만 아니라 통신기관의 영역에도 변혁을 요구하여 새로운 통신기의 발명, 전자식(電磁式) 전신기의 발명을 유도하였다. 이 물적 수단이 통신기술이다. 통신은 이와 같은 전달이 공간적 거리의 극복을 본질로 하고 있으며, 사회적 생산, 유기체에서의 신경계통에 해당되는 것이다. 통신기술로서 인간은 봉화나 손 깃발에 의한 방법을 예로부터 알고 있었으나, 이것은 주로 전쟁과 관계가 있었다.

프랑스의 샤프(Claude Chappe, 1763~1805)는 1792년에 세계 최초로 '샤프 텔레그래프'(telegraph, 원거리통신)라는 일종의 시신호(視信號) 통신기[19]를 발명하였다. 탑 위나 지붕 위의 수직 막대기에 횡목을 설치, 이 횡목 양 끝에 또 하나의 횡목을

19) 伊東俊太郎 외 편, 전게서, p. 660.

부착시키고 줄을 당겨 움직이는 횡목의 위치에 따라 알파벳의 문자를 신호하는 것이다. 이 신호통신기(그림 13 · 9)는 망원경으로 확인하여 다음 다음으로 중계하는 방식이다.[20)]

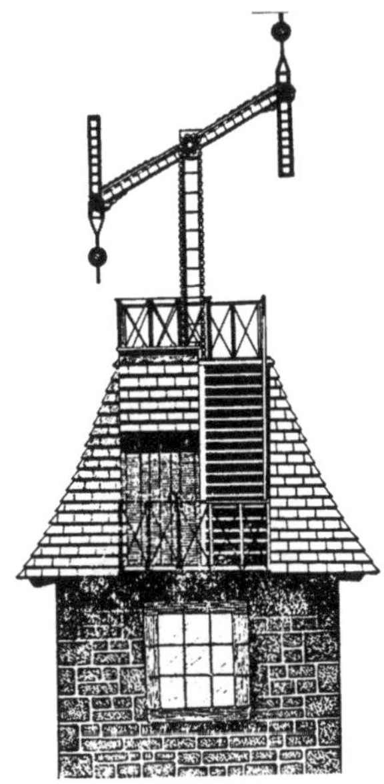

그림 13 · 9 샤프의 광학적 송신기

1794년에는 파리와 릴 사이에 세계 최초의 통신선이 가설되었는데 프랑스 혁명전쟁 및 나폴레옹의 원정에 위력을 발휘하여 유럽의 다른 나라에도 보급되었다. 그러나 이러한 통신은 기후의 지배를 받거나 전해지는 통신이 중간에서 왜곡되는 경우도 있었지만, 이 기술은 세계의 거리를 좁힌 장거리 통신이라 할 수 있다.

### (2) 전신기기의 등장[21) 22)]

한편으로는 중계기지의 건설 · 유지에 막대한 비용이 필요하였고, 산업이나 상업의 급속한 발전속도에 신호전달속도가 미처 따라갈 수가 없어, 이를 대체하는 새로운 기술이 등장하지 않을 수 없었다. 볼타전지의 발명이 바로 그것이다. 볼타의 전지는 전류를 지속적으로 낼 수 있어 전기 에너지의 이용에 길을 열어 준 획기적인 사건이었다.

동전기의 요람기에 있어서는 전류 · 전력 소비가 적은 전신기술은 그 응용으로서는 안성맞춤이었고 최초의 응용이 전신기에 쏠린 것은 필연적이었다.

원거리에 전기의 신호를 보내는 것은 1800년 그라우트(Graut)가 최초의 신호기 특허를 얻은 이후 오스트리아의 해부학자인 죄머링(S. Thomas Sömmering, 1755 ~ 1830)은 1809년 새로운 전기화학적 전신기를 고안하였고, 1810년대에는 또 다시 전지에 의해 신호를 먼 거리까지 보낼 수 있게 되었다. 문제는 조작이 쉽고 효율이 좋은 송 · 수신장치를 고안하는 것이었다. 드디어 1825년에는 실링(P. von Canstadt Schilling, 1786 ~ 1837)에 의해서 전류 · 자침계의 최초의 전신기가 발명되었다.

20) 鈴木善次 외, 전게서, p. 176.
21) S. Lilley(伊藤新一 외 역), 전게서, pp. 139~141.
22) 加茂儀一 편, 기술의 역사, pp. 309~311, 1956, 毎日新聞社.

1833년, 독일에서는 수학 교수인 가우스(Carl Friedrich Gauss, 1777~1855)와 물리학 교수 웨버(Wilhelm Edward Weber, 1804~1891)가 공동으로 자침식 전신기를 발명하였고, 1837년에는 영국의 쿡(William Fothergill Cooke, 1806~1879) 및 휘트스톤(Charles Wheatstone)은 자침식 전신기(그림 13 · 10)를 개발하여 실제로 응용하였다. 1836~37년에는 각각 영국 · 미국 · 독일에서 때를 같이하여 전신기의 발명 · 개량이 이루어졌다. 그렇게해서 19세기 중엽이 되면서 해저 케이블과 더불어 지구상의 정보전달 시간은 경이적으로 단축되었으며 전신기사라는 새로운 직업도 탄생하였다.

한편, 청년화가이면서 전신의 발명가인 미국의 모스(Samuel F. B. Morse, 1791~1872)는 헨리로부터 전자석의 이론을 배워, 1837년에 최초의 전자석식 전신기의 공개실험을 실시하였다(그림 13 · 11). 전자석식 전신기는 전기 키이를 이용한 송전시스템, 전자석에 의한 철편의 흡인과 그 운동을 테이프에 기록하여 글자를 찍는 인자기(印字機), 점과 선으로 조합하여 알파벳을 표시하는 전신부호(모스 신호) 통신거리를 연장하는 계전기(relay) 등으로 구성되었으며, 지금까지의 어느 전신기보다 우수한 기능을 가진 것이었다. 당시의 미국은 광대한 국토 안에 최초의 전신선이 1844년에 정부의 원조를 받아 3만 달러의 경비로 워싱턴과 볼티모어 사이에 가설되자 그는 이 전신선으로 유명한 메시지 '하나님이 만든 것'이라 송신하였다. 모스의 실험은 전신기를 장거리 통신의 수단으로 확립시켰다. 모스 통신은 1851년 이후 철도에 채용되어 열차운행의 통보와 관리에 큰 역할을 수행하였고 이후 전신기술의 발전은 전신부호 이해를 쉽게 하고 통신선로의 능율을 향상시켜 다중(多重)으로 이용하는데 역점을 두었다. 1872년까지는 유럽의 통신망도 우수한 모스 전신기를 설치하게 되었다.

그림 13 · 10 자침식 전신기

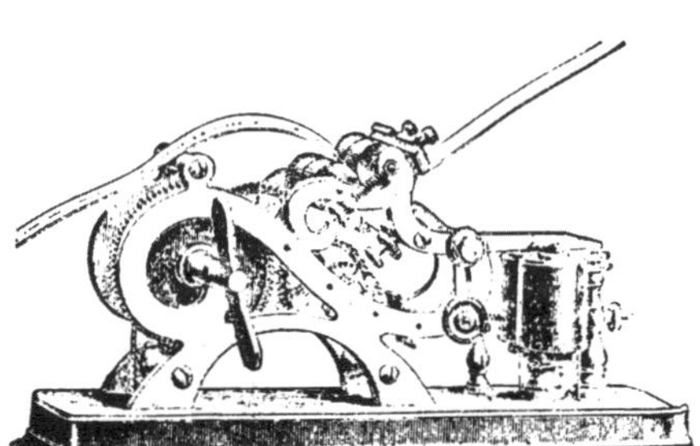

그림 13 · 11 모스 수신기

### (3) 장거리 통신의 탄생

한편, 육상전신의 실현에 이어 해저전신의 부설이 제기되어 19세기 후반에 바다와 인접한 나라들을 전신으로 연결하기 위해 해저전선이 부설되었다. 영국·프랑스 해협(가레와 도버 사이)은 1840년에 계획하여 실패를 거듭하다 1851년에 전신으로 연결되자 다음 과제는 구대륙과 신대륙을 연결하는 대서양횡단 케이블이었다. 1857년부터 약 19년간 필드(Cyrus Field, 1819~1892)는 수없는 실패를 반복한 끝에 1866년에 드디어 성공하였다. 영국과 미국의 자본, 해군의 적극적인 지원은 물론, 물리학자 톰손의 숨은 공적도 대단히 컸다.

마지막 작업을 소개하여 본다. "새로운 절연재료와 개량된 기술을 이용할 수 있게 된 1865년에 새로운 노력이 시작되었다. 필드는 이번에는 18,914톤의 기선 '그레이트 이스턴호'를 사용하여 새로운 케이블을 부설할 수 있게 되었지만 해안의 목적지로부터 600마일(약 965 Km) 지점에서 케이블을 잃어버려 바다 깊이 약 2마일이 되는 곳에 침몰시키고 말았다. 1866년에는 침몰된 케이블을 찾아 물 위에 끌어올릴 수 있었다. 그때는 이미 제2의 케이블이 양 해안에 부설되어 하나가 아닌 2개의 대서양 해저전선이 조업되기에 이르렀다. 이것이 세계의 문명국들을 연결하는 대륙 사이의 케이블과 국제 케이블의 시작이었다."[23] 유럽과 미국은 전류의 빠르기로 뉴스나 정보를 교환할 수 있게 정보교환의 매개를 전문적으로 하는 통신사(로이터, 국제통신사 등)가 등장하였다.

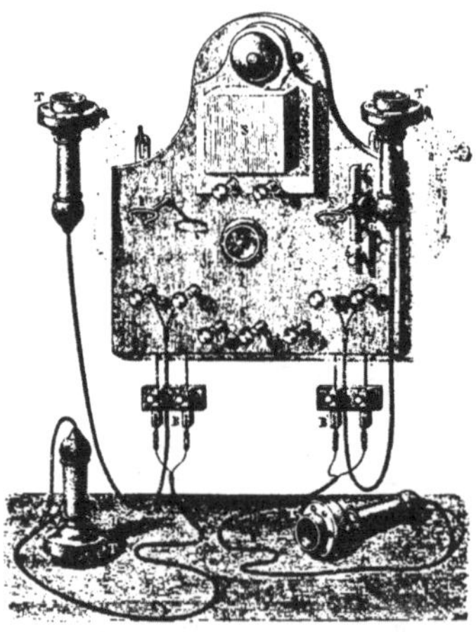

그림 13·12 벨 전화기

부호를 사용하지 않고 직접 사람의 음성을 전달하는 전화기는 1861년에 처음으로 독일의 라이스(J.P. Reis, 1834~1872)에 의해 시험제작되었고, 그때 전화기(telephonie – 그리스어, far—voice의 뜻)의 표현을 채택하였다. 전기적 방법으로 음성을 전달하는 것이었다. 그 후 농아학교 교사인 벨(Alexander Graham Bell, 1847~1922)이 1876년에 전자형(電磁型) 송·수화기(그림 13·12)의 특허를 얻었다. 그 원리는 송·수신기의 전자석에 얇은 진동판을 붙여 음성이 진동판을 진동시키면 유도전류에 의해 수신측에 음성이 재생되는 것이다. 그런데 공교롭게도 벨과 같은 1876년

23) R. J. Forbes(田中 實 역), 전게서, pp. 300.

2월 14일에 두 시간 늦게 그레이(Elisha Gray, 1835~1901)도 특허를 신청하였으나 특허분쟁에 지고 말았다.

에디슨은 벨의 기기를 개량하여 탄소에 의한 가변저항형(可變抵抗型) 송화기를 고안, 1876년에 특허를 얻었다. 이후 벨식 전자형 수화기와 에디슨식 저항형 송화기의 결합이 오늘날 전화기기의 원형이다.[24] 1884년에 뉴욕과 보스턴 사이에 처음으로 전화선이 공개되었고, 1886년에는 뉴욕에서 필라델피아 회선이, 1892년에는 무려 1,500 km의 뉴욕 · 시카고선이 경제적으로 가능한 통화거리였다.

세계 최초의 전화교환은 1878년 1월 29일 코네티컷주 하드포드에서 시작되었고 런던 최초의 전화교환은 1879년에 조업을 시작하였다.

벨은 벨 전화회사를 설립하여 실용적인 전화의 제조와 전화망의 건설에 착수하였고, 전화사업을 독점하여 단기간에 거대한 기업으로 성장하였다. 전신부문은 모스가 설립한 웨스턴 유니언사가 독점적으로 지배하였으나, 벨 회사의 급속한 확장으로 이름을 바꾼 AT & T사에 흡수되었다.

이상에서 1837~1878년은 전기기술사에서 유선통신기기 성립기에 해당된다.

## 13.3 동력의 기술혁신과 자동차 · 비행기의 등장

18세기 중반부터 19세기 중반까지의 약 100년 동안 영국에서의 방적이나 직물에 관한 기술의 발명이 계속되었고 이어서 증기기관과 공작기계의 발명 · 개량이 계속되고, 공장이 각 곳에 건설되어 생산활동이 활발하게 되었다.

19세기 후반에는 유럽의 각지에서 기술의 발명이 이루어져 새로운 동력원으로 수력터빈이나 증기터빈, 그리고 내연기관도 등장하였다. 거기에 전기의 연구도 이루어져 모터나 발동기가 이용되기에 이르렀다. 오늘날 기계문명의 기초가 되는 기술은 20세기 초반까지 고루고루 갖추어져 있어, 18세기에서 20세기에 걸친 200년 동안은 빛나는 기술발명의 시대였다.

### 1. 동력 스테이션의 출발인 수력터빈의 발명[25]

증기기관은 대단히 우수한 동력으로 그 위력을 발휘하였으나 크기가 크고 또 석탄을 연료로 사용, 석탄을 운반하는데도 불편하여 수차쪽이 유리하였다.

---

24) 加茂儀一 편, 전게서, pp. 312~313.

25) 中山秀太郎, 전게서, pp. 123~124.

1568년 벳손(Jacques Besson ?~1568)의 스케치에 수차가 있으나 이때부터 수차의 개량이 여러 기술자들에 의해서 추진되었다.

프랑스의 광산학교 교수인 부르단(Claude Burdin, 1790~1873)은 새로운 모양의 수차에 '터빈'이란 이름을 붙이고 제자인 기술자 · 발명가 푸르네이롱(Benoit Fourneyron, 1802~1867)은 1832년에 '반동형 터빈'을 제작하였다. 수력터빈은 물의 운동 및 압력에너지를 이용하는 것이며, 물의 속도변화에 따른 운동량의 변화를 동력으로 바꾼 것이다. 최초의 터빈은 약 100 m의 저수지 아래에 설치하여 2,300회전, 60마력이었다. 이어 낙차 5 m, 200마력 이상의 것을 제작하여 방적공장에서 실제로 사용하였다.

1849년에는 미국인 프랜시스(James Bicheno Francis, 1815~1892)는 고정 깃을 바깥쪽에, 회전 깃을 안쪽에 설치한 새로운 터빈을 발명하였다. 이 터빈은 장점이 많아 지금도 수력발전소에서 많이 사용되고 있다.

위에 설명한 터빈은 물이 깃차에 들어갈 때 물이 가지고 있는 에너지의 일부를 속도로 바꾸어 반동작용에 의해서 깃차를 회전시키는 반동형 터빈이나, 노즐에서 물을 분사시켜 수류(水流)의 운동에너지를 깃차의 회전으로 바꾸는 '충동형 터빈'은 1856년 프랑스의 지라드(Philippe Henride Girad, 1775~1845)에 의해 발명되어 1880년 미국의 펠턴(Lester A. Pelton, 1829~1908)이 이것을 완성하였다. 이 형식의 터빈은 수량은 많지 않으나 높은 낙차가 얻어지는 수력발전소에 많이 사용되고 있다(그림 13 · 13).

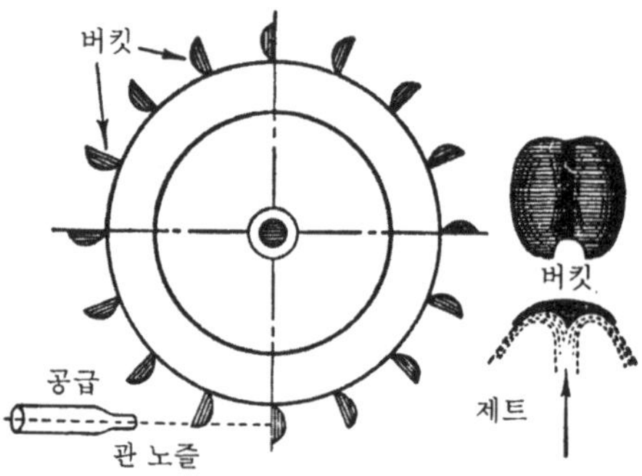


그림 13 · 13 펠턴의 수력터빈

1912년에는 오스트리아의 카플란(Victor Kaplan, 1876~1934)이 프로펠러형의 수력터빈을 개발하여 수량(水量)의 변화에 따라 프로펠러 날개를 움직여 터빈의 효율을 최고로 유지하도록 한 것이 '카프란 터빈'이다.

최초의 수력발전소는 1881년 영국의 코다르밍에 건설되었는데 직류발전기였고, 교류발전기를 사용한 대규모의 발전소는 1889년 미국의 나이아가라에 계획이 세워져 1895년이 되어서야 출력 5,000마력의 터빈을 사용하여 가동하였는데 이것이 세계최초의 대규모 수력발전소이다.

## 2. 증기터빈의 발명[26) 27)]

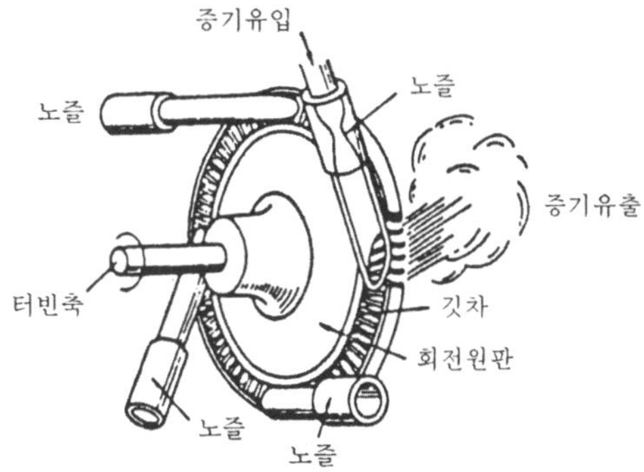


그림 13 · 14 드 라발의 증기터빈

증기의 힘을 이용하여 회전운동을 얻고자 한 시도는 기원 전 알렉산드리아의 헤론의 증기구이다. 1626년 이탈리아의 브랑카(Giovanni Branca, 1629년 사망)의 저서에 기록이 나오고 있다.

1882년 드디어 실용으로 되는 증기터빈(증기풍자라고도 함)이 스웨덴의 과학자 드 라발(Carl Gustaf Patrik de Laval, 1845~1913)에 의해 발명되었다(그림 13 · 14). 원통의 주위에 다수의 깃을 심고 노즐에서 분출되는 증기를 그 깃에 부딪치게 하여 깃차를 회전시키는 것이었다. 충동형 증기터빈의 시초로 저속 발전기 · 펌프 · 선박 등에 효율 좋은 원동기로 사용되었다.

뒤이어 1884년 영국의 공장 주인인 파슨스도 증기터빈을 발명하였는데 이것은 원통의 둘레에 다수의 깃을 몇 열로 심고 고정 깃을 가진 케이스 안에 넣은 것으로 노즐은 없고 증기는 이 다수의 깃 사이를 팽창하면서 통과하는 최초의 실용적 '반동형 증기터빈'으로 드 라발의 것과는 다른 구조이다. 또 터빈의 크기를 축소시키는데 공헌한 '속도 복식터빈'이 1898년 커티스(Curtis)에 의해 등장하였다.

파슨스는 발전기를 회전시킬 목적으로 1884년에 증기터빈을 제작하였고 8,000회전의 고속으로 회전되었다. 그리고 이 증기터빈에 직결하는 발전기를 발명하여 1889년에는 이 터빈 발전기가 전등용으로 실용화되었다.(그림 13 · 15).

그림 13 · 15 파슨스의 최초의 증기터빈 발전소

26) R. J. Forbes(田中 實 역), 전게서, pp. 308~311.
27) 中山秀太郎, 전게서, pp. 125~126.

또 파슨스는 1894년 선박용 증기터빈을 고안하여 1897년 세계 최초의 증기터빈을 동력으로 하는 증기선 다비니아호를 건조하여 시운전에서 34.5노트라는 당시로서는 최고의 속도를 내었다.

20세기에 진입하면서 군함이나 상선에 증기터빈이 이용됨으로써 점차 그 용도가 넓혀졌다.

## 3. 내연기관의 개발

### (1) 내연기관의 발명

증기기관과 같이 실린더 안에 증기를 유입하는 것이 아니고 가연성 가스를 넣어 폭발시켜 피스톤을 움직이고자 하는 실험도 많이 하였다. 1833년, 영국의 라이트(W.L.Wright)는 가스와 공기를 혼합, 그 혼합기체를 펌프로 실린더 내에 보내어 폭발시키고, 피스톤을 움직이는 장치를 고안하였으나 실용화에는 미치지 못하였다.

영국의 바네트(William Barnett)는 1838년에 실린더 내의 가스에 점화시키는 새로운 방법을 고안하였다. 실린더 외부에 부착된 두 개의 버너로 점화하는 이 방법은 정교한 착화장치로 이후 50년이나 지나 이 방법이 사용되었다.

그런데 내연기관이 실용화된 것은 프랑스의 르누아르(Jean Joseph Etienne Lenoir, 1822~1900)(그림 13 · 16)가 전기 점화장치를 부착시킨 내연기관을 만들고부터이다. 1860년에 만든 르누아르의 기관(그림 13 · 17)은 그 구조가 대체로 증기기관과 같았다. 증기 대신에 밸브에서 석탄가스와 공기를 혼합하여 흡입시키고, 전기불꽃으로 점화시켜 배기하는 것이었다. 아주 효율이 좋은 것은 아니었으나 1865년 이후에 실용적으로 사용되면서 프랑스에서 400대, 영국에서 100대 정도가 제작되었다.

그림 13 · 16 르누아르

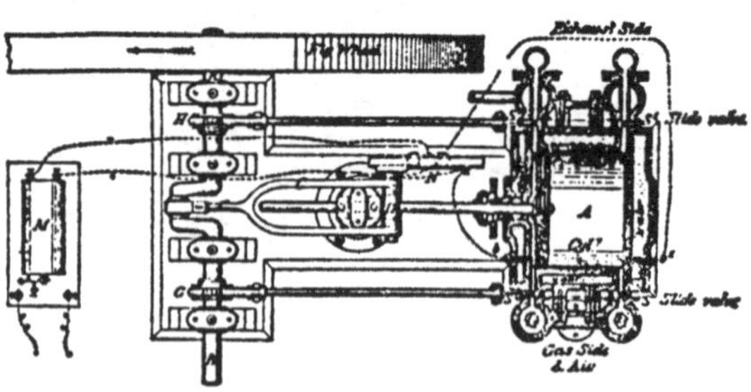


그림 13 · 17 르누아르 기관

그 당시 내연기관의 효율 등에 관해 연구를 하던 프랑스의 드 로셰(B. de Roches)는 1862년에 내연기관의 작동방식으로 흡입 · 압축 · 팽창 · 배기라는 4사이클 기관의 특허와 이론을 내세워 내연기관 발달의 기초가 확립되었다.

피스톤의 2왕복으로 4사이클을 완료하는 방식을 완전히 실현한 사람은 독일의 오토(Nikolaus August Otto, 1832~1891)(그림 13 · 18)였다. 그는 내연기관의 연구를 계속하여 1867년 파리에서 개최된 만국박람회에 가스기관(그림 13 · 19)을 출품해서 금상을 받았다.[28)]

그림 13 · 18 오토

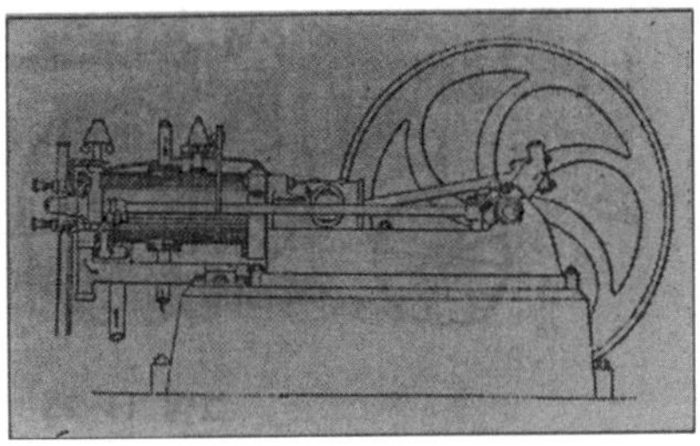

그림 13 · 19 오토의 기관

오토는 1872년 독일 가스 발동기회사를 설립하여 본격적인 내연기관의 제작을 시작하였는데, 이때 다임러(Gottlieb Daimler, 1834~1900)도 젊은 기사로 입사하였다.

다임러가 1876년에 완성한 4사이클 기관은 오늘날의 내연기관의 원조로 볼 수 있다. 1877년에는 특허를 얻었으며, 다음해 파리에서 개최된 만국박람회에 출품하여 당시의 내연기관으로서는 가장 무게가 가볍고 성능 좋게 운전된다는 호평을 받았다.

또, 다임러는 당시의 석유회사가 가솔린의 처분에 고심하고 있는 것을 알고, 가솔린기관의 연구에 몰두하여 가솔린이 석탄가스보다 연소속도가 10배 정도 빠르다는 사실도 알았으며, 1883년에 고속 가솔린기관의 제작에 성공하였다.

이 기관은 기화기를 구비하였고 그때까지 가스기관은 최고 회전속도가 매분 200회전이었으나 다임러는 800회전을 시킬 수 있었다. 이로써 소형 고속 가솔린기관의 기초가 확립되었다.

---

28) 加茂儀一 편, 전게서, pp. 134~137.

그림 13·20 디젤

그림 13·21 노벨

## 4. 디젤의 발명과 기타의 기관[29)]

1858년 3월에 파리에서 태어난 디젤(Rudolf Diesel, 1858~1913)(그림 13·20)의 부모는 독일인었다. 1876년에 뮌헨공과대학에 입학, 린데(Carl von Linde, 1842~1934) 교수의 강의에 영향을 받아 증기기관과는 이질적인 새 기관 발상의 포부를 가지기 시작하였다. 1800년, 대학창립 이후 뛰어난 성적으로 졸업하고 린데가 발명한 냉각장치를 기업화하기 위해 활동하는 과정에서 공기를 압축하는 장치 등을 고안, 대형의 고압축에 견디는 견고한 기관을 제작할 필요가 생겼다. 몇 번의 시험제작과 실험의 결과 1897년 실용적인 기관을 완성하고 그 운전에 성공하였다. 이때의 기관은 단기통 직립으로 축력은 25마력이었다. 이 기관은 4사이클 기관이었으나 1910년 후반부터 2사이클 기관이 제작되어 이후 대형기관은 대부분이 2사이클 형식이었다.

디젤의 기관은 피스톤으로 실린더 내의 공기를 압축비가 12~24 정도가 되도록 압축하고 그 온도가 높게 된 곳에 경유 또는 중유를 분사하여 점화장치를 사용하지 않고, 자기점화로 연소시키는 기관으로 디젤기관 또는 압축점화기관이라 한다.

처음에 디젤은 연료로 미분탄을 사용하였으나, 그 후 중유가 적당하다는 사실을 알고 이 디젤기관을 1898년 뮌헨의 박람회에 공개하였다. 디젤기관의 특징은 연료비가 싸고, 기화기·점화장치가 필요 없으며, 열효율이 높다는 점이다. 그러나 고온·고압에 견딜 수 있는 재료를 사용하여 튼튼한 구조로 할 필요가 있어 그 용도는 어느 정도 한정될 수밖에 없었다.

---

29) 中山秀太郎, 전게서, pp. 129~132.

디젤기관은 그 후 각국에서 생산되어 발전기를 움직이는 것은 물론 프랑스의 보슈는 선박용 디젤기관을 개발하였고, 그 후 1903년에는 러시아의 노벨회사가 디젤기관 여객선을 만들었고, 1913년에는 디젤기관차가 제작되었다. 제1차 세계대전 후에는 각국에서 화물선이나 여객선에 디젤기관이 증기터빈과 병행하여 사용되기에 이르렀다. 또한 독일의 반켈(Felix. Wankel)은 삼각형의 로터가 중앙에서 회전하는 반켈기관(토터리기관)을 고안하였다. 이것이 1950년이었고, 현재는 자동차용 기관으로 실용화되었다.

증기터빈의 변종인 가스터빈도 오랜 역사를 가지고 있다. 이미 1791년에 존 바버(John Barber)가 석탄가스 연료의 기관을 고안하였고 그 후 몇종이 제안되었다. 당시의 기술수준으로는 실현이 어려웠다. 최초의 실용적 가스터빈을 설계한 경우는 1906년의 루마르(Lemale)와 아르만고(Armengaud), 1908년의 홀츠바알스(Holzwarth)와 케르팅(Korting)의 폭발형 가스터빈의 개발이다.

노벨의 조카이며 석유사업가인 E.노벨(Emanuel Nobel)과 1898년에 디젤이 공동사업을 한 계기가 되어 노벨상을 제정한 노벨을 여기에 간단히 소개한다.

한편, 당시 스웨덴 출신의 발명가이며 공업가이기도 한 노벨(Alfred Bernhard Nobel, 1833~1896)(그림 13 · 21)은 폭약용으로 제조하여 오던 니트로 글리세린의 안전화 연구과정에서 규조토의 흡수력을 알고 니트로 3, 규조토 1의 혼합물을 다이너마이트라 이름붙여 1866년에 특허를 얻었다. 이 폭약은 광산발파나 토지개발 등 평화적인 용도에 사용되었으나 군사적으로도 이용되었다. 그는 처음에 평화적인 사용목적을 위해 제조하였으나 철포, 기계수뢰 및 폭탄 등 군사적으로 이용되어 큰 부자가 되었고, "지상에서 가장 위험한 남자"로 불렸다. 그는 전쟁억제를 위해 평화를 제창하였지만 아무런 소득이 없었고, 그 때문에 죽기 직전에 유언을 남겨 '노벨상'을 제정하기에 이르렀다. 1901년부터 매년 물리학 · 화학 · 의학 · 생리학 · 문학 및 세계평화 기여 등 5개 부문으로 나누어 인류의 평화와 행복의 증진에 공헌을 하고, 진리탐구에 독창적 활동을 한 사람에게 노벨상을 수여하도록 하고 있다.

## 5. 자동차의 등장과 발달[30) 31)]

자동차의 역사는 산업혁명과 더불어 시작되었다. 1769년 퀴노는 저압 증기기관

30) R.J. Forbes · J.E. Dijksterhuis(廣重 徹 외 역), 전게서, pp. 390~391.

31) R.J. Forbes(田中 實 역), 전게서, pp. 260~264.

을 탑재한 증기자동차를 제작하였고, 1825년 영국의 가네이(Sir Goldworthy Gurney, 1793~1873)도 실용에 견디는 증기자동차를 만들었으며, 그 개량형을 이용한 최초의 버스영업은 1831년에 시작하였다.

자동차의 발달은 보다 좋은 강철과 연료의 발전과 연계된다. 그것은 석유산업이 탄생하여 경(輕)가솔린 유분(溜分)이 새로운 내연기관의 연료로 우수함을 석유업자들이 알고부터 시작되었다. 새로운 내연기관은 1784년에 루본(Phillipe Lebon, 1769~1804)이 석탄가스의 제조시험에 이어 가스기관(가솔린기관과는 구별)으로 최초의 특허를 획득하였으나 실용 가스기관의 최초는 1863년 르누아르가 설계한 조기 점화장치를 부착한 것이다. 1880년과 1881년에 축전지를 동력으로 하는 전기자동차 몇 대가 파리 시가지에 등장했을 때 일시적으로 기관의 발전은 방향설정이 잘못되었다고 여길 정도였다.

그림 13 · 22 다임러의 자동차

그러나 1882년에 다임러와 마이바하(Wilhelm Maybach, 1846~1929)는 최초로 1.5마력의 소형 가솔린기관을 만들어 마찰 클러치를 붙인 최초의 4륜 화물자동차가 1887년에 만들어졌고 시속은 18km였다. 1890년에는 다임러 모터회사가 설립되어 자동차의 생산이 시작되었다(그림 13 · 22).

비슷한 시기에 독일의 벤츠(Karl Friedrich Benz, 1844~1929)도 4행정 내연기관을 만들고, 이를 사용, 차체를 가벼운 강관으로 조립하고 3륜 가솔린자동차를 제조, 시험주행에 성공하여 1893년 시카고의 콜럼비아(Columbia) 박물관에 출품하였다(그림 13 · 23).

그림 13 · 23 벤츠의 3륜차

'말(馬) 없는 마차'를 연구하고 있던 미국의 기술자 찰스 E. 도리에(Charles E. Durgen, 1861~1938)는 벤츠의 자동차에 자극을 받아 1891~1893 사이에 가솔린 자동차, 증기자동차 및 전기자동차 등을 생산하였다.

1901년 다임러가 전기관(前機關) 저차체 자동차인 메르데스 1호차를 설계하고 롤즈 로이스사가 1904년에 신차를 만들었다. 1896년경에는 보슈(Bosch)식 저전압 자석발전기와 점화 플러그, 벌집형 라디에이터 및 우수한 바퀴와 타이어 구조가 이들 초기의 자동차를 개선시켰다. 이들 개선으로 자동차의 대량생산은 이미 1899~1901년 사이에 오펠 · 호르히 · 아도러 · 프로토스의 각 공장에서 시도되었다.

미국의 포드(Henry Ford, 1863~1947)는 1893년에 최초로 가솔린 자동차를 만들었으나, 최초의 포드 자동차가 시장에 등장한 것은 1903년 포드 자동차회사가 설립되고 부터이다. 1903년에는 지금의 포드 1호차(그림 13 · 24)를 제작하였다.[32) 33)]

그림 13 · 24 포드의 제1호차(1903)

이와 동시에 가솔린기관의 강적인 디젤의 중유기관이 1908~1909년 사이에 등장하였다. 자동차가 대중차로 뿌리를 내리게 된 것은 포드가 '포드 T형차'를 개발하여 1913년에 양산을 시작한 이후이다.

## 6. 하늘의 정복[34) 35) 36)]

20세기로 접어들면서 인간은 오랫동안 희망하였던 비행의 꿈을 실현하기 시작하였다. 이 꿈은 인간과 마찬가지로 예로부터 많은 전설과 신화도 하나의 역할을 연출하였다. 그리스의 전설에는 이카로스(Ikaros)가 아버지와 함께 백랍으로 만든 날개로 날아 크레타섬의 미궁에서 탈출, 태양에 너무 가까이 접근하였다가 날개가 녹아 에게해에 추락하고 말았다는 이야기가 전해지고 있다.

레오나르도 다 빈치는 새의 날아 올라감을 상세하게 연구해서 인공 날개를 고안

---

32) Compton's Encyclopedia, Vol. 2, pp. 801~804.
33) T. K. Derry · Trevor I. Williams, 전게서, p. 387, pp. 392~396.
34) S. Lilley(伊藤新一 외 역), 전게서, pp. 152~156.
35) Compton's Encyclopedia, vol. 1, pp. 169~177.
36) R.J. Forbes(田中 實 역), 전게서, pp. 268~272.

한 것이나 움직이는 것을 많이 고안하여 비행의 꿈을 실현하려 하였고, 1760년에 배기한 금속구로 운반하는 배를 상상하였다.

"공기보다 가벼운 비행"은 이외로 빨리 실현되었다. 17세기 초 이후 많은 제안과 실험이 진행되었는데 최초의 실용적 기구는 1782년 6월 5일에 프랑스의 제지업자 몽골피에(Montgolfier) 형제(형 : Joseph Michael, 1740~1810, 동생 : Jacques Etienne, 1745~1799)가 가열한 공기를 넣은 기구(氣球)는 고도 1,800 m까지 상승하였고, 같은 해 9월에는 면양 · 장닭 · 집 오리를 태워 상공에서 생체실험을 거친 후 다음 해 1783년 11월 21일 과학자 P.드 로지에(Pilatre de Rozier, 1756~1785)와 아라란드 2명은 '몽골피에 기구'에 탑승, 파리를 이륙하여 고도 약 900 m에서 9 Km 거리를 비행하였다. 이것이 인류 최초의 비행이었다. 1785년에는 지에프리즈와 브랑샤르는 자유기구로 영국해협을 횡단하는데 성공하였다. 이로써 열기구는 곧바로 수소기구를 탄생시켰고 비행선이 발명되었다. 최초로 성공한 비행선은 1852년 3마력의 증기기관을 장착한 프랑스인 앙리 지파르(Henry Jacgues Giffard, 1825~1882)의 기구가 시속 6~8 km로 27 km를 비행한 사실이다.

기구가 바람과 기류에도 영향을 받지 않게 된 것은 브라질인 산토스 듀몽(S. Dumont)과 독일의 지페린(Zeppelin) 백작 두 사람의 발명가가 1898년 가솔린 동력항공기를 만들고부터이다. 지페린은 1898년 최초의 비행선을 건조한 후 1900년에 최초의 비행에 성공한 이후 정기 여객수송을 하여 1910~1914년까지 큰 사고없이 35,000명의 승객을 운송, 27만 km를 비행하였다.

'공기보다 무거운' 항공기는 몇 세대에 걸친 발명가의 꿈의 하나였다. 당시 증기기관 추진의 항공기는 아카데믹한 가치밖에 없었으나 1896년 랭글리(S. P. Langley, 1834~1906)가 만든 증기기관 추진의 모형은 약 2.5 km를 비행하였다.

비행기 창조의 결정적 진전은 1809~1810년 사이에 게리(George Carley, 1773~1857)가 약 13년에 걸친 연구결과를 출판하였을 때 나타났다. 공기보다 무거운 비행을 지배하는 비행기의 운동법칙, 즉 기체(機体)에 작용하는 중력과 평형되는 양력(揚力), 기체의 항력(공기저항)과 평형되는 추력(추진력)이 바로 그것이다.

1840년경부터 동력사용의 모형비행기(글라이더) 실험이 진행되어 자력으로 날고 안전하게 착륙한 최초의 모형은 1857년에 만들어졌다. 이때부터 철저하게 활공(滑空)의 과학적 연구가 실천되었다.

가장 중요한 업적은 독일의 릴리엔탈(Otto Lilienthal, 1845~1896)이 약 25년 간의 연구 끝에 1891년 유인 글라이더를 만들고 그 후 수백회에 이르는 조종가능

그림 13 · 25 라이트 형제의 3호기

활공을 시도하여 비행기로서의 기초원리를 철저히 규명하였다. 기류와 날개의 단면모양의 문제를 포함한 항공역학의 연구이다.

1900년 라이트(Wilbur Wright, 1867~1912, Orville Wright, 1871~1948) 형제는 광범위한 활공시험을 시작, 여러 문제를 과학적 · 수학적 연구로 결부시켰다. 1903년 12월 17일, 그들은 4실린더 12마력의 가솔린기관을 동력으로 하는 최초의 비행기를 제작, 12초간 36 m를 비행하였고, 1905년에는 30분에 걸쳐 약 40 km를 비행할 수 있었다(그림 13 · 25). 인류는 동력비행기의 시대에 진입하였다.

이후 1909년에 블레리오(Louis Bleriot)는 영국해협을 횡단비행하였고, 1909년과 1910년에 포란은 복엽기로 비행에 성공하였는데 약 4 km 기록고도에 도달하였고 같은 해 4월 27일~28일에는 런던에서 맨체스터까지의 거리를 24시간 비행하여 착륙은 단 한번이었다.

항공기용의 기관은 이 시기에는 대부분 4행정 기관이었으나 결국은 비행기 독자적인 형식을 갖추게 되고 수냉 또는 공냉기관에 맞추어 가벼운 재료를 추구하였다.

Mg와 Al과의 새 합금의 발달, 보다 높은 압축비에 적응하는 특수한 항공가솔린의 발달이 보다 성능이 좋은 항공원동기의 제작을 강하게 유인하였다. 비행기용 디젤기관의 실험은 1920년대에 시작되었고, 현재는 제트 추진기관이 군용기는 물론 널리 상업용 항공기에까지 이용되고 있다.

## 7. 독점적 대기업의 발생과 연구기관의 설립

### (1) 거대기업의 발생

전기동력과 철강재료 및 새로운 원동기의 개발과 같은 기술혁신과 생산력의 비약적 발전, 주식회사 제도의 보급은 독점체제의 형성을 가져오게 되었다. 독점형성을 결정적으로 만든 것은 1873년의 공황과 1900~1903년의 공황이었다. 공황에서 벗어나기 위해 생산이 축적되어 20세기 초에는 오늘의 세계경제를 지배하는 대독점 기업체가 많이 생겼다.

미국에서는 프론티어 정신이 소멸된 1880년대부터 독점기업이 발전하였다. 록펠러(John Davion Rockefeller, 1839~1937)가 창업한 스탠더드 석유회사가 1882년에는 미국 내 정유소의 95%를 지배하는 기업이 되었고, 1901년에 미국의 철강업 9개회사가 합동하여 모건(Lewis Henry Morgan, 1818~1881)의 자본으로 세계 최대의 US스틸이 설립되어, 하나의 회사가 영국전체의 철강생산에 대항하는 거대한 기업이 되었다.

1892년 세계 최대의 전기기기 제작사인 에디슨계의 제너럴 일렉트릭(GE사)이 모건의 원조로 설립되었고, 1889년 독일에서 미국으로 망명한 전기공학자 · 발명가로 교류이론의 창시자인 스타인메츠(Charles Proteus Steinmetz, 1865~1923)를 영입하여 1900년에 연구소를 설립케 하고 전구나 진공관의 기초연구 등 교류기술을 완성하였다. GE사 연구원인 미국의 화학자 랭뮤어(Irving Langmuir, 1881~1957)는 민간 연구자로서는 최초로 1932년에 노벨 화학상을 받았다. 랭무어의 연구는 최초의 가스충전 텅그스텐 백열전구의 발명에서 만년에는 인공강우에 괸한 연구로 그의 업적은 물리학 · 화학 · 공학에 이르기까지 대단히 폭이 넓었다. 벨계의 웨스턴 일렉트릭사도 동시에 연구소를 설립하여 통신기술의 개발에 역점을 두고 있었다.

독일에서는 선진국인 영국에 대항하는 보호관세 정책과 1873년의 공황이 독점형성의 계기가 되었다. 1893년에 형성된 라인 베스트팔렌 석탄 신디케이트(syndicate–공동 판매기능을 담당하는 카르텔 중앙기관)는 루르지방 석탄 생산량의 87%를 지배하게 되었고, 1896년에는 같은 지방의 제철 신디케이트가 형성되어 독일 선철 생산고의 약 73%(1903)를 손아귀에 넣었다. 화학공업에서는 염료의 알리자린 합성(1868), 인디고 합성(1897)과 함께 발전된 8대회사가 1904년에 이익공동체를 결성하여 세계 염료시장을 독점하였다.

최대의 기업 · 연구투자의 선구인 BASF사는 암모니아 합성법을 개발하여 전쟁 후 1925년에 이 회사가 중심이 되어 세계 최대의 화학공업 트러스트인 IG 염료회사를 발족시켰다.

선진 자본주의 국가인 영국에서는 독점형성이 미국과 독일보다는 늦게 시작하였으며, 1926년에 화학공업 6회사는 합동의 임페리얼 케미컬 인더스트리회사, 1929년에는 철강의 빅커스회사가 설립되었다.

### (2) 대학의 개혁과 연구소의 창설

대학에서 기술학의 형성은 전 시대에 이어서 독일이 주도적 지위를 차지하였다. 독일 기술자연맹의 1864년 결의에 따라 무수한 대학과 함께 많은 공과대학이 승격 또는 신설되었다. 미국에서는 모릴(J. S. Morril, 1810~1898)에 의한 1862년의 모릴법 이후 각 주의 대학이 독일을 모방, 공학부를 가지게 되고, 1890년 제2의 모릴법 이후 산학협동 방식이 각 대학에서 시도되기에 이르렀다. 1867년의 파리 만국박람회에서 현저한 기술격차를 발견한 영국은 기술학 경시풍조를 가진 대학이나 학교교육에 개혁작업을 시작하였다.

이렇게 해서 기술의 발달로 인한 자연과학의 역할이 분명해지자, 군비확장과 산업계의 요구에 부응하는 연구소가 창설되었다. 독일에서는 1884년에 지멘스의 원조에 따라 국립 물리공학연구소(Physikalisch Technische Reichsanstalt)가 설립되었는데, 초대소장에 헬름홀츠를 영입하였고, 계속하여 1911년 신흥 미국에 대항하기 위해서 가이자 빌헬름 과학협회(지금의 막스 프랑크 협회)가 만들어져 그 산하에 몇 개의 연구소가 설립되었다. 영국에서는 독일의 국립 물리공학연구소에 대항하여 1900년에 국립 물리연구소(National Physical Laboratory)가 창립되었으며, 처음에는 계측관계의 시험에 국한되었으나 드디어 물리, 기타 공학분야를 넓게 연구하게 되었다.

미국에서는 연방정부의 권한이 약화되고 국립표준국(National Bureau of Standard)이 1901년부터 위탁연구제를 제정하였고, 연구자에 대한 제정원조는 카네기, 록펠러 등의 재단이 담당하였다.

## 13.4 여러 과학의 발전과 체계화

### 1. 과학을 생산에 활용

19세기 후반에는 중기로부터 계속된 여러 과학이 생산에 실제적으로 이용되고 발전되면서 각 과학분야가 한층 체계화되었다. 종래의 전통적인 물리학, 화학 및 생물학과 병행하여 경계영역의 과학이 생기고 이에 따른 응용분야가 출현한 것이 특징적이다.

그러나 제1차 세계대전에서 절정에 도달한 과학의 자본주의(제국주의)적 이용의 실태가 명확하여짐에 따라 거기에 대한 의문 · 반발에서 과학자 중에 이전에 가지고 있던 과학의 생산용에 대한 낙관적인 태도 대신에 생산에서 벗어난 순수과학을 이상으로 하는 사고방식이 생겨났다. 이러한 경향은 한편으로 과학자가 과학상의 발견을 기업활동에 활용하는 것을 부정적으로 보는 분위기가 조성되고, 다른 한편

으로는 과학만의 전문분화를 촉진시켰다.37)

## 2. 물리학의 발전

열역학은 증기기관뿐만 아니라 인공저온을 실현한 냉동기나 내연기관 · 증기터빈 등의 동력장치의 개발에 중요한 역할을 수행하게 되었다. 냉동기는 적어도 원리적으로는 열기관을 역으로 작동시키면 가능하다고 1850년에 켈빈이 예상한 것이였는데, 1873년 린데의 암모니아의 압축을 이용한 장치에서 실현되었다.

열의 과학에서 중요한 성과는 열현상을 원자 · 분자의 마이크로 세계의 현상과 결부시킨 오스트리아의 물리학자 볼츠만(Ludwig Boltzmann, 1844~1906)에 의한 통계역학의 출현(1877)이다. 열에는 고온물체에서 저온물체로 흐르는 현상은 있지만 스스로 역으로는 결코 흐르지 않는다는 성질(열역학 제2법칙)이 있다. 이 법칙은 물질을 구성하고 있는 원자의 역학운동과 결부시켜 생각하기에는 대단히 어려움이 많았다고 하는 것은 원자의 역학운동에는 시간적으로 제자리에 되돌아가려는 과정이 존재하므로 소박한 사고방식으로 원자의 운동방향을 모두 역방향으로 하면 원자의 운동 · 진동의 모임이라 생각되는 열도 역방향으로 흘러 열이 저온에서 고온으로 이동하는 것도 가능할 것 같기 때문이다. 그래서 에너지는 고온물체에 모여 있을 때보다는 저온물체에 유출되어 에너지가 평균화되어 있을 때가 대응하는 원자상태의 수가 훨씬 많음을 밝혔다. 하지만 볼츠만은 열이 흐르는 법칙은 원자의 운동이 보다 실현확률이 높은 상태로 옮겨간다는 사실에 기초를 두고 있음을 명확하게 하였다.

전자기학의 연구를 통해 무선통신의 실용화를 살펴 보기로 한다. 회선을 필요로 하지 않는 통신의 시도는 유선통신의 시작 때부터 있었으나 통신가능의 범위는 대단히 좁았고, 따라서 전자파의 이용만이 무선통신의 실현을 가능케 하였다.

패러데이의 전계(電界) 및 자계(磁界)의 개념을 수학적으로 통일한 맥스웰은 1864년에 전자파의 기초방정식을 만들고 1871년에 전자파설을 제기, 전자파는 빛과 같이 규칙적으로 반사하고 굴절한다는 사실을 이론적으로 증명되고 1888년에는 헤르츠(Heinrich Rudolph Hertz, 1857~1894)가 유도코일 전극 사이의 불꽃방전에 의해 발생하는 전자파의 존재를 실험적으로 증명하였다. 또 1890년에 로지(O. J. Lodge, 1851~1940)는 최초로 검파기 '코히러'(Coherer)를 제작하였다.

---

37) John Desmond Bernal(管原 仰 역), 과학과 산업, p. 164, 1956, 岩波書店.

지금까지의 과학이론과 실험을 통신기술의 실현에 최초로 시도한 인물은 러시아의 물리학자 · 공학자인 포포프(Alexander Stepan Ovich Popov, 1859~1905)와 이탈리아의 전기기술자 마르코니(Guglielmo Marchese Marconi, 1874~1937)(그림 13 · 26)인데 이들은 별도로 연구를 하였다.

그림 13 · 26 마르코니와 무선장치

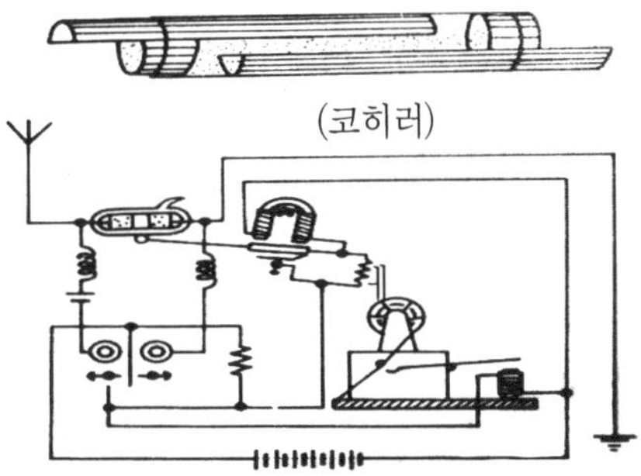


그림 13 · 27 말코니의 코히러와 수신장치

헤르츠와 로지의 실험기술은 통신기술에 계승되어 1895년에 각각 독자적으로 공개실험을 하였다. 말코니는 헬즈의 전자파 연구를 알고 그 실용화를 시도, 접지(接地) 안테나 방식을 자기가 개량한 코히러 검파기를 사용한 무선 통신장치를 발명하였다(그림 3 · 27).

마르코니의 무선 통신장치가 이탈리아 특허청이 특허를 거부하자 곧바로 1896년 영국자본의 도움과 영국특허를 얻어 영국으로 건너가 1897년에 마르코니 통신회사를 창설하여 1920년까지 미국 · 영국의 무선사업과 기술을 독점하였으며, 1901년에는 3,400 km나 되는 대서양횡단 통신에 성공하였다.[38] 대양통신은 해저전신 사업으로부터 강열한 저항을 받았으나 선박이나, 선박과 선박 사이의 통신은 독무대가 되었다.

무선전신의 성공에서 무선전화로 발전하게 된 것은 1901년 페센덴(R.A. Fessenden, 1862~1932)이 무선 주파수를 음성으로 변조하여 무선으로 음성을 전달하는 방법을 고안하였고, 1906년에 320km 거리의 무선 전화통신에 성공하였다.

위와 같은 연구가 현재의 초단파의 송 · 수신, TV의 수신용 안테나로 널리 사용되고 있다.

38) 山崎 · 大本, 전기의 기술사, p. 146, 1976, 옴社.

## 3. 화학의 발전

화학의 연구에서는 물질조성을 분석하는 데서 일보 전진하여 분자 중에서 원자가 어떤 공간배치를 하고 있느냐 하는 문제를 취급하게 되었다. 유기물질의 원자가 이론의 발전으로 생겨난 케쿨레의 벤젠환의 착상(1865)으로 시작되고, 1873년에는 네덜란드 물리학자 반트 호프(Jacobus Henricus Van't Hoff, 1852~1911)와 프랑스의 르벨(J. A. Le Bell, 1847~1930)이 각기 독자적으로 탄소원자의 정사면체 구조를 제창, 입체화학(stereochemistry, 화학물질의 성질 · 반응성을 그 입체구조에서 해명하는 화학의 한 분야)의 기초를 구축하였다. 반트 호프의 입체화학을 1875년 「공간에서의 화학」에 발표하였다.

드디어 1848년에 파스퇴르는 화학조성은 같고 광학적으로 활성인 주석산과 광학적으로 불활성인 라세미산의 수수께끼를 풀어, 서로 거울에 비추었더니 결정형이지만 광학적 성질이 다르다는 것을 알고 그 차이는 입체화학에 의해 설명이 가능하게 되었다(그림 13 · 28). 그림에서 (a), (b)는 주석산 나트륨 · 카륨의 수화물(水化物)의 결정으로 서로서로 거울 상(像)의 관계에 있다. (c), (d)는 대응하는 산의 분자모양이다.

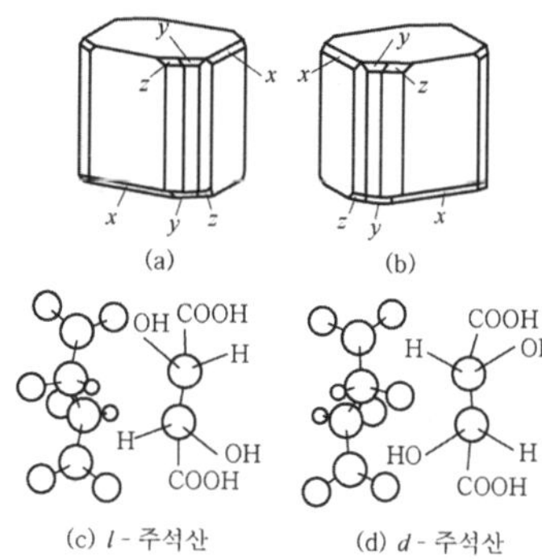

그림 13 · 28

19세기는 원소의 발견이 줄을 이었고, 물질에 대한 지식도 급증하면서 물질을 정돈 · 정리하는 필요성이 대두, 이에 세계 과학사상 처음으로 소련인이 등장하여 원소의 주기율표가 제출(1869)되었다. 멘델레에프는 당시 알고 있던 63종의 원소를 원자량의 순서에 따라 적은 것부터 배열하여 성질이 비슷한 원소가 주기적으로 나타난다는 사실에 착안, 마치 달력의 요일처럼 배열하였다. 즉 원자량의 증가에 따라 주기적으로 나타나는 원자성질의 유사성을 멘델레에프(Dmitri Ivanovich Mendeleev, 1834~1907)와 독일의 로테르 마이어(J. Lother Meyer, 1830~1895)가 발견하여, 이것을 주기율표로 체계화한 것이다. 1871년 멘델레에프는 주기율표가 불완전한 것은 미지원소의 존재 때문으로 생각, 주기율표에 의거 미지원소의 성질을 상세하게 예언, 그 뿐만 아니라 그의 연구영역은 대단히 넓어 기상 · 석유 및 석탄관계 · 비행이론 · 용액론 · 화약 등의 업적이다. 주기율표는 멘델레에프가 게르마늄과 같은 미발견 원소의 존재를 예상할 수 있을 뿐만 아니라 원자의 구조를 알 수 있는 중요한 구실을 하였고 양자론의 성립에 기여하였다.

## 4. 생물학의 발전과 여러 과학이 의료에 이용[39][40]

### (1) 미생물학의 기초를 닦은 파스퇴르

19세기 중엽부터 화학의 발달, 합성염료의 출현은 곧 생물학, 의학의 발달에 공헌하였고, 색소가 세포연구에 사용되었다.

헤르트비히(Oskar Hertwig, 1849~1922)는 1875년에 소의 수정(受精)과 핵분열을 핵을 염색시키는 방법에 의해 연구하였고, 슈트라스부르거(E. Strasburger, 1844~1912)는 1882년에 식물세포로, 라블(C. Rabl, 1885~1963)은 1885년에 동물세포로 염색체수가 생물의 종류에 따라 일정함을 밝혔다. 염색체의 이름은 1888년 발데이어(W. Waldeyer)에 따라 주어졌다. 색소는 병의 원인인 미생물의 발견이나 화학요법제로도 이용되었다.

생물학에서는 19세기 후반에 세포의 내용물인 원형질의 물리 · 화학적 연구나 세포분열의 연구가 진행됨과 아울러 미생물의 연구가 진전되었다. 미생물의 기초를 세운 인물은 프랑스의 화학자 · 미생물학자인 파스퇴르(Louis Pasteur, 1822~1895)(그림 13 · 29)였다. 그는 젖산 발효유(1957), 알코올 발효(1960) 및 초산발효(1961)가 미생물에 의해 일어난다는 사실을 논문으로 발표하였다. 또 1861년에는 실험을 통해 '미생물의 자연발생'을 부정하였다. 그의 미생물 연구는 현미경과 화학의 도움을 받아 양조업 · 양잠업 · 목축업은 물론 의료에도 큰 공헌을 하였다.

그림 13 · 29 파스퇴르를 그린 우표

1867년 외과의사인 리스터(J. Lister, 1827~1912)는 인간의 질병문제를 연구하고 있었는데, 때마침 파스퇴르의 연구를 기초로 석탄산 수용액에 의한 소독법을 고안해서 세균에 의한 감염을 방지하고, 외과수술의 길을 열었다. 그 당시 수술 중 감염증에 의한 사망률을 45%에서 15%로 크게 감소시켰다.

### (2) 병의 원인인 세균학의 확립

미생물학의 외과적 응용에 대립되는 의학적 응용은 독일의 세균학자 코흐(Robert Koch, 1843~1910)와 프랑스의 파스퇴르에 의해 이루어졌다. 코흐는 병리

---

39) 江澤洋, 전게서, pp. 177~214.

40) 山崎俊雄 외 편, 전게서, pp. 155~157.

세균학 확립에 획기적 업적을 남긴 의학자로 1876년 가축 '탄저병'의 병원체(탄저균)의 순수배양에 성공하여 특정 세균이 특정 전염병을 일으킨다는 병원균학설을 확립하였다. 그는 1882년에는 최대공적인 결핵균을 발견(결핵증 병인론의 확정)하고 그 이듬해에는 콜레라 병원체를 분리하였다. 1890년에는 결핵증의 특효약인 투베르쿨린(tuberkulin)을 창제(創製)하였으며 결핵균 · 콜레라균을 발견한 공적으로 1905년에 노벨 의학상을 받았다.

화학요법의 창시자인 독일의 세균학자 에를리히(Paul Ehrlich, 1854~1915)는 1878년에 유기염료가 어떤 종의 생체세포에 의해 흡수되고, 어느 종에 의해서는 흡수되지 않는 등의 사실을 알고 세균을 염색하여 현미경을 통한 연구를 고안해 지금까지 관찰하기 어려웠던 이미 밝힌 결핵균 · 콜레라균, 디프테리아균[뢰플러(Löffler)의 발견, 1884, 순배양], 페스트균[에르산(Yersir)의 발견, 1894], 이질의 일종인 적리균(赤痢菌, 1897) 등의 균을 발견하여 그 예방법과 치료법도 연구하였다. 그는 병원체(病原體)에 선택적으로 작용하는 합성물질(화학물질)을 탄생시켜 매독(Spirochaeta)의 특효약인 살바르산(Salvarsan, 606호라고도 함)을 1909에 개발하여 화학요법시대의 막을 올렸다. 1908년에 노벨 의학상을 받았다.

### (3) 전염병의 예방과 치료 및 전쟁의 이용

파스퇴르에 대해서는 앞서 일부 언급하였으나 1868년 뇌졸중 발작 후에도 연구활동을 계속, 1872년에는 발효연구의 응용이라는 맥주의 연구, 1877년에는 가축인 양 · 소 등의 탄저병 연구, 1879년에는 닭 코렐라를 연구하여 약독화(藥毒化)시킨 배양균을 사용, 면역시키는 방법을 개발하여 드디어 1881년, 탄저병의 예방접종에 성공, 제너가 천연두를 접종한 '백신'의 방법을 일반화시켰다. 1880년에 착수한 광견병의 연구에 현미경에서는 병원균이 발견되지 않는 경우도 백신을 만들어 1885년 처음으로 사람에게 접종, 예방과 치료에도 성공하였다.

한편, 18세기 말 영국의 외과의사인 제너(Edward Jenner, 1749~1823)는 천연두를 예방하는 방법을 밝혀 모든 전염병에 대한 백신의 제조와 예방의 길을 열어 주었고, 질병을 일으키는 미생물의 독소의 연구와 항독소의 제조로 혈청요법의 길을 열었다. 독일의 세균학자 · 혈청학자인 베링(Emil Adolf von Behring, 1854~1917)은 1890년에 디프테리아와 파상풍의 면역혈청을 만들었고 그 업적으로 1901년에는 제1회 노벨 의학생리학상을 받았다.

1890년 이미 밝힌바 있는 고흐는 결핵의 예방약으로 투베르쿨린을 만들어서 결핵의 진단에 사용하게 되었다. 또, 메치니코프(Eli Metchnikoff, 1845~1916)는 러시아에서 태어나 파리에서 연구생활을 보냈는데 발생학 · 비교해부학 · 병리학 · 세포학 · 면역학 등 폭 넓은 연구를 하여 백혈구의 식균작용을 발견하였다(1892). 이와 같이 19세기 후반에는 전염병 예방에 큰 역할을 하는 세균학 · 면역학의 연구가 진행되었다.

또, 외과수술에 에테르, 클로로포름으로 마취하는 방법(1846~1847), 위 · 장을 검사하기 위해 바륨염을 마시게 하고 X선을 촬영하는 방법이 개발되었다. 이것 역시 화학 · 물리를 의료에 이용한 보기이다.

이러한 가운데 에를리히는 여러 가지 화합물을 합성하여 동물실험을 하였으며, 매독의 병원체 스피로헤다를 죽이는 살바르산이나 수면병의 병원체 트리파노소마(Tripanosmen)를 죽이는 바이에르 205호(1916)는 이와 같은 방법으로 제조된 합성약품이다.

그때, 독일의 염료공업의 화학자들은 말라리아 병원체를 죽이는 파마킨(1926), 메파클린(1930)을 만들었고, 1935년에는 최초로 술파제 프론토질(Prontosil ; 적색의 염료물질)을 창출하였다. 비타민이나 호르몬, 생체가 만들어 내는 천연 항생물질(페니실린 등)은 의약의 화학연구의 성과로 보아야 한다.

이러한 의학상의 새로운 수단은 다른 한편으로 전쟁에도 사용되었다. 예방의학을 거꾸로 이용한 생물병기는 제1차 세계대전 때는 출현되지는 않았으나, 염소, 포스겐(Phosgen), 이페리트(yp'erite) 등이 독가스로 처음 사용되기도 하였다.

## 5. 효소개념의 제기와 지마아제의 발견[41) 42)]

19세기 중반에서 후반에 걸쳐 유럽에서 발효현상(좁은 의미)의 원인을 규명하는 논쟁이 전개되었다. 이 논쟁의 배후에는 양조업 발전의 요구, 세포학, 미생물학 및 유기화학의 발전이 있었다. 논쟁의 한쪽에서 리비히는, "발효는 비생명적인 효모의 분자운동이 당(糖)에 전달되는 결과로서 산화작용과 같은 것"이라 하였고, 1834에 미체를리히와 1835년에 베르젤리우스 등은 비생명적인 효모의 촉매력에 의한다고 하였다.

이와는 반대로, 슈반이나 파스퇴르 등은 발효가 미생물에 의해 일어나는 미생물의 생활과정의 결과라고 하였다. 논쟁은 실험연구와 사색활동을 활발하게 하였다. 드디어 효모균은 단순한 물질이 아니고 세포구조를 가진 미생물임이 누구의 눈에

41) 伊東俊太郎 외 편, 전게서, p. 539.
42) 山崎俊雄 외 편, 전게서, pp. 158~159.

도 명확하게 된 후인 1871년, 파스퇴르는 "좁은 의미의 발효는 미생물의 생명없이는 일어나지 않으며, 넓은 의미로 발효의 원인은 미생물에 의한 것(알코올 발효에서의 효모균 등)과 그렇지 않은 것(澱粉糖化에서의 디아스타제 등)의 둘로 나누고, 앞의 것을 유기효모[ferment organise-효소(enzyme)], 뒤의 것을 비유기효모(ferment inorganise-발효소)로 부를 것을 제안하였다."

그러나 쿠네(W. Kuhne, 1837~1900)는 이에 반대하여 비유기효모에 엔짐[Enzym(효모안에)]이라는 새로운 이름을 붙였다(1878). 이것은 효모균의 세포 안에 좁은 의미의 발효를 일으키는 디아스타제 같은 물질이 있음을 암시하는 것으로, 이와같은 생각은 트라우베(M. Traube, 1826~1894)와 베르틀로(Marcelin Berthelot, 1827~1907)에 의해서도 제안되었다. 이런 제안은 1897년 부흐너(Edward Buchner, 1860~1917)의 지마아제 발견으로 현실화되었다. 부흐너는 형과 함께 효모균에서 의료효과가 있는 것을 찾아내고자 효모를 으깨어 추출액을 만들고 여기에 부패를 방지하려고 당분을 넣었더니 발효가 일어나는 것을 목격하였다.

부흐너는 이것을 '세포 없는 발효'라 부르고 추출액 중의 발효작용을 가진 물질에 '지마아제'(효모안의 효소)라 이름을 붙였다. 오랫동안 생명현상의 하나라고 생각하였던 발효현상이 생명이 없는 그러나 생명이 있는 세포로 만들어진 물질에 의해 일어난다는 것이 밝혀진 결과 생명현상의 연구는 생명현상을 "세포 안의 효소를 촉매로 하는 화학반응계"로 인식하고자 하는 연구 및 효소 그 자체의 물리 · 화학연구로 발전하게 된다.

이에 앞서 생명현상의 화학적 연구는 식물 생리화학 · 혈액화학 · 동물 생리화학 · 호르몬 · 비타민 등의 분야에서 생물고체 · 기관(세포 레벨이 아니라는 의미)과 화학물질과의 상호작용의 인식에서 진전되었다. 즉, 작스(J. von Sachs, 1832~1897)는 엽록(葉綠)의 탄산동화로 전분이 되는 사실을 확인(1862)하고, 독일의 생화학자인 호페 자일러(E. Felix Hoppe Seyler, 1825~1895)는 혈액이나 원형질의 화학성분을 연구(1860~1870년대)하였다. 또, 프랑스의 생리학자인 클로드 베르나르(Claude Bernard, 1813~1878)는 췌장의 분비액이 가지는 소화작용을 확인(1843~48), 간장(肝臟)에서 동물전분(글리코겐)이 합성되는 사실을 발견(1850~53)하고, 지방을 분해하는 디아스타아제와 같은 물질(리파제)을 예상하였다. 또, 내분비계의 개념을 제기(1855)하였고, 1865년 클로드 베르나르는 실험방법을 인체생리학에 적용한 「실험의학서설」을 쓰고, 이 안에 생명현상의 해명을 물리 · 화학적 방법에 사용해 되도록 단순한 단위의 것으로 해석할 필요가 있다고 강조하였다. 그러나 현재의 단계에서는 생명의 적극적 단위는 유기화합물이 아닌 세포라고 설명하면서 생명현상의 해명에는 기관(器官)—세포—분자의 종합적 인식이 필요하다고 시사하였다. 또, 호페자일러는 최초의 생화학 전문잡지인 「생리화학 잡지」를 창간(1877)하여 생체에 대한 실험, 화학연구 논문을 게재하였다.

## 13.5 기계론적 자연관의 붕괴[43)]

### 1. 19세기 말의 기계론

데카르트와 뉴턴의 우주상에 대표되는 기계론적인 자연이해의 방법은 19세기 중 · 후기에는 열이나 전기 등의 현상을 역학으로 환원하는 움직임으로 나타났다. 헬름홀즈는 에너지 보존법칙 전체가 "공간적 관계에만 의존하는 …… 물질의 운동에 귀착"하는 것으로 기초가 확립된다고 보았으며, 랭킨도 열역학 제2법칙만이 원자 레벨의 물리량의 관계로 재구성된다고 생각하였다.

기계관을 전자(電磁)현상에만 철저하려고 한 것은 글래스고대학의 W. 톰슨(켈빈卿)이었다. W. 톰슨은 초기의 맥스웰의 전자기학의 기계론적 접근에 영향을 주었을 뿐만 아니라 자기도 연속물체의 역학적 성질과 전자기 현상과의 아날로지(analogy)를 사용하여 여러 가지 에테르(ether)의 역학모형을 고안하였다. 당시 W. 톰슨이 "사물의 역학적 모델을 만들 수 있을 때까지 나는 만족하지 않는다. 역학적 모델을 만들 수 있다면 나는 사물을 이해할 수 있으나 역학적 모델을 아무리 해도 만들 수 없으므로 나는 사물을 이해하지 못한다"고 말한 것은 유명한 이야기이다.

W.톰슨은 드디어 헬름홀즈의 담배연기의 연구에 힌트를 얻어 원자만으로 에테르의 와륜(渦輪)으로 설명하는 '와원자(渦原子) 모형'을 제창하기에 이르렀다.

### 2. 오스트발트의 에너지론과 마하 주의(主義)

모든 자연현상을 역학적 운동으로 환원하는 것은 물론 불가능하였다고 보고 기계론적 연구에는 중요한 진리, 물리학상의 원자론이 포함되어 있다. 여기에 대해 물리화학의 창시자이기도 한 오스트발트는 원자론 그 자체를 부정하고, 여러 현상은 "마이어에 의해 밝혀졌고, 원칙적으로 새로운 길"이라고 그는 보았다. 에너지론(Energetik, 에너지一원론; 자연현상을 지배하는 근본적인 양은 에너지이고 모든 자연

---

43) 山崎俊雄 외 편, 전게서, pp. 159~162.

법칙은 에너지의 변화라는 주장)적인 파악에 의해 이해할 수 있다고 주장하였다.

원자부정의 태도를 취한 오스트발트에게 영향을 준 사람은 마하(Ernst Mach, 1838~1916)이다. 마하는 인간의 인식대상이 객관적 자연에 있는 것이 아니고 색 · 소리 · 압력 등의 감각으로 성립되는 '요소'에 있고, 그들 사이의 함수관계, 방정식의 확립만이 과학의 과제라는 인식론의 입장에 서 있었다. 마하에 의하면 "물질이라 부르는 것은 어떤 합법칙적인 요소(감각)의 연관, 감성적 여러 요소의 상대적으로 안정된 복합체에 대한 사상상의 기호에 지나지 않으며, 원자란 대부분의 물리학자가 생각하고 있을법한 사고외부의 실재(思考外部의 實在)"에 지나지 않는다. 그 자체로 정당한 기계관에 대한 비판을 원자 · 에테르 등 모든 객관적 물질의 존재를 부정하는 형태로밖에 표현할 수 없었던 마하, 오스트발트의 인식론상의 결함이 분명히 나타나 있다.

## 3. 물리학의 위기

원자론에 극심한 공격이 가해진 것은 원자론의 정당성을 보여주는 실험사실이 없었던 시기가 아니고, 오히려 실험이 생긴 세기적인 변화 때문이란 사실은 중요하다. 이 시기는 동시에 몇 가지의 새로운 사실의 발견으로 종래의 과학, 자연관이 흔들리기 시작한 때이기도 하였다.

19세기 최대의 수학자인 포앙카레(Poincaré, Jules Henri, 1854~1912)는 1904년 물리학은 새로운 단계에 돌입하였고, 종래의 "모든 원리가 위기에 빠지고 있다"고 지적하였다.

포앙카레는 (1) 마찰에 의해 일단 열로 바뀐 운동이 회복되는 브라운 운동, (2) 정지 에테르에 기초한 로렌츠의 전기역학, (3) 전자가 원래의 질량을 가지지 못하고(이 사실은 당시 '물질은 존재하지 않는다'고 표현됨) 외견상의 질량은 전자가 끄는 에테르의 관성뿐이라는 전자(電磁)질량의 이론, (4) 큰 에너지를 멈추지 않고 방출하는 라듐을 거론, 각각 열역학 제2법칙, 상대성원리, 질량보존 법칙 및 에너지 보존법칙의 파탄 증거로 삼았다. "과학이 진보됨에 따라 …… 확립된 원리마저도 위험에 빠져있다"고 보는 것은 "객관적 실재(實在)라 부르는 것은" 실제의 객관적 실재가 아니고, 단순하게 "사고력을 가졌던 인간에 공통적인 것"이기 때문이라고 설명하여 사실상 마하나 오스트발트와 마찬가지로 물질과 자연법칙의 객관성을 부정하는 견해에 빠지고 말았다.

### 4. 통계역학의 성공

이러한 가운데 한결같이 원자론을 옹호하고 기계관의 결함을 하나 하나 극복하여 간 볼츠만의 존재는, 그가 원자론으로 열역학 제2법칙의 확률해석이라고 보는 마이크로(micro)와 매크로(macro)의 세계를 연결하는 새로운 원리를 확립하였다는 데 중요한 의미를 가지고 있다. 볼츠만은 오스트발트 등 에너지론자가 사용하고 있는 미분방정식마저도 역사적으로 분자(원자)론적인 방법을 포함한 것이며, 여러 가지 기체의 열용량이 단순한 정수비가 되는 것도 분자론적인 고찰이 없이는 절대로 도달할 수 없다고 주장하였다. 이러한 입장은 당시의 자연과학자들의 대다수의 의견을 대표하는 것이었다.

통계역학의 분야에서 볼츠만의 연구는 「기체론강의」(1896~98)에서 결실이 나타나고 있다. 맥스웰의 전자(電磁)이론에 정통하고 1884년에는 이른바 스테판—볼츠만의 법칙(열복사의 에너지는 절대온도의 네 제곱에 비례)에 이론증명을 부여하여 열복사 연구분야에도 공적을 남겼다.

# 제14장

# 20세기의 새로운 과학과 기술

물리학은 19세기에 이론과 실제상의 응용이 병행하여 진행되고 이론상의 과제도 세부의 문제를 별개로 생각한다면 거의 완성된 체계로 마무리되면서 20세기에 이르렀고, 생화학에서 생명현상의 연구는 20세기에 진입하여 세포 내부의 분자의 변화과정을 인식대상으로 하는 단계까지 왔다. 그리고 현대 생물학은 분자생물학을 등장시켰고, 유전자연구는 국가 및 기업의 중요한 관심대상이 되었다.

과학 · 기술의 생산에의 효율적 이용은 미국의 획기적 생산방식, 즉 휘트니에 의해 시작된 '호환식 생산'에서 테일러의 '과학적 관리방식'을 거쳐 헨리 포드의 '컨베이어식 대량생산 방식'으로 비약적인 발전을 하였다. 이 대량생산 방식은 1910년 포드의 자동차회사에 채택되고, 점차 다른 산업에도 그 방식이 도입되었다.

특히, 작업방식의 표준화에 의해 작업동작과 조작시간의 이른바 '공정관리'가 진행되는 한편, 컨베이어 시스템은 일관작업 방식에 따른 작업공정의 조직화를 점차 생산의 합리화 방식으로 요청하게 되었다. 드디어 제1차 세계대전(1914~1918)이 발발되고, 1920년에는 세계적인 경제공황과 소비에트 사회주의 공화국 연방이 수립(1922)되어 파시즘 국가가 성립(독일, 이탈리아 등)하게 된다. 그리하여 미국에서는 산업 자본주의 달성의 강화나 국가독점 자본주의의 충실을 기하기 위해서 과학과 기술이 점점 생산기술의 향상과 발전을 위해 동원됨과 동시에, 군사기술의 발달을 위해서도 적극적으로 이용되기에 이른다.

특히, 자본축적은 미국에서 적극적으로 진행되어 과학과 기술은 극도로 양산방식에 의한 생산확충에 관여하게 된다. 세계시장을 확보한 이른바 재벌이 등장하였고, 록펠러 · 모건 · 뒤퐁 · 멜런 등 저명한 재벌들이 석유화학, 화학공업, 전기공업 및 고무공업 등을 독점하여 발전시켰다.

그리고 한편으로 생산품의 표준화에 기인하는 저가격에 의한 품질향상을 도모하는 생산 및 관리방식도 모색되어 기술혁신의 소리가 높아진다. 그렇게 하여 산업의 사회화, 공공성을 제고하고자 하는 사회 · 문화적 의욕이 기업에 침투하는 양상을 띠게 되었다.

## 14.1 물리학의 변혁과 새 기술

### 1. 20세기 새 물리학의 기운이 싹틈

역학은 18세기에 거의 완성되고, 19세기에는 광학, 열역학 및 전자기학이 성립되었다. 전자파가 빛이라는 사실에서 광학은 전자기학에 포함되고, 19세기의 물리학은 역학 · 열역학 · 전자기학이라는 세 가지 분야로 이론체계가 구축되기에 이르렀다.

당시 이론뿐만 아니라 실제에 있어서도 지도적인 위치에 있었던 켈빈은 과학이 이전과는 달리 거의 완성되었다고 보기 때문에 과학의 젊은 후계자에 대해 동정적인 말을 하였다. 그러나 켈빈은 동시에 물리학에도 두 개의 어려운 문제, 즉 첫째는 에테르의 흐름을 측정하고자 한 마이켈슨의 실험, 둘째는 고온물체에서 발산되는 빛의 스펙트럼 분포, 즉 흔히 말하는 흑체복사의 문제가 있다는 사실을 지적하는 것을 잊지 않았다. 그러나 20세기 접어들어 물리학의 새로운 기초이론이 된 상대성이론이나 양자역학은 이 두 개의 어려운 문제의 연구로부터 시작되었다.

생산력과 직접적인 연결이 강한 19세기의 물리학과 비교하면, 20세기의 물리학은 그 출발점을 기술학상의 과제에 뿌리를 두고 있다. 19세기 보다는 한층 이론적인 성격이 강하였다. 1940년대에 들어서면서 이들 새로운 과학을 필요로 하는 공학상의 영역이 제2차 세계대전의 영향을 근거로 원자핵공학 등의 분야에 등장하였다. 새로운 물리학이 탄생한 것은 고온, 고진공 및 고전압 등의 특수한 자연조건을 인공적으로 실현되도록 한 것과 깊은 관계를 맺고 있다. 이들은 19세기 말에 급속히 발달한 전기기술 등에 힘 입은 바 크다. 각별하게 원자세계를 생명체 모양으로 숨김없이 표현한 것은 전기조명의 두 가지 방법에 관계가 되고 있다.

첫째는 아크등과 같은 방전현상으로, 이는 원자모형의 형성에 중요한 실마리를 주는 선 스펙트럼 연구를 촉진시키는 것이 되었다. 선 스펙트럼 연구의 시작은 뉴턴 시대부터였으나 그것이 분광학으로 발전되어가는 것은 인공적인 강력한 광원을 이용할 수 있게 되는 19세기 후반의 일이다. 둘째는 전력소비가 많은 아크등 대신에 본격적인 전기조명의 수단이 된 백열전구이었다. 백열전구의 제조에 대단히 필요한 고진공을 만들 수 있는 19세기 후반의 새로운 진공기술은 방전현상을 연구하기 위한 과학실험으로부터 생겨났다. X선의 발견이나 원자의 구성요소의 하나인 전자를 노출시킨 것도 이들 새로운 실험방법에 의해 달성되었다.

그때 사용된 극판에 붙은 유리용기나 고진공의 기술은 초기의 전구제조를 지원하였으나 그 뒤 전구제조를 위해 개발된 아주 효율이 좋은 회전 펌프는 도리어 과학연구의 유력한 수단이 되었다.

## 2. 전기공학의 발전과 복사이론

또, 당시 진공 백열전구의 개량에 몰두한 에디슨은 탄소 필라멘트의 증발에 의한 전구의 안개를 방지하기 위해 필라멘트 사이에 새로운 극판을 넣는 것을 시도하다가 그때 극판을 필라멘트 전원의 +쪽에 접촉시키니 전류가 흐르는 사실을 1883년에 우연하게 알아냈다[에디슨 효과; 열전자방출(그림 14 · 1)]. 이것은 열전자현상의 최초의 발견임과 동시에 전자관의 출발점이기도 하였다. 에디슨은 당시 전구의 개발에 집중한 나머지 열전자효과에 대해서는 그 이상 깊이 연구하지 않았으나, 영국의 전기공학자 플레밍(John Ambrose Fleming, 1849~1945)이 에디슨 효과의 연구에서 1904년에 2극진공관(그림 14 · 2)의 발명에 이르게 되고, 이어서 미국의 전기기술자이면서 발명가로 수백의 특허를 가지며 '라디오의 아버지'라 부르는 드 포레스트(Lee de Forest, 1873~1961)(그림 14 · 3)가 또 플레밍의 2극진공관에 제3전극을 끼워넣어 1906년에 3극진공관을 완성시켜 검파작용뿐만 아니라 전자관에 의한 증폭, 발진 및 변조를 가능케 하여 무선기술 발전의 원동력이 되었고, 보어 이론의 중요한 실험이 된 플랑크(Max Karl Ernst Ludwig Planck, 1858~1947)(그림 14 · 4)와 헤르츠의 실험장치는 사실상 3극관의 응용이었다. 플랑크는 1918년에 노벨 물리학상을 받았다.

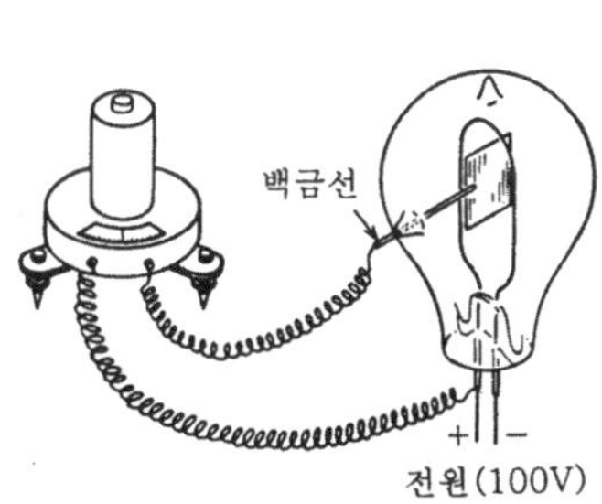


그림 14 · 1 에디슨 효과

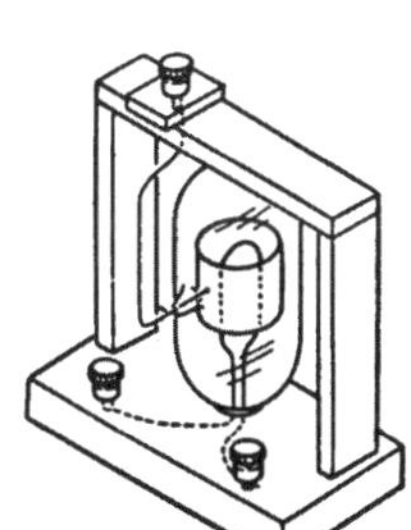

그림 14 · 2 플레밍의 2극진공관

또, 백열전구의 보급은 전구의 광도 규격화 문제와도 관계가 있고, 고온물체에서의 복사광의 연구를 자극하였다. 켈빈의 주의를 끈 흑체복사의 연구는 이들 연구의 산물이다.

흑체복사의 문제는 당시 독일에서 발달한 근대적인 야금공업에서도 고온로에서 방출되는 빛에 의한 온도결정에 관계되는 중요한 기술학상의 과제가 되고 있었다. 흑체의 개념을 도입하여 열복사론 · 양자역학의 기초를 확립시킨 독일의 물리학자인 키르히호프(Gustav Robert Kirchhoff, 1824~1887)의 연구를 시작으로, 특히 국립 물리공학연구소에서는 열복사의 여러 법칙을 발견하여 1911년에 노벨상을 받은 독일의 물리학자인 빈(Willey Wien, 1864~1928) 등의 열복사 연구가 생겨 드디어 플랑크에 의한 에너지 양자발견의 토대가 만들어졌다.

그림 14 · 3 드 포레스트

그림 14 · 4 플랑크

## 3. 상대성이론[1) 2)]

상대성이론을 탄생시킨 사실상의 전제는 19세기의 전자기학 속에서 존재하고 있었다. 독일 태생의 미국 물리학자(1907년 노벨 물리학상 수상)인 마이켈슨(Albert Abraham Michelson, 1852~1931)이 1881년에 행한 실험 '지구와 에테르와의 상대운동에 관한 실험'을 1887년 마이켈슨과 몰리(Edward Williams Morley, 1838~1923)가 함께 실시한 정밀 물리광학 실험, 즉 마이켈슨 · 몰리의 실험에서 빛의 매질로 당시에 존재하고 있다고 생각하였던 우주공간의 에테르에 대한 지구의 상대운동 효과를 검출하고자 하였으나 결국은 부정적 결과가 나왔다.

네덜란드의 이론 물리학자인 로렌츠(Hendrik Antoon Lorentz, 1853~1928)는

---

1) S. Mason(矢島祐利 역), 전게서, pp. 615~624.
2) 江澤洋, 전게서, pp. 215~247.

1892년 마이켈슨 · 몰리의 실험을 이론적으로 논하기 위하여 절대정지의 에테르와 운동하는 하전입자(荷電粒子, 전자)의 문제를 전자(電磁)이론의 입장에서 철저히 추구하여 에테르 중에 운동하는 물체의 단축(수축)가설, 즉 '로렌츠 · 피츠제랄드(G.F. Fitzgerald, 1851~1901)의 단축(수축)가설'에서 에테르 중에서는 운동물체가 운동방향으로 단축되어 그 방향의 빛의 속도와 같은 거리에서 직각방향의 빛의 속도는 동일하고, 양방향으로 분리된 빛을 합성하여도 간섭효과가 나타나지 않는다는 가설을 제출하였다.

한편으로 J.J. 톰손이 전기량(e)과 질량(m)과의 비인 비전하($e/m$)의 값을 측정하였을 때 음극선의 속도(전자의 속도)가 크게 될 경우, $e/m$의 값이 작게 됨을 발견한 것도 문제가 되었다.

이들 마이컬슨 · 몰리의 실험, 로렌츠 · 피츠제랄드의 단축 및 $e/m$ 값의 변화 등이 계기가 되어, 드디어 아인슈타인(Albert Einstein, 1879~1955)(그림 14 · 5)은 1905년 「운동물체의 전기역학」이라는 논문을 발표하였다. 이것이 '특수 상대성이론'(special theory of relativity 또는 특수상대론)이다.

그림 14 · 5 아인슈타인

운동의 상대원리는 고전역학의 범위에서 갈릴레이의 지동설에 의하면 지구는 회전하고 있음에도 불구하고 지상에서는 정지하고 있는 것과 다름없이 보이는 사실에 주목하여, 이것을 발견한 이후 잘 알려진 사실이나 상대성이론은 이 원리를 광속도불변을 원칙으로 하고 있는 전자기현상 일반에 확대하였다.

아인스타인은 1905년의 논문에서 등속도운동을 하는 좌표계만을 고찰, ① 자연법칙은 서로 같은 모양으로 운동하는 관측자에 대하여 같은 형식이 나타나도록 정식화되어 있고, ② 빛의 속도는 모든 관측자에 대하여 광원의 속도에 관계없이 일정하다(광속도 불변의 원리)라는 두 개의 원리를 근거로 지금까지의 뉴턴의 역학적 시간 · 공간적 거리 · 동시성 등 개념의 속도의존성과 더불어 에테르 개념의 무용론을 유도하였는데 이것을 특수 상대성이론이라 한다. 그렇게하여 시간과 공간이 밀접하게 일체가 되어 소위 4차원 세계가 성립됨을 분명히 하였다. 한걸음 더 나아가 가속도계에 대해서도 고찰하면서 1915년에 일반화하여 중력장을 취급, 중력을 관성력과 동등성으로 보는 입장에서 일정한 가속도를 가진 관측자들에게도 상대성원리(서로 등속 직선운동을 하고 있는 좌표계, 즉 관성좌표계에 있어서는 모든 물리법칙은 같은 형태로 나타난 것)가 성립하고 물리법칙이 좌표계의 변환에 대하여 불변의 형식을 가지도록 체계화한 이론을 '일반 상대성이론'(general theory of relativity, 일반상대론)이라 부른다.

여기서 상대성이론의 근본적인 특징은 시간 · 공간의 개념이 관측자의 운동상태에 관계없이 절대성을 가지고 있다는 견해에서 벗어나 시간 · 공간이 각각 관측자에 대하여 상대적으로만 의미를 가진다는 사고방식이다. 서독에서 태어난 이론물리학자인 아인스타인은 1921년 광전효과의 이론으로 노벨 물리학상을 받았으나 독일 나치즈의 유태인 박해를 피해 1933년에 미국으로 건너가 프린스턴 고급연구소에서 죽을 때까지 연구를 계속하였으며 철저한 평화주의자로, 1930년 캘리포니아 공과대학 객원교수로 있으면서 학생들에게 한 강연에서 "과학이 인간을 노동으로 해방시키는 구실을 한 반면, 전쟁에 사용되어 불행을 초래한데 대해서는 반성이 필요하다"고 강조하였다.

## 4. 양자역학과 원자구조[3) 4)]

일반적으로 양자역학(guantum mechanics)은 원자 · 원자핵 · 소립자 등 마이크로계의 물리현상에서 보편적으로 성립되는 기본법칙으로 이루어지는 물리학의 이론체계를 말한다. 원자의 세계에서 역학이 생기는 원천은 두 가지가 있었다. 첫째는 원자의 구조에 관계되는 것으로 영국을 중심으로 발전한 켈빈과 1906년에 전자의 발견이 계기가 되어 노벨상을 받은 톰슨(Joseph John Thomson, 1856~1940) 등의 원자모형(1897년 음극성 실험과정에서 전자를 발견, 원자는 전자로 구성되어 있고 원소의 화학적 성질은 원자내 전자의 수와 배치를 설명하는 과정에서 구상)을 말하며, 이들 모형은 주로 선 스펙트럼을 원자 내 입자의 역학적 진동에 의해 설명함으로써 생겨났고, 1911년에는 1908년 노벨 화학상을 받은 뉴질랜드의 러더퍼드(Ernest Rutherford, 1871~1937)(그림 14 · 6)가 $\alpha$ 선 산란실험을 통해 무거운 핵과 그 둘레를 회전하는 원자라는 원자상이 확정되었다. 둘째의 원천은 독일에서 이루어진 원자역학에 특징적인 양자의 발견으로, 1900년에 플랑크가 흑체복사의 연구에서 에너지 양자로

그림 14 · 6 러더퍼드

3) 會田軍太夫, 전게서, pp. 391~396.
4) S. Mason(矢島祐利 역), 전게서, pp. 629~632.

발견됨에 따라 이때 양자개념이 도입되었고, 양자이론의 역사가 시작된다. 이와는 별도로 아인슈타인이 광전효과의 설명을 위해 제창된 광자로 나타났다.

양자를 원자구조론에 흡수시키는데 성공한 사람은 영국의 러더퍼드에게 배운 덴마크의 이론 물리학자로 1922년 원자구조론 연구로 노벨상을 수상한 보어(N. H. David Bohr, 1885~1962)(그림 14 · 7)였다. 그때, 보어는 에너지 준위(準位, energy level)가 조밀한 극한의 주변에서는 핵을 맴도는 전자의 운동은 고전론의 근거와 일치한다는 신 · 구이론을 연결하는 사고방식인 '대응원리'(correspondence principle ; 새로운 이론은 낡을 이론을 근사적인 형식으로 포함시키지 않으면 안 된다는 의미)를 제시하였는데(그림 14 · 8), 이것은 하이젠베르크(Werner Karl Heisenberg, 1901~1976)에 의해 발전되고, 그의 행렬역학(matrix mechanics; 1925년 하이젠베르크 · 보룬 · 요르단 등에 의해 형성된 수학적 형식인 양자역학의 한 형식이며, 1926년 슈뢰딩거가 파동역학이라는 형식의 양자역학을 형성하였기에 구별하기 위한 것) 형성의 주도적 원리가 되었다. 하이젠베르크는 1932년 노벨 물리학상을 받은 독일인인데 2차대전 때 독일에서 주로 원자에너지 이용 계획연구에 참여하였으므로 제2차 세계대전 후 1년간 연합군 포로로 영국에 억류되기도 하였다.

반면에, 1929년에 노벨상을 받은 프랑스의 물리학자 드 브로이(Louis-Victor de Broglie, 1892~1987)는 1922년에 흑체복사를 상대론적 입자로 된 기체로 취급, 아인슈타인의 사고의 역(逆)을 취해 고전적으로 입자인 전자에 파동성을 부여하였다. 슈뢰딩거(Erwin Schrödinger, 1887~1961)는 이 전자파를 추구하는 방정식을 찾아내어 파동역학을 만드는 한편, 행렬역학과 파동역학의 동등성을 증명하였고, 이로써 양자역학의 골격이 완성되었다(1926).

그림 14 · 7 보어

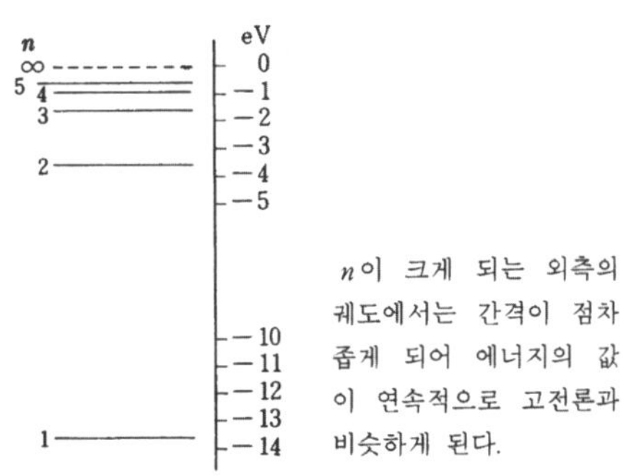


그림 14 · 8 수소원자의 에너지 단위

## 14.2 20세기 생물학의 전개

### 1. 20세기 생물학의 구도(構圖)[5]

19세기에 등장한 세포설이나 다윈의 진화론은 현대 생물학의 사상적 근간을 만들었다. 실험생리학 · 미생물학 · 실험발생학 · 생화학 · 면역학 등은 18세기의 생물학과는 차원을 달리하며, 19세기는 생물학이나 의학에서 과학혁명의 세기였다.

20세기의 현대 생물학은 19세기 생물학의 직접적인 연장선상에 있다. 19세기 후반에 등장하거나 발판을 굳힌 세포학 · 진화론 · 미생물학 · 면역학 · 유전학 · 생화학 등은 20세기에 들어와서 크게 발전하였다. 전통적인 생물학 분야인 생리학, 발생학, 분류학도 큰 성과를 올리게 되었다. 19세기에 생겨난 생태학은 20세기를 상징하는 생물학이 되었다.

19세기 말 실험생물학의 발걸음이 시작되었고, 19세기 후반에서 물리학이나 화학의 방법이 생리학 연구에 도입되어 19세기 말이 되어서는 생물학의 여러 분야에 적용되어 물리학이나 화학에 의해 생명현상이 설명된다고 하였다. 점차 물리학이나 화학의 용어로 생명현상을 표현하는 방향으로 발전되어 생리학이나 생화학 분야뿐만이 아니라 유전 · 발생 · 진화 · 분류라는 분야에까지 넓게 적용되어 분자생물학의 탄생에까지 파급되었다.

19세기에 와서 멘델에서의 수학적 방법의 도입은 20세기에서는 유전학 분야에 중요한 역할을 차지하게 되었다. 따라서 수학적 방법은 생태학이나 생화학 등의 적용에 의해 큰 효과를 거두어 '수리생물학'이라는 분야를 출발시켰다. 20세기 현대 생물학의 대부분 분야는 물리학이나 화학의 방법을 구사하여 수학방법을 적용하는 실험실적 실험생물학이다.

실험실 실험생물학은 연구대상이 점차 마이크로화하여 종족에서 개체, 개체에서 세포, 세포에서 분자로 수준을 낮추어 갔다. 이 경우 하위수준에서의 연구에 의해 얻은 지식을 재구성시켜 상위수준의 현상을 설명하고자 한 것이다. 생화학 · 생리학 · 유전학 · 면역학 · 발생학 등의 영역이다. 20세기 후반에는 생화학, 미생물학 및 유전학은 그 연결에 의해 '분자생물학'을 탄생시켰다.

한편 20세기의 현대 생물학은 야외실험의 방법도 확립되었다. 생태학은 개체 이상을 대상으로 한다. 분자-세포-개체-개체군-공동체의 각 수준에서의 연구는

---

5) 紫藤貞昭 편, 전게서, pp. 254~262.

각기 필요하고, 각 수준단계에는 각각 독특한 법칙이 활동하고 있다. 생태학의 발전은 실험실 생물학의 방향과는 반대로 개체 이상의 상위수준에 주목하여 수준에 따른 법칙의 파악을 지향함으로 가능하였다. 그러므로 분자생물학과 생태학은 현대 생물학과는 서로 대립되는 위치이다.

또 거시적인 추구대상을 연구분야로 하는 분야는 생태학 외에 집단유전학, 행동생물학 등이 있는데 이들도 20세기적 분야이다. 집단유전학은 1920년대에 확립이 되었고 행동생물학, 즉 동물의 행동연구도 1930년대부터 본격적으로 시작되었다. 영장류학(靈長類學)의 연구나 인류의 기원에 관한 연구도 20세기의 몫이다.

생물학은 의료나 농업 등 인간의 실생활과 연결되어 발전하여 왔다. 그래서 20세기의 현대 생물학도 예외는 아니다. 유전학과 그 관련 분야는 농업, 축산, 의학과 연관되어 왔고, 상태학도 농업, 어업과 깊이 관여하면서 발전하여 왔고, 공해문제는 생태학 붐을 조성하여 분자생물학이나 유전자공학이 의료 등과 관계지워진 것도 이미 알고 있는 사실이다.

20세기에는 생물학의 연구가 국가나 대기업과 결부되어 온 것은 사실이며 이것이 생물학연구를 지탱지켜 왔다. 20세기 중반 이후는 더욱 현저하였고 국가 또는 거대자본에 의한 연구소가 계속 세워졌다. 국가가 막대한 연구비를 투입한 것은 비록 생물학뿐만이 아니고 자연과학 전반에 인정되고 있는 사실로 특히 미국이 현저하다. 유전자공학은 국가 및 기업이 아주 크게 관심을 기울이고 있다.

20세기에서 과학기술의 발전과 연구비의 거대화, 실험방법의 전면적 참여와 분자수준의 연구의 전개는 새로운 연구기기를 등장시켜 20세기 생물학에 혁명적 성과를 초래하였다. 연구기기의 거대화 · 복잡화 · 다양화는 오히려 생물학연구에 새로운 제약과 난관을 초래하기도 한다.

## 2. 생화학의 전개6)

생화학이라고 하면 생명체 구성물질의 화학구조와 그 내부에서의 분포 · 분해 · 합성 · 생리 화학적 연구를 수행하는 학문으로 화학혁명 이후 19세기에는 화학자가 동 · 식물을 연구대상으로 하는 유기화학이 생겼는데 이것이 계기가 되었다.

20세기의 과학인 생화학은 단백질, 핵산의 본성을 명확하게 하고, 비타민이나 호르몬, 항체의 형태를 밝히는 데 등장하게 된다. 그래서 효소화학의 확립이야말로 생화학의 중심과제였다. 또, 생명현상 연구는 20세기에 들어와 세포 내부의 분

6) 山崎俊雄 외 편, 전게서, pp. 167~169.

자의 변화과정을 인식대상으로 하는 단계에까지 왔다.

효모에서 생기는 무세포계 추출액인 지마아제(Zymase, 효소의 일종으로 단백질이라 생각함)가 발효를 일으킨다는 사실의 발견으로 발효의 화학과정 연구가 진전되고, 반응의 중간단계와 대응하는 각 효소가 분리되어 노이베르크(Carl Alexander Neuberg, 1877~1956)는 알콜발효의 신진대사 경로를 도식으로 표시하였다(1913~1930). 무기인산이 관여되어 있는 사실도 알아냈으나 그 이유는 명확하지 않았다. 병행하여, 동물의 근육이 산소없이 수축되면 젖산이 생기는 사실[홉킨스(Hopkins, 1907)], 그 근원은 글리코겐(마이어호프, 1920) 등 해당과정(解糖過程)의 연구도 진전되었으며, 두 가지 연구가 협력하여 당의 분해과정이 EMP(effect of electromagnetic pulse) 도식이라 불리는 반응계통도로 밝혀졌다(에므덴, 마이어호프, 파르나스 등, 1933년경).

이 연구를 통하여 식물의 발효과정과 동물근육의 해당과정이 생세포(生細胞)의 에너지 해방과정과 공통의 장치를 갖고 있음이 명확하게 되었다. 이 과정에서 발견된 인산화합물 ATP [adenosine triphosphate ; 아데노신 3인산, 1929, 로만(Karl Lohmann, 1898~ ) 발견]은 처음에 그 역할이 명확하지 않았으나, 마이어호프(Otto Fritz Meyerhof, 1884~1951)나 리프만(Fritz Albert Lipmann, 1899~1986) 등의 연구에 의해 생세포 내에서 해방된 에너지를 아데노신과 3개의 인산의 결합 에너지형으로 저축하여 두고, 필요에 따라 인산을 떼어내어 에너지를 방출시키는 역할을 하는 것이 명확해졌다.

광합성에서 탄소고정의 경로도 캘빈(M. Calvin, 1911~1997), 벤슨(A. A. Benson)에 의해 방사성동위원소 $^{14}CO_2$를 사용해서 명확해졌고, 캘빈회로라는 명칭으로 표시하게 되었다(1948~1950).

또, 유전현상에 대해서 1930년대까지는 염색체의 현미경에 의한 관찰, 교잡법에 의한 염색체상의 유전자의 배열도 연구되었으나 유전자 그 자체의 본체나 작용은 불명확했다. 유전자설은 현대 유전자학의 확립자인 T. H. 모건(Thomas Hunt Morgan, 1866~1945)에 의해 제기되었고, 유전자가 염색체에 있다는 사실연구는 1910년대부터 성행하였다.

모건은 쇼조바에의 유전연구에서 지금까지 가정(假定)으로 생각되었던 유전자가 실제로 존재하고, 염색체상의 일정한 위치에 일렬로 되어있다는 학설을 내놓았다. 이어 1927년에는 뮐러(H. J. Müller, 1890~1967)가 X선을 쪼이면 인위적 돌연변이가 일어남을 시사하였다.

### 3. 분자생물학의 형성[7)] [8)] [9)]

분자생물학(molecular biology)은 제2차 세계대전 후에 사용된 용어로 생체고분자의 구조와 기능을 기초로 분자레벨로 연구하는 생물학의 한 분야이며, 1930년대에 물리학자가 생명현상에 적극적으로 흥미를 가지게 되고, 독일태생의 미국 물리학자로 1969년 노벨 의학생리학상을 받은 델브릭(Max Delbruck, 1906~81)은 그 사상을 구축한 한 사람이다. 분자생물학은 생화학과 다른 두 가지의 특징이 있다. 하나는 분자유전학을 골격으로 생화학과 결합하여 시작되었고, 다른 하나는 생물물리학을 비롯하여 생화학 · 분자생리학 · 분자유전학이라 부르는 모든 분야를 포함하여 발전하였다.

1940년대에 퍼지(phage-세균에 감염되어 그 세포내에서만 증식하는 바이러스) DNA의 연구를 진행한 델브릭, 루리아(S.E.Ruria) 및 허시 등을 중심으로 하는 퍼지 팀이 특히 유전자 본체를 추구하여 분자생물학의 실질적인 모체가 되었다. 분자생물학에는 생물학적 정보나 유전현상을 해명하는 것이 생명을 이해하는 본질이라고 보는 정보학파[프랑스의 자코브(F.Jacob), 모로(J.L.Morod)]와 생체고분자의 구조를 X선 해석 등으로 파악하여 그 기능을 연구하는 구조학파(영국) 등의 두 흐름이 있다. 그래서 분자생물학이 취급하는 내용은 DNA 복제 · 유전정보 · 단백질 생합성 · 세포기능은 물론 효소작용 · 대사 · 광합성 · 물질수송 · 효소 단백질 분자와 그 복합체인 미토콘드리아 등의 세포구조체에서 근육세포, 신경세포 등이 포함된다.

DNA(deoxyriboncleic acid, 디옥시리보스 핵산)가 유전자의 본체라는 생각은 1930년대부터 시작되었다. 1944년에는 에이버리(Oswald Theodore Avery, 1877~1955)의 세균(폐염쌍구균)의 형질 전환인자의 발견으로 DNA가 유전정보의 1차적인 것이 아님이 밝혀졌다. 이어서 1952년에는 허시(Alfred Day Hershey, 1908~1997)와 체이스(M. Chase, 1927~ )는 박테리아의 퍼지를 사용해, 감염성분이 DNA임을 표시하였다(1952). 이것은 DNA가 유전자 본체임을 밝힌 것이다.

생물연구에 물리나 화학의 지식과 방법을 이용함으로써 많은 발견이 이루어졌고 의료에 큰 구실을 하였다. 홉킨스(F. G. Hopkins, 1861~1947)는 미지영양소의 존재를 예견(1806)하였고, 1911년에 풍크(Walther Funk, 1890~1960)가 쌀겨에서 각기에 효과가 있는 성분을 찾아 비타민이라 이름을 붙였는데 B복합체이다. 계속

7) Compton's Encyclopedia, vol. 4. p. 181, vol. 12, p. 195.
8) 紫藤貞昭 편, 전게서, pp. 259~262.
9) 伊東俊太郎 외 편, 전게서, p. 937.

하여 오즈번(Thomas Burr Osborne, 1859~1929), 맥콜럼(Elmer Verner McCollum, 1879~1967)은 버터에서 비타민 A를 발견(1913)하였고, 헝가리 출신의 생리화학자인 센트 죄르지(Albert von Szent Györgyi, 1893~1986)는 비타민 C를 결정상태로 보았다. 그는 1937년에 비타민 C 연구로 노벨 의학생리학상을 받았다. 또, 하워스(Water Norman Haworth, 1883~1950) 등은 비타민 C의 합성에 성공(1933~1943)하였고, 이후 계속해서 각종 비타민이 발견되어 결정화가 되거나 합성되었다. 수용성 비타민이 보효소(補酵素)의 역할을 하게 된 것이다. 1940년대 이후 물리와 화학의 도움을 받아 단백질, 이어서 핵산의 구조연구가 진행되기 시작하였다.

란트슈타이너(Karl Landsteiner, 1868~1943)는 혈액형을 발견(1901)하여 안전한 수혈을 가능하게 하였으며, 山極勝三, 希川厚二는 인공암을 발생시켜 암연구에 공헌하였다. 칼메트(Albert Leon Charles Calmette, 1863~1933), 게랭(C. Guérin, 1872~1961)은 결핵균을 배양하여 BCG(Bacillus Calmette -Guérin vaccine -결핵예방 백신) 백신을 만들었고, 이것을 인체에 접종하였다(1908~1921). 1945년 노벨상 수상자인 영국의 세균학자 플레밍(Sir Alexander Fleming, 1881~1955)은 푸른곰팡이가 세균을 죽이는 사실을 발견(1927)하여 페니실린을 만들었고, 1940년에 영국의 플로리(Howard Walter Florey, 1898~1968)와 체인(E.B.Chain)이 페니실린의 재발견, 다량추출에 성공하였다. 또, 미국의 미생물학자로 1952년에 노벨상을 받은 왁스먼(Selman Abranam Waksman, 1888~1973)이 흙 중의 방사상균에서 결핵에 특효가 있는 스트렙토마이신을 얻어(1944), 전염병균을 죽이는 치료용 항생물질을 발견한 것은 유명하다. 그리고 도마크(G. Domagk, 1895~1964)가 전염병균을 죽이는 술파제 제1호의 프론토실(Prontosil)을 만들었고(1935), 이후 많은 항생 물질이 개발되었다. 뮐러(Paul Müller, 1899~1965)는 살충제 D.D.T.(dichloro-diphenyl- trichloro-ethane)를 발견하였다(1938). 그리하여 미국에서 페니실린과 D.D.T.의 대량생산이 시작되었다(1941). 그러나 이들은 그후 부작용의 피해가 문제되어, 부작용이 적은 약의 연구가 성행하기에 이르렀다.

## 14.3 인간의 생명과 사회보장 정책

1880년대 이후, 코흐와 그 문하에 의해 이루어진 병원(病原) 미생물의 발견으로 의학은 새로운 발전단계에 접어들었다. 먼저, 병원(病原) 미생물의 공격수단으로 물리적 방법(건열멸균, 증기멸균 등)이나 화학적인 방법(당시 신흥 염료공업의 산물인

색소제의 개발 등)이 시도되었다. 또, 병원(病原) 미생물의 신진대사로 생긴 물질, 독소의 연구와 항독소의 발견에 의해 혈청요법의 길이 열렸다. 베일, 北里 공저의 「동물에 있어서의 디프테리아 면역 및 파상풍 면역의 성립」(1890)은 혈청요법의 출발점을 이루는 논문이다. 베링과 같은 코흐 문하의 에를리히는 1909년에 항스피로헤다제, 606호 약제(살바르산)를 합성하고, 또 아프리카 기안병(嗜眼病)의 특효약 Bayer 205호의 합성에 공헌하였다. 이 약은 제1차 세계대전 시기에 알맞는 약으로 '게르마닌'이라는 이름이 주어졌고, 전쟁 후 연합군의 배상 중 가상 평가가 높은 것의 하나였다고 한다.

제1차 세계대전은 4년간의 전쟁을 통해 900만 명의 전사자와 2,000만 명의 전상자를 내었고, 그 밖에 약 1천만 명의 비전투원이 생명을 잃었다. 그뿐만 아니라 빈곤, 부상질병, 생활난 및 실업과 시민의 생활에 바람직하지 못한 여러 가지를 남겼다. 시민에게는 '살 권리'의 주장이었고, 지배자에게 있어서는 새로운 사회정책이 각각 필요하였다. 그리하여 1880년대는 독일의 철혈재상이라 불려진 비스마르크(Otto Edward von Bismarck, 1815~1898)의 질병보험에 의해 의학의료는 사회정책의 일환으로 되어 이 경우의 의학은 치료를 주체로 하는 좁은 의미의 의학이었다. 질병을 호소하는 사람이 근로자이고 보험가입자면 치료를 하는 의학의료제도가 사회정책의 일환으로 자리잡게 되었고, 질병을 빈곤현상, 궁핍현상의 징후로 보지 않는 사회의학 · 사회위생학이 의학의 한 조류로 존재하게 되었고, 변혁을 향한 계기를 제공하는 가능성을 가지고 있었다.

따라서, 새로운 사회정책에서 요구되는 것은 이 사회의학, 사회위생학을 자기집약상자 안의 물건처럼 시민생활의 깊숙한 곳까지 파고들게 하는 것이었다. 병을 호소하는 것을 기다리는 것이 아니고, 병이 시민생활 속에 얼마나 있는가를 파악하여 대책을 세우도록 요구하기에 이르렀다. 이렇게 하여 부상질병 통계의 정비가 시도되었으며, 이 부상질병 통계는 질병보험의 실시와 생명 보험사업의 발달에 따라 크게 신장되었다. 이 부상질병 통계는 집단(국민)의 건강, 질병상황을 전체적으로 파악한 것이며, 사회위생학의 핵심부분이 되는 것이었다.

알프레드 클로드안(Alfred Grotyann, 1869~1931)은 바이말 시대의 독일 사회위생학의 정점을 이룬 사람인데, 그의 역사적인 과제가 된 것은 19세기 말에 보건구호로서 실제로 행해진 실천 사회위생학을 이론 사회위생학으로 보충한 것이었다. 이 경우, 독일 독점자본이 필요한 사회 민주주의를 지배의 버팀목으로 취급하는 과제, 사회위생학을 사회변혁을 향한 학문으로 하지 않고 사회 민주주의의 틀속에

집어넣는 과제가 큰 규정요인으로 되었다.

의학과 생물학의 차이점을 찾는다면 인권 내지 인권사상이라는 것에 도달하나, 독일의 후진성과 후진성에 기초를 두는 인권사상의 희박성은 의학을 생물학으로 말소하고, 약자와 병자를 도태시켜 인간의 품종개량을 시도하는 일종의 생물주의의 소지를 허용하였다. 이 경향은 노동의학 분야에도 보여 인간의 노동을 에너지 출입문제로 환원시키거나, 인간기계의 통제를 노동의학의 목적으로 삼는 학설을 낳았다.

## 14.4 과학적 관리법과 자동화체계

### 1. 과학적 관리방법의 등장

제1차 세계대전 후 소련의 사회주의정권의 수립에 자극을 받아 각국의 노동운동은 강화되고, 1921년과 1929년에 발생한 세계공황으로 자본주의 국가는 위기상황에 빠졌다. 두 세계대전 사이의 1920년대에서 1940년대까지는 위기대책으로 산업의 합리화정책이 추진되던 시대였다. 합리화방법으로 '과학적 관리법'(scientific management)을 기둥으로 하는 관리기술이 보급되었다.[10)]

그림 14·9 테일러

19세기 말부터 미국의 기술자인 테일러(Frederick Winslow Taylor, 1856~1915)(그림 14·9)는 21세 때 미드베일(Midvale) 철강회사의 선반공으로 입사하여 직장(職長)을 맡고 있을 당시 모든 작업에 대해 하루의 작업량을 정확하게 측정할 필요성을 느껴 실험연구를 수행하여 첫째는 고속도강을 발명하여 그 재료로 만든 공구를 사용, 절삭능력을 200~300% 향상시켰고, 둘째의 성과는 관리기술의 개발로 1901년부터 '과학적 관리법'(이른바 테일러 시스템)이라 부르는 공장관리법의 완성에 노력하여 1911년에 「공장관리 및 과학적 관리법」을 출판하였다. 테일러가 제창한 과학적 관리법은 노동자 한 사람 한 사람의 생산능률의 증가를 목표로 한 것이다. 제1차 세계대전 중 생산증강의 요청에 의해 채용이 촉진되었으며, 1920년대의 합리화정책은 경영전반에 걸쳐 경영관리 기술을 발전시켰다. 관리의 시대라 말하는 20세기는 두 세계대전 사이에 그 기초를 형성하였다고

10) 장병주, 산업경영심리학, p. 48, p. 130, 1999, 문창사.

말할 수 있다.

## 2. 4S 기계체계와 트랜스퍼 머신 및 관리방식

휘트니(그림 14·10)에 의해 1798년, 미국 최초로 호환식 대량생산방식이 채용되었고, 1850년대에 확립된 호환식 대량생산은 분업의 원칙을 철저히 지켜 단순화·표준화·전문화, 즉 3S(Simplification, Standardization, Specialization)화의 기술과 다수의 공작기계 및 치공구로 이루어지는 소수의 숙련공과 다수의 비숙련공으로 조작되는 기계체계를 탄생시켰다.

그림 14·10 휘트니

컨베이어(벨트식·체인식·롤러식·스크류식 등 종류가 많음)를 생산공장에 사용한 것은 1890년대에 미국의 철도 화차제조 회사로부터 시작하여 급속하게 발전, 1910년대에는 3S화에 동기화(同期化, Synchronization)가 추가되어 컨베이어를 중심으로 단능기·전용기를 배치하는 기계체계로 구성되는 컨베이어식 대량생산방식이 나타나, 일련의 공정에 종사하는 노동자들의 능률을 컨베이어 속도의 조정에 의해 관리하게끔 되었고, 이 방식은 1913년 포드의 자동차회사에 채용되면서 점차 다른 산업에도 채택되었다(그림 14·11).

포드의 컨베이어 시스템은 생산능률을 획기적으로 끌어 올렸다. 당시 독일의 자동차공장에서 한 대를 생산하는 데 180일이 소요되었으나 포드공장에서는 단지 2일밖에 걸리지 않았다. 1920년대에는 과학적 관리법의 시간·동작연구가 컨베이어 라인의 작업에도 적용되고 관리법의 개선이 이루어지지만, 하나의 기계에서 다음 기계로 공작물을 보내는 것이나 스위치의 개폐(開閉), 그 외에 비슷한 작업이 자동적으로 이루어지는 것이 트랜스퍼 오토메이션(transfer automation)이다. 이때 하나의 제품을 만드는 데 소재에서 완성품까지의 작업을 자동적으로 실행, 가공과 자동이송을 유기적으로 결합시킨 트랜

그림 14·11 포드 자동차의 자석 발전기의 조립라인(1913)

스퍼 머신(transfer machine)도 설치되었다.[11)]

자본제 생산에서는 이윤획득과 자본축적이 생산의 동기이다. 따라서, 보다 높은 이윤획득을 위해 생산성의 향상이 계속 추구되고 있다. 자본이 증가되고 생산규모가 커짐에 따라 무턱대고 하는 경영은 곤란하게 되고, 경영정책을 세워 거기에 따라 원재료, 생산수단 및 노동 등의 생산요소의 상호관계를 최적으로 유지하기 위한 관리가 필요하게 되었다. 이러한 관리방식은 19세기의 개개 기업의 경영경험에 기초를 두는 개별적인 관리에서는 19세기 말에서 20세기에 걸쳐서 독점자본의 형성에 대응한 일반 · 과학적 방식의 단계로 발전하였다. 개별 기업마다의 관리는 산업혁명에 의한 공장제도의 성립에 따라 영국에서 생겨났지만 과격한 자유경쟁으로 충분하게 성장하지 못하였다.

### 3. 기계기술자의 증가

19세기 후반의 미국은 철도망의 건설, 기계공업 및 철강업의 발달에 따라 공업생산이 증가되었다. 신기술의 도입, 생산공정의 기계화가 이루어졌으나 부족한 노동력은 유럽으로부터의 대량이민에 의한 비숙련 노동자에 의해 보충되었다. 1873년에 발생한 세계공황은 기업 사이의 경쟁을 격화시켜 자본의 집중과 독점화를 촉진시켰으나 노동(노동자) · 자본(자본가)의 관계를 악화시켰다. 해고나 임금의 인하에 대항하여 숙련공을 중심으로 한 노동자 조직의 스트라이크나 태업이 계속하여 발생하였다.

신기술의 도입, 생산공정의 기계화 · 정밀화는 또 기계기술자를 배출하는 결과가 되었다. 그들은 숙련공을 대신하여 중요한 지위를 차지하였고, 생산관리에도 책임을 맡게 되었다. 1880년에 창립된 미국기계학회는 1886년 이후 '관리과학'의 수립을 목표로 활동을 개시하였는데, 테일러가 과학적 관리, 절삭용 재료 및 절삭법 연구 등 여러 논문을 발표한 것도 학회의 연차대회였으며, 1905년에는 테일러가 기계학회장에 취임하기도 하였다.

### 4. 과학적 관리법과 근로자 및 경영관리[12)]

테일러는 '공정한 하루의 작업량', 즉 배당한 업무(duty)의 결정과 율(率)을 달리하는 '생산량 비례급여제도'를 과학적 관리법의 두 가지 기둥으로 삼아 배당한 업

---

11) S. Lilley(伊藤新一 외 역), 전게서, pp. 313~316.
12) 장병주, 전게서, p. 50, pp. 129~133.

무 · 표준조건 · 장려임금 · 벌금의 4원칙을 세워서 노동자의 생산능률을 높이고 태업을 없이하고자 하였다. 배당한 업무를 결정하기 위한 '시간 · 동작연구'를 계획하고, 이를 실행하기 위하여 기획실과 직능적 직장(職長)제도를 제안하였다.

과학적 관리법은 근대 경영학이나 노동과학으로, 또 IE(Industrial Engineering)로 발전해 갔으나, 노동(노동자) · 자본(자본가) 사이에도 큰 영향을 주었다. 노동조합은 이런 제도가 노동자의 동작을 표준화하고, 자동인형으로 만들며, 심각한 생산경쟁을 유도한다고 이 과학적 관리법의 도입을 반대하였다.

과학적 관리법이나 컨베이어식 대량생산의 채용은 일시적으로는 생산능률을 올렸으나, 노동자의 질병이나 재해도 증가시켜 결국 노동의욕을 저하시키게 되었다. 그 원인으로 피로문제가 제기되어 시간 · 동작연구(motion and time study)에서는 최소의 피로로 최대의 생산능률을 올리는 길브레스(Frank Bunker Gilbreth, 1868~1924)나 반스(R. M. Barnes) 등의 '동작경제의 연구'로 발전되었다.

한편, 메이오(George Elton Mayo, 1880~1949)는 1927년에서 1932년까지 시카고의 호손공장에서 조사 · 실험을 하여 생산능률과 노동의욕 및 인간관계의 상호관계를 명확하게 하였다. 테일러는 근로의욕은 경제적 욕망에 의해 동기가 부여된다고 하여 그 보상으로 인간의 동작을 부품화시켰다. 사고방식도 표준화된다고 생각하여 인간관계를 무시하였다. 그러나 메이오의 연구는 관리에 있어서 인간관계의 중요성도 인식시켰다.

제너럴 모터스회사의 슬론(Alfred P. Sloan, 1875~1966)은 1920년대의 시장구조의 변화와 거기에 따르는 격심한 기업경쟁 중에서 "집중적 통제에 의한 분권적 관리"의 체제, 즉 사업부제에 의한 제품정책에서 마케팅에 미치는 경영관리 방식을 개선하여 1929년의 대공황을 이겨내고, 제너럴 모터스회사를 거대한 회사로 성장시켰다.

## 5. 수량화의 추진과 대량생산 및 오토메이션

관리기술의 새로운 발전방향의 하나에 수학적 방법의 도입이 있다. 대량생산은 높은 정밀도의 가공과는 본질적으로 모순되는 요소를 가지며, 대량의 불량품을 발생시켰다. 품질관리는 생산공정의 전반적인 경제성을 고려한 관리수준의 설정으로, 불량품 발생을 방지하는 것을 목표로 해서 1924년 셰워트(W. A. Shewhart, 1891~1967)가 관리제도에 의한 통계적 품질관리를 전개하였다. 제2차 세계대전 중에는 O.R.(제14장 5절 4항에 설명)도 개발되어 관리법의 수량화 · 정밀화 · 다양

화가 진행되었다.[13]

자동기계 체계의 세 가지 요소, 즉 자동적인 가공 · 이송 · 제어는 산업혁명 이후 각각 독자적으로 발달하여 1940년까지는 그 기초를 다졌다. 높은 정밀도에 의해 복잡한 형상으로 된 부품의 다종 소량생산은 프로그램 제어와 피드백 제어를 하는 자동제어 공작기계를 발전시켰다.

대량생산에서는 1920년대에 자동차용 프레임 자동조립공장이 미국에서 조업을 시작하였다. 그러한 것의 하나로 '포드 시스템'(그림 14 · 12)을 들 수 있다. 자동차용의 실린더 블록을 제작하기 위한 트랜스퍼 머신은 1924년 영국에서, 1929년에는 미국에서 가동을 시작하였고, 전쟁 후에는 대규모화되고 고성능화되어 '오토메이션'(automation)이 되었다.[14]

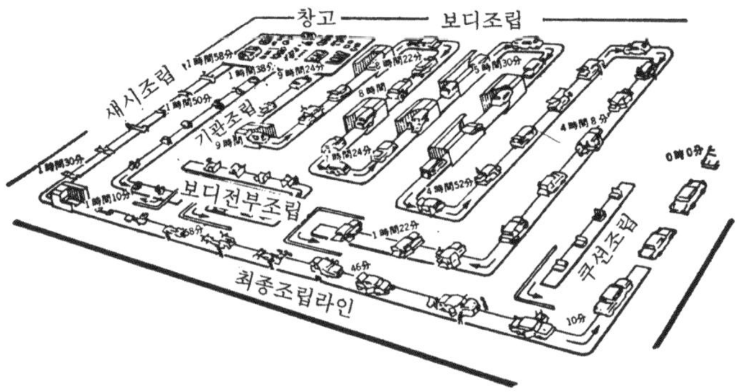


그림 14 · 12 포드 시스템

그림 14 · 13 트랜스퍼 머신

1948년 포드 자동차회사에 트랜스퍼 머신(그림 14 · 13)이 사용되어 오토메이션이라는 말이 사용되기 시작하였다. 이 말은 자동적(automatic)과 조작(operation)의 두 말을 하나로 연결, 새로 만든 용어로 부사장 하다(Del. S. Haarder)가 이름을 붙였다고 한다. 자동조작(automatic operation)의 줄인 말이다.[15]

13) 伊東俊太郎 외 편, 전게서, p. 131.
14) 田所哲太郎, 현대과학과 기술교육, pp. 78~112, 1958, 風間書房.
15) 伊東俊太郎 외 편, 전게서, p. 142.

제2차 세계대전 후 기억, 연산 및 제어의 기능을 병합하여 보다 완전한 제어장치로 등장한 전자계산기는 1960년대에 오토메이션과 결합하여 자동기계 체제를 형성하였다. 또, 자동제어 공작기계에 사용되어 수치제어형(NC; numerical control) 공작기계가 되고, 대량관리에 의한 자동기계 체제로 발전하였다. 관리방법도 자동기계 체계와 더 한층 밀접한 관계를 맺어 더욱 정밀하게 되고, 광범위한 관리체계를 구성하였다. 이를테면 20세기의 모든 기술은 자동화로 향하여 발전하고 있었던 것이다.

이 오토메이션에는 트랜스퍼 머신을 중심으로 한 기계공장에서 기계에 의한 생산과정의 자동화인 미케니컬 오토메이션(mechanical automation), 화학공업을 비롯, 제철공장, 제과공장 및 시멘트 공장 등 공장전체를 관리하는 자동시스템은 프로세스 오토메이션(process automation), 은행의 on-line 시스템이나 급여계산, 재고관리 등과 같은 번잡한 사무 · 경영관리에서 정보처리의 자동화인 비즈니스 오토메이션(business automation) 등이 있다.

## 6. 로봇[16)]

로봇은 체코슬로바키아의 작가 칼 차베크(Karrel Cepak)가 1920년에 발표한 희곡 「로즘의 만능 로봇」(*Rosum's Universal Robots*) 중에 체코 용어로 '강제노동'을 의미하는 robota를 전용하여 인조인간의 의미로 사용되는 용어이다.

그 이후 SF(science fiction) 소설에 빈번히 사용되었으나 과학기술의 대상으로 로봇의 역사는 짧다. 1950년 전후가 그 시초로 보며, 1947년 ANC(Argomne National Laboratory)에 의해 개발된 방사능 물질 취급을 위한 메니풀레이터(manipulator)의 개발, 제2차 세계대전의 상이군인을 위한 모터로 조작되는 전동의수(電動義手)의 개발, 그후의 우주개발 및 해양개발 등이 로봇 개발에 박차를 가했다고 본다.

로봇의 유용성을 넓게 인식하게 한 것은 그 중에서도 생산공정에 사용되는 이른바 산업용 로봇(industrial robots)이다. 이 개념을 미국의 데볼(J. C. Devol)이 1961년에 출원한 특허로 처음 발표되었다. 이후 미국을 중심으로 개발이 진전되어 1960년대에 뉴니메트, 바사토란 등 대표적 상용 산업로봇이 제작되었고, 1970년대에는 실용시대에 들어갔다. 일본은 세계 제1위의 산업로봇의 생산 · 사용국가라 일컬어지고 있다.

---

16) 伊東俊太郎 외 편, 전게서, pp. 1142~1143.

로봇은 반복작업을 할 뿐만 아니라 상황에 따라 작업을 변경하여가는 지능성, 지능성을 위한 감각기 또 자율적인 이동성을 필요로 한다. 그러므로 산업용 로봇과 병행하여 TV 등을 사용한 시각 시스템과 계산기에 의한 인공지능 로봇의 연구가 1960년대 후반부터 성행되고 있고, 또 로봇의 이동성 연구는 보행기계의 개발을 하나의 목표로 진행되고 있다. 6족(足)보행 기계나 4족보행기의 실용화도 멀지 않을 것이다.

실제 제품을 만들 때 가공비의 40%, 공정시간의 80%, 또는 산업재해의 80%가 손 작업이나 운반작업이라고 보는데, 손 작업을 기계화하는 중요성 때문에 작업의 조작을 자동적으로 한다고 생각하면 현대는 로봇시대에 와 있다고 볼 수 있겠다.

## 14.5 제2차 세계대전과 과학 · 기술의 동원

### 1. 전쟁에 과학 · 기술의 동원

제1차 세계대전은 산업혁명 이후 발달하여 온 과학과 기술의 토대 위에서 비행기, 특히 폭격기 · 전차 · 잠수함 · 독가스 · 폭탄제조를 목적으로 하는 근대적 고압 화학기술의 발전을 진전시켜, 과학이 전쟁을 수행하는 데 유효하게 이용됨을 시사하였다. 그런데 과학이나 기술의 존재가 사회적 의미를 가지는 이상, 사회 · 경제 · 정치적 운동에서 벗어날 수는 없다. 특히, 기술의 발달은 사회의 발전사상 군사와 분리될 수가 없다. 물론, 어떠한 경우에서든지 전쟁행위가 과학기술을 진보의 방향으로 밀어 붙였다고 단순하게 결론을 내릴 수는 없으나, 전신기술 · 선박 · 기계 · 화학기술 등 사회가 전쟁의 방향으로 조직이 되면 군사나 군수품에 최대의 수요가 있음을 부인할 수도 없다. 제2차 세계대전에 있어서는 역사상 유래를 찾아볼 수 없을 정도로 과학자나 기술자, 과학기술이 대규모로 전쟁목적에 동원되었다.

제1차 세계대전은 과학과 기술이 최고도로 활용되어 최초의 대규모적인 과학기술 전쟁이었고, 기계화 전쟁이었다면 제2차 세계대전은 근대 과학기술의 모든 성과가 전쟁의 목적을 수행하기 위해 극도로 이용된 크나 큰 두뇌전쟁인 동시에 대규모 소모전이고 미국을 제외하고는 대부분의 국가는 전쟁터가 되고 말았다.

## 2. 나치스 독일과 연구의 조직화[17)]

나치스 독일에서는 1933년의 나치스 정권획득으로 이전부터 과학자 · 기술자의 학회와 협회는 먼저 기술과학적 근로전국협동체(RTA)에 가맹되었고, 이어 다음해에 RTA는 나치스당 기술총국의 직접 지배를 받는 당(黨) 직속의 단체로 나치스 기술연맹에 합류되었다. 나치스 기술연맹은 말할 것도 없고 RTA도 회장은 군수장관이 겸직하는 파시즘 독일의 국가 정치체제를 옹호하는 정치단체이기도 하였다.

그 후 1942년에는 총통령에 의한 연구의회 설치에 따라, 과학기술행정의 전권은 괴링 독일원수의 손안에 들어가 독일 과학자 · 기술자는 '완전히 조직화'되고 국수주의자가 생각하는 완벽에 가까운 상태로 전쟁수행에 동원되기에 이르렀다.

그러나 과학평론가 크라우자(J. G. Crowther)는 파시즘 독일에서는 공업생산이나 군대를 조직하는 데는 기막힌 수완을 발휘하였으나 "레이더의 분야에서는 과학기술 연구의 자재면에서나 기술상의 방법에서도 결코 부족함이 없음에도 불구하고 과학자나 군인, 기술자 사이의 밀접한 협동을 조성하는 데는 실패"하였다고 평가하였으며, 연구자의 파시즘 조직형태가 독일에서 '과학기술 패배'의 원인이 됐다고 밝혔다. 그러나 나치스는 아인슈타인이나 보테(Walter Bothe, 1891~1957)를 시작으로 반전적인, 또는 나치스의 파시즘 정책에 동조하지 않는 과학자나 유태인을 박해하였다. 이것은 분명히 독일 과학의 진보에 부정적인 결과를 가져왔으며, 과학기술의 역사상 암흑의 한 페이지를 기록하였다.

## 3. 망명한 과학기술자의 활용[18)]

독일에 비해서 일면 반파시즘적 성격을 지닌 미국이나 영국에서는 나치즘의 박해를 받은 독일, 프랑스 및 이탈리아의 과학기술자들을 환영하는 소리를 내면서 받아들여, 그들이 반전의지를 갖고 있으면서도 군사연구에 적극적으로 참가하도록 하는 데 성공하였다. 영국에서는 자본주의적 위기가 과학기술의 면에 반영되어 필요한 과학기술 연구의 규모가 확대되었다. 제1차 세계대전 이후 종속되어 온 과학공학연구국이나 과학자문평의회(1940), 특수자격자 중앙등록, 국제노동국 등에 의해 전쟁에 동원된 영국 과학기술자는 제2차 세계대전 중 최대발명의 하나인 레이더 개발에 결정적 구실을 하였다.

---

17) 星野芳郎, 기술혁신의 근본문제, pp. 44~46, 1969, 勁草書房.

18) R. W. Reed(肢部 學 역), 전쟁과 과학자, p. 203, 1972, 다이아몬드社.

반면에 미국에서는 연구비 20억 달러와 원자폭탄 계획에 직접 참가한 인원만도 125,000명에 달하는 제2차 세계대전의 또 하나의 거대개발인 원자폭탄으로 상징되는 산업기반이 있었다. 이와 같이 경제적 통수권을 국가가 총자본의 입장에서 장악하여 총력전이라는 이름 아래 발명이나 과학의 연구, 과학자 · 기술자의 활동을 전부 정부의 통제하에 두고 전쟁연구에 동원시킨 이 시기는, 역사를 통해서 군사기술을 더욱 급속히 진보시켰다.

1942년 원자폭탄 제조를 위한 맨해턴계획이 발족되고 페르미는 중심적 위치를 차지하였는데 역사상 최초의 실험용 원자로는 페르미(Enrico Fermi, 1901~1954)에 의해 미국의 시카고대학에 만들어져 같은 해 12월에 핵 연쇄반응을 제어하게 되었다. 페르미는 로마출신 물리학자로 1938년 "중성자 충격으로 만들어지는 새 방사성원소의 연구와 열중성자에 의한 원자핵반응의 연구"로 노벨상을 받았으나 파시즘에 반대하였고, 또 부인이 유태인이었으므로 노벨상 수상지인 스톡홀름에서 파시즘 정권의 이탈리아로 귀국하지 않고 미국으로 망명하였다.

## 4. 전쟁병기의 발달과 작전의 과학화19)

제2차 세계대전에서 발달된 병기(Weapon)류는 단기관총 · 무반동포 · 대전차 바주카포 · 로켓포 · 산소어뢰 · 투사폭뢰 · 화염방사기, 수중탐신기 등의 전파병기, 전자기술병기, 헬리콥터 · 로켓 · 제트기 · 로켓 폭탄 · 탄도 미사일, 직접적인 과학병기는 아니지만, 레이더와 로란(loran, 장거리) 항법, 전자계산기 등이나 특히 그 중에서도 레이더 · 원자폭탄은 획기적인 새 병기이다. 또, 생산물질과 인간자체의 전쟁행위에의 대량투입은 과학자 · 기술자의 일을 개개의 병기연구에 국한시키지 않고 전쟁터에서의 병기의 사용, 유효한 수송선단의 편성, 전투기의 배치 등 군사작전 그 자체를 과학적인 방법으로 연구하기에 이르렀다. 이것이 바로 작전연구[O.R., operational research(영국), operations research(미국)]이다. 제2차 세계대전 중 독일의 공습, U보트에 의한 공격으로 고민에 빠진 영국은 1948년에 노벨상을 받은 블라케트(P.M.S. Blackett, 1897~1974)를 중심으로 1939년에 물리학자 · 수학자 · 천문학자 · 생리학자 등 11명의 작전연구팀(Blackett Circus)이 생겼다. 통계기법을 사용한 과학의 성과를 모델로 하는 '작전연구'는 레이더의 직접배치나 수송선단의 방어수단에서 성공을 거두어, 1942년에는 미합중국에도 채택되어 모스(P.M. Morse, 1903~ )를 중심으로 하는 7인의 작전연구팀(Operations Research

---

19) 伊東俊太郎 외 편, 전게서, p. 131.

Group)과 존슨(E.A. Johnson)을 중심으로 하는 50인의 팀을 형성, 일본과의 전쟁에서 성과를 거두었다. 전쟁 후에는 경영이나 조직의 운영전반에 응용되면서 본래 '작전연구'였던 O.R.이 널리 '운용연구'를 의미하게 되었다.

그럼에도 독일은 대항병기의 개발과 쓸모없는 병기에 부적절한 자본투자라는 점에서 결함을 노출시켜 O.R.를 사용하지 않았고, 또 소련군은 O.R.를 위한 특별부대를 운용하지 않았는데 이것은 근본적으로 다른 계급구성과 작전훈련의 과학적 요소를 작전활동에 구체적으로 포함시키는 필요성이 없었기 때문이라고 「과학의 사회적 기능」(1939)으로 유명한 영국의 물리학자 버널(John Desmond Bernal, 1901~1972)은 비판하고 있다.

## 5. 레이더[20]

마이크로파를 발사하여 그 반사를 받아서 상대방의 상태나 위치를 수상관에 비춰 목표물을 찾아내는 '전파탐지기'로 알려져 있는 레이더(Radar, radio detecting and ranging)는 독일의 하인리히 헬츠 · 칼 F. 브라운 · C. 헬스메이어, 이태리의 말코니, 미국의 리디폴리스트 등 많은 학자에 의해 발명되었는데 그림 14 · 14와 같은 사용으로 제2차 세계대전 기간에는 군사행동에 결정적인 영향을 가져다 준 것의 하나이다. 직접적으로는 1934년에 영국에서 만들어진 방공과학조사위원회의 주관하에 워트슨 와트(Watson Watt, 1892~1973)와 캐번디시연구소에 의해 이루어졌다. 여기에는 1920년대의 방송국의 발달이나 무선 · 유선통신에 따른 전자관의 발달과, 수신회로 및 주파수 변조이론, 발진회로, 반송 다중통신에 따르는 필터회로 등의 전자기술과 회로이론의 축적이라는 전제가 있었던 것이다. 워트슨 와트 팀은 가능성의 탐구를 1930년에 시작하여 1935년까지는 80 km 거리까지의 비행기를 탐지할 수 있게 되었다.

그림 14 · 14 고사포와 연동되는 레이더

20) Compton's Encyclopedia, vol. 20, pp. 29~32. vol. 10, p. 237, p. 256. vol. 25, p. 88. vol. 3, p. 38.

미국에서 레이더의 완성은 1940년 11월에 만들어진 MIT방사연구소를 중심으로 이루어졌으나, 같은 해 미국 · 영국의 군사협정에 따라 국방위원회가 소집되고, 여기서 화포, 화학, 통신 및 물리의 4부문에서의 전쟁병기연구가 지시되고부터이다.

그런데 이 레이더의 기술은 1942년에 실제 전쟁에 등장하였고, 뿐만 아니라 이용되는 범위도 넓어져 선박이나 항공기의 안전성과 능률의 증가, 기상관측, 지도제작을 위한 거리의 정밀한 측정, 달이나 혹성 등의 표면의 과학연구 등도 포함된다.

콤프턴(Arthur Holly Compton, 1892~1962) · 루미스(Arfred Lee Loomis, 1887~?) · 로렌스(Ernest Orlands Lawrence, 1901~1958) · 라비(Isidor Rabi, 1898~1988) 등의 쟁쟁한 멤버가 조직되어 방사연구소에서 만들어진 마이크로 웨이브를 중심으로 일렉트로닉스 회로, 서보 메커니즘 등의 연구의 축적은 전쟁 후 「방사연구소 총서」로 발간되어 제2차 세계대전 후의 초다중통신, 일렉트로닉스 발전의 이론적 토대가 되었다.

## 6. 맨해턴계획에 의한 원자폭탄의 개발[21) 22)]

MIT방사연구소는 1946년 1월에는 4,000명의 과학자가 근무하였는데 제2차 세계대전 때의 미국 전시연구방법의 한 특징이었고, 또 다른 하나는 원자폭탄을 최초로 만든 맨해턴계획(Manhattan project, 제2차 세계대전 중의 미국의 원자폭탄 제조계획에 비밀로 붙인 이름)이다.

1896년의 베크렐(Antoni Henri Becquerel, 1852~1908)의 방사능발견 이래, 원자물리는 20세기에 들어와 양자역학이나 상대성이론 등과 더불어 급속하게 진전돼 그 이론체계를 형성하기 시작하였다. 1938년의 콕크로프트(John Douglas Cockcroft, 1897~1967)에 의한 리튬 원자핵 파괴실험과 독일 가이자 빌헬름연구소의 한(Otto Hahn, 1879~1968)과 슈트라스만(Fritz Strassmann, 1902~1980)의 중성자에 의한 핵분열의 발견은 아인슈타인의 식 $E=mc^2$으로 말미암아 인류에게 원자변환에 의한 새로운 에너지자원을 줄 것이라는 가능성을 시사하였다.

이어서 마이트너(Lise Meitner, 1878~1968)나 프랑스의 졸리오 퀴리(Joliot Curie)*, 이탈리아의 페르미 등이 연쇄반응 가능성을 지적하였고, 제2차 세계대전은 핵분열에 의한 거대한 에너지파괴를 목적으로 하는 병기인 원자폭탄이란 형태

21) Compton's Encyclopedia, vol. 5, p. 502, vol. 8, p. 86, vol. 2, p. 685.
22) 會田軍太夫, 전게서, pp. 451~453.

그림 14 · 15 나가사키 상공에 투하된 원자폭탄(1945년 8월)

로 인류사회에 등장시켰다. 원자폭탄의 투자자체에 대해서는 당초 나치스 독일의 핵병기개발에 위협을 느낀 과학자가 미국에서의 원자폭탄제조를 권고하고 직접 계획에 참가하게 되었다. 그러나 나치스 독일의 항복 후는 과학자의 일부가 원자폭탄의 사용에 강력히 반대하였다. 일본의 항복도 이미 예측되었고, 당면한 전쟁종결에는 원자폭탄 투하가 필요하지 않다는 요지의 보고도 있었다. 그러나 미국지배층은 전쟁 후 세계에서의 자기들의 정치적 우월성을 과시하기 위해 원자폭탄을 투하했으며, 마침내 1945년 8월 6일에는 히로시마, 같은 해 8월 9일에는 나가사키에서 수십만 명의 희생자를 내기에 이르렀다(그림 14 · 15).

## 7. 화학 및 생물(세균)병기[23) 24)]

원자폭탄과 병행하여 인류의 대량살육이라는 목적을 가지고 근대공학을 기초로 한 과학자 · 기술자가 참가하기를 요청한 것에 화학병기와 생물(세균)병기가 있었다. 화학병기는 제1차 세계대전에서 새 전술로 대대적으로 취급한 것이다. 1915년 4월 독일군에 의한 이탈리아 · 프랑스 전쟁에서의 염소가스를 시작으로, 제1차 세계대전에서 약 30종의 가스병기가 사용되었으며, 3,000종 이상의 화학물질이 연구되었다.

제2차 세계대전에서는 나치스 독일이 패망할 때까지 약 2,000종의 유기화합물이 합성되어 신경가스인 타분 · 살린 · 소만 등의 G가스가 만들어져서, 강제수용소의 유태인이나 러시아인에게 인체실험이 반복되었다. 미국에서도 1942년에 생물전 연구를 위해서 조직된 마크 위원회를 시작으로 에조트 병기창, 포드 데드릭에서 화학 및 세균병기의 연구가 진행되어, 제2차 세계대전 중 27,000톤의 독가스가 제조되었다. 일본에서도 1931년에 중국 동북부 만주에서 조직된 731부대(石

---

* 졸리오 퀴리부부는 Jean Frederic(1900~1958)인 프랑스의 물리학자 · 화학자인 남편과 Irene(1897~1956)인 프랑스 화학자인 아내로 인공방사능을 발견하여 1935년 부부가 공동으로 노벨 화학상을 받았다. 특히 Irene Joriot는 라듐과 폴로토늄 등 방사능원소를 발견하여 1903년에 노벨 물리학상을 받은 Marie Curie와 Pierre Curie 부부의 장녀이다.

23) 和氣 朗, 생물화학 병기, pp. 34~38, 1966, 중앙공론사.

24) 久保綾三, BC병기, p. 119, p. 134, 1969, 삼성당.

井部隊)가 외국에서 유래를 찾아볼 수 없는 잔학한 인체실험 및 연구를 시도하였다.

## 8. 제1차 및 제2차 세계대전의 군사기술[25)]

군사기술이란 넓은 의미로는 군사목적에 사용되는 모든 물재, 즉 병기(weapon) 기타 군수품, 여러 가지 군용시설 등을 개발 · 생산 · 운영 · 사용하여 가는 기술을 말한다. 주로 개발 · 생산 · 조작까지를 포함하는 병기체계의 기술을 지칭한다.

제1차 세계대전 직전에는 중화학공업 중심으로 산업기술이 크게 발전하여, 특히 새로운 통신 · 교통 · 수송의 수단으로 무선전신 · 무선전화 · 증기기관차 · 오토바이 · 자동차 · 항공기가 등장하였으나 정부나 군부도 이들의 군사적 이용에 적극적은 아니었다. 그들은 항공기를 정찰 · 연락용으로 사용하느데 그치고 전차의 고안은 미친 듯이 취급하였다. 단기전, 즉 결전(決戰)을 예상하고 있었으므로 기술개혁에 의한 장비의 개선을 회피하고 또 대량자재의 준비 등을 염두에 두지 않았다.

제1차 세계대전의 장기화에 따라 역사상 처음으로 과학기술의 총동원이 이루어져 전쟁터에 차례차례 새 병기가 출현하였다. 정찰 · 구축 · 폭격의 각종 항공기, 장갑 자동차 · 전차 · 장갑열차, 중경(重輕)의 기관총 외에 고사포 · 대전차포 · 장거리포 · 열차포 등의 신형화기, 독가스, 화염방사기 등 기술병기의 평가가 단번에 높아지고 또 총포를 주로하는 지상전투 중심의 옛 전쟁관이 바뀌었다.

제1차 세계대전 후에는 산업합리화로 세계 대공황과 자본주의 체제의 모순이 표면화하여 기술적 정체가 노출되어 병기기술에서도 성능이 진보하였을뿐 질적 개혁은 찾아 볼 수 없었다. 제2차 세계대전 직전에는 드디어 젯트기 · 로켓 · 레이더 등이 개발되어 수송 · 통신 · 정보에 이용되는 전기 · 광학관계의 병기종류도 풍부하게 되었으나 병기체계의 기본적 변혁에는 이르지 못했다. 다만 전투용 병기의 성능강화와 연계되어 장갑 기계화병단이라는 새로운 유형의 조직이 생겨났다.

제2차 세계대전에서는 각국이 총력전이라는 이름으로 일반산업과 과학기술을 전면적으로 전시동원(戰時動員)을 하였으므로 군사기술과 병기체계에 획기적인 변화가 일어났다. 자동소총 · 단기관총 · 바츠카포 · 무반동포 · 로켓포 등의 새 총포, 레이더 · 수중탐지기의 전파병기, 자기 · 음향 · 통신의 각종 병기를 포함한 전자기술병기, 대형의 폭격기와 수송기 · 헬리콥터 등의 항공 새 병기 등 보다 중요한

25) 伊東俊太郎 외 편, 전게서, pp. 306~308.

것은 제트기 · 장거리 로켓이 처음으로 병기로 등장하였고 원자폭탄도 처음으로 제조되고 한편으로는 컴퓨터나 작전의 과학화(O.R.)가 활용된 사실이다. 레이더는 탐지기능으로 공중전투 · 지상폭격 · 해전 · 선박공격 기타 광범위하게 위력을 발휘하였다. 대전 말기에 미국에서 개발에 성공하여 일본의 히로시마 · 나가사끼에 투하한 원자폭탄은 군사기술의 역사에서 무차별, 무제한의 대량살상 병기의 시대를 열었다.

제2차 세계대전 후에는 고도의 국가독점 자본주의가 집권적 관료주의를 특징으로 하는 미국 · 소련의 두 체제의 지배하에 군사기술의 새 시기가 시작되었다. 1950, 1960년대에는 일반산업의 기술혁신이 진행되어 구체적으로 생산성 향상에 근거하는 새로운 경제상황이 전개되었다. 이것을 기초로 미국과 소련이 선두가 되어 군사기술의 각 분야에 걸쳐 맹열한 새 개발과 기술개혁을 추진하였다. 정부의 전략계획과 군사정책에 불가분의 관계를 가지고 원자력 · 일렉트로닉스 · 우주개발 · 신소재 · 생물공학에 관련되는 첨단기술의 여러 산업이 성립되어 급속도로 성장하였다. 동시에 과학기술의 군사화라 할 수 있는 관련 과학기술이 강력한 군사적 연구로 이용이 진행되었다. 여기에 원자폭탄 · 수소폭탄 · 중성자폭탄, 각종 탄도미사일, 초음속 제트기, 군사용 우주위성, 레이더에서 컴퓨터에 이르는 전파 · 전자병기, 과학병기, 생물화학 병기, 방사능병기 등 30년 전에는 상상도 할 수 없었던 초기술적 병기체계가 출현하였다. 바다에는 동력용 원자로의 개발에 의해 원자력 잠수함 · 원자력 항공모함이 건조되어 동시에 핵병기도 각 함정에 탑재하게 되었다.

1950년대에서 실용화가 시작된 탄도 미사일은 1970년대에는 핵병기와 결합되어 핵 미사일시대의 시작을 알리게 되었다. 이러한 비대하고 거대화된 군사 과학기술은 현재로서는 인간의 의사나 정치의 제어에서 벗어나, 어떤 의미에서 반인류적 성격을 가지게 되어 이 현대 군사기술을 어떻게 억제하고 통제하면 인류파멸의 위기를 벗어날 것인지 현대인은 자문자답(自問自答)을 해야 할 것이다.

## 9. 과학자들의 평화운동

위와 같은 과학기술의 전쟁에의 대규모 투입과 그 비참한 결과는 과학기술자들에게 자신들의 사회적 위치와 과학기술 및 사회문제에 대한 새로운 인식을 하도록 하기에 이르렀다. 그리하여 특히 제2차 세계대전 후 1947년의 국제 세포학회에서의 생물병기 금지의 성명을 시초로 원자 물리학자를 중심으로 한 퍼그워시(Pugwash)

회의, 원자 · 수소폭탄 금지운동에 관해 과학자의 적극적인 참가, 한국에서 1950년 6.25 전쟁에서의 미국의 특수병기 사용여부에 대한 항의성명 등, 과학기술의 전쟁이용을 적극 저지하는 행동을 하였다.

제2차 세계대전에서 맨해턴계획, 레이더 개발, MIT 방사연구소 또는 O.R.연구에 관여된 과학기술자는 그 수의 면에서나 '질'에 있어서나 20세기 전반의 자연과학계의 대표자라고 할 수 있는 맨해턴계획의 지휘자 오펜하이머를 비롯한 관계학자, 또 MIT에서는 라비와 루미스크 등, 영국에서는 G. P. 톰슨, 파나르 등, 독일에 남아 있던 하이젠베르크와 폰 브라운, 프랑스에서는 레지스탕스의 입장을 견지한 졸리오 퀴리 등 쟁쟁한 30여 명을 총망라하였다.

그런데 이 사람들의 입장은 1936년의 22명의 영국 과학자의 반전성명이 시사하듯 똑같지 않으나, 예를 들어 맨해턴계획의 경험은 과학자의 선의의 제안도 거대한 프로젝트가 되었을 때는, 결국 과학기술자의 손을 떠나 독점과 군부의 통제하에 들어가게 되고, 동시에 과학자 자신도 원자폭탄 제조에 참가하게 된 것을 후회하며 심각한 자기반성을 하기에 이르렀다. 그러나 제2차 세계대전 후 과학자의 평화적인 요구 앞에는 많은 장애가 있었다.

과학자의 평화운동이 고조되고 있는 한편으로, 전쟁 중에 레지스탕스 운동에 참가하여 독일 파시즘과 격렬하게 투쟁한 졸리오 퀴리는 노벨상 수상자로서 원자로의 사실상 발명자이나, 전쟁 후 원자 · 수소폭탄 금지운동의 출발점이 된 스톡홀름 어필에 이름이 있다는 이유로 프랑스 원자력청 장관직에서 추방되는 수난도 겪었다.

미국에서는 1943~45년 로스 아라모스의 원자폭탄 연구소장으로 원자폭탄 제조에 성공하였고 '원자폭탄의 아버지'라 불리는 물리학자 오펜하이머(J. R. Oppenheimer, 1904~1967)가 '수소폭탄'에 반대하자, 미국 국익에 반대되는 행위를 한 것인가의 여부를 놓고 시비가 벌어졌고, 국가정책에 반대하는 과학자를 배제하기도 하였다.

원자력 · 일렉트로닉스 · 사이버네틱스(Cybernetics, 인공두뇌학) · 바이오텍스 · 로켓 등 제2차 세계대전 후의 기술적 발전자체가 그 기초를 군사연구에 두고 있었기 때문에, 사회와 과학기술이 관련되는 문제와 과학자 · 기술자 사회에서의 자기들 처신문제는 일단 긴급한 과제가 되지 않을 수가 없었다.

제15장

# 거대, 복잡하게 된 과학과 기술의 결합

러더퍼드로 시작되는 원자핵 파괴의 실험(1919)이 계기가 된 핵물리학의 성과가 '원자력 발전'이라는 획기적인 에너지 혁명의 원자력시대를 열었고, 또 일렉트로닉스의 발달은 '전자두뇌'(전자계산기)의 제작과 생산관리의 합리화 붐으로 기업의 합리화, 또는 경영의 합리화 방식을 촉진시키기도 하였다.

1957년 7월에 시작된 '국제 지구관측년'을 계기로 미국과 소련은 우주공간과 우주여행의 조사라는 명목으로 인공위성이나 우주 로켓을 경쟁적으로 발사시켜, 당시의 잠재적인 과학기술의 성과를 철저히 활용하고 있다. 그러나 세계는 자유사회와 공산사회의 2대 진영으로 나뉘어져 이른바 '냉전'이라는 잠재적인 정치 · 경제적 경쟁의식 속에, 세계적 · 국제적 대립이란 매우 불안정한 양상을 나타내고 있는데 이를 과학기술 발달의 결과에서 오는 소산으로 보기도 한다.

제2차 세계대전 후 공해가 사회문제로 등장한 것을 자본주의 생산관계에 부수적으로 나타나는 사회적 재해로 보는 것도 과학기술이 너무 지나치게 발달한 결과로 생각되기도 한다.

현대의 과학과 기술은 점점 전문화되어 거대화 · 복잡화되고 있는데, 이는 자본주의 밑에서 제도화된 데다가 제2차 세계대전 중의 군사기술이 민간기업으로 전환된 특징도 있고, 오늘날 발생하는 여러 가지 재앙의 원인을 기술로 보는 반기술주의, 또 근대과학의 방법 그 자체를 인간죄악의 근원으로 설명하는 반과학주의를 야기시키기도 하였다.

인류의 장래와 세계평화에 희망을 줄 수 있는 과학기술이 균형적인 발전을 기하도록, 과학과 기술은 인류와 인간의 입장에서 이해되어야 할 것이다.

## 15.1 원자력 · 일렉트로닉스 · 자동제어

### 1. 전쟁 후의 과학기술과 미국의 원자폭탄 독점

제2차 세계대전 후의 과학기술 발전을 규정짓는 것은 당연히 전쟁 후의 사회이다. 그런데 그 대부분의 직접적인 출발점이 되는 시점은 제2차 세계대전 중에 이루어졌다. 제2차 세계대전은 과학과 기술을 대규모로 군사연구에 동원하였으며, 과학기술과 사회의 모순을 예리하게 제기하였는데, 그 모순은 전쟁이 끝난 후에도 강력하게 과학자 · 기술자에게 작용하여 그 활동에 영향을 미쳤다.

과학자가 원자폭탄을 일본에 투하하는 것을 반대하는 청원서명을 모은 실라드(Leo Szilard, 1898~1964) 등의 과학자는 물론 원자폭탄 투하로 전쟁에서 흘리는 피를 적게 할 수 있다고 믿었던 콤프턴 등도, 전쟁 후 원자력 연구를 포함한 과학과 기술이 정치 · 경제 · 사회체제에 깊이 관계되어 있는 것을 몰랐나. 실제로, 원자력의 평화 · 군사적 이용방법을 만드는 문제는 국제정치에서 하나의 큰 쟁점이 되었다. 동시에 군사이용에 반대하는 평화운동을 일으켜 과학기술의 사회적 기능을 찾는 문제는 점차 예민하게 되어 전쟁 후 과학자 · 기술자로서는 그냥 지나칠 수 없는 문제가 되었다.

전쟁이 끝난 후, 미국의 원자력 연구는 1947년 원자력법에 따라 육군 맨해턴 관구에서 원자력위원회로 옮겨졌지만, 원자력의 개발과 연구는 "항상 국가의 방위 및 안전보장을 확보한다. 목적에 종속한다"가 되어 군사이용의 관점에서 벗어나지는 못하였다.

원자력의 전쟁이용에 반대하는 국제여론을 배경으로 원자력 병기의 국제관리가 문제가 되었으나, UN 원자력위원회의 원자력 평화이용과 국제관리에 대한 미국안은 소련 등의 원자병기의 즉시 폐기를 기본으로 하는 데 대해, 실질적으로 다른 나라의 원자력 개발을 억제하는 대신, 자기 나라의 원자병기의 독점을 유지하는 내용이었다. 유일한 핵보유 국가이고 핵사용국이 스스로 핵병기를 폐기하고 원자병기를 국제적 관리로 금지하여, '제2 불의 발견'인 원자력을 평화목적에만 사용하도록 하는 방도의 기대는 실현되지 못했다.

미국의 핵독점 정책은 결국, 1949년 9월 소련의 원자폭탄 실험으로 무너지고, 트루먼 대통령은 원자핵에 의한 군사우위를 확보하여 국제정치를 손아귀에 넣기 위해 수소폭탄의 제조명령을 내려서 원자폭탄과 수소폭탄 실험이 반복되었다.

미국 원자력위원회 위원장 딘이 말한 바와 같이 지상부대에서의 전술적 원자병기나 원자포탄, 무선유도탄 등 지금은 단순하게 원자폭탄을 보유하는 정도에서 벗어나 본격적으로 원자병기는 군사작전 연구의 시작으로 이어지고 거기에 적합한 원자병기와 원자력 잠수함, 대륙간 탄도탄 등의 병기체계 연구가 시작되었다.

원자력 예산은 1951년에 9.2억 달러, 1952년에 16억 달러에 불과했지만, 1949년 이후 급격히 팽창하여 원자력 연구의 90% 이상이 군사용이었고, 동시에 원자력 산업에 대한 유니언 카바이트, 뒤퐁 등의 산업 · 군사 복합체제의 형성이 강화되었다. 그리하여 원자력 병기, 원자력 잠수함, 대륙간 탄도탄 등 병기체제의 연구가 활발하게 시작되었다.

## 2. 원자력의 이용[1) 2) 3)]

### (1) 최초의 원자력 발전소와 개발

우라늄 235의 핵분열 반응을 제어하여(그림 15 · 1) 천천히 진행시키는 장치가 원자로이다. 이미 설명을 하였으나 최초의 원자로는 1942년 시카고 대학에 건설한 CPI이다. 그러나 세계 최초의 원자력 발전은 소련에서 1947년 완성되어 5,000 Kw의 시험제작규모로 1954년에 운전이 개시되었고, 1956년에는 프랑스(G-1, 출력 5,000 kW)가 뒤를 이었으며, 영국에서는 '세계 최초의 상업용' 콜더홀 발전소 제1호인 55,000 Kw 원자로의 조업개시가 1956년 5월에 발표되었다. 그러나 콜더홀은 군사용을 제1의 목적으로 한 원자로로, 원자폭탄 제조용 플루토늄 생산을 위한 것이었다. 마찬가지로, 프랑스도 군사목적 전용을 고려한 것이었다. 1963년에 영국 최초의 비군사용 300,000 Kw, 275,000 Kw 두 원자력 발전소가 운전을 시작하였다. 여기에 비해 미국은 현저히 늦은 1957년에 60,000 Kw의 원자로 운전에 대해서만 원자력 발전을 시작했으나, 이것은 가압수형 경수로이며 1953년에 운전에 성공하여 1955년에 처녀항해를 한 3,000톤 원자력 잠수함 노틸러스호 전용이었으며, 군용 원자로에 기반을 둔 것이다.

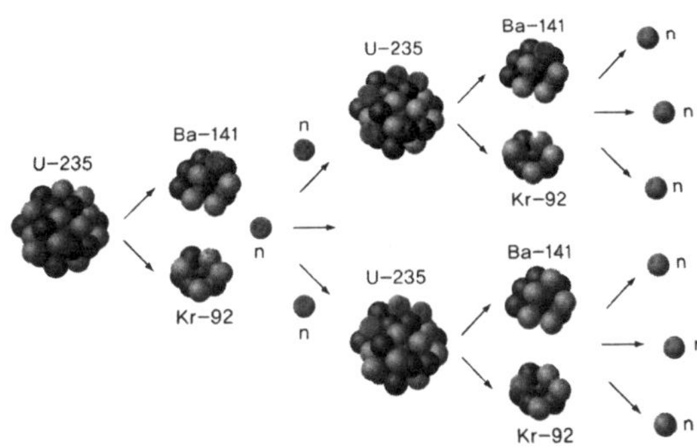


그림 15 · 1 우라늄 원자의 연쇄 핵분열 반응

1) Compton's Encyclopedia, vol. 2, pp. 685~693. vol. 17, p. 377.
2) S. Lilley(伊藤新一 외 역), 전게서, pp. 266~267.
3) 동아출판사, 전게서, 제22권, pp. 222~226.

원자력 발전을 추진하는 군사노선은 아인슈타인의 "미국의 수소폭탄 제조반대" 성명(1950), 원자병기 금지의 스톡홀름 어필, 미국 과학자연맹의 "수소폭탄이 세계의 안전을 지킨다는 생각의 오류"의 지적 등, 과학자와 시민의 반대운동을 불러일으켰다.

우리나라는 1979년에 최초로 경남 양산 고리에서 60만 Kw의 원자로 발전을 시작하였으나, 1960년대 후반부터 미국 · 소련 · 영국 · 프랑스 · 캐나다 · 서독 · 일본 등의 선진공업국은 이른바 고속증식로의 개발에 역점을 두고 있으며, 오늘날 대표적인 상업용 발전로는 경농축 우라늄 연료, 경수감속 냉각형식의 출력 100만 kW 정도의 경수로이다.

장래의 에너지 자원확보와 동력원으로 액체금속 냉각을 채용한 고속증식로의 개발에 역점을 둔 나라가 많다. 또 이 중간단계에는 열효율의 점에서 흑연감속, 고온가스 냉각로, 연료자원의 소중한 보전의 입장에서는 중수감속로 등의 실용로의 변화가 기대되고 있다.

### (2) 원자력선 및 원자동력의 이용

원자력이 경제적인 구실을 하기 위해서는 극히 특수한 조건을 제외하고는 대규모로 사용되는 경우일 것이다. 전력 이외에는 충분히 대량의 원자력을 필요로 하는 곳은 선박의 동력뿐이다. 이미 군사용으로는 원자력 잠수함 노틸러스호를 비롯하여 원자력 함공모함 엔트프라이즈호 · 니미츠호 · 아이젠하워호 등으로 충분하였고, 1955년까지 노틸러스호는 선박으로 원자력 추진의 기술적 가능성을 실증하였다. 그래서 등장한 것이 원자력선이다. 소련에서 1957년에 진수한 16,000톤의 쇄빙선 레닌호는 1959년에 처녀항해를 하였는데 3기의 원자로로 두께 2.4 m의 빙해(氷海)를 2노트로 3년간 계속 운항되었고, 미국에서 1959년에 진수하여 1962년에 처녀항해를 한 22,000톤의 상선 사배나호는 1기의 원자로로 60명의 승객과 1만톤의 화물을 적재하여 20노트로 600일을 항해하였다. 1964년 서독에서 완성한 25,950톤의 상선 사배나호는 1기의 원자로로 15노트를 유지하였다.

그 밖의 원자동력 이용으로 원자력 항공기, 원자력 기관차를 고려하였으나 사고 때 방사능 물질의 방출위험이 있어 개발이 중단되었고, 기타 원자동력이 이용될 수 있는 분야는 연료공급이 어려운 먼 거리에서 사용할 소형이고 수송이 쉬운 발전소용이다. 북극의 레이더 기지, 남극의 연구기지, 우주선의 보조동력용, 항로표식용 및 자동 기상관측용 등이 있을 수 있다.

## 3. 제2차 세계대전이 낳은 전자계산기[4) 5)]

원자로의 운전이나 설계는 직접적으로 인간의 육체적인 한계의 범위를 초월한다. 이 분야에서 큰 역할을 한 것이 전자계산기로, 이것은 과학연구나 생산과정의 자동화에 중요한 도구가 되었다.

전자계산기는 17세기 이후 덧셈 · 뺄셈 · 곱셈 · 나눗셈을 기계적으로 가능한 계산기계가 있었고, 파스칼이나 독일의 라이프니츠에 의한 기계적인 계산기의 구상에 이어, 영국의 수학자 바배지(Charles Babbage, 1792~1871)는 1833년경 처음으로 계산의 전 조작을 전부 자동화가 가능하다고 판단, 계산기(Calculating engine)의 작성에 몰두하여 수십년이나 허비하고도 실용기의 완성에는 실패하였다. 그러나 현재 컴퓨터의 원조(元組)로 간주하고 있다.

하만 홀레리스(Herman Hollerith, 1860~1929)가 미국 국세조사국에 근무하고 있을 때인 1884년에 국세조사 기계(Census machine)의 특허를 획득하여 1890년 제11회 국세조사부터 본격적으로 사용하였는데 1880년에 7년이 소요된 조사통계를 2년 이상 단축하였다. 두 차례의 세계대전 사이에 홀레리스의 기계가 개량되고 양산되어 통계 · 분류 · 회계 · 제표(製表) 등의 기계[그림 15 · 2 (a)]로 보험회사, 철도, 발전 및 제조공장에 많이 사용되었다. 이른바 숫자를 펀치 카드에 넣는 현재의 PCS(Punch Card System)의 선구로 컴퓨터의 발달에 따라 EDPS · UNIVAC · IBM에 크게 기여하였다. 또 파워스(J. Powers)의 기계 등의 기초 위에 제2차 세계대전이 산파역을 맡아 전자계산기는 전쟁의 산물로 만들어진 것이다.

한편 미국 육군군수부의 지원으로 모리크(J.W.Mauchly)와 에케르트(J.P.Eckert)가 폭탄의 탄도계산을 목적으로 개발한 최초의 자동 전자계산기인 에니악(ENIAC, Electronic Numerical Intergrator and Calculator : 전자 수치적분기 겸 미분계산기)은 그림 15 · 2 (c)와 같은데 발명자 에케르트(J.P.Eckert, 1919~1995)의 말대로, 전쟁이 계산이라는 것을 맹렬히 요구하였다. 그런데 이 기계는 어느 범위 내에서 어떤 형태의 계산에도 사용될 수 있음을 알았고, 기능은 1초 사이에 5,000회의 덧셈을 할 수 있고 이전에 20시간이 소요된 탄도표를 1/2초에 계산할 수 있었다. 진공관에 의한 전자계산기인 ENIAC은 사용 진공관이 18,800개, 소비전력은 150 kW, 무게가 130톤이라는 거대한 것이었으나 계산을 위해서는 회로구성을 바꾸어야 하는 외부 프로그램 방식이었다.

---

4) S. Lilley(伊藤新一 외 역), 전게서, pp. 288~290.
5) 伊東俊太郎 외 편, 전게서, pp. 694~696.

아날로그형은 계산자로부터 발전한 것인데 수를 물리량으로 표시하여 물리량 사이의 양적 법칙을 이용하여 계산결과를 표시하는 것이며, 최초의 계산기는 미국 MIT의 부슈(Vannevar Bush, 1890~1974)가 1931년에 임의의 적분정수를 가지는 적분곡선을 그릴 수 있는 인테그래프(integraph)를 발명함으로 가능하였고, 이어 바배지의 구상이 전기적 릴레이를 이용하여 하버드 마크 I인 최초의 범용 자동계산기[그림 15 · 2 (b)]로 등장하였다.

근대적 모델로서의 최초의 계산기는 영국의 케임브리지 윌크스(Maurice V. Wilkes) 주도하의 팀에 의해 건설된 에드삭(EDSAC, Electronic Delay Storage Automatic Computer)이며, 최초로 완전한 자동계산을 한 것은 1949년 5월이었다. 이 계산기는 덧셈 1회에 1/10,000초 이하이고, 곱셈 1회에는 1/100초 이하였다. 그 기억장치는 1천만 크기의 큰 수 512개를 저장할 수 있었다.

(a) 홀레리스의 계산기

(b) 배비지의 계산기

(c) ENIAC

**그림 15 · 2 개발초기의 계산기계**

## 4. 실용적 컴퓨터와 트랜지스터의 발명

EDSAC에 이어 한층 정교한 공학기술의 이용으로 신속한 개량은 진공관을 트랜지스터로 대치한 것과 소형화, 기억장치 계통의 개량 등이다.

프로그램 내장방식을 만든 사람은 프린스턴 고등연구소에서 핵병기 연구 중에 고속도 계산기의 시험제작에 종사하였고, 설계에 필요한 막대한 계산처리에 고심한 헝거리 출신의 수학자인 노이만(John Ludwig von Neumann, 1903~1957)이다.[6] 이 방식에 의한 계산은 도중에 명령의 자동변경이 이루어지도록 되어 있었으나, 동시에 계산기 내부의 작동원리에 2진법의 유리함이 암시되어, 그가 제안한 프로그램 기억방식은 그 후 오늘에 이르기까지 전자계산기를 지탱하는 기본원리가 되고 있다. 계산기를 프로그램 기억방식으로 하기 위해 필요한 기억용량의 증대는, 수은 지연회로 방식에서 브라운관을 UNIVAC(UNIVersal Automatic Computer)의 마그네틱 코어연구로 비약적 발전을 하였다. 전쟁 후 발명자에 의해 기업이 창설되는 등, 비교적 작은 경영에서 시작된 컴퓨터 업계에서 새롭게 등장한 것이 1950년대가 되어 IBM(International Business Machines)이다. IBM은 제2차 세계대전 중의 군수용 발주와 전쟁 후의 군사용 전자기기의 배타적 독점생산의 유지 등에 의해 급속히 업계를 지배하기 시작하였다.[7]

컴퓨터가 실용적인 것이 되었던 요인으로 무시할 수 없는 것은 1956년 반도체에 관한 연구와 트랜지스터 효과의 발견으로 바딘(J.Bardeen)과 브라탄(W.H.Brattain) 공동으로, 노벨상을 수상한 미국 물리학자 쇼클리(William Bradford Shockly, 1910~1989)(그림 15 · 3) 등의 트랜지스터 발명(1948)이다. 1930년대부터 시작되는 양자역학 이론에 의한 실험과 시험운영 및 연구자 집단에 의한 이론검토의 반복으로 도달하게된 트랜지스터 발명의 과정은 근대에 있어서 과학적 연구방법의 전형적인 특징이 되기도 하였다.

그림 15 · 3 쇼클리

여기서 IBM까지의 과정을 보면 이른바 PCS는 컴퓨터의 발달에 따라 EDPS (Electronic Data Processing System)로 바뀐다. 다만 PCS에서 발전한 UNIVAC이나 IBM이 오늘날 컴퓨터의 주류가 되고 있다.

트랜지스터는 드디어 이론적 해명과 금속기술의 진보에 의하여 접합형이 고안되고, 다이오드와 더불어 전기회로에서 서서히 진공관을 구축하기에 이르렀다.

---

6) 伊東俊太郎 외 편, 전게서, p. 790.

7) 伊東俊太郎 외 편, 전게서, pp. 715~716.

## 5. 일렉트로닉스[8)] [9)]

일렉트로닉스(electronics; 전자공학)란 전자가 여러 가지 제어환경 하에서 수행하는 전자현상 및 응용에 관한 학문 · 기술분야 전체를 뜻한다.

1948년 최초의 트랜지스터가 발명되었을 때, 여기에 크게 관심을 가진 것이 군사관계 기술자였다. 이후 반도체 연구는 연구자 측으로 볼 때는 연구의 보물창고이며, 정류기나 압전소자, 전계(電界)효과소자, 광전 반도체소자 등 연달아 새로운 현상이나 소자의 발견과 발명이 성공된 역사였으나, 이 역사를 빛나게 한 모태가 된 것은 군사와 통신기술의 발달이다. 군부의 군사적인 면에서 전자기기의 요구는 한국의 6.25전쟁을 계기로 한층 더 강조되었고, 미군은 1951년 이후 트랜지스터 이용계획을 시작으로 1955년경부터 대륙간 탄도탄장치(그림 15 · 4)를 위한 병기체계로 바뀐 것은 전자기기를 군사의 필수품으로 만들었다.

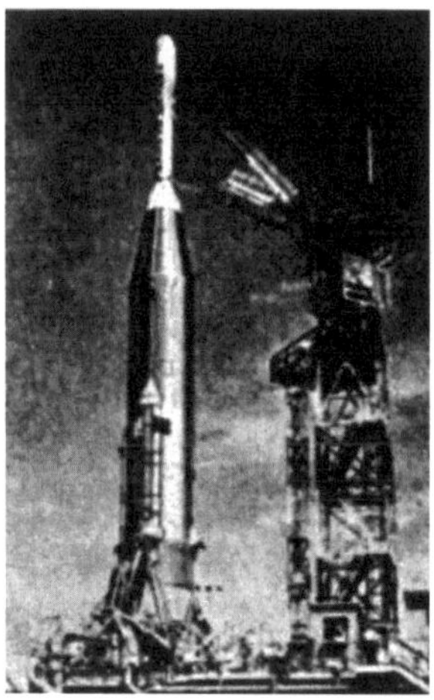

그림 15 · 4 미국 대륙간 탄도 미사일

미국 국방비는 전자병기의 비중이 1955년의 12.5%에서 1960년대에는 20%로 증가되었고, 또 이 가운데 전자공업의 생산증가의 2/3가 군사용이었다. 1958년에는 미국 전자공업 생산의 54%가 군사용으로 추정되고 있는 형편이었다.

1954년에 알래스카 · 캐나다 · 합중국 북부에 3단계로 건설된 레이더망은 컴퓨터와 연결되어 침입물체를 자동적으로 미사일로 공격하는 반자동식 방공관제조직(SAGE, Semi-Automatic Ground Environment) 시스템을 형성하였는데, 이를 위해서 군부에서는 특히 컴퓨터 개발과 그 이용방법(소프트웨어)의 연구가 진행되었다. 이 레이더 망과 컴퓨터를 연결하는 군사 시스템은 원거리 조기경보망(DEW, Distant Early Warning), 공대공 미사일 장비, 전투기를 위한 외륜 레이더 기지, 지대공 미사일용의 내륜 레이더기지, 지하기지나 폴라리스 잠수함, 원자폭탄 적재의 순항 항공체제 등으로 구성되어 있었다.

이 밖에도 정보를 전략 공군사령부에 집중하여 작전명령을 전투부대로 보내는

---

8) 山崎俊雄 외 편, 전게서, pp. 202~203.

9) R. J. Forbes(田中 實 역), 전게서, p. 307.

전략 공군사령부 통제 시스템이나 대륙간 탄도 조기경보 시스템 또는 우주탐지 시스템 등 컴퓨터에 의한 미사일 제어를 시작으로, 군사전략 체제에 지금은 일렉트로닉스가 중요한 수단이 되고 있다.

이러한 가운데 장치의 소형화가 추구되어 1956년에 단마가 발표한 집적회로(IC)도 군대의 수요에 의해 육성되었다. 이것은 금속표면 처리법 등의 관련기술과 고체물리학 등의 최신의 이론적 종합으로 실현되어 고체 일렉트로닉스의 개념을 탄생시키게 되었다.

일렉트로닉스는 마이크로파 기술, 레이더, 메이저(MASER, Microwave Amplification by the Stimulated Emission of Radiation : 유도복사에 의한 마이크로파의 증폭) 및 레이저(LASER, Light Amplification by the Stimulated Emission of Radition ; 유도복사에 의한 광 증폭)에 의한 초다중 통신, 바다 밑 동축 케이블, 우주위성통신과 이어지는 제2차 세계대전 후의 통신기술의 전개와 함께 일렉트로닉스 발달을 특징지었다.

컴퓨터 자체의 발전에 대해서는 IBM의 분류에 따를 때, 진공관을 주요소자로 하는 제1세대, 1958년경부터의 트랜지스터 · 다이오드 등을 고체소자로 하는 제2세대, 1965년경부터의 집적회로를 사용하는 제3세대로 구분된다.

일렉트로닉스는 학문 · 기술의 기초로뿐만 아니라 생산공장(오토메이션 기기 · 계측 · 검사기기), 사회(교통—자동차 · 열차 · 항공기 · 인공위성, 은행), 가정(전자 레인지 · TV · 전자, 정보기기), 의료용(측정기 · 복지기기—의수(義手) · 인공장기 등—메커니컬 일렉트로닉스, 교육(컴퓨터 이용 교육시스템 · 시청각기기), 오락(TV게임 · 게임기기) 등 모든 분야에 관련되어 있다.

## 6. 자동제어

군사 일렉트로닉스에 큰 역할을 수행하고, 또 전쟁 후 기술발달을 특징지우는 자동제어 기술 및 이론에 대해서는 제2차 세계대전으로 되돌아가지 않을 수 없다. 제2차 세계대전 중에 실시된 대공방어의 고사포와 레이더의 결합에 의한 서보 기구에 관한 연구는 자동제어 발달사에 결정적인 역할을 수행하였다.[10]

육군 탄도 계산원으로 대포사정표 작성에 종사하고 있었던 미국의 응용수학자인 위너(Norbert Wiener, 1894~1964)(그림 15 · 5)의 연구는 자동기계나 생물의 신경계 등에 공통적인 제어의 일반이론인 종합과학으로 사이버네틱스라 한다. 이

---

10) Compton's Encyclopedia, vol. 2, pp. 777~779.

그림 15·5 위너

이론의 탄생은 그의 저서 「사이버네틱스」(Cybernetics—동물과 기계에서의 제어와 통신에 관한 이론, 1948)이다. 이와 아울러 섀넌(Claude Elwood Shannon, 1916~2001)은 1948년에 통신공학의 기초이론인 '정보이론'을 사이버네틱스와 동일하게 통계과학적 입장에서 세운 통신전달의 수학이론을 완성하였다.[11)]

그 밖에도 자동제어 이론의 형성에는 나이퀴스트(H. Nyquist)와 하트리(R.V.L. Hartley) 등의 연구에 의해 정보의 정량화를 진행, 통신전달에서 정보량을 결정하는 원리와 표준화의 정리를 중심으로 하는 이론을 1948년 벨 전화연구소에서 확립하였다. 또 이들의 사고방식은 언어학·심리학·생리학 등에도 응용되고 있으며, 이들의 많은 연구가 축적되어, 텔레비전 방송에서부터 초다중 통신에 이르는 통신기술 발달의 경우에서도 볼 수 있게 되었는데, 이들은 과학과 기술의 연계를 더욱 깊게 만들었다.

자동제어의 발달(그림 15·6)은 1950년대에 들어와 사회적으로 '오토메이션'으로 주목을 받았으나, 화학반응 과정에서 얼마간의 파라미터의 자동적인 제어나 화력발전소의 급수·연료과정의 자동제어, 석유정제 공업의 온도와 압력의 자동제어 등, 제2차 세계대전 이전에 출현한 개별적인 자동제어 장치는 제2차 세계대전을 계기로 한 일렉트로닉스나 통신기술, 생산과정의 기계화로 말미암아 '제어공학'(control engineering)이라는 학문의 한 분야를 성립시켰다.

그림 15·6 석유정제 공장의 외관(좌)과 기기실(우)

11) 伊東俊太郎 외 편, 전게서, p. 83, p.387, pp. 443~444.

산업혁명에서 작업기와 도구를 손으로부터의 분리라고 표현한다면, 자동제어는 제어(판단)기능을 인간으로부터 분리시킨 것이라 할 수 있다.

## 7. 인공위성과 우주개발[12) 13)]

화학공장이나 제철소의 오토메이션을 출발점으로, 오늘날의 생산과정에서의 시스템화는 진보를 현저히 앞당겼다. 제2차 세계대전 후, 기술의 이와 같은 경향은 과학과의 사이에도 시스템적이거나 계획적인 취급을 가능케 하는 조건을 성숙시키기 시작하였다. 그 가운데서도 원자력 병기체계 안에서 개발된 로켓에 근거를 둔 우주개발의 역사는 과학과 기술을 계획적으로 결합시킨다면 현대의 과학기술이 아주 거대한 것을 이룩할 수 있다는 사실을 분명하게 암시하였다. 1957년 10월 4일, 소련이 인공위성 스푸트니크 1호를 발사하여 인류의 우주이용이 시작되었다. 1950년대부터 2007년대까지 세계적으로 우주발사체는 약 4,500여개에 이르고 있다. 스프트닉 1호에 충격을 받은 미국은 나치스 독일하에서 로켓기술의 개발에 종사한 폰 브라운(Wernher von Braun, 1912~1977)을 동원해 '국제적 위신'을 걸고 국가규모의 경쟁에 돌입하여 소련보다 약 4개월 늦게 1958년 1월 31일에 인공위성을 발사하였으며, 1969년에는 아폴로 우주선을 발사하여 인류를 처음으로 달표면에 착륙, 달의 돌을 가지고 지구에 돌아왔다. 그림 15 · 7은 로켓의 발사장면이다.

그림 15 · 7 새턴 IB형 로켓의 발사

처음은 주로 우주공간에서의 과학연구를 위해 인공위성 발사 로켓, 인공위성의 자세제어, 인공위성 탑재용의 측정장치가 주로 개발되었다.

이 사이 기술연구의 축적과 성과는 시스템적인 연구나 정밀한 로켓의 유도기술을 한층 더 발달시켰고, 동시에 우주과학 등 새로운 분야를 개척하였고 아울러 다수의 인공위성이 발사되어 이들의 일부는 국제적인 통신체계를 형성하였고, 또 기상연구 등의 과학목적에 사용되고 있다. 그러나 로켓 기술이 군사적인 것에 기초

---

12) 伊東俊太郎 외 편, 전게서, pp. 502~503.

13) Compton's Encyclopedia, vol. 22. pp. 341a~348d.

를 둔 것처럼, 인공위성의 대부분은 군사목적으로 지구 또는 각국의 동향을 감시하면서 핵병기를 사용할 때 활용되도록 기능화되어 있다. 아폴로 11호에 의한 인류의 달표면 착륙 후 미국 항공우주국(NASA, National Aeronautics and Space Administration)에서의 과학자 · 기술자의 대량해고와 실업은 현대에서의 과학기술 행정이 어느 정도로 정치목적에 묶여 있는가 하는 실상을 보여 주고 있다.

인공위성에 의해 길이 열린 새 과학분야에서도 과학기술의 국제협력 문제를 제기하였으나, 위성에 의한 국제통신 체계 자체도 군사에 규제되어 있음으로 인해 각국 내의 자기 나라 기술과학의 여러 과정과 발전단계, 방향성 등을 무시하는 것과 상충되어, 과학기술이 가지는 국제성과 선진국 · 개발도상국 사이의 국제협력, 평화이용과 인류복지라는 측면에서 많은 모순을 가지는데, 이들 문제는 반드시 해결되어야 할 것이다.

인공위성은 과학위성과 실용위성으로 나누며, 인공위성은 지구주변의 우주공간 환경의 물리적 탐사, 대기권 밖에서 처음으로 가능한 관측을 한다. 실용위성은 1970년대에 미국을 비롯하여 많이 발사되었는데 탑재된 센서에 의해 많은 정보가 얻어지고 있다. 기상관측 · 측지(測地) · 지질구조의 조사 · 자원탐사 · 수자원조사 · 국토이용 상황의 조사 · 해양의 어업자원 및 오염상황의 조사 등에 활용되고 있다. 물론 두 가지 외에도 군사적인 감시를 하는 군사위성도 있을 수 있다. 우주비행사가 장기간 체재할 수 있는 우주 정거장이나 1981년 4월에 발사한 미국의 우주 왕복선(Space Shuttle)의 발사와 귀환은 바로 50회정도 재사용이 가능한 우주 연락선이다. 장차는 자재를 우주공간에 운반, 대형의 우주 정거장을 건조한다는 계획이다.

## 15.2 소립자 · 생명 · 지구 · 우주의 과학

### 1. 소립자론[14]의 시작과 가속기의 발달

소립자(elementry particls) 물리학은 양자역학의 성립 후에 생긴 세 개의 연구 조류로부터 나타났다. 첫째는 양자역학을 특수 상대성이론(1905년에 아인슈타인이 제창)과 융합하는 것인데, 이것을 1933년 노벨 물리학상을 받은 영국의 이론물리학자인 디랙(Paul Adrien Maurice Dirac, 1902~1984)이 1928년에 전자에 관한 상

14) 伊東俊太郎 외 편, 전게서, pp. 594~596.

대론적 파동방정식(디랙 방정식)을 제출하였고, 1930년에는 전자의 반(反)입자인 양전자의 존재를 예언, 하이젠베르크와 파울리(Wolfgang Pauli, 1900~58)는 1929년에 공동으로 전자장(電磁場)의 양자론(양자전자기학)을 장(場)의 양자론에 의해 체계적으로 수식화(소립자의 통일장이론)하였고, 이것을 원물질(原物質)에 관한 이론이라 불렀으며 1932년에는 장의 양자이론에서 디랙의 다시간이론으로 발전하였다.

소립자론을 낳게 한 다른 두 가지 연구는 원자핵의 $\beta$ 붕괴와 원자핵을 구성하고 있는 힘(핵력)에 관한 것이었다. 1931년에 파울리는 핵의 $\beta$ 붕괴가 에너지 보존법칙과 모순되는 것처럼 보이는 난관을 극복하기 위해, 부족분의 에너지나 운동량을 담당하는 입자 · 중성미자(中性微子, neutrino—약한 상호작용으로 주어지는 전기적 중성, 질량~0의 소립자)를 가정하였으나(27년 후 미국에서 확인됨), 1934년 페르미는 핵자⇄핵자+전자+뉴트리노의 변환가정을 도입하여 $\beta$붕괴의 이론(중성자$n$ → 양자$p$ + 전자$\bar{e}$ +뉴트리노의 소립자 붕괴)을 정립하였다. 이것은 중력, 전자기력에 이은 자연계의 제3의 힘(약한 상호작용)에 대한 최초의 이론이었다.

이와 같은 힘을 사용하여 이와넨코(D. Dimitrievich Iwanenko)와 탐(I. Tamm)은 다음해에 원자핵 중의 양자와 중성자(1932년에 미국의 채드윅이 발견)를 결합하고 있는 힘 · 핵력을 유도하려고 하였으나 계산값이 실제보다 문제가 되지 않을 정도로 작았다. 1935년에는 1949년 노벨 물리학상을 수상한 일본의 湯川秀樹(1907~1981)가 강한 상호작용으로 핵자와 결합하는 미지의 입자의 교환성으로 핵자 ⇄ 핵자+중간자를 가정, 「소립자의 상호작용」이란 논문을 통해 중간자장의 방정식에서 핵력을 유도, 그 도달거리에서 중간자의 질량을 전자질량의 약 200배로 추정하였다.

1937년에는 앤더슨(C. D. Anderson, 1905~1991), 네데르마이어(S. H. Neddermeyer, 1907~ )가 우주선의 안개상자 사진을 통해 우주선 안에 중간자가 있음을 실제로 증명하였다.

1947년에는 二중간자론(핵력 중간자와 우주선 중간자로 구분)을 실험적으로 확인[파우엘이 기구에 태운 원자핵 건판에 의해 우주선 중에서 2종의 중간자를 발견한 데 이어, 다음해 싱크로사이클로톤(가속기)에 의해서도 발견됨]함과 동시에 수소원자의 에너지 레벨의 새로운 차이(람 시후트)와 우주선 중의 기묘한 입자[람다($\lambda$) 입자와 케이(K) 중간자]의 발견이 계속되었다. 람 시후트의 발견은 제2차 세계대전 중의 레이더의 개발에서 생긴 초단파 기술에 의한 것이다.

전쟁 후 우주선 중에서 발견된 새 입자는 그 후 양자 싱크로톤 등의 거대한 가속기와 같은 검출기로 연구되었다.

## 2. 세포 내부의 구조연구[15) 16)]

세포 내부의 원형질 구조연구는 이미 19세기 말에 고정, 염색하여 현미경으로 관찰한다는 방법을 택하였다. 1925년경에는 그림 15·8(a)와 같은 세포구조의 모델이 그려지게 되었다. 그러나 이와 같은 방법으로 보이는 것은 원형질 본래의 것은 아니고, 염색의 결과는 2차적으로 형성시킨 것이 아니냐 하는 비판을 받았다.

20세기 중반부터 원형질의 생명기능과 구조를 상호 연관적으로 인식한다는 문제의식을 가지고 발달된 물리·화학기기를 사용한 연구에서 세포 내 구조의 인식이 갑자기 깊어지게 되었다. 즉, 19세기 말에 염색법에 의해 벤다(C. Benda)가 발견하여 명명한 세포 내의 입자 미토콘드리아(mitochondria—세포질 내에 함유되어 있는 실 모양 또는 타원체 모양의 미소구조체)를 1934년 벤슬리(R. R. Bensley)가 세포로부터 분리하는 데 성공했으며, 그 모양(실 형상 또는 타원체 모양)이나 화학성분, 함유되어 있는 효소 등이 조사되었다. 그 결과, 호흡에 대한 효소계인 TCA(tricarboxylic acid) 회로와 지토크롬 효소계가 집중되어 있다는 사실을 1947년에 슈나이더(Walter Carl Schneider, 1919~ )와 호지붐(G. H. Hogeboom)이 밝혔고, 미토콘드리아는 세포 내에서 호흡기관의 역할을 하는 것으로 생각되었다.

또, 미토콘드리아에는 이들 호흡으로 산소계에 의해 유리되는 에너지를 아데노신 3인산의 인식결합으로 저장하는 인산화 효소계가 존재함도 레인저(Albert Lester Lehinger, 1917~ )에 의해 밝혀졌다.

1952년에는 필레이드(George Eiml Palade, 1912~ )가 전자현미경을 사용하여 미토콘드리아의 내부구조를 조사한 결과 내외 두 장의 막으로 성립되며, 내측의 하나가 울룩불룩한 형상의 구조를 만들고 있음도 명확하게 되었다. 원심분리기와 전자현미경의 발달에 힘입어 드디어 세포 내 구조의 해명이 진전되었다. 필레이드에 의해 1953년에 150Å 정도의 입자인 리보솜(ribosome)이 발견되었고, 또 지름 500~300Å 정도의 마이크로솜(microsome, 세포속의 미립체 발견은 1941년, 명명은 1943)이 분리 관찰되었다(1955, 1956).

마이크로솜은 두께 약 70Å의 한 겹의 막으로 이루어지는 포상체(胞狀体)이고 입자라기보다는 세포 내부의 막이 찢어진 것이라고 생각된다. 그 막 위에 리보솜의 입자가 줄지어 있으며, 리보솜 단백질 합성을 하는 역할을 맡고 있음이 밝혀졌다. 이러한 새로운 지식과 함께 1950년경 이후 그림 15·8(b)와 같은 세포구조도

---

15) 沼田 眞 편, 새로운 생물학사, pp. 77~88, 1973, 地人書館.

16) 大澤大夫, 新講 生物, III, pp. 224~225, 1969, 三省堂.

를 그리게 되었다. 또, 세포막의 구실과 구조의 연구가 진전되어 세포막은 2중의 지질분자(脂質分子) 층으로 되었으며, 그 안에 큰 단백질 분자가 들어 있고, 이 분자가 막 안에서 움직이는 것이라고 생각하기에 이르렀다(싱거 · 니콜슨, 1972).

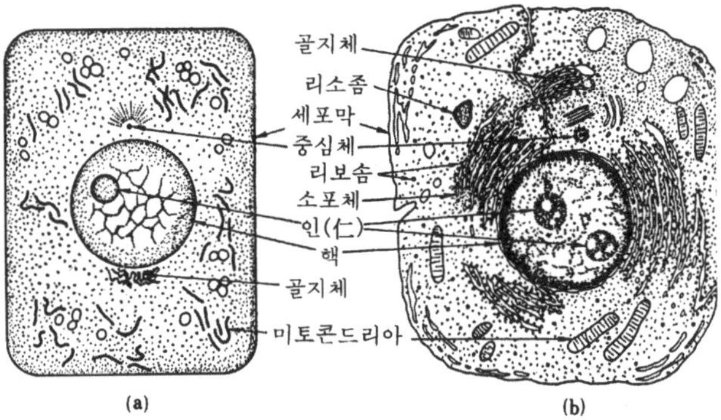


**그림 15 · 8 세포 모델**

세포핵에 대해서는 19세기에 염색체를 중심으로 연구가 진행되어 왔으나 핵의 화학성분으로, 스위스의 미셰르(J. Eriedrich Miescher, 1844~1895) 등이 1869~1874년 사이에 발견한 핵산(muleic acid—단백질과 함계 세포의 본질적 성분을 형성하며 고등동식물의 세포 · 세균 · 바이러스 등 모든 생물에 함유되어 있는 고분자 유기화합물)에 대한 연구가 20세기 후반이 되어 급진전되었다. 1950년대 초까지는 DNA를 유전자 본체로 생각하게 되었고, 그 구조에 대해서도 1953년 왓슨(James Dewey Watson, 1928~ )과 크릭(F. H. Compton Crick, 1916~ )이 윌킨슨의 X선회절에 의한 자료를 토대로 공통축 둘레의 DNA 이중 나선구조를 발표하였다. 또, 1955년에는 오초아(Severo Ochoa, 1905~1993) 등이 RNA(ribonuclei acid)의 모델 물질인 폴리뉴클레오티드(polynucleotide : 중핵산)를 효소적으로 합성, 이어서 1956년에는 콘버그(Arthur Kornberg, 1918~ )가 DNA를 효소적으로 합성하였다. 1960년대에는 염색체에서 단백질 합성계에 메신저—RNA가 정보를 전한다는 사실이 명확해졌다.

그런데 생명현상의 본질을 DNA의 고정성에서 찾는 것은 잘못이며, 환경 - 개체 - 기관 - 세포 - 세포기관 - 고분자 - 저분자라는 계층구조체를 만드는 생물의 각 레벨, 또는 상호작용과 진화의 연구도 진전이 되고 있다.

## 3. 새로운 지구관의 주장[17)]

1950년대 중반부터는 암석자기(岩石磁氣)의 연구에서 런콘(Stanley Keith Runcorn, 1922~ ), 어빙(E. Irving) 등이 대륙은 이동된 것이 아닌가 하고 생각하였다. 대륙이동설은 이미 1910년 위그너가 설명한 것으로, 그 생각을 뒷받침하게 되었다.

다른 한편으로는 지구물리학이나 지질학 연구의 발전에서 해양연구가 진행되어, 개량된 음향측심기로부터 대서양의 해저산맥(중앙해령)의 전체 모양이 1950년대 말에 밝혀지게 되었다. 중앙해령에 의해 작은 지진이 반복해 일어난다는 것도 밝혀졌다.

유잉(Maurice Ewing, 1906~1974)과 히젠(Bruce C. Heezen, 1924~ )은 다른 대양에도 지진원이 줄 모양으로 밀접하여 있음에 주목하고, 인도양 · 북극해의 중앙해령을 발견하여 각 해령(海嶺, 바다 밑에 산맥 모양으로 솟은 지형)이 연결되어 있음을 알아냈다.

1960년 초 헤스(Harry Hammond Hess, 1906~1969) 등은 바다 밑의 이 중앙해령 부분에서 지각 밑의 맨틀(mantle)로 부터 열물질이 열대류로 상승하고, 두께 약 100km의 암석권을 형성해서 연간 수 cm의 속도로 양쪽으로 이동하여가고 2~3억 년의 시간이 지나면서 해구(海溝, 바다 밑바닥에 가늘고 길게 움푹 들어간 곳) 밑에 들어간다는 '해양 밑바닥 확대설'을 생각하였다. 윌슨(J. Tuzo Wilson, 1908~1963)은 측정에 의해, 해양 여러 섬의 암석 년대가 해령에서 멀어질수록 연대가 오래되었음을 밝혀 내었다.

1963년, 지구자장이 과거 수백만년 사이에 몇 차례 남북이 거꾸로 변환된 사실을 고려하여, 비엔과 마시우즈(D. H. Mathews)는 중앙해령에서 나와 냉각, 고화(固化)된 암석의 자기는 자장의 변동을 반영해서 남북이 줄무늬 모양에 역방향으로 되어 있다는 가설을 제기했고, 3년 후 하츄라는 이를 증명하였다. 유럽대륙 및 북미대륙의 해령이 동서로 단층되어 있는 데 대해, 윌슨은 해령이 떨어져 있는 것으로 하여 변환단층의 가설로 설명하였다. 그렇게 하여 모건, 매켄지(D. P. Mckenzie), 파커(R. L. Parker), 르 피촌(X. Le Pichon) 등에 의해 '판구조이론'(Plate tectonics—지구 내부 구조 중 최상단부인 지각과 그 아래 맨틀이 일체가 되어 판 모양을 이루어 이동하고 있다는 최근의 학설)이 탄생하였다.

17) 일본과학자회의 편, 현대의 자연관, –새로운 지구관과 지진–, 1975, 大月書店.

## 4. 우주공간의 연구[18)]

20세기에 들어와서 미국의 천체물리학자 러셀(Henry Norris Russell, 1877~ 1957)은 스펙트럼 등급(온도 또는 색)과 절대등급과의 관계(항성의 주계열)를 발견하여 항성이 진화한다는 학설을 제기(1913)하였고, 영국의 천체물리학자 에딩턴(Arthur Stanley Eddington, 1882~1944)의 주요업적은 별의 분포와 운동 · 항성의 내부구조 · 맥동 별 · 고밀도 별 · 별의 에너지원 · 별 사이의 물질 등 별의 질량과 절대광도와의 관계를 조사하여 양자 사이에는 일정한 관계가 있음을 밝혔다. 질량이 큰 별은 밝은 광도를, 질량이 작은 별은 어두운 광도를 가짐을 발견(1924)하였다. 대부분의 별을 적색거성, 주계열성 및 백색왜성(white dwarf)으로 분류하였다.

우주의 연구는 우리의 은하계 밖까지 확대되었다. 그것은 헤일(George Ellery Hale, 1868~1938)에 의해 1917년 윌슨 산에 건조한 100인치와 1948년 팔로마산에 건조한 200인치의 반사망원경 및 전파망원경으로 인해 가능하게 되었다.

1924년 미국의 천문학자 허블(Edwin Powell Hubble, 1889~1953)은 안드로메다 성운 중의 게페우스종 변광성을 확인하는 데 성공하고 이를 90만 광년이라 하였다. 이 성운은 우리들 은하계의 별이 아니고 우리들 은하계와 비슷한 크기의 '독립항성계'(이것도 은하계라 한다)임을 알았다. 허블은 이렇게 하여 먼 곳의 은하계의 거리를 결정하는 방법을 개발(1929)하였으나 적방편이(赤方偏移)와 거리의 관계에서 먼 곳의 은하계일수록 보다 빨리 멀어지는 사실, 이른바 '허블법칙'을 얻어 '팽창우주론'의 길을 열었다. 이 발견은 20세기 천문학의 최대의 발견으로 보고 있다.

1949년 이후 팔로마 산의 200인치 망원경이 운전되어 보다 먼 은하계가 관측되었고, 바데(Walter Baade, 1893~1960)는 안드로메다 성운까지의 거리를 220만 광년이라 정정하였다. 또, 러시아 출신의 독일 수학자 민코프스키(R. Minkowski)는 광속도의 반으로 멀어져가는 은하계를 관측하였다. 200인치 망원경은 50억 광년까지의 은하계를 탐지할 수 있고, 그보다 먼 거리는 전파망원경이 아니고는 탐지가 되지 않는다.

리버(G. Reber)는 전파망원경을 만들어 은하 중의 전파원을 관측(1940)하였고, 라일(M. Ryle)은 보다 큰 전파망원경을 만들어 전체 하늘의 전파원 분포상태를 관측해 100억 광년보다 앞의 것은 전파원이 빛의 95% 속도로 멀어지고, 그 주변보다 앞쪽은 전파원이 갑자기 작아짐을 알아냈다.

---

18) G. O. Johns 외(中島龍三 역), 원자에서 우주로, II, 1975, 법정대학 출판국.

러시아 출신으로 1940년에 미국 시민권을 얻은 양자역학 · 천체물리학 분야에서 활약한 가모(George Gamow, 1904~1968)는 1949년에 우주 어디에든 원소의 상대적 존재비가 비슷하다는 사실과 우주가 몇 십억도(度)의 온도가 되는 중성자, 양자 및 전자 등의 핵기체로부터 시작되고, 팽창함에 따라 냉각되며, 이들 각 입자가 결합하여 덩어리로 되어 점차 오늘날과 같은 원자핵이 되었다는 '우주진화설'(우주개발론 · 우주생성론)을 제기하였다.

## 5. 우주과학

1960년대 말부터 1970년대 초에 이루어진 발견은 전파천문학에 대표되는 우주를 대상으로 한 각종 분광분석 기기의 성과로, 그 중에서도 은하 중심이나 오리온 성운으로 발견이 시작된 성간분자의 연구를 들 수 있다. 또, 같은 시기에 아폴로 계획에 의한 마치슨 운석의 화학분석, 고호데크 혜성의 분광분석, 그렇게 해서 1976년의 화성의 바이킹 계획이라는 비행체를 사용한 우주개발 프로그램에 의한 각종 화학분석을 다음에 거론한다. 이들 분광분석을 통해 별이나 성간공간(星間空間)의 화학조성에 대한 생각은 큰 변화를 받았다. 그 중에서도 성간공간은 단순한 진공이라는 개념에서 에탄올 · 메탄올 · 규산 · 초산 · 메틸아민 · 시아노아세틸렌이라는 유기물을 다량으로 함유한 성간분자의 구름이 이곳저곳에 있고, 그 일부는 고체의 먼지가 되어 존재하고 장래의 별이나 혹성의 원료를 준비하고 있는 것으로 변하고 또 이들 성간물질은 별로부터 끊임없이 공급받고 있다는 큰 물질윤회(物質輪廻), 별과 성간물질 사이에 있고 성간물질 중에는 유기물의 종류가 무한히 많아 1977년 여름까지 관측된 42종류의 성간분자 중 31종류나 된다는 사실은 우주에 있어서의 생명의 기원이 무엇인가를 생각하게 한다.

이들 우주과학을 지탱하고 있는 기술은 앞에서 설명한 우주기기 분석과 로켓 등 비행체의 두 종류이나, 비행체나 달 · 금성 · 화성 · 목성과 태양계 내의 물질조성 또는 혹성구조에 대해 착실하게 미세한 데까지 조사하여 가는데 대해, 우주선 · $X$선 · $\gamma$선 · 자외선 · 가시광선 · 적외선 · 밀리파 · 라디오파 등의 분광분석은 태양계 밖이나 또는 은하계 밖의 물질조성이나 천체구조에 대해 점차 새로운 정보를 가져다 주었다.

# 현대사회와 과학기술의 과제

우리 인간은 과거 몇천 년에 걸쳐 이 지구상에서 보다 쾌적한 생활을 하기 위해서, 다른 생물이 가질 수 없었던 여러 가지 도구, 언어, 농경용 쟁기, 방적용 물레, 수렵용 활과 화살 등을 발명하여 생활해 왔다. 사용하면서 보다 우수한 생활용품으로 개량하였고, 차량과 같은 운반용 기계, 무거운 물건을 쉽게 들어 올리는 기중기, 옷감에 필요한 천(布)을 짜는 직물기계, 여러 가지 기계를 만드는 공작기계 등과 이들을 움직이는 데 필요한 강력한 힘을 가진 원동기를 발명해서 인간의 생활은 점차 향상되어 왔다.

자연을 관측하고, 자연의 법칙을 알며, 자연의 법칙을 응용하여 우리들의 생활에 유용한 과학기술의 진보는 생활에 필요한 여러 가지를 만드는 데 큰 역할을 하였다. 특히, 18세기에서 19세기에 걸쳐 과학기술은 대단히 빠른 발전속도를 보여주었다. 세계의 교통망은 크게 확장되었고, 공업은 지금까지 없었던 속도로 우리들의 생활 필수품을 생산하게 되었다.

20세기에 접어들면서 전자공업 등의 발달로 자동화가 진전되어, 적은 노동량으로 제품을 대량생산하게 되었다. 이로 말미암아 우리들의 생활은 급속도로 향상되어 갔다. 20세기에 와서 두 번의 세계대전을 경험하였지만, 그러나 일단 전쟁이 끝나면 곧바로 전쟁 중의 과학기술이 평화적 목적에 사용되어, 우리들의 생활이 바로 회복되었을 뿐만 아니라 더 한층의 발전을 보게 되었다.

과학기술이 우리들의 생활에 끼친 영향은 절대적이었고 또한 그 결과는 실로 큰 것이었다. 생산회사는 과학기술의 성과를 받아들여 값싸고 성능 좋은 생활주변 기기나 용품을 대량으로 생산하는 것을 사회적 사명으로 생각하여, 우리들의 생활주변에 무척 많은 것을 공급하였다.

이렇게 하여 우리들의 사회는 얼마든지 살기 좋도록 변해갈 수 있었으며, 과학기술의 힘으로 우리들의 생활은 한없이 향상되어 가리라고 생각하였다.

그러나 여기서 미처 생각하지 못한 매우 곤란한 문제가 발생하였다. 바로 '공해'라는 어려운 문제가 그것이다. 과학기술의 발달에 의해 생활필수품을 대량으로 만들다 보니, 그로 말미암아 대기오염이 발생하고, 또 하천이나 바다의 물이 오탁하게 되며, 그 밖에도 여러 가지 자연파괴가 일어나 결과적으로 우리들의 신체나 생활에 나쁜 영향을 미치게 되었다.

1960년대 이후 베트남 전쟁, 원자력 발전, 공해 및 환경파괴 등 여러 가지 문제가 분출되어 논의의 대상이 되었을 때, 과학기술이 그 원흉으로 의혹의 눈초리를 받고 비난의 대상이 되었다. 특히, 1970년대는 과학기술을 비판한 지 10년이 되기도 하였다.

영국에서의 본격적인 공업화의 출발에서 2세기, 토인비의 '18세기 영국 산업혁명의 강의'에서 1세기를 훨씬 넘긴 오늘날 공업사회는 풍요로운 고도 소비사회가 된 반면 자원 에너지의 문제, 환경오염(공해) 문제, 인구 · 식량문제, 도시과밀화 문제, 노사문제 및 남북문제(1959년, 영국의 로이드 은행총재인 O.프랑크스가 주장 : 선진국과 개발도상국 사이의 발전 및 소득차로 생기는 국제정치, 경제의 구조적 문제)등 수다한 문제에 직면하여 풍요로움의 증대를 지탱하여 온 기술진보 그 자체에도 의문이 던져져 인류의 위험을 예고하는 무서운 경고가 발하여지고 있다.

이 장에서는 과학기술에 대한 이와 같은 가치관의 변화나 비판이 무엇에서 유래하고 있는가, 과학기술이 가진 양면성은 사라지지 않는가, 그리고 앞으로의 과학기술은 어떻게 되어야만 하는가에 대해 생각해 본다.

## 1. 과학기술 비판의 사상적 흐름

### (1) 시대적인 비판사상[1) 2) 3)]

과학기술을 비판적으로 보는 사상은 아주 오래된 것으로, 소크라테스나 플라톤도 객관적인 과학기술의 존재에는 의혹을 나타내었고, 16세기의 인문주의자들도

---

1) 柴藤貞昭 편, 전게서, pp. 274~278.

2) B. Techson(增田幸夫 외 역), 무엇을 위한 과학인가?, 1977, 紀伊國屋書店.

3) 伊東俊太郎 외 편, 전게서, pp. 114~115.

마찬가지였다. 근대 과학기술에 대해서도 스위프트는 「걸리버 여행기」에서 과학기술의 연구를 통렬히 비판하였으며, 괴테도 자연과학은 개체를 말살한다고 비판하였고, 윌리엄 블레이크, 도스토에프스키에 이르는 문학자도 과학기술에 대해서는 비판적인 입장을 취하였다.

오늘날 과학기술 비판의 직접적인 계기는 1960년대의 베트남 전쟁, 공해 및 환경파괴라는 사태를 보고, 그 일어나는 원인의 큰 요소가 된 과학기술에 대해 사람들의 관심이 사라지고부터이다. 베트남 전쟁은 오토메이션화의 전쟁터라고도 불렸지만, 한 보기로 고엽작전에서는 거의 10년간(1962~1973)에 걸쳐 미국은 제초제(2, 4, 5-T, 2, 4-D, 카고질산 나트륨과 카고질산 등)의 대규모 살포작전을 전개하였다. 대상이야 남 베트남의 삼림(森林)이었으나, 소규모이긴 해도 농작물과 인간도 대상이 되었다. 이와 같은 군사적인 약제살포는 산(山)의 삼림에 막대한 생태학적인 타격을 주었다. 1차 생산자가 타격을 받으면 거기에 종속되는 생물은 드디어 파멸하게 된다. 또, 이와 같은 제초제가 동물이나 인간에게는 기형을 일으키는 원인이 되는 게 아니냐는 의문이 현실화되어 참전군인이나 민간인이 고엽제의 후유증으로 시달리고 있다.

환경파괴나 공해에 있어서도 구리광산에서의 광독(鑛毒)사건이라든가 공장폐수에서 메틸은이 검출되는 사건 등을 배경으로 1970년대는 과학기술에 대한 비판이 최고조에 달했다.

그래서 1970년대의 과학기술 비판으로 주목되는 특징은 지금까지의 과학기술 비판이 주로 문학자에 의해 이루어진 데 비해, 과학자 집단내부 또는 주변이라는 점이다. 따라서 미국에서는 '사회 · 정치활동을 위한 과학자와 기술자', 영국에서는 '과학에서의 사회적 책임을 위한 영국협회'가 "과학의 발전은 방향이 설정되어 있는 것이 아니고 사회적 선택과 과학자의 개인적 선택에 의해 결정되는 것"이라고 강조한 바 있다. 그렇다면 비판에 노출된 과학기술은 어디로 갈 것인가? 우리 모두의 관심사가 아닐 수 없다.

#### (2) 중간기술

과학기술은 당연히 인류의 평화적 공존, 인간의 존엄성이나 행복을 위해 행사되어야 한다. 그러나 이 과학기술에는 이들 목적을 쉽게 파괴하는 강대한 힘이 있다고 해서 과학기술을 전부 부정하고는 살아 갈 수 없는 것이 오늘날의 현실이다. 그래서 기존의 과학기술에 대신하는 또는 그 보다 진화할 수 있는 과학기술을 생각한다.

기존의 과학기술에 대신하여 어떤 학자는 '유연한 기술'(soft technology)을 "어떤 집단이 다른 어느 집단을 조종하여 성립되는 모든 과학기술 및 미래의 세대에는 아무 역할도 못하는 방법으로 자원을 낭비하는 것과 같은 과학기술을 배척하는 것", 그래서 산업과학이 만들어 내는 피해를 대항하는 것으로 '비판적 과학'을, '서비스 과학'을 제창하기도 하고 중간기술(intermediate technology)을 내 세우기도 한다.

생태계의 법칙에 적합하고 희소자원의 사용에도 충분히 신경을 쓰고, 인간을 기계의 노예로 하는 대신 인간에 봉사할 수 있게 설계한다는 이 중간기술은 제3세계에 적합하다고 하지만 세계분업의 입장에서 제3세계 사람들에게는 2류로 취급받는다는 사고방식 때문에 1970년대 중반부터 바람직한 용어로 '적정기술'(appropriate technology)이 제창되었다. 이는 선진국이 기존의 근대 과학기술 다음에 오는 것으로 간주, 탐색하는 '대체기술'(alternative technology)과 같은 위치 부여를 한다는 것이다.

### (3) 대체기술[4)]

거대한 설비투자를 필요로 하며 중앙집권적으로 생태계에 대해 파괴적인 결과를 가져오지 않는 거대과학기술의 방향에 대해 지역에 근거한 소형으로 인간적인 기술을 요구하는 운동을 '대체기술'이라 부른다. 이 운동의 시대적 흐름은 1960년대 말과 1970년대 이후 현저하게 된 현대사회에 대해서 기술적인 대체안을 제출하고자 하는 운동에서부터이다.

이 운동의 사상적 중심인물인 슈마하(E.F. Schumacher)는 지금까지 기술의 부정적인 측면이 기술실업 · 관료제(technocracy) · 공해 · 자원위기 · 소비주의의 침해 등의 사태를 초래하였다는 인식에서 1973년 그의 저서「인간부흥의 경제학」(Small is Beautiful)에 중간기술이라는 그 때까지의 거대기술에 대신하는 새로운 개념의 기술을 제안하였다.

그 후 선진국에서는 또 하나의 기술(대체기술)로, 또 개발도상국에서는 적정기술로 발전되어 이 두 가지를 합해 대체기술이라 부르게 되었다.

이 기술은 주로 다음과 같은 이념을 갖추고 있다.

① 지역의 환경(자원 · 제도 · 자연환경)에 적합하게 한다. ② 노동집약적으로 자본필요량이 많지 않으며, ③ 비전문가에게도 이해되어 사용할수록 단순한 디자인을 가진다. ④ 해당지역의 원재료를 사용하여 그 지역에 소비되는 제품을 만든다. 이

---

4) 伊東俊太郎 외 편, 전게서, p. 114.

와 같은 이념을 실현하고자 하는 사상의 흐름으로 미국과 영국이 주축이 되고 있다.

## 2. 과학기술의 발달과 인구증가[5)]

우리 인간은 건강한 몸을 유지하면서 각자 자기가 가진 직업에서 사회를 위하고 남을 위해, 나아가서는 자신을 위해 활동하면서 타고난 수명을 누리기를 희망한다. 또, 생활향상을 위해 노력하고, 보다 쾌적한 환경을 만들고 즐거운 인생을 마치고 싶어한다. 때문에 인간은 도구를 이용해서 도구를 만들고, 또 그 도구를 복잡하게 조립해서 기계를 만들어 음식물(食)을 비롯한 옷감(衣), 주거(住) 등 인간의 생활에 필요한 여러 가지를 풍부하게 만들어서 오늘날의 문명을 구축하였다.

우리 인간의 생명을 위협하는 것으로는 옛날에는 홍수, 가물음 등의 천재지변, 전염병의 유행 등으로 생명의 위협을 느꼈으나 과학이나 기술의 발달로 인간이 이와 같은 재해에서 벗어나 안전하게 살 수 있는 가능성은 점차 높아졌다. 즉 질병의 위험, 재해로부터의 해방, 농경법의 개량에 의한 식료증산 및 쾌적한 주거환경 등을 들 수 있겠다.

17세기경이 되면서 인간의 지식은 급속하게 증대되었고, 그때가지 명확하지 않았던 자연현상을 과학적으로 연구해 많은 법칙을 알게 되었고, 18세기에서 19세기에 걸쳐 공업기술의 비약적인 발전을 보게 되었다. 따라서, 인간의 생활은 빠른 속도로 향상되고, 풍요로운 생활을 누리는 사람은 점점 늘어났다. 그렇게 되고 보니 세계의 인구도 늘어났다. 즉, 10세기경 4억이었던 세계의 인구는 1804년에는 10억이 되었고, 또 1927년에는 20억으로 늘어났으며, 1959년에는 30억, 1974년에는 40억에 가까웠다. 1987년에는 50억, 1999년에 60억이 되었고, 2011년 10월 31일, 인류는 인구 70억명 시대를 맞게 되었다.

인구가 10억 명에서 20억 명이 되는 데는 무려 123년이 걸렸고, 20억 명이 30억 명으로 늘어가기 위해선 32년이 걸린데 비해 인류는 두 번 연속 '12년만의 10억 명 인구증가'를 달성했다. 그래서 지난 20년을 "전례없는 인구증가의 시대"로 정의한다. 2025년에는 80억이 될 것으로 예측하고 있다.

이와 같은 인구의 증가추세(그림 1)는 과학이나 기술의 힘에 의해 무서운 질병의 대유행을 방지(영아사망율의 급속한 감소도)하고, 농경법의 개량으로 식료의 증산을 기해 쾌적한 주거를 만드는 등, 다방면에 걸쳐 인간이 안전하게 살아갈 수 있도록

5) 中山秀太郎, 전게서, pp. 5~6.

되었기 때문이다.

이런 의미에서 과학이나 기술이 수행한 역할은 대단한 것이었으나, 그 역기능 또한 무시 못할 정도이다.

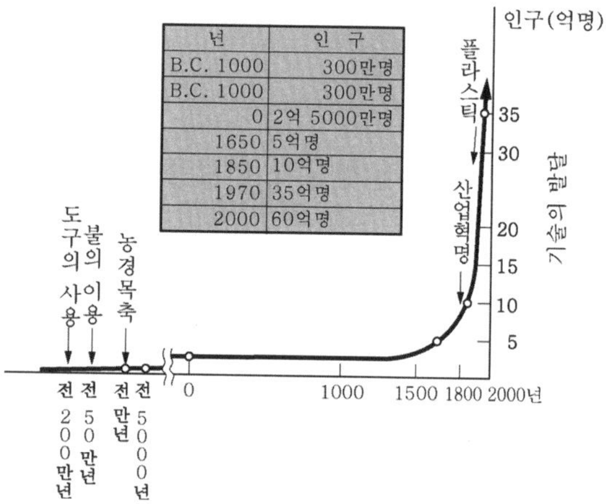

그림 1 기술의 발달과 인구증가

## 3. 환경문제와 과학기술

### (1) 공해와 환경과학

환경문제란 넓은 의미에서 인간이 생활하는 환경이 이물질(異物質)로 오염되어 생활에 부적당하게 됨을 말하며 '환경오염'(enviromental pllution)이라고도 한다. 보통 인명, 건강에까지 피해를 끼치는 사태가 존재하여 '공해'(public nuisance)라는 일상용어로 사용되기도 한다.

행정적으로 대기 · 물 · 토양 · 소음 · 진동 · 지반침하 · 악취 등도 있고, 그 외에도 농약이나 화학약품, 식품 첨가물 등에 의한 식품오염, 산성비, 부(富)영양에 의한 연안이나 호수의 적조, 광화학 스모그 등 2차적으로 생기는 오염의 효과, 후레온 가스에 의한 오존층의 파괴 등도 있다. 그리고 환경오염으로 생기는 질병을 '공해병'(pollution disease)이라 부른다. 그러나 공해와 환경문제는 본래는 서로 다른 개념을 가진 말이다. 공해를 인간사회 발전에 따르는 불가피한 현상으로 보지만, 여기서 환경문제의 개념을 규정할 필요가 있을 것이다.[6]

자연은 자연을 구성하는 요소 사이에 물질, 에너지의 이동이 있어서 서로 연결이 되며, 하나의 계를 형성하고 있다(자연계). 생물은 자연계의 과정 중에서 출현하여 생물이 만드는 세계, 즉 생물계는 자연계와의 사이에 상호작용을 가짐과 동시에, 그 내부에서도 생물 사이에 식물을 매개로 상호작용을 하면서 하나의 계를 만들고 있다고 볼 수 있다(생물계). 또, 인류는 생물의 진화과정 중에서 탄생하여 독자적인 계(사회계)를 만들고 있다(그림 2).[7]

인류는 말할 것도 없이 생물계의 한 구성원이나, 동시에 동물과의 사이에는 명확한 선이 그어져 있다. 동물과의 본질적 차이는 동물이 "외부의 자연을 이용하는

6) 小山仁示 외, 공해와 환경문제, p. 1, 1975, 법율문화사.
7) 島津康男 외, 환경의 과학, p. 365, 1972, 일본방송출판협회.

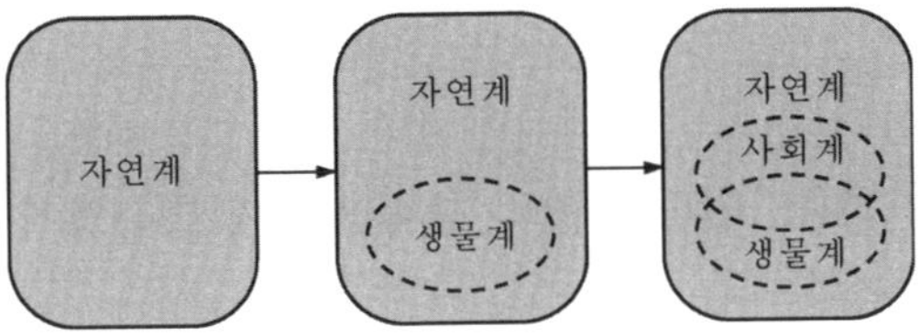


그림 2 3개의 계

것 뿐으로, 단순히 그들이 우연히 그곳에 있게 되어 안에서 변화를 그대로 살리는 것"인데 비해, 인류는 "자기가 일으키는 변화에 의해 자연을 자기의 목적에 봉사시키고 자연에 순응하면서 지배"한다는 점이다. 즉 자연계와의 관계에서 본질적인 차이를 인정할 수가 있다.

따라서, 생물계는 자연계 중에 능숙하게 끼어들지만 사회계는 그 환경으로서 상호관계를 가지는 자연계, 나아가 생물계와도 나쁜 연관을 맺어도 별 수 없다. 자연계 및 생물계의 잘못된 관계가 존재하는 그대로 없어진다는 의미에서 자연파괴라고 부를 수도 있다. 여기서 주의하여 두지 않으면 안 될 것은 사회계와 자연계, 생물계가 서로 관계를 가지고 있다는 사실에서 자연계 및 생물계의 불균형이 어느 정도 이상이 되면, 그것이 사회계에 되돌아 나온다는 점이다. 이른바 '자연의 복수'이다. 생산력이 발전하여(그렇게 하여 인구가 증가) '자연의 변혁'이 진행될수록 '자연의 복수'는 심하게 되는 경향이 있음은 당연하다. 이 '자연의 복수', 즉 자연이 인간사회에 적대적으로 기능을 하고 있는 상태가 바로 환경파괴로, 이것이 환경문제의 핵심적인 내용이 된다. 이 환경파괴가 자본주의 사회에서 공해로 등장한다.

이상과 같이 환경문제는 사회계, 즉 인간사회와 자연과의 상호관계로 보며, 공해는 인간과의 관계로 파악되지 않으면 안 될 문제이다.

'환경과학'(environmental science)이란 말 자체가 새로운 것은 아니다. 종래 환경과학으로서의 지리학이라든가 생태학과 같이 개별과학의 성격을 가지는 의미를 숨긴 채 사용하는 것이 일반적이었다. 따라서 환경문제가 세계적인 규모로 부각된 상태에서 제창되고 있는 과학과는 반드시 같은 것은 아니다.

환경문제를 대상으로 하는 과학으로서의 환경과학은 아직도 체계화된 것은 아니다. "인간활동 → 환경형성 작용 → 환경의 양 및 질의 변화 → 환경작용 → 인간의 반응 → 인간의 적응이라는 연속 중에서 항상 새로운 인간활동이 만들어져, 그 활동으로 환경이 변용(變容)되는 상호작용을 계속하여 가는 것"이라는 이유에서 인간의 환경에의 활동, 환경으로부터의 활동이라는 양면에서 "인간의 적응성을 매개로 인간환경이 역할을 명확하게 해 가는 것이 환경과학의 큰 골격"이다.[8] 환경과학은 인간생태학으로의 성격을 부여한다.

---

8) 沼田 眞 편, 환경과학의 방법과 체계, p. 24, 1974, 환경정보과학 센터.

포스트는 환경과학을 일반생태학과 같은 것으로 취급하여 "자연 및 인간과 그 환경과의 상호작용이 본연의 자세에 대한 일종의 시스템적인 접근법"을 그 내용으로 한다고 규정하여 구체적으로는 응용생태학, 인류생태학, 경제정책 및 교육정책 등 여러 갈래의 내용을 가진다고 보고 있다.

K. E. F. 와트라는 학자는 환경과학이 다루는 영역은 도시계획 · 지역계획 · 경제 지리학 · 역학(疫學: 유행병의 예방과 치료를 연구하는 학문) · 사회의학 · 기상학 · 농업 · 수산업 · 임업 · 목장 및 들판 관리까지라고 하고 있으나 응용생태학의 범위를 벗어나는 것은 아니다. 환경문제와 자연문제를 일체로 보고, 이들이 사회계 · 생물계 · 자연계의 세 가지 계 사이의 상호관계에서 생기는 문제이므로 본질적으로는 지구상의 전체시스템의 문제이며, 또 인류의 의지결정이 중요한 구실을 하고 있는 문제임을 강조하고, 지구를 어떻게 할 것이냐의 전략을 환경의 안전성, 자원의 생산성 및 인류사회의 구조변화라는 측면에서 제안하고 있다.

환경과학의 대상은 지구규모의 환경문제임과 동시에 구체적 인간의 일상생활 환경이 되고 있는 지역, 또 구체적으로는 국토에서 발생하고 있는 환경문제이다.

#### (2) 과학기술과 환경문제 9)

'현대사회에서의 과학이나 과학기술의 의미'에서 환경문제가 부각된 계기는 무엇보다 최근의 공해나 환경파괴 때문이다.

18세기 후반 영국에서 시작된 산업혁명으로 과학과 기술이 공고히 결합하게 되었다가 여기서 과학기술이 독립되었다. 과학기술이 발달함에 따라 사람들은 그 성과를 쉽게 받아들여 공업화사회를 만들었다. 가내공업에서 공장제 수공업을 거쳐 공장제 공업으로 바뀌고, 생활물질이 양산되어 물질적 풍요에 재미를 붙였다. 또, 기계화로 육체노동의 고통에서 해방되고, 과학기술이 주체가 되는 문화 · 문명은 사람들로 하여금 유토피아 문화 · 문명은 환영을 받았다. 이 문화 · 문명은 유럽에서 미국으로, 아시아로 그래서 한국까지 전해져 이러한 과학기술을 기반으로 한 공업화 사회의 지향으로, 그 결과 역기능을 초래하여 공해나 환경오염이 심각하게 되었다.

환경을 크게 나누면 자연환경과 문화환경으로 생각할 수 있다. 자연환경의 구성요소로는 대기 · 물 · 토양 등으로 각각에 대응하는 환경문제가 떠오르는데 그 환경오염이 대기오염 · 수질오염 · 토양오염이다. 이들 배경에는 생활양식의 질적 내

---

9) 鈴木善次 외, 전게서, pp. 193~194.

지는 양적 변화가 존재하게 마련이다.

이른바 대기오염, 수질오탁, 토양오염, 소음, 진동, 지반침하 및 악취 등의 공해는 자본주의의 생산관계에 부수하여 발생하는 사회적 재해가 되었다.

앞으로 기술을 발달시켜 나감에 있어서 에너지와 자원은 유한하고 기술에 의한 자연파괴를 최소한으로 한다는 점을 먼저 고려하지 않을 수 없다. 종래의 기술은 필요한 양의 에너지를 투입하여 빨리, 능률 좋게, 대량으로 값싼 물건을 양산한다는 점이 강조되었다. 만들어진 제품을 사용하고, 사용 후에는 그대로 폐기시켰다. 빈 병, 빈 깡통, 비닐이 들이나 산, 심지어 해안에까지 즐비한 것은 바로 그 때문이다. 에너지나 자원의 유한성, 자연환경의 면에서 보더라도 앞으로의 기술은 사용된 제품의 재활용을 생각하여야 함은 당연한 이야기일지 모른다. 즉, 폐기물 처리기술의 개발로 환경문제를 더 이상 방치해서는 안 된다. 종래 거의 고려하지 않았던 소음문제도 필연적으로 저소음이 되도록 기술적으로 검토하여야 한다.

다음에 환경과 관련지어 고려해야 할 것이 안전문제이다. 기술에서 절대안전이란 있을 수 없으므로, 기술개발에서 안전을 경시하고서는 문명사회는 종말을 고하게 될 것이다. 절대로 추락하지 않는 비행기, 절대로 침몰하지 않는 선박을 만들 수 없듯이, 절대로 사고가 일어나지 않는 어떠한 것도 만들 수 없기 때문에, 사고를 최소화하는 안전문제를 최우선으로 생각하여야 한다.

## 4. 인류의 안전과 과학기술의 위치

### (1) 인류의 안전과 미래

인간인 생물이 지구상에 태어나서 환경에 적응하는 형태를 갖추고, 습성이나 생리적 기능도 환경에 순응하여 생존하고 있다. 그것은 오랜 세월을 살아가면서 환경에 적응하려고 노력하였기 때문이다.

인간은 "도구를 사용하는 동물이다"라고 한 것은 유명한 말이나, 다만 도구를 사용하는 것에만 그치는 것이 아니고 도구를 사용하지 않으면 살아갈 수 없는 동물임을 내포하고 있다.

항공기나 자동차 및 기타 기계류에 대한 안전, 나아가서 생산공장에서의 안전이라는 좁은 의미에서의 안전을 생각하는 것도 물론 중요하지만, 과학기술의 급격한 발달이 세계적으로 이루어지고 있는 현재, 안전이라는 문제를 더욱 넓게 인류의 안전이라는 개념으로 확대할 필요가 있을 것이다.

과학이나 기술은 지금까지 우리 인간에게는 대단히 유용하였다. 과학기술의 진보로 우리들의 생활이 매우 향상되었고, 또 그 성과가 너무나도 엄청났기에 과학기술에 대한 신앙이 생겨난 것이 아닌가하고 생각될 정도였다. 과학적이란 말만 들어도 그것은 절대적으로 올바르고 합리적이라 생각하고, 비과학적이라면 그것은 완전히 잘못된 것이라고 생각하게 되었다. 과학이나 기술을 발전시켜 나가면 인간이 생각하는 대로 자연을 제어할 수 있다는 생각마저 들었다.

그러나 자연은 그렇게 단순한 것이 아니었다. 이 대자연은 매우 복잡하고 또 아주 교묘하게 만들어져서 생물이나 광물도 모두가 조화를 이루어 공존공생을 하고 있다. 이 지구상 생물의 한 구성원인 인간이 과학기술을 발달시켜 이 자연의 조화를 깨뜨리기 시작하였다.

기술이란 것은 처음부터 그 자체가 반자연적이다. 자연에 손을 대어 인간에게 유리하게 변경시키는 것이 기술이지만, 무엇인가의 변화를 가하면 자연의 파괴가 일어나는 것은 분명한 사실이다. 절대 안전한 기술이라든가 무공해 기술이란 있을 수 없다. 다만, 이 파괴의 정도가 아주 적을 때에는 인간이나 기타 생물에 미치는 영향은 거의 없었으며, 영향이 있더라도 국소적으로 있어 그냥 지나치고 말았다.

기술이 아직 발달하지 않았을 때는 새로운 기술에 대해서 무엇인가 불안을 가지고 겁을 먹거나 어느 정도 저항도 있었으나, 기술의 유용성은 이 두려운 감정을 씻어 버리고 말았다. 그래서 현재 인간은 자연파괴를 강력하게 밀고 나가 본래의 생물과는 이질적인 유해물질을 우리 주변에 범람시키고, 이 유해물질이 인간의 안전을 위협하게 되었다. 지금까지 없었던 새로운 질병이 발생한 것이 그 증거이다. 이대로 과학기술을 계속 발달시켜 나간다면 멀지 않은 장래에 인류의 생존이 위태롭게 되는 사태가 오는 것이 아닌가 하는 불길한 예감이 든다.

#### (2) 과학기술의 위치[10) 11)]

과학과 기술의 역사를 통해 보면 의심할 여지없이 분명한 것은 모든 신 기술은 시대의 의문과 필요성에서 생겨 응용과학이 우리들 문명의 발달 속에서 중요성을 먼저 차지하였다는 사실이다. 그런데 사회적 각도에서 본다면 정당한 것이고 공익에 위배되지는 않았는지 자문할 필요가 있다.

과학과 기술의 승리는 다른 물질적 · 정신적 진보를 희생시켜 과학기술을 균형에 맞지 않게 발달시킨 것이나 아닌지, 파괴적 경쟁을 한 것은 아닌지도 되돌아볼 필요가 있다.

---

10) 鈴木善次 외, 전게서, p. 195.
11) 伊東俊太郎 외 편, 전게서, p. 269.

20세기의 과학은 17세기에 탄생할 때의 과학과 기술과는 그 양상이 사뭇 다르고, 과학과 과학기술이 깊이 연관되어 원자력의 이용기술, 컴퓨터로 대표되는 전자기술, 달 착륙을 계기로 한 우주 개발기술 등 이른바 '거대과학'(big science)이라는 상태에 이르고 있다. 이와 같은 상태에서는 단순하게 개인의 흥미를 위주로 한 연구의 진행은 곤란하고, 국가나 기업과 연계된 연구가 되는 경향이 강하게 되었다.

자본주의 사회에서는 생산되는 제품이 목적이라기보다는 그 제품을 경제경로에 편승시켜 생기는 이익이 목적일 경우가 많다. 그렇게 되면 능률적으로 제품을 양산하는 방식이 채용되어 획일화 · 양산화를 향한 과학기술의 개발이 이루어지기 쉽다. 대량생산은 동시에 대량소비를 촉진시킨다. 현재 이런 과정에서 생활폐기물, 산업 폐기물이 생기게 되는 상황으로, 이것이 환경오염과 연결된다. 환경오염이나 환경파괴를 방지하기 위해서는 중간단계의 어중간한 과학기술 이용을 중단하는 경우도 있으나 가격면에서 실현되지 않는 경우가 많다. 대기오염 물질의 하나인 $NO_x$의 기준치 완화는 그 하나의 보기로 생각할 수 있다.

이와 같은 유형의 과학기술의 이용은 자본주의 사회뿐만이 아니고 뒤늦게 발달된 사회주의 사회에서도 공업화를 지향하는 경우에 생길 가능성이 있다. 중국에서의 공해문제 대처방법은 그 점에서 관심사의 하나이다.

또, 획일화는 인간의 정신적 환경에도 영향을 주고 있다. 인간은 누구나 개성이 풍부한 존재인데, 개성을 존중하는 곳에 인간성 회복이 있고 획일화는 거기에 역행되기 때문이다. 과학기술은 무엇보다 획일화 · 양산화에만 사용되는 것이 아니다. 개성을 존중하는 과학기술도 당연히 성립하게 마련이다. 이 경우에도 가격면에서 문제가 되는 바가 많다.

최근의 연구에 '애매한 일'을 생성하는 과학기술의 연구개발이 진행되는 경향을 보여 주고 있는데, 마치 인간의 두뇌가 그와 같은 '애매한 일'에 대처하기라도 하는 듯, 유연한 적응력을 가진 기술을 만들어서 이룩하고자 하는 '애매한 시스템공학'의 등장이라고 할까. 어떻든 무엇을 위해, 누구를 위한 과학기술인가를 생각할 필요가 있다.

## 5. 과학기술 만능은 위험한 발상[12)]

우리들은 생활을 향상시켜 풍요로운 사회를 만들기 위해 과학기술을 발달시켜 자연계에 있는 많은 금속을 이용하기에 이르렀다. 자연계에 존재하는 90여 종의 원소

12) 中山秀太郎, 전게서, pp. 8~9.

중 80% 정도를 현재 사용하고 있으나, 그 가운데 상당수는 생물의 체내에 존재하고 있지 않다. 생물의 체내에 존재하고 있지 않다는 것은 그 금속들이 필요없거나 필요하더라도 유해하다는 것이다. 카드뮴 · 납 · 수은 · 안티몬 · 비스무트 · 게르마늄 등의 중금속은 생물체 내에는 없으나 대단히 유해한 물질임은 이미 잘 알려져 있다. 수확을 좋게 한다는 뜻에서 사용하는 비료, 해충을 구제하기 위한 농약은 땅으로도 스며들지만, 하천이나 바다에 유입되어 수질오염을 일으키고, 또 식물에도 흡수되어 인간의 체내에 잔류하여, 이 신체의 오염이 인간의 생명을 위협한다. 또, 자동차 기술의 진보로 인간생명의 안전이 위협받고 있다는 사실은 의심할 여지가 거의 없다. 교통사고에 의한 인명의 살상뿐만이 아니고, 자동차용 기관에서의 배기가스가 가지는 유해성도 문제이다. 유해가스량이 분명히 이전보다는 많이 감소되었음에도 불구하고 자동차의 대수가 부쩍 늘어, 배기가스의 오염은 실제로 조금도 줄어들지 않고 있다. 또, 화석연료를 사용하는 한 배기가스에 의한 오염을 없앨 수도 없다.

그래서 유해가스가 없는 전기자동차를 개발하여 보았으나, 이것 역시 아직까지는 완전하다고 보기는 어렵다. 그래서 지금은 수소가스 자동차에 매달려 있다.

석유류를 연료로 사용하고 있는 동안은 아황산가스 · 일산화탄소 · 탄화수소 · 질소 산화물 · 부유물 먼지 등에 의한 대기오염을 피할 수 없다. 어느 것이나 인간 생명의 안전을 위협하는 것이며, 부유물 먼지의 증가는 인체에 위험한 영향을 주는 것이라 주목을 받기 때문이다. 지름이 0,1~10미크론 정도의 미립자로 몇 년간 대기 중에 둥둥 떠다니는데 부유물의 증가는 인간이 호흡할 때 폐포(肺胞, pulmonary alveolus)까지 파고들어, 그 절반 정도가 폐 중에 잔류해 폐암 등의 원인이 되는 위험이 있다고 한다.

생활을 풍요롭게 할 목적으로 물량을 대량생산하면 공장 등의 굴뚝에서는 유해가스나 분진이 대량 배출되어 대기를 오염시키고, 또 유해물질을 함유한 공장배수도 대량으로 하천이나 바다로 흘러들어가 해수를 오염시킨다.

도시는 점차 팽창하고, 많은 인구가 집중되며, 자동차의 유입도 증가하는 결과를 가져와 배기가스가 대량으로 방출된다. 고층건물은 날로 늘어나고 겨울에는 난방, 여름에는 냉방에 의해 대기는 점점 오염되어 간다.

이와 같은 상태를 개선하려고 기술과 과학의 힘을 빌리려 하고 있다. 굴뚝에 집진기를 설치하여 분진을 줄이고, 유해가스를 유효한 화학처리로 제거하고, 또 배수 중의 유해성분을 화학적 · 기계적으로 제거하고자 하는 생각도 하고 있다. 즉, 기술발달의 결과로 이루어진 유해물은 기술의 개선으로 기술적인 해결이 된다는 생각이다.

그러나 이와 같은 발상은 대단히 위험한 사고방식이다. 즉, 과학적 · 기술적으로 무엇이나 된다는 사고는 과학기술의 과신이다. 또, 좁은 범위에서 사물을 생각하는 위험성도 있다. 자동차의 경우를 설명하였으나 배기가스, 또는 배수에 함유된 유해 물질을 제거하는 기술을 개발하였다고 하더라도, 이 새로운 장치를 제작하는 과정이나 사용하는 과정에서 또 다시 새로운 환경파괴를 유도하는 위험성이 있는 것이다.

인간이 기술적으로 손을 댄다는 것은 어떤 경우이든 환경파괴를 수반하는 것으로, 이는 피할 수 없다. 따라서, 기술만능주의는 인간안전에 있어서는 매우 위험한 발상이다.

## 6. 과학기술의 발명은 언제까지[13)]

현재 우리들에게 가장 중요한 것은 석탄이나 석유라는 열에너지 자원이다. 석유가 없으면 모든 내연기관은 움직이지 못하며, 또 화력발전도 석탄이나 석유에 의존하고 있다. 내연기관이 없으면 자동차나 선박, 비행기도 움직이지 못한다. 현재의 문명사회는 석유나 석탄 같은 화석연료를 대량 소비하여 성립되고 있다. 내연기관이나 전기 없이는 현대문명은 생각할 수 없다.

현재 우리 신변에 대단히 많은 것들이 있는데, 그 가운데 절대 없어서 안 되는 것과 그렇지 못한 것이 있다. 내연기관이나 전기 없이는 우리들의 생활유지가 되지 않는다. 담배나 술, 커피와 같은 기호품은 없어도 우리가 살아가는 데 별로 장애가 없을 것으로 본다.

석탄을 연료로 하여 물에서 증기를 만들고, 증기를 사용하여 움직이는 증기기관은 18세기 후반 제임스 와트의 개량으로 실용화되었다. 이전에는 이와 같은 증기원동기는 없었다. 증기기관은 철도의 발달을 촉진시키고 교통기관으로서 중요한 역할을 하였다. 내연기관은 19세기 후반 르누아르나 오토에 의해 발명되었고, 그 후 개량되어 자동차나 선박을 움직이는 동력으로 사용되었다. 증기기관(외연기관)에 비하면 내연기관은 소형으로 가볍고 마력이 크다는 잇점이 있다. 그 때문에 20세기가 되면서 인류의 영원한 꿈인 비행기가 만들어져, 강력한 동력인 내연기관을 탑재하여 하늘을 비행하게 되었다.

또, 19세기 이후 패러데이의 연구업적에 의한 전동기나 발전기의 발명은 우리들 사회에 큰 변혁을 주었다.

전동기는 종래 없었던 편리한 동력원이며, 여러 분야에서 사용하게 되었다. 전

---

13) 中山秀太郎, 전게서, pp. 198~199.

등에 의한 조명은 밤을 낮과 같이 밝혀 주고, 밤에도 아무런 불편없이 활동을 할 수 있게 되었다.

그 밖에도 우리들의 생활을 풍요롭게 하기 위한 여러 가지 기술적 발명, 제안이 수없이 많았다. 그 대부분이 18세기 또는 19세기의 200년 사이에 나왔다. 물론, 인간의 생활이 시작된 기원 전부터 기술은 있었다. 기술이 시대와 더불어 발달되고 우수한 기술자의 창의력으로 새로운 기술의 발명을 반복하여 왔으나, 18세기와 19세기가 되면서 급속히 많은 기술발명이 이루어져, 오늘날 이용되고 있는 기술의 대부분이 이 시기에 출현하였다. 오늘날의 기계문명은 이 200년 사이에 발명된 기술을 기초로 하여 성립되었다.

20세기에 들어와서는 그 이전의 기술의 개량, 각종 기술의 결합, 그 과학기술들을 하나의 시스템으로 어떻게 제어할 것인가의 형태로 발달하여 왔다. 그렇게 하여 기계의 정밀도나 효율을 좋게 하는 개량도 지금은 한계에 이른 감이 있다.

인쇄술과 전쟁기술을 별도로 생각한다면, 보통 어떤 발명이나 기술개발이 시장에서 상품화될 때까지의 평균기간은 17세기에서는 100년 이상, 18세기에서는 약 100년, 1850년대에는 82년, 1900년대에는 약 32년, 1950년대에는 15년, 1975년대에는 3~4년이었다.[14] 이런 경향은 산업혁명 이후에 가속화되었다.

이런 경향을 살펴보면 기술은 고대사회나 중세사회와 같이 직접 생산자가 인간으로 대접받지 못하는 사회나 시대에는 결코 발달하지 못하였고, 인간의 자유로운 창의가 존중받는 사회 즉, 18세기 후반~19세기 전반의 영국사회, 19~20세기 전반의 미국사회에서는 급속하게 발달하였다.

우리들의 생활에 혁명적인 영향을 줄 정도의 기술적 발명은 더 이상 없으리라고

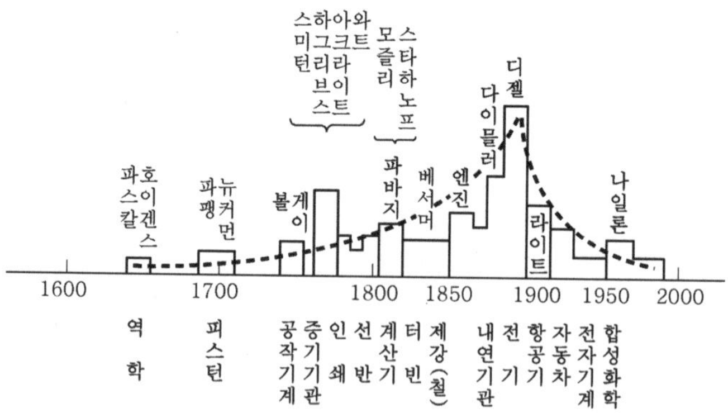


**그림 3 기술의 발명건수와 연대**

14) 荒井政治 외 편, 전게서, p. 275.

생각된다. 새로운 기술의 발명이 없어도 우리들의 생활은 아무런 지장이 없다고 보며 지금까지의 발견 · 발명된 과학과 기술만으로도 활용여하에 따라 충분하다. 더 이상의 개량의 필요가 없다고 보아도 될 것이다. 그래서 이미 설명한 대체기술(alternative technology)이나 적정기술(appropriate technology)을 고려해야 한다는 것이다. 그림 3은 기술의 발명건수와 연대를 표시한다.

## 7. 과학기술과 윤리문제[15)]

### (1) 과학기술의 낙관론과 비관론

근대는 과학기술의 시대라 말한다. 사실 과학기술이 이렇게 급격한 형태로 진보한 시대는 인류역사상에 없었다. 과학기술의 진보는 근대에서 현대에 걸쳐 일종의 '과학기술의 신앙'이라 할 정도로 '과학기술관'을 발전시켰다. 과학기술의 진보는 무한히 가능하며, 그 진보는 인간의 생활에 한없는 은혜를 주기 때문에 사회도 진보를 계속하고 그래서 그 주역인 인간은 존엄하다는 신념이다.

그러나 21세기에 접어든 현재, 과학기술의 신앙은 여러 면에서 어두운 그림자를 드리우기 시작하였다. 사람들의 심정은 '과학기술 불신'의 경향으로 가고 있다. 즉 과학기술의 발달에는 한계가 있고, 또 과학기술은 반드시 인간에게 은혜만을 주는 것도 아니고, 인간을 파괴하여 사회를 혼란에 빠뜨리고 그래서 인간을 둘러싼 환경도 파괴하는 원인이 된다. 또 이러한 과학기술을 만드는 가능성을 가지고 있으므로 인간은 악질, 위험한 존재라는 시각이다. 은혜를 베푼다고 보는 관점을 '과학기술 낙관론'이라 한다면 인간을 파괴하고 사회에 혼란을 안겨 준다는 관점을 '과학기술 비관론'이라 말할 수 있다.

이와 같은 비관론의 싹은 과학기술이 급진전을 시작한 당초부터 반이성주의이면서 추상적인 형태로 존재하고 있었다. 그러나 현대의 과학기술 불신은 이미 실현되어 버린 과학기술시대에 대한 구체성을 수반한 비판 · 반성으로서, 그러나 인류의 장래에 대한 절박한 위기감을 동반하여 나타났다는 데 그 특징이 있다.

또한 제기된 '과학기술 불신'은 인간 본래의 본성에 재해석을 촉구하며, 또 인간이 만드는 '사회'나 '과학기술'의 역할에 대한 근본적 분석의 방향으로 나가게 한다.

### (2) 기술혁신과 기술사정

과학기술은 두 차례에 걸친 세계대전 시기를 통해 급속히 발전하여 1960년대에

---

15) 日本機械學會誌, 특집 기술사와 기술철학, vol. 95, No. 881, pp. 324~331, 1992.

는 기술혁신(innovation) 시대를 맞이하였다. 이 시기의 기술혁신을 상징하는 것에 첫째는 원자력 발전, 둘째는 달 착륙으로 대표되는 우주개발, 셋째로는 컴퓨터로 대표되는 전자공학의 발전이다. 이 과학기술의 특징은 그 거대성 — 거대 과학기술에 있다. 거대 과학기술은 인간에게 많은 이익을 가져다 줄 것으로 기대되지만 한편으로는 거대한 위험성과도 이웃한 존재이다. 원자력 발전소의 사고, 우주개발 경쟁이 지구파괴를 가져오고 컴퓨터의 발전과 보급이 인간의 사회생활을 크게 바꿀 것으로 예상되었고 또 그렇게 되고 있다.

이것이 한 걸음 더 나가면 인류 그 자체의 생존의 위기에 직결되는 사실의 자각이 이 시기, 마침내 과학기술의 내부에도 등장하였다. 이와 같은 위기를 배경으로 기술혁신의 시기에 '기술사정'(技術査定, technology assessment)의 움직임이 시작된 것이다.

신기술의 급속한 발전에 따라 생기는 환경이나 일반사회에 대한 부병적인 요인을 미리 예측하여 대처하는 기술인데 '기술예측'(technology forcast)과는 구별된다. 즉, 하나의 과학기술을 개발하고자 할 때 그 과학기술의 의미나 영향을 미리 평가하여 그 과학기술 개발의 가부, 방침을 결정하고자 하는 것이 기술사정인데, 이는 바로 과학기술에 대한 윤리적 반성의 시작에서 비롯된다. 1967년 미국의회 하원에서 이 법안이 제안되었다.

### (3) 생명윤리의 발생

생명현상을 다루는 과학연구는 그 응용으로 생명기술의 개발이 병행되고 있다. 생명체나 생태계에 미치는 영향의 크기는 공포의 대상이 되어 기술사정의 활동과 협조하여 드디어 '생명윤리'라는 과학기술 평가의 움직임이 시작되었다.

생명윤리란 말은 1960년대 후반경부터 몇 사람에 의해 동시 다발적으로 사용되었다. 그러나 이 말은 당시로서는 일종의 위화감을 포함하여, 그 의미로는 성립이 곤란한 말이었다. 그래서 바이오(bio, 생명)와 에딕스(ethics, 윤리) 두 단어를 합성한 것이 '생명윤리'란 말로 되었다. 그리스 어원의 두 언어는 인문학적인 언어가 되고 근대 이후 현대에 이르는 과정에서 '바이오'는 완전하게 물질적 현상을 표시하는 말로 변화되었다. 즉 '바이오 연구'는 생물학이나 분자생물학의 대명사처럼 되었다.

이러한 상황에서 최초로 이 학문을 제안한 한 사람인 포터(V. R. Porter)라는 작가는 그의 저서 「바이오 에딕스 — 미래에의 가교」(*Bioethics — Bridge to the Future*, 1971)에서 취급한 과제가 현재로 본다면 '환경윤리'라고 표현할 수 있는 내용으로 판단된다. 그 내용 중에는 야생윤리 · 도시윤리 · 인구문제 · 노인윤리 등이 포함되어 있다. 요컨대 현대의 과학기술에서 어떻게 하여 환경을 보호하고 이 문명을 인류의 미래로 연결시켜 갈 것인가 하는 것이 생명윤리로 해석된다.

#### (4) 생명윤리의 '의료윤리'화

생명윤리는 생명윤리 문제가 제기된 직후에 크게 변질된다. 한마디로 말하면 1950~1960년대의 과학기술의 발달은 당연히 의학에 크게 응용되었다. 이 사실은 당초에는 인류에 대한 최대복음이었다. 그 결과 유아의 사망률은 낮아지고 불치의 병, 난치의 병이 치료되고 평균수명은 비약적으로 높아졌다.

그런데 그 결과 이외에도 인류가 아직까지 경험하지 못하였던 새로운 신체조건이 생겨 새로운 의료기술과 그 적용에 대한 긴급한 사정(査定)의 필요성이 강하게 제기되었다.

1970년도 초기에서 1980년대 말에 걸쳐 새 의료기술은 인간의 생 · 사 · 유전(生 · 死 · 遺傳)의 세 가지 과제에 대해 윤리적 문제를 제기하기에 이르렀다.

먼저 출생에 관해서는 새로운 체외수정 · 동결수정란 · 냉동정자 · 남녀 성판별 · 시험관 아기 · 대리출산 등의 새 기술이 개발, 실시되고 있고, 또 죽음에 관해서는 인공호흡기의 개발로 인위적 생명 연장기술이 진전되어 이것이 역으로 '뇌사'라는 새로운 신체상태를 만들었고, 또 장기이식 기술 및 면역억제 기술의 개발과 맞물려 '뇌사와 장기이식'이라는 현대 생명윤리의 가장 큰 과제를 발생시켰다. 생명에 대한 말기의료의 여러 기술이 '생명의 질'(Q.O.L., quality of life), 안락사, 존엄사 등의 문제가 새로 대두, 새 의료기술이 결국은 '죽음'을 분산시켜 인간전통의 '통일적 죽음'의 개념에 혼란을 가져와 사회적 관습을 뒤흔들기 시작하였다.

유전자 관련의 기술개발은 현대 의료기술의 최대의 특징을 이룬다고 하여도 좋을 정도이다. 제한효소를 사용한 유전자 진단과 유전자 조작기술은 실험단계를 넘어 실용단계에 들어갔고, 유전자의 대량복사도 가능해졌다. 인간의 전 유전자를 해독하는 '인간 게놈지도'도 완성하여 인간복제도 눈앞에 두고 있다. 비참한 유전병의 발견과 대부분 인간의 질병이 유전과 관련된다는 사실에서 유전자 진단과 유전자 치료의 기술도 실용단계에 이르고 있다.

1982년에는 이른바 '유럽회의'에서 '유전적 형질의 불가침성'을 기본적 인권으로 보증해야 한다고 권고하기에 이르렀다. 이는 유전자 조작기술을 인권 또는 윤리라는 이름으로 원칙적으로 거부하고자 하는 것이 '과학기술'과 '윤리문제'와의 대결로 보는 관점이다.

## 8. 과학기술자의 사회적 책임

과학과 기술이 사회와 밀접하게 결합되어 존재한다고 하면, 그와 관련되어 있는 과학자나 기술자의 사회적 책임이 문제가 된다. 이렇게 볼 때, 과학자는 상아탑 속에 파묻혀 사회와 접촉을 끊고 존재할 수는 없다. 원자폭탄이나 수소폭탄을 시작으로 핵병기의 개발경쟁이 격화됨에 따라, 인류의 장래에 불안을 안겨 주어 과학의 방법에 경종을 울린 '퍼그워시(Pugwash) 회의'(1957)는 과학기술자의 사회적 책임을 표시하는 하나의 움직임이었다.

최근에 크게 대두되고 있는 유전자공학도 위의 문제와 관련되는 사례이다. 유전자공학은 분자유전학의 발전으로 나타난 것이며, 유전자의 물질적 기초로 DNA가 발견된 이래, 오늘날에는 유전자의 인위적 결합이나 교체가 기술적으로 가능하게 되었다.

이 기술의 실용화는 전염병의 극복, 호르몬 등 생체물질의 생산 등의 잇점도 있는 반면, 예측할 수 없는 성질을 가진 새로운 생물종(특히 박테리아, 바이러스)을 만들게 되어 인간에게 나쁜 영향을 줄 가능성을 가지고 있다.

그러한 이유로, 이 연구의 진행에는 과학자 사이에 논쟁이 있었고, 일시 연구를 정지시키고자 하는 움직임도 있었으나 어느 정도의 규제를 통해 연구가 진행되고 있다.

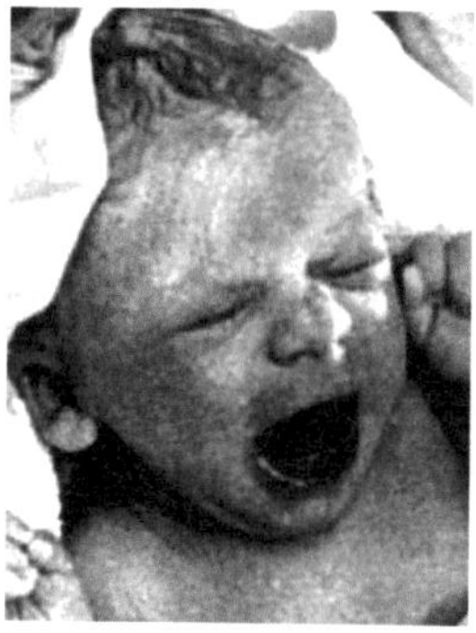

그림 4 세계 최초의 시험관 아기

비슷한 문제로 인공수정에 의한 '시험관 아기'(test tube baby ; 1978년 7월 25일이 최초)가 화제가 되고 있는데(그림 4), 지금은 전 세계적으로 30만명이 넘는다는 통계가 나와 있으며, 이 경우는 윤리성이나 도덕성에서 논란이 전개되고 있다. 인간의 생식은 자연의 섭리에 맡길 뿐 인위적 조작을 하여서는 안 된다는 주장과, 불임증의 여성을 구제한다는 주장이 대립되고 있다.

1997년에는 영국에서 복제 양 '돌리'가 탄생하였고, 계속하여 1998년에는 복제 소, 1999년에는 복제 염소와 복제 젖소가, 2000년에는 복제 돼지, 2002년에는 복제 토끼와 복제 고양이, 2005년에는 복제 애완견 등 가축이나 동물들의 복제가 성공하고 있다. 2001년 초에는 '인간 유전자지도'를 완성하여 인간복제 문제까지 논쟁을 벌리고 있다.

문제는 핵병기의 경우와 마찬가지로 유전자공학이나 시험관 아기 등의 기술이

어떠한 목적에 사용되느냐 하는 데 있다. 과학자나 기술자의 사회적 책임은 조금이라도 이와 같은 실정을 널리 국민에게 알리는 일이다.

이는 인간의 지능에 대한 논의(IQ의 유전설)로 과학이 정치에 이용당하는 경우가 있기 때문이다.[16)]

자연철학자에서 과학자로, 직인에서 기술자로의 변천은 단순한 명칭의 변화에 그치지 않고 과학이나 기술이 철학이나 종교적 또는 사회적 속박이나 제약에서 완전히 독립하였음을 의미할 뿐만 아니라 과학과 기술이 산업혁명 이후의 사회에서 중요한 구성요소가 되었음을 상징한다.

미국의 과학사회학자 머돈(R.K. Merton, 1910~ )은 과학과 기술의 연구에는 고유의 가치규범이 동반된다고 논하고, 구체적으로 보편주의 · 공유성(共有性) · 이해의 초월 · 계통적 회의주의라는 네 가지 규범을 거론하였다. 그러나 과학과 기술연구의 거대화나 산업화에 따라 과학자나 기술자는 극도로 전문, 분화되어 단편적인 연구에 매몰되고 그 결과 머돈이 거론한 가치규범은 공동화(空洞化)되고 말았다고 할 수 있다.

현대에 살고 있는 과학자 · 기술자는 개인으로나 집단으로나 과학기술 및 과학자 · 기술자의 사회적 책임에 대해서 반성을 촉구하고 있다. 왜냐하면 과학기술의 발달과 발전은 풍요로운 물질문명을 창조하였으나, 반면 핵병기를 시작으로 가공할 병기의 개발제조를 가능케 하였고, 또 광범한 자연환경의 오염과 파괴의 원인에도 관계되기 때문이다.

인간은 죽을 때까지 사는 존재이다. 살아 있는 한 삶의 보람을 가지고 활동하고 싶어한다. "과학자 · 기술자로서의 인생을 살아가는 데 값어치 있는 인간이란 무엇인가? 과학기술을 어떤 형태로 살리며, 어떤 업적을 만들어 인간생활의 진정한 풍요로움에 기여할 것인가?" 등의 본질을 생각하고 질문을 계속하지 않으면 안 된다.

그러려면 과학자 · 기술자 자신의 인생관 · 역사관 · 사회관 · 세계관을 확립할 필요성이 있다. "인간이란? 보다 잘 산다는 것은? 진리란? 선이란? 아름다움이란?" 등을 항상 생각하는 것이 필요하다. 과학 · 기술 · 공학을 세분화하는 데 따라 먼저 사물의 본질을 추구하여 예지(전문지식보다 고도의 지식 · 지혜)를 사랑하는 철학을 확립하는 것이 매우 바람직한 노릇이다.

서양적 물질문명에 동양적 정신문명을 융합시켜 새로운 인류의 문명을 구축하

---

16) 鈴木善次 외, 전게서, pp. 197~198.

는 것이 현재 강하게 요청되고 있다. 이것을 결정하는 것은 과학자 · 기술자 자신의 문제이다. 우주공간 중의 지구에 살고 있는 70억 인구로 구성된 인간사회의 한 사람으로 분명한 철학을 확립하고 그 바탕 위에 과학자 · 기술자로서의 책무를 다해야 할 것이다.[17]

17) 日本機械學會誌, 전게서, p. 283.

# 찾아보기

(ㅂ)



(ㅅ)

(ㅎ)



## 인 명

(A)



(B)

(U)



(V)



(W)



(Y)



(Z)